走遍全球 GLOBE-TROTTER TRAVEL GUIDEBOOK

美国国家公园

National Parks in the U.S.A.

中国旅游出版社

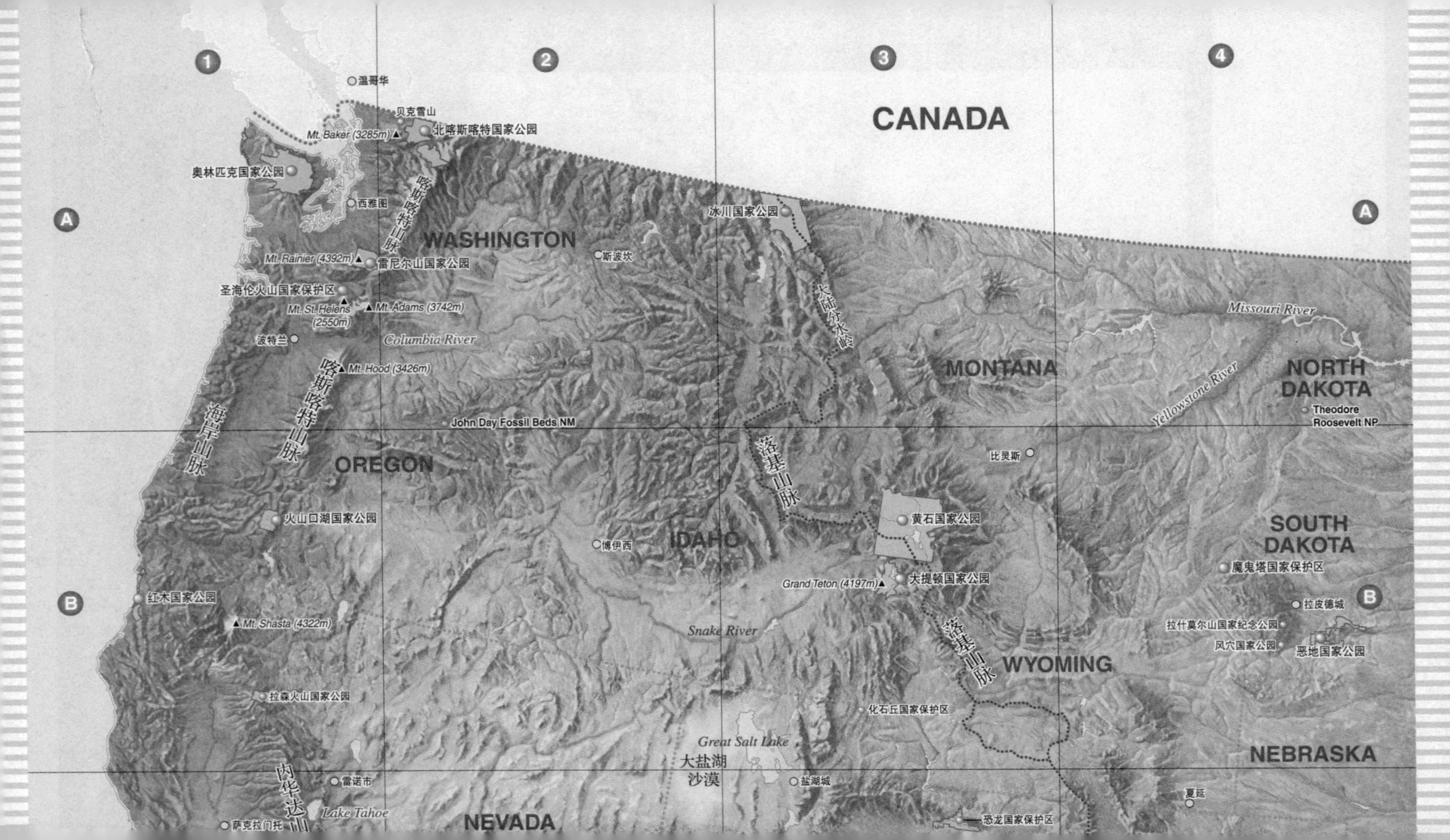

CANADA
温哥华
贝克雪山
Mt. Baker (3285m)
北喀斯喀特国家公园
奥林匹克国家公园
西雅图
喀斯喀特山脉
WASHINGTON
Mt. Rainier (4392m)
雷尼尔山国家公园
圣海伦火山国家保护区
Mt. St. Helens (2550m)
Mt. Adams (3742m)
Columbia River
波特兰
Mt. Hood (3426m)
海岸山脉
John Day Fossil Beds NM
OREGON
火山口湖国家公园
红木国家公园
Mt. Shasta (4322m)
拉森火山国家公园
内华达山
雷诺市
Lake Tahoe
萨克拉门托
NEVADA
斯波坎
冰川国家公园
大陆分水岭
落基山脉
博伊西
IDAHO
Snake River
Great Salt Lake
大盐湖沙漠
盐湖城
MONTANA
比灵斯
黄石国家公园
Grand Teton (4197m)
大提顿国家公园
WYOMING
化石丘国家保护区
恐龙国家保护区
Missouri River
Yellowstone River
NORTH DAKOTA
Theodore Roosevelt NP
SOUTH DAKOTA
魔鬼塔国家保护区
拉皮德城
拉什莫尔山国家纪念公园
风穴国家公园
恶地国家公园
NEBRASKA
夏延

美国主要国家公园及国家保护区
CALIFORNIA
Pinnacles NP
国王峡谷国家公园
神木(红杉树)国家公园
美国本土48州最高点
Mt. Whitney (4421m)
死亡谷国家公园
北美最低点(-86m)
拉斯维加斯
Lake Mead
莫哈维沙漠
海峡群岛国家公园
洛杉矶
约书亚树国家公园
Salton Sea
太平洋
Colorado River
索诺兰沙漠
圆顶礁国家公园
布莱斯峡谷国家公园
锡达布雷克斯国家保护区
锡安国家公园
Lake Powell
鲍威尔湖
彩虹桥国家保护区
纪念碑谷国家公园
大峡谷国家公园
大峡谷西线
伍帕特基国家保护区
Humphreys Peak (3851m)
旗杆镇
塞多纳
Tuzigoot NM
亚利桑那陨石坑国家自然地标
Montezuma Castle NM
石化林国家公园
笛箫谷国家保护区
ARIZONA
菲尼克斯
Tonto NM
Casa Grande Ruins NM
烛台掌国家保护区
图森
仙人掌国家公园
奇里卡瓦国家保护区
Colorado NM
拱门国家公园
峡谷地国家公园
天然桥国家保护区
褐铃山
Mt. Elbert (4399m)
甘尼逊黑峡谷国家公园
梅萨维德国家公园
COLORADO
KANSAS
丹佛
伊凡斯山
大沙丘国家公园
查科文化国家历史公园
Bandelier NM
圣菲
Petroglyph NM
阿尔伯克基
落基山脉
NEW MEXICO
大陆分水岭
白沙国家保护区
Guadalupe Peak (2667m)
卡尔斯巴德洞窟国家公园
瓜达卢佩山国家公园
埃尔帕索
Rio Grande
TEXAS
Big Bend NP
MEXICO
自然公园
遗址
州界
大陆分水岭
km 0 100 200 300 400
miles 0 50 100 150 200 240
墨西哥湾
FLORIDA
奥兰多
圣彼得堡
大西洋
迈阿密
比斯坎国家公园
大沼泽国家公园
基韦斯特
海龟国家公园

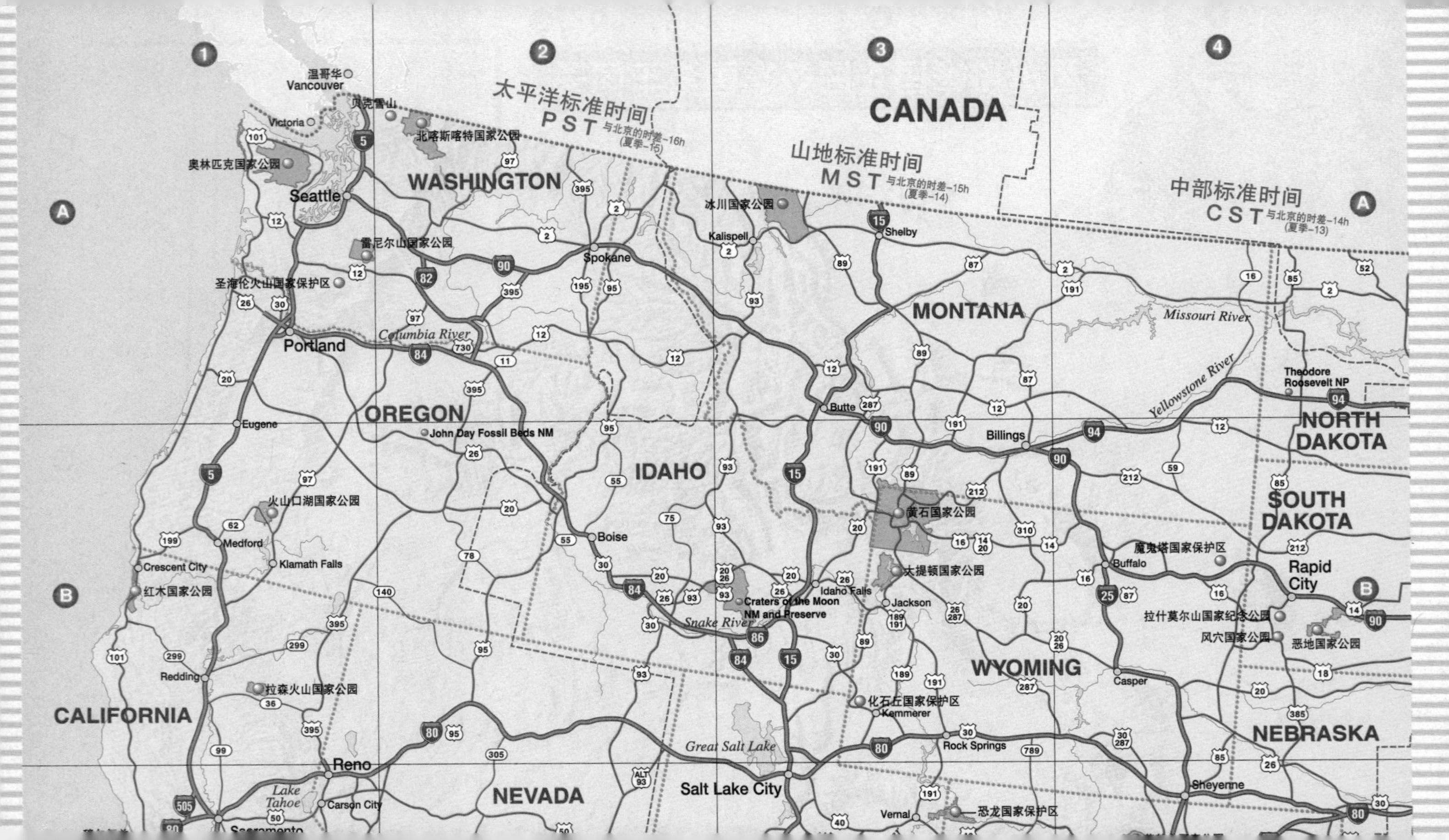

CANADA
太平洋标准时间
PST 与北京的时差-16h (夏季-15)
山地标准时间
MST 与北京的时差-15h (夏季-14)
中部标准时间
CST 与北京的时差-14h (夏季-13)
温哥华 Vancouver
Victoria
贝克雪山
北喀斯喀特国家公园
奥林匹克国家公园
Seattle
WASHINGTON
雷尼尔山国家公园
圣海伦火山国家保护区
Spokane
冰川国家公园
Kalispell
Shelby
MONTANA
Missouri River
Yellowstone River
Theodore Roosevelt NP
NORTH DAKOTA
SOUTH DAKOTA
Portland
Columbia River
OREGON
John Day Fossil Beds NM
Eugene
Butte
Billings
IDAHO
Boise
黄石国家公园
大提顿国家公园
Jackson
Idaho Falls
Craters of the Moon NM and Preserve
Snake River
魔鬼塔国家保护区
Buffalo
Rapid City
拉什莫尔山国家纪念公园
风穴国家公园
恶地国家公园
火山口湖国家公园
Medford
Klamath Falls
Crescent City
红木国家公园
Redding
拉森火山国家公园
CALIFORNIA
WYOMING
Casper
化石丘国家保护区
Kemmerer
Rock Springs
NEBRASKA
Great Salt Lake
Salt Lake City
Reno
Lake Tahoe
Carson City
NEVADA
Sheyenne
Vernal
恐龙国家保护区

美国主要国家公园及国家保护区
UTAH
COLORADO
KANSAS
ARIZONA
NEW MEXICO
TEXAS
MEXICO
FLORIDA
太平洋
墨西哥湾
大西洋
东部标准时间
EST
与北京的时差-13h(夏季-12)
Denver
伊凡斯山
Colorado Springs
Pueblo
Grand Junction
褐铃山
拱门国家公园
峡谷地国家公园
甘尼逊黑峡谷国家公园
布莱斯峡谷国家公园
锡达布雷克斯国家保护区
锡安国家公园
Cedar City
St.George
Kanab
Escalante
Lake Powell
天然桥国家保护区
彩虹桥国家保护区
大沙丘国家公园
Durango
梅萨维德国家公园
纪念碑谷
Shiprock
笛箫谷国家保护区
查科文化国家历史公园
Cuba
Bandelier NM
Santa Fe
Kasha Katuwe Tent Rocks NM
Petroglyph NM
Albuquerque
Amarillo
Gallup
伍帕特基国家保护区
Flagstaff
塞多纳
Tuzigoot NM
Montezuma Castle NM
Agua Fria NM
石化林国家公园
亚利桑那陨石坑国家自然地标
Phoenix
Tonto NM
Casa Grande Ruins NM
Sonoran Desert NM
Ironwood Forest NM
仙人掌国家公园
Tucson
Nogales
烛台掌国家保护区
奇里卡瓦国家保护区
Las Cruces
El Paso
白沙国家保护区
Alamogordo
Roswell
Carlsbad
卡尔斯巴德洞窟国家公园
瓜达卢佩山国家公园
Rio Grande
Big Bend NP
Las Vegas
Lake Mead
火焰谷州立公园
大峡谷西缘
大峡谷国家公园
Kingman
Barstow
San Bernardino
约书亚树国家公园
Salton Sea
Colorado River
Yuma
死亡谷国家公园
●北美最低点(-86m)
Rachel
Bishop
Merced
San Jose
Salinas
Pinnacles NP
Fresno
国王峡谷国家公园
神木(红杉树)国家公园
Bakersfield
Carrizo Plain NM
Santa Barbara
海峡群岛国家公园
羚羊峡谷加利福尼亚罂粟保护区
Los Angeles
Daytona Beach
Orlando
Tampa
St.Petersburg
Ft.Myers
West Palm Beach
Miami
大柏树国家自然保护区
大沼泽国家公园
比斯坎国家公园
Key West
海龟国家公园
自然公园
遗址
州际公路
国道
州公路
收费道路
km 0 100 200 300 400
miles 0 50 100 150 200 240
N
C
D
E
1
2
3
4

西南大环线 GRAND CIRCLE

犹他州与亚利桑那州的州界附近，有一座巨大的人工湖——鲍威尔湖。以这座湖为中心画一个半径为230公里的圆形，在这个圆形的内部包含8座国家公园、16个国家保护区。在这个区域内既有大自然缔造的绝美艺术品，又有原住民遗留下来的历史与文化，因此也被美国人亲切地称为“Grand Circle”，也是美国比较受欢迎的旅游胜地。由于这个有限的区域里，集中了大量的观光景点，所以推荐10天左右的自驾行程。

距离&所需时间 一览表

	拉斯维加斯	大峡谷南缘	大峡谷北缘	锡安国家公园	布莱斯峡谷	鲍威尔湖(佩吉)	纪念碑谷	笛箫谷	石化林	梅萨维德	拱门(莫阿布)	圆顶礁
大峡谷南缘	275 5小时											
大峡谷北缘	270 5~6小时	226 4~5小时										
锡安国家公园	164 3小时	241 5小时	112 3小时									
布莱斯峡谷	253 5小时	283 6小时	160 3.5小时	75 1.5小时								
鲍威尔湖(佩吉)	276 5小时	141 3小时	130 3小时	107 2小时	150 3小时							
纪念碑谷	405 7~8小时	179 4小时	246 6小时	228 5小时	277 6小时	127 2.5小时						
笛箫谷	463 7~8小时	233 5小时	290 7小时	278 6小时	318 7小时	198 4小时	98 3小时					
石化林	365 6小时	205 4小时	325 6~7小时	357 6~7小时	398 7~8小时	251 4~5小时	191 5小时	99 2小时				
梅萨维德	506 8~9小时	270 5小时	348 7小时	335 6小时	376 7小时	230 4小时	154 3~4小时	150 3~4小时	232 4小时			
拱门(莫阿布)	457 7小时	333 6小时	396 7小时	317 5~6小时	273 4~5小时	287 5小时	152 3小时	202 4小时	295 5小时	128 3小时		
圆顶礁	360 6小时	363 7小时	268 6小时	185 4小时	121 3~4小时	258 5小时	185 4小时	278 5小时	376 7小时	259 5小时	142 3小时	
盐湖城	423 6小时	523 9小时	395 7小时	308 5小时	270 4~5小时	386 6小时	384 7小时	434 8小时	527 9~10时	363 6小时	230 4~5小时	224 4小时

上段：距离单位是英里(1英里约为1.6公里)　　下段：所需时间(不包含休息时间)

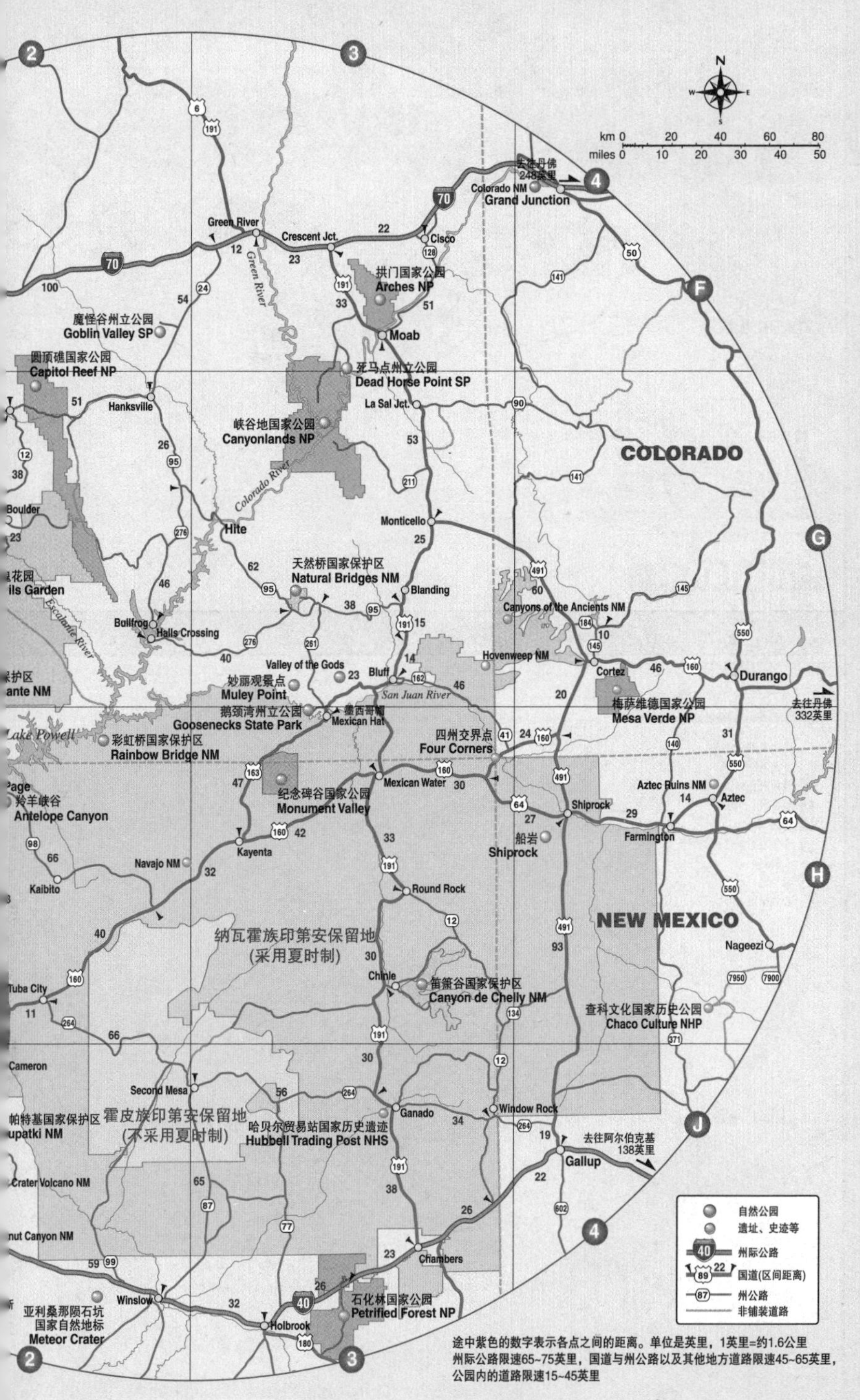

N
W
E
S
km 0 20 40 60 80
miles 0 10 20 30 40 50
去往丹佛
248英里
Colorado NM
Grand Junction
Green River
Crescent Jct.
Cisco
拱门国家公园
Arches NP
Moab
魔怪谷州立公园
Goblin Valley SP
圆顶礁国家公园
Capitol Reef NP
死马点州立公园
Dead Horse Point SP
La Sal Jct.
Hanksville
峡谷地国家公园
Canyonlands NP
COLORADO
Green River
Colorado River
Boulder
Hite
Monticello
天然桥国家保护区
Natural Bridges NM
Blanding
Canyons of the Ancients NM
Bullfrog
Halls Crossing
Escalante River
Valley of the Gods
Hovenweep NM
妙丽观景点
Muley Point
Bluff
San Juan River
Cortez
Durango
鹅颈湾州立公园
Goosenecks State Park
墨西哥帽
Mexican Hat
梅萨维德国家公园
Mesa Verde NP
去往丹佛
332英里
Lake Powell
彩虹桥国家保护区
Rainbow Bridge NM
四州交界点
Four Corners
Page
羚羊峡谷
Antelope Canyon
纪念碑谷国家公园
Monument Valley
Mexican Water
Aztec Ruins NM
Aztec
Shiprock
Farmington
Kayenta
船岩
Shiprock
Navajo NM
Kaibito
Round Rock
NEW MEXICO
纳瓦霍族印第安保留地
(采用夏时制)
Nageezi
Tuba City
Chinle
笛箫谷国家保护区
Canyon de Chelly NM
查科文化国家历史公园
Chaco Culture NHP
Cameron
Second Mesa
Ganado
Window Rock
帕特基国家保护区
Wupatki NM
霍皮族印第安保留地
(不采用夏时制)
哈贝尔贸易站国家历史遗迹
Hubbell Trading Post NHS
去往阿尔伯克基
138英里
Gallup
Sunset Crater Volcano NM
Walnut Canyon NM
Chambers
Winslow
亚利桑那陨石坑
国家自然地标
Meteor Crater
Holbrook
石化林国家公园
Petrified Forest NP
自然公园
遗址、史迹等
州际公路
国道(区间距离)
州公路
非铺装道路
途中紫色的数字表示各点之间的距离。单位是英里，1英里=约1.6公里
州际公路限速65~75英里，国道与州公路以及其他地方道路限速45~65英里，公园内的道路限速15~45英里

大峡谷国家公园
(南缘村&西缘)
科罗拉多河
皮玛观景点
1.8km
隐士居
4.7km
纪念碑小溪
观景台
Abyss
观景台
1.8km
摩哈夫观景点
霍皮观景点
0.5km
鲍威尔观
1.3km
0.8km
3-11月期间禁止普通车辆通行
步道观景点
西 缘
马斯维克
Maswik Lo
大峡谷铁道
铁路
国道
州道
步道
游客服务中心
客栈
宿营地
公共厕所
饮用水
巴士站
巴士站(只停西向行驶的车辆)
巴士站(只停东向行驶的车辆)
公共电话
隐士居线路
南缘村线路
谷缘线路
约瑟米蒂国家公园
(约瑟米蒂谷)
机动车道路
步道
循环巴士路线
游客服务中心
客栈
首长岩循环巴士的巴士站
观景台
宿营地
公共厕所
km 0
1
miles 0
0.5
丝带瀑布
首长岩
Eagle
Peak
Three Brothers
去往泰奥加隘口、曼迪卡(小镇)
去往默塞德
溪谷观景点
默塞德河
Merced River
隧道观景点
去往冰川观景点、
蝴蝶林
Cathedral
Rocks
Cathedral
Spires
婚纱瀑布
Bridalveil Fall
塔夫角
Taft Po
Tr

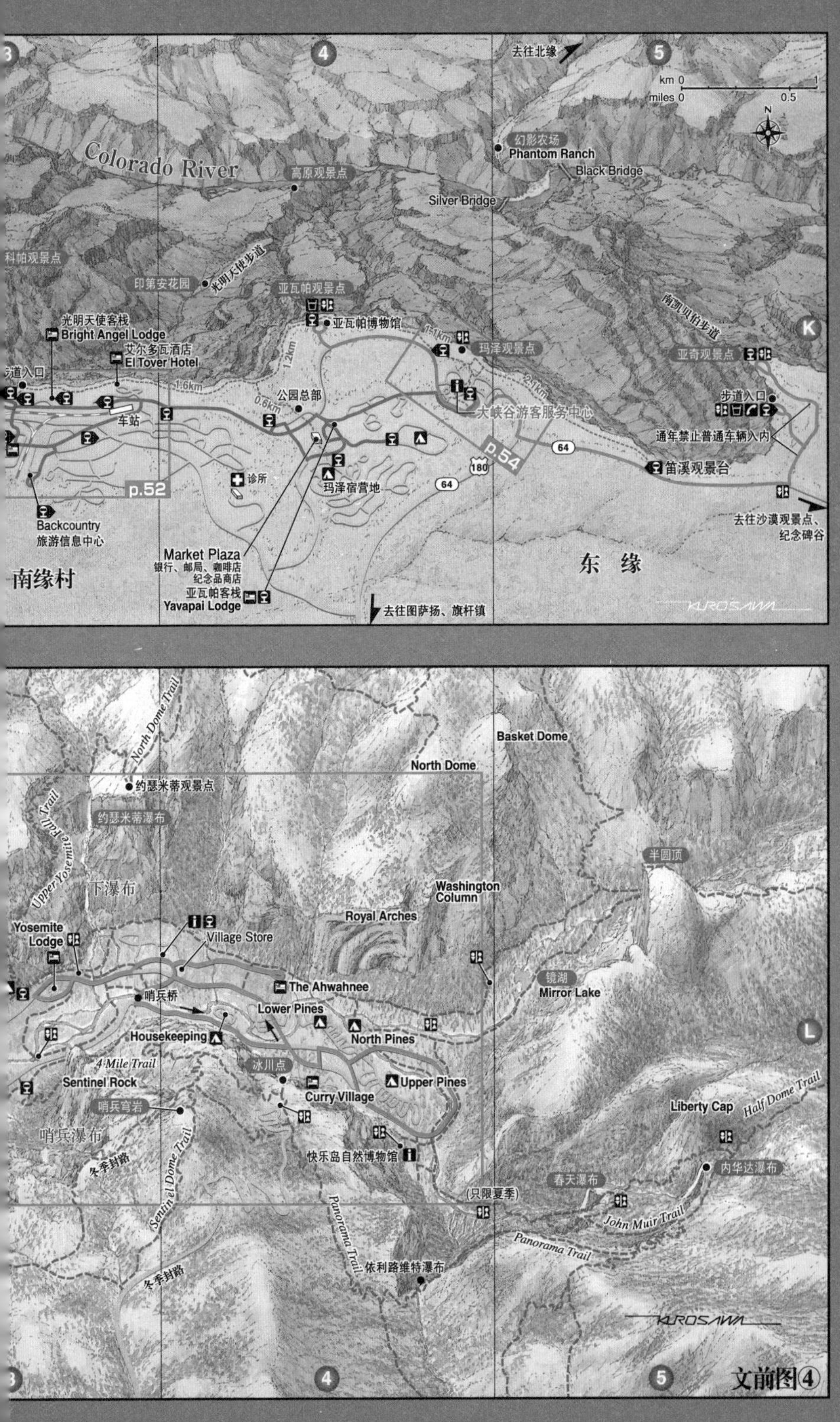

去往北缘
km 0 1
miles 0 0.5
Colorado River
幻影农场
Phantom Ranch
Black Bridge
Silver Bridge
高原观景点
科帕观景点
印第安花园
光明天使步道
亚瓦帕观景点
亚瓦帕博物馆
南凯贝伯步道
光明天使客栈
Bright Angel Lodge
艾尔多瓦酒店
El Tover Hotel
步道入口
玛泽观景点
亚奇观景点
步道入口
公园总部
大峡谷游客服务中心
车站
通年禁止普通车辆入内
笛溪观景台
诊所
玛泽宿营地
p.52
p.54
去往沙漠观景点、
纪念碑谷
Backcountry
旅游信息中心
Market Plaza
银行、邮局、咖啡店
纪念品商店
亚瓦帕客栈
Yavapai Lodge
南缘村
东　缘
去往图萨扬、旗杆镇
North Dome Trail
Basket Dome
North Dome
约瑟米蒂观景点
约瑟米蒂瀑布
Upper Yosemite Fall Trail
下瀑布
半圆顶
Washington Column
Royal Arches
Yosemite Lodge
Village Store
The Ahwahnee
哨兵桥
Lower Pines
镜湖
Mirror Lake
Housekeeping
North Pines
4 Mile Trail
冰川点
Sentinel Rock
Upper Pines
Curry Village
哨兵穹岩
哨兵瀑布
快乐岛自然博物馆
冬季封路
Sentinel Dome Trail
Panorama Trail
Liberty Cap
Half Dome Trail
内华达瀑布
春天瀑布
(只限夏季)
John Muir Trail
Panorama Trail
依利路维特瀑布
冬季封路
KUROSAWA

使用本书之前

本书中使用的符号、缩写

 被联合国教科文组织列为世界遗产

 有可能遇到大型野生动物

 可以看到成片的花田（根据季节）

 不驾车也可游览（根据季节）

 谨防中暑（春季~秋季）

 谨防低体温症（特别是秋季~春季）

 谨防坠崖

 谨防洪水

 谨防徒步旅行中遭遇事故

Rocky Mountains

冰川国家公园

Glacier National Park

在冰川群附近的斯威夫特卡伦特湖畔有全美屈指的景观酒店

蒙大拿州 Montana

巍峨的山峰直插云霄。峡谷中成片的野花竞相开放，遍布着清澈的湖水，平静的水面上倒映着绿色的植物与蓝色的天空……冰川造就的雄伟自然，也是众多野生动物的栖息地。而人类只不过是这里的闯入者。

大陆分水岭纵贯其中，园内3000米以上的山峰连绵起伏，还有长达1200公里的步道。漫步在步道上，眺望着脚下的花草和山下的湖泊，悠然自得地度过美好的时光吧。

这座公园从很久以前就以旅游设施的完备而闻名。19世纪末大北方铁路铺设，铁路公司在这里修建了豪华客栈。20世纪30年代横穿公园的山岳铁路、向阳大道（GTTS）开通。在国内经常能看见老式汽车，这里可以让美国人想起过去年代的美好岁月。

冰川国家公园与加拿大的沃特顿湖国家公园相邻，1932年成为世界上第一个国际和平公园。

370

为了便于找寻到具体地点，在美国本土地图（不含阿拉斯加、夏威夷）上用☆标注了公园的大致位置。

本书中，National Park译作国家公园，National Monument译作国家保护区。山峰、河流等，使用英语表示。

Canyon	峡谷
Creek	小溪
Grove	森林
Meadow	草原、湿地
Mount	山峰
Mountain	山脉
Overlook	观景台
Point	岬、观景点
Pass	山口
Rim	悬崖边缘

各公园的周边地图。从图中可以了解到某一公园与所在地区门户城市以及其他公园的位置关系。

住	地址
☎	电话号码（除了个别地区，市内通话时无须拨打前3位号码）
Free	可在美国国内拨打的免费电话，号码为1800、1888、1877、1866、1855开头。从中国拨打会产生话费
FAX	传真号码
URL	网站地址（省略http://）
开 营	开门时间、营业时间
休	定休日
运行	巴士等交通工具的运行时间
所需时间	所需时间
费	费用
Ranger	Ranger-led Program（→p.20）
Wi-Fi	无线网络
Ave	Avenue
Blvd	Boulevard
Dr.	Drive
Hwy.	Highway
Rd.	Road
St.	Street
E.	East
N.	North
S.	South
W.	West

交通

开车自驾比较方便一些，不过没有车也可以乘坐巴士游览这座公园。主要的线路是从公园西侧或者东侧进入园内。特别是公园以西，40分钟车程可达的卡利斯贝尔 Kalispell 作为门户城市，到达公园十分方便。

可以乘坐火车到达，也是冰川国家公园的一大特点。对于总是乘坐飞机游览的游客，不妨偶尔也体验一下火车的乐趣。

园内的游览线路有限，而且公共交通运行的频度也比较低，冰川国家公园的观光季只有夏季短暂一段时间。所以如果准备游览这里，最好提早做好旅游计划，规划好线路，预订好酒店。

飞机 Airlines

冰川公园国际机场 Glacier Park International Airport（FCA）

机场位于公园西口大门以西约20英里（约32公里）处，卡利斯贝尔的附近。从公园大门开车到机场需要30-40分钟。夏季时，达美航空有从盐湖城飞来的航班，每天3班（所需时间1小时45分钟），从明尼阿波利斯每天也有1班飞机飞来（2小时50分钟）；阿拉斯加航空旗下的地平线航空也有从西雅图飞来的航班，每天3班（1小时20分钟）；美联航有从丹佛飞来的航班每天1班（2小时20分钟）。

从机场到园内有 Flathead Glacier Transportation 等多家公司的循环出租车在运行。这些车辆都是根据航班起飞和降落的时间，在机场外等候载客的，可以说明目的地，谈好价钱再上车。

铁路 Amtrak

与其他国家公园不同，在这里可以乘坐火车进入公园。铁线路穿过公园南部，东西各有一个车站。其实冰川国家公园原本就是围绕着火车站进行开发建设的。

DATA

时区▶山地标准时间 MST

Glacier National Park

☎（406）888-7800

www.nps.gov/glac

Waterton Lakes National Park

☎（403）859-5133

www.pc.gc.ca/waterton

10月～次年5月期间除部分地区以外，全园关闭。其他时期24小时开放。

7-8月

每辆车$30（11月～次年4月是$20）、摩托车$20（$15）、其他人园方法每人$15（$10）。沃特顿湖国家公园是每人CA$7.80（加元）。两座公园之间没有道路。

被列为国家公园▶1910年

被列为国际和平公园▶1932年

被列为世界生物保护区▶1976年

被列为世界遗产▶1995年

面积▶冰川国家公园410平方公里、沃特顿湖国家公园526平方公里

接待游客▶约234万人次

园内最高点▶3190米（Mt. Cleveland）

哺乳类▶70种

鸟类▶277种

两栖类▶6种

鱼类▶27种

植物▶约1132种

落基山脉 ●冰川国家公园（蒙大拿州）

FCA ☎（406）257-5994

p.372 D-1

Alamo ☎（406）257-7144

Avis ☎（406）257-2727

Budget ☎（406）755-7500

Hertz ☎（406）758-2220

Flathead Glacier Transportation

☎（406）892-3390

Lake McDonald 单程 $57（第二个人 $5）

各公园的基本信息。介绍了开园时间、门票价格、公园面积等信息。宜行期表示普通旅游的最佳前往时期。

住宿设施

如没有特别提示，住宿费均为1间客房（可住2人）的费用，客房内有浴室和厕所。标记为有浴室的住宿设施，也可能没有浴缸而只有淋浴。如果住宿3人需要增加费用。所列费用不包含酒店住宿税。

on 旺季的住宿费用

off 淡季的住宿费用

各公园的淡旺季不尽相同。如果是滑雪场附近，有的地方可能隆冬季节的费用最贵。

另外，所谓“包含早餐”是指早上提供面包、甜甜圈、咖啡等简单餐食。如果标注为“Full Breakfast”则表示早餐中还包括培根、鸡蛋、水果等食物（具体菜单内容各酒店不尽相同）。

地 图

- 州际公路
- 收费公路 Toll Road
- 国家公路 US Hwy.
- 州公路 State Hwy.
- 非铺装道路
- 收费站
- 单行线
- 徒步游览步道
- 铁路
- 机场
- 游客服务中心
- 客栈、酒店
- 宿营地
- 加油站
- 游览船埠头
- 观景台
- 停车场
- 厕所
- 饮用水

※在游客服务中心此类场所为必备设施，所以不做特别标记。

徒步远足

本书中，将徒步游览线路以及游览路程用“徒步远足 Trail”表示，将其出发点用“远足起点 Trailhead”表示。所需时间指体力为平均程度的人以平均程度的速度步行所用的时间。包括途中小憩的时间，但不包括用餐时间。

初级 用时30分钟~1小时的短距离线路，或者较为平坦、行走轻松的线路。

中级 需用时数小时的线路，或者途中有坡路需要一定体力的线路。

高级 需用一整天完成的长距离线路，或者途中有陡坡以及存在坠落危险的线路。

信用卡

Ⓐ 美国运通卡（American Express）
Ⓓ 大来卡（Diners Club）
Ⓙ JCB 卡
Ⓜ 万事达卡（Master Card）
Ⓥ 维萨卡（VISA）
（也可能有商家与其中的信用卡公司已经解除合约的情况）

■如何使用本书所提供的信息

编辑部尽可能地刊登最新、最准确的信息资料，但由于当地的规则或手续等经常发生变更，或对某些条款的具体解释有认识上的分歧，因此，若非本社出现的重大过失，因使用本书而产生的损失或不便，本社将不承担责任，敬请谅解。另外，使用本书之前，对于书中所刊登的信息或建议是否符合自身的情况或立场，请读者根据切身情况自己做出正确的判断。

■实地采访与调查时间

本书根据2015~2016年采访调查所得数据编辑而成。但是随着时间的推移，实际情况可能会发生变化。尤其是客栈和汽车旅馆的住宿费用，实际前往时，很多都会有所变动。因此，请读者将本书所载的各种数据视为一个大致的参考，最好在到达旅游目的地后去当地的游客服务中心获取最新的信息，然后再展开行程。

■关于投稿文章

投稿文章，即便内容带有一些主观色彩也尽可能地以忠实于原文的形式登载，以便让读者对其他游客的感受有一个直观的了解，有关数据信息部分编辑部都一一进行了核查。

Notes 追加信息　Side Trip 交通信息　Trivia 小知识

Reader's Voice 投稿文章

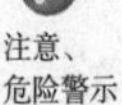

注意、危险警示

美国国家公园

Contents

基本信息

美国西南大环线 GRAND CIRCLE 43

出发前必读！旅行问题与安全对策 ……p.40、66、480、481

MAPS

专栏

美国国家公园

National Parks in the U.S.A.

中国旅游出版社

正式国名

美利坚合众国（United Stars of America）。America 源自确认了美洲为新大陆的意大利探险家阿美利哥·维斯普奇的名字。

国旗

星条旗（Stars and Stripes）。13 条红白条表示 1776 年建国时的 13 个州，50 颗星表示现在的 50 个州。

国歌

《星条旗永不落》（*Star Spangled Banner*）

面积

约 962.9 万平方公里

人口

约 3.2026 亿。

首都

华盛顿特区（Washington, District of Columbia）。特区为联邦政府直辖行政区，不隶属于 50 个州中任何一个州。全国的经济中心是位于特区以东的纽约市。

国家元首

巴拉克·侯赛因·奥巴马总统（Barack H.Obama）

国家政体

总统制　联邦制（50 个州）

人种构成

白人占 77.7%、非洲裔占 13.2%、亚洲裔占 5.3%、美洲原住民占 1.2%，等等。

宗教

基督教为主流。教派以浸礼派及天主教为主，但在不同城市其分布有所偏重。还有犹太教和伊斯兰教，信徒相对较少。

语言

以英语为主，但并没有相关法律规定。使用西班牙语的人群分布也很广。

货币

货币单位为美元（$）和美分（¢）。纸币有 1、5、10、20、50、100 美元面值。在个别小店无法使用 50、100 美元，需注意。硬币有 1、5、10、25、50、100 美分（=$1）6 种，不过 50、100 美分硬币不大在市场上流通。

►旅行预算与货币→ p.463

$1　$5　$10　$20

25 ¢　10 ¢　5 ¢　1 ¢

出入境

签证

自 2013 年 3 月 16 日起，美国在中国境内开始实施新的签证申请流程。中国公民须通过美国国务院设立的美中签证信息服务网站（www.ustraveldocs.com/cn_zh/index.html）进行签证政策咨询、申请和预约面谈。申请人也可参考美国国务院领事局和美国驻华大使馆或驻其他城市的总领馆相关网页内容。

护照

有效期超出预订停留期至少 6 个月。

►出发前需要办理的手续→ p.464

打电话的方法

▶电话→ p.478

从中国往美国打电话的方法

国际电话识别号码	+	美国的国家代码	+	区号（去掉前面第一个 0）	+	对方的电话号码
00		1		××		××××××

从美国往中国打电话的方法

国际电话识别号码	+	中国的国家代码	+	区号（去掉前面第一个 0）	+	对方的电话号码
011		86		××		××××××

从中国飞往美国

去美国需要乘坐 10 多个小时的飞机，国内有多个城市多条航线可去往美国，具体情况根据你的出发地点决定。

气候

各国家公园因地理位置和季节的不同，气候也会有较大差异。例如，科罗拉多大峡谷与死亡谷都位于北纬 36° 附近，但由于海拔不同，气候条件迥异。旅行前务必查询确认气象信息，携带符合当地气象条件的服装和装备前往。

▶参见各国家公园数据

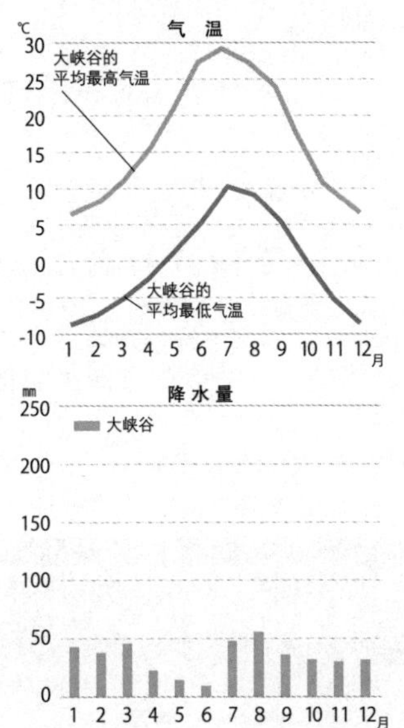

节日（联邦政府节日）

※ 表示在一部分州被定为节日。商业设施即使号称“全年无休”，在新年、感恩节、圣诞节这 3 天也基本上都会休息。另外，在阵亡将士纪念日至劳动节的暑假期间，很多地方的营业时间等也会有所调整。

1 月	1/1		新年 New Year's Day
	第三个周一		马丁·路德·金诞辰日 Martin Luther King, Jr.'s Birthday
2 月	第三个周一		总统日 President's Day
3 月	3/17	※	圣帕特里克节 St. Patrick's Day
4 月	第三个周一	※	爱国者日 Patriots' Day
5 月	最后的周一		阵亡将士纪念日 Memorial Day
7 月	7/4		独立纪念日 Independence Day
9 月	第一个周一		劳动节 Labor Day
10 月	第二个周一	※	哥伦布纪念日 Columbus Day
11 月	11/11		退伍军人节 Veterans Day
	第四个周四		感恩节 Thanksgiving Day
12 月	12/25		圣诞节 Christmas Day

营业时间

以下为大致的营业时间。根据行业、所处区域的不同会有差异。超市为 24 小时营业，或营业至深夜零点左右。在城市里的商务区以及国家公园内，超市和商铺 19:00 关门。

银行

周一 ~ 周五 9:00~17:00

商场及店铺

周一～周五 10:00~19:00，周六 10:00~18:00，周日 12:00~17:00

餐饮店

从早上就开门营业的是提供简餐的咖啡店。早餐 7:00~10:00，午餐 11:30~14:00，晚餐 17:30~22:00。酒吧营业至深夜。

电压与插头

电压为 120 伏，使用三相插头。从中国带去的电器无法直接使用，需要有变压器。如电器插头为两相，还要准备转换插头。

视频制式

蓝光光碟区域码，美国为 A 区，中国为 C 区；DVD 区域码，美国为 1 区，中国为 6 区，因此除了全制式的设备外不能通用。

小费

在餐馆用餐、乘坐出租车、在酒店住宿（接受门童和整理房间人员的服务），按照惯例都需付小费。根据接受的服务内容以及对服务的满意程度，小费金额会有所不同，但大致可以参考以下价位。

餐馆

合计金额的 15%~20%。餐费中已包含服务费时，在餐桌或托盘上留下一点硬币即可。

出租车

车费的 10%~15%（最低也要 2~3 美元）。

酒店住宿

每件行李付给门童 2 美元左右。行李较多时还要多付一些。在枕边或床头柜上给整理房间人员留 2~5 美元。

►关于小费→ p.477

饮用水

虽然自来水可直接饮用，但购买矿泉水还是通常的做法。矿泉水在超市、便利店、杂货店有售。

邮寄

向中国邮寄航空信、明信片的邮资为 98 美分。还有将信件、物品放入指定信封、箱子中以相应的固定金额投寄的方式。各地区营业时间会有差异。一般情况下，为非节假日的 9:00~16:00。

►邮寄→ p.479

时差与夏时制

美国本土横跨 4 个时区。东部标准时间 East Time（EST：大沼泽地国家公园、纽约等地）比北京时间晚 13 个小时，中部标准时间 Central Time（CST：芝加哥等地）晚 14 个小时，山地标准时间 Mountain Time（MST：黄石国家公园、丹佛等地）晚 15 个小时，太平洋标准时间 Pacific Time（PST：约瑟米蒂国家公园、洛杉矶等地）晚 16 个小时。夏季实行夏时制，在绝大多数州届时都需把钟表调快 1 小时。不过，亚利桑那州不实行夏时制，因此夏时制期间，使用山地标准时间的大峡谷与使用太平洋标准时间的拉斯维加斯的时刻将会重合。纳瓦霍人保留地虽地处亚利桑那州境内，但实行夏时制。因此，夏时制期间，位于保留地内的纪念碑谷的时间要比同属亚利桑那州的大峡谷（→ p.48 脚注）及佩治（鲍威尔湖→ p.90 脚注）早 1 个小时。

税金

购物时需要支付营业税（Sales Tax），在住宿需要支付酒店税（Hotel Tax）。在餐馆用餐也要支付与营业税为同等额度的税金，或者是在此基础上还需支付其他税金。税率在各州市不尽相同。

时差表

北京时间	0	1	2	3	4	5	6	7	8	9	10	11	12	13	14	15	16	17	18	19	20	21	22	23
东部标准时间（EST）	11	12	13	14	15	16	17	18	19	20	21	22	23	0	1	2	3	4	5	6	7	8	9	10
中部标准时间（CST）	10	11	12	13	14	15	16	17	18	19	20	21	22	23	0	1	2	3	4	5	6	7	8	9
山地标准时间（MST）	9	10	11	12	13	14	15	16	17	18	19	20	21	22	23	0	1	2	3	4	5	6	7	8
太平洋标准时间（PST）	8	9	10	11	12	13	14	15	16	17	18	19	20	21	22	23	0	1	2	3	4	5	6	7

※ 从 3 月的第二个周日开始至 11 月的第一个周日实行夏时制。夏时制是将钟表时间调快 1 小时的制度。红色部分表示北京时间中的前一天。

安全与纠纷

亚洲人容易遇到的犯罪事件是顺手牵羊式的盗窃和抢劫。犯罪多由数人实施，一人转移被害人注意力，其他人趁机偷窃钱包或者抢夺包裹。犯罪分子用被害人听得懂的语言进行搭讪，骗取钱财，这种事情也经常发生。要增强防范意识，时刻提醒自己已经身处美国。

警察、急救、消防　911

►旅途中纠纷与安全对策→ p.480

年龄限制

各州规定虽有不同，但在美国基本上要超过 21 岁才可饮酒。在购买酒类时有可能被要求出示身份证件。在 Live House 等提供酒精饮料的场所也需要出示身份证件。

在美国由年轻人引起的交通事故很多，所以除了个别例外，一般的大型汽车租赁公司只对 25 岁以上的顾客提供服务。21 岁至 25 岁的顾客，即便可以租赁，往往也需要支付额外的费用。

►关于礼节→ p.477

度量衡

长度 · 距离

1 英寸（inch）≈ 2.54 厘米

1 英尺（foot）= 12 英寸≈ 30.48 厘米

1 码（yard）= 3 英尺（feet）≈ 91.44 厘米

1 英里（mile）≈ 1.6 公里

重量

1 盎司（ounce）≈ 28.35 克

1 磅（pound）≈ 453.6 克

体积

1 品脱（pint）≈ 473 毫升

1 加仑（gallon）≈ 3.785 升

距离、长度、面积、容积、速度、重量、温度等，几乎所有的度量衡单位都与中国不同。

长度

厘米（cm）	米（m）	公里（km）	英寸（inch）	英尺（feet）	码（yard）	英里（mile）
1	0.01	—	0.394	—	—	—
100	1	0.001	39.37	3.28	1.09	—
10 万	1000	1	39370	3280	1094	0.62
2.54	—	—	1	0.083	0.028	—
30.48	0.305	—	12	1	0.333	—
91.44	0.914	—	36	3	1	—
—	1609	1.61	—	—	1760	1

面积

平方米（m²）	平方公里（km²）	坪	平方英尺（ft²）	平方码（yd²）	公顷（ha）	英亩（acre）
1	—	0.3025	10.764	1196	—	—
100 万	1	30 万 2500	—	—	100	247.11
3.306	—	1	3 万 5586	3954	—	—
0.0922	—	0.028	1	0.111	—	—
0.0836	—	0.2529	9	1	—	—
—	0.01	3025	—	—	1	2.4711
—	0.004	—	—	—	0.4047	—

男装尺码（cm）

尺码	S	M	L	X-Large
领围	36~37	38~39	40~42	43~45
胸围	86~91	96.5~102	107~112	117~122
腰围	71~76	81~86.5	91.5~96.5	101.5~106.5
袖长	82.5~84	85~86.5	87.5~89	90~91.5

女装尺码（cm）

尺码	S			M		L		X-Large	
	4	6	8	10	12	14	16	18	20
胸围	85	87.5	90	93	96.5	100	104	109	114
腰围	62	65	67	70	74	77.5	81	86	91
臀围	90	93	95	98	102	105	109	114	119

重量

克（g）	千克（kg）	盎司（oz）	磅（lb）
1000	1	35.27	2.205
28.3	0.0283	1	0.062
454	0.454	16	1

身高

英尺 / 英寸（ft）	5'0"	5'6"	6'0"
厘米（cm）	152.4	167.6	182.9

体重

磅（lbs）	100	150	180
千克（kg）	45.4	68.1	81.7

鞋的尺码（cm）

男鞋	尺码	6	6½	7	7½	8	9	10	11
	（cm）	24	24.5	25	25.5	26	27	28	29
女鞋	尺码	4.5	5	5.5	6	6.5	7	7.5	
	（cm）	22	22.5	23	23.5	24	24.5	25	

衬衫尺码（cm）

尺码（cm）	14	14½	15	15½	16	16½
领围	36	37	38	39	40	42

英尺换算表

Inch	20	25	30	35	40	45	50
cm	50.8	63.5	76	88.8	101.6	114.3	127

西服 · 大衣类尺码（cm）

尺码	S	M	L	X-Large
身高	160~171	172~181	182~192	193 以上

温度　华氏度 =（摄氏度 ×9/5）+32　摄氏度 =（华氏度 -32）×5/9

华氏度 / 摄氏度换算表

摄氏度℃	-20	-10	0（冰点）	10	20	30	40	100（沸点）
华氏度℉	-4	14	32	50	68	86	104	212

大峡谷国家公园（p.44）

AMERICA THE GREAT!

美国的世界遗产

美国是世界上最早提出国家公园这个概念并建立国家公园的国家，也是世界自然保护运动的发祥地。美洲大陆虽然幅员辽阔，但被人们发现的时间却比较晚，有些地方由于地形比较险峻所以未被开发，至今仍保留着几乎原生态的比较罕见的自然景观与动植物。

这里既有造就出如此壮观之景象的大自然的力量，也有怀着敬畏自然之心的原住民，更有 150 年以前为了保护这片土地而做出努力的人们。

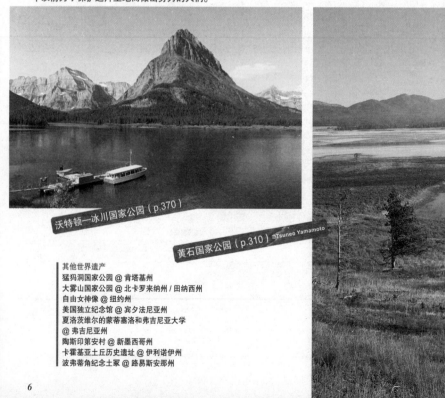

沃特顿—冰川国家公园（p.370）

黄石国家公园（p.310）©Tsuneo Yamamoto

其他世界遗产

猛犸洞国家公园 @ 肯塔基州
大雾山国家公园 @ 北卡罗来纳州 / 田纳西州
自由女神像 @ 纽约州
美国独立纪念馆 @ 宾夕法尼亚州
夏洛茨维尔的蒙蒂塞洛和弗吉尼亚大学 @ 弗吉尼亚州
陶斯印第安村 @ 新墨西哥州
卡霍基亚土丘历史遗址 @ 伊利诺伊州
波弗蒂角纪念土冢 @ 路易斯安那州

查科文化国家历史公园（p.181）

红木国家公园及州立公园（p.262）

卡尔斯巴德洞窟国家公园（p.436）

梅萨维德国家公园（p.182）

约瑟米蒂国家公园（p.192）

奥林匹克国家公园（p.296）

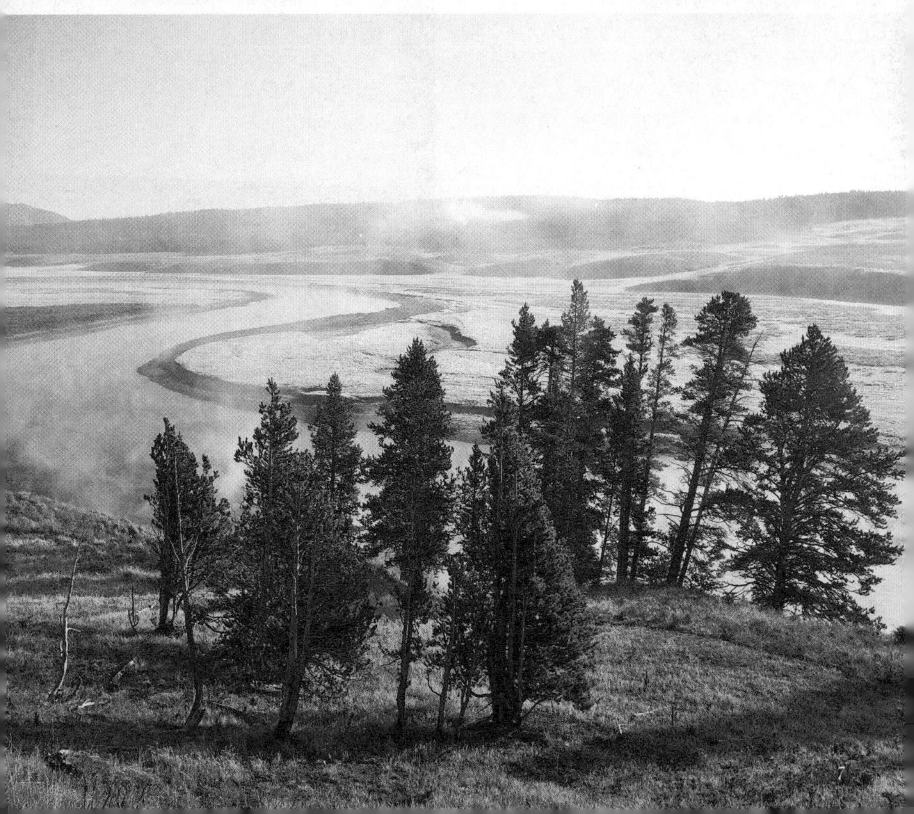

大沼泽国家公园（p.450）

What's New

新发行黄石国家公园3日通票

黄石国家公园的门票与大提顿国家公园的门票是通用的，但是正如右侧所写的随着门票的价格上涨，黄石国家公园单园推出了一款新型的3日内有效的通票。(→p.311)

门票涨价了！

自2015年春季起，美国大多数国家公园的门票都大幅涨价。有些公园像黄石国家公园的门票一下子就翻了2倍。涨价热潮仍在持续中，预计到2017年阶段性进行涨价。所以推荐你使用(→p.10)国家公园年票。

禁止使用遥控飞机

近年来使用人工智能遥控飞机（Drone、UAV等先进的遥控设施）搭载照相机在园内上空飞行、如拍摄约瑟米蒂国家公园内的攀岩活动并且上传网络等行为急剧增加。由于噪声较大，而且是低空飞行，惊扰到许多野生动物与野鸟；另外坠机事故(→p.326)对紧急救助系统也有一定的影响。游客们在大峡谷国家公园静观日出时看见眼前飞来飞去的遥控飞机相当反感。因此全美国国家公园境内于2014年全面禁止使用所有无人驾驶飞机，无论大小型号或是曾经被许可的飞机都禁止使用。

国家公园管理局成立100周年

至2016年8月25日，国家公园管理局已经成立了100周年。为了庆祝100周年的到来，各个公园举行了各种盛典，并在游客服务中心做特别展览或者发行纪念100周年的商品（The Centennial）。

冰川国家公园的运营商有部分变更

截至2014年冰川国家公园内的住宿设施、团队旅游项目、游船项目等都是委托给Glacier Park Inc.公司运营的，自2014年起有部分客栈项目和巴士团体旅游项目改由Xanterra Parks&Resorts公司经营。

禁止携带大麻入内

虽然科罗拉多州和华盛顿州于2014年解禁了大麻法案，使贩卖大麻的行为合法化。但是，在国家公园、国家保护区（National Monument）以及国有森林等地禁止持有、吸食大麻的行为。

大峡谷国家公园的运营商有部分变更

南缘的Yavapai Lodge地区的运营商变为DNC Parks&Resorts公司。请注意，有一间旅店与其他住宿设施的预约地址不同。

基础知识篇

国家公园管理员的帽子是孩子们最向往的礼物

首先，值得注意的是美国的国家公园不单单是游山玩水的旅游景点。美国是世界上首个建立国家公园管理制度的国家。国家公园的管理制度非常严格，管理水平也是世界上较高的。国家公园的管理主要有三大目标，如下：

1. 保护和维持原始的自然景观
2. 经营和管理可以人人平等使用的公有设施
3. 使前来参观国家公园的旅行者充分了解和认识大自然

公园管理员在公园内各处巡视

为了实现以上的目标，约有2万名国家公园管理员和每年约22万人次的志愿者在为之努力。这些公园管理员大都是各个领域的专家，不仅可以回答游客们的提问、帮助徒步远足的游客整理装备等，还拥有行使警务的权利。我们作为游客也应该充分理解国家公园的概念，遵守管理规则，在美丽的大自然中享受旅行带来的乐趣。

与我国的国家景区全然不同!

美国国家公园管理局共管辖着401个区域，其中包含59所国家公园，总占地面积约34万平方公里。其中有97%是国有土地，辖区内从餐厅到教堂的所有设施都在管理局的严密监管之下。与我国的自然景区不同，绝对不会有大量的纪念品商店、醒目的广告牌又或是出售喂食动物用的饲料等现象。严令禁止破坏自然景观的建筑物以及影响生态系统的行为。公园管理的首要目标在于保护自然资源。

另外，美国的国家公园占地非常广阔，没有一所公园是可在一日之内徒步游览完毕的。哪怕是近在眼前的观景台，可能也需要乘车15分钟才能够到达，参观线路可能比想象中要花费时间，所以请一定事前做好充分的准备。

最后，介绍一些名词，允许游客驾车进入的场所或者村落被称作可泊车营地（Frontcountry），必须徒步远足才能到达的比较深入的区域被称为车辆不可到达营地（Backcountry），不能进行徒步远足的原生态地区被称作荒地（Wilderness）。

准备去Backcountry徒步远足的驴友需要做好充分的准备

约瑟米蒂国家公园内的马里波萨谷巨杉林是自然保护运动兴起的原点

国家公园入园游客排行榜（2014年）

1	大雾山国家公园（北卡罗来纳州/田纳西州）	1010万人
2	大峡谷国家公园（p.44）	476万人
3	约瑟米蒂国家公园（p.192）	388万人
4	黄石国家公园（p.310）	351万人
5	落基山国家公园（p.398）	343万人
6	奥林匹克国家公园（p.296）	324万人
7	锡安国家公园（p.104）	319万人
8	大提顿国家公园（p.350）	279万人
9	阿卡迪亚国家公园（缅因州）	256万人
10	冰川国家公园（p.370）	234万人

国家保护区(National Monument)是什么?

近年，由于海外游客的增加国家公园也开始注重宣传世界遗产资格了

国家保护区内的自然景观及科学性、历史性价值都与国家公园的标准一致。运营系统也与国家公园近乎相同，对于游客来说这两者几乎没有区别。本书中虽然译为国家保护区，但与我国的国家保护区不同，美国的国家保护区几乎都是由国家公园管理局管理的。但是，其中有一部分景区也归森林管理局或者土地管理局管理，大都是由于该地区有天然气资源或者林业伐木等。

世界遗产是什么?

在我国被人们熟知的联合国教科文组织认定的世界遗产，美国共有 23 处（截至 2015 年）。直至今日，“世界遗产”这个名词在美国还不是被人们所熟知的，在园区内世界遗产标志牌经常是被挂在了停车场的角落里、厕所的旁边等不太显眼的位置。

美国的国家公园拥有世界最高水准的自然保护制度，再没有比成为国家公园更加高级别的称谓了。所以，即便是认定为世界遗产在预算上或者其他制度上也没有任何改变，基本上没什么重大的意义。

交通设施

公园内交通设施比较齐全的是大峡谷国家公园、约瑟米蒂国家公园、黄石国家公园和冰川国家公园，剩下的其他公园交通大都不是很方便或者完全没有公共交通。建议租车自驾或者选择巴士观光团旅游。特别是在旅游淡季就连上述交通设施较为齐全的公园也几乎是没有车次运行的，强烈推荐租车自驾游。自驾游既可以随时随地地停下来观察动植物，又可以根据天气的变化改变行程线路，十分方便。

但是，需要注意的是有些道路比较狭窄、多山路、急转弯也较多，如果对于山地驾驶没有信心的驴友还是需要慎重考虑的。

几乎全程没有公路护栏（国王峡谷国家公园）

公园门票

美国国家公园都是有大门的，所以需要购买门票。驱车前往的话不计车内人数每辆车收费 $10~50（有个别公园会根据人数加收费用）。如果是乘坐巴士或者骑自行车、徒步的门票是每人 $3~15（未满 16 岁免费）。

连续 7 日内有效，在公园大门出示门票后可自由出入。有些公园在游览结束离开的时候也需要出示门票。无论天气好坏或者是否能够看到景观，购买后的门票一律不退还。

另外，每年会有数个国家公园免费日。

旅游旺季的时候公园入口处经常堵车

美国国家公园年票

如果准备去多个国家公园周游的驴友推荐使用这种年票。正式全称是 America The Beautiful - National Parks and Federal Recreational Lands Pass。年票仅需 $80 就可以自由出入国家公园、国家保护区、国家历史遗址，甚至包括森林管理局、土地管理局、鱼类野生生物管理局管辖的各类公园共 2000 余所。1 年内有效（如果是 2015 年 7 月 1 日购买至 2016 年 7 月 31 日有效）。一般仅用一张年票乘车同去的人员都可以使用。有人数限制的公园是 16 岁以上 3 人内可以使用（摩托车的话可以使用 2 辆）。园内的单项旅行团等不可使用。注意，这种年票只适用于联邦政府的辖区内，州立公园不可使用。

可在各个国家公园的入口处购买，大多数入口处都不可以使用信用卡。另外，使用这种年票入园时，多数时候需要出示护照。

在购买年票的时候，可以送一个能够挂在车内后视镜上的卡套，在进入不需要门票的公园时可以挂在后视镜上

关于服装与所带物品→ p.462

园内住宿指南

在国家公园内住宿

美国的国家公园占地面积非常广阔，公园外的城镇旅馆距离园内的景区乘车最少需要 30 分钟 ~ 1 小时。所以，建议在公园内住宿，享受一下大自然带来的乐趣。

人气较高的国家公园内都设有各项设施齐全的旅馆。客栈 Lodge 是价格相对比较便宜的住宿设施，大多都是可以在房间外停靠车辆的汽车旅馆类型。酒店 Hotel 和旅馆 Inn 是比较高级的住宿设施，大多数是 2~4 层的楼房建筑。但是这两者没有显著的区别，感觉上都是与周围的景观融为一体，建筑材料大多使用当地出产的岩石或者木材，设计非常精巧。

也有一些地方是 1 间或者 2 间房连在一起的独栋小屋 Cabin。既有附带卫生间和淋浴房的木质小屋，也有帆布帐篷式的小屋，总之住宿设施的类型各式各样。有时候可能在你的床下就住着土拨鼠一家，或是早上起来打开窗子可以看见窗外小鹿在悠闲地吃草。

为了减少对动植物所带来的影响，客栈或者旅馆的周围几乎没有什么照明设施，到了夜间漆黑一片。就连去往旅馆前台也必须要带上手电。

另外，大型国家公园内都会配备可供使用轮椅的客人住宿的设施，但并不是园内所有的住宿设施都可以使用轮椅，请在预约的时候确认清楚。

约瑟米蒂国家公园内建于 19 世纪的 Wawona Hotel

费用较高!

国家公园内的住宿设施都是由国家公园管理局指定的运营商在经营管理，住宿价格是管理局审批后制定的。虽然为了方便民众有一定的价格管控，但是园内的价格依旧比一般的住宿价格要贵许多。客房价格是根据地点、屋内景色和屋内设备而有所不同的，有些房间看上去很普通，但是住宿 1 晚甚至需要 2000 元人民币。有些公园如大峡谷国家公园和锡安国家公园的园外住宿设施距离园内景区比较近，这种情况时园外的住宿价格也会随之升高。

另外，淡季的时候大多数园内的住宿设施是不营业的。如果有在营业的住宿设施，那么价格会比旺季的时候便宜一半。

上 / 位于冰川国家公园内的 Many Glacier Hotel 客房，$212
下 / 位于约瑟米蒂国家公园内的 Tuolumne Meadows Lodge 的帐篷客房，每间房间最多可容纳 4 人住宿，$126

办理入住手续时

高峰时游客需要在前台排队 30 分钟等待办理入住手续

公园内旅馆开始办理入住手续的时间为 16:00 或 17:00，比一般的酒店要晚。例如，在约瑟米蒂就严格规定为 17:00，即使 16:30 到前台，也只能办理手续而无法拿到房间钥匙。17:10 去前台领取钥匙，会发现已经排起长队。在其他公园，也有提前 2 小时就可入住的情况，具体如何操作各地会有差异。办理退房手续时间比较早，一般为 10:00~11:00，最好事先确认。

驾车前往旅馆办理入住手续时，如果没有提前预约，最好先不要将行李箱从车上取下。因为前台与客房往往会隔有一段距离，办完手续后可能需要开车前往。

室内设备

- 公园内的客栈基本上只有双人标准间，单人间几乎没有。不管一个人住还是两个人住，住宿费都一样。入住三个人以上就需要额外支付费用，但大多数客栈的房间都很狭窄，根本无法加床。家庭旅游的游客可以在预约时查询具体情况。
- 为了能够享受有别于日常生活的休闲时光，客房内一般都不设电视、电话、空调，不过最近也开始发生变化，添设这些设备的客房在逐渐增多。
- 如没有特别提示，客房内一般都有淋浴和厕所。会摆放有洗发液等洗漱用品，但基本上不会有吹风机。几乎没有客房会设置浴缸，淋浴房大多也极为狭窄。
- 标有 Room without Bath 的房间，表示淋浴和厕所为公用，房间内只有洗手池。不过这种情况也还是会为客人提供浴巾、洗脸用毛巾、毛巾手帕、香皂这 4 样洗漱用品。有些浴室是男女共用的，但是每个淋浴房都是带更衣室的单间，所以即便是女性客人也可以不用担心。如果住帐篷的话，夜间上厕所恐怕需要带上手电穿出树林走上一段路程。
- 园内的住宿设施内是全面禁烟的。在容易发生山林火灾的时期室外也是全面禁烟的。
- 客栈都是比较古老的建筑，隔音也不是很好，洗澡水的温度调节经常出状况，诸如此类的问题还有许多，不过在大自然中景色就足够我们陶醉的了，这点小麻烦将就一下忍一忍就好了。
- 带有电梯的住宿设施较少，有些 5 层酒店甚至都没有电梯。类似这种情况之时，大都是由门童帮你把行李运送上楼。

早晨使用公用淋浴房的客人比傍晚要多

位于冰川国家公园内的 Glacier Park Lodge 也没有电梯

最大的难关是预订酒店

由于保护大自然的管理理念，园内的住宿设施十分有限，客房长期客满。例如，大峡谷国家公园等人气较高的公园，最旺季时的房间早在半年 ~1 年前就预订空了。

预订酒店可以通过互联网，既不用担心时差问题又可以预览客房内的照片。打电话预约经常会出各种问题，对自己英语不是很有自信的驴友还是尽量避免电话预约，以免发生状况。

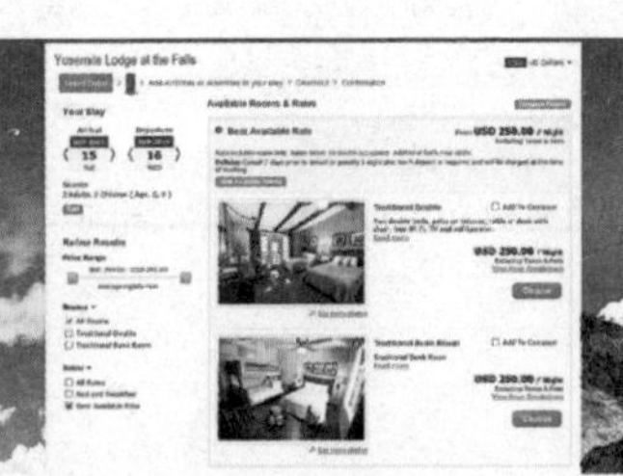

在订房前一定确认好屋内的设备和各种住宿规定

支付订金与取消预约

请在办理入住手续时确认好最终的住宿金额

无论是网上预约还是电话预约都需要有信用卡才可以预订房间。有些住宿设施是在订房后直接从信用卡内扣除1天的住宿费用，有些则是信用卡授权待入住退房后才划账。

虽说订房可能需要提前好几个月支付房费，心中会有些许不安，但是目前还没有听说国家公园有信用卡支付投诉，所以大可放心订房。

如果你是在旅游旺季前预订的房间，房费有可能会涨价（也有可能会降价），不过也只是上下浮动5%左右。差价是在入住后再进行结算的，注意房费中不包含税金（10%）。个别公园会收取$1的自然保护救助费（自愿缴纳）。

订房时请一定确认好取消预约的条件Cancellation Policy。有些住宿设施可以在入住前一天的16:00前免费取消预约，有些则是在订房30天以上需要收取$15的取消手续费。甚至有些酒店是过了取消时限需要收取全额住宿费。

万一没有预订到酒店时

- 在可以免费取消预约的时效过期前再次确认是否有空房。
- 在公园附近的城镇寻找酒店。所谓公园附近是指公园入口所在的城镇，那里应该会有酒店或者汽车旅馆。不过，在旺季的时候也大都是没有空房的状态。
- 参加从拉斯维加斯出发的巴士旅行团。旅行团的种类很多，有一日游、有带住宿的旅行团，还有直升飞机旅行团（具体内容请参考各国家公园的项目）。
- 也可从中国国内参加旅行团。有专门的美国国家公园周游团，大概是6~10天，也有时间更长一些的12天左右的团。最大的优势就是不用担心旺季的时候订不到房间，缺点是团队旅行行程大都比较赶，走马观花式地在一个公园玩上半天就很不错了。所以如果想要深度游的驴友请慎重考虑。

另外，如果没有找到住处，准备把车停在园内的停车场内并且住在车里的驴友需要注意，园内停车场夜间禁止开车灯（包括车内的灯）。

也可以考虑自带帐篷露营

值得推荐的客栈

适合观景的客栈（景观依房间而不同）

The View Hotel @纪念碑谷国家公园	p.166
Many Glacier Hotel @冰川国家公园	p.392
Jackson Lake Lodge @大提顿国家公园	p.366
Lake Powell Resort @鲍威尔湖	p.101
Far View Lodge @梅萨维德国家公园	p.189
Crater Lake Lodge @火山口湖国家公园	p.277

在Lake Powell Resort的客房内可以观赏到美丽的湖景和岩石山

有历史感、氛围好的客栈（由于建筑比较老旧，住宿不一定舒适）

Old Faithful Inn @黄石国家公园	p.345
Jenny Lake Lodge @大提顿国家公园	p.366
Lake Hotel @黄石国家公园	p.346
Ahwahnee Hotel @约瑟米蒂国家公园	p.224
El Tover Hotel @大峡谷国家公园	p.79
Furnace Creek Inn @死亡谷国家公园	p.256

Ahwahnee Hotel是具有代表性的美国度假村

大峡谷国家公园 · 南缘导览图

大峡谷的旅游集散地在南缘，这里设施齐全，游客众多。

光明天使客栈 Bright Angel Lodge 由于位置好价格便宜相当有人气（→p.78）

断崖的边上建有包含历史悠久的 El Tover Hotel 在内的 4 家客栈，遗憾的是风景好的客房为数不多

Hopi House 是大峡谷纪念品最全的商店，里面可以买到原住民纪念品

Lookout Studio（瞭望台）的台阶下是最适合观察加州兀鹫（→p.63）的位置

科布尔工作室内展示着许多照片等资料（→p.55）

Kolb Studio
Lookout Studio
Bright Angel Lodge
Thunderbird Lodge
光明天使步道
Bright Angel Trail
距离科罗拉多河13公里
Hopi House
Verkamp's
Visitor Center
火车站
马厩
Maswik Lodge
Kachina Lodge
El Tover Hotel
诊所
Backcountry Information Center

南缘村以西有 9 座观景台（→p.57），可以乘坐免费接送巴士前往（只在 3~11 月通车）

上 / 可以在客栈的柜台申请参加观光巴士旅游团（能去到最远的观景台）、骑马项目、乘坐游览用直升机等旅游项目

下 /Maswik Lodge 也很不错，有点偏但是很安静

还可以乘坐观光列车前往南缘。运气好的话还能赶上蒸汽机车（→p.48）

木结构的火车站是南缘村的中心

如果你有半天时间，一定要到峡谷里走一走（→ p.66）

Yavapai Point（→ p.57）有一个小型博物馆和纪念品商店

在 Mather Point 每天都会听到各国语言的惊叹声

上 / 汇集了各种旅游信息的游客服务中心（→ p.54），前面的是书店

下 / 峡谷地区夏季干热，景点各处都设有饮水处（→ p.69），这些水是从峡谷对岸引过来的

Yavapai Lodge 的房间数较多，相对来说比较容易订到房间（→ p.79）

免费的景点接送巴士共有 3 条线路，每天日出前就开始发车，非常方便（→ p.56）

在 Yavapai Lodge 和 Maswik Lodge 都有自助式餐饮区（→ p.55）

观看日出与夕阳的最佳位置

如果有车的话位于东缘的观景台也很不错，人少，相对比较安静（Grand View Point）

观景要点

南缘有多座观景台，一般来说东向的观景台（东缘）适合观看日出，西向的观景台（西缘）适合观看夕阳。但是，无论在哪个观景台都可以观赏到大峡谷层层叠叠的岩壁以及岩壁与阳光相互辉映的艳丽之景，只需要选择距离住宿地较近的地方即可。

推荐观景时间是，从日出前30~40分钟欣赏开始慢慢变成红色的天空，之后阳光逐渐射进谷底大约需要1小时时间。赏夕阳的时间大约是从太阳落山的1小时前开始，经过半小时后天空逐渐开始有火烧云的感觉。具体时间请参考p.53的时间表，最好穿比较保暖的衣服前往。

太阳升起后，经过了40分钟谷底依旧笼罩在黑暗中（Yavapai Point）

▶ Hopi Point　这座观景台是非常有人气的观看夕阳的观景地，在这里看到的落日仿佛被大地吸入地下一般壮观而真实，但是回程的接送巴士不在这里停靠，需要步行500米到前面的Powell Point处乘车。

▶ Mohave Point　这座观景台也是著名的赏夕阳胜地。但是旅游旺季的时候这里往往都是人山人海，有时甚至因为客满坐不上接送巴士（等15分钟就会有后续的追加巴士来接送）。

▶ Pima Point　不喜欢拥挤的驴友可以选择这个观景台。如果风向合适还可以听到科罗拉多河的流水声。

▶ Yaki Point　这座观景台无论是看日出还是赏夕阳都很值得推荐，而且这里也不会很拥挤。注意不要错过末班巴士的时间。

▶ Lipan Point　如果你是自驾并且不是第一次来大峡谷，推荐来这个观景台看看。

▶ Mather Point　对于不想早起的驴友来说这里最合适，既不用早起也不需要换乘巴士。

▶ “啊！起晚了！”的时候给你的建议，从集散地也可以看到谷底。比起慌慌张张地乘坐巴士前往观景台来说，悠闲地从集散地出发走由东向西的徒步线路，一样也可以看到阳光慢慢射进谷底的美景。

▶ 云层较厚的时候可以看到更戏剧化的朝霞和晚霞。有趣的是，当有山林火灾或者其他灾害污染到天空的时候朝霞和晚霞会格外得红一些。

▶ 使用轮椅的游客可以选择Yaki Point和Hopi Point这两个观景台。抵达集散地后请先到游客服务中心领取Accessibility Pass（免费），这样园内无论哪条道路都可以通车不限行。

@大峡谷国家公园·南缘

如果世界上存在一种叫作“在有生之年最想看的世界绝景”之排名的话，那么大峡谷国家公园的日出一定名列前茅。
从南缘看到的大峡谷是向东西延展的，非常适合观赏夕阳！

日落后注意观看东边的天空颜色，非常美丽（看点）

从住宿设施去往各观景台的方法

住宿设施 ＼ 观景台			西缘（→p.58）		村庄周边（→p.57）		东缘（→59）	
			Pima Point Mohave Point	Hopi Point	Yavapai Point	Mather Point	Yaki Point	Grand View Point Lipan Point
Bright Angel Lodge Thunderbird Lodge Kachina Lodge El Tover Hotel Maswik Lodge （→p.78~79）		徒步	—	1小时	40分钟~1小时	1~1.5小时	2小时	—
	3~11月	免费接送巴士	20~30分钟（隐士居线路）	15分钟（隐士居线路）※回程不停车	35分钟（南缘村线路+谷缘线路）	25分钟（南缘村线路）	50分钟（南缘村线路+谷缘线路）	收费旅行团2小时（由于是动态旅行团，所以需要提前预约）
	3~11月	汽车	不可	不可	10分钟	10分钟	不可	30~50分钟
	12月~次年2月	免费接送巴士	—	—	35分钟（南缘村线路+谷缘线路）	25分钟（南缘村线路）	50分钟（南缘村线路+谷缘线路）	收费旅行团2小时（由于是动态旅行团，所以需要提前预约）
	12月~次年2月	汽车	15~25分钟	10分钟	10分钟	10分钟	不可	30~50分钟
Yavapai Lodge （→p.79）		徒步	—	—	20分钟	20分钟	1.5小时	—
	3~11月	免费接送巴士	30~40分钟（南缘村线路+隐士居线路）	25分钟（南缘村线路+隐士居线路）※回程不停车	20分钟（南缘村线路+谷缘线路）	10分钟（南缘村线路）	35分钟（南缘村线路+谷缘线路）	收费旅行团2小时（由于是动态旅行团，所以需要提前预约）
	3~11月	汽车	不可	不可	3分钟	3分钟	不可	20~40分钟
	12月~次年2月	免费接送巴士	—	—	20分钟（南缘村线路+谷缘线路）	10分钟（南缘村线路）	35分钟（南缘村线路+谷缘线路）	收费旅行团2小时（由于是动态旅行团，所以需要提前预约）
	12月~次年2月	汽车	20~30分钟	15分钟	3分钟	3分钟	不可	20~40分钟
图萨扬附近的酒店 （→p.81）	3~11月	免费接送巴士	65~75分钟（图萨扬线+南缘村线路+隐士居线路）	—	30分钟（图萨扬线+谷缘线路）	20分钟（图萨扬线）	45分钟（图萨扬线+谷缘线路）	—
	3~11月		※图萨扬线是免费的接送巴士，只在夏季运行，时间是8:00~21:30，赶不上看日出					
	3~11月	汽车	不可	不可	20分钟	15分钟	不可	30~50分钟
	12月~次年2月	汽车	35~45分钟	30分钟	20分钟	15分钟	不可	30~50分钟

徒步　免费接送巴士　汽车

※表格中的所需时间是估算时间，不包含免费接送巴士的等车时间。

约瑟米蒂村导览图

约瑟米蒂山谷是约瑟米蒂国家公园的中心，山谷是由冰川削成的槽谷。位于山谷东侧的村落是公园的旅游集散地。

游客服务中心展示了许多有关资料和影像（→ p.202）

热爱约瑟米蒂的摄影家安塞尔·亚当斯（Ansel Adams）的艺术馆

再现了过去曾经生活在约瑟米蒂的印第安部落之生活景象的博物馆

这里汇聚了许多餐厅，既有高级的西餐厅，又有快餐比萨店。在室外餐桌进餐时禁止喂食松鼠或者野鸟

乘坐免费接送巴士，下车后步行10分钟便可到达美国最大、世界第八大的瀑布之下（→ p.212）

新装修后的约瑟米蒂客栈 Yosemite Lodge

这里是倒看半圆顶 Half Dome 的最佳位置！

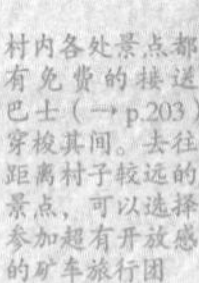

村内各处景点都有免费的接送巴士（→ p.203）穿梭其间。去往距离村子较远的景点，可以选择参加超有开放感的矿车旅行团

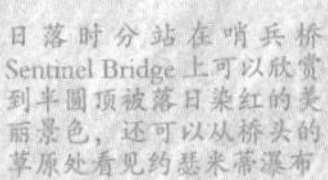

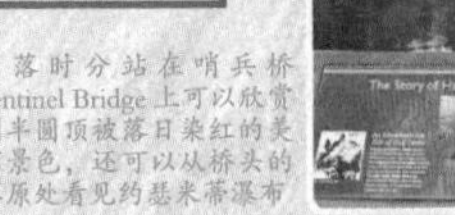

日落时分站在哨兵桥 Sentinel Bridge 上可以欣赏到半圆顶被落日染红的美丽景色，还可以从桥头的草原处看见约瑟米蒂瀑布

麦斯德河 Merced River，河水流量大的时候可以漂流，水流少的时候可以在水中嬉戏玩耍

以价格取胜的露营管家客栈 Housekeeping，非常有人气，营地内只有上下铺的帐篷客房

村内的商店与城市里的超市一样商品很齐全，旁边还有一间体育用品商店

阿赫瓦尼酒店 Ahwahnee Hotel（→p.224）是一间历史悠久的度假酒店，即便是不住在这里也值得参观一下

镜湖步道是非常有人气的徒步远足线路，也可以选择租借自行车游览

森林中的野外宿营地非常有人气（→p.226）

上 / 去往冰川点的巴士或者旅游团在这里预约
右 / 咖喱村 Curry Village 的帐篷屋简洁便宜非常有人气

Le Conte Memoria 内有塞拉俱乐部的图书室和大厅，塞拉俱乐部是约瑟米蒂自然保护的发起者，与约瑟米蒂有着深厚的关联

冰川点观景平台（→p.214）在咖喱村正上方的悬崖峭壁上，离谷底1000米，视野极佳

园内指南

首先到游客服务中心拿资料

游客服务中心的各种展示非常简单易懂，即使是小朋友也能很容易看懂，不太精通英语的人也大可放心

国家公园内必有游客服务中心，你可以在中心内收集到免费的天气预报、徒步远足线路图等各种信息资料。如果你想知道如“我在哪里能看到河狸”等更详细的信息时，可以直接向公园管理员询问。这里还有介绍野生动植物的简介图册。有些公园游客服务中心内还设有关于该公园自然环境的展览，或是通过影像等形式加深游客对大自然的认识。

另外，无论公园大小只要是游客服务中心必定有公共厕所、饮用水和公共电话，即便是游客服务中心处于关闭状态，以上设施仍可使用（仙人掌国家公园等部分除外）。

享受户外活动带来的乐趣

一定要在游客服务中心领取园内的地图和记载着最新信息的园内报纸（开车入园的话可以在入口处领取）。这些都是免费资料。报纸上记载着接送巴士的运行时间表、徒步远足线路图等信息。你可以选择徒步走进森林或是骑在马背上摇摇晃晃地享受旅行，也可以选择划船顺流而下等各种方式亲近大自然。

泛舟于湖上也是一项非常有人气的户外运动

园内还设有针对小朋友的游览项目，可以一边在园内游览一边回答问题，最后跟公园管理员一同起誓，可以获得一枚勋章，一名公园童子军就这样诞生了

类似这样的游览项目每天都会有数次，请确认好时间

另外，你也可以选择参加由公园管理员带领游客游览各种线路 Ranger-led Program 的游览项目。这些项目大都是免费的，不需要预约，任何人都可以参加。管理员们一边带领游客徒步远足，一边为游客讲解地貌特征、动植物特点和关于原住民的一些传说等知识。对于不太擅长英语的游客来说关于历史典故的讲解听起来虽然比较难懂，但是关于地理、动植物的介绍却非常简单易懂，几乎是按照小朋友都能够理解的方式来进行讲解的。项目开始的时间和集合地点请参考园内报纸。

在园内用餐与购物

也有可以由顾客自选食材来制作三明治的外卖店

大型的国家公园内都有自助式餐饮区。都是些快餐食品，如汉堡包、三明治、比萨等，味道一般。

园内的客栈内有可以安下心来用餐的餐厅。虽然可以着便装入内，但是晚餐时间还是尽量穿一件带领子的正装比较合适。餐厅内菜品还是比较丰富的，有牛排、海鲜、素食等各种菜式。

小型的国家公园有些是在游客服务中心内设有商店，店内出售谷物棒等方便食品；也有些公园根本没有可以购买食物的地方。

任何一家公园都设有游客服务中心商店，店内主要销售一些相关书籍、风景写真集、明信片等商品。有些大型公园内还设有超市，里面的商品种类比较充实一些，有纪念品、野营用品、登山鞋等。

值得一试的餐厅排名

Metate Room @梅萨维德国家公园	p.184
Jenny Lake Lodge Dining Room @大提顿国家公园	p.366
Lodge Dining Room @大峡谷国家公园 · 北缘	p.84
Lake Hotel Dining Room @黄石国家公园	p.347
Paradise Inn Dining Room @雷尼尔山国家公园	p.286
Mural Room @大提顿国家公园	p.366
Mountain Room @约瑟米蒂国家公园	p.202
El Tovar Dining Room @大峡谷国家公园 · 南缘	p.55
Ahwahnee Dining Room @约瑟米蒂国家公园	p.202

上 / 公园的规模与商店内的商品数量成正比
下 / 有些游客就是专门为了来 Ahwahnee Dining Room 餐厅就餐，才来到约瑟米蒂的

互联网与移动电话

约瑟米蒂村的餐饮区有付费电脑可供使用

大型国家公园内的游客集散地基本都有手机信号覆盖，但是距离集散地较远的观景台等地多数是没有信号的区域。近年来在游客服务中心内可以使用 Wi-Fi 的公园逐渐增多，但是网速基本上很慢，不要抱太大希望。

有些客栈内设有免费 Wi-Fi，但是只针对在该客栈住宿的客人，请在办理入住手续时索要 Wi-Fi 密码。如果客房距离服务台较远可能没有信号覆盖。

另外，黄石国家公园的部分客栈内可以提供付费 Wi-Fi。锡安国家公园的部分客栈大厅内设有免费使用的电脑（只针对在此住宿的客人）。

一些游客较少的国家公园基本上没有互联网，位置较偏僻的公园，或者距离城镇、国道较远的公园也可能没有手机信号。

关于公共厕所

厕所内保持得比较干净，因为平时有公园管理员和志愿者在维护这些公厕

游客服务中心与客栈内的厕所与美国国内的公共厕所基本相同。观景台和徒步远足步道上的厕所一般都是简易厕所，有些是微生物降解卫生间，所以使用完毕后合上盖子即可。由于个别地区没有水源，这种厕所不用水冲可直接降解，十分环保。不过大都是男女通用的，爱干净的驴友可以自带一次性旅行马桶垫。

但是大可放心，无论是多么偏僻的公共厕所里都配有卫生纸。纸盒设计为椭圆形是为了防止游客浪费厕纸。

因为没有通水所以不能洗手，但是大多数的公厕外都有速干酒精消毒洗手液。

关于美国的网络环境→ p.479

国家公园购物指南

纪念品简介

复古海报风格的挂历 $15.99，几乎在任何一个公园都可以买到

只在当年销售的纪念商品非常有人气

“半圆顶 Half Dome 登顶成功”“横贯大峡谷之行”等具有纪念意义的商品在各大公园均有销售。图中的纪念胸章 $5.95、袜子 $9.99、T 恤衫 $26.99

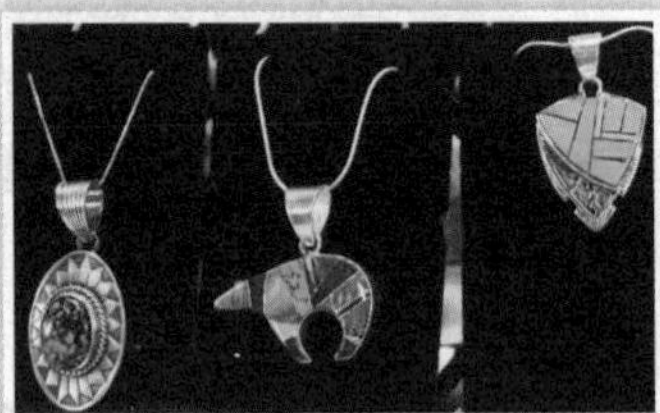

纳瓦霍族人使用土耳其宝石手工制作的挂坠，$25~300

这款香台是纳瓦霍族的房屋模型，一个 $20。另外附赠 20 根西洋杉味道的熏香

美国西部代表纪念品——捕梦网 Dreamcatcher 钥匙扣 $5.99

在大峡谷或约瑟米蒂等公园内还设有公园限定版的史努比纪念品。对于史努比粉丝来说是必买商品，因为只有在该公园内才能买到相关的史努比纪念品。T 恤衫 $16.99、马克杯 $14.95，还有其他商品如史努比童装等

神木国家公园和约瑟米蒂国家公园出售的印有“注意有熊经过”的路标标识纪念商品。纪念胸章 $2.99、水壶 $12.95、T 恤衫 $19.95 等

印有地图的头巾 $24.95，许多公园都有销售

可以在冰川国家公园内购买到越橘莓薄荷糖 $2.50 和唇膏 $2.50

在克朗代克淘金热国家历史公园和死亡谷国家公园发现了金块巧克力 $2.99

位于沃特顿—冰川国家公园加拿大一侧的 Prince of Wales Hotel 内的下午茶非常著名，既可以欣赏美丽的湖景又可以坐下来品茶。这里提供的是最高级的红茶，红茶礼盒也是馈赠佳品。礼盒为金字塔形状，内有 10 个茶包 $18（约 $15）

带有仙人掌香味的茶包，内有 15 小包共 $5.99，大峡谷国家公园有售

刺绣徽章和冰箱贴大多数的公园内均有销售。一个 $3 起，种类繁多。另外，也有类似大峡谷国家公园这种双面贴的毛驴冰箱贴每个 $5.99

印有栖息在锡安国家公园内的动物图像的指甲锉每个 $2.99，背面是公园的风景图案

※ 上述价格是本书调查采访时的价格，外观设计可能会有所不同。

经典徒步远足线路

初级线路

哨兵穹岩步道 Sentinel Dome / 塔夫角步道 Taft Point @约瑟米蒂国家公园

1周：约3小时 p.221

比斯塔特湖线路 Bierstadt Lake @落基山国家公园

下行：约2小时 p.406

灵感角线路 Inspiration Point @海峡群岛国家公园

1周：约1小时 p.260

中级线路

第二巴勒线路 Second Burrough @雷尼尔山国家公园

1周：约4小时 p.293

雪松山脊线路 Cedar Ridge @大峡谷国家公园

往返：2.5~4小时 p.70

格林奈尔冰川线路 Grinnell Glacier @冰川国家公园

往返：6~8小时 p.388

高级线路

高原观景点线路 Plateau Point @大峡谷国家公园

往返：7~12小时 p.70

高架步道 Highline @冰川国家公园

下行：6~8小时 p.390

回音谷步道 Echo Canyon
@奇里卡瓦国家保护区

1周：约2小时 p.435

黑啤森林线路 Stout Grove
@红木国家公园

1周：约1小时 p.265

国会小径 Congress
@神木国家公园

1周：1~2小时 p.235

纳瓦霍环线步道 Navajo Loop
@布莱斯峡谷国家公园

1周：1~2小时 p.128

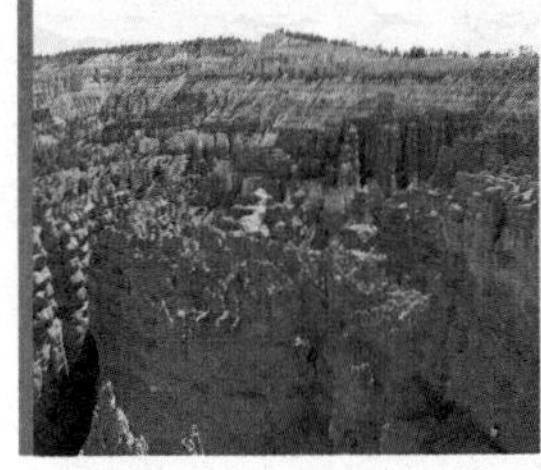

天空步道 Skyline
@雷尼尔山国家公园

1周：约4~5小时 p.291

魔鬼花园线路 Devils Garden
@拱门国家公园

往返：2~3小时 p.147

天使降临地步道 Angeles Landing
@锡安国家公园

往返：4~5小时 p.115

全景步道 Panorama
@约瑟米蒂国家公园

下行：5~6小时 p.218

横穿大峡谷线路
@大峡谷国家公园

单程：2天 p.88

※ 具体的徒步远足注意事项请参考→ p.66、473

自驾游览国家公园的方法

◆速度限制

视线较好的道路，限制时速为55~75英里（约88~120公里）。进入急弯道前，还会有具体的限速规定。

在接近城镇时，会有“Reduced Speed Ahead”（减速）的提示，限制时速按45英里、25英里、15英里递减，一定要遵守。在主干道上飞奔的汽车，进入城镇道路后就要乖乖地按照规定时速行驶，警察的监管极为严格。

◆注意动物横穿道路

如果撞上鹿的话，鹿会当场死亡，汽车也会严重损坏。即使是小动物，驾驶者受到惊吓后急踩刹车而导致重大事故的情况也不少见。这种事情要怪也只能怪在动物们的领地上修建道路的人类，所以看见“注意鹿横穿道路”等提示牌就要及时减速行驶。从时间上讲，早上和日落前被认为是最为危险的时间。

◆夜间行驶

除非有极为重要的事情，否则应避免夜间行驶。美国的乡村道路基本上没有路灯，即使是干线公路也是如此。道路两边多为荒郊野岭，少有人家，所以夜间漆黑一片，甚至会让人感到恐怖。只靠观察行车灯光照下的路面标识线驾驶，既辛苦又非常危险。

◆恶劣天气时的行驶以及防滑链

在西南大环线区域以及内华达州，风沙天气较多。遇到这种影响视线的天气不要勉强继续行驶，应该就近将车停到安全地点等待风沙过去。

冬季行驶可能会遇到路面结冰、积雪以及吹雪等情况，这也就意味着存在被困在路上等各种风险。国家公园内自不必说，即使是主干公路上也绝不安全。如果不是已经熟悉了在美国驾驶的人，应避免在冬季自驾出游。

另外，租赁汽车很多都无法加装防滑链和防滑轮胎，所以冬季游览约瑟米蒂等景区最好选择乘坐火车或巴士。

在高纬度地区（黄石、恶地等）和高海拔地区（布莱斯峡谷与圆顶礁之间的UT-12公路、约瑟米蒂的泰奥加路等），5月份也会出现降雪。在高纬度且高海拔的雷尼尔山国家公园和冰川国家公园，甚至到了6月份仍时常会有降雪。出发前一定要确认天气和道路情况。

◆交通信息台“511”

“511”是交通信息台电话号码，拨打后可查询州内道路、天气情况。在美国西部，除了加利福尼亚州的一部分地区和得克萨斯州，所有州都提供此项服务。使用普通电话可免费拨打，公用电话需支付市内电话费，而在有些州还无法接通交通信息台。

◆道路施工

国道与州公路都经常会有整修工程。此时，单侧通行的区间会很长，如果在整修路段前被截停，有时需要等待30分钟。因此自驾行程在时间上要留有一定余地。

◆注意人身安全

虽说美国乡村的治安要比城市好一些，但不能忘记美国是一个持枪合法的社会。不要在生人面前打开钱包，不要靠近无人出没的停车场，任何时候都要将汽车门锁落下，学会自我防范。

◆时区

尤其是进入夏时制后，所到之处的时间经常会发生变化。拉斯维加斯和洛杉矶使用PST（太平洋标准时间），犹他州和亚利桑那州使用MST（山地标准时间），所以时间快1个小时。可是，3月的第二个周日到11月的第一个周日期间，内华达州实行夏时制而亚利桑那州不实行，因此拉斯维加斯与科罗拉多大峡谷的时间相同。而且，由于纳瓦霍人保留地实行夏时制，这就导致虽同在亚利桑那州但科罗拉多大峡谷与纪念碑谷的时间并不相同。如果不把这些有关时区的知识牢牢记住，就会出现错过观看晚霞时间、错过登船时间等情况。首先切记要经常确认当地的时间（→p.4、48）。

关于美国的交通法规和汽车租赁→p.470

上／死亡谷夏季极为炎热，有些地方即便仅仅是驾车通过也比较危险
下／动物横穿公路的情况并不少见。注意安全，减速行驶

其 他

- ▶州公路的交通标识通常为绿底白字，关于国家公园的标识均为茶色底白字，记住这些特征会便于驾驶。
- ▶行驶 50 公里也见不到一座加油站的情况很多，应提前加油。
- ▶连续下坡时要减挡制动，不然刹车片极易烧坏。
- ▶行人优先是最基本的原则。一定要认真遵守。
- ▶在很多乡村地区，车上都接收不到广播。最好带上几张自己喜欢的 CD。
- ▶在乡村道路上行驶，即便是白天也建议开启行车灯（在有的州是法律规定）。有的租赁汽车，只要一踩油门行车灯就会自动开启。
- ▶在拉斯维加斯，有很多司机交通规则意识淡漠。酒驾的情况也较多，经常能见到疯狂的驾驶。所以千万不要有“对方一定会让我”的想法。

公园内的注意事项

- ▶行至公园附近时，要将车上的收音机调至 AM1610，在广播中会发布最新信息。
- ▶园内的加油站正在逐渐被停用。进入公园前要加好油。
- ▶游客较多的公园，入口处容易堵车。最外侧的通道为无须付费车辆专用通道。持有已付费凭证或全年通票的游客可以使用该通道。
- ▶园内规定最高行驶时速为 25 ~ 35 英里（40 ~ 56 公里）。经过村庄时限速更低。
- ▶园内道路多转弯和悬崖路段，但路边基本上没有护栏。一定要小心驾驶。
- ▶园内未铺装道路，也就是土路较多。这种路面也基本上可以驾驶普通汽车通行，但须注意的是，即便租借四驱车，很多情况下按照保险合同的规定，在此种路段行驶保险公司可以免责。
- ▶夏季在约瑟米蒂和大峡谷，寻找停车位是一件非常困难的事情。一旦找到停车位将车停好后，最好就选择乘坐园内巴士前往各景点游览。另外，为了保护大自然，停车时应该选择车头入位，而不是车尾入位。
- ▶在西部山地的国家公园要做好防范熊的准备。有的公园规定必须将所有食物放进后备箱，但也有的公园反而规定不能在车内留任何食物。
- ▶很多地区实行夏时制，夏季日落时间较晚。在临近加拿大的一些公园，晚上 10 点左右天才黑。如果观赏完夕阳再回客栈的话，餐厅和小卖店就都已经关门了。反过来讲，在秋季和冬季天黑得就会特别早。不注意提高效率的话，就有可能会面临在夜晚行车。

美国的主要道路标识

临时停车

禁止驶入

禁止通行

让行

R R

铁路道口

禁止超车路段起始点

绕行

LANE CLOSED

车道封闭

前方并入左侧车道

路面不平

禁止超车

禁止右转

NO TURN ON RED

红灯时禁止右转

右侧车道只准右转

左侧车道只准乘坐两人以上车辆通行（拼车专用车道）

租车自驾环游国家公园

美国的国家公园大都面积辽阔，而且公共交通非常不方便，甚至有些公园不开车是无法游览的。有条件的话最好租车自驾，在广阔的美国大地上自由驱车行驶也是一件十分惬意的事情。

从菲尼克斯出发依次游览大峡谷国家公园、梅萨维德国家公园、查科文化国家历史公园、陶斯印第安村、卡尔斯巴德洞窟国家公园共 5 个世界遗产。顺路游览具有美国特色的白沙国家保护区和仙人掌国家公园等地。

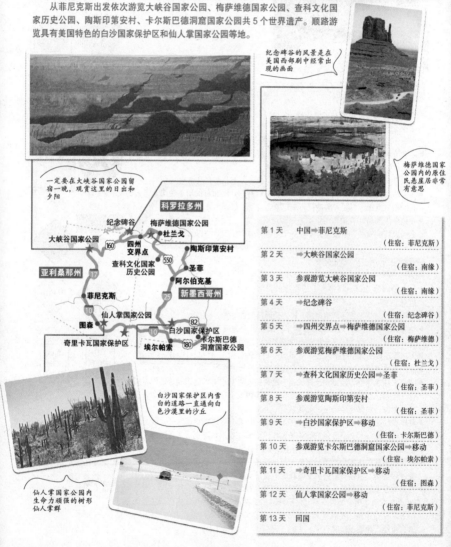

纪念碑谷的风景是在美国西部剧中经常出现的画面

一定要在大峡谷国家公园留宿一晚，观赏这里的日出和夕阳

梅萨维德国家公园内的原住民悬崖居非常有意思

科罗拉多州
纪念碑谷
梅萨维德国家公园
杜兰戈
大峡谷国家公园
160
四州交界点
陶斯印第安村
550
查科文化国家历史公园
圣菲
亚利桑那州
17
阿尔伯克基
菲尼克斯
25
新墨西哥州
10
仙人掌国家公园
图森
82
白沙国家保护区
10
卡尔斯巴德洞窟国家公园
奇里卡瓦国家保护区
埃尔帕索
180

第 1 天	中国➡菲尼克斯	（住宿：菲尼克斯）
第 2 天	➡大峡谷国家公园	（住宿：南缘）
第 3 天	参观游览大峡谷国家公园	（住宿：南缘）
第 4 天	➡纪念碑谷	（住宿：纪念碑谷）
第 5 天	➡四州交界点➡梅萨维德国家公园	（住宿：梅萨维德）
第 6 天	参观游览梅萨维德国家公园	（住宿：杜兰戈）
第 7 天	➡查科文化国家历史公园➡圣菲	（住宿：圣菲）
第 8 天	参观游览陶斯印第安村	（住宿：圣菲）
第 9 天	➡白沙国家保护区➡移动	（住宿：卡尔斯巴德）
第 10 天	参观游览卡尔斯巴德洞窟国家公园➡移动	（住宿：埃尔帕索）
第 11 天	➡奇里卡瓦国家保护区➡移动	（住宿：图森）
第 12 天	仙人掌国家公园➡移动	（住宿：菲尼克斯）
第 13 天	回国	

白沙国家保护区内雪白的道路一直通向白色沙漠里的沙丘

仙人掌国家公园内生命力顽强的树形仙人掌群

MODEL COURSE 2 美国西南大环线 15天行程

西南大环线是一条充满乐趣、丰富多彩的线路。本篇介绍从拉斯维加斯出发环游的线路，途经 11 个公园，一路上的风景变化多样，可以尽情欣赏大自然带给我们的多彩岩石艺术。推荐最佳旅游季节是春季和秋季。

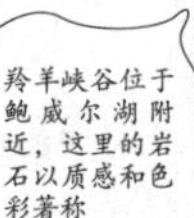

第 1 天	中国➡拉斯维加斯	（住宿：拉斯维加斯）
第 2 天	➡ 66 号公路➡大峡谷国家公园	（住宿：南缘）
第 3 天	参观游览大峡谷国家公园	（住宿：南缘）
第 4 天	移动➡下午游览彩虹桥国家保护区	（住宿：佩吉 Page）
第 5 天	羚羊峡谷➡移动	（住宿：纪念碑谷）
第 6 天	参观游览纪念碑谷	（住宿：纪念碑谷）
第 7 天	➡四州交界点➡梅萨维德国家公园	（住宿：梅萨维德）
第 8 天	移动➡下午游览峡谷地国家公园	（住宿：莫阿布 Moab）
第 9 天	参观拱门国家公园	（住宿：莫阿布 Moab）
第 10 天	➡魔怪谷州立公园➡圆顶礁国家公园	（住宿：托里 Torrey）
第 11 天	UT-12 ➡布莱斯峡谷国家公园	（住宿：布莱斯峡谷）
第 12 天	参观游览布莱斯峡谷国家公园➡移动	（住宿：锡安）
第 13 天	➡锡安国家公园	（住宿：锡安）
第 14 天	火焰谷州立公园➡拉斯维加斯	（住宿：拉斯维加斯）
第 15 天	回国	

租借车辆的选择方法

可以在中国国内的租车网站上提前预订好租借的车辆，考虑到这一趟行程的路程比较长，最好是租借有连锁店的大型公司的车辆。

如果只是参观一个公园租借一辆小型车辆就足够了，但是西南大环线是一趟长距离的旅游线路，推荐租借中型以上车辆。注意提前确认好后备箱是否能够装下本次旅行人员的行李。另外，国家公园内的道路不同寻常，有很多狭窄的山路，对于平时开不惯大车的驴友来说有点困难。

最近增加了许多配有 GPS 的车型，不过大都是英文 GPS，也可以提前在国内租借好中文 GPS 带过去。

租车自驾→ p.470

MODEL COURSE 3 横穿内华达山脉 7天行程

这条线路非常有趣，首先穿过北美大陆最低谷，然后一路看着美国本土最高峰惠特尼山峰开车横穿内华达山脉，最后穿行于神木国家公园的红杉森林之中。有些租车公司不收取内华达州和加利福尼亚州之间异地还车的手续费，所以这条线路也非常经济实惠。

神木国家公园内最大的一棵红杉树——雪曼将军树 General Sherman Tree

约瑟米蒂谷是被冰河削成的典型的"U"形谷

第1天　中国➡拉斯维加斯　（住宿：拉斯维加斯）

第2天　➡死亡谷国家公园　（住宿：死亡谷）

第3天　➡US-395➡　（住宿：莫诺湖）

第4天　➡第奥嘉隘口（Tioga Pass）➡约瑟米蒂国家公园　（住宿：约瑟米蒂）

第5天　➡冰川点➡移动　（住宿：Grant Grove）

第6天　参观神木国家公园　（住宿：洛杉矶）

第7天　回国

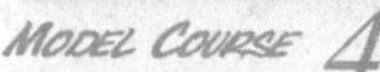

MODEL COURSE 4 南达科他州&怀俄明州 8天行程

从拥有神奇景色的大平原出发，穿过落基山脉抵达世界上最早的国家公园——黄石国家公园，之后游览大提顿国家公园。

黄石国家公园拥有数不清的间歇泉和温泉

感觉巨大的UFO好像要降落于此的魔鬼塔

去南达科他州不可以不看的著名景观——总统山

第1天　中国➡拉皮德城

第2天　参观游览恶地国家公园　（住宿：拉皮

第3天　参观游览拉什莫尔山国家纪念公园、风穴国家公　（住宿：拉皮德

第4天　➡魔鬼塔➡移动　（住宿：圣丹

第5天　➡黄石国家公园　（住宿：科迪小镇

第6天　参观游览黄石国家公园　（住宿：峡谷区 Canyon）

第7天　参观游览大提顿国家公园　（住宿：老忠实泉）

第8天　回国　（住宿：杰克逊镇 Jackson）

MODEL COURSE 5 西部大环游 1个月行程

只适合于盛夏季节的推荐线路。下定决心休一次长假，踏上一次充满挑战的旅程。租赁时间较长的话，租车的价格会便宜到让你吃惊。

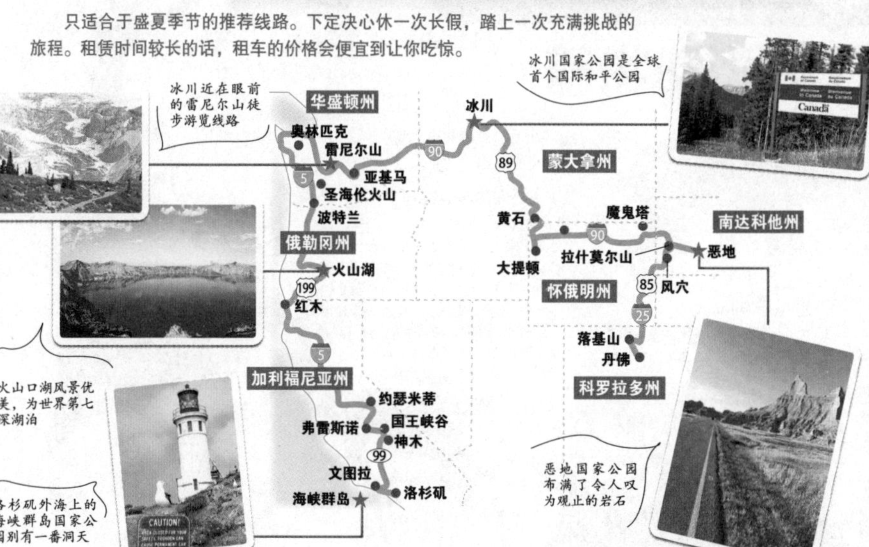

第 1 天	中国➡丹佛	（住宿：丹佛）
第 2 天	游览丹佛	（住宿：丹佛）
第 3 天	➡落基山国家公园	（住宿：埃斯特斯公园）
第 4 天	移动➡风穴国家公园➡移动	（住宿：Keystone）
第 5 天	游览拉什莫尔山国家公园	（住宿：恶地）
第 6 天	游览恶地国家公园➡移动	（住宿：圣丹斯）
第 7 天	➡魔鬼塔➡移动	（住宿：科迪）
第 8 天	➡黄石国家公园➡大提顿国家公园	（住宿：大提顿）
第 9 天	徒步游览大提顿国家公园	（住宿：大提顿）
第 10 天	➡黄石国家公园	（住宿：老忠实泉）
第 11 天	环游黄石国家公园	（住宿：猛犸象泉）
第 12 天	全天移动	（住宿：Many Glacier）
第 13 天	徒步游览冰川国家公园	（住宿：Many Glacier）
第 14 天	穿越 GTTS	（住宿：麦当劳湖）
第 15 天	全天移动	（住宿：华盛顿州亚基马）
第 16 天	➡徒步游览雷尼尔山国家公园（住宿：日出区）	（住宿：天堂区）
第 17 天	徒步游览雷尼尔山国家公园（住宿：天堂区）	（住宿：天堂区）
第 18 天	➡奥林匹克国家公园	（住宿：安吉利斯港）
第 19 天	游览奥林匹克国家公园	（住宿：Kalaloch Lodge）
第 20 天	➡圣海伦火山	（住宿：波兰特）
第 21 天	➡火山湖	（住宿：火山湖）
第 22 天	➡红木国家公园	（住宿：克雷森特城）
第 23 天	全天移动	（住宿：约瑟米蒂谷）
第 24 天	徒步游览约瑟米蒂国家公园	（住宿：约瑟米蒂谷）
第 25 天	➡冰川点➡移动	（住宿：弗雷斯诺）
第 26 天	➡国王峡谷国家公园	（住宿：Grant Grove）
第 27 天	参观神木国家公园➡移动	（住宿：文图拉）
第 28 天	乘船游览海峡群岛国家公园	（住宿：洛杉矶）
第 29 天	➡游览洛杉矶	（住宿：洛杉矶）
第 30 天	回国	

国家公园里的主角们

大型动物篇

美洲狮 Mountain Lion

也叫 Cougar。体长 1~2 米，尾长 55~80 厘米，垂直跳跃 5 米，水平跳跃 10 米以上。分布很广，从高山到沙漠都有其踪影，但很少出现在人类视线内。寿命约 12 年。

骡鹿 Mule Deer

体形比麋鹿小一圈，一双大耳朵是其特征。样子与白尾鹿和黑尾鹿很像，区别是骡鹿尾巴大部分为白色，只有末端为黑色。寿命约 10 年。

美洲羚羊 Pronghorn

也叫 Antelope。体长 1~1.5 米。从外形上看与非洲羚羊几乎没有什么区别，但在学术分类上却完全不同。为北美特有物种，唯一属唯一种。是西半球奔跑速度最快的动物，最高速度可达每小时 110 公里。雌雄都长有角。群居于从落基山脉至内华达、亚利桑那的草原上。寿命约 10 年。

短尾猫 Bobcat

体长不足 1 米的山猫。栖息地很广，从全美的森林、沙漠到距人类居住地较近的区域都有分布。为夜行性动物，很少能见到。仿佛断掉的短尾巴是其特征。寿命 8~12 年。

驼鹿 Moose

体长 2~3 米。在鹿科动物中体形最大。只有雄性头上会长有手掌形的角，每年 12 月换角。栖息于落基山脉地区的河流、湖泊边。寿命 10~15 年。

麋鹿 Elk

也叫 Wapiti。栖息于西部的森林中，每到秋季会成群迁徙到峡谷地区。雄性头上长有树枝状的角，春季会脱落换角。寿命约 15 年。

野牛 Bison

也叫 Buffalo。体重 400~900 千克。曾遍布于全美的草原，但由于滥捕，到 20 世纪初仅存 25 头，现在虽然已经恢复到 5 万头，不过据说基本上都是跟家畜杂交出的品种。寿命约 20 年。

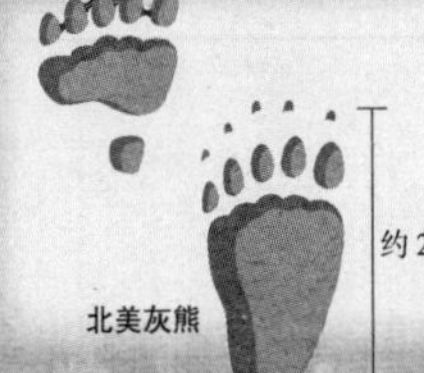

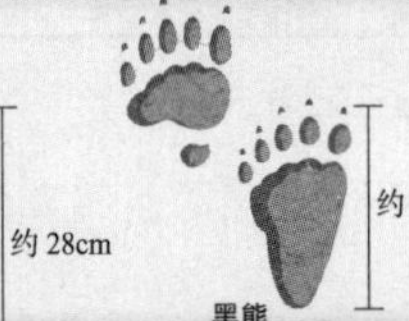

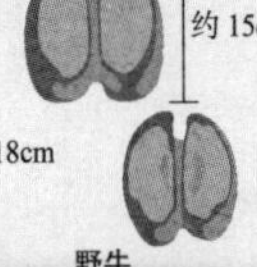

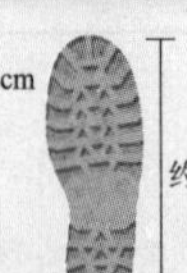

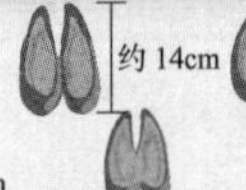

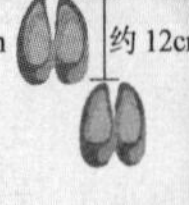

雪羊 Mountain Goat

也叫野生白山羊。群居于落基山脉的高海拔山崖上。寿命约10年。

郊狼 Coyote

体形比狐狸略大，比狼略小。栖息范围很广，高山、森林、草原、沙漠都有分布。寿命约5~10年。

赤狐 Red Fox

与北半球多数地区的狐狸为同种。红褐色的体毛和粗大的尾巴是其特征。全美各种自然环境中都有分布，适应能力强，但寿命仅为2~3年。

大角羊 Bighorn Sheep

雄性的角呈蜗状，雌性的角呈弧形。栖息于高山的峭壁之上。寿命约10年。

灰狼 Gray Wolf

体长1~2米。体毛混有黑色、灰色和白色。因被视为家畜的天敌而遭大量捕杀，现仅存于落基山脉北部的森林和草原中。寿命约5~15年（→ p.340）。

北美黑熊 Black Bear

体长1.5~2米。体毛为黑色或茶褐色。好奇心强，经常会影响到人类的生活。寿命约20年（→ p.206）。

北美灰熊 Grizzly Bear

也叫北美棕熊。体长2~3米。体毛为灰褐色或红褐色，肩部上侧凸出是其特征。寿命约30年（→ p.395）。

国家公园里的主角们

小动物篇

花栗鼠 Chipmunk

体长15~20厘米。深受美国孩子喜爱。脸上也有条纹是其特点。寿命2~3年。

草原犬鼠 Prairie Dog

体长约30厘米。为松鼠科动物，但尾巴很短。在草原上挖掘复杂的地洞并居住在里面。寿命3~5年（→p.122、419）。

加利福尼亚金背黄鼠
Golden-mantled Ground Squirrel

体长20~25厘米。常见于高海拔西部森林中的一种松鼠。白色眼圈是其特征。寿命3~4年。

棉尾兔 Cottontail

体长约40厘米。是北美最常见的兔子。长着如棉花般的尾巴，非常可爱。寿命1~2年。

条纹臭鼬 Striped Skunk

体长约40厘米。遭天敌攻击时会从肛门释放出臭气来保护自己，但据说对雕等猛禽没有效果。寿命1~5年。

长耳大野兔
Jackrabbit

体长约60厘米。耳朵极长。最高奔跑时速可达50公里以上。在西部大环线一带的荒野上栖息数量很多，但因其为夜行性动物，所以人很难见到。寿命约5年。

黄腹土拨鼠
Yellow-bellied Marmot

体长50~70厘米。为西部山地较常见的松鼠科动物。冬季来临时，会用宽大的爪子挖出深5米以上的洞穴，躲进里面冬眠。寿命10~15年。

水獭 River Otter

体长1米左右。在西部的河流、湖泊中为数不少。性格活泼，喜欢玩耍。寿命10~15年。另外，栖息于海洋中的是海獭。

河狸 Beaver

体长约1米。会把树木啃倒后运至河流、湖泊中制造水坝。美国全境的森林中都有分布。寿命15~20年。

美洲獾 Badger

体长80厘米。属鼬科动物。体毛又长又松软。会在草原上挖掘巨大的地下巢穴。为夜行性动物，人很少能看见。寿命3~10年。

野生鸟类篇

蜂鸟

Hummingbird

体长 5~21 厘米，是世界上最小的鸟类。翅膀每秒可扇动 20~80 次，声音类似蜜蜂振翅的声音。可悬停在空中吸食花蜜。双足极为短小，据说完全无法行走。亚种非常多，且颜色各异。全美各地从沙漠到高山都有分布。寿命 3~5 年。

加拿大雁

Canada Goose

体长 65 厘米 ~1 米。是一种在美国最受喜爱的水鸟，城市的水域中也能看到。排成“人”字形向北飞行的雁阵是春季里的一道风景。寿命约 30 年。

山地蓝知更鸟

Mountain Bluebird

体长约 16 厘米。栖息于西部的开阔草原。雌鸟为素雅的茶色。冬季来临时，会汇聚成超过 100 只鸟的鸟群。是爱达荷州和内华达州的州鸟。寿命 5~10 年。

鹗 Osprey

体长 50~60 厘米。特征是腹部为白色。据说只以鱼类为食，在水边的岩石或树木上构筑盘子形鸟巢。栖息于西海岸、东海岸、落基山脉。寿命约 30 年。

暗冠蓝鸦 Steller's Jay

体长约 30 厘米。广泛地分布于西部的针叶林地带。头部的装饰羽毛和高亢的鸣叫声是其特征。寿命 4~10 年。

走鹃 Roadrunner

体长 50~60 厘米。虽然样子看上去有些特异，但与杜鹃为同科鸟类。不善飞行而长于行走。穿行于干燥的荒野中，捕食蜥蜴。最高行走时速可达 20 公里。是墨西哥州的州鸟。寿命 7~8 年。

北美星鸦

Clark's Nutcracker

体长约 30 厘米。刘易斯与克拉克远征（→p.485）时发现的物种。在高海拔的国家公园内比较常见，是一种警惕性不强的鸟类。主要以松子为食。寿命 10 年左右。

白头海雕 Bald Eagle

体长 1 米，翅展 2 米。是美国的国鸟。在落基山区的河岸以及奥林匹克国家公园的海岸比较容易见到。幼鸟的头部不是白色。寿命约 30 年。

国家公园里的主角们

花草篇

火焰草

Indian Paintbrush

红色部分是花苞，里面有黄色的小花朵。亚种很多，生长范围广，从沙漠到高山都有分布。是怀俄明州的州花。

约书亚树

Joshua Tree

莫哈维沙漠中具有代表性的特殊植物。虽然树高超过 10 米，但其实属于龙舌兰科，并不是真正的树木。看上去像是树干的部分是干枯变硬的纤维状组织。

风铃草

Bluebell Bellflower

桔梗科植物。草高 15 厘米 ~1 米。丛生于道路两旁。亚种非常多。

三齿蒿 Big Sagebrush

高 1 米左右，是西部荒原上最常见的植物。原住民把这种植物作为食物、药材、搭建房屋的材料使用。是内华达州的州花。

野苘苣

Fireweed

生长于亚高山带的柳叶菜科多年生草本植物，与兰花有亲缘关系，装点着亚高山带的夏季。山火过后，立即就能开出花朵。在公路两侧也很常见。

耧斗草

Columbine

草高60~90 厘米。生长于气候凉爽的草原以及山石上，5~7 月间开花。是科罗拉多州的州花。花的颜色有蓝色、红色和粉色。这种草整株都具有毒性，不要用手触摸。

丝兰 Yucca

龙舌兰科植物。非常耐旱，在沙漠的中心地带也能生长。有人工培育品种。是墨西哥州的州花。

花菱草 California Poppy

与在得克萨斯被称为墨西哥金花菱草的植物属于同种。有 4 片花瓣，根据生长地点的不同，有从柠檬黄到深橘黄等各种颜色。花期较长，从 2 月持续到 9 月。是加利福尼亚州的州花。

高山白头翁

Alpine Pasqueflower

朝鲜白头翁的一种（毛茛科）。草高 10~30 厘米。生长在高海拔的荒漠地带。白色的花朵开过之后留下的胡须状绒毛是其特征。各部分均有毒性，用手触摸后可能会引起皮肤不适。

流星花

Shooting Star

也叫美国樱草。草高 10~ 30 厘米。与仙客来一样都属于报春花科植物。流星的名字源于花的形状。5~7 月可以在湿地上见到。

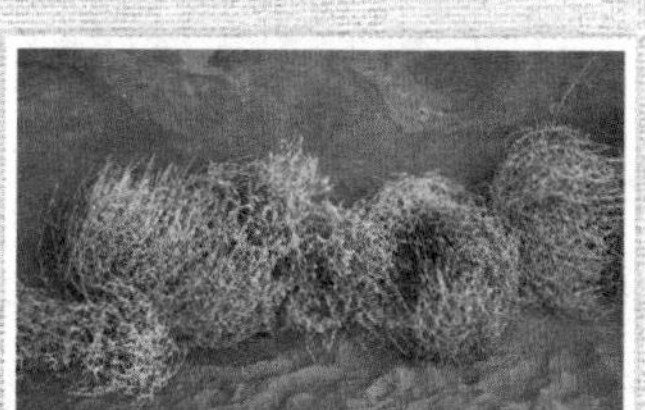

风滚草 Tumbleweed

别名俄国蓟，是美洲大陆的外来物种。干枯后会从茎的底部折断，然后随风滚动来播撒种子。在西部片中是荒漠的一个象征，但繁殖能力非常强。牧场的围栏下经常会聚集大量的风滚草，给牧场造成困扰。

冰川百合 Glacier Lily

草高 15~30 厘米。在冰川国家公园等地，冰雪融化之后便会开出柠檬黄色的花朵。在雷尼尔山国家公园见到的是其亚种，花为白色。

熊草 Beargrass

在冰川国家公园、雷尼尔山国家公园可见到的百合科植物。每一株要 5~10 年才会开 1 次花。在美国南部也有一种草被称为 Beargrass，但其实完全是不同的植物。

羽扇豆 Lupine

草高 30~70 厘米。丛生于高原上，初夏时节会形成一片片紫色的花海。也有被人工培育成园艺植物的品种。亚种很多，仅在约瑟米蒂已知的就有 25 个品种。

树木篇

巨人柱 Saguaro

生长于索诺拉沙漠的仙人掌，高的可达 15 米（→ p.433）。另外，关于仙人掌属于树还是草存在争论，但多数专家的意见是“既不是树也不是草”。

圆扇仙人掌 Pricklypear

在美国西部能见到各式各样的仙人掌，最常见的就是这种。在美国全境都有分布，亚种非常多。

颤杨 Quaking Aspen

在同一个根上不断长出新树渐而成林，因此有人称之为世界上最大的生物。树皮为白色，类似白桦，但实际上与杨树属同科植物。在风中，树叶会发出哗啦哗啦的声响。圆形的叶子到了秋天会变成鲜艳的黄色。

三叶杨 Cottonwood

树皮为黑色。初夏季节，果实裂开散出棉花般的绒毛，仿佛飘雪。

红杉 Sequoia

也叫美洲杉，是世界上最大的树木，有两个品种。在约瑟米蒂和神木国家公园可以看到体积为世界第一的巨树，在红木国家公园可以看到高度为世界第一的海岸红杉（→ p.215、240、267）。

了解 美国的制度与危险警示

在国家公园内保证生命安全的注意事项

- 景色好、可眺望远处的地方多位于悬崖顶端的突出部分。特别要注意防止坠崖和雷击事故。美国的国家公园为了尽可能地减少人类对自然环境的影响，登山道路上几乎不设护栏，观景台上的护栏也仅限于极小的范围。美国国家公园管理局虽然会提醒游客注意安全，但无法对游客实际的安全做出什么承诺。需要自己保护自己的安全。
- 因超速或疲劳驾驶引起的交通事故也很多。因此，不要把行程制订得过于紧张。
- 在美国有几种需要注意防范的传染病，详情见 p.481。
- 关于治安。也许是因为热爱自然的人心地都比较善良，也许是因为公园设有出入口，总之园内的治安很好，即便是女性单独游览也不会有什么问题。不过，到了晚上任何人都可以随意进出公园了，所以还是不能放松警惕。至于各景区的门户城市，则治安状况不尽相同。在旅行过程中，要时刻提醒自己“这里是美国”。
- 非常遗憾的是，在 2010 年，不得将枪支带入国家公园的禁令被解除了。当然即便如此，游客也不能在公园内打猎或擅自开枪，也不能将枪支带入餐馆等公共设施。但是，每个游客都应该清楚地认识到园内可能有持枪的人，要提高自己的防范意识。

要时刻盯紧孩子

参加当地旅游团时的注意事项

承接美国国家公园当地旅游的导游和旅行社有很多。参加这种旅行团能够前往那些靠个人力量较难到达的景点，还可以省去许多办理手续的麻烦，有很多导游还是户外运动的专业人士。但是不得不说，这种导游和旅行社也是鱼龙混杂。

举办漂流、钓鱼等活动需要有专门的营业许可以及州政府颁发的执照，没有获得许可的都是违法经营。如果是违法行为，即使旅行社方面购买了保险，一旦真的出现事故，保险公司也可能拒绝理赔。特别是参加深入偏僻地区的旅游团以及伴有危险的户外运动时，一定要慎重地选择导游和旅行社。

可以通过公园官方网站查询持有正规营业许可的从业人员、组织的名单，如果网站上没有相关内容还可以给公园发送电子邮件直接问询。

能带走的只有照片！那么能留下的只有足迹吗？

STAY ON MARKED TRAIL
PREVENT MEADOW
DAMAGE
Notice

美国的国家公园是整个地球的财产。为了守护住这份财产，公园管理员以及环保志愿者会夜以继日地付出努力，来尽可能地减少人类对生态系统的破坏。如果没有信心能够做到以下事项，那么最好就不要进入公园。

不离开道路或游览线路。给动物或花草拍照时，不踏入湿地。连脚印都不能留下。

即使是可以降解的垃圾或者烟头也绝不能丢弃在公园内。

旅途中，时刻注意防止引起火灾。

不采摘花草以及树木的果实，不捡拾化石、动物角、鸟类羽毛。即便是枯萎的树枝和松塔也不可以。有的公园会对违反规定者处以罚款，罚金从 500 美元到 2 万美元不等。

让野生动植物始终保持野生状态 Keep Wildlife Wild

在美国的国家公园里经常能见到动物，但是不管它们看上去多么亲近人类，都不要忘记你面对的是野生动物。无论是在村庄里还是在游览路上，当遇到动物时都要十分小心，注意安全。

对任何动物都要保持一定距离。抚育幼子期间的雌性动物对周围事物会格外敏感，处于繁殖期的雄性动物也会容易躁动。例如，向野牛挥手或者发出声音，完全有可能导致野牛向你冲过来。

在户外用餐后，要将所有物品收拾干净并带回，连些许的面包渣都不能留下。食用时掉落的薯片碎渣有可能会给动物们的健康造成严重影响。

如果动物是被食物的味道吸引而靠近，须迅速收起食物并离开现场。像有些鹿类可能已经习惯有人类出现在它们面前，而且看上去也很温顺，但是如果它们突然用角袭击游客可以轻易致人重伤。

要提防已经熟悉人类食物味道的松鼠。不管是包还是衣服，它们都能瞬间将其咬出一个洞。不过，即使是为了驱赶也绝对不能伤害它们。

吃水果的时候需注意不要让水果的籽掉到地上。

为什么不能给动物喂食？

给动物投喂食物属于违法行为，罚金最高可达5000美元。即使是动物本来就吃的食物也不能给，如落到地上的树木种子，游客是不能将其捡起来喂松鼠的。动物们如果丧失了对人类的警惕，养成了只要靠近人类就能得到食物的习惯后——

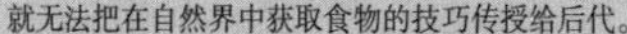

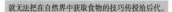

就无法把在自然界中获取食物的技巧传授给后代。

体形变得肥胖臃肿，行动迟缓，易遭天敌袭击。

营养过剩导致繁殖能力增强，破坏生态平衡。

不再惧怕汽车，导致交通事故增加。

人类可能将在当地环境中本不存在的细菌、疾病等传染给动物。

会造成动物吸收营养不均衡。人类食物中的盐分、糖分、香料、化学添加剂会给动物的健康带来伤害。

对人类的手没有恐惧感后，动物就可能咬人，而把狂犬病（→ p.481）等病症传染给人类。

自己获取食物的能力降低，在游客较少的季节可能会因此饿死。

可能会误食沾有食物味道的塑料袋。

学会向人类抢夺食物。一旦出现这种情况将不得不将其杀死。

另外，在约瑟米蒂、冰川国家公园等地存在严重的熊患问题，因此制定了特殊的规定。进入公园时要仔细阅读公园方面发放的报纸（→ p.208、395）。

在美国的国家公园里仰望星空

来到美国的国家公园，不妨抬头看一看夜空。
为了尽量减少对野生动物的影响，园内的客栈尽可能地不在室外设置照明设施，因此可以极为清楚地看到星空。

©NPS photo by Jacob W. Frank

要在夜晚拍摄玲珑拱门（Delicate Arch），需要在黑暗中行走，所以非常困难

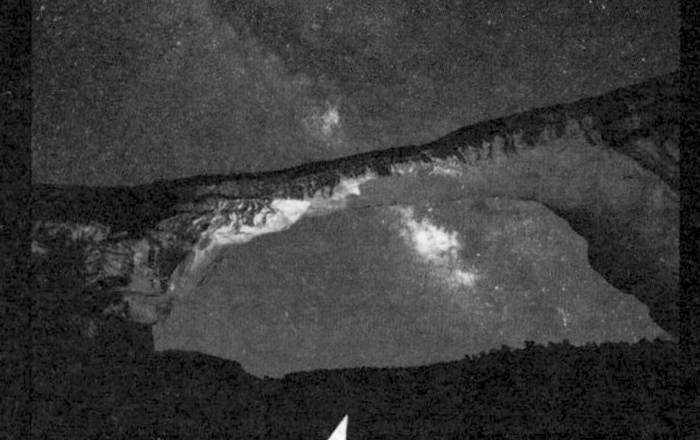

©NPS photo by Jacob W. Frank

如果去天然桥中的欧瓦巧莫桥（Owachomo Bridge），徒步15分钟就能到达桥拱下

西南大环线区域非常值得推荐

在美国，即使是距离城市较近的约瑟米蒂，只要天气晴朗并且没有月亮，就能清楚地看见银河。可以辨识出猎户座大星云、昴宿星团这些天体，就像看天象仪一般。仰望夜空，会惊奇地发现天空中的飞机竟如此之多。在太阳刚刚落下后的一段时间里，如果看见有亮光虽然像飞机一样在移动但却不闪烁，那一定是人造卫星。

在远离大城市的西南大环线地区，天空中可见的星星数量会剧增。尤其是布莱斯峡谷国家公园（→p.120）和天然桥国家保护区（→p.170），距离城镇很远，天幕背景非常暗，而且海拔高，空气透明度极好，加上空气干燥，湿度较低，非常有利于观测天体。

观测天体与拍摄照片的注意事项

会对观测天体产生影响的有云层、山火产生的烟雾、风沙以及月光。最好在月亮为新月时前往。另外，夜间会有蝎子、毒蛇、美洲狮出没，一定要注意安全。要避免单独行动，并且不要离开停车场或游览线路。

机会难得，可以尝试一下天体摄影。将各种奇石的轮廓也拍入画面中会是很不错的作品。只要有三脚架，即使是小型数码相机也可完成拍摄（在相机的功能设置中可以将曝光速度调慢至8~30秒的程度）。气温很低，所以电池的电量消耗较快，需要准备替换电池。有比较精通天体摄影的人也在拍摄，注意不要让自己的手电筒和闪光灯影响到别人。

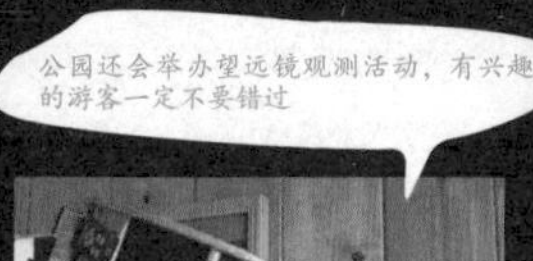

公园还会举办望远镜观测活动，有兴趣的游客一定不要错过

美国西南大环线

Grand Circle

凡例详见
"本书的使用方法"

大峡谷国家公园·南缘

Grand Canyon National Park South Rim

亚利桑那州 Arizona
MAP 文前图① C-2、文前图③ H-1、文前图④ K

DATA
时区▶山地标准时间 MST（不实行夏时制）
☎（928）638-7888
紧急☎ 911（从客房拨打时请拨打 9-911）
紧急（928）638-7805
URL www.nps.gov/grca
开 365 天 24 小时开放
旺季 全年
费 与北缘的通票 1 辆车 $25、其他方法入园每人收取 $12
被列为国家保护区▶ 1908 年
被列为国家公园▶ 1919 年
被列为世界遗产▶ 1979 年
面　积▶ 4926 平方公里（大约相当于 4 个香港）
接待游客▶约 476 万人次
园内最高点▶ 2793 米（北缘）
哺乳类▶ 90 种
鸟　类▶ 373 种
两栖类▶ 9 种
爬行类▶ 49 种
鱼　类▶ 17 种
植　物▶约 1737 种

不同的时间、不同的季节景致各异。稍微走出村庄就能领略到完全不同的风光

落基山脉出现降雨后，雨水沿山体而下，逐渐汇聚成小溪。许多条小溪继续流淌进而汇聚成力量强大的水流。就这样经过五六百万年的冲刷，在红色的大地上冲出了巨大的深谷，这就是著名的大峡谷。似乎只能用这一称谓才能表现出这里的壮观程度。不过，大峡谷并非只是大而已。随着时间的变化，这里会呈现出迥然不同的景象。

栖息于这里的鸟类、鹿、松鼠们一直在观察着峡谷中景色的变化。原住民、白人探险家以及来自世界各地的游客们也见证了那一幕又一幕的美景。

早晨，可以看到太阳喷薄而出、光辉照亮大地的景象。下午可以站在阳光下，看着天空飘过的云朵，度过悠闲自在的时光。傍晚还有把一切都染成红色的夕阳。到了晚上漆黑的夜空中可能突然亮起一道白色的闪电……不管看到什么样的景色，那种世外桃源般的感觉都会被深深地留在记忆中。

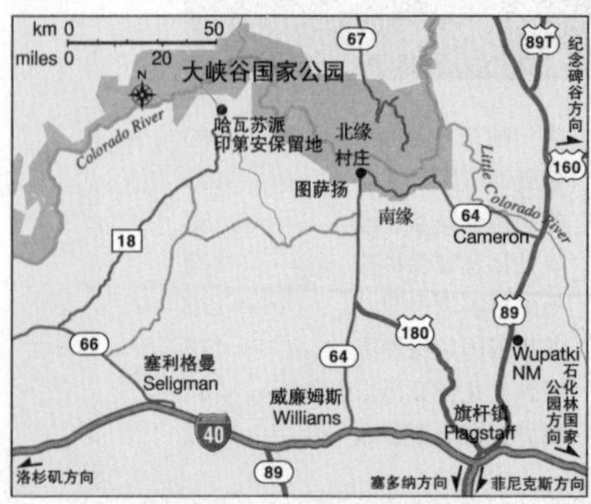

TriVia 接待游客最多的公园是大雾山国家公园，也称大烟山，位于田纳西州与北卡罗来纳州交界处，每年大约接待 1000 万游客，是排在第二位的大峡谷国家公园接待游客人数的 2 倍以上。由于公园位于人口↗

交通

大峡谷蔚为壮观，东西方向绵延 446 公里。实际上游客能在地面上游览的只是峡谷东侧的一小段。

公园分为两部分，一部分是科罗拉多河北岸的北缘 North Rim，另一部分是科罗拉多河南岸的南缘 South Rim。在峡谷两侧的绝壁之上，南北对应地建有若干为游客提供服务的村庄。南缘交通相对便利，有 90% 的游客都会造访，所以这里首先介绍一下前往南缘的方法（北缘→ p.82）。

如果想乘飞机以较短的时间到达，可以先前往当地的门户城市图萨扬 Tusayan，那里位于南缘村的南侧，乘汽车 15 分钟可到达南缘村。如果是乘坐火车或长途巴士的话，可以先到达威廉姆斯 Williams 或旗杆镇 Flagstaff，然后乘汽车北行 1~2 小时可抵达南缘村。如果能够忍受长途自驾的劳顿，建议在拉斯维加斯租车沿西南大环线自驾游览一周。

公园门票涨价信息

大峡谷国家公园的门票价格最近将会上调。最新的票价是 1 辆汽车 $30，1 辆摩托 $25，另外 1 个人 $15。

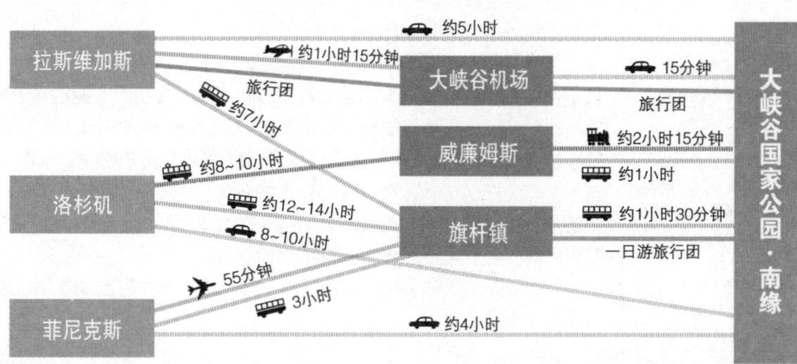

从亚瓦帕观景点 Yavapai Point 可以一览大峡谷壮丽景观，旁边还有一间小型博物馆

↗较为集中但国家公园较少的美国东部地区，距离华盛顿 DC、亚特兰大等城市都是开车可到达的范围，故而游客较多。也有研究说大雾山是世界上最古老的山峰，这里共有动植物 2 万余种。

从拉斯维加斯起飞的航班经过美国最大的人工湖——密德湖 Lake Mead，沿科罗拉多河上空飞行

GCN
☎（928）638-2446

Scenic Airlines
☎（702）638-3300
Free 1866-235-9422
中国地区（800）634-6801
URL zh.scenic.com
营 周一～周六 9:30~18:00
费 单程 $259、往返 $518
※ 冬季由于天气原因会比其他季节停航次数多（平均每月两三天左右）。

GCN 的出租车
☎（928）638-2631/2822
费 到村庄 2 人的费用是 $10，每加一人费用 $5+ 公园门票 + 小费

关于接送巴士

连接图萨扬的各酒店与园内村庄间的免费接送巴士只在夏季运行，时间是 8:00~21:30（→ p.54）。不去机场方向。

PHX	☎（602）273-3300
Alamo	☎（602）244-0897
Avis	☎（602）261-5900
Budget	☎（602）261-5950
Dollar	☎（602）567-9700
Hertz	☎（602）267-8822

Greyhound → p.470
Free 1800-231-2222
URL www.greyhound.com
费 Las Vegas → Flagstaff 单程 $50~
至旗杆镇的车站
住 800 E.Butler Ave.
☎（928）774-4573
Arizona Shuttle
☎（928）226-8060
Free 1800-888-2749
URL www.arizonashuttle.com
费 从旗杆镇出发单程 $29（网上预订优惠 $4）

飞机 Airlines

大峡谷国家公园机场
Grand Canyon National Park Airport（GCN）

南缘以南 4 英里（6.4 公里）的小镇——图萨扬有一个小型机场。主要是供游览用赛斯纳小型飞机和直升飞机起降，但每天有两班喜美航空 Scenic Airlines 的航班往返于拉斯维加斯和图萨扬。航程用时 1 小时 15 分钟。拉斯维加斯的起落机场是位于胡佛大坝附近的博尔德城 Boulder City 机场。有免费巴士开往拉斯维加斯市内各主要酒店接送乘机旅客，可在中国预约。还有至麦克伦国际机场的免费接送巴士，但如果是换乘预定航班的话，至少需要留出 3 个小时的转机时间。

从图萨扬的大峡谷机场到南缘村，乘出租车大约需要 20 分钟。机场没有汽车租赁公司。

旗杆镇大峡谷普利亚姆机场
Flagstaff Grand Canyon Pulliam Airport（FLG）

位于旗杆镇郊外的市营机场。只有全美航空 US Airway 至菲尼克斯的航班，从中国前往该机场会非常不便。

菲尼克斯天港国际机场
Phoenix Sky Harbor International Airport（PHX）

如果是以亚利桑那周边景点为主要目的地的自驾游，可以选择从菲尼克斯前往大峡谷。那里有通往全美各大城市的航班，而且班次很多，还可以无须预约就租到各租车公司的汽车。驾车行驶 4 小时可到达南缘村。

另外，如果是从菲尼克斯机场乘巴士前往大峡谷，可以选择亚利桑那穿梭巴士 Arizona Shuttle。从菲尼克斯至大峡谷单程车票 $74。途中在旗杆镇换乘。

长途巴士 Bus

从洛杉矶或拉斯维加斯前往南缘时，不推荐乘坐灰狗巴士 Greyhound。原因是灰狗巴士在旗杆镇停车但在威廉姆斯不停车，而从旗杆镇开往南缘的景区接送巴士（仅在 4~10 月运行，每天 3 班）却仍然要经过威廉姆斯，这样一来就比较浪费时间。另外，接送巴士是在旗杆镇的火车站发车，游客换乘时需要拿着行李步行 15 分钟才能到达，而且换乘也并不方便。较好一些的方案是在拉斯维加斯乘坐 6:40 发车的灰狗巴士。在旗杆镇顺利换乘后，17:45 可到达马斯维克客栈 Maswik Lodge（本书调查时的情况）。

Notes 如果选择乘坐火车或者巴士　在美国铁路交通或者巴士晚点是家常便饭的事。长距离移动的话晚到 1 小时是很普遍的事情，换乘的话可能需要花费大量时间，旅行计划中最好将这一部分时间留得充裕一些。

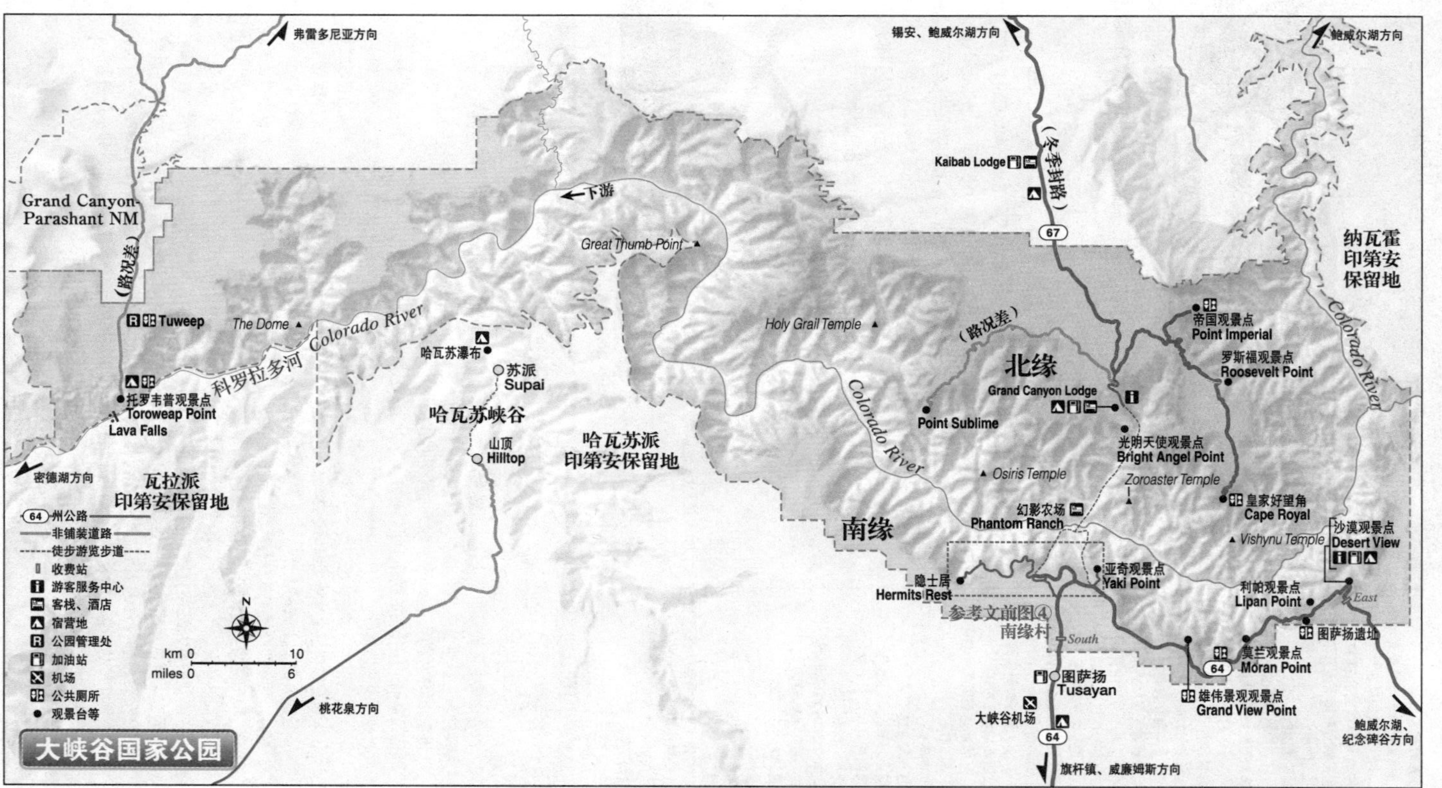
大峡谷国家公园
弗雷多尼亚方向
锡安、鲍威尔湖方向
鲍威尔湖方向
Grand Canyon-Parashant NM
（路况差）
Tuweep
The Dome
Colorado River
科罗拉多河
托罗韦普观景点
Toroweap Point
Lava Falls
密德湖方向
瓦拉派
印第安保留地
←下游
Great Thumb Point
哈瓦苏瀑布
苏派
Supai
哈瓦苏峡谷
山顶
Hilltop
哈瓦苏派
印第安保留地
桃花泉方向
Kaibab Lodge
（冬季封路）
67
纳瓦霍
印第安保留地
Holy Grail Temple
（路况差）
北缘
Grand Canyon Lodge
Point Sublime
帝国观景点
Point Imperial
罗斯福观景点
Roosevelt Point
光明天使观景点
Bright Angel Point
Osiris Temple
Zoroaster Temple
皇家好望角
Cape Royal
幻影农场
Phantom Ranch
南缘
Vishynu Temple
沙漠观景点
Desert View
亚奇观景点
Yaki Point
隐士居
Hermits Rest
参考文前图④
南缘村
South
利帕观景点
Lipan Point
East
图萨扬遗址
莫兰观景点
Moran Point
64
图萨扬
Tusayan
大峡谷机场
雄伟景观观景点
Grand View Point
鲍威尔湖、
纪念碑谷方向
旗杆镇、威廉姆斯方向
64 州公路
非铺装道路
徒步游览步道
收费站
游客服务中心
客栈、酒店
宿营地
公园管理处
加油站
机场
公共厕所
观景台等
N
km 0 10
miles 0 6

注意时差

亚利桑那州没有实行夏时制，所以如果在夏季周游西南大环线这条线路的时候，就会有以下比较烦琐的时差问题：

拉斯维加斯（PST）
↓ 将手表调快 1 小时
锡安国家公园（MST）
↓ 将手表调慢 1 小时
鲍威尔湖（亚利桑那州没有实行夏时制时间与 PST 相同）
↓ 将手表调快 1 小时
纪念碑谷（虽然地处亚利桑那州，但是属于纳瓦霍印第安保留地所以是 MST）
↓ 将手表调慢 1 小时
大峡谷国家公园（因为是亚利桑那州所以与 PST 相同）
↓ 夏季时间相同
拉斯维加斯（PST）

如此这般需要调整 4 次手表指针！

Amtrak → p.470
Free 1800-872-7245
URL www.amtrak.com
费 拉斯维加斯至大峡谷的经济舱，往返 $226~

Grand Canyon Railway
☎（303）843-8724
Free 1800-843-8724
URL www.thetrain.com
费 经济舱往返 $75，2~15 岁 $45
休 12/25 停运
※ 沿途完全看不见峡谷。在威廉姆斯的换乘时间可以在站前酒店的大堂或者餐厅内度过。

不要错过参观现在非常少见的木质车站建筑。图中左侧为艾尔多瓦酒店 El Tovar Hotel

铁路 Amtrak

往返于洛杉矶和芝加哥的“西南酋长号”Southwest Chief 会在威廉姆斯交叉点 Williams Junction 停车。在那里乘坐免费接送巴士前往大峡谷铁道公司 Grand Canyon Railway 的火车站。之后换乘柴油机车或蒸汽机车牵引的列车前往南缘村，每天只有一班往返车次（乘客较多时会增加班次）。这条线路极有人气，想乘坐的话需要预约。尤其是在暑期以及活动期间会更加拥挤。还有包含在南缘旅游、住宿费用的套票。

铁路时刻表

18:15	发	洛杉矶	到	8:15
3:50	到		发	21:33
5:00	发	威廉姆斯交叉点	到	21:20
		免费接送巴士		
5:10	到	威廉姆斯大峡谷站	发	21:10
9:30	发		到	17:45
11:45	到	大峡谷	发	15:30

（本书调查时）

有往返票价 $209 的观景车厢座位

Column

乘坐蒸汽火车前往大峡谷

连接威廉姆斯和大峡谷的铁路上开行有蒸汽火车。机车并非现代仿制品，是制造于 20 世纪 20 年代的古董车。这条线路据说也是原住民从前运输货物的线路，可以坐在火车上追忆一下当年的情景。

让人有穿越时空之感的威廉姆斯站

1901 年这条铁路上首次开通了蒸汽火车。当时，其他的交通工具只有从旗杆镇出发的马车，马车极为颠簸，所以平稳舒适的火车博得了人们的喜爱。

威廉姆斯站的站台建于 1908 年。站房中展示有大量铁路相关物品。距离发车 30 分钟前会举行西部特色的表演，身穿灯笼裤、长裙、衬裙等传统服装的表演者们会让车站的气氛变得异常活跃。哈里曼风格的车厢（铂尔曼公司制造）乘坐舒适，还有为乘客服务的列车员。车厢内也有现场演奏等演出活动，乘客会感到两个小时的行程转瞬间就结束了。

即将见到大峡谷

南缘村的车站建于 1909 年，当时美国正处于兴建度假胜地的热潮中。车站的建筑风格与旁边的 El Tover Hotel 酒店很有一体感。使用圆木建造的火车站，美国目前仅存 3 座。

火车到达前乘客就能了解到许多有关大峡谷旅游的信息，可以选择参加巴士旅游团，也可以选择徒步游览，用不同的方式去享受大峡谷的美丽。

游览完大峡谷后，可以乘火车原路返回。顺便可以说一下，这条铁路的归程中经常会发生一些“事件”。准备好相机和小费去看一看到底是什么“事件”吧。

团体游 Tour

这里是美国具有代表性的旅游胜地，因此旅游团项目种类繁多。跟团的好处是即便在旅游旺季也不用发愁找不到住宿地。不过，各种旅游团项目都会有其优缺点，这里可以做一下比较。

从拉斯维加斯乘小型飞机前往南缘

如果选择 1 日游（$250~$320）的话，在南缘的游览时间就只有 3 个小时。可以观赏到日出和日落的 1 天 2 晚旅游团项目虽然很值得推荐，但遗憾的是，可能由于航班临时停航等原因造成游客取消行程的情况较多，所以各旅行社似乎都侧重于做 1 日游项目。喜美航空的 1 日游可以在美国境外预约，从拉斯维加斯（博尔德机场）起飞，经过胡佛大坝及密德湖上空，飞行 1 小时 15 分钟到达大峡谷机场。然后换乘巴士前往南缘村，在光明天使客栈 Bright Angel Lodge 和玛泽观景点 Mather Point 游览约 3 个小时。每天有 3 个从拉斯维加斯出发并于当日返回拉斯维加斯的旅游团，分别是 6:15 出发→ 12:10 返回、9:15 出发→ 15:10 返回、12:30 出发→ 18:10 返回。建议选择在清晨出发，因为航行最为稳定，或者选择参加下午团，可以看到落日前大峡谷在阳光照射下形成的巨大阴影（无法停留到日落时刻）。有免费巴士前往拉斯维加斯各主要的酒店接送游客。

从拉斯维加斯乘直升机或赛斯纳小型飞机前往大峡谷西线

大峡谷国家公园范围广阔，南缘村位于大峡谷的东线上。那一带的风景最具动感，所以才在那里建造了为游客服务的村庄。有的旅游团项目会去大峡谷西线 Grand Canyon West（→ p.61。有时也被称为大峡谷西缘 Grand Canyon West Rim），但是这类项目中所说的大峡谷西线与可从南缘村乘坐免费接送巴士到达的西缘（→ p.58）其实是完全不同的两个地方。大峡谷西线在南缘村以西数百公里之外，拿 p.47 的地图来说，应该位于地图外很远很远的地方。在南缘村附近，谷深为 1500~1800 米，而在大峡谷西线，谷深为 200~1200 米，这是一个应该了解的常识。

大峡谷西线游的优点是目的地距离拉斯维加斯相对近一些，所以飞机飞行时间也较短，而且那里属于原住民保留地，可以进行在国家公园内被禁止的室外烧烤，还有天空步道 Skywalk（→ p.62）可供游客挑战自己的勇气。

从拉斯维加斯乘巴士前往南缘

很多旅行社都推出了这个项目。适合不敢乘坐小型飞机的游客，虽然不能从高空俯瞰地上的美景，但是透过巴士车窗可以观赏到绵延不绝的美国西部荒原。往返路程就需要 10 个小时，所以如果是 1 日游的话，游览时间将所剩无几。很想推荐 1 天 2 晚的旅游团项目，但很遗憾，喜美航空的此类项目已经取消了。

从旗杆镇乘巴士前往南缘

有 Open Road Tours 等数家旅行社开展这一团体游项目。基本上都是 1 日游，行程多为在印第安商店购物后，游览沙漠观景点和亚瓦帕观景点。

周游美国西南大环线的巴士旅游团 → p.472

确认观景台

参加旅游团最主要的是要确认线路经过哪些观景台。无论行程安排多么紧凑的旅游团都必会去亚瓦帕观景点 Yavapai Point 或者玛泽观景点 Mather Point，另外观看日出或者夕阳的项目也是不可少的。（→ p.16、52）

Scenic Airlines → p.46

费 带午餐 $299、2~11 岁 $279 +Tax$45

小型飞机旅游团

乘坐小型飞机游览大峡谷时，需要注意的是飞机经常会由于气流不稳定而摇晃得很厉害（特别是在下午），天气恶劣的时候还会停航（特别是冬季）。

沿科罗拉多河逆流而上，峡谷会变得越来越深

Open Road Tours

☎（602）997-6474
Free 1855-563-8830
URL openroadtoursusa.com
运行 每天 9:00 发车，约 8 小时
费 $95，11 岁以下 $55
※ 另外还有从菲尼克斯出发游览塞多纳与大峡谷的旅游团。

Notes **乘小型飞机时测量体重** 从拉斯维加斯乘坐小型飞机、直升机时，为了保持机体平衡，会测量乘客的体重。测量时可以保证体重数值不被其他乘客看见。

亚利桑那州的路况信息

Free 511

Free 1888-411-7623

URL www.az511.com

根据道路标号为你提供有关于天气、积雪、施工信息、拥堵情况等服务。

胡佛大坝

2010 年在胡佛大坝的坝址前修通了横跨科罗拉多河的大桥以及支线公路，亚利桑那州一侧的旧公路停止使用。从内华达州一侧按照标识指示沿 US-93 支线行驶，可以像过去一样通过坝顶前往位于亚利桑那州一侧的观景台并原路返回。设有检查站。重量在 1 吨以上的小汽车以及带行李舱的巴士不得进入。因此，随巴士旅行团在途中前往胡佛大坝参观时，无法将旅行箱带上大坝（普通小汽车的后备箱则没有问题）。

另外，在非夏时制时期，通过大坝后要将钟表的时间调快 1 小时。

租车自驾 Rent-A-Car

如果只去大峡谷的话，不建议租车自驾前往。每天约有 6000 辆汽车进入南缘村，交通拥堵和尾气污染的问题很严重。为了缓解这些问题，公园方面开通了园内接送巴士，将一部分道路列为禁止通行的道路，2010 年还大幅度地增建了停车场，但是每到旅游旺季仍然十分拥挤，所以驾车有时反而会给旅行带来麻烦。

虽说如此，但驾车还是有驾车的好处。在日出前从客栈出发去往东缘观景台观赏日出，只有自驾游客才能做到。想要游览纪念碑谷以及西南大环线上的景点也必须要有汽车。可以花上 10 天到 2 周的时间来体验一次愉快的自驾游（→ p.26）。

从拉斯维加斯出发

从麦克伦国际机场驾车沿 I-215 EAST（215 号州际公路东行方向），或者沿 I-515 SOUTH → US-93 SOUTH（93 号国道）行驶。约 40 分钟行至胡佛大坝，通过大坝后，行驶 71 英里（约 114 公里，1 小时 20 分钟）可到达金曼 Kingman。然后沿 I-40 EAST 行驶 117 英里（约 188 公里，1 小时 30 分钟）可到达威廉姆斯。从 Exit 165（州际公路的 165 号出口）出来上 AZ-64（亚利桑那州 64 号公路），再行驶 60 英里（约 97 公里，1 小时多一点）就到达南缘。从拉斯维加斯出发全程大约需要 5 小时。

Side Trip

66 号公路

从拉斯维加斯自驾前往大峡谷，途中最无趣的是 I-40 路段。虽然稍微绕远，但不妨选择走与 I-40 平行的 US-66。对了，那就是著名的 66 号公路。

如果时间不够，也可以只走 Exit 121 的塞利格曼 Seligman 至 Exit 139 之间的一段路程。路上能看到古色古香的加油站、小旅馆的霓虹灯以及连绵起伏的山丘，一切都仿佛是颜色已经泛黄的老照片中那种具有怀旧情调的风景。如果喜欢 66 号公路相关物品，可以在塞利格曼、金曼或者威廉姆斯购买。在那里有许多深受 66 号公路迷们喜爱的商店。

在塞利格曼有颇具怀旧情调的路边饭店

塞多纳 Sedona

是世界上为数不多的著名能量点 Power Spot，距离大峡谷不远，有半日时间就能从大峡谷顺便来此游览。可以观赏周围耸立着红色山岩的独特景观，也可以去与灵性体验有关的商铺转一转。从旗杆镇沿 I-17 公路南行，在 Exit 337 转至 AZ-89A 继续前行。全程大约需要 45 分钟。非自驾游客，可以从菲尼克斯乘坐巴士（Arizona Shuttle → p.46）或随旅游团（Open Road Tours → p.49）前往游览。

可以感受地球的力量

Side Trip 巨幕影像 IMAX　位于公园入口处的图萨扬小镇上有巨幕影院，在那里可以通过巨幕观赏充满临场感的大峡谷影像。由国家地理频道拍摄制作而成。3~10 月的 8:30~20:30，11 月～次年 2 月的↗

从菲尼克斯出发

沿着路旁长有巨人柱（柱状仙人掌）的 I-17 向北行驶 140 英里（约 225 公里，将近 2 小时）。在旗杆镇转至 I-40 WEST，前行至 Exit 165 后进入 AZ-64。之后一直前行。从菲尼克斯出发，全程耗时将近 4 个小时。

在村中的行驶方法

最初的难关是公园入口。在节假日和周末的傍晚，有时会出现严重的交通拥堵。尽量错过这一时段进入公园。已经支付过入园费用并持有有效凭据，或者已经购买美国国家公园年票（→ p.8）的游客，可以驾车从 4 条车道中最左侧的资费已付车道通过。

办好入住手续，卸下行李后再去寻找停车位

进入公园后行驶 10 分钟左右就可抵达游客服务中心。首先在这里了解一下必要的旅游信息。然后从这里步行 5 分钟左右到达玛泽观景点 Mather Point，参观完大峡谷马上前往客栈。

村庄中心的环形道路为单行线。能看到写有“Village”的标识，可通往光明天使、雷鸟、卡奇纳、艾尔多瓦 4 家客栈（→ p.78 ～）。这些客栈都沿大峡谷而建，便于在景区中游览，但也存在停车位紧张的问题。每家客栈外都有停车场，但是非住宿游客也可在此停车，所以停车场总是车满状态。要想在路边找到停车位也要凭运气。

如果有旅行箱，应该先办好入住手续，把行李放进房间后再去找停车位。经过马斯维克客栈后右转可以来到 Backcountry Information Centre，那里的停车场会相对空闲一些。虽然有些远，但停车比较方便的是 Market Plaza，不过傍晚时也总是车满。如果行李较轻便，可以先把车停在游客服务中心，然后乘坐园内接送巴士前往各客栈。滞留园内期间尽量不要使用自己的汽车。

最近的 AAA

关于 AAA → p.471

道路救援

免费 1800-222-4357

Las Vegas

住 3312 W. Charleston Blvd.

☎（702）415-2200

营 周一～周五 8:30~17:30

到达南缘村所需时间

Williams	约 1 小时
Flagstaff	约 1.5 小时
Monument Valley	约 4 小时
Phoenix	约 4 小时
Las Vegas	约 5 小时
Los Angeles	8~10 小时

冬季需注意冰雪

冬季驾车在西南大环线行驶，需要注意降雪以及路面结冰。尤其是南缘，海拔超过 2000 米，5 月有时也会降雪。如果遇到吹雪天气，不要勉强继续前行，可以到最近的旅馆等待路上的积雪被除去后再走。另外，给租赁汽车加装防滑链有时可能会涉及违反合约。

给油箱加满油

大峡谷的村庄里没有加油站。在图萨扬或沙漠观景点（只在夏季营业，9:00~17:00。使用加油卡的话 24 小时可加油）一定要把油箱加满。如出现故障可拨打电话 ☎（928）638-2631。

使用车载导航时的注意事项

南缘的门户城市图萨扬没有独立的邮政编码。因此即使将当地的邮政编码、地址输入车载导航或智能手机，可能也无法显示正确位置，建议使用当地的酒店名搜索。

Side Trip

伍帕特基国家保护区 Wupatki National Monument

MAP 文前图① D-3、文前图③ J-2

开 日出～日落 费 1 人 $5

对虽然想参观原住民遗迹，但又苦于没有时间前往梅萨维德国家公园（→ p.182）、查科文化国家历史公园（→ p.181）的游客来说，这里是一个很值得推荐的地方。从旗杆镇沿 US-89 北上，行驶 12 英里（约 19 公里，约 15 分钟）见到标识后右转。再行驶 21 英里（约 34 公里，约 45 分钟）可以到达当地的游客服务中心。

约 700 年前，普埃布罗族曾在那里定居并从事着农业。园内有 5 个历史遗迹，全部参观需要一两个小时。

©NPS

也可以从纪念碑谷回程的时候顺便游览一下

↗10:30~18:30，每到半点时放映。片长 34 分钟。票价 $13.59，6~10 岁儿童 $10.33。馆内设有公园信息服务台，可以在那里购买公园门票或通票。

Native American

科科佩利 Kokopelli

在当地的礼品店里经常能看到吹竖笛的小男孩的形象，那就是科科佩利。美洲古代原住民（特别是纳瓦霍族、霍皮族、祖尼族）普遍信奉的精灵，传说只要他一吹竖笛天就会下雨，滋润干旱的大地，为人类带来丰收。原住民们认为他身后背着的口袋里装满了歌曲。

亚利桑那

亚利桑那在原住民的语言中意思是"小小的泉水"。现在，公园周边有3个原住民保留地，分别是纳瓦霍、哈瓦苏派、瓦拉派，各保留地中都有原住民生活在那里。

也有很多科科佩利的形象身后不背口袋，但保持着弯腰的姿态是其共同特征

大峡谷国家公园·南缘 漫步

南缘的中心区域是集中了客栈、餐馆、宿营地等全部旅游设施的村庄。以村庄为中心点，沿悬崖边缘建有许多观景台，村庄以西被称为西缘 West Rim（MAP 文前图④ K-1~3），村庄以东被称为东缘 East Rim（MAP p.47）。

西缘的道路（Hermits Road）长8英里（约13公里）。3~11月一般车辆不能进入，但开通有免费接送巴士。12月~次年2月自己没有驾车的游客可以乘坐旅游团巴士游览。

东缘的道路（AZ-64）长26英里（约42公里），全年都可通行。非自驾游客也可乘坐旅游团巴士游览。这条州公路延伸至公园之外，与通往纪念碑谷方向的US-89相连。

到达南缘村后，首先要做的是获取登载有最新当地旅游信息的报纸 *The Guide* 以及当地的旅游地图，都是免费向游客提供。自驾的游客可以在公园入口处拿到，非自驾的游客可以在各家客栈的前台拿到，如果没有的话还可以前往游客服务中心领取。在充分了解当地旅游信息的基础上来决定自己的行程。

多角度观赏

要想饱览大峡谷的广袤和美丽，只停留于一地是不行的。从上下左右不同的角度观赏大峡谷，获得的感动也会增加十倍、百倍。南缘沿着悬崖建有徒步游览小路和柏油路，还有很多利用自然岩石而建的观景台。从南缘景区的东端移动到西端，看到的景色都会有很大变化。还可以下到峡谷中，或者乘坐小型飞机、直升机从空中俯瞰峡谷，那将会有更大的收获。

不要错过日出 & 日落

对摄影家来说，日出前后3小时和日落前后3小时的大峡谷风景是

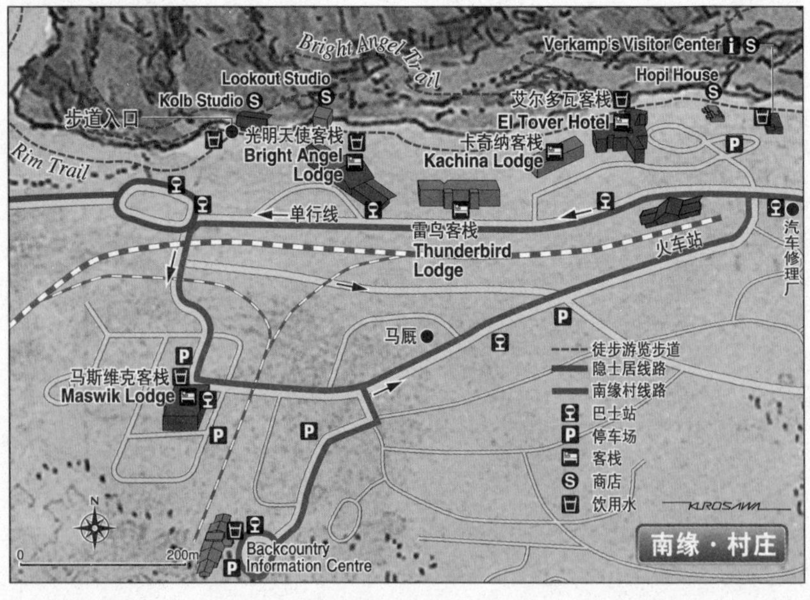

最重要的。这是有道理的，因为白天的大峡谷缺少立体感，色彩也比较单调。而且在夏季会非常热。所以把这段时间用作休息或者购物会更加合理。

既然是这样，如果早晨不早起的话，那就是莫大的损失。千变万化的色彩和阴影营造出宛如世外桃源般的神秘世界，与夕阳西下的美景一样受到人们的赞叹。

各家客栈的大厅里都会张贴日出、日落时刻，可以自行确认。而且不要忘记查询从客栈步行至观景台所需的时间。一般而言，东缘的观景点更适合观赏日出，西缘的观景点更适合观赏日落。

早上 6:30（上）与正午时分（下）

季节与气候 Seasons and Climate

坐落于悬崖之上的村庄海拔 2100 米，所以这里的春天来得比较晚。4~5 月上旬最适合徒步至谷底游览。悬崖边缘也会降雪，但基本上天气比较平稳。这个季节，能看到晨雾从峡谷中升起，让这里充满梦幻般的氛围。

到了夏季，积雨云笼罩下的大峡谷也非常迷人，但来自世界各地的游客会让这里变得拥挤喧闹。此时，昼夜温差大，谷底的气温会升到 40℃以上。下午几乎每天都会有雷阵雨，可以看到大峡谷的另一张面孔。

秋季天气变化渐趋平稳，气温也很宜人。不过日落时间会提早，徒步前往观赏的游客需要注意这一点。

11 月 ~ 次年 3 月是这里最为严酷的季节。天气不稳定，空中气流较强，因此飞机临时停航的情况也较多。徒步游览线路有时会因积雪而遭关闭，但降雪基本上不会落到谷底，因为飘落途中雪就已经变成了雨水。吹雪天气过后，大峡谷银装素裹，呈现出独特的景致。游客能够在此体会到一种庄严之美。

推荐的日出观景点

亚瓦帕观景点 Yavapai Point、玛泽观景点 Mather Point、亚奇观景点 Yaki Point、雄伟景观观景点 Grand View Point、利帕观景点 Lipan Point

推荐的夕阳观景点

霍皮观景点 Hopi Point、摩哈夫观景点 Mohave Point、皮玛观景点 Pima Point

日出 & 日落时间请参考下表。

交通线路请参考→ p.16

白天风景更美吗！？

一些旅行社会宣传说，“与天色较暗的清晨和傍晚相比，能清楚地看见谷底的白天更适合参观游览”，事实上是那样吗？

“在大峡谷观赏日出”是指太阳升起之前 30 分钟左右时开始出现朝霞一直到太阳已升起 1 小时之后阳光照射到流淌于谷底的科罗拉多河上的这段时间。其间，可以观赏因起伏的山脊而形成的阴影和岩石上富于变化的色彩。

太阳升起 3 个小时后，岩石上的阴影就会消失，岩壁因而显得缺乏立体感。这一系列变化构成了真正的大峡谷。

也就是说，即便是宣称“可以观赏日出”的旅游团项目，如果不在太阳升起后留出 1 小时左右的参观时间，也仅仅意味着可以观赏到半个日出。反过来讲，从太阳落山前 1 小时开始观赏日落直到晚霞映红天空、慢慢等待天色变暗后才离开的大峡谷的旅游团项目，即使是 1 日游，游客也会感到非常满足。

名字相同但景色迥异

光明天使客栈是南缘的一家旅馆。从那里开始一直延伸至谷底的是光明天使步道。这条线路所在的南侧山崖与对岸山崖形成的峡谷被称为光明天使峡谷。北侧山崖之上的观景点叫光明天使观景点（→ p.84）。

大峡谷的气候信息

日出与日落的时间根据年份会有些许变化

月		1	2	3	4	5	6	7	8	9	10	11	12
南缘	最高气温（℃）	5	7	10	15	21	27	29	28	24	18	11	6
	最低气温（℃）	-8	-6	-4	0	4	8	12	12	8	2	-3	-7
	降水量（mm）	35	39	35	24	17	11	46	57	40	28	24	42
北缘	最高气温（℃）	3	4	7	12	17	23	25	24	21	15	8	4
	最低气温（℃）	-9	-8	-6	-2	1	4	8	7	4	-1	-4	-7
	降水量（mm）	81	82	67	44	30	22	49	72	51	35	38	72
幻影农场 Phantom Ranch	最高气温（℃）	13	17	22	28	33	38	41	39	36	29	20	14
	最低气温（℃）	2	6	9	13	17	22	26	24	21	14	8	2
	降水量（mm）	17	19	20	12	9	8	21	36	25	17	11	22
玛泽观景点 Mather Point	日出（15 天）	7:39	7:17	6:39	5:56	5:23	5:11	5:23	5:46	6:10	6:35	7:04	7:31
	日落（15 天）	17:36	18:08	18:36	19:01	19:26	19:47	19:46	19:20	18:37	17:54	17:21	17:15

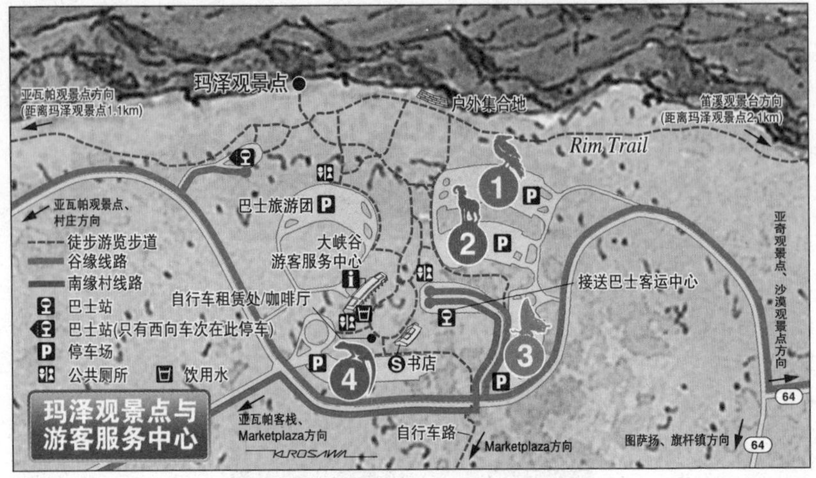

获取信息　Information

Grand Canyon Visitor Center

游客服务中心比南缘村距离公园入口要近得多，位于名为玛泽观景点 Mather Point 的观景台旁边，是整个公园迎接游客的前哨。公园方面为了缓解村庄中私家车拥挤不堪的状况，而特意将游客服务中心建在远离村庄的地点，中心旁建有大型停车场。首先应该在这里领取公园发行的报纸 *The Guide* 以及旅游地图、徒步游览线路图（均为免费提供）。这里的景区立体模型和天气预报也会给游客带来很大方便。中心对面隔着一座广场而立的建筑是书店 Bookstore，里面有各种书籍、影集、明信片可供游客选择。

这里也是换乘免费接送巴士（→p.56）的地点。乘上南缘村线路 Village Route 的巴士，可去往各家客栈；乘上谷缘线路 Kaibab Rim 的巴士，可去往位于悬崖边缘的各个观景点。

乘坐接送巴士之前，可以步行 5 分钟前往玛泽观景点 Mather Point（→p.57）看一看。观景台的前面是 2010 年新建的野外集会场所。可在那里一边欣赏着大峡谷的美景，一边参加公园管理员组织的各种活动。如果仔细观察的话，在那里还能发现化石。乘坐轮椅也完全可以到达野外集会场所以及玛泽观景点。

经验丰富的公园管理员可以给游客解答各种疑问

Grand Canyon VC
开 夏季 8:00~17:00
　冬季 9:00~17:00

Bookstore
营 夏季 8:00~20:00
　冬季 8:00~18:00
※ 这里不能预约客栈住宿也不能受理户外项目的预约

其他的游客服务中心

如果滞留时间较短，也可以去位于村庄东端的 Verkamp's Visitor Center（8:00~18:00，夏季至 20:00）或者位于亚瓦帕观景点的 Yavapai Geology Museum（8:00~18:00），去获取必要的旅游信息，至于次日的天气信息，各客栈会向游客提供。如果是从纪念碑谷方向前来游览，可以去沙漠观景点的游客服务中心（9:00~17:00）。

手机通话和上网

在村庄附近，手机基本上可以正常通话（根据运营商可能会有差异）。位于 Market Plaza 后面的公园总部，周一～周五的 8:00~17:00 提供免费的 Wi-Fi 服务。另外，Market Plaza 内的外卖窗口附近也有无线网络信号。

Notes **自行车租赁 & 快餐**　游客服务中心旁边设有自行车租赁处，在那里还能租借到轮椅和婴儿车。另外还有快餐厅。营 6:00~20:00，冬季 7:00~19:00　休 12/25

园内设施 Facilities

饮食

如果想简单吃一点的话可以选择 Yavapai Lodge 或者 Maswik Lodge 的自助式餐饮区，Bright Angel Lodge 的休闲餐厅也是不错的选择。不过在这 3 家就餐的游客很多，所以请做好排队的准备，并且这里不可以预约。

想节约旅费和时间的驴友可以选择去 Marketplaza 内的外卖窗口买一些三明治、比萨、热汤等。如果想吃热狗或者冰激凌可在 Bright Angel Lodge 的峡谷侧喷泉处购买。

如果想在环境好一点的餐厅就餐，可以去 El Tovar Hotel 酒店内的餐厅，或者光明天使客栈旁的 Arizona Room。

村庄外除了沙漠观景点和隐士居可以买到一些简餐，其他景点一律不提供食物和饮料。

集市广场 Marketplaza

Yavapai Lodge 旁有一间叫作“集市广场”的杂货店，跟城市里的超市一样商品种类很齐全。既有露营用品、户外用品、登山用品等，又有便携食品等。

店的一角还有外卖窗口，在这里用餐便捷并且费用低廉。店铺的隔壁是邮局和银行。

另外，各个客栈都有小型的商店，可以买到纪念品、登山用品、太阳眼镜等。

诊所

诊所位于村庄外以南的位置（参考 MAP 文前图④ K-4）。如果没有车，从光明天使客栈步行至诊所需要走 20 分钟（接送巴士不经过这里）。

Yavapai Lodge Cafeteria
营 7:00~20:00、夏季 6:00~21:00

Maswik Lodge Cafeteria
营 6:00~22:00

Bright Angel Fountain（光明天使客栈休闲餐厅）
营 只限夏季营业 10:00~19:00

Bright Angel Restaurant
营 6:00~22:00

Marketplaza Deli
营 8:00~18:00、夏季 7:00~20:00
休 12/25

Arizona Room
营 16:30~22:00、夏季时午间也营业 11:30~15:00
休 1~2 月中旬

El Tover Dining Room
营 6:30~14:00、16:30~22:00

Marketplaza
营 8:00~19:00、夏季 7:00~21:00
休 12/25

邮局
开 周一 ~ 周五 9:00~16:30
周六 11:00~13:00

银行
开 周一 ~ 周四 9:00~17:00
周五 9:00~18:00
※ 不可以兑换外币。ATM24 小时营业。

诊所
☎（928）638-2551
开 周一 ~ 周五 8:00~16:30、夏季每天 8:00~18:00
急救 911（从客房拨打时请拨打 9-911）

Column

科布尔工作室 Kolb Studio

科布尔工作室位于光明天使步道起点的附近，内有纪念品商店和画廊。建筑物建于 1924 年，原本是 Emery & Ellisworth Kolb 这对摄影家兄弟的工作室。

科布尔兄弟在 1911 年，历时 2 个月的时间拍摄了科罗拉多河沿岸的风景，并且在全美巡回放映。在这之后 Ellisworth 单独沿科罗拉多河旅行一直走到了河的尽头，之后出版了一本书。

后来两兄弟在大峡谷建造了工作室，专门为来此旅游的客人展示和介绍他们拍摄的科罗拉多河探险的照片。参加毛驴观光团的游客还可以在商店购买骑驴子的照片等纪念照。

当时，谷缘还没有充足的水资源，所以冲洗相片需要到印第安花园。也就是说拍摄完后需要拿着胶卷沿步道下山，到印第安花园成像，成像后拿着照片再返回工作室，然后将这些照片出售给参加观光团的游客。海拔落差约 1000 米，每天往返约 15 公里。

一直到 1976 年 Emery 去世，科罗拉多河探险的电影一直在全美各地放映，这也是世界上上映时间最长的一部电影。

开 8:00~18:00、夏季 ~20:00

楼下是展示原住民遗址的小型博物馆

Notes 汽车修理厂 位于火车站东侧，主干道沿线。可提供拖车服务。MAP p.52 ☎（928）638-2631
营 8:00~12:00、13:00~17:00

接送巴士使用的燃料是天然气，非常环保。大多数的车辆都设有方便轮椅上下的服务，也可以带自行车上车

确认最新信息

免费接送巴士、旅游团巴士、公园管理员带领参观等项目经常会更改时间表。一定要在当地的报纸 *The Guide* 上确认清楚。

图萨扬穿梭巴士

该巴士只在 5 月中旬 ~9 月上旬的 8:00~21:30 之间运行。每 20 分钟一班。线路是往返于巨幕影院→ Best Western → Grand Hotel → Big E Steakhouse →游客服务中心之间。不去往机场方向。虽然是免费的巴士，但是乘车前需要支付巨幕影院的门票。

免费接送巴士的线路

MAP 文前图④ K1~5、p.14、52、54

Village Route

运行 日出前 1 小时 ~22:00(6~8 月至 23:00、12 月 ~ 次年 2 月至 21:00)

所需时间 从光明天使客栈出发到游客服务中心大约需要 30 分钟

Kaibab Route

运行 日出前 1 小时 ~ 日落后 30 分钟

所需时间 单程 25 分钟

※ 亚奇观景点全年禁止一般车辆入内。

Hermits Route

运行 日出前 1 小时 ~ 日落后 30 分钟。依季节会多少有些变化

所需时间 单程 40 分钟

※ 3~11 月，西缘地区禁止一般车辆入内。

巴士旅游团的预约

Xanterra Parks & Resorts

Free 1888-297-2757

信用卡 ⒶⒹⒿⓂⓋ

如果在当地预约的话请在各客栈的预约窗口处办理

Hermits Rest Tour

出发 9:00 & 15:10 发车

费 $29，16 岁以下免费

Desert View Tour

出发 9:00 & 12:30 发车

费 $48，16 岁以下免费

园内的交通与旅游团　Transportation

免费接送巴士

南缘共有 3 条免费接送巴士线路。各巴士站可自由上下车。运行时间是早晚每 30 分钟一班，白天每 15 分钟一班。

●南缘村线路 Village Route ➡全年运行

这条线路主要往返于分布在大森林中的各个设施与游客服务中心、Marketplaza 之间，运行一圈大约需要 50 分钟，作为在村内的代步工具还是很方便的。但是，村内有部分道路是单行线，有时候可能步行会更快一些。注意，亚瓦帕观景点不停车。

●谷缘线路 Kaibab Rim Route ➡全年运行

连接峡谷边缘各观景点之间的线路。运行线路是在亚瓦帕观景点、玛泽观景点 Mather Point（只有西向车次在此停车）、游客服务中心、凯贝伯 Kaibab 步道入口（只有东向车次在此停车）、亚奇观景点之间穿梭往返。

●隐士居线路 Hermits Route ➡只在 3~11 月运行

从光明天使客栈的西侧出发，途经位于西缘的 9 个观景台最后到达隐士居。可以在适当的地点下车，沿着峡谷边缘的步道徒步行走，走累了可以在下一个观景点的巴士站再次乘坐巴士。回程只在皮玛观景点 Pima Point、摩哈夫观景点 Mohave Point、鲍威尔观景点 Powell Point 停车，所以太阳下山后会非常拥挤。当游客坐满无法上车时会增加临时班次，但是需要等待很长时间。

巴士旅游团

巴士旅游团可以去往距离村庄较远的观景台。对于没有开车入园的驴友来说是非常珍贵的代步工具之一。最好可以在出发前一天晚上就预约好。巴士可以在各个客栈接送客人。

隐士居线路巴士旅游团 Hermits Rest Tour

旅游团的线路是在西缘的各个观景点停靠，最后带客人到达隐士居，全程 2 小时。如果在上述的免费接送巴士运行期间，这条线路的利用价值不高。

沙漠观景点巴士旅游团 Desert View Tour

去往东缘方向的旅游团，全程 4 小时。途经利帕观景点 Lipan Point，最后抵达沙漠观景点。整条线路富有变化，风景优美，非常值得推荐。

村庄周边 Village

➡距离光明天使客栈的单程平均步行时间

亚瓦帕观景点 ➡40~60 分钟
Yavapai Point

1540 年，13 名西班牙远征队员无意中来到了这里，这是西方人首次知道大峡谷的存在。现在，即便我们已经通过各种媒体了解到很多相关知识，我们看到大峡谷仍然会惊叹不已，可以想象那些远征队员们当时会有多么吃惊。

在观景点俯瞰通托高原 Tonto Plateau，可以看见高原观景点以及连接那里的徒步游览步道。高原观景点前面的绿色部分是被称为印第安花园 Indian Garden 的绿洲。还应该能够看见架在谷底的科罗拉多河之上的吊桥和位于峡谷旁边小山谷之中的幻影农场 Phantom Ranch。

这里建有一座兼具观景台功能的博物馆。透过悬崖边缘的玻璃幕墙可以 180° 地观赏美景。同时这里也是观赏雷电的绝佳场所。博物馆里展示有大峡谷的立体模型和化石，还会在这里举办由公园管理员主持的各种活动。

玛泽观景点 ➡60~90 分钟
Mather Point

虽然距离村庄稍远，但是在这里能观赏到的景色是所有观景台中数一数二。旅行社的宣传册中出现的大峡谷照片，多数都是在这里拍摄的。向峡谷内侧突出的岩石形成了天然的观景台，站在上面可以看到层峦叠嶂的断崖与孤峰，相隔 16 公里远的北缘，轮廓已不清晰，仿佛连成一条蓝色的直线。这里也很适合观赏日出。经常被误读为 Mother Point，但其实是 Mather 而不 Mother。这个地名源自美国国家公园管理局首任局长斯蒂文·玛泽的名字。从游客服务中心徒步 5 分钟可到达。道路和观景台都可供轮椅通行。

亚瓦帕观景点
MAP 文前图④ K-4
设施 公共厕所、饮水系统、博物馆、商店

从村庄前往这里的方法
从 2010 年开始，接送巴士的行车线路已经发生变化，南缘村线巴士不在亚瓦帕观景点停车。从村庄前往这里时，需要先乘南缘村线巴士到游客服务中心，然后换乘开往亚瓦帕观景点的谷缘线路巴士。

Yavapai Geology Museum
开 8:00~18:00，夏季至 20:00
Ranger Greatest Stories in Stone
主要介绍岩石以及地质学方面的知识。
集合▶夏季 11:00（60 分钟）

玛泽观景点
MAP p.54
设施 公共厕所（停车场旁）

沿谷缘步道游览
沿峡谷边缘修建有平整的徒步游览道路。以村庄为中心点，向东可到达亚奇观景点附近，向西可到达隐士居。步道一直都与汽车道路相邻，如果中途感到疲惫的话，可以乘坐免费接送巴士返回。村庄周边为铺装道路，轮椅也能通行。

太阳升起 1 个小时之后的玛泽观景点

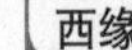

西缘 West Rim

马里科帕观景点 ➡约 30 分钟
Maricopa Point

眼前看到的是被称为战舰 Battleship 的石峰，下方是光明天使步道。在 19 世纪这里是铜矿，现在还保留着矿坑遗迹。

鲍威尔观景点 ➡约 45 分钟
Powell Point

这个地名源自曾在科罗拉多河漂流探险的约翰 · 韦斯利 · 鲍威尔（→ p.77）。从观景台上望去，正对面是大拿山 Dana Butte，背靠峡谷北缘的河对岸上屹立着名为“伊西斯神庙”Isis Temple 的山峰。这座山的中间部分是石灰岩层，在夕阳的照射下呈鲜明的红色。

霍皮观景点 ➡约 1 小时
Hopi Point

这里的景色非常壮美，是不容错过的日落观赏地点。可以看到被称为“胡夫金字塔”Cheops Pyramid 的石峰下蜿蜒流过的科罗拉多河。从这里徒步 30 分钟可到达旁边的摩哈夫观景点，不妨走上一趟。

摩哈夫观景点 ➡约 1.5~2 小时
Mohave Point

可以清楚地看见科罗拉多河在名为鳄鱼山 Alligator 的山脊左侧山谷旁流过。从左侧山谷中汇入科罗拉多河的是盐溪 Salt Creek。与霍皮观景点之间的山谷，在阳光照射下会变得红若火焰，所以被称为“地狱”Inferno。这个观景点不光适合观赏被晚霞染成红色的大峡谷，也适合观赏渐渐沉入地平线之下的太阳。

脚下的深谷里流淌着科罗拉多河，偶尔也能用肉眼看到漂流而过的小船

皮玛观景点 ➡约 3~4 小时
Pima Point

这里视野开阔，可以 180° 地观赏风景，也是与科罗拉多河距离最近、可见河流长度最长的观景点。河流中的白色部分是急流。在比较安静的日子里，能够听到所谓布歇急流 Boucher Rapids 的声音。对岸耸立着名为“奥西里斯神庙”Osiris Temple 的雄伟山峰。

隐士居 ➡约 4~5 小时
Hermits Rest

这里是景区中游客可到达的最西端，乘坐免费接送巴士前往需 40 分钟。空中游是从这里起飞向西飞行，所以有时能听到直升机的声音。建于 1914 年的石头小屋中的客厅，让人不禁追忆起西部开拓的年代，客厅里还有火炉。从前，加拿大人路易 · 布歇曾居住于此，过着隐士生活，所以这里被称为“隐士居”。

西缘 West Rim
MAP 文前图④ K-1 ~ 3
设施 霍皮观景点：公共厕所；隐士居：公共厕所、饮水系统、商店

小心坠崖！小心雷击！
为了减少对大自然的破坏，在观景台和步道上都很少安装护栏。因此，每年都有游客从悬崖上坠落而丧命。讲话以及拍照时要注意不要滑倒，特别是在有冰雪的冬季更要小心。一定要看护好孩子。另外，雷雨中的大峡谷虽然很有浪漫气氛，但不要在此时靠近观景台以及有大树的地方。

GEOLOGY
大峡谷 Trivia
峡谷深度：南缘村庄与科罗拉多河的海拔差为 1524 米。最深处达 1829 米。
峡谷宽度：从南缘村到对面的北缘，中间相隔 16 公里。最宽处为 29 公里，最窄处为 8 公里。
峡谷长度：约 446 公里长。发源于落基山脉，最终注入墨西哥加利福尼亚湾的科罗拉多河全长 2333 公里，大峡谷的长度达到其 1/5。
最古老的岩石：科罗拉多河冲刷着的岩壁是形成于 17 亿 ~20 亿年前的地层。世界上最古老的岩石在加拿大，形成于 40 亿年前。
最大的峡谷：墨西哥的铜峡谷、美国爱达荷州的赫尔斯大峡谷、中国西藏的雅鲁藏布大峡谷、秘鲁的科塔华西峡谷和科尔卡大峡谷的长度、深度都超过科罗拉多大峡谷。但是，在风景的美丽和富于变化方面，科罗拉多大峡谷堪称世界第一。

保持着 1914 年时的原貌

东缘 East Rim

亚奇观景点 ➡约 2 小时

Yaki Point

从游客服务中心乘坐谷缘线路的免费接送巴士，到达这里大约需要 25 分钟。距离南凯贝伯步道 South Kaibab Trail 的出发点比较近，下午的时候这里会有许多从谷底玩回来的游客，还可以看见骡子。对面是北缘的光明天使峡谷，仿佛一条直线深深地嵌入谷底。右手边里侧可以看到高耸的名曰“帝王宝座”Wotan's Throne 和“毗湿奴庙”Vishunu Temple 的岩石山峰。

雄伟景观观景点

Grand View Point

这处观景点海拔 2255 米，是南缘最高的观景台。这里所看到的风景如其名一样雄伟壮观。在过去的驿站马车时代这里曾建有一座旅馆。朝夕时分崖壁上各个层次的色彩分明，宛如一幅地表层的标本画。虽说这里是观看日出的知名观景点，但是如果没有车在太阳升起之前拜访这里还是有一定难度的。

莫兰观景点

Moran Point

以创作美国大西部风景画而闻名的画家托马斯·莫兰，于 1873 年从这个位置创作了被称为 *Chasm of the Colorado* 的名作。他用自己的画笔将大峡谷神秘而雄伟的美景传达给了东部的人们。示巴神庙 Sheba Temple 和所罗门圣殿 Solomon Temple 下方看上去白花花的川流是汉斯激流 Hance Rapids。在上游还没有建大峡谷大坝的时候，激流的浪头最高可以达到 4 米左右，十分汹涌。

图萨扬遗址与博物馆

Tusayan Ruins and Museum

这座遗址是大约 800 年前印第安普埃布罗族人生活过的地方。他们的集体住宅、被称作“Kiva”的举行宗教仪式的圆形集会场所等，近乎完整地被保留了下来。

利帕观景点

Lipan Point

虽然这座观景台并不为人所熟知，却是众多观景台中景色最美的地方。地理位置绝佳，低下头可以看到深邃的谷底、东西向缓缓流过的科罗拉多河，远望还可以看到“卡德纳斯山丘”Cardenas Butte、“婚礼蛋糕”Wedding Cake 和“阿波罗神庙”Apollo Temple 等巨大的岩石山峰。

利帕观景点位于峡谷间距最狭窄的位置

亚奇观景点
MAP 文前图④ K-5
设施 公共厕所

东缘
MAP p.47
设施 公共厕所（雄伟景观观景点 & 图萨扬遗址）

Wildlife
麋鹿的鹿角是凶器吗?

东线谷缘有大量的麋鹿在此生活。虽然麋鹿给人的感觉非常温顺，但也曾有人被长达 1 米的鹿角扎死，所以千万不要靠得太近。特别是秋季雄性麋鹿之间互相斗角争霸的季节，攻击性很强，一定要小心。

另外，为了杜绝游客过分靠近野生动物、喂食野生动物等行为，违反园内野生动物规定者需要缴纳最高 $5000 的罚款。当局还呼吁游客如果看到有人违反规定请通报车牌号码。

图萨扬博物馆
Tusayan Museum
开 9:00~17:00
费 免费

夏季每天 13:30 开始有公园管理员进行讲解说明的活动。大约 30 分钟

Wildlife
耳毛很可爱的松鼠

艾伯特松鼠 Abert Squirrel 是体形较大的松鼠，身材约 50 厘米（包含尾巴），特点是耳朵上的毛比较长。虽然样子很可爱，但是千万不要喂食野生松鼠哦！人类的食物会影响松鼠的健康，而且有些松鼠可能还带有狂犬病病毒或者腺性瘟疫病毒。

在北缘也生活着一种长耳朵的松鼠，是它的近似类种凯贝伯松鼠。这两种松鼠本来是同一种类，但是后来由于科罗拉多河开始侵蚀大平原，峡谷慢慢被分为南北两端，通过不断进化和发展，逐渐形成了两个不同的种类。

无论哪一种耳毛都很长

沙漠观景点
MAP p.47
游客服务中心
开 8:00~18:00
冬季 9:00~17:00
瞭望塔
开 夏季 8:00~18:00
冬季 9:00~16:30
费 免费
商店
开 夏季 8:00~18:00
冬季 9:00~17:00
休 12/25
加油站
开 仅限夏季 9:00~17:00
※ 如果使用信用卡支付，冬季也可以 24 小时加油。

沙漠观景点的东侧是广阔的纳瓦霍印第安保留地

沙漠观景点
Desert View

这里距离村庄大约有 30 分钟的车程。作为东缘的终点，还算是设施齐全，有小型的游客服务中心、商店（店内有食品、衣物等商品售卖）、小餐馆、加油站（只限夏季）、宿营地等，东侧还有大峡谷国家公园的东门入口。由于位处科罗拉多河的大转弯处的一角，风景分外优美。正如其名，这里可以望到断崖对岸的沙漠一直绵延到接近地平线的位置。北侧可以看到碧绿的小科罗拉多河 Little Colorado River 的河水汇入浑浊的红色科罗拉多河主流的景象。观景台位于瞭望塔 Watch Tower 内，这座塔建于 1932 年，是根据这里的原住民遗址而进行设计建造的。塔是由钢筋和大峡谷的岩石建造而成的，塔内装饰有原住民的壁画。登上塔顶看到的风景别有一番韵味，一定不容错过。

瞭望塔内部以原住民的岩壁画作为装饰

哈瓦苏峡谷　Havasu Canyon

位于科罗拉多河的支流——哈瓦苏溪流沿岸的哈瓦苏峡谷被称为大峡谷内的绿洲，距离南缘村以西约 55 公里处还有哈瓦苏派印第安保留地。这里交通极为不便。乘坐直升机还需要大约 20 分钟。但是，却有值得一

哈瓦苏峡谷
MAP 文前图③ H-1、p.47
※ 哈瓦苏峡谷由于在 2008 年与 2010 年受到了严重的洪水灾害，所以很长一段时间全村都处于封闭状态。虽然本书调查时，各项旅游设施和徒步远足步道已经开始对外开放，但是从大峡谷机场到这里的直升飞机一日游项目还没有恢复使用。期间可能还会发生其他的变化，请在出发前确认最新信息。
☎（928）448-2180
URL www.havasupai-nsn.gov/tourism.html

另外，信息是本书调查时获得的当时信息，但是照片是发洪水之前拍摄的。

这里的感觉与南缘好像完全是两个世界

去的美景。

峡谷内有一处村庄叫作苏派村 Supai village，这里居住着约 500 名的印第安人。村内有杂货店、小餐馆和客栈，徒步大约 1 小时还有超人气的哈瓦苏瀑布 Havasu Falls。河水中由于还有石灰岩，所以颜色呈青绿色，飞流而下的瀑布和绿宝石色的深潭给人感觉到了桃花源一般的仙境。距离此处 3 公里还有气势汹涌的慕尼瀑布 Mooney Falls，可以扶着绳子沿着湿漉漉的岩壁走到瀑布下面去，但是有一定的危险性。

另外，由于 2008 年发生了一场洪水，苏派村与哈瓦苏瀑布之间又产生了 3 个新的瀑布。虽然都很小但是景色很迷人。这些景点距离徒步远足步道比较远，最好是在当地导游的陪同下参观游览。

自驾与徒步远足

不是从南缘村出发的线路。如果从西边进入，需要在 I-40 的金曼 Kingman 加满油，驶入 AZ-66，行驶 55 英里（约 89 公里）后在桃花泉 Peach Springs 的前方沿 18 号地方道路北行。如果从东边进入，在 I-40 的金曼加油后，进入 AZ-66，行驶 31 英里（约 50 公里）后进入驶往哈瓦苏派的 18 号地方道路，继续行驶 68 英里（约 109 公里）后到达 Hilltop。无论是从拉斯维加斯出发还是从南缘出发到达这里都需要 4 ~ 5 小时。

到达后停好车，去往苏派村需要走一段很陡的下行步道。也可以提前预订好马匹或骡子的接送服务。客栈（只有一家客栈，24 间客房）和宿营地也需要提前预约。步道途中没有饮水处，春季至秋季的白天都比较炎热。另外，建议一定不要当天往返。

直升飞机

从上述的 Hilltop 至苏派村之间有直升飞机往返。不可以预约。优先村民使用，所以如果想乘的话需要等上一段时间。

参观哈瓦苏瀑布的注意事项

◎到了下午完全没有阴凉的地方，盛夏季节十分的炎热。注意带上足够的水。

◎瀑布下的石灰岩露台上可以游泳，建议带上游泳衣。

◎由于路径比较偏僻，可能周围没有其他的徒步远足者，最好在天黑前返回村庄。即便是白天也不建议女性游客单独一人游览这里。

哈瓦苏瀑布是世界著名的能量点，来自世界各地的游客络绎不绝地拜访这里

大峡谷 · 西线　Grand Canyon West

在拉斯维加斯与南缘的中间，有一处瓦拉派印第安保留地（→ p.49）。说不上好坏的旅游化程度，自然保护的立场方面感觉也是处于拉斯维加斯和国家公园之间的程度。喜美航空等多家公司都设有从拉斯维加斯出发到这里的一日游航线，大多使用小型飞机或者直升机。这里的峡谷与大峡谷南缘附近的景观多有不同，只是游览了这里还不能说是“我去过大峡谷”，不过这里可以体验印第安文化，是它的魅力所在。

高级 Havasupai Trail
距离▶单程 12.8 公里
海拔差▶ 960 米
所需时间▶下山 3~4 小时，上山 4~6 小时
出发地▶ Hilltop

Airwest Helicopters
☎（623）516-2790
运行 周日 · 周一 · 周四 · 周五（冬季只在周日 · 周五）的 10:00~13:00。不可预约。需要确认
费 单程 $85

苏派村的办公室
开 4~10 月 7:00~19:00
11 月 ~ 次年 3 月 8:00~17:00
进村门票 费 每人 $35
客栈 ☎（928）448-2111
URL www.havasuwaterfalls.com
E-mail htlodge0@havasupai-nsn.gov
费 双人间 $145　需要预约
信用卡 M V
宿营地 ☎（928）448-2121
E-mail httourism0@havasupai-nsn.gov
费 每人 $17。位于哈瓦苏瀑布旁，有厕所、有饮用水。需要预约
马匹接送
☎（928）448-2111
费 从 Hilltop 出发至苏派村往返 $187，至瀑布往返 $60

大峡谷西线
MAP 文前图② CD-2
☎（928）769-2636
Free 1888-868-9378
URL www.grandcanyonwest.com
费 门票含税 $43.42、天空步道 Skywalk 含税 $80.94（含门票、蝙蝠岩观景点的午餐），小木屋住宿费含税附带 2 餐每人 $141.90
驱车线路：从拉斯维加斯出发大约需要 2 小时 30 分钟。从 US-93 南下，经过胡佛大坝后继续行驶 40 英里（约 64 公里）在 Pierce Ferry Rd. 向左转。继续行驶 28 英里（约 45 公里）后在 Diamond Bar Rd. 向右转，行驶 21 英里（约 34 公里）后到达机场。在这里换乘去往天空步道的接送巴士。

Notes **不提前预约收取 2 倍价格的门票！**　参观游览苏派村需要提前预约。即便是当天往返的行程，如果没有提前预约进村的门票也需要收取平常 $35 的 2 倍价格 $70。

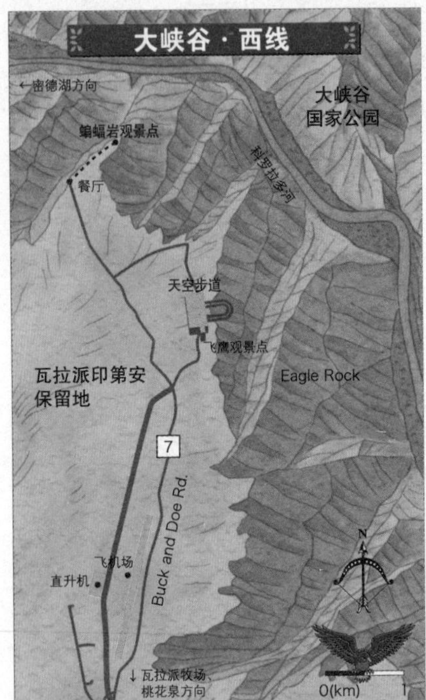

飞鹰观景点

Eagle Point

这里有天空步道，是沿着峡谷的岩壁搭建的“U”字形玻璃空中走廊。虽说建造初期有很多异议，说是影响了自然景观、污染了圣地等，却格外地受到游客们的青睐。进入天空步道禁止携带包含照相机在内的手提行李，只可以携带能放在口袋里的小钱包。步道距离科罗拉多河落差1100米，但是由于位于峡谷侧方的小山上，所以从这里是看不到科罗拉多河的。转过头可以看见背面酷似雄鹰展翅般的岩壁，比起人造的空中走廊大自然带给我们的风景美得更加自然与和谐。观景点附近还有还原再现瓦拉派、纳瓦霍等各部落居住地的村庄，里面可以观赏到传统的印第安舞蹈。

超刺激的天空步道！

Scenic Airlines →p.46
费 从拉斯维加斯出发一日游$254、2~11岁$234+税金$100（含门票、天空步道、午餐）
所需时间 约7小时
※还有与科罗拉多河漂流一起组合的旅游项目。

免费接送巴士

循环线路是机场→飞鹰观景点→蝙蝠岩观景点→机场。约15分钟一趟车。另外还有机场与瓦拉派牧场之间的往返巴士。

蝙蝠岩观景点

Guano Point

这里有可以观赏到峡谷壮丽风景的景观餐厅。大约沿着步道徒步5分钟，可以看到采集高级肥料蝙蝠粪guano的遗址，脚下可以看到科罗拉多河。

瓦拉派牧场

Hualapai Ranch

瓦拉派牧场是位于机场南侧的一处村落。这里有印第安商店、骑马和吉普车观光项目、溪流、西部牛仔表演等。谷缘边上还有可供住宿的小木屋。

蝙蝠岩观景点，1958年的时候，有索道可以连接到对岸的岩洞，在那里收集蝙蝠粪便

TriVia 天空步道　玻璃地面距离正下方的地面大约有200米高，可以经受大地震和强风，同时可以容纳800人，但是为了安全起见定员是120人。

Wildlife

翱翔于大峡谷之上的兀鹫

加利福尼亚兀鹫 California Condor 是世界上第二大猛禽（最大的是南美兀鹫），俗称加州神鹰。体重 7~10 千克。翅展可达 3 米。从前曾被认为是北美最大的鸟类，但现在这种看法已经被否定。体重方面，比黑嘴天鹅略轻；翅展方面，稍微逊色于美洲鹈鹕。

以 80 公里的时速每天在峡谷上空盘旋 160 公里以上，主要目的是寻找大型哺乳动物的尸体。翅膀内侧有三角形的白色斑块。说到兀鹫，人们的一般印象是红色的秃头，但其实幼鸟的头部是黑色的，长到 3~4 岁时才逐渐变红。非专业人士很难分辨出雄鸟和雌鸟。

几乎所有兀鹫都被编上号码并安装了信号发射装置，用于跟踪观察它们的行为

归来的空中王者

加利福尼亚兀鹫的寿命为 40~60 年。在峭壁上的凹陷处筑巢，每次只产一枚蛋，幼鸟在出生 1 年后才能离巢独自生活。而且长至 6~8 岁才能开始繁殖，所以种群数量很难增加，属于濒危物种。1987 年，数量减少到 22 只，之后由于保护活动的有效开展，逐渐增加到 437 只。不过，半数都被饲养在动物园中，野生的只分布在亚利桑那州北部以及犹他州、加利福尼亚州的部分地区。

1996 年，6 只出生于动物园的兀鹫在红崖国家保护区（→ p.102）被放归自然。据说是因为法律禁止在国家公园把动物放归自然，所以才选择了由土地管理局管辖的地点。

然而，令人非常不能容忍的是，随后出现了猎杀兀鹫的猎人。放归自然后，大峡谷中也开始能够见到兀鹫的身影，但是在园内有 3 只兀鹫最终死于人类之手，凶手包括在河中漂流的猎人。

当然，毋庸多说，在公园里猎杀兀鹫以及其他任何野生动物都属于犯罪行为。

放归自然的 4 年后，剩下的兀鹫终于开始繁殖了。虽然在它们的巢穴中发现了蛋，但是之后幼鸟全部被郊狼所杀。直到 2003 年，才终于出现平安长大的兀鹫，大峡谷的上空，在 100 年后，首次有自然繁殖的兀鹫展翅翱翔。

现在，在大峡谷等亚利桑那州北部地区以及犹他州共栖息着 73 只兀鹫，几乎所有的兀鹫身上都被安装了信号发射装置。

杀死兀鹫的弹丸

很多地方都有食肉鸟类误食被铅弹打死的小动物而中毒身亡的事情发生。在美国也存在兀鹫铅中毒的问题。

在国家公园之外进行的狩猎活动中，鸟类或其他小动物被铅弹（小的直径 2 毫米）击中后死亡，兀鹫吃掉这些动物的尸体后，铅就会在其体内蓄积。兀鹫为了补充钙，会将动物尸体的骨头也吃掉，有时会把弹丸错当成碎骨片，而且兀鹫的进食习惯是即便有硬物也不吐出来。野生兀鹫血液中含铅浓度可以达到动物园中兀鹫的 10 倍。1996 年以后，很可能有 28 只以上的兀鹫死于铅中毒，需要接受解毒治疗的兀鹫达半数之多。

2008 年，加利福尼亚州宣布禁止在兀鹫的栖息范围内使用铅弹。亚利桑那州也在积极呼吁人们自觉地不使用铅弹，但是收效甚微，目前主张明令禁止的声音在不断高涨。

观察兀鹫非常简单！

要见到加利福尼亚兀鹫并不是一件困难的事情。夏季，日落前 1 小时左右，兀鹫会在南缘村的上空盘旋。最适宜观察的地点是光明天使客栈后面的观景台，下方的峭壁上就有兀鹫的巢穴。

另外，由于亚奇观景点和利帕观景点与北缘之间的峡谷十分狭窄，所以这里经常是秃鹫们横穿峡谷的据点。

秋天至第二年春天，兀鹫多栖息于峡谷中河流的附近。在高原观景点，人们有机会近距离观察兀鹫，但绝对不能给兀鹫喂食。

在大峡谷上空飞行的“大型黑色鸟类”有以下 3 种。

渡鸦 Raven　体形比普通乌鸦略大，翅展约 1 米。经常会做出振翅飞行、空中急转等高难度飞行动作。

红头美洲鹫 Turkey Vulture　翅展约 1.8 米。翅膀经常打开呈“V”字形（→ p.64）。

加利福尼亚兀鹫　翅展约 3 米。将翅膀“一”字形伸直，几乎不用振翅，就能像滑翔机一样在空中静静地滑行。离近观察，成鸟自不必多说，即使是幼鸟，其红色的秃头也是极为明显的特征。安装在兀鹫身上的信号发射装置上有白色的数字。

GEOLOGY

18亿年地球历史的博物馆

在观景台眺望大峡谷，会注意到岩壁上有很多水平方向延伸的线条。线条之间的岩层，颜色和硬度都不一样。这就是可以为我们讲述地球历史的地层。大峡谷的地层更是为我们展示出了波澜壮阔的地球历史。在漫长的历史中，大地有时会沉入海底，有时会被森林覆盖，有时会变成风沙肆虐的荒漠。每一层地层都由相对应年代的沉积物（沙漠的沙层以及海底的泥土中会沉积有当时的动植物化石）构成。大峡谷可以告诉我们每个时代处于什么样的状态，有什么样的生物。而且是同时讲述18亿年的历史。

18亿年中沉积下来的深厚地层，在距今约6000万~7000万年前的造山运动中曾经隆起至海拔8000米。因此东侧出现了落基山脉，犹他高原抬升，河流的流向改变，科罗拉多河开始侵蚀两侧的岩石，经过600万年（也有5500万年的说法）的不断侵蚀，2.6亿~18亿年前的古老地层终于完整地露出地面（关于最深地层的年代，从17亿年到20亿年，各研究人员的说法不一）。

化石的宝库

这里是世界上发现化石最多的地方之一。科罗拉多河将峡谷冲刷得非常深，因此有大量的化石露出岩壁。谷地附近是前寒武纪地层，有最原始的藻类化石。上面的寒武纪地层中有三叶虫化石，泥盆纪地层中有双壳类生物化石，再往上依次是珊瑚、鲨鱼、爬行类、两栖类、树木等各种化石。大峡谷为我们讲述着生物进化的过程。

足迹之谜

大峡谷没有恐龙化石。因为即便是最上层的“新”地层，其地质年代也要早于恐龙出现的年代。在地层中发现了大量的爬行类动物化石，如蜥蜴，但全部是足迹化石。从未发现过骨骼、牙齿的化石。而且足迹都位于斜坡上，足前端指向上方。这一现象成了研究当中的一个未解之谜。

谷底还栖息着环颈蜥

经常成群飞行的红头美洲鹫

气候与动植物

大峡谷看上去像是一片荒凉之地，而实际上这里充满了生机，有5种气候带，生长在这里的动植物种类非常丰富。

悬崖之上及峡谷的上端因海拔较高，与加拿大气候相近。有松树、冷杉、白杨等林木，栖息着麋鹿、美洲狮等动物。

下到峡谷中段左右后，气温会升高，树木为灌木的地方就是半沙漠地带了。有老鼠、蜥蜴、大角羊等动物栖息在这里。石灰层的岩壁上有许多洞窟，里面住着蝙蝠。

谷底非常炎热，为干燥的沙漠气候。夏季，温度会超过40℃，即使在尚属冬季的2月份，植物也会开花。有仙人掌、丝兰以及蛇、蜥蜴等适合在沙漠中生存的生物。

由此可见，在大峡谷仅仅靠从谷顶至谷底间的上下移动就能够体验从针叶林带到热带的各种气候及环境，因此可以说这里是一个非常特别的地方。

大峡谷会成为下一个纪念碑谷吗?

科罗拉多河日夜流淌，从未停止过侵蚀周围的岩石，今后这里会变成什么样子呢?

大峡谷所在区域原为平坦的高原，因河流不断侵蚀而形成了峡谷。随着侵蚀的持续，峡谷变得越来越深，并且周围出现纵横交错的小山谷，地形变得更加支离破碎。地层较硬的地方变成峭壁，地层较软的地方变成斜坡，新地层不断露出地面，峡谷也不断变宽。

可以想见，在遥远的未来，大峡谷会因河流的侵蚀作用而最终消失，仅剩一些孤峰矗立其间，形成现在的纪念碑谷那样的准平原地带。

不过，现在科罗拉多河正在侵蚀的是页岩、花岗岩等质地特别坚硬的地层。而且由于大坝（→p.74）的影响，侵蚀速度已经变慢，大峡谷要彻底变成纪念碑谷，似乎变得更加遥遥无期了。

TriVia 一匹狼的悲剧　2014年12月28日，在锡安国家公园的北部，一匹狼被捕猎者射杀，因为狼带有跟踪项圈，所以管理部门马上得知此事。在当年10月，这匹狼曾出现在大峡谷，那是大峡谷70年来首次↗

大峡谷的地层与动植物

地层与年代		化石
二叠纪	凯巴布石灰岩 2亿6000万年前	角珊瑚、海绵
二叠纪	托罗韦普层 2亿6200万年前	单壳软体动物
二叠纪	可可尼诺砂岩 2亿6500年前	
二叠纪	隐士页岩 2亿7000万年前	蕨类植物、针叶树
石炭纪	斯帕依群 2亿7500万年前~3亿2000万年前	山椒鱼、蜥蜴、蜗牛
石炭纪	红墙石灰岩 3亿4000万年前	鲨鱼、海百合
泥盆纪	Temple Butte石灰岩 3亿7000万年前	
寒武纪	Mauve石灰岩 5亿年前	
寒武纪	光明天使页岩 5亿1000万年前	三叶虫
寒武纪	特比茨砂岩 5亿2000万年前	藻类
前寒武纪	此图根据美国国家公园管理局资料绘制，但目前对最深部地层的形态以及年代尚存在争论	7亿4000万年前~12亿年前

动植物：麋鹿、艾伯特松鼠、美国黄松、美洲狮、大角羊、杜松（欧洲刺柏）、骡鹿、灌木蒿（五月艾）、郊狼、龙舌兰、蝙蝠、仙人掌、蝎子

海拔(m)：2200、2000、1500、1000、740

科罗拉多河

毗湿奴片岩 16亿8000万年前~18亿4000万年前

琐罗亚斯德花岗岩

↗发现有狼出没，因此这匹狼引起了民众的广泛议论。这是一匹3岁的母狼，被人们取了一个名字叫“Echo”，1月在黄石附近被装上跟踪项圈。它孤独地行走了800公里来到大峡谷，在北归的途中命丧子弹之下。

徒步远足 Hiking

要想充分领略大峡谷的魅力，只在悬崖边俯瞰是不够的。还应该下到谷底的科罗拉多河附近，去感受一下高达 1600 米的岩壁的雄伟。峡谷里是真正有乐趣的地方。

沿峡谷中的徒步游览线路行进，随着高度降低，气温逐渐升高，谷底的气候已经近似于沙漠，与谷顶的气温差在 10℃左右。连接南缘和北缘的是两座架于科罗拉多河之上的吊桥。吊桥附近有幻影农场和宿营地。

大峡谷的徒步游览线路并不好走。夏天是气温高达 40~45℃的火热地狱，冬天又非常寒冷，甚至还会下雪。最辛苦的是还要从谷底登山返回谷顶。即便如此，谷底也绝对值得一游。

峡谷里共有 16 条徒步游览线路，除了下面将要介绍的线路以外，其余的线路都未进行较好的整修，游客也极少，所以不建议尝试。

徒步游览时的注意事项

◎首先要获取天气预报信息。如果有可能下雨，应该取消徒步游览计划。特别是在盛夏季节的午后，雷电非常可怕，还有突发山洪和山体滑坡等危险。11 月 ~ 次年 5 月会出现降雪的情况。

◎从中国刚刚到达这里时，不要急于开始徒步游览。如果身体尚未适应时差以及当地的气温、湿度（干燥），很可能会引发突发事故。

◎绝对不能遗弃垃圾。即使是一根烟头也不可以。

◎就算是只需 2 小时的线路也一定要带上水和食物。

◎在途中发现化石、鹿角、鸟类羽毛也不能将其带走。

◎厕所非常少。出发前要先处理好。如果在途中出现不得已而为之的情况，也要将排泄物和纸装入垃圾袋带回。

◎在"之"字形线路的转弯处要注意落石。

◎在道路狭窄处要让上行的游客先行。

◎遇到骑骡子游览的游客时，要让对方先行。自己要迅速向山体一侧避让，等待对方通过。骡子可以沿悬崖边缘行走。

◎为了保护这里的动植物以及游客自身的生命安全，绝对不能离开游览线路。峡谷里有响尾蛇、蝎子、狼蛛等动物出没。一般情况下，这些动物遇到人后会主动逃走，很少发生伤人事件，不过在步入树荫时需要留意脚下。

携带物品与服装

◎每个人要带 2 升以上的饮用水。如果是一整天都要在没有饮水地点的线路上行走，需要带 4 升饮用水。可能会觉得这是沉重的负担，但如果带少了肯定会感到后悔，严重的时候还会危及生命。容器使用塑料制饮料瓶即可。

◎带上运动饮料冲饮粉。大量饮水后，身体会丧失许多盐分从而引发低钠血症。可以在 Market Plaza 或者客栈的商店里购买运动饮料冲饮粉，将其溶入水中，小口饮用。

◎食物。徒步游览途中没有小餐馆，也没有自动售货机。要携带含有盐分、糖分、维生素、膳食矿物质的运动营养食品，这类食品易于消化吸收，能快速地将营养传递到肌肉组织。最好还要耐高

如果要下到高原观景点，最好带上登山杖

行走半日的推荐线路
雪松山脊
行走整日的推荐线路
高原观景点
行走 2 日的推荐线路
幻影农场（需要预约）

不要试图当天往返徒步下至河边

在 1 天之内徒步走到河边，然后返回，这除了要有足够的体力，对天气状况的要求也极高。尤其在夏天，这事关生命安全，绝对不能贸然尝试。在大峡谷，平均每年会有 250 人因在远足中出现问题而不得不求助紧急救援，平均会有 12 人丧命。其中多数是因为对自己的体力过于自信而导致出现脱水症状或中暑。紧急救援费用需要数千美元。

有的游客登山经验丰富，可能会觉得海拔差只有 1400 米的徒步线路很容易完成。可是，气温高达 45℃又无阴凉处可供避暑且归程还要登山的远足真的很容易完成吗？要知道，求助紧急救援的游客中，多数是认为完成徒步游览并非难事的 20 几岁的男青年。

大峡谷是让人们感受 18 亿年时间变迁的场所。如果紧张地留意着脚下并且忍受着身体上的痛苦来坚持完成行程，那就没有任何旅行的意义了。

峡谷里的厕所

这里的厕所是所谓的旱厕，且为男女共用。用有机物分解的方式来处理排泄物，所以使用后一定不要忘记盖上便器的盖子。厕所里备有卫生纸。

温、不易变质，且重量轻、体积小。

◎可密封塑料袋。用于带回垃圾。

◎徒步游览线路虽经过整修，但仍然会有很多凹凸不平的地方。穿着普通的运动鞋，腿部在行走中的负担会较大，如果要下到印第安花园以下的地点，建议穿着登山鞋。鞋要宽松一些，穿厚一些的袜子。

◎不光在夏季，春秋季节也一定要带上遮挡紫外线效果较好的太阳镜。

◎帽檐较大且透气性较好的帽子。这关系到生命安全，注意帽子不要被风吹跑。

◎阴天时，气温会急剧下降，所以即使是夏季也要带上一件外衣。最好是可以应对雨天的防水服。如果要下到高原观景点和幻影农场，还应该准备防雨裤。道路很窄，而且有遇到雷击的危险，所以不能打伞。

◎防晒霜和润唇膏。不是为了保养皮肤，而是为了防止因强烈日光照射导致的脱水和晒伤，男女都需要使用。

防止疲劳

◎正确认识自己的体力。认为自己"参加体育运动，身体已经得到锻炼"的人最容易出现危险。一名在此遇难的 24 岁女性游客，遇难前 3 个月还曾经用 3 个小时跑完了波士顿马拉松全程。过分自信是最大的敌人。

◎尽量在阴凉处行走。要选择日光不强的时间以及合适的线路。在盛夏季节的 10:00~15:00 是不能徒步游览峡谷的。

◎有意识地放慢步行速度。以边走边讲话不感到辛苦的速度为宜。

◎不与别人比赛。被别人超过也应毫不介意。

◎多停下来休息。经常补充水分。经常补充热量。最好是每隔 30 分钟少量饮水、进食。

◎不能集中地大量饮水。每次喝少量的运动饮料。如果没有运动饮料，一定要吃含有盐分的食物。

◎上山所需的时间是下山的 2 倍，用时超过预定全程时间的 1/3 时就应该折返。

感到疲劳时

◎寻找道路旁边的阴凉处躺下。把脚放到岩石或背包上，让脚高过心脏，安静地休息一会儿。

◎因天气炎热而感到疲劳时，可以用水把脖子和腋下浸湿。

◎绝不能离开步道。不然即使遇到危险也很难被别人发现。

◎如果水和食物已经用完，应该请求别人分一些给自己。当然，这只限于别人有能力给予帮助的情况，应该自己做好充分准备，把该带的东西带足，请别人帮忙只能作为紧急情况下的特殊手段。

◎即便如此体力也没有恢复，仍然头痛不止、想吐、脸色不好、手足痉挛、脸上出现红晕、心悸，出现这些症状时要及时呼叫救援。救援费用非常高，但生命只有一次。

光明天使步道

Bright Angel Trail

这条徒步远足线路的起点位于光明天使客栈的旁边，也是风景最优美的线路。没有时间和体力走完全程，哪怕只是走上 2~3 小时也一定要

推荐食物

●果冻饮料。因酷暑和疲劳而无法进食时也能喝下，可以放在衣服口袋里随时取出补充热量，非常方便。推荐使用以补充热量为主并且其中含有柠檬酸的商品。可以从中国带去。

●什锦杂果（坚果 & 干果）

●谷物棒（谷物 & 干果曲奇）

●名为 5-hour Energy 的能量饮料。57 毫升的小铝罐装，很轻。起效迅速。公园内村庄有售，价格为 $4 左右。儿童、孕妇以及有过敏症者禁用。

休息以及拍照时易发生坠崖事故，需注意安全

以备不时之需的求生物品

●手电筒。不仅是在黑夜中，在客栈和停车场也会用得上。

●贴在额头上的降温贴、降温凝胶。

●一次性热贴。

●发生紧急情况时使用的警笛。

●应急毯（也叫太空毯。是 NASA 研制的可折成手掌大小的超轻保温毯）。

光明天使步道

Bright Angel Trail

出发点 光明天使客栈西侧

MAP p.52

※ 峡谷内的步道有时会因集中降雨或降雪而封锁。特别是 6~9 月 的 10:00~15:00 左右天气十分炎热，爆发性的雷阵雨也较多，应尽量避免在这个时期进入峡谷。

3 英里歇脚小屋

尝试一下，沿途的景色绝对不会令你失望。可以根据你的体力和时间选择线路，累了的话走到中途折返回来也是可以的。这条线路有大部分是在峡谷的内侧，所以朝夕时分阴凉处较多。

光明天使步道横贯南缘与北缘。曾经是作为哈瓦苏派族的商品交易线路被开发而成的道路，到了 19 世纪末，一位叫作拉尔夫 · 卡梅隆的人发现了这条线路的游览价值，并买下了这条线路。其中至印第安花园的步道一直可以延伸到河边，从这里通过的游客都要收取 $1 的过路费。

位于 1.5 英里处的公共厕所

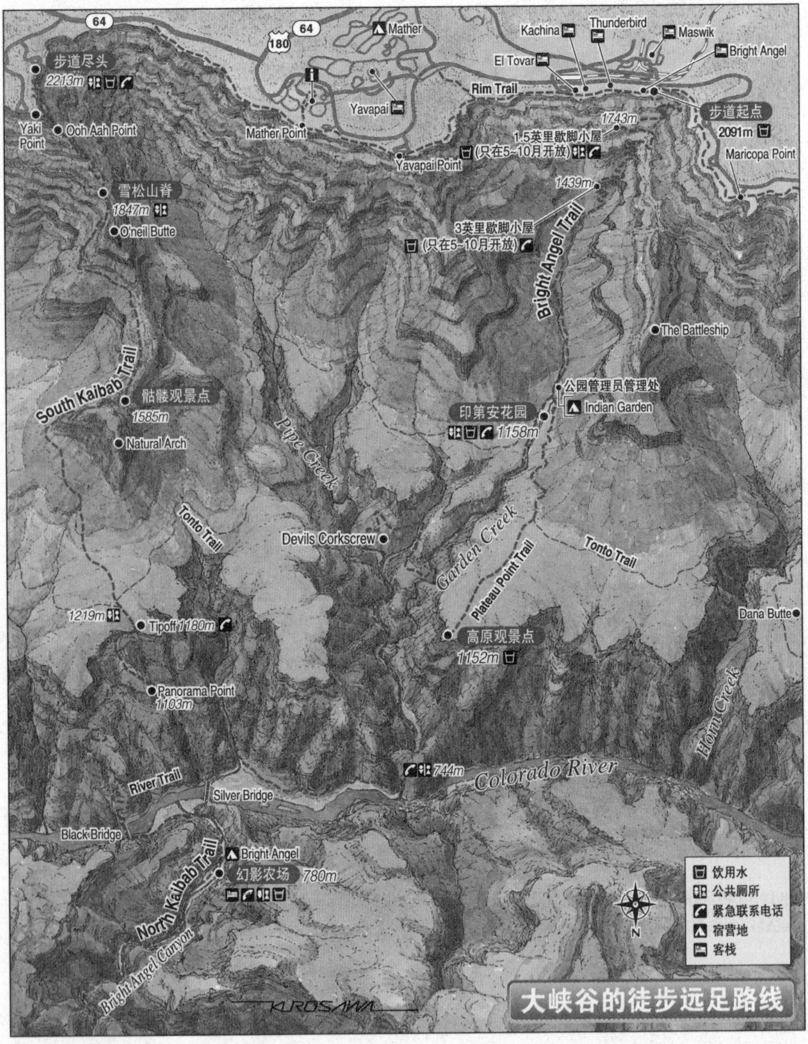

大峡谷的徒步远足路线

64
180
Mather
Kachina
Thunderbird
Maswik
Bright Angel
El Tovar
Rim Trail
步道尽头
2213m
Yaki Point
Ooh Aah Point
Mather Point
Yavapai
Yavapai Point
步道起点
2091m
1743m
1.5英里歇脚小屋
(只在5~10月开放)
Maricopa Point
1439m
雪松山脊
1847m
O'neil Butte
3英里歇脚小屋
(只在5~10月开放)
Bright Angel Trail
The Battleship
South Kaibab Trail
骷髅观景点
1585m
Natural Arch
Pipe Creek
公园管理员管理处
Indian Garden
印第安花园
1158m
Tonto Trail
Devils Corkscrew
Garden Creek
Plateau Point Trail
Tonto Trail
1219m
Tipoff 1180m
高原观景点
1152m
Dana Butte
Panorama Point
1103m
Horn Creek
744m
Colorado River
River Trail
Silver Bridge
Black Bridge
Bright Angel
幻影农场
780m
North Kaibab Trail
Bright Angel Canyon
KUROSAWA

饮用水
公共厕所
紧急联系电话
宿营地
客栈

1919 年，大峡谷被指定为国家公园，但是卡梅隆没有放弃光明天使步道的所有权，继续向游客收取过路费。国家公园管理局为了对抗他的这种行为开发了南凯贝伯步道 South Kaibab Trail。游客可以通过这条步道免费下到科罗拉多河。卡梅隆与当局就有关线路的所有权问题展开了一系列的法庭争斗，终于在 1928 年，步道的所有权被认定为国家所有，卡梅隆放弃了所有权，光明天使步道面向公众开放。

这条线路虽然被整修得很好，但是有些地方的步道很狭窄，千万小心不要坠崖。沿着步道一直向下走一定记得观察岩壁的色彩变化，就连脚下的泥土颜色也在发生变化。而且，步道沿线可能还会发现化石（禁止采集化石）。周围的植被也是一直在变化中的，慢慢观察慢慢走，不要走得太着急，因为回程有一段很陡的坡路，一定要节省体力。

峡谷中的绿洲——印第安花园 Indian Garden

沿着谷缘向下走 2~3 小时就可以到达印第安花园了。这里有罕见的清澈河流和植被茂盛的绿洲。一直到 20 世纪初，这里一直都是哈瓦苏派族生活和居住的地方，他们在这里种植豆子和玉米，被指定为国家公园后这些原住民被强制性地迁出了。另外，好不容易徒步到这里，一定要去高原观景点 Plateau Point（→ p.70）看看，那里的景色与这里截然不同，别有洞天。

从印第安花园继续向下徒步可以一直走到河边，但是中途有一处很难走的路段，被人们称作魔鬼螺锥 Devils Corkscrew。这段路不单单是坡度难走，气温也是大问题，全程没有阴凉的地方，夏季气温有时会超过 50℃。也是在所有徒步远足线路中发生死亡事故最多的路段。建议如果准备从幻影农场爬上这里的话，最好选择在气温上升之前的清晨。

中级 **3 英里歇脚小屋线路**
3 mile Rest House
适宜季节▶ 3~11 月
距离▶往返 9.6 公里
海拔差▶ 652 米
所需时间▶往返 4~6 小时

高级 **印第安花园线路**
Indian Garden
适宜季节▶ 3~6 月、9~11 月
距离▶往返 14.8 公里
海拔差▶ 933 米
所需时间▶往返 5~9 小时

住宿必须要提前预约
对于没有在幻影农场和宿营地预约的游客，会被勒令返回到印第安花园。与我国的客栈不同，这里的客栈是不可以超出指定人数入住的。如果想看科罗拉多河，建议选择从高原观景点出发。

高级 **幻影农场线路**
Phantom Ranch
适宜季节▶ 3~5 月、10~11 月
距离▶单程 15.4 公里
海拔差▶ 1347 米
所需时间▶下行 4~6 小时，上行 6~10 小时
※ 如果在幻影农场预约了住宿，准备下到谷底的话，建议从南凯贝伯步道下山，回程从光明天使步道上山。因为南凯贝伯步道的坡度较大，而且途中既没有饮水处也没有树荫，非常不适合上行道路。反之光明天使步道路上有饮水处，在步道尽头是村庄，十分方便。

峡谷内的徒步远足线路

		所需时间	单程距离	海拔	饮用水	公共厕所	紧急联系电话	公园管理员管理处	备注
光明天使步道	步道起点	—	—	2091 米	●	●	●		水和厕所可以使用光明天使客栈的
	1.5 英里歇脚小屋	往返 2~3 小时	2.4 公里	1743 米	▲	●	●		只在 5~10 月提供水
	3 英里歇脚小屋	往返 4~6 小时	4.8 公里	1439 米	▲		●		只在 5~10 月提供水
	印第安花园	往返 5~9 小时	7.4 公里	1158 米	●	●	●	●	有树荫下的野餐桌
	高原观景点	往返 7~12 小时	9.8 公里	1152 米	●				没有阴凉地。夏季是炎热的地狱
	科罗拉多河岸	下行 3.5~5.5 小时 上行 5.5~9.5 小时	12.6 公里	744 米		●	●		
	幻影农场	下行 4~6 小时 上行 6~10 小时	15.4 公里	780 米	●	●	●	●	住宿地需要在数月前 ~1 年前预约!
南凯贝伯步道	步道起点	—	—	2213 米	●	●	●		乘坐接送巴士可以到达步道起点
	雪松山脊	往返 2.5~4 小时	2.4 公里	1847 米		●			
	骷髅观景点	往返 4~7 小时	4.8 公里	1585 米					
	Tonto Trail	下行 2.5~5.5 小时	7 公里	1219 米		●			
	Tipoff	下行 2.5~5.5 小时	7.4 公里	1180 米			●		
	Panorama Point	下行 3~6 小时	8.4 公里	1103 米					
	Black Bridge	下行 3.5~6.5 小时	10 公里	732 米					
	幻影农场	下行 3~7 小时 上行 6~12 小时	12.2 公里	780 米	●	●	●	●	住宿地需要在数月前 ~1 年前预约!

※ 北缘的徒步远足线路请参考→ p.86、88

科罗拉多河的观景台——高原观景点 Plateau Point

高原观景点。可以清楚地听到科罗拉多河的流水声

沿着光明天使步道下行，在印第安花园向右转继续徒步1小时就可以到达高原观景点了。这里有一个可以近距离观察脚下的科罗拉多河的观景台，也是大峡谷众多观景台中风景最优美的观景地。地理位置极佳，坐落于南缘与北缘中间地带上突出的平地处，可以360° 全景观赏大自然带给我们的礼物。头顶有山峰，脚下是科罗拉多河的潺潺流水。运气好的话还可以看到顺流而下的漂流小艇。

但是这里也是南缘最有难度的当天往返线路。虽然步道没有险路，但是往返距离比较长，大约有20公里，一路上也没有阴凉的地方，十分炎热。一定要在清晨或者没有太阳的时候徒步。

南凯贝伯步道

South Kaibab Trail

这条步道纵断东缘入口处的亚奇观景点 Yaki Point 与北缘之间。科罗拉多河以南被称作南凯贝伯 South Kaibab，以北被称为北凯贝伯 North Kaibab（→p.86）。进入谷底后与光明天使步道会合。虽然有一名男子称用时4小时就走完了全程，但以普通人的脚力走完全程大约需要12~18小时。即便是走到途中的雪松山脊也需要2.5~4小时。步道沿途的景色比光明天使步道的要绚丽许多，如果想一日往返的话，推荐这条线路。但如果想要看科罗拉多河的景色，南凯贝伯步道沿途的骷髅观景点要略逊于上述的高原观景点，因为高原观景点距离河更近一些，观景位置也相对要开放许多。

虽然沿途景色不错，但是沿途没有阴凉处。而且没有饮水点，必须要携带足够的饮用水。

在天蒙蒙亮的时候出发，早上可以赶到雪松山脊

高级
Plateau Point
适宜季节▶ 3~5月、10~11月
距离▶从谷缘出发往返19.6公里
海拔差▶ 939米
所需时间▶往返7~12小时
※ 印第安花园与高原观景点之间没有一处阴凉！气温也是非常高，夏季的白天最好不要尝试通过这里。春秋的正午前后也应该尽量避免从这里通行。另外，由于没有掩体所以打雷的时候千万要小心。当意识到天气或者云层有不好的变化，不要犹豫，掉头往回走才是最勇敢的行为。

关于通托步道 Tonto Trail

Tonto Trail 横断断崖的山腰处，一眼望去虽然给人感觉是连接南凯贝伯步道与印第安花园之间的近路，但实际上距离非常遥远。而且，几乎没有登山者愿意尝试这条线路，道路也没有经过整修，路况十分危险。千万不要误入这条线路。

South Kaibab Trail
※ 没有树荫、没有饮水处、上行线路非常艰难！
出发点 亚奇观景点前。严禁一般车辆入内。可以从游客服务中心乘坐接送巴士的谷缘线路到达这里。

中级 **雪松山脊线路**
Cedar Ridge
适宜季节▶ 3~11月
距离▶往返4.8公里
海拔差▶ 366米
所需时间▶往返2.5~4小时

高级 **骷髅观景点线路**
Skelton Point
适宜季节▶ 3~5月、10~11月
距离▶往返9.6公里
海拔差▶ 628米
所需时间▶往返6~9小时

高级 **幻影农场线路**
Phantom Ranch
适宜季节▶ 3~5月、10~11月
距离▶单程12.2公里
海拔差▶ 1481米
所需时间▶下行3~7小时，上行6~12小时

登山者快车（接送巴士的快车班次）

巴士停靠的站依次是光明天使客栈→Backcountry办公室→游客服务中心→南凯贝伯步道入口。全程免费。

6~8月	4:00、5:00、6:00
5·9月	5:00、6:00、7:00
4·10月	6:00、7:00、8:00
3·11月	7:00、8:00、9:00
12月~次年2月	8:00、9:00

TriVia CCC是什么？ CCC是Civil Conservation Corps的简称。通常被译为民间资源保护队。是20世纪30~40年代经济大萧条时期罗斯福新政的社会福利事业之一，主要给失业、独身且20岁前后的男性↗

Trail Guide

行走于大峡谷之中——住宿于幻影农场！

从1年前开始准备！

如果有足够的时间游览大峡谷就一定要下山到科罗拉多河边，在谷底住上一晚……有了这个想法，那就马上行动吧，首先要预约幻影农场的住宿。

幻影农场是谷底唯一一所客栈，也是世界上徒步远足爱好者都很向往的地方。客栈只能容纳80人，所以常年处于满房状态，旅游旺季时期的住宿预约从13个月前开始，经常是一开始就马上售罄。尤其是春秋季节。相比之下冬季比较容易订到房间，但一定要做好充足的防寒准备，而且还存在由于积雪而被封锁的风险。

但即便是旺季也有可能在临近出发日期的时候出现取消预约的情况，这个时候就可以补漏了。有些幸运的游客还可能在到达村庄后便预订到了第二天的房间。补漏信息请在光明天使客栈咨询。

房间预约可以通过互联网（→p.79），但是需要等待确认电邮的回复。电话预约可以直接确认需要预订的日期是否有空房，若有空房就可以直接预订了，但是存在听错的风险，为了确保万无一失最好反复确认订房信息、预订码等并做好记录。

如果你如愿预订到了房间，可以顺便把去谷底的前后两天在村庄内的住宿也一并预订好。

房间与就餐

房间是上下铺集体宿舍形式的10人间，按男女分开住宿，各2栋。附带淋浴、厕所、洗脸池，\$45。也有4人用的小木屋（淋浴共用\$129），共11栋，但为了确保骑骡子游览项目中客人的住宿，一般不对个人开放预约，除非有团队客人中途取消行程。

餐食也需要在预约时一起申请备注。由于这里的食堂非常小，住宿的客人需要分两拨就餐，所以需要在预约的时候决定就餐时间。晚餐共有3种，17:00的是牛排\$43.19、18:30的是红烩牛肉汤和素食\$28.13。红烩牛肉的口碑还不错。

早餐只有一种，费用是\$19.83，建议早一些吃早餐。4~10月份是5:00和6:30就餐，11月~次年3月是5:30和7:00就餐。另外，还可以拜托餐厅定制午餐盒饭，费用是\$12.25，不过比较占地方，如果事先准备好了压缩食品则不需要定制午餐饭盒。

出发前的准备

预订金从信用卡中扣除后，会马上给你邮送确认信。届时请仔细阅读其中关于预约再确认的内容。

广阔的大峡谷国家公园的峡谷内唯一的一所客栈

到达村庄后，在出发一日前需要到光明天使客栈的Transportation Desk（4~10月5:00~20:00、11月~次年3月6:00~18:30。也可以去Maswik或者Yavapai客栈），领取住宿券和就餐券。

另外，不要忘记确认好徒步线路和天气情况。晚上早点回到房间再次确认登山包中的所带物品，然后美美地睡上一觉。

出发！

早上首先退房，然后把不需要带的行李箱放到车的后备箱中，没有开车的驴友可以寄存在客栈。

然后，在天蒙蒙亮的时候乘坐登山者快车前往南凯贝尔步道入口。入口处有饮用水和简易厕所，但非常拥挤。下车后，做一下热身运动就可以出发了。

进入步道后很快就是坡度很大的山路。周围可能会有很多快速行走的人，大都是几小时后就会返回谷缘的游客。不要跟随他们的步伐，按照自己的节奏前行。

晨风吹在脸颊上非常舒服，随着太阳升起大峡谷开始出现光影效应，景色分外美丽。步道两旁会经常发现暴露出来的贝壳和海绵化石，根据季节的不同路边还会有各种野花开放。

大约徒步1小时，可以到达平坦的雪松山脊。可悲的是，这里的松鼠学会了从人类手中获取食物。即便不主动喂食它们，它们也会咬坏游客的背包从里面盗取食物。这里的松鼠完全不畏惧人类，无论多么牢固的背包不出5秒就会被它们咬出一个大洞，千万要小心。但是按照园内的规定也不能伤害野生动物，只能通过拍手发出响声等行为，在不伤害它们的前提下将其赶走。

种类丰富的混合午餐

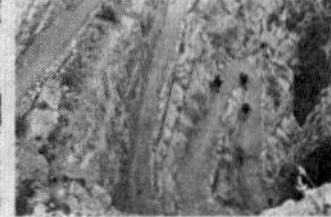
通往雪松山脊的盘山道

↗提供公共事业岗位，让他们在美国的国家公园内进行整修工作。当时南缘地区在9年间共驻扎了数千名的年轻人，他们修砌了村庄的石墙、徒步远足步道上的休息小屋，在科罗拉多河上架筑了两座桥梁、修通了River Trail等。

上／集体宿舍式的房间保持得很干净
左／黑桥真的是全黑色的

战胜炎热的天气

稍作休息上完厕所后，从右侧绕着眼前的 O'Neill Butte 前行。很多准备当天往返的游客大都走到雪松山脊就开始往回返了。接下来的路途中大多数都有可能是今晚和你住宿在一间客栈的驴友。不妨上去说一声“Hi！”让气氛变得融洽一些。有些背着大行李的驴友是准备住宿在帐篷里的登山客。

走出这片高地，视野一下子就变得开阔起来了，顿时感受到峡谷的雄伟。与此同时，已经完全升起的太阳会直射你的全身。从地面反射的光照也很强烈，如同四面八方都有太阳在照射着你一样。

今天，我们这些远足爱好者之所以能够如此愉快地健步行走，多亏了公园管理员们的努力。他们每天往返于谷缘与步道之间，收集游客们留下的垃圾、清扫厕所、防止有不良游客给动植物和化石带来不良影响、检查厕所是否存在安全隐患、确认是否有落石的危险等。

而且，步道的维护和修理全是通过公园管理员与志愿者们的手工作业完成。暂且不说修复工作的艰辛，就连每天往返于谷缘与步道之间这段路程就已经十分艰难了，可想而知他们的工作有多么辛苦。

大约徒步 1 小时就可以看到骷髅观景点的标识了。然后在可以俯瞰科罗拉多河的天然岩石棚内做个大休整，走到这里，路程基本过半。

从这里继续起程，再走一段下山路，然后路途一下子就变得平坦了，眼前是一片荒野，可以看见前方不远处有一间小木屋，便是与通托步道 Tonto Trail 的交汇处了，小木屋其实是一间公共厕所。

大约前行 300 米就到了断崖的边缘，这里被称作 Tipoff，前面有紧急联系电话。

如若途中与骡子相遇，请靠近山一侧等待它们通过。我们在幻影农场所使用的物品全是骡子和马每天运送下去的。

继续下行还会再经过一处可以俯瞰科罗拉多河的景点，那就是 Panorama Point。可以比刚才的观景点更近距离观察河水。脚下闪闪发光的是光明天使大桥（银桥），也是明天回程的时候即将通过的一座桥。

再次起程后会通过最后一段盘山路。这时一直忍受着疲劳与炎热的身体体能也几乎达到了临界点，但是前方转过弯后凯贝伯大桥（黑桥）就会出现在眼前，所以需要再加把劲哦！

在不知不觉中，断崖的颜色也有了巨大的变化，周围都是大约 18 亿年前的黑色崖壁。当时大气中的氧气较为稀少，所以地层中只有极为原始的生物。

接下来去往科罗拉多河的这段路程有点浪漫色彩，在快要接近大河的时候会穿过一个隧道，黑暗的隧道尽头便是闪闪发亮的河水！

天气持续晴朗的话，科罗拉多河会是绿宝石色，但是这种深邃的颜色不是河水的本来面貌（→ p.74）。如果不是红茶色浑浊的流水那就不是科罗拉多（西班牙语中是红色的意思）河。

桥下是一片面积不大的河滩，不过河水流速快、力量大，所以不能下水。这里是漂流船的终点，漂流船从距此很远的上游随激流而下至此处。想蹚河让脚凉爽一下的话，建议前往光明天使小溪，从这里继续前行 10 分钟就能到达。

峡谷内的蝎子是夜行性的，当天色变暗后会从岩石缝中钻出来。无论是在宿营地还是幻影农场夜间遇到有岩石的地方都要小心。蝎子体长 5 厘米左右，身体为茶褐色。虽然毒性不能蜇死人，但是被蜇后痛感强烈、会伴随着肿胀

小心狂犬病 2014 年在大峡谷的蝙蝠身上检查出了狂犬病毒。蝙蝠多栖息在幻影农场和科罗拉多河沿岸，见到以后不要害怕。但是如果被它们撞到就有可能感染到狂犬病毒，需要马上注射狂犬疫苗（→ p.481）。↗

被称作Canteen的食堂内会聚了来自世界各地的驴友

位于谷底的另一个世界——幻影农场

到了长满三角叶杨的植被茂盛的河岸，步道转为北向。可以望到对岸的宿营地，然后经过公园管理员管理处，最终到达我们今天的目的地幻影农场。

由玛丽·柯尔特于1922年设计的建筑物现在是农场的食堂Canteen。进到室内吹着空调，再来上一杯这里的名物——冰柠檬水，这感觉太幸福了！办理完入住手续，就可以进入到客房了。跟同屋的室友们打招呼后，确认自己今天要睡的床位，然后准备冲个澡。在如此偏僻的地方居然还能洗到热水澡，多亏了这里丰富的地下水资源（→p.74）。客栈会提供床单、毛毯、浴巾、擦脸巾和洗发水。

这时时间还尚早，可以在周围散散步。在酷暑中为我们带来树荫的是三角叶杨，这些杨树是度假村热时期被种植于此的。另外，在光明天使小溪的河口处还有当时建造的污水处理设施。

在晚饭前后，16:00和19:30食堂与公园管理员管理处之间的集会场（只是在树荫下摆了几张椅子的空地）上还有管理员讲解活动。主要是关于幻影农场和徒步远足线路的话题（只在春季~秋季举行），听一听可以更加深入地了解这里。

听到钟声就是众所期待的晚餐时间了。共同战胜酷暑和险路走到这里的驴友们，在这谷底小屋内和气满堂欢声笑语。房间里顿时交杂着全美各地的方言，大多数人都是在1年前就预约了房间，1年后的今天有缘会聚于此真是太开心了，即便是从未谋面也都抛开顾虑，快乐地交谈。

此时，大峡谷迎来了夕暮时分。可以看见远处南缘上空的亚瓦帕观景点的观景台闪闪发亮。

当周围慢慢被黑暗包围的时候，食堂的收尾工作结束后这里会作为酒吧继续对外开放。灯光初上时也是居住在岩壁石洞内蝙蝠们的进食时间。它们在空中飞行然后急转到达窗户附近捕食这里灯光下聚集的昆虫，这捕猎的技能让人惊叹！

很多美国当地的驴友都会选择在幻影农场住宿2晚。因为是1年前就开始预约、来之不易的房间，而且这里也不是经常可以来的地方，只住1个晚上太浪费这次旅行的机会了，所以多数会选择多住一天。白天是不可以在集体宿舍内逗留的，可以选择在树荫下的长椅上睡个午觉，如果有体力还可以去北缘的丝带瀑布（往返6~7小时。→p.89）看看。

清晨再次起程！

早上工作人员会来叫早。吃完了能量早餐，给水壶里装满水，趁着天气凉爽早点出发前往印第安花园。

离开宿营地，在前方右转过一个小溪，走上几步就可以到达光明天使大桥（银桥）。桥下有南缘村所有用水的管道（→p.74）。

过桥后沿着科罗拉多河走上一段，就到了跟大河告别的时间了，接下来的路程就是登山路了。这时周围有许多同时从客栈出发的驴友，今天的旅程也刚刚开始，体力充沛，难免会有些竞走心，但一定要稳定情绪，保持匀速，因为前面的路还很漫长。

走着走着就到了险路中的险路——魔鬼螺锥Devils Corkscrew盘山道。最重要的是在气温升高之前爬过这里。夏季的时候，即便是早上8点这里也已经是日光猛烈之地。

到了印第安花园后在树荫下好好地休息片刻。补充水分和营养，继续挑战下半段路途。如果在这里感觉身体不适或是很吃力，就不要在酷暑中前行了，继续休息等到傍晚天气凉快些的时候再出发。

徒步远足最主要是不要高估自己的体力勉强前行。休息的时候也许还可以看到周围的骡鹿等野生动物。通过被称为“雅克布的天梯”这条盘山道后，再走上一段就可以到达3英里歇脚小屋了。这里就可以看到穿着便装的游客，也可以听到孩子们的笑声了，但是对于刚刚从盘山道上来的驴友来说，却是体力接近临界点最痛苦的时候。一定保持自己的行走节奏，保存体力。

通过1.5英里歇脚小屋后，就可以听到谷源上观景台游客们的嘈杂声了，说明终点就在前方了。

（横穿大峡谷徒步线路详见→p.88）

踏上银桥，脚下是网眼状的桥面，很是刺激

↗在美国有很多哺乳动物身上都带有狂犬病毒，要小心不要被松鼠咬到。

GEOLOGY

大坝之间的科罗拉多大峡谷

从前科罗拉多河是在大峡谷以北很远的地方流过。经过现在的犹他州南部向西流淌，横穿内华达州，直接从加利福尼亚州入海（现在的入海口在墨西哥的加利福尼亚湾）。但是，由于犹他州附近的科罗拉多高原抬升，造成河道南移，科罗拉多河开始冲刷那里的河岸，逐渐形成大峡谷。

科罗拉多河是由发现这里的西班牙探险队命名的。科罗拉多在西班牙语中是“红色”的意思。曾经的科罗拉多河，颜色跟犹他州红岩差不多。

科罗拉多河现在仍然在不断地侵蚀大峡谷的岩壁。被河水冲刷下的岩壁碎块变成小石子、泥沙随着河水流走。据说从前的科罗拉多河，仅在大峡谷区域，每天就要冲走50万吨泥沙。当然，这些泥沙会在下游的密德湖（1936年修建）中沉淀下来。沉积速度远远超过预想，为了阻止湖的蓄水量快速下降，1963年在上游修建了另一座大坝——葛兰峡谷大坝（实际上，当时出现过在大峡谷修建巨型大坝的计划，但由于自然保护组织抗议而没能实现）。

葛兰峡谷大坝建成之后，河水中很大一部分泥沙都沉积于鲍威尔湖底，所以大峡谷段的科罗拉多河基本上变成了绿色。与此同时，水流也变得平缓。流速降至原来的1/5到1/8左右，平均水温从原来的27℃降至8℃。而且，葛兰峡谷大坝上的发电站会根据发电的需要调节大坝的放水量，因此科罗拉多河的流量每天都会发生变化。

这些改变导致了科罗拉多河中的三种鱼类已经灭绝，两种鱼类濒临灭绝。由于水流变得平缓，还导致柳树的数量增加，进而导致以啃食柳树为生的河狸数量增加，大大地改变了河流两岸的生态。

近几年在大峡谷，曾经濒临灭绝的白头海雕的数量迅速增加。其原因是在一些鱼类灭绝后，适应低水温的虹鳟却大量繁殖。令人惊奇的是，这些虹鳟最初是亚利桑那州为了钓鱼运动而放养的，而最终出现这样的结果，似乎非常具有讽刺意味。

大峡谷的村庄与旗杆镇的水源问题

北缘的海拔比南缘高300~600米，而且这一带的地势普遍为北高南低。凯贝伯高原位于北缘以北，这片广阔高原上的降水都会向南流淌，流到北缘的断崖处后落下。这些水流汇聚成河流、瀑布，不断地冲刷着岩壁。从南缘看到的风景会更加多姿多彩，也正是因为峡谷北侧的侵蚀程度更为严重。

北缘的降水会渗入大地，经过石灰岩的过滤，在距峡谷顶部930米处的Roaring Springs（→p.89）涌出地面形成泉水。而在地势向南倾斜的南缘，落到地面上的雨水都向南流走，造成南缘村非常缺水。

为了解决这一问题，1970年铺设了从Roaring Springs引水的管道。山泉水从管道中跨过科罗拉多河，沿光明天使步道被抽上南缘。现在，幻影农场、印第安花园以及南缘的所有客栈都在使用这条引水管道引来的泉水。但是，引水导致了光明天使小溪的水量明显减少，因此很多人担心河流两岸的植被等生态系统会遭到破坏。

南缘的用水是从北缘引来，而旗杆镇的用水取自南缘以南地区。

从旗杆镇沿US-180前往南缘时会注意到，两地之间没有湖泊以及大一点的河流。图萨扬和旗杆镇的用水是从南缘以南地区抽取上来的。全部是经过大峡谷石灰层过滤的地下水。

如此细的管道支撑着南缘村的用水

在这里的石灰层中有335个溶洞，研究人员在溶洞中发现了冰河期灭绝动物的干尸。抽取地下水是否会对这些溶洞以及南缘地区为数不多的清澈水源造成影响？目前，这里的地下水的储量还是未知数，有人担心将来地下水会枯竭。

性格温顺且力量很大的骡子，是马和驴交配后生出的品种

骑骡子游览 Mule Ride

可以参加骑骡子游览项目，能够以 3D 的形式去感受一下大峡谷的壮丽。充满牧歌情调的旅途，仿佛就是葛罗菲的名曲《大峡谷组曲》中所描绘的情景。这样美好的一天肯定会成为一生中难忘的记忆。

骡子是驴和马交配出的品种，体形比驴大一圈，性格温顺且耐力极强，还不惧怕陌生人。但是，千万不要抱着“比步行要轻松”的想法参加这个项目。骡子比想象的要高大，而且会沿着悬崖边缘行走，有恐高症的游客无法骑乘。如果是第一次骑的话，会更加让人感到恐惧。与徒步游览不同，无论多么疲惫，无论臀部多么疼痛也不能随意停下来休息，途中有什么随身物品掉落也无法下去捡回。每隔 30~45 分钟会有一次休息时间，但也不能从骡子身上下来。到达印第安花园需要 2 小时，中间无法上厕所。不要求一定有骑马的经验，但导游会给游客讲解一些技巧和注意事项，因此需要游客具备相应的英语能力。另外，虽然骡子都经过训练，但也不能保证绝对不会发生游客从骡子身上坠落的事故。要仔细考虑这些问题，谨慎地做出是否参加的决定。

此项目非常受欢迎，除了冬季，都需要提前很长时间预约。还不能忘记，最后要付给导游小费。

参加条件与服装

◎身高 138 厘米以上。穿衣称量，体重不能超过 90.7 公斤（3 小时行程的项目需在 102 公斤以下）。
◎具有能够听懂导游讲解的英语能力。
◎身体状况良好。腰、膝盖、呼吸系统存在病患的游客是否可以参加，要斟酌而定。
◎为了防止晒伤和脱水，夏季也要穿长袖上衣和长裤。
◎需要准备手套、厚袜子，最好穿着鞋底纹路不深的运动鞋。
◎有帽带的帽子。建议使用牛仔帽。可租借。
◎沙尘很大，最好准备可遮挡口鼻的面罩。
◎需要准备应对清晨、傍晚以及气温变化时的衣服。
◎雨天时要穿着雨衣或防风衣。骑骡子游览项目极少会因为下雨而中止。

骑骡子游览项目的预约
Xanterra Parks & Resorts
☎（303）297-2757
Free 1888-297-2757
FAX（303）297-3175
URL www.grandcanyonlodges.com
信用卡 Ⓐ Ⓓ Ⓙ Ⓜ Ⓥ
※ 可在实际参加前 2~4 日确认预约 ☎（928）638-3283。实际参加前 1 日在光明天使客栈的 Transportation Desk（4~10 月 5:00~20:00，11 月 ~ 次年 3 月至 18:30）办理手续。

3 小时行程项目
费 $117.75
行至西缘的摩哈夫观景点附近的“深渊”Abyss 观景台后折返。全程都在松林中穿行，所以有恐高症的游客（或许）也能参加。另外，前往高原观景点的 1 日游现在已经停办。

1 晚 2 天游
费 1 人 $515.02
2 人 $901.04
沿光明天使步道下到幻影农场住宿。含 3 餐。

骡厩在铁路以南，从 Maswik Lodge 东行可至

TriVia 什么是 Stock? “Stock”有库存、股票、汤汁等意思，但在美国国家公园里多指马（家畜）。如 trail open to stock use 就表示此步道马等家畜也可通行。

受气流影响，有时飞行中会发生晃动，不要忘记带上防晕机的药物

游览飞机

※ 在当地报名参加，可在各客栈办理手续。需要进出公园，所以要带上已经交纳入园费用的凭据。

Grand Canyon Airlines
☎（928）638-2463
Free 1866-235-9422
URL www.grandcanyonairlines.com
费 50分钟 $159（2~12岁 $139）

Papillon Grand Canyon Helicopters
☎（928）638-2419
Free 1866-635-7272
URL www.papillon.com
费 30分钟 $208（2~11岁 $188）、50分钟 $256（$236）

游览飞行 Flight Seeing

没有比大峡谷的游览飞行更值得推荐的游览飞行项目了。宽广的绿色高原上突然出现绝壁断崖，那景象非常有震撼力。可以真切地感受到峡谷的宏大，在地面上无法到达的地方也可一飞而过。有很多从大峡谷机场起飞的游览飞行项目，使用的飞机有赛斯纳小型飞机和直升机，可以到村庄接送游客。不过，飞机并不是从村庄前面的区域飞过。隐士居附近至莫兰观景点附近的一段空域禁止飞行。

Grand Canyon Airlines

会飞过小科罗拉多河与科罗拉多河的交汇点以及北缘的上空。主要机型为可乘坐 19 人的双引擎飞机。

Papillon Grand Canyon Helicopters

为世界上最大的开展直升机旅游业务的公司，特点是使用噪声较小的直升机承担飞行。起飞前会播放教学短片。可在喜美航空中国办事处（→ p.46）办理预约。

飞进峡谷上空的那一瞬间会让人激动不已

经营漂流项目的公司信息

URL www.nps.gov/grca/planyourvisit/river-congcessioners.htm

※ 虽然为数不多，但是每年都会发生几件坠河、翻船等死亡事故。

漂流 Rafting

科罗拉多河的急流漂流是非常经典的户外项目。参加深度体验的话，需要 3 天到 2 周时间。使用外贴铝质保护膜的橡皮舟，非常坚固。出发点在鲍威尔湖下游的利兹渡口（Lees Ferry），可选择不同的行程，有以幻影农场为终点的项目，也有漂流 450 公里前往密德湖的项目。漂流期间要经过大小 200 多个急流。所有漂流成员一起做饭，晚上住在岸边的帐篷里。当完成冒险时，会感到格外激动。

因为太有人气，所以至少需要提前半年预约。开展这种旅游的公司很多，在网上挑选最方便。举行时期为 4~10 月，夏季天气异常炎热。

可以尝试一下这种人生中机会不多的大冒险

静流漂流也很有人气

有一种1日游团，不是特别急流的漂流，而是沿着科罗拉多河缓缓顺流而下的静流漂流。也有可以接送的团，但是推荐选择喜美航空（→p.92）的1日游项目$370，可以乘坐小型飞机到佩吉市，途中还可俯瞰羚羊峡谷（→p.97）。

公园管理员带领参观以及讲解项目　Ranger-led Program

为了能使游客更加深刻地了解公园，由公园管理员按照不同主题进行的参观讲解活动全年都有。活动项目全部免费，不需要预约。一定要试试看。

主要项目　（本书调查时）

项目名称	举办时期	所需时间	集合地点	内容
Fossil Walk	夏季 9:30	1小时	光明天使步道起点	沿着谷缘散步并讲解发现化石的方法。适合小朋友参加
Condor Talk	夏季 16:30	1小时	Lookout Studio	介绍有关于加州神鹰的知识
History Program	夏季 13:00	1小时	El Tover Hotel 酒店前	介绍位于大峡谷地区的人类历史
Rim Walk	冬季 13:30	1小时	Varkamps VC	沿着谷缘边散步边讲解相关的地理、历史等知识

隐士居等距离村庄较远的地方也有管理员讲解项目，具体安排详见大峡谷的报纸

Column

大峡谷的历史

据推测，大峡谷最初有人类居住是在距今25000年前。现在已知最早的有关人类活动的证据是在南缘发现的一个用柳条制成的马形玩具，通过放射性碳元素测定其产生年代在距今4000年前。

首次发现大峡谷的西方人是为了寻找金矿而来到这里的西班牙探险队员卡迪纳斯等13人。他们于1540年到达现在的亚瓦帕观景点，据说对出现在眼前的大峡谷惊叹不已。

18世纪中叶以后，传教士、毛皮商人、狩猎者纷纷来到大峡谷，但还没有西方人在那里定居。1857年，美国陆军探险队也造访过大峡谷，但回去后向上级报告说："那只是一片没有任何价值的不毛之地。"

1869年，在南北战争中功勋卓著的独臂军人约翰·威斯利·鲍威尔率领探险队沿格林河、科罗拉多河逆激流而上，到达了大峡谷。他在文章中生动地记录了大峡谷的壮美景色。

1873年，随第二次鲍威尔探险队前往大峡谷的画家托马斯·莫兰将他在现今的莫兰观景点看到的风景绘制成了名为 *Chasm of the Colorado* 的作品。这幅画被政府高价收购，挂在了国会大厦参议院会议厅的大厅里，通过这幅画东部的政要人物才了解到西部大自然的魅力。

1880年，原为矿工的约翰·汉斯开辟了从北缘下到峡谷的游览线路，掀起了大峡谷旅游的热潮。1890年开始，有通往这里的驿站马车旅游，同时也开始出现以保护大峡谷景观为目的的民众运动。1901年，圣菲铁路公司修通了威廉姆斯至南缘的铁路。1905年，El Tovar Hotel 酒店建成。

那时，Fred Hervey公司起用建筑师玛丽·柯尔特担任建筑师。她在设计中吸收了原住民传统文化元素，使用大峡谷的岩石为建筑材料，修建了光明天使客栈、El Tovar Hotel 酒店前的纪念品店 Hopi House、隐士居、沙漠观景点的瞭望塔、幻影农场等许多与自然景观协调一致的建筑。

1903年，西奥多·罗斯福总统在视察西部时前往大峡谷。1908年，大峡谷被指定为国家保护区。1919年升格为国家公园，成为美国的重要地标。

"二战"后，随着汽车进入越来越多的普通家庭，到大峡谷旅游的人数大幅增加，但与此同时，火车游客骤减。圣菲铁路于1954年停用（现在蒸汽火车开行。→p.48）。

1965年，在大峡谷建造巨型大坝的计划被送交国会审议，但在自然保护组织的反对下，最终未能获得通过，大峡谷免于被水淹没。

至今，每年约有476万名来自世界各地游客慕名前来。

园内住宿

园内共有 8 处可供住宿的场所。6 处位于南缘、1 处位于谷底，还有 1 处位于北缘。这些住宿设施都十分抢手，旅游旺季的时候需要提前半年预约。大峡谷的住宿特点是 4~10 月期间几乎是长期处于满房状态。建议尽早预订房间。最简单的预订方法是通过网络预订。

如果没有预约到房间可以等待取消预约后出现空房的机会。坚持不懈有耐心地多试几次，说不定可以订到房间。也可以直接去客栈的大厅询问，因为这里的预约已经实现了网络化，所以在一家客栈就可以知道其他客栈的订房状态。住宿前 2 天的 16:00 以后是等待取消预约的好时机，一定不要错过。但是，有没有取消预约的客人还要凭运气。也许可能一直到入住当天的傍晚都没有空房，而这个时间图萨扬小镇上也一定是很多客人，太晚的话一样是不容易找到空房。具体努力订房到什么时间节点，这个火候很难掌握。最后的办法是选择住宿在旗杆镇，没有房间的可能性很小。另外，如果没有车的驴友参加从拉斯维加斯出发的旅游团（→p.49）也是一个不错的选择。

预约客栈（Yavapai Lodge 除外）
Xanterra Parks & Resorts
☎（303）297-2757 Free 1888-297-2757 7:00~19:00（MST） 休 11 月第四个周四、12/25、1/1 入住当天
☎（928）638-2631 FAX（303）297-3175
URL www.grandcanyonlodges.com
信用卡 A D J M V
预约从提前 13 个月每月 1 日开始

- 例如如果想在 2018 年 5/1~5/31 之间预订房间，从 2017 年 5/1 可以开始预订。
- 雷鸟客栈 Thunderbird Lodge 和光明天使客栈 Bright Angel Lodge 很有人气，常年处于满房状态。
- 在出发 1 个月以前 ~1 周前也可能会出现空房，可能有旅游团的尾单销售或者退订预约的房间。
- 如果在预约日期的前 2 日 16:00 以前取消预约，只需要告知预约号就可以全额返还（住宿 1 晚）预订金。电话预约需要通过电话取消、互联网预约通过网络取消。一旦超过这一时间将全额扣除预订金。
- 无论是村内还是宿营地，为了最大限度地避免给动物们带来影响，路灯管控十分严格。所以，如果你住宿在类似汽车旅馆类型的客栈或是宿营地的时候，脚下几乎是看不见路的，甚至连房间的钥匙孔口都看不见。一定记得出门带手电筒。
- 所有客栈都是全馆禁烟。停车场免费。

光明天使客栈Bright Angel Lodge

建于 1935 年的客栈，地理位置绝佳，位于村庄的中心位置。客栈的外观设计与 El Tover Hotel 酒店的外观相呼应。壁炉使用的是形成大峡谷谷缘的凯贝伯石灰石与构成谷底大河沿岸地层的石材（石材是在大峡谷碎石后的材料）。客栈位于谷缘边上，十分方便，但不是每个房间都可以看到大峡谷。

客房内有空调。有部分客房是使用共用淋浴房、共用卫生间的，但每栋内都备有足够的共用卫生间和淋浴房，并且干净整洁。客栈共有 88 间客房。

僻静的小木屋可以安静地休息，很值得推荐

大峡谷景观最漂亮的客栈

MAP p.52 on off $100、共用淋浴房房间 $89、小木屋 $128~194、大峡谷侧景观房 $168~197

雷鸟客栈Thunderbird Lodge

没有什么设计特点的酒店，只是普通的钢筋水泥建筑，客房内还带有电视，几乎和市区的汽车旅馆没有很大区别。除了客房以外什么都没有，可以把这里当成隔壁光明天使客栈的分店，因为办理入住手续与光明天使客栈是同一个柜台。

在客房与峡谷之间有一条游步道，大量游客从这里穿行。大约从凌晨就开始有客人陆续在游步道附近，稍微有一点吵，而且即便是住在峡谷侧的景观房，因为步道上都是游客也几乎看不见大峡谷。如果你想订峡谷侧的客房，建议一定要订二层的房间。

适合追求舒适度的客人入住

MAP p.52 on off $205、大峡谷侧景观房 $221

Notes **客栈追加信息** 园内的客栈都是 16:00 开始办理入住手续，11:00 之前退房。加床费用 $9（El Tover Hotel 是 $14）。

卡奇纳客栈 Kachina Lodge

与雷鸟客栈类似的现代建筑风格客栈。谷缘侧二层的客房可以看见峡谷。客房外没有任何设施，可以认为这里就是隔壁艾尔多瓦酒店的分店。入住手续也是在隔壁酒店大厅办理。共有 49 间客房。

外观几乎与雷鸟客栈一样

MAP p.52　on off $205、大峡谷侧景观房 $221

艾尔多瓦酒店El Tovar Hotel

多瓦公爵是第一位将探险队派遣到北亚利桑那的人，酒店的名字也沿用了公爵的名字。这家酒店 1905 年由圣菲铁道公司建造而成，也是全美首屈一指的度假酒店。当时被誉为密西西比河以西最为高雅的酒店。酒店是使用大峡谷的岩石和道格拉斯冷杉建造而成的，酒店大堂以及巨大的壁炉营造出一种西部大开发时代豪宅的氛围。可以望见大峡谷的客房只有 4 间套房。房间内设施齐全，有电视、电话和空调。共有 78 间客房。

2014 年重新装修过

MAP p.52　on off $197~489

马斯维克客栈 Maswik Lodge

瑞士木屋风格的客栈。面朝松树林的南侧房间有电视、电话。北侧房间除了电视、电话还有空调。从这里徒步到光明天使步道入口需要 5 分钟。停车场很宽敞，对于自驾的驴友来说这里很方便。店内有 ATM。客栈共有 278 间客房。

南侧的标准间

MAP p.52　on off 南侧 $102、北侧 $196

亚瓦帕客栈 Yavapai Lodge

这间客栈的房间是散落在松林中的，West 是旧馆 1 层建筑、East 是新馆 2 层建筑。所有房间内都带有电视、电话和冰箱。新馆的房间内还有空调。客栈前台位于 Market Plaza 斜对面的小饭馆里侧。地理位置还不错，距离 Market Plaza 和谷缘都不远，但是对于没有车的驴友来说有点不方便。共有 358 间客房。

预约联系方式与其他客栈不同

MAP 文前图④ K-4、p.15
☎（801）449-4139　Free 1877-404-4611
URL www.visitgrandcanyon.com
on off West $141.81、East $177.52

幻影农场 Phantom Ranch

谷底唯一的一间客栈。可以容纳 80 位客人。从村庄下到谷底需要 4 ~ 7 小时，回程需要 6 ~ 10 小时。必须要提前预约。虽然预约联系方式与其他客栈相同，但是在线预约的时候不能马上确认有无空房，需要等待确认电邮。事实上，这里的客房几乎是在每月 1 日当天，就被电话预约订满了。等待取消预约的补漏的截止时间是入住前一天的早上。冬季的时候当天早上也有可能会有空房，详情请咨询各住宿客栈。

这里的宿舍是分男女房间的，每个房间可住 10 人，房间内有淋浴房和卫生间。小木屋带卫生间，但是淋浴是共用的。但小木屋只针对骑骡子游览的团队，几乎没有散客。预约的同时顺便可以把餐也订下来。这里的晚餐很值得推荐，是为走了一天路很疲劳的身体特制的美食（详情请参考→ p.71）。

宿舍为 1 栋房子 10 张床。男女各 2 栋

MAP 文前图④ K-5、p.68
on off 宿舍 $45、晚餐 $28.13~43.19、早餐 $19.83、午餐盒饭 $12.25

※ 入住前 4 天 ~ 前 1 天的 16:00 前需要再次确认预约，如果没有再次确认视为取消预约。可持预约确认信，在入住前 1 天到光明天使客栈的 Transportation Desk（4~10 月 5:00~20:00；11 月 ~ 次年 3 月至 18:30）领取住宿券。也可以在马斯维克客栈或者亚瓦帕客栈的前台换领。

TriVia **心形的石头**　村庄谷缘附近的石墙上有一块心形的石头。详细地点在 Kachina Lodge 的前方靠近 El Tover Hotel 的位置。可能是 CCC（→ p.70）中的某人埋在这里的。

玛泽宿营地中分布在丛林中的宿营帐篷

在谷缘的宿营地住宿

设施齐全的宿营地共有 2 个区域，无论哪一个住宿的游客都很多。请尽早预约。虽然可以在指定区域内生火，但是禁止捡拾树林里的树枝。

另外，图萨扬南侧的 AZ-64 沿线上还有几处民营的宿营地。

预约宿营地→ p.473
Free 1877-444-6777
URL www.recreation.gov
信用卡 Ⓐ Ⓜ Ⓥ

玛泽宿营地 Mather

位于亚瓦帕客栈 Yavapai Lodge 的南侧。宿营地内有厕所、淋浴房（8 分钟 $2）、投币式洗衣房。距离可以买到速冻食品、宿营用品的 Market Plaza 也很近，接送巴士也在这里停靠，交通非常方便，但是距离谷缘有一点远。3~11 月需要预约、12 月 ~ 次年 2 月先到先得。预约可从入住日期的前 6 个月开始。

全年营业。$18。12 月 ~ 次年 2 月是 $15。共有 327 个位置。

沙漠观景点宿营地Desert View

位于沙漠观景点的宿营地。共有 50 个位置。基本上中午以后就满了，不可以预约。宿营地内有厕所、没有淋浴房。有一间小杂货店，店内有宿营食品和简单的商品。最多只能连续住 7 天。

4 月中旬 ~10 月中旬营业。$12。共有 50 个位置。

在谷底的宿营地住宿

如果你可以负重徒步走的话，可以背着帐篷走徒步远足线路，然后住宿在大峡谷内，感觉会非常不一般。住宿一晚每人 $5。必须要提前预约，获取 $10 的许可证。这里全年住宿的游客都很多。可以通过官网下载入住申请表，打印后填好表格，传真给宿营地管理处。结果通知会通过邮寄的方式寄送给你，大约需要 1 个月的时间。

淡季的时候可以试着等待取消预约的候补位置。可以在马斯维克客栈 Maswik Lodge 旁边的 Backcountry Information Center（接送巴士的南缘村线路在这里停车）查看相关信息，并登记申请信息。每天早上 8:00 开始发布第二天的空缺位置，不在现场的话视为登记无效。

峡谷内的宿营地，有许多关于排泄物的处理等的规定，一定要认真读取相关规则。为了尽量减小对生态系统的影响，每个位置都准备了金属制的食物盒。即便是稍微离开餐桌一会儿，也需要把所有的食物与垃圾装入金属食物盒内，这样可以防止鹿、松鼠或者野鸟等吃掉人类的食物。

位于谷底溪流沿岸的 Bright Angel 宿营地

Backcountry Information Center
开 8:00~12:00/13:00~17:00
申请表 URL www.nps.gov/grca/planyourvisit/upload/permit-request.pdf
预约 4 个月前的每月 1 日 FAX（928）638-2125
咨询电话 ☎（928）638-7875（周一 ~ 周五 13:00~17:00。MST）
主要宿营地
（最多只可以连住 2 晚。11/15~ 次年 2/28 可以连住 4 晚）
Indian Gardens 全年营业。从光明天使步道下行大约 2 小时路程。有厕所和饮用水。共 15 个位置。
Bright Angel 全年营业。位于幻影农场的附近。有水冲厕所和饮用水。共 33 个位置。
Cottonwood 全年营业。位于连接幻影农场与北缘的北凯贝伯步道的中间点。有厕所。饮用水只在夏天提供。共 12 个位置。

在临近的小镇住宿

位于公园南口 2 英里（约 3.2 公里）处的图萨扬有 5 间汽车旅馆。全年都很拥挤，费用也相对高一些。但是，如果不住这里的话，到威廉姆斯或者旗杆镇的路上几乎没有可以住宿的地方。

旗杆镇有大约 80 间汽车旅馆。特别是从 I-40 的 Exit 195 向北延伸至 Milton Rd. 附近比较集中。

威廉姆斯共有 30 间酒店。从 I-40 的 Exit 163 至通往大峡谷火车站方向的 Grand Canyon Blvd. 与从 Exit 161 下行至 66 号公路的沿线酒店比较多。66 号公路的东向和西向中间隔着一个街区，请一定看清地址。

另外从旗杆镇到鲍威尔湖的 US-89 沿线的 Cameron 与 Gray Mountain 各有一间汽车旅馆。距离沙漠观景点比较近，对于想去纪念碑谷自驾的驴友来说住宿在这里很方便。

Grand Canyon Railway Hotel

这间酒店是由大峡谷铁道公司（→p.48）经营的，邻接威廉姆斯火车站。由于圣菲铁路的开通，1908 年在这里建造了一座酒店，后来改装成了 Grand Canyon Railway Hotel。酒店大堂内有壁炉，还依旧保留着 20 世纪初度假酒店热潮时的建筑风格，但客房内现代化设备齐全，十分舒适。如果准备乘坐 SL 到南缘去，可以提前在这里入住 1 晚。酒店有车票与住宿的优惠套餐，包含在火车站餐厅的晚餐 & 自助早餐。有免费 Wi-Fi。有室内游泳池、健身房。全馆禁烟。共有 297 间客房。

古典风格的酒店大堂。餐厅的氛围也很不错

住 235 N. Grand Canyon Blvd., Williams, AZ 86046
☎（928）635-4010　Free 1800-843-8724
on $169~259　off $129~179　套餐费用包含车票 &2 餐每人 $251~　信用卡 ⒶⓂⓋ

注：由于图萨扬没有单独的邮政编码，所以酒店的地址表示为 Grand Canyon

图萨扬　Grand Canyon, AZ 86023 距离南缘村约 7 英里（11 公里）5 间

旅馆名称	地址·电话	费用	信用卡·其他
Canyon Plaza Resort	住 406 Canyon Plaza Lane ☎（928）638-2673　FAX（928）638-9537 Free 1800-995-2521 URL www.grandcanyonplaza.com	on $224~249 off $80~189	ⒶⒹⒿⓂⓋ　有餐厅、游泳池、免费 Wi-Fi。机场接送免费。
Best Western Grand Canyon Squire Inn	住 74 Hwy 64　☎（928）638-2681 FAX（928）638-2782　Free 1800-622-6966 URL www.grandcanyonsquire.com	on $200~270 off $180~210	ⒶⒹⓂⓋ　有投币洗衣房、SPA、桑拿、保龄球馆。可机场接送。附带早餐。免费 Wi-Fi。全馆禁烟。
Holiday Inn Express	住 226 Hwy 64　☎（928）638-3000 FAX（928）638-0123　Free 1800-465-4329 URL www.gcanyon.com	on $180~249 off $80~159	ⒶⒹⒿⓂⓋ　有市内游泳池。附带早餐。免费 Wi-Fi。全馆禁烟。
Red Feather Lodge	住 300 Hwy 64　☎（928）638-2414 FAX（928）638-2707　Free 1800-538-2345 URL www.redfeatherlodge.com	on $123~170 off $72~183	ⒶⒹⓂⓋ　有投币洗衣房、餐厅、免费 Wi-Fi。
Grand Hotel	住 149 Hwy 64　☎（928）638-3333 Free 1888-634-7263 URL www.grandcanyongrandhotel.com	on $179~289 off $99~209	ⒶⒹⒿⓂⓋ　有牛排店、酒吧、室内游泳池、免费 Wi-Fi。全馆禁烟。还有礼品商店。

卡梅伦　Cameron, AZ 86020 距离沙漠观景点约 30 英里（48 公里）1 间

旅馆名称	地址·电话	费用	信用卡·其他
Cameron Trading Post	住 466 Hwy 89 ☎（928）679-2231　FAX（928）679-2501 Free 1800-338-7385 URL www.camerontradingpost.com	on $109~119 off $69~99	ⒶⓂⓋ　距离 AZ-64 的终点 US-89 以北 2 英里（约 3.2 公里）。有一间较大的印第安商店和餐厅。

大峡谷国家公园·北缘

Grand Canyon National Park North Rim

亚利桑那州 Arizona
MAP 文前图② C-23、文前图③ H-2、p.47

DATA
时区▶山地标准时间 MST（不实行夏时制）
☎（928）638-7888
URL www.nps.gov/grca
开 5月中旬~10月中旬期间 24 小时开放
宜行期 6~9月
费 与南缘的通票 1 辆车 $25、其他方法人园每人收取 $12（关于涨价事宜请参考→ p.45）

在光明天使观景点观赏名为“梵天神庙”（左）的岩峰

在海拔比南缘高出 300~600 米的北缘可以观赏到类似北方高原的自然景观。与只有针叶树的南缘不同，北缘的植被中混杂着以杨树为主的阔叶树，夏季还能见到颜色各异的野花。气候也比南缘凉爽，冬季积雪较多。因此每年 10 月中旬 ~ 次年 5 月中旬不能进入北缘。游客没有南缘那么多，可以在这里安静地观赏大峡谷另外的面孔。

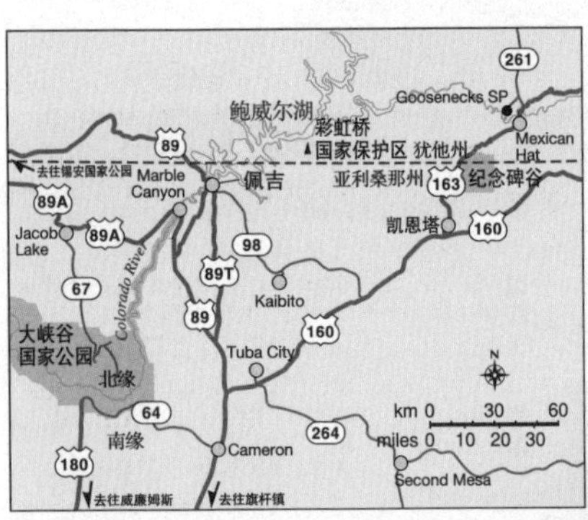

杨树林分布于此

交通

虽然与南缘村的直线距离只有16公里，但是如果想绕过大峡谷去往对面要走大约215英里（344公里），驾车也要4~5小时才能到达。所以从锡安国家公园或者鲍威尔湖前往会更方便。

非自驾的游客可以乘坐下面介绍的巴士或者乘坐从拉斯维加斯出发的西南大环线环游巴士。

长途巴士 Bus

可以在南缘村乘坐 Trans Canyon Shuttle 巴士，每天有1~2班车次往返。对于没有驾车的游客来说，乘坐巴士是唯一的交通手段。需要预约。

租车自驾 Rent-A-Car

从南缘出发的话，到达沙漠观景点后向东行驶，当道路与US-89交汇时左转。从纳瓦霍大桥过科罗拉多河，在森林环绕的 Jacob Lake 立交桥左转进入AZ-67，之后一直行驶就能到达北缘。全程行驶时间4~5小时，但是中途有很多壮美的风景，可以用1天时间边玩边走。

去往锡安、布莱斯峡谷方向的话，上US-89后南下。如果在卡纳布 Kanab 上US-89A，应该向 Jacob Lake 方向行驶。

无论是走哪条线路，春秋季节都有可能遇到降雪和路面结冰，须充分做好准备。查询完道路信息后再出发。

大峡谷国家公园·北缘 漫步

如果前往北缘游览，一定要入住那里唯一的住宿设施大峡谷客栈，慢慢地体验那里的自然景观。自驾的话，还可以去皇家好望角观景点和帝国观景点游览。早上要早起，不能错过峡谷的朝霞。

北缘地图 →p.47
周游美国西南大环线的巴士旅游团 →p.472

Trans Canyon Shuttle
Free 1877-638-2820
URL www.trans-canyonshuttle.com
费 单程 $85、往返 $160
出发 5/15~11/30，南缘8:00发车，北缘14:00发车。一直至10/16还有北缘7:00发车，南缘13:30发车的班次。
所需时间 4小时30分钟

距离北缘的所需时间

South Rim	4~5小时
Zion	约3小时
Bryce Canyon	约3.5小时
Page	约3小时
Las Vegas	5~6小时

亚利桑那州的路况信息
Free 511
Free 1888-411-7623
URL www.az511.com

犹他州的路况信息
Free 511
Free 1866-511-8824
URL commuterlink.utah.gov

深冬是酷寒之地
有史以来北缘记录的最低气温是-30℃、降雪厚度高达7米。

与南缘最大的区别在于，从道路上不能看见大峡谷。需要停车后到客栈的大厅，才能欣赏到大峡谷的美景

日出 & 日落时刻与气温等数据 → p.53

Visitor Center
开 8:00~18:00

Ranger Nature Walk
集合▶ 8:30
所需时间▶约 1 小时

Dining Room
营 6:30~21:45
Deli
营 10:30~21:00
Coffee Saloon
营 5:30~10:30、11:30~23:00
Gift Shop
营 8:00~21:00
Groceries Store
营 7:00~20:00
Post Office
营 周一～周五 8:00~12:00、13:00~17:00
Gas Station
营 8:00~17:00（使用信用卡加油是 24 小时的）

获取信息 Information

这里汇集了最全面的北缘游览信息

North Rim Visitor Center

位于客栈前面。那里有森林中散步、观赏星空等由公园管理员带领的游览项目，建议游客一定要参加。

园内设施 Facilities

可以在客栈的餐厅里用餐。从餐厅能够观赏到大峡谷的美景，所以就餐客人总是很多。晚餐需要预约。在晨光中享受各种美食的自助餐也很值得推荐。

如果想吃得简单一些，可以去客栈旁边的外卖店或者咖啡店（晚间为酒吧）。近处还有纪念品商店。

客栈内设有邮局的业务窗口（节假日不工作）。加油站和杂货店在距客栈稍有一段距离的宿营地附近。

大峡谷国家公园・北缘 主要景点

光明天使观景点

Bright Angel Point

初级 Bright Angel Point
距离▶往返 800 米
所需时间▶往返 15~30 分钟
出发点▶客栈

从客栈徒步 10 分钟左右可以到达。观景点就是悬崖上一处向外突出的石灰岩，但看上去非常平整，仿佛是人工建造的。从脚下一直延伸至科罗拉多河的山谷被称为光明天使谷 Bright Angel Canyon。是鲍威尔将军（→ p.85）根据弥尔顿的《失乐园》命名的。峡谷中耸立着名为“梵天庙”Brahma Temple 和“琐罗亚斯德庙”Zoroaster Temple 的孤峰。

早晨光亮与阴影的对比明显，景色看上去非常清晰透彻。天气晴朗时，可以看到南缘背后圣弗朗西斯科群峰的暗影，景色非常美丽。

夏季的午后多雷雨。遇到这种天气可以在客栈的大厅里观赏具有浪漫色彩的风景

因为离客栈较近，所以清晨和傍晚几乎所有的住宿客人都会聚集到这里观赏美景

Notes 村庄中的 Wi-Fi　在北缘能够接收到 Wi-Fi 信号的只有宿营地旁边的杂货店附近。

（上）天使之窗的顶部也是一个观景点
（左）远处的雪山是位于旗杆镇附近的 Humphreys Peak（海拔 3851 米）

皇家好望角
Cape Royal

是峡谷顶部向外突出的岩石，视野很开阔。沙漠观景点的瞭望塔看上去也很小。从停车场徒步 10 分钟可到达。

在观景点的前面有被侵蚀成天然石拱的名为天使之窗 Angel's Window 的石灰岩。透过天使之窗可以看见科罗拉多河。从客栈驾车前往需 45 分钟，是一个非常值得一去的景点。

帝国观景点
Point Imperial

距离客栈约有 20 分钟的车程。沿通往皇家好望角的道路行驶，中途左转。在帝国观景点可以眺望位于大峡谷东端的大理石峡谷 Marble Canyon 的风景。这里是大峡谷南北缘各观景点中位置最北、海拔最高（2683 米）的一个观景点。与其他观景点相比，这里的景色更显肃穆，俯视可见的海登山 Mount Hayden 也会给人留下深刻印象。周围栖息着许多动物，可以看见豪猪、松鼠、啄木鸟、岩雷鸟等动物出没。

能看到距此极远的鲍威尔湖一带

Cape Royel
设施 厕所

Point Imperial
设施 厕所

命断大峡谷的 128 人

在大峡谷发生的最为严重的一次事故，不是直升机坠落，也不是游船倾覆，而是大型客机坠毁。1956 年 6 月，从洛杉矶飞往堪萨斯城的美国环球航空公司 TWA 客机与另一架从洛杉矶起飞（比洛杉矶至堪萨斯城航班晚 3 分钟起飞）飞往芝加哥的美国联合航空公司客机在帝国观景点东北方向（靠近科罗拉多河）上空 6400 米处相撞，之后飞机坠毁并燃烧。尽管事故发生在白天，但当时却未被任何人目击，被发现已经是第二天。两架飞机上共有 128 人遇难，没有幸存者。由于飞机坠落在陡峭的山峰上，回收飞机残骸非常困难，至今在事故现场仍残留有部分残骸。

耸立于观景点之下的海登山

小心雷击　盛夏季节的大峡谷多雷雨，特别是北缘的观景点易遭雷击。如果发现天空中的云层出现变化似乎即将下雨时，要立即躲进车里或建筑物中。

当时，这片空域在航空管制区以外，飞机上也没有雷达导航系统。经过这次惨痛的教训，两年之后，美国设立了联邦航空管理局，简称FAA。

幻影农场 →p.71、79
峡谷内宿营地 →p.80

远足者接送巴士
步道起点距客栈3英里。每天早上有两班接送巴士开往步道起点。免费。可提前一天在客栈预约。

大峡谷国家公园 · 北缘 户外活动

徒步远足 Hiking

公园里修建了通往各观景点的步道，往返用时在20分钟至2小时之间。可以在森林中漫步寻找松鼠和鹿，也可以试着往峡谷下方走一走。

从北缘通往峡谷的唯一一条线路是北凯贝伯步道North Kaibab Trail，行至科罗拉多河边单程23公里。比南缘的步道要长很多，而且步道位于南北方向的斜坡上，炎热异常。

从北缘下到峡谷中，一般说来要在幻影农场或宿营地住一晚（需要预约），次日早晨沿光明天使步道登上南缘。如果是反向游览，那么登山的距离就会加长。仔细阅读p.74和p.96内容，事先订好住宿地点，准备好充足的水和食物，调整好身体状况，然后才能出发。

北凯贝伯步道

	所需时间	单程距离	海拔	饮用水	公共厕所	紧急联系电话	公园管理员管理处	备注
步道起点	—	—	2510米	▲	●			只限5~10月提供水
苏派隧道	往返2.5~3小时	3.2公里	2085米	▲	●			只限5~10月提供水
Roaring Springs	往返6~8小时	7.6公里	1510米	▲	●	●		距离步道单程需徒步10分钟。只限5~9月提供水
Cottonwood宿营地	下行4~6小时	10.9公里	1230米	▲	●	●	●	只限5~9月提供水
丝带瀑布	下行4.5~7小时	13.4公里	1134米					距离步道单程需徒步15分钟
幻影农场	下行7~11小时 上行9~14小时	22.8公里	760米	●	●	●	●	需要提前1年预约

骑骡子游览
注意事项→p.75
☎（435）679-8665
半日行程
出发7:30&12:30（10岁以上）
费$80

骑骡子游览 Mule Ride

有骑在骡子背上，一摇一摆地前往峡谷的游览项目。不过，不能下到谷底。可在客栈内报名参加。

大峡谷国家公园 · 北缘 住宿设施

园内住宿

大峡谷客栈Grand Canyon Lodge

北缘唯一的住宿设施。主建筑悬空伸向峡谷，非常适合在此眺望峡谷的风景。客房形式有木屋和简易旅馆，房间内设施齐备、住宿舒适。5月中旬~10月中旬营业。春季和秋季总是客满，需提早预约。入住前13个月就可以开始预约。

主楼的建筑呈“凹”字型，十分实用

Forever Resort
☎（480）337-1320 Free 1877-386-4383
当天☎（928）638-2611
URL www.grandcanyonlodgenorth.com
费$124~183 信用卡 A D J M V

宿营地住宿

从客栈徒步15分钟可到达。只在5月中旬~10月中旬开放。可在6个月前开始预约，很快就会客满。设有淋浴房和投币洗衣机。另外，在下一页将会介绍的Kaibab Lodge和Jacob Lake Inn也有宿营地。

宿营地预约 →p.473
Free 1877-444-6777 URL www.recreation.gov
受理8:00~20:00（MST）
费$18~25 信用卡 A M V

Reader's Voice 5月住宿的话 曾在5月中旬住过小木屋。也许是因为当时刚刚开始营业，淋浴不出热水，这给自己带来了很大的不便。正好是晚上，觉得即使找人修理也未必能马上修好，所以就将就着用冷水冲了澡。↗

在附近城镇住宿

如果错过下面介绍的两家客栈，就要到更远的犹他州卡纳布 Kanab（约 30 家）或者鲍威尔湖佩吉 Page（→ p.101）才能找到像样的旅馆。

凯巴布客栈 Kaibab Lodge

位于大峡谷景点以北 18 英里（约 29 公里）的地方。5月中旬~11月上旬营业。有餐厅以及加油站。没有电话和电视。26 间客房。

MAP p.47 ☎（928）638-2389
URL www.kaibablodge.com on off $90~180 信用卡 Ⓜ Ⓥ

雅各布湖旅馆 Jacob Lake Inn

位于大峡谷景点以北 45 英里（约 72 公里）处 US-89 旁边。全年营业。有餐厅、杂货店、加油站。35 间客房。

☎（928）643-7232 URL www.jacoblake.com
on off $79~144 信用卡 Ⓐ Ⓜ Ⓥ

Side Trip

托罗韦普观景点 Toroweap Point

可以俯瞰科罗拉多河美景的观景点。距离北缘的村庄很远（MAP → p.47 的左侧），需要在未铺装道路上行驶 100 公里才能到达，但即便舟车劳顿也还是非常值得一去。

站在向外突出的岩石上俯瞰，能看到脚下的峭壁垂直地插入科罗拉多河，其高度有 880 米。没有恐高症的人也会感到眼晕。虽说是观景点，但其实并没有护栏以及其他任何保护装置，所以一定要注意安全，防止坠崖。脚下的岩石有可能会松动，而且也有可能在岩石上滑倒。

通往托罗韦普观景点的未铺装道路，在路面不泥泞的时候，普通汽车也能通行，不过最后的 3 英里（约 4.8 公里）道路，路面凹凸不平，易导致爆胎。另外，如果是租车自驾，在未铺装道路上发生事故则保险公司将不予理赔，所以建议游客还是尽量选择参加后面将要提到的旅游团前往。

如果滑倒的话就真的会坠入谷底的河中。比天空步道（→ p.62）还要令人胆战心寒

途中能看到沉降地以及原住民居住地的遗址

中途没有任何观景点，也没有饮水设施。在夏季尤其要多带饮用水，而且不要忘记准备食物、汽油和备用轮胎。可免费进入。途中设有一个公园管理员工作站，有紧急电话可供游客使用。
MAP 文前图③ H-1、p.47

交通

通往托罗韦普观景点的未铺装道路有 4 条，其中路况相对较好的是 BLM Road 109，可以从弗雷多尼亚 Fredonia 沿 AZ-389 西行 7 英里（约 11 公里）后进入这条道路。单程 61 英里（约 98 公里），用时 2~3 小时。最后 3 英里（约 4.8 公里）路况极差，如果刚刚下过雨，即使是四驱车也最好不要进入。

宿营地

有 9 个场地。免费。没有饮用水。垃圾必须自行带走。

Dreamland Safari

☎（435）644-5506 URL www.dreamlandtours.net
费 $190（包含午餐盒饭的费用）
所需时间 从犹他州卡纳布出发需 7 小时可到达

↗那是尚有大量积雪的季节，水非常冷。在这个季节住宿的游客应该在办理完住宿手续后立即确认一下房间内取暖设备以及淋浴是否能正常使用。

Trail Guide

行走于大峡谷之中——横穿大峡谷！

比南缘的岩壁受到的腐蚀更加严重，这里的风景更加荒凉一些

横穿世界上最富于变化的大峡谷是所有喜爱大自然的登山者最向往的徒步远足线路。横穿大峡谷的线路 Rim To Rim 被称作回廊线路 Corridor Trail。加州神鹰横穿大峡谷只需要 16 公里，人类可以走的路径单程就需要 38.2 公里。虽然有登山者历时 12 小时就完成了 Rim To Rim 的往返路程，但是普通人一般都会在幻影农场（→ p.71）住宿 1 晚，用 2 天时间横穿峡谷。

Rim To Rim 不仅距离长，而且路况很复杂，沟壑众多，夏季酷热、冬季积雪，是一条难度非常大的徒步远足线路。但并不只是针对高级别登山者的线路，普通人只要做好充分的事前准备、带好必要的装备（→ p.66）、调整好身体各项机能也一定可以完成这条线路。

初次挑战在 5 月下旬！

Rim To Rim 最大的难关，可能是预订幻影农场的住宿了。因为可以横穿大峡谷的季节比较短暂，预约比较集中。这个短暂时期也就是 5 月下旬。

大峡谷的徒步远足线路，6~9 月气温普遍在 40℃以上。10 月日落时间很早，不是很推荐初次挑战的人选择（大约比5月天短2小时），10 月下旬 ~ 次年 5 月中旬北缘处于封闭状态。所以剩下最好的季节就是在 5 月下旬了。

如果从北缘下至幻影农场的话，由于 Grand Canyon Lodge 与幻影农场是不同的公司在经营，所以不能换住宿券（→ p.79），不过只需要在再次确认预约的时候通知对方将会从北缘下山即可。

选择线路

从北缘出发的线路只有北凯贝伯步道（→ p.86）1 条远足线路。南缘有光明天使步道（→ p.68）与南凯贝伯步道（→ p.70）2 条线路。

北缘比南缘海拔高，远足步道比较崎岖险陡，在从谷缘下到谷底的 8 公里步道上需要走下 1000 米的崖壁。从南向北走则路途比较长，需要走 30 公里，长距离的行走还要应付上下崎岖的道路，到达终点后距离村庄比较远，不是很方便。

所以推荐从北向南的徒步线路。南凯贝伯步道上没有饮水点，建议上行选择光明天使步道。

最后再决定是以南缘为根据地，还是北缘（只推荐给有车的驴友），但一定要预订好出发前后的住宿客栈。Trans Canyon Shuttle（→ p.83）也需要尽早订位。虽然也有游客选择到达后第二天的早上出发前往幻影农场，然后乘坐 13:30 发车的巴士当天返回北缘，但是为了赶巴士可能会走得比较急，一旦徒步节奏被打乱可能会发生危险。

出发！

出发前 1 天，需要到游客服务中心确认线路的状态。这里会有关于步道路况的信息通知栏，可以知道是否有积雪、饮水点是否出现故

刚开始走的时候可能会感觉冷，但是不要着急，接下来的路会让膝盖很辛苦，所以一定要慢慢前行

障等重要的信息。当然，确认天气预报也是必不可少的，没有车的驴友需要提前预约好登山者接送巴士（→ p.86）。

步道入口距离村庄大约 5 公里。停车场非常小，早上会有空位子。在天没亮的时候停在这里，记得拉上手刹。天开始蒙蒙亮的时候就要开始徒步远足了。

最开始的 2~3 小时路途很艰险，持续是很陡的下坡路会给膝盖带来很大的负担。路上可以边走边休息，风景也是不错的，可以看见杨树林、被腐蚀得很严重的断崖奇石等，这些景色在南缘是欣赏不到的。到了科科尼诺观景台，眼前的视野会一下子开阔起来。但是从这里开始的路途会更加险陡。脚下的泥土逐渐会从白色变成红色，也就到了苏派隧道，可以在这里上个厕所。

从隧道可以看见下方远处的桥，穿过这座桥周围的植被景观一下子变得丰富起来，还能听见从左边传来的瀑布流水声。这便是南缘的水源地 Roaring Springs（→ p.74）。但是这里的野餐桌和厕所离步道还有 10 分钟的路程，多数远足者都选择在路边休息一下俯瞰瀑布后补充点能量继续起程。

左 / 开始看见仙人掌的时候，气温也会逐渐变高　下 / 这条河水供给着每年大约 476 万游客的用水

从这里往前几乎都是准备去往谷底的游客。植被也多为仙人掌等。继续向下走，河边有一座服务于维修和管理管道的小屋。走过小屋前方的桥，盘山道坡度会变得缓一些，接下来再走几个连续的小下坡路便可到达宿营地。

在酷热的谷底行走

丝带瀑布下的水潭有漂亮的苔藓

Cottonwood 宿营地位于北凯贝伯步道的中间点。可以在这里有树荫的餐桌上吃个午餐，涂抹好防晒霜后继续出发。另外，接下来的路上没有饮水处，所以记得在这里给水壶蓄满水。

走上一段时间以后会到达丝带瀑布的分岔点，可以顺便去看看。下去的步道有点荒凉，可能会迷路，记住看到标识向右转，过桥后在尽头处的岩石山处向左回转前行便可。往返需要 30 分钟。

如果是从幻影农场上来的话，在上述标识之前就会有"Ribbon Fall via Bridge →"的标识。顺着与标识箭头反方向的左侧有被踩踏痕迹的小路去瀑布是一条近路，但是需要蹚河而过，在初春或是下雨的时候会有危险。建议还是沿着指示的线路，穿过上述的小桥前行。从瀑布回来的时候按原路返回，过桥。

接下来的路程是最要命路段。

如果天气太过炎热的话，建议先在丝带瀑布休息一下，等凉快一些后再进入 The Box

几乎没有险陡崎岖的道路，只能沿着谷底的河溪前行。需要穿过多座桥，一会儿在河的右岸，一会儿在左岸，一味地沿着河左右前行，再前行。河流左右弯曲，完全看不到前方，然后会突然感觉到两岸高达 300 米岩壁向你逼近，视野变得更加狭隘了。这个区域被称作 The Box，主要是很热。这里的地层黑黑的，是 18 亿年前的古老地质，距离幻影农场还有 8.4 公里，但是这种路况似乎让人觉得接下来的路很长。

走着走着拐过一个弯终于可以看见绿色了，终于到达了谷底的绿洲。这里有美味的柠檬水等着你哦！

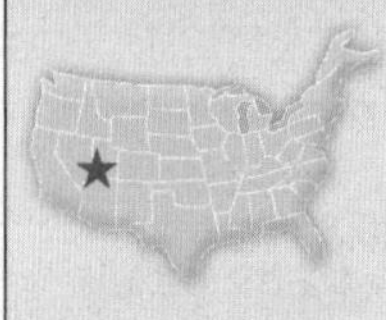

鲍威尔湖与彩虹桥国家保护区

Lake Powell & Rainbow Bridge National Monument

犹他州 / 亚利桑那州
Utah / Arizona
MAP 文前图② C-3、文前图③ GH-2

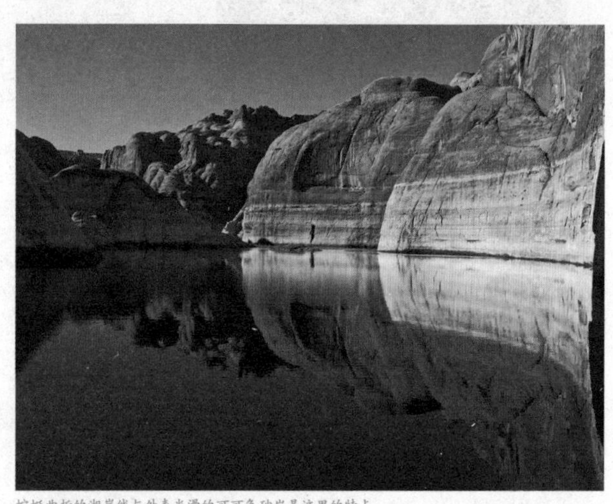
蜿蜒曲折的湖岸线与外表光滑的可可色砂岩是这里的特点

DATA
时区▶山地标准时间 MST（亚利桑那州不实行夏时制）
☎（928）608-6200
URL www.nps.gov/glca（葛兰峡谷）
www.nps.gov/rabr（彩虹桥）
开 365 天 24 小时开放
旺季 全年
费 每辆车 $25、摩托车 $20 其他方法入园每人 $12
被列为国家保护区▶1910 年（彩虹桥）
面 积▶约 5075 平方公里（葛兰峡谷）
接待游客▶约 237 万人次（葛兰峡谷）
园内最高点▶2181 米（Kaiparowits Plateau）
哺乳类▶64 种
鸟 类▶301 种
爬行类▶28 种
鱼 类▶25 种
植 物▶约 533 种

大峡谷的上游，错落交织着 96 个小峡谷。在这片干燥的环境中，为拦截科罗拉多河河水筑起大坝，因而形成了美国第二大人工湖——鲍威尔湖。湖长约 300 公里。峡谷内形成水湾，湖岸线曲曲折折，长达 3200 公里。湖泊经过 17 年才形成现在这么大的面积。湖水倒映着蓝色的天空，湖边光秃秃的岩壁上像是被撒上了一层可可粉。这些奇异的景观，曾经出现在《人猿星球》等电影的画面中。

现在，湖泊周边是葛兰峡谷国家休闲区并得到保护，水湾的尽头有世界上最大的天然石桥——彩虹桥，一年四季游客络绎不绝。自驾游览西南大环线途中，一定要来这里观赏一下被称为“水上大峡谷”的壮丽风景。如果时间充裕，还可以体验一下乘坐游船等水上运动，这里是美国西部水上运动的胜地。

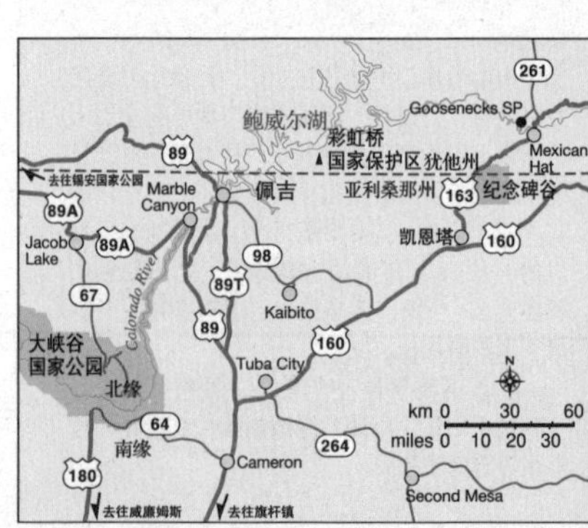

Notes 公园门票价格上涨　2017 年 3 月以后，将涨至 1 辆汽车 $30、1 辆摩托车 $25，此外 1 名游客 $15。

交通

这里的门户城市是位于绵延300公里的鲍威尔湖南端的佩吉 Page(为了在意思上不与印刷品的页相混淆而通常被称为 City of Page)。这座小城最初为葛兰峡谷大坝建设者们的居住地。小城位于亚利桑那州境内，但距离犹他州已经很近，鲍威尔湖的大部分以及彩虹桥都在犹他州境内。沿城内主要街道 Lake Powell Blvd.（US-89）有许多汽车旅馆，夏季旅游期间会有大量游客来到这里。

小城旁边有一个小型机场，有定期航班在此起降。但是，这周围的景点比较分散，而且当地没有适宜的交通工具可供游客前往各景点游览，所以参加从旗杆镇或拉斯维加斯出发的巴士旅游团会比较便于游览。自驾游的话，建议在拉斯维加斯租车前往。

另外，彩虹桥虽然位于鲍威尔湖畔，但距离佩吉较远。而且没有能

要注意时区

这里毗邻纳瓦霍族保留地。保留地内采用夏时制，而佩吉、葛兰峡谷大坝、Wahweap Marina 都位于不采用夏时制的亚利桑那州境内。这就意味着夏时制期间这些地方的时间要比营地码头 Wahweap Marina 以北的犹他州、纪念碑谷晚1个小时。

耸立于湖泊东岸上的塔形小山（右）十分显眼

彩虹桥背后耸立着的是纳瓦霍山

供汽车行驶的道路通向那里，所以需要乘坐从鲍威尔湖南端出发的游船才能前往。

PGA
☎（928）645-4232
大湖航空 Great Lakes Aviation
Free 1800-554-5111
URL www.greatlakesav.com
Avis ☎（928）645-2024
出租车 ☎（928）645-6806

飞机 Airlines

佩吉机场
Page Municipal Airport（PGA）

位于佩吉以北的小型机场。美联航旗下的大湖航空开通有从洛杉矶（每天 1 班。飞行时间 2 小时 30 分钟）和菲尼克斯（每天 1 班。飞行时间 1 小时 10 分钟）飞往当地的航班。

从机场前往酒店和湖边码头，可以联系住宿的酒店派车接送，或者乘坐出租车。当地也有汽车租赁公司，但汽车数量有限，需要预约。

Scenic Airlines
☎（702）638-3300
Free 1866-235-9422
中国地区（800）634-6801
费 包含早餐·午餐 $370、4~11 岁 $350（未满 4 岁不能参加）
周游葛兰峡谷的巴士旅游团 → p.472

团体游 Tour

Scenic Airlines

每年 3 月上旬 ~11 月中旬期间，有从大峡谷南缘出发的羚羊谷 & 漂流一日游。去时从图萨扬的大峡谷机场（→ p.46）乘小型飞机飞往佩吉。游览完上羚羊谷后，在葛兰峡谷大坝下面乘上橡皮舟，顺科罗拉多河而下。最后从利兹渡口乘巴士返回南缘。可预约。

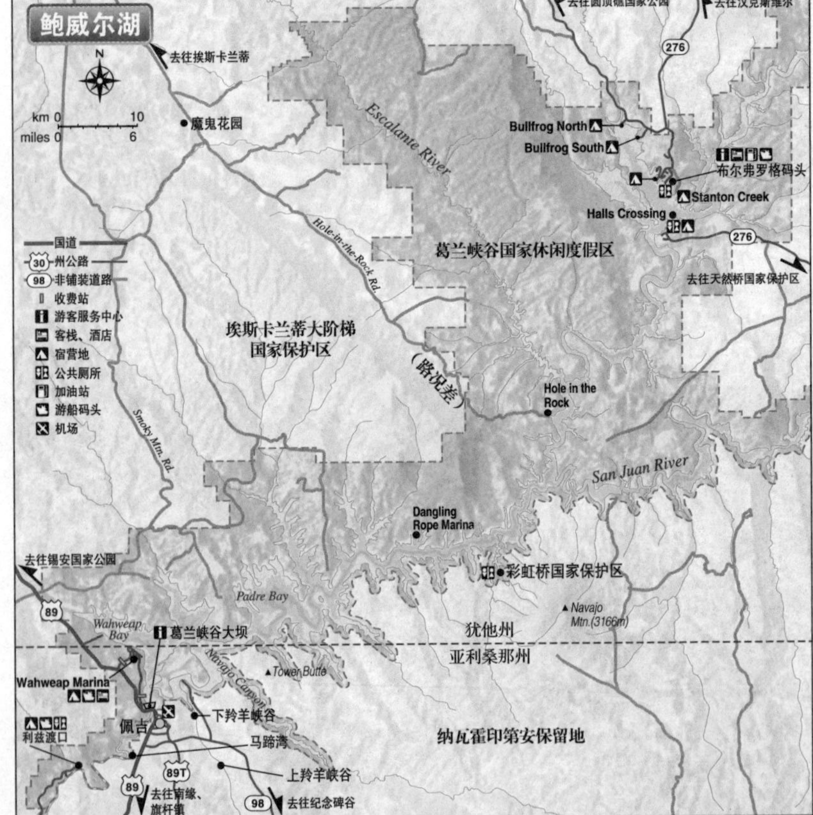

Reader's Voice 从空中俯瞰美景　从洛杉矶起飞的大湖航空公司航班飞经大峡谷和马蹄湾上空。这会让游客对旅程更加充满期待。

租车自驾 Rent-A-Car

去往佩吉 Page 的方法

从大峡谷南缘出发，路过沙漠观景点以后走 AZ-64 一路向东行驶，与 US-89 交汇时向左转。穿过纳瓦霍印第安保留地，在与 US-89A 的分岔点直行北上。所需时间 3 小时。

从北缘出发，在 Jacob Lake 向右转沿着 US-89A 向东行驶，需要穿过纳瓦霍大桥（Marble Canyon）横渡科罗拉多河，之后会有一个与 US-89 汇合的交叉路口，从这里向左转，然后一直北上。大约需要 3 小时。

从纪念碑谷出发，沿 US-163 行驶，在 Kayenta 出口驶出，沿 US-160 向西行驶。跟着路上的标识一直行驶就会进入到 AZ-98，沿着 AZ-98 一直行驶就可以抵达佩吉。需要 2~3 小时。

相反的，如果从西侧出发去鲍威尔湖的话，需要从 Kanab 进入 US-89 一直向东行驶就可以驶出大坝。从锡安大约需要 2 小时。

从布莱斯峡谷过来的话，如果是四驱车（4WD）可以试着经由 Cottonwood Canyon Rd.（→ p.133），这是一条非常有乐趣的路段。如果是普通车建议经由 US-89，虽然路程上看是绕远了，但是比上述道路要快得多。

去往布尔弗罗格 Bullfrog 的方法

布尔弗罗格位于佩吉的东北方向，在鲍威尔湖变得很细长的位置有 UT-276 穿过，北侧湖岸是布尔弗罗格码头，南侧湖岸是 Halls Crossing，两地之间只在夏季有渡轮可以通航（需要 25 分钟）。这条线路可以很快捷地从圆顶礁国家公园（→ p.134）经由天然桥国家保护区（→ p.170），然后直穿纪念碑谷。

佩吉
鲍威尔湖
犹他州
亚利桑那州
去往彩虹桥
Lake Powell Resort
Lakeshore Dr.
渡船码头
去往锡安国家公园
Wahweap Overlook
羚羊观景点码头
葛兰峡谷大坝
0 1mile
0 1Km
游客服务中心
鲍威尔博物馆
羚羊峡谷
科罗拉多河
N. Lake Powell Blvd.
机场
下羚羊峡谷
大坝观景台
S. Lake Powell Blvd.
Copper Mine Rd.
发电厂
98
上羚羊峡谷停车场
去往纪念碑谷 →
马蹄湾
89
（禁止一般车辆进入）
停车场
89T
↓去往葛兰峡谷
上羚羊峡谷

到达佩吉所需时间

South Rim	约 3 小时
North Rim	不到 3 小时
Monument Valley	2.5 小时
Zion	约 2 小时

亚利桑那州的路况信息

Free 511
Free 1888-411-7623
URL www.az511.com

犹他州的路况信息

Free 511
Free 1866-511-8824
URL commuterlink.utah.gov

关于 US-89 的支线道路

连接南缘与佩吉之间的 US-89 部分路段，由于地面下沉处于封路状态。作为支线可以利用 US-89T（印第安线路 20 号线）。

支线的南入口位于通往 US-160（纪念碑谷方向）的分岔点以北 17 英里（约 27 公里）的位置，北入口位于佩吉市内的 AZ-98（羚羊峡谷附近）上。所需时间与本来的 US-89 线路没有很大出入。

另外，US-89 的佩吉至马蹄湾路段是可以通行的。

布尔弗罗格的渡船

Bullfrog
出发 9:00、11:00、13:00、15:00
Halls Crossing
出发 8:00、10:00、12:00、14:00
休 10 月中旬 ~ 次年 4 月中旬的周日 ~ 下周五
费 小型车 $25，摩托车 $15

建议乘坐早晚时间段的渡船

夏季必须要提前预约！

夏季的鲍威尔湖游人非常多。首先预订佩吉的住宿地是最重要的。特别是周末的时候最好能提早到达这里，游船旅游团也尽可能是提前一天预订好比较稳妥。

桥上禁止停车

葛兰峡谷大桥 Glen Canyon Bridge 上是禁止停车的。如果想在桥上俯瞰大坝，请把车辆停靠在游客服务中心的停车场后步行上桥观看。

注意不要忘记携带护照

Wahweap Marina 前的收费站需要出示护照。

如果想观看大坝全景

可以从大坝沿 US-89 向东走，在 Lake Powell Blvd. 的交叉路口处沿与佩吉反方向的 Scenic View Rd. 向右转。大约 700 米后再向右转从路尽头的停车场处下台阶，大约需要下 10 分钟的台阶（海拔差 183 米），就可以到达可以看见大坝和科罗拉多河的观景台了。

鲍威尔湖与彩虹桥国家保护区 漫 步

规模是全美第二大的葛兰峡谷大坝

游览鲍威尔湖的交通工具只有汽车和船这两种。去往彩虹桥和水上休闲度假区的起点是位于大坝西侧的码头 Wahweap Marina。从佩吉出发来这里的话，需要从 Lake Powell Blvd. 向西行驶，在与 US-89 的交汇处右转。下坡后，通过架于大坝前的 Glen Canyon Bridge 就可以到达游客服务中心了。然后从游客服务中心继续出发，沿着 US-89 前行，看到标识后右转。通过收费站，右手边可以看见湖景，继续前行 5 英里（8 公里）就可以到达 Wahweap Marina 了。

旅游旺季的时候停车场里停满了各种房车和小轿车。客栈和餐厅人也比较多。码头上停着各式各样的屋船，有好多游客是长期在水上度过休闲时光的。会骑摩托艇或者滑水的人可以在这里大显身手。如果对水上项目不感兴趣的人可以选择参加游船旅游团。

另外，需要注意的是鲍威尔湖周边夏季天气炎热，超过 35℃的日子占多数。即便是到了冬季，气温也不会下降太多，下雪对于这个地区来说非常少见。

获取信息 Information

Carl Hayden VC
☎（928）608-6404
开 夏季 8:00~18:00
春 · 秋 8:00~17:00
冬季 8:30~16:30
休 11 月的第四个周四、12/25、1/1

Carl Hayden Visitor Center

位于大坝顶端的游客服务中心

游客服务中心位于葛兰峡谷大坝附近。中心内有鲍威尔湖的立体模型，每隔 1 小时还有 15 分钟时长的电影放映。透过巨大的玻璃窗还可以俯瞰雄伟壮观的大坝风景，夏季还有可以乘坐电梯下到大坝上参观的旅游团项目（→ p.95）。

需要注意的是这座大坝是核电站，所以当局对于安保措施十分严格，对于来访者的言行也十分敏感。游客服务中心入口处有金属探测器、搜身检查，除了相机、钱包和饮用水以外其他一律不可携带入内。请把包包和行李置于车内，最好是从车外看不到的位置。

鲍威尔博物馆
Powell Museum
住 6N.Lake Powell Blvd.
☎（928）645-9496
网 www.powellmuseum.org
开 周一～周五 9:00~17:00、周六 9:00~17:00（只限 4~10 月）
休 11 月～次年 3 月的每周日
费 博物馆 $5。酒店和旅游团的预约免手续费

Powell Museum Visitor Information Center

这是位于佩吉市中心 Navajo Drive 一角处的博物馆。馆内有鲍威尔湖诞生之前的资料、鲍威尔将军沿科罗拉多河勘测时使用的船只模型和照片、原住民文化展等多种展出。另外，还兼有这个城市的游客服务中心职能，可以在这里预订酒店和旅游团，还可以免费办理租借屋船的手续。到了佩吉以后应该首先到这里来一趟。当然通过互联网预约也十分方便。

其他设施

营地码头的各项设施很齐全，有餐厅、杂货店、加油站等。位于湖北部的布尔弗罗格也设有游客服务中心和餐厅。

葛兰峡谷大坝
Glen Canyon Dam

大坝的修建让面积广阔的鲍威尔湖得以出现，大坝高 216 米，长 475 米，发电功率 132 万千瓦，从 1956 年开始兴建到 1964 年建成。规模仅次于拉斯维加斯郊外的胡佛大坝。

1936 年竣工的胡佛大坝，其修建目的是确保美国西海岸的水源以及在大萧条后增加就业机会。但是科罗拉多河从落基山脉到犹他州再到大峡谷一路冲刷着河岸，导致河水中带有大量泥沙且泥沙量超出设计时的预想，这些泥沙在密德湖沉积下来，将湖底抬高。如果放任不管，泥沙最终会把密德湖填满。

为了解决这个问题，才又在大峡谷的上游修建了葛兰峡谷大坝。于是，被赞誉为“美丽胜过大峡谷”的葛兰峡谷便从此消失，不是为了保护水资源，也不是为了防范洪水，而是为了应对密德湖中沉积的泥沙。也许可以认为这是在胡佛大坝破坏环境之后对环境产生的二次破坏。

不过，也正因为修建了这座大坝，美丽的人工湖以及佩吉小城才能出现，这一地区才能成为云集各地游客的湖滨休闲区。

顺流而下的游船从大坝底部出发

参观大坝的团体游
出发 夏季 8:30~10:30、12:30~16:00，每隔 30 分钟 1 次。冬季每天 4 次左右。用时 45 分钟。
费 $5，7~16 岁半价
注意：大坝为国家重要设施，有时政府会暂时停止对外开放。

Column

趋于干涸的湖泊

如果观察鲍威尔湖的湖岸，会发现岩壁的下方是白色的。这是岩石表面的成分被水溶解后产生的变化，两种颜色的交界处就是湖水曾经到达的位置。最近几年，鲍威尔湖的水位一直在下降，航路因此变窄而导致船舶无法通行，只能将码头移至别处。

究其原因是上游降雨减少。鲍威尔湖的湖水来自落基山脉周围 4 个州山上的降雨以及冰雪融水。2002 年的流入量仅为往年的 14%。2015 年 2 月，蓄水量降至最高水位时的 45%。

不管鲍威尔湖的水位如何下降，也不能降低作为拉斯维加斯、洛杉矶等大城市重要水源地的密德湖的水位，因此只能从葛兰峡谷大坝持续放水来保证下游用水。具有讽刺意味的是，放水对大峡谷中濒临灭绝的动植物起到了保护的作用（→ p.74）。借此机会还做了一些新的尝试，一次放出等于平时 5 倍的水量，冲洗河边的植物，并且将过度繁殖的鳟鱼赶走。鲍威尔湖刚刚出现时，国家公园管理局为了满足钓鱼者的需求，将鳟鱼放入湖中，虽然现在人们已经普遍认识到这其实是一种破坏环境的做法。更令人惊讶的是，直到 20 世纪 90 年代，亚利桑那州一直都在位于大坝下游、大峡谷国家公园边界上的利兹渡口放养鳟鱼。到了今天，又不得不想尽办法把数量过多的鳟鱼从这里驱逐。可以说，无论是对于鳟鱼，还是对于原生物种，人类都是影响它们正常生息的罪魁祸首。

有些环境保护组织主张拆除大坝，但同时也有很多人持反对意见。反对拆除大坝的理由有很多，诸如“如果面积如此广阔的湖泊消失，会加快地球变暖”“科罗拉多河水中的泥沙已经大量沉积在湖底，如果湖水干涸会引起粉尘污染”“会让种群数量刚刚有所回升的白头海雕重新陷于绝境”“在人口大幅度增加的今天，放弃巨大的水源地和发电站已经不可能”“会造成佩吉居民大量失业以及房价下跌”等，因此拆除大坝的主张并不现实。

根据水位的变化，游船出航的时间会有所调整，需要提前查询确认

GEOLOGY

石桥？拱门？

所谓天然石桥是指被河流侵蚀而成的桥形岩石。彩虹桥是世界上最大的天然石桥。

形成拱门的原因有昼夜温差引起的岩石开裂、雨水渗入岩石而引起的化学反应、风化引起的岩石崩塌等。世界上最大的天然拱门是拱门国家公园里的风景线拱门，第二大的是锡安国家公园里的科罗布拱门。

彩虹桥游船游

Rainbow Bridge Boat Tour

预约 Free 1888-896-3829

URL www.lakepowell.com

运行 4~10 月每天 7:30，11 月~次年 3 月周六 8:00（如果起航前 48 小时预约游客不足 15 人，将临时取消航班）

休 11/21、11/22、12/24、12/25、1/1

所需时间 5 小时 30 分钟

费 $125、3~12 岁 $90

（含税。不含葛兰峡谷门票费用）

电影《侏罗纪公园》中能喷射毒液的双脊龙的脚印。在观景点北侧

彩虹桥国家保护区

Rainbow Bridge NM

在犹他州，有很多被称为拱门或者石桥的“环状岩石”，但如果要从中选出第一的话，可能大部分人都会选择彩虹桥或者拱门国家公园的玲珑拱门。彩虹桥是世界上最大的天然石桥，桥拱高度为 75.6 米，跨度为 84.7 米。不仅高大雄伟，而且形态也近乎完美。在纳瓦霍族原住民的传说中，这座石桥被认为是“彩虹石化而成”，由此可见石桥的精美程度。当初在科罗拉多河旁边的峡谷深处发现如此巨大的岩石彩虹的人，一定无比震惊。

彩虹桥是鲍威尔湖旅游中的一大亮点，乘船前往游览的费用较高，但乘船本身也是很值得体验的。错过乘船游览的机会一定会后悔。

码头的鲍威尔湖度假村 Lake Powell Resort（→ p.101）大厅内设有乘船游览接待处，可以在那里购买船票。最好提早排队准备登船，因为受欢迎的上层甲板瞬间就会挤满游客。

游船的魅力在于可以同时观赏到葛兰峡谷与鲍威尔湖之美。迎面而来的是蓝蓝的天空、多姿多彩的峡谷以及颜色鲜艳且形态富于变化的岩石和小鸟。摩托艇卷起白色的浪花并乘着浪花远去。享受滑水乐趣的游客与游船擦肩而过，在身后留下一道水痕。船舱里放着柠檬水、水、咖啡，可随意饮用。

起航后大约 2 小时 30 分钟，游船进入禁地峡谷 Forbidding Canyon，航行速度变缓。峡谷时而突然变窄，两边岩壁迎面扑过来。游船沿着航线曲折前行，约 20 分钟后到达码头。

下船后，徒步 30 分钟就能来到彩虹桥。过去，在彩虹桥近前就有码头，随着水位下降，码头的位置也发生了变化。需要穿运动鞋。这里只有简易厕所，没有野营地、商店等设施。在彩虹桥的停泊时间为 90 分钟（根据水位）。

2002 年，法院裁定禁止游客走到彩虹桥下面，承认了纳瓦霍族“不想让圣地遭到污染”的诉求。现在游客只能站在观景点上静静地眺望。

左 / 游船进入水湾后稍行驶一段距离便可到达

右 / 可以理解纳瓦霍人为何在很久以前就将这里作为圣地崇拜

Notes **注意出发时刻与所需时间** 彩虹桥位于犹他州境内，但旅游团的行程全部按照亚利桑那时间（MST。不实行夏时制）推进。游览所需时间会随着水位的变化而有所不同。

在不同的时间段、不同的季节能看到不同色彩

上羚羊峡谷
Upper Antelope Canyon

一条流入鲍威尔湖的科罗拉多河支流冲刷出的峡谷。羚羊峡谷以其极端的狭窄度和奇特的形状而闻名。岩石表面的痕迹宛如水中旋涡的波纹，这是沙丘硬化后形成的砂岩被山洪侵蚀所致。这里也被称为缝隙峡谷或者螺旋形峡谷。

位于佩吉的东面，在纳瓦霍族保留地内，不能随意游览。多家旅行社都有前往该地的团体游项目，在鲍威尔博物馆（→ p.94），工作人员可以帮助游客按照游客希望的时间选择合适的旅行社。也可以自行前往目的地，到达后在当地雇导游（$25~30。只能付现金）。

参加旅游团的话，出发地点为佩吉城中心的鲍威尔博物馆或博物馆附近。游客乘坐货箱中装有椅子的改造卡车。沿 AZ-98 向东行驶 5 分钟左右，在冒着阵阵白烟的发电厂前右转，在干河（平时无水，只在大量降雨后才变为河流）上行驶 2 英里（约 3.2 公里）后到达。

前方的岩壁上裂开了一道细细的入口，里面空间狭窄，岩石表面光滑。峡谷全长 150 米，3 分钟就能走出去。抬头可以看到高 20 米的岩壁上有形似水流旋涡的痕迹。

这梦幻般的空间是山洪冲刷的结果。沙漠中偶尔会出现暴雨，此时雨水并不会迅速渗入地下而是快速地流向低处，强大的水势形成山洪。山洪不断冲刷质地松软的纳瓦霍砂岩，形成了今天的羚羊峡谷。

峡谷非常狭窄，几乎看不到天空，阳光仅在春季至秋季的上午才能照到谷底。如果想拍照的话，应选择谷中有阳光照射时间段的行程。只看照片也能明白，一旦有山洪涌入峡谷是无处可逃的，所以这里是一个非常危险的地点。因此，即便是在距此很远的上游地区出现雷电，也会立即禁止游客入内。

下羚羊峡谷
Lower Antelope Canyon

景观与上羚羊峡谷类似，但这里的峡谷更长、更深、更窄。不过，

Upper Antelope Canyon
开 夏季 8:00~17:00
冬季 9:00~15:00
费 门票 $8，7 岁以下免费（团体游费用中包含门票。自行前往游览的话，还需支付导游费）。

Antelope Canyon Tours
住 22 S. Lake Powell Blvd.
☎（928）645-9102
URL www.antelopecanyon.com
1.5 小时游
出发 1 天 4~6 趟
费 $40~50，8~12 岁 $30~40，3~7 岁 $22~32（门票 & 税金）
2.5 小时游
出发 1 天 2 趟
费 $85，8~12 岁 $75，7 岁以下 $67（门票 & 税金）

拿好随身物品

开往上羚羊峡谷的吉普车以很快的速度在凹凸不平的路面上行驶。在颠簸中，我的照相机被车内同伴碰掉，因此很遗憾没能把羚羊峡谷的景色拍下来。

推荐参加摄影旅游团

如果想要拍出好的照片，推荐参加摄影旅游团。可在下面介绍的网站上预约，接送游客不使用吉普车，而是普通的四驱车，因此旅途会比较舒适一些。旅游团中全部是以摄影为目的的游客，导游能够尽可能地为游客拍照创造好的条件，如用铁锹扬起沙子，让光线更适宜拍照。
URL navajotours.com

Notes **注意出发时刻** 羚羊峡谷虽然位于纳瓦霍族保留地内，但为了游览上的便利，行程按佩吉的时间（MST。不实行夏时制）进行。尤其是从纪念碑谷过来的游客更要注意。

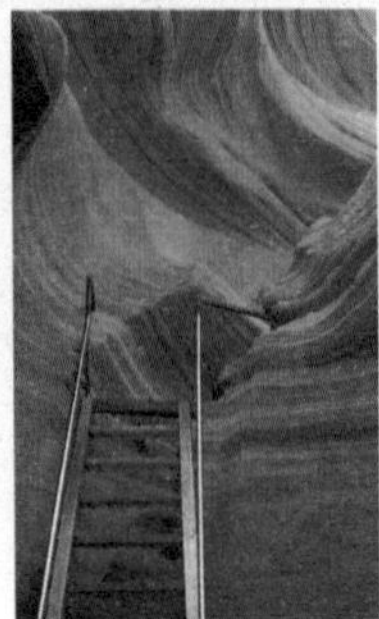
开始和结束路段有梯子

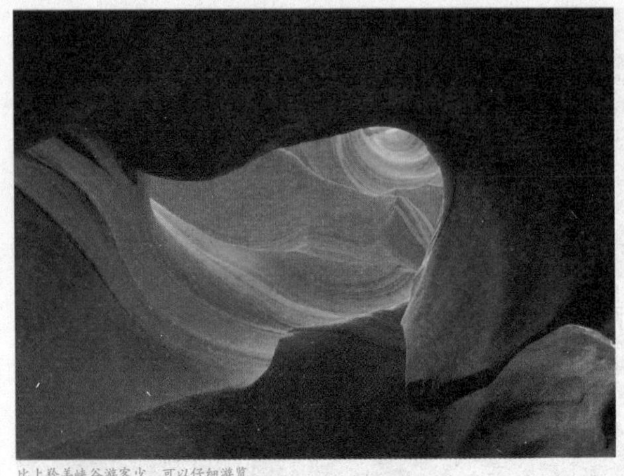
比上羚羊峡谷游客少，可以仔细游览

Lower Antelope Canyon
☎（928）606-2168
网 lowerantelope.com
开 夏季 8:30~17:00
冬季 9:30~15:00
费 门票 $28，7~12 岁 $20（不能使用信用卡支付。凭同日进入上羚羊峡谷的付费收据可优惠 $8）。不能使用三脚架。
另外，还有可使用三脚架的摄影团体游（未满 16 岁不能参加），1 天 2~4 趟。$50。
交通 从佩吉沿 AZ-98 向东行驶约 10 分钟（从纪念碑谷过来的游客在到达佩吉前转到此线路），在火力发电站前左转进入印第安公路 222（正前方能看到下羚羊峡谷的入口）。行驶 500 米后，转入左侧与当前道路呈锐角的道路后即至。

Horseshoe Bend
从大坝沿 US-89 向南行驶约 5 英里（8 公里）。过 545 号里程碑后右转即至。然后在日照强烈的沙地上步行 15 分钟。观景点位于断崖之上，且没有任何保护装置，要格外注意安全，防止出现坠崖或遭遇雷击。

这里发生过游客坠崖死亡事故，一定要注意安全

也意味着更加危险。1997 年因山洪暴发，有 11 名游客在这里遇难。有导游引导游览，每隔 30 分钟出发一次。途中有陡峭的台阶，不能穿裙子和凉鞋。在空间狭窄的地方还可能会弄脏衣服。建议有幽闭恐惧症的游客只游览上羚羊峡谷。

马蹄湾
Horseshoe Bend

位于大坝的下游，科罗拉多河在此处转了一个马蹄形的急弯。摄影家们非常喜爱这里富于变化的风景。虽然“科罗拉多”的意思为“红色”，但因为河水中的大部分泥沙都在鲍威尔湖沉积下来，所以这里的河水变成了绿色。仔细观察，还能发现穿行于河中的漂流艇。

风景富于变化，不亚于国家公园

湖面巡游 Lake Cruise

鲍威尔湖的湖面巡游是最有人气的户外活动。特别是从羚羊峡谷流入湖中的合流旅游团项目，非常令人兴奋。船行驶到最里面后水面逐渐变得狭窄，一边碰壁一边前行，到了尽头处只能再倒着开出来。参加这个旅游团的时候最好是坐在船的最前端，非常有趣。

具体可以开到哪个位置还要看湖水的水位

湖面巡游旅游团
Free 1888-896-3829
URL www.lakepowell.com
Antelope Canyon（1.5 小时）
运航时间 4~10 月 10:30、14:30、16:15。11 月 ~ 次年 3 月是每周的周三、周五 10:30。
费 $45、3~12 岁 $30
Canyon Adventure（3 小时）
途中游览纳瓦霍峡谷和羚羊峡谷。
运航时间 4~10 月 9:00&13:00、11 月 ~ 次年 3 月 13:00
休 11/21、11/22、12/24、12/25、1/1
费 $70、3~12 岁 $45（葛兰峡谷要另收门票）
注意：航运线路和所需时间根据水位有所不同。如果乘客人数过少可能会取消航行。

漂流 Rafting

还有可以沿科罗拉多河漂流的旅游团项目。旅游团是在佩吉市内集合，然后乘坐巴士前往大坝底部。从这里登上橡皮船，途中经过马蹄湾，历经 24 公里最后到达下游的利兹渡口。一路上没有十分湍急的水流，船很平稳，可以沿途欣赏色彩绚丽的岩石。最好可以提前一天在鲍威尔博物馆预约。另外还有去往葛兰峡谷的项目和历时数日顺激流而下至大峡谷的漂流项目（→ p.76）。

半日漂流项目
出发 5~9 月 7:00/13:00
春秋 11:00
所需时间 约 5 小时
费 $92、4~11 岁 $82
预约 Free 1888-522-6644
URL raftthecanyon.com
注意：一定要带上防晒霜和太阳眼镜。船上会为游客准备饮用水。进入大坝辖区时需要过安检。不可以携带刀具等危险物品入内。

在马蹄湾附近可以上厕所、休息

可以尽情地观赏科罗拉多高原上红色的岩石

暑假期间有很多游客会长期租借屋船在这里度假

皮划艇项目
☎（928）660-0778
URL www.kayakpowell.com
费 3 小时 $90、6 小时 $160（包含午餐）
以上费用中包含了租借皮划艇、船桨、救生衣、防浪裙的费用。

租借屋船
费 5 天 $2520~
Free 1888-896-3829
URL www.lakepowell.com

钓鱼许可证
在犹他州和亚利桑那州需要钓鱼许可证。可以在码头购买。
费 1 天 $17.25、5 天 $32

徒步远足
湖的周围有数条徒步远足步道，不过都是长距离的线路，需要专业远足装备。

水上运动 Water Sports

鲍威尔湖是水上休闲度假的胜地。这里有各种水上项目，既有摩托艇、滑水、帆伞，又有潜水、游泳等，种类繁多，十分有趣。码头可以租到各种水上运动的器具。还有由导游带领的皮划艇项目，在平静的鲍威尔湖面上通过自己的努力划出一道深深的水痕吧。这个项目还可以进入到支谷内比较狭窄的水路上，可以下船进行短途徒步健走。但是，这里由于近年游客过多环境遭到了极大的破坏，今后可能在规章制度上会变得更加严格。冬季的时候这里的服务项目会所剩无几。

湖面上会看到很多类似房车一样的船舶停靠在那里，这些船被称作屋船。屋船内可以住 10 人左右，船内有厕所、淋浴房、厨房等。美国人经常是全家在这种屋船里度过一个悠长的假期。当然也有可以租借的屋船。

钓鱼 Fishing

鲍威尔湖是钓鱼爱好者的天堂。这里可以钓到鳟鱼、翻车鱼、鲇鱼和黑鲈鱼等鱼类。这些鱼都是在生态保护意识比较薄弱的时代，国家公园管理局为了发展湖区水上休闲娱乐项目而投放入湖中的鱼类。还会举行钓鱼大赛，说不定还可以钓到大鱼哦。

越野驾驶 Off Road Drive

湖的两侧有很多土路，对自己驾驶技术有信心的人可以挑战一下。特别有人气的线路是从 UT-12 的大阶梯 Escalante 到湖岸的 Hole in the Rock 这段路，全程共 92 英里（约 147 公里）。但是，无论哪一条线路都不是很好走，几乎全程路况都很差。

从佩吉的西部出发横穿柯达盆地州立公园（→ p.132）的 Cottonwood Canyon Rd.，根据路况普通车也是可以行驶的，但是如果途中突然下雨那就很悲剧了。出发前，一定要确认好路况和天气情况。

住宿设施

园内住宿

鲍威尔湖度假村Lake Powell Resort

该酒店位于 Wahweap Marina 附近。是这里唯一一座建于湖畔的住宿设施，非常有人气，需要提前数月开始预约。湖景侧的房间虽然价格较高，但是观看朝霞和夕阳是极好的。夏季的傍晚，在酒店的大堂还会举办织绘壁毯、加工银饰等活动，通过这些活动可让游客更加深刻地了解原住民的文化。共有 350 间客房。

上 / 从餐厅向外看的景观也是超群的
下 / 地理位置极佳的鲍威尔湖度假村

住 100Lakeshore Dr., Page, AZ 86040
☎（928）645-2433 Free 1888-896-3829
FAX（928）645-1031 URL www.lakepowell.com
on $198~267 off $105~155 信用卡 ADMV

挑战屋客栈 Defiance House Lodge

位于布尔弗罗格码头 Bullfrog Marina 附近，可以俯瞰湖景，景色非常壮观。店内有餐厅、投币式洗衣房。冬季停业。共有 48 间客房。

住 4055 Hwy 276,Bullfrog, UT 84533
☎（435）684-3032
on $157~183 off $88~122
预约请到 Lake Powell Resort

宿营地住宿

在上述的鲍威尔湖休闲度假区内有一处规模较大的房车 RV 停车区，可以在线预约。另外，还有布尔弗罗格 Bullfrog 宿营地（24RV 用区域）、Halls Crossing 宿营地（24RV 用区域 +78 个帐篷位）。使用费用是 1 晚 $26~49。

在附近城镇住宿

佩吉有 20 间汽车旅馆，如果没有预订到这里的房间，接下来的住宿地都会稍微远一些。需要向锡安国家公园方向行驶 73 英里（约 117 公里）到 Kanab 住宿，或是向纪念碑谷方向行驶 100 英里（约 160 公里）到 Kayenta 住宿，除了这两个地方，中途几乎没有一个城镇。暑假期间佩吉是很难找到空房的，建议提前预订房间。

佩吉

Page, AZ 86040 距离 Wahweap Marina 2 英里（约 3 公里） 20 间

旅馆名称	地址·电话	费用	信用卡·其他
Canyon Colors B&B	住 225 S. Navajo Dr. ☎（928）645-5979 FAX（928）645-5979 Free 1800-536-2530 URL www.canyoncolors.com	on $130~145 off $115~130	AMV 位于鲍威尔博物馆西侧僻静的住宅街区内。全部客房都带有暖炉和冰箱。附赠美式早餐。全馆禁烟。
Courtyard Page at Lake Powell	住 600 Clubhouse Dr. ☎（928）645-5000 FAX（928）645-5004 Free 1877-905-4495 URL www.marriott.com	on $129~299 off $89~139	ADJMV 位于从市中心去往大坝的途中。有免费 Wi-Fi，冰箱、微波炉。全馆禁烟。
Best Western at Lake Powell	住 208 N. Lake Powell Blvd. ☎（928）645-5988 FAX（928）645-2578 Free 1888-794-2888 URL www.bestwestern.com	on $250~290 off $70~90	ADJMV 位于市中心。附近还有一间 Best Western 的连锁酒店。附赠美式早餐。全馆禁烟。有免费 Wi-Fi。
Holiday Inn Express Page Lake Powell	住 643 S. Lake Powell Blvd. ☎（928）645-9900 FAX（928）645-1688 Free 1800-465-4329 URL www.hiexpress.com	on $181~264 off $90~96	ADMV 位于市中心。附带美式早餐。有投币式洗衣房。全馆禁烟。有免费 Wi-Fi。
Super 8 Lake Powell	住 649 S. Lake Powell Blvd. ☎（928）645-5858 FAX（928）645-0335 Free 1800-800-8000 URL www.super8page.com	on $127~150 off $44~74	ADJMV 位于市中心。有免费 Wi-Fi。酒店大堂有客用 PC 可供使用。附带早餐。有投币式洗衣房。

Notes Wi-Fi 信息　在 Wahweap Marina 可以连接到 Wi-Fi 的只有 Lake Powell Resort 的酒店大堂和餐厅，是免费 Wi-Fi。

Side Trip

红崖国家保护区 Vermilion Cliffs National Monument

奇迹般的风景层层叠现的南狼丘

MAP 文前图③ H-2
☎（435）688-3200 URL www.blm.gov/az/st/en/arolrsmain/paria/coyote_buttes.html

保护区位于佩吉以西，占地非常广阔，属于土地管理局 BLM 的管辖范围。区域内没有任何人工铺设的道路，全部都是未开发的土路，所以也是大自然用纳瓦霍砂岩创造出的名作宝库。其中最著名的是位于北狼丘 North Coyote Butte（也被称作帕利亚峡谷 Paria Canyon）、拥有超人气景色的波涛谷 The Wave，还有拥有众多奇岩景观的南狼丘 South Coyote Butte。即便是游遍了西南大环线的超级驴友，看到这里的岩石庭院也一定会有新的感慨。

但是，为了观景需要徒步至很偏僻的地方，有时可能要走上数小时才能看到一个景观，途中遇难的风险系数也比较高。个人参观游览有一定的危险性，建议在专业导游的带领下进入景区。

另外，6~9 月期间白天非常酷热，雷雨也较多，应尽量避免这个时期前往。

北狼丘 North Coyote Butte（波涛谷）

游览南北狼丘需要有许可证才能入内。特别是北狼丘人气非常高，拿到许可证的概率很小，如果有幸取得了许可证，一定要寻找一位当地的专业导游带领游览。

南狼丘也有酷似波涛谷的岩石

许可证的费用是 $7，1 天发放 20 张。每个小组只限 6 人进入。其中有 10 张许可证是通过网上抽签（参加费 $5）来决定的。可以在 4 个月以前在官网上提出申请，抽签结果以电邮的形式告知中签者。例如，10 月份的抽签可在 6 月 1~30 日提出申请，7 月初就可以知道是否中签了。最近由于报道这里发现了大量的恐龙足迹化石（之后又被学者们否定了这个说法），参加抽签的人急剧增多，春秋季的中签率变得更低。

剩下的 10 张许可证将会在 Kanab 市内的 BLM 游客服务中心（Wendy's 的旁边）抽签决定，每天早上 9:00 开始抽取第二天发放的许可证（冬季的周日与周一的许可证抽签统一在周五进行）。这里也是春秋季的竞争比较激烈。

南狼丘 South Coyote Buttes

实际上比起北狼丘，南侧的看点更多一些，据说来 10 次也看不全这里的奇岩怪石。南狼丘的许可证也相对来说比较容易拿到，所以推荐驴友们还是选择这里比较明智。确认好导游和自己的旅行日程，在对应的日期拿到许可证便可。许可证的费用是 $5，每天发放 20 张。每组只限 6 人。其中有 10 张许可证是在 3 个月前的当月 1 日（如 10 月份的许可证是在 7/1 提出申请）12:00 在网上开始申请，按照申请的先后顺序进行发放。剩下的 10 张许可证是前 1 天 10:00 在 BLM 办公室进行抽签来决定的。

小心遇难 如果有幸抽中了北狼丘的许可证，会附赠你详细的游览地图，但是即便是有地图，迷路的游客依然存在。2013 年夏季就发生了 2 起事故，造成 3 人死亡。

交通方法

从大坝出发沿 US-89 向西行驶 34 英里（从 Kanab 出发是向东行驶 38 英里）。在行驶到国道上一处向右侧的大拐弯处进入 House Rock Valley Rd.（土路），开到 Wire Pass 需要 8.3 英里（13.4 公里）。如果路面是干涩状态普通车也可通行，出现降雨的话会封锁道路数日。

波涛谷距离 Wire Pass 单程需要 4.8 公里。往返需要 5 小时以上。途中没有徒步远足步道，很容易因失去方向感而迷路。尽量避免单独前往。

南狼丘距离 Wire Pass 更远，但是有路可以直通，不过路都是沙土路比较松软，容易把车陷下去。另外南侧的景点范围广且分散，个人参观几乎是不可能完成的。

其他注意事项

有些不文明游客，会登上薄薄的岩石顶上拍照留念。但其实这是非常不文明的行为，部分岩石非常脆弱，可能只是用脚踩踏一下就会坏掉，所以保护区才限定每天只有 20 人可以进入这里。希望有幸拿到许可证的驴友们也尽量不要破坏这里的风景。

另外，垃圾、排泄物、卫生纸等全部需要带走，不可以在这里留下任何人类的用品。

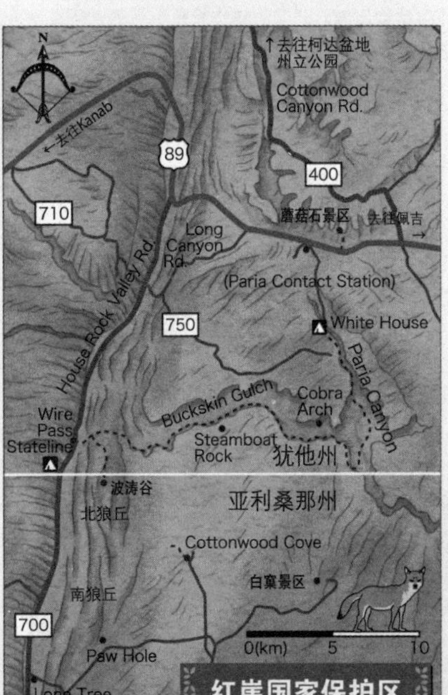

导游可以在 BLM 的官网上查找，官网上有经过官方认证的专业导游一览表，可以从中挑选自己中意的导游。游览狼丘这样的区域几乎近似于探险行为，所以还是带上导游比较安全。沿途既没有步道也没有标识，即便是 5 月份或者 10 月份天气也十分炎热，万一迷路会有生命危险。

宛如白色的熔岩在流动般的白窠景区

如果由没有被 BLM 官方认证的导游带领进入景区，需要确认好这位导游带领你的行为是否违法。

官方认证导游是不需要许可证的。

白窠景区　White Pocket

白窠景区比南狼丘还要靠里，风景与狼丘判若两个世界，进入这里仿佛到了白色的世界，一切都是那么得不可思议。进入白窠不需要许可证，所以近年来这里的人气大增，但是个人参观游览这里是完全不可能的。可以参加这里的旅游团。

Circle Tours

☎（928）691-0166　URL www.vermilioncliffs.net

费 $199。包含午餐。2 人以上成团

蘑菇石景区　Toadstool

下面为你介绍一个规模较小不需要导游也能简单游览的景区，就是蘑菇石景区 Toadstool。雪白的崖壁前耸立着各式各样的蘑菇石，有的被称作白蘑菇，有的则被称作 ET 蘑菇。来这里游览的游客较少，但绝不说明这里的景色不美。如果准备从鲍威尔湖前往锡安国家公园，一定要顺道来这里看看。

线路是，从大坝沿 US-89 向西行驶 15 英里（24 公里），把车停靠在里程碑 Milemarker19 与 20 之间右侧的停车位上，沿着步道徒步 1.2 公里就可以到达蘑菇石景区了。步道没有被整修过，是沿着干河谷的河道前行的道路，注意不要迷失方向。如果发现云层有变化或者快要下雨，应停止前行尽快回到车里。

也被称作帕利亚岩石

Notes 关于鹿皮峡谷 Buckskin Gulch　这是一条狭缝形峡谷，因为看不到上空的天气变化，突如其来的暴雨是最可怕的事情，所以最好不要太往峡谷的深处走。需要许可证。

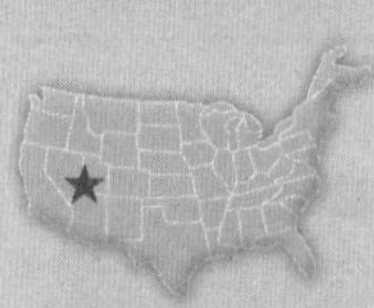

锡安国家公园

Zion National Park

犹他州 Utah
MAP 文前图① C-2、文前图③ G-1

DATA
时区▶山地标准时间 MST
☎（435）772-3256
URL www.nps.gov/zion（葛兰峡谷）
开 365 天 24 小时开放
宜行期 全年
费 每辆车 $25、其他方法入园每人 $12
被列为国家保护区▶ 1909 年
被列为国家公园▶ 1919 年
面　积▶约 596 平方公里
接待游客▶约 319 万人次
园内最高点▶ 2660 米（Horse Ranch Mtn.）
哺乳类▶ 69 种
鸟　类▶ 207 种
两栖类▶ 6 种
爬行类▶ 29 种
鱼　类▶ 9 种
植　物▶约 900 种

不要错过位于公园东部的锡安山卡梅尔公路的风景

锡安国家公园位于犹他州的南部，这里是岩石艺术的宝库，公园里的风景力压周边所有景区。虽然巨大的岩石群会让人感觉很震撼，但这里的景色可不是只有岩石这么单一，路边有各色的花草、树上有大大小小多彩的鸟儿，还有各种小动物出没。公园的特点就是小而巧，所有这些小巧美妙的景色都由这些巨大岩石守护着。在这绝妙的景色中尽显了锡安的灵气。

进入锡安会激发人的冒险意志，仰望头顶上耸立于两岸的巨石，脚下是潺潺流水。可以拿着木杖在没膝的河水中逆流而上，沿途欣赏这灵山秀水之美景。在这里的行走 1 天绝对是终生难忘的旅途。

建于锡安峡谷中心位置的客栈

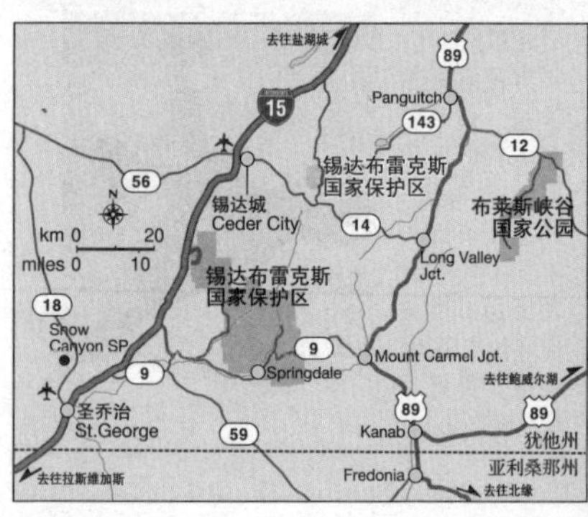

交通

主要利用连接拉斯维加斯与盐湖城的 I-15。去往犹他州南部的国家公园都需要经过这条路。锡安的门户城市是距离公园以西约 43 英里（69 公里）的圣乔治市。

这里距离拉斯维加斯不是太远，可以当天往返。不过既然好不容易来到这里，建议增加 1 天的行程，顺便去一下布莱斯峡谷国家公园。

飞机 Airlines

圣乔治机场

St. George Municipal Airport（SGU）

美联航空每天有 1 班从丹佛飞来的航班（所需时间 1 小时），达美航空每天有 4 班从盐湖城飞来的航班（所需时间 1 小时）。机场有 3 家汽车租赁公司。

SGU ☎（435）627-4080
Avis ☎（435）627-2002
Budget ☎（435）673-6825
Hertz ☎（435）652-9941

圣乔治的巴士站
住 1235 S.Bluff St.（麦当劳内）
☎（435）673-2933
开 周一～周六 9:00~14:30

长途巴士 Bus

从拉斯维加斯至盐湖城的灰狗巴士每天往返 2 趟，从拉斯维加斯至丹佛的巴士每天往返 2 趟，都会经停圣乔治。从拉斯维加斯到达这里需要 2 小时，从盐湖城过来需要大约 6 小时。巴士站在麦当劳内。

如果想要租车，建议提前预约好或是去机场取车或是让租车公司送车过来。如果不租车，可以参加下文介绍的巴士旅游团（从拉斯维加斯出发）。

团体游 Tour

从拉斯维加斯出发的旅游团非常多，既有锡安国家公园 1 日游，也有布莱斯峡谷国家公园 + 锡安国家公园的组合 1 晚 2 日游。其中还有顺路去火焰谷州立公园的旅游团（→ p.106）。

但是，在拉斯维加斯众多的旅行社中，并不是每一家都口碑很好。选择旅行社时一定要选择州政府认可的，签约时要问清楚是否有旅行保险等具体事宜。

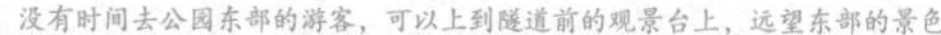
没有时间去公园东部的游客，可以上到隧道前的观景台上，远望东部的景色

Notes 门票涨价信息　锡安国家公园的门票计划在近期提价。新的票价制度计划是 1 辆车 $30、摩托车 $25、使用其他方式入园的每人 $15。

从天使降临地俯瞰锡安峡谷，夏季的时候禁止一般车辆入内

注意时差！

锡安国家公园比拉斯维加斯早1小时。冬季的时候与鲍威尔湖（佩吉）和葛兰峡谷没有时差，但是夏时令的时候锡安国家公园要比上述地方早1小时。

到达锡安国家公园的所需时间

Las Vegas	2.5~3 小时
Bryce Canyon	约 1.5 小时
Page	约 2 小时
North Rim	约 3 小时
Salt Lake City	5 小时

犹他州的路况信息

Free 511
Free 1866-511-8824
URL commuterlink.utah.gov

加油站

公园内没有加油站。从南侧入园时可以在斯普林代尔加油，从东侧入园时务必在 Mount Carmel Junction 加满油。

租车自驾 Rent-A-Car

从拉斯维加斯到圣乔治，只需要沿着 I-15 一路向北行驶 117 英里（约 188 公里）便可到达。一路上大都处于在广阔的沙漠中沿一条公路前行的状态，大约需要行驶 1 小时 40 分钟。

斯普林代尔是一座被锡安国家公园的群山包围着的小镇

从圣乔治到锡安国家公园，还需要在 I-15 上继续向北行驶 7 英里（大约 11 公里），看到茶色的指示标识上面写着“Zion National Park”后，按照标识指示方向从 Exit16 出，然后上到 UT-9，沿 UT-9 向东行驶 35 英里（约 56 公里）便可到达斯普林代尔 Springdale。

斯普林代尔作为锡安国家公园的门户非常热闹，这里有礼品商店、画廊、客栈等，是一处很漂亮的度假小镇。公园内没有加油站，所以建议在这里加满油。锡安的南入口就在镇子附近。

Side Trip

火焰谷州立公园 Valley of Fire State Park

MAP 文前图② C-2
☎（702）397-2088
URL parks.nv.gov
费 1 辆车 $10

火焰谷州立公园内到处都是火红的砂岩，如同火焰燃烧一般，这里也可以作为西南大环线自驾游的首站。公园位于从拉斯维加斯去往锡安国家公园的途中，沿 I-15 行驶在 Exit 75 出，下到 NV-169 一直向东行驶大约 30 分钟便可到达公园入口。

这座公园是内华达州最早也是最大的州立公园。这里奇石辈出，既有好像蜂巢一般的 Beehive，又有宛如象鼻一般的 Elephant Rocks，这些奇岩怪石都分布于车道的两旁，开车游览最合适。特别是在日出或者日落的时候，大地上的岩石好像燃烧着的火焰一般通红剔透。这里还有原住民画在岩壁上的彩绘，另外也不要错过游客服务中心后方的一条道路，风景十分美丽。游览公园 1 周大约需要 2 小时。

然后，沿着 NV-169 一直向东行驶，大约 30 分钟就可以到达密德湖的北侧。

也有很多游客从拉斯维加斯来这里游览，可当天往返

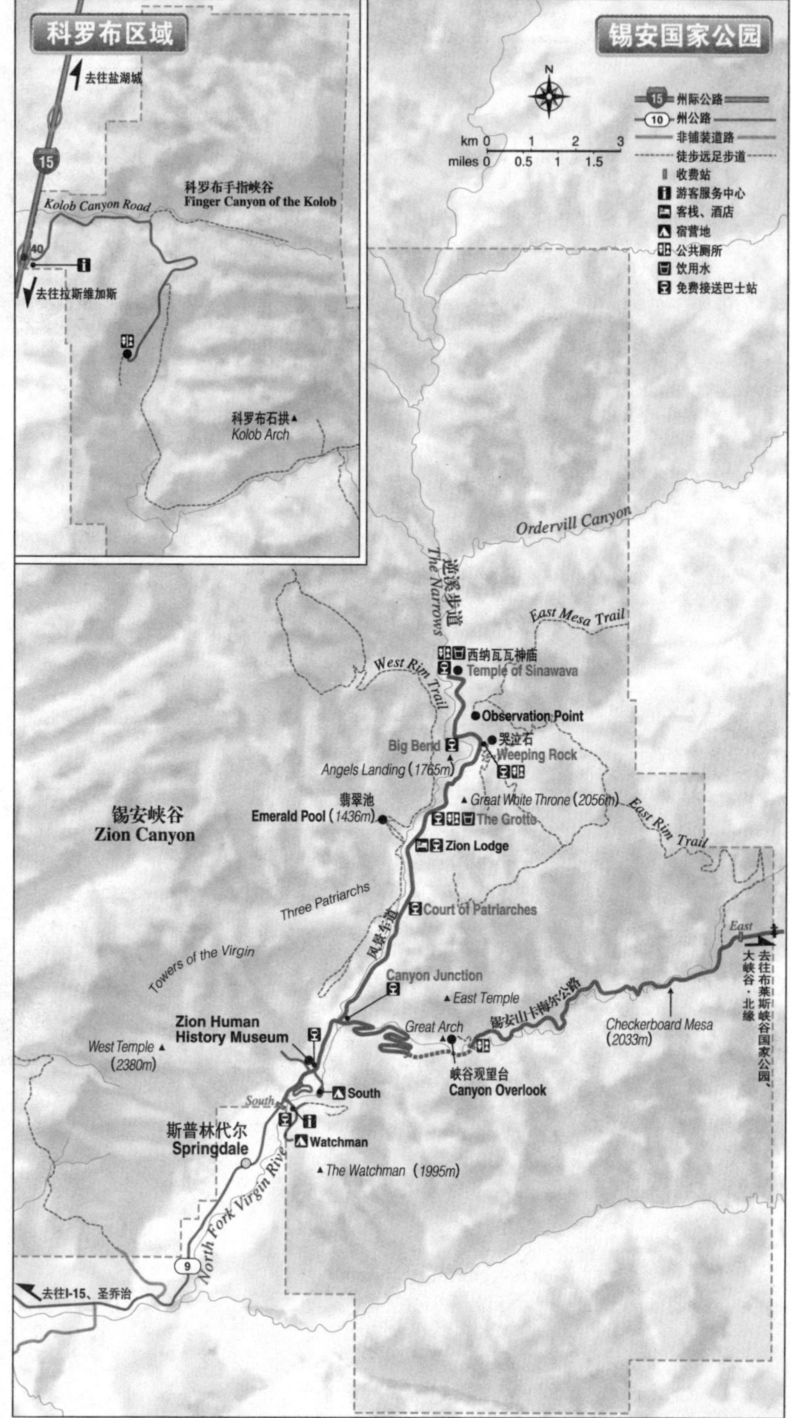
科罗布区域
去往盐湖城
15
科罗布手指峡谷
Finger Canyon of the Kolob
Kolob Canyon Road
40
去往拉斯维加斯
科罗布石拱
Kolob Arch
锡安国家公园
N
km 0 1 2 3
miles 0 0.5 1 1.5
州际公路
州公路
非铺装道路
徒步远足步道
收费站
游客服务中心
客栈、酒店
宿营地
公共厕所
饮用水
免费接送巴士站
Orderville Canyon
逆溪步道
The Narrows
East Mesa Trail
West Rim Trail
西纳瓦瓦神庙
Temple of Sinawava
Observation Point
哭泣石
Weeping Rock
Big Bend
Angels Landing（1765m）
Great White Throne（2056m）
East Rim Trail
锡安峡谷
Zion Canyon
翡翠池
Emerald Pool（1436m）
The Grotto
Zion Lodge
Three Patriarchs
Court of Patriarchs
风景步道
Towers of the Virgin
Canyon Junction
East Temple
East
去往布莱斯峡谷国家公园、大峡谷·北缘
Zion Human History Museum
Great Arch
锡安山卡梅尔公路
Checkerboard Mesa
(2033m)
West Temple
(2380m)
峡谷观望台
Canyon Overlook
South
South
斯普林代尔
Springdale
Watchman
The Watchman（1995m）
North Fork Virgin River
9
去往I-15、圣乔治

锡安是什么？

锡安原指耶路撒冷的锡安山，在希伯来语中意为"隐居之所"。也有很多根据《旧约全书》被命名为锡安的岩石。

在锡安国家公园拍摄的电影

《勇闯雷霆峰》(1975年)是克林特·伊斯特伍德自导自演的一部山地动作悬疑电影。其中的高潮部分是攀登瑞士阿尔卑斯山艾格峰北坡的镜头。拍摄时伊斯特伍德亲自出演，没有使用替身，电影因此受到了好评。

在有关登山训练的桥段里，频频出现锡安国家公园的雄姿。还有在荒野上杀死对手的镜头是在纪念碑谷拍摄的。

另外，《虎豹小霸王》《尼罗河宝石》《绿宝石》《电光骑士》等多部影片都曾在这里拍摄外景。

Zion Canyon VC

☎(435) 772-7616

开 8:00~17:00。夏季至 19:30，春 & 秋至 18:00

休 12/25

Ranger Shuttle Tour

在公园管理员的带领下乘坐专用巴士巡游锡安峡谷。需要预约。

集合▶ 5~9 月 9:00、18:30

所需时间▶ 2 小时

地点▶游客服务中心

Zion Human History Museum

☎(435) 772-0186

开 夏季 9:00~19:00 春·秋 10:00~17:00

休 11 月下旬～次年 3 月上旬

费 免费

其他设施

锡安国家公园内没有为游客服务的村庄，但在锡安峡谷里面有客栈、餐馆(6:30~22:00，晚餐需要预约)以及咖啡店(仅在夏季营业)，可供游客用餐。

公园南口大门外(从游客服务中心步行 5 分钟)有一家超市，出售各种食品以及野营用品。里面还设有快餐店，物美价廉。

锡安国家公园 漫步

充满绿色的风景车道 Scenic Drive

锡安国家公园大致可分为三个部分。第一部分是维珍河沿岸山石林立的锡安峡谷 Zion Canyon。这里设有游客服务中心和客栈，有沿河岸修建的名为风景车道 Scenic Drive 的柏油公路。这个部分也是公园内核心旅游区域，除冬季外禁止普通车辆进入，有免费接送巴士运行。

第二部分是从公园东口一直沿锡安山卡梅尔公路 Zion-Mt. Carmel Highway (UT-9) 延伸的岩石景区。位于锡安峡谷东侧的悬崖之上，与峡谷之间有隧道相通。

第三部分是位于公园西北部的科罗布区域 Kolob Section。位于圣乔治与锡达城之间，因园内没有连接锡安峡谷与科罗布区域的公路，所以需要先返回至 I-15 然后前往。

如果是首次造访锡安，可以先乘坐免费接送巴士游览锡安峡谷周边各景点，之后驾车沿 UT-9 行驶，观赏路边风景。行动迅速的话，有一整天时间就能把这里的景点大致转遍。

不过，锡安的魅力不仅仅来自巨石群峰。应该说，在巨石群峰的庇护下得以生长的各种动植物才更能体现这里真正的魅力。锡安国家公园内有许多条可用半天至一天时间走完的步道，不妨去体验一下，哪怕只选择其中的一条。当然，可以蹚水徒步行走的逆溪步道 Narrows 是绝不能错过的。

获取信息 Information

Zion Canyon Visitor Center

有关旅游的展示品和商店都很多

从南口进入公园，右侧便是游客服务中心，免费接送巴士的起点站也在这里。游客服务中心向游客提供有关步道、野营地等园内设施的各种信息。里面还设有大型书店和客栈接待处，运气好的话，遇到有空房间或有人取消行程的情况，就可以在这里为自己订好房间。游客服务中心的建筑设计充分体现了环保意识。根据不同季节太阳高度的变化计算出窗户的合理位置，让窗户在夏季可以反射光，冬季又可以让阳光最大限度地照进室内。冷气、暖气系统是利用水和风的汽化作用来工作，并且安装了风力发电系统。

Zion Human History Museum

位于游客服务中心的北边。由原来的游客服务中心改建而成，有介绍锡安及周边地区人类活动历史的展示品并放映相关影片。在这里也能够获取到各种园内信息(预订客栈房间在上面提到的新游客服务中心)。而且，这座建筑的背后还是一处位置极佳的观景点，很值得去看一看。

Reader's Voice 对美式饭菜感到厌倦时　大门附近有一家泰国 & 越南餐馆 Thai Sapa。菜单中有中国菜可供选择。位于 IMAX 影院的斜对面，中间隔着公路。

园内的交通与旅游团 Transportation

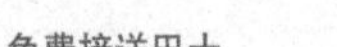

免费接送巴士

为缓解交通拥堵、停车场不足、违法停车以及环境污染等问题而开通。在免费接送巴士运行的 4~10 月期间，Scenic Drive 将禁止私家车进入。

从南口大门进入公园后马上右转，右前方就能看到停车场和游客服务中心，可以把车停在这里。在旅游旺季，很多时候，9:00~10:00 就已停满车辆。找到车位后，在乘坐免费接送巴士之前，可以到游客服务中心收集必要的游览信息。

巴士上画有栖息于公园内的各种动物

如果在游客服务中心停车场没能找到车位，可以继续向前行驶 3 分钟，使用博物馆的停车场。免费接送巴士也在那里停车。

锡安国家公园里的巴士在博物馆、客栈、主要步道起点（徒步游览线路起点）、逆溪步道入口等处设有 9 个车站，中途不下车，往返也至少需要 90 分钟。游览时不要忘记带上饮用水、帽子、防晒霜以及太阳镜。

免费接送巴士使用液化气为燃料，尽量减少汽车尾气对环境的污染。

季节与气候 Seasons and Climate

公园全年对外开放。公园的宣传资料上写着“保证游客在任何季节来访都能欣赏到锡安的美丽”，在不同的季节有不同的景色，各种花卉竞相开放的 5 月以及黄叶装点自然的 10 月下旬 ~11 上旬是非常受游客喜欢的季节。

锡安的夏天非常炎热。7、8 月时，平均每两天就有一次雷雨，悬崖上出现瀑布，呈现出一派浪漫的景象。在逆溪步道 Narrows 徒步游览时需要注意。这个季节，游客极多，不管到哪里都很拥挤，如果没有免费接送巴士的话，园内的交通状况就会更加糟糕。预订客栈房间也很困难。

即使在冬季，公园也很少会关闭

冬季（特别是 12 月 ~ 次年 1 月）有时会出现降雪，雪中的锡安别有一番韵味。

锡安的气候数据

月	1	2	3	4	5	6	7	8	9	10	11	12
最高气温（℃）	11	14	17	23	28	34	38	36	33	26	17	12
最低气温（℃）	-2	-1	2	6	11	16	20	19	16	9	3	-1
降水量（mm）	41	41	43	33	18	15	20	41	20	25	30	38

免费接送巴士

运行 3/15~10 月下旬（本书调查时）
日间 7~10 分钟 1 班
早晚 15~30 分种 1 班
夏季
游客服务中心发车 6:00~20:30
西纳瓦瓦神庙 Temple of Sinawava 发车末班 21:15
春 & 秋
游客服务中心发车 7:00~19:45
西纳瓦瓦神庙 Temple of Sinawava 发车末班 20:30

在锡安客栈预订房间

客栈会把一张红色的通行许可证与预订确认书一同寄给游客，游客出示许可证后可驾车行至客栈。到达客栈后，一切游览活动都只能乘坐接送巴士。如果通行许可证未能及时送达，可到游客服务中心内的客栈接待处说明情况。

出示红色通行许可证

在斯普林代尔住宿

如果在斯普林代尔住宿，正确的做法是一开始就把车停在客栈。在街区中穿行的免费接送巴士可以通往游客服务中心。

中级 Watchman
适宜季节▶ 4~11 月
距离▶往返 4.3 公里
所需时间▶往返 2 小时
海拔差▶ 112 米
出发地▶游客服务中心

可以俯瞰锡安峡谷和斯普林代尔小镇的守望者

锡安国家公园 主要景点

锡安峡谷 Zion Canyon

守望者
The Watchman

来到锡安后最先映入眼帘的一个峭壁。耸立在游客服务中心背后，看上去就像一个“守望者”。在落日的映衬下会显得更加壮丽。沿起始于游客服务中心后面的守望者步道行走，可以俯瞰锡安峡谷以及斯普林代尔小镇。距离虽不长，但有的路段非常陡峭（并非登上山顶）。

西神庙
West Temple

耸立在博物馆背后的峭壁被统称为“维珍群塔”Towers of the Virgin。左手方向最高的岩峰是西神庙区域最主要的景观，博物馆与峰顶的高度差有 1161 米，这几乎是 3 个上海东方明珠塔的高度。

庄严的西神庙。早晨与傍晚时景色最漂亮

长老法庭石
Court of the Patriarches

离开博物馆继续向深处行走，穿过维珍河上的桥，有一条通向左侧的道路。沿着这条路进入峡谷。维珍河旁的小路，两边是 600~800 米高的岩壁。这个峡谷是被维珍河冲刷而成的。

走着走着，在道路的东侧（右手方向）会出现三座巨大的岩峰。右侧的两座是“孪生兄弟”Twin Brothers，左侧的一座是“太阳山”Mountain of the Sun。早晨，阳光最先照到这里。

道路西侧也有三座巨大岩峰，被称为长老法庭石。从左至右依次被命名为亚伯拉罕、以撒、雅各。在巴士车站后面的观景点最适合欣赏这里的景色，可以让游客充分地感受到锡安的魅力。

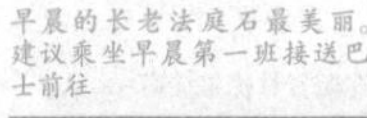
早晨的长老法庭石最美丽。建议乘坐早晨第一班接送巴士前往

翡翠池
Emerald Pools

翡翠池位于峡谷内的幽密之处，可以从锡安客栈乘坐接送巴士下到这里，也可以从维珍河上的吊桥抵达步道入口。非常遗憾的是下翡翠池 Lower Emerald Pool 的池水并不是绿宝石般碧绿色的，倒是从头顶上的岩壁缝里一泻而下的瀑布很是爽快。如果不太善于徒步的驴友到这里就可以了。

沿着步道往前走可以一直到瀑布的顶部。这里有一个小水池被称作中翡翠池 Middle Emerald Pool。继续攀登可以到达上翡翠池 Upper Emerald Pool，池子周围都是绝壁。

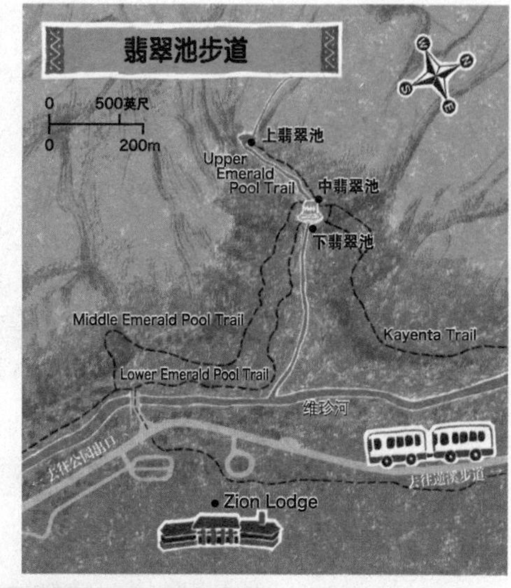

初级 Lower Emerald Pool
适宜季节▶全年
距离▶往返 1.9 公里
所需时间▶往返 40 分钟 ~1 小时
海拔差▶ 21 米
出发地▶锡安客栈对岸

中级 Upper Emerald Pool
适宜季节▶ 3~11 月
距离▶往返 3.3 公里
所需时间▶往返约 2 小时
海拔差▶ 61 米
出发地▶锡安客栈对岸
※ 上述水池均禁止游泳。冬季可能会因积雪或结冰而封锁道路。

天使降临地
Angels Landing

通往山顶的步道看上去就很艰难

天使降临地是一座红色的独立山峰，位于维珍河大拐弯的前方。名字听上去虽然很浪漫，但是要顺着登山步道（→ p.115）登顶却着实有点难度，也正是因为美丽而高耸所以只有天使才能够抵达这里。步道途中有需要攀登断崖绝壁的部分，不过是有铁索辅助攀登的，但是对于平时不善于登山的驴友来说不建议尝试。另外，有恐高症的人也不适合走这条步道。但是一旦登顶，风景真是别有一番洞天。

从山顶下到谷底的台阶状岩石被称作管风琴 The Organ。

哭泣石
Weeping Rock

这片岩壁的一部分是弧形的，从上面会有水滴落下，宛如少女的泪水一般一滴一滴。它的形成是由于岩石上部的泥岩密度较高，使峡谷上部降雨时沉积的雨水无法散失，从而只能通过这片弧形岩壁的砂岩层慢慢渗透后滴落。里侧是观景台，左手边可以看到白色王座，右手边是天使降临地的雄姿。在这清新的空气中，眺望美丽的山谷是一件再幸福不过的事情了。

哭泣石

初级 Weeping Rock
适宜季节▶全年
距离▶往返 0.8 公里
所需时间▶往返约 30 分钟
海拔差▶ 30 米
出发地▶ Weeping Rock 巴士站
设施 公共厕所
※ 冬季会结冰，路面比较湿滑，注意不要滑倒。

注意野导游

在锡安国家公园内可以由导游带领游览的线路只有翡翠池等一部分景点得到了许可，必须提前申办许可证，才可以入内。没有许可证的导游属于野导游（2010年12月的时候曾经有违法经营的野导游被举报过），如果去类似逆溪步道这类存在危险性的地区，一定要格外小心。

途中如遇降雨非常危险!

即便是小雨也会使维珍河河水剧增，水流湍急。逆溪步道的途中几乎是没有河岸的，一旦下雨没有可以避难的场所，十分危险。在准备蹚河之前应该提前确认好天气和水量。特别是7~9月的下午经常会有雷雨天气。无论是突如其来的降雨云层过境还是上游有了强降雨，公园管理员不会来通知游客，园内也没有任何告知设施。以前在步道的入口还竖有注意河水深度和危险性的警告牌，现在警告牌变为了警示牌，上面写着"一切责任和后果自负"。

不要盲目跟随旁人前行!

看着前方有人继续向深处走，难免会有"前面还有人，应该没有关系吧!"的想法。但是在逆溪徒步的游客中不是所有人都是当天往返的，有些游客可能是准备在上游宿营的，还有些是在上游的某处有车接送的直走单程的游客（这些游客需要提前拿到许可）。不要盲从周围的人，按照自己的节奏制订计划，按计划的时间节点折返是最安全的选择。

平时看上去很平静的河水，一旦降雨气势会变得非常凶猛

不愧是白色王座，名如其景

白色王座
Great White Throne

围绕天使降临地走了一圈以后在叫作 Big Bend 的巴士站下车，然后回头向后看，就可以看到这座高耸的宛如高高在上的王座般的岩石了。岩石是一整块上下垂直的形状，非常巨大，也是锡安国家公园的镇园之宝。这块岩石还是世界上最大的整块岩石，从维珍河到岩石顶部居然有732米之高。这块石头是青白色的，与周围的红色岩石形成了鲜明对比，也凸显了王座的威严，但是没有可以登顶的步道。

逆溪步道
The Narrows

在锡安峡谷风景车道 Scenic Drive 的终点处有一个叫作西纳瓦瓦神庙 Temple of Sinawava 的停车场。从这里到峡谷的深处有一条叫作 Riverside Walk 的徒步步道，步道沿途都是锡安国家公园最主要的景点，如果没有走这条步道不能说自己来过锡安国家公园。

步道是沿着河边修砌的道路，单程30分钟就可到达终点。巴士旅游团或者其他观光团的游客大都在这里结束行程，但是非常遗憾，美丽风景才刚刚开始。接下来的才是最正宗的逆溪步道，不过必须要蹚河前进。

只能看见头顶上的一小部分天空的样子，在天气不好的日子要特别关注云层变化

Notes 用一整天时间在逆溪步道徒步远足　可以在斯普林代尔的户外用品商店租借登山鞋、登山服和户外用具，全套费用大约是1天 $40~70。

虽然维珍河的河水充斥着两岸岩壁之间的山谷，但是河水并不深，一般也就是没过脚踝，最深也就是到膝盖左右。夏季的时候会有很多游客挑战这条逆溪步道。

逆流而上，小溪会渐渐变窄，好像两岸直上直下的岩壁马上就要挤压过来一样。溪水是蜿蜒在山谷里流淌的，宛如一条银白色的大蛇一般。有时候两岸的岩壁离得十分近，就连头顶仅存的一丝天空都快要看不到了，最窄的地方只有 6 米宽，两个人挽起手来几乎就可以摸到两侧的岩壁。垂直高度有 600 米左右，有些地方几乎全天没有阳光。

但是，如果想要到达这里需要逆流而上一整天，途中还要时刻注意天气变化。最好是根据自己的体力和时间在适当地方开始折返。

大多数人选择在与 Orderville Canyon 的分岔点处开始折返。即便是只走上 1 小时或者 30 分钟，也建议你一定要体验一下逆溪步道沿途美丽的风景。

逆溪步道徒步时的注意事项

◎出发前先上厕所（停车场有厕所）。

◎水流较强，注意不要被水流冲倒。

◎河底很滑。需要穿着可适应此环境的运动鞋。

◎考虑到有可能摔倒，应该将所有随身物品放进可密封的塑料袋内。

◎有的地方水位较深，对年龄较小的孩子来说有一定危险。

◎峡谷很深，导致阳光无法照进峡谷，即便在盛夏季节也会有些冷。最好带上具有防水功能的冲锋衣。

◎如果准备长时间行走，应该带上饮用水和食物。维珍河的水不能饮用。

◎ 11 月 ~ 次年 4 月期间河水很凉，如果没有紧身潜水衣等装备则无法长时间在水中行走。

游览逆溪步道的最佳时期

在逆溪步道徒步游览最好选择 5 月下旬 ~6 月或者 10 月上旬。在 7~9 月，下午多骤雨，需注意。

每年情况可能有所不同，但大体上，11 月 ~ 次年 4 月水温较低，无法在水中步行。

Trail Guide

逆溪步道 The Narrows

适宜时期▶ 5~10 月

距离▶往返 1~26 公里

所需时间▶ 30 分钟 ~1 天

出发地点▶西纳瓦瓦神庙停车场

设施 厕所、饮用水

沿名为 Riverside Walk 的人工修砌的步道步行 1.6 公里后，进入维珍河，蹚水逆流而上，是一条极富乐趣的徒步游览线路。出发前要去游客服务中心再次确认是否有降雨的可能。如果游客服务中心已经发出阵雨或骤雨的预报则千万不能进入逆溪步道。

走完人工修砌的步道后，进入河水中步行一段距离后就要折返。除了夏季以外，河水都很凉，行走时体力消耗很大，所以游览时不可逞强。发现河水开始变得浑浊或者有天气转坏的迹象，要立即折返。河面很窄，两岸都是陡峭的岩壁，即使是小雨也可能导致水位迅速上涨，游客因而无处逃脱。

步行 1 小时 30 分钟到 2 小时左右，就会出现奥德维尔峡谷 Orderville Canyon 的支流，可以把这里作为折返点。从此处开始，上游的河水加深，能够逃上岸避难的地点也变少。在有的时期，甚至会出现如果不游泳就无法前行的情况（进入奥德维尔峡谷 Orderville Canyon 上游需要取得许可证）。

总而言之，在这里徒步游览充满了困难，不能着急，要缓慢前行。还要注意脚下的河水有时会突然变深。水中的石头会松动，而且表面上长满苔藓，很容易让人滑倒。光着脚或穿凉鞋都很危险，最好穿便于行走的运动鞋。衣服也要穿不怕被水打湿的，下身最好穿短裤。铺装道路的尽头处放置有木杖（游客多时也可能已经没有了），可以手持木杖前行。

Reader's Voice 有登山杖会便于行走　在逆溪步道徒步游览最好有登山杖。游客服务中心出售也可兼作纪念品的拐杖，但旅游结束后不便带走，所以最好自己提前准备折叠式登山杖。

Wildlife

美洲狮的身影

锡安国家公园内有美洲狮生息。正式名称是山地狮 Mountain lion，外形酷似雌性的非洲狮。由于数量稀少而且是夜行性动物，所以看到美洲狮的游客微乎其微。但是它们被证实是真实存在于这里的。它们以锡安全域为地盘，为了争夺地盘还会偶有纷争，靠捕食鹿等动物为生。它们擅长爬树，水性很好，说不定此时正在某棵树上睡午觉，醒来时睁着眼睛看我们这些游客从这里走过。

通常美洲狮看到人类都会转身逃走，但是在捕食中或者带着幼崽的母狮比较危险。万一遇到准备袭击你的美洲狮，要跟遇到熊时相反，将双手高举大声呼喊。

初级 Canyon Overlook

适宜季节▶全年

距离▶往返 1.6 公里

所需时间▶往返约 1 小时

海拔差▶ 50 米

出发地▶ Zion-Mt. Carmel Hwy 隧道出口处的停车场

棋盘岩台地

穿出隧道后如此的美景瞬时间浮现在眼前

锡安山卡梅尔公路　Zion-Mt. Carmel Highway

从锡安峡谷沿 UT-9 向东行驶，可以上到岩壁的上部。在上坡山路的途中，正面的岩壁上有一大块凹陷进去的部分便是大石拱 Great Arch。继续行驶就会进入一条长 1800 米的隧道，这条隧道修建于 1930 年，隧道内道路狭窄所以是双侧交互行驶的。

驶出隧道后右侧有停车场。可以把车停在这里，穿过马路步行到峡谷观景台 Canyon Overlook。只需走上一小段登山路便可到达平坦的观景台。从观景台可以一览西神庙、东神庙、松溪峡谷等美景。脚下便是大石拱，因为就在自己脚下，所以这时不能欣赏到大石拱的美景。

回到车上继续向前行驶，宛如进入了另一个世界。虽然距离锡安峡谷也不是很远，但这里的风景判若两地，岩石的形状和颜色各不相同。简直是岩石博览会，开车行驶其中宛如置身于岩石的花园中一般。好像棋盘一般带有网格的巨大的斜坡便是棋盘岩台地 Checkerboard Mesa（海拔 2033 米），这也是公园内不容错过的景观之一。过了这个景点继续向前行驶就可以到达公园的东口了。

科罗布区域　Kolob Section

科罗布区域位于公园的西北侧，需要返回到 I-15 上去。从游客服务中心到科罗布峡谷 Kolob Canyon 是由一条叫作 Kolob Canyon Rd. 的道路连接的，道路全长 5.5 英里（约 9 公里）。沿途有 10 多处观景台，可以停下车来在观景台欣赏一下这雄伟壮观令人生畏的景色。赤色岩石和黄色岩石相间的是手指峡谷 Finger Canyons，岩石宛如手指一般高低错落，而"手指"之间形成的峡谷更是有趣。

这个区域内还有世界第二长的石拱，名曰科罗布石拱 Kolob Arch。但是开车不可以到达这里，需要在 Kolob Canyon Rd. 的途中将车停在 Lee Pass，步行 1 天才可以看到这座巨大的石拱（→ p.116）。

手指峡谷 Finger Canyon

Kolob Canyon VC

☎（435）772-3256

开 8:00~17:00、夏季延长

休 11 月第四个周四，12/25

位于盐湖城与圣乔治之间，I-15 沿线上。沿着"Zion National Park"的茶色标识从 I-15 的 Exit40 出来后右侧便是。

峡谷观景台　步道有些地方还是很危险的，扶手间的空隙很大，如果孩子不小心滑倒可能会从缝隙中掉落下去。

徒步远足 Hiking

锡安国家公园的徒步远足步道以风景优美著称，步道途中景色富有变化，深受徒步爱好者们的喜爱。但是有些步道途中断崖较多，或是路况不是很理想，所以每年几乎都会有死伤者出现，请一定注意脚下不要滑倒或是去危险的地方。

另外，盛夏时节这里十分炎热。虽然没有大峡谷谷底那么高的温度，但是希望您可以参考一下 **p.66** 的注意事项。至少需要带足饮用水和运动饮料。

注意不要坠崖

观测点步道

Observation Point

从观景台处眺望，白色王座（左）也显得渺小了一些

该观景台位于风景车道 Scenic Road 的尽头，刚好在正对着天使降临地和白色王座的断崖上。因为这座观景台地理位置绝佳，是眺望公园风景的好位置，所以通往这里的步道也非常有人气。但是道路上下崎岖，后半段路程没有阴凉处，应尽量避免夏季的正午前后走这段路程。想要走这条步道应该乘坐最早一班的接送巴士起程。到达观景台后，锡安峡谷在脚下一览无余，因为位置较高请注意雷击和坠崖。

中级 Observation Point
适宜季节▶ 4~6 月、9~11 月
距离▶往返约 13 公里
所需时间▶往返 5~7 小时
海拔差▶ 655 米
出发地▶ Weeping Rock 巴士站
设施 公共厕所

天使降临地步道

Angeles Landing

天使降临地位于观测点观景台的脚下，是矗立于维珍河对岸的独立山峰。看似海拔较低攀登起来较容易，但前半段路程是艰难的盘山道，后半段则更加惊险刺激。特别是最后的 500 米，步道变得十分狭窄，需要抓住铁索攀爬，很容易滑倒，无论上下都要格外小心。这里几乎每年都要出现死伤者，请求救援的游客也较多。尽管如此，也阻止不了人们迫切想要观赏美景的冒险心，这条步道依然是非常有人气的线路。尤其是周末的时候，在铁索旁会排起长长的等候队伍，需要按顺序攀登，遇到这种情况千万不要着急，耐心等待便可，攀登时也不要受周围的影响一步一步踏踏实实地向上爬。

高级 Angeles Landing
适宜季节▶ 4~6 月、9~11 月
距离▶往返约 8.7 公里
所需时间▶往返 4~5 小时
海拔差▶ 453 米
出发地▶ The Grotto 巴士站
设施 公共厕所 · 饮用水
※ 如遇大风天气和打雷时，应立即折返。另外，岩石较湿滑时、积雪时和结冰时都会比较危险，需要小心。

步道的前半段是陡峭的盘山道

建议提前一天在游客服务中心确认好步道的路况

高级 Kolob Arch
适宜季节▶ 4~6 月、9~11 月
距离▶往返约 22 公里
所需时间▶往返 8~10 小时
海拔差▶ 316 米
出发地▶ Kolob Canyon Rd. 的 Lee Pass

科罗布石拱步道
Kolob Arch

在步道终点处用长焦镜头拍摄的照片。实际上距石拱还有一段距离

这条步道通往世界第二大的石拱——科罗布石拱，宽约 87.5 米。往返大约需要 8 小时以上，请确认好当天的天气尽早出发。回程是比较吃力的上山路，但是途中巨岩的景色非常壮观，最后看到石拱时的激动与兴奋足以让人忘却之前路途的艰难。大约步行 10 公里，会出现一个分岔点，从这里开始前方的步道会变得很荒凉。一定要确认好有踩踏过的痕迹再前进。由于步道的距离较长，所以走这条路的游客也极为稀少，应尽量避免单独行走。

步道的终点是写有“Kolob Arch”指示牌的地方，石拱距这里还有一段距离，石拱下方是禁止进入的。往里走会发现有踩踏足迹的小路，这是有些游客想更加靠近石拱向里走出来的路，但是里面的路是很急的斜坡，十分危险，而且观赏到的石拱与这里没有本质上的区别，建议不要前行。

这条步道途中会多次与小溪相交，而且交汇处没有桥。所以在初春季节和雨后会比较泥泞。

骑马　Horseback Riding

骑马
☎（435）679-8665
网 www.canyonrides.com
1 小时项目（7 岁以上）
出发 9:30、11:00、14:00、15:30
费 $40
半天项目（10 岁以上）
出发 9:00、13:30
费 $80

锡安国家公园也有令人兴奋的骑马项目，但是只限 3~10 月。一路上望着头顶上的巨岩，沿着维珍河前行十分惬意。可以当天在锡安客栈申请参加。

迎面而来的带有河水味道的风令人心旷神怡

赏鸟　Bird Watching

公园内共栖息着包括燕子、鹪鹩、苍鹭等 207 种鸟类，既有走鹃 Roadrunner（→ p.35）等生活在沙漠中的鸟类，又有蓝松鸡 Blue Grouse 这样的生活在高山的鸟类，种类繁多。

可以在游客服务中心处拿到有关于鸟类栖息的分布图，可以清楚地知道具体哪个地区常见哪种鸟类。

锡安国家公园 住宿设施

园内住宿

锡安客栈Zion Lodge

公园内唯一的住宿设施。位于锡安峡谷的深处，建造在红褐色岩峰脚下，外观别致。有面朝草坪广场的2层客栈以及40间小木屋。全年营业。所有房间都配有空调、电话、咖啡机、吹风机。Wi-Fi免费。大厅里还摆放有客用电脑。非常有人气，夏季很难订到房间，不过每天会有两三间被取消预订。总之，可以联系一下碰碰运气。

锡安客栈的标准间

Xanterra Parks & Resorts
☎（303）297-2757 ☎（435）772-7700（当天）
Free 1888-297-2757 FAX（303）297-3175
URL www.zionlodge.com
on off 客栈 $196.55、小木屋 $199.55
信用卡 ADJMV

宿营地住宿

进入公园南口大门后，右侧就是南宿营地South Campground和守望者宿营地Watchman Campground。这两处宿营地都没有淋浴设施，不过在斯普林代尔有可以使用营地淋浴设施的宿营地。守望者宿营地在3~11月期间可预约，其他宿营地任何时间都不受理预约。入住当日之前6个月就可以开始办理预约（例：9月4日入住，从3月4日开始便可以办理预约）。

Free 1877-444-6777 URL www.recreation.gov
信用卡 AMV
South（127个位置） 3月上旬~10月下旬
Watchman（171个位置） 全年开放 费 $20~30

在附近的小镇住宿

在斯普林代尔有25家旅馆。夏季住宿的话，应提前预约，或者赶在上午前往。另外，从东口大门沿UT-9行驶，在与US-89相交的卡梅尔山交叉路口也有2家旅馆。对前往布莱斯峡谷国家公园的游客来说可能比较方便。

斯普林代尔 Springdale, UT84767 位于公园南门附近 25间

旅馆名称	地址·电话	费用	信用卡·其他
Flanigan's Inn	住 450 Zion Park Blvd. ☎（435）772-3244 Free 1800-765-7787 URL www.flanigans.com	on $159~279 off $129~249	AMV 店内设有别具一格的咖啡厅和专业的SPA。客房内的装修非常时尚，感觉很高级。有免费Wi-Fi，全馆禁烟。
Cliffrose Lodge	住 281 Zion Park Blvd ☎（435）772-3234 Free 1800-243-8824 URL www.cliffroselodge.com	on $199~459 off $119~299	AMV 距离公园最近的旅馆。窗外可以看到Watchman，还有宽敞的庭园，开满了鲜花。店内有餐厅和免费Wi-Fi。全馆禁烟。
Bumbleberry Inn	住 97 Bumbleberry Ln. ☎（435）772-3224 FAX（435）772-3947 Free 1800-828-1534 URL www.bumbleberry.com	on $108~138 off $58~78	MV 位于城镇中心。免费接送巴士的车站就在店门前。有微波炉、冰箱。店内有餐厅，免费Wi-Fi。全馆禁烟。
Canyon Ranch Motel	住 668 Zion Park Blvd ☎（435）772-3357 Free 1866-946-6276 URL www.canyonranchmotel.com	on $99~139 off $59~79	MV 位于城镇中心。免费接送巴士的车站就在店门前。全馆禁烟。有免费Wi-Fi。
Pioneer Lodge	住 838 Zion Park Blvd ☎（435）772-3233 URL www.pioneerlodge.com	on $149~295 off $62~119	AMV 位于城镇中心。有微波炉、冰箱。全馆禁烟。店内有餐厅和纪念品店。有免费Wi-Fi和投币式洗衣房。

卡梅尔山交叉路口 Mt.Carmel Jcn., UT84755 距离东口12英里（约19公里） 2间

旅馆名称	地址·电话	费用	信用卡·其他
Best Western East Zion Thunderbird Lodge	住 US-89 & Hwy.9 ☎（435）648-2203 FAX（435）648-2239 Free 1800-780-7234 URL www.bestwestern.com	on $96~140 off $72~90	ADMV 有免费Wi-Fi。全店禁烟。店内有餐厅和投币式洗衣房。

Reader's Voice 自助洗衣店　锡安客栈的网站上说自助洗衣店就在客栈附近，但实际上只有到相距4英里（约6.5公里）远的斯普林代尔小镇上才能找到自助洗衣店。

锡安的地质学

锡安就像一座岩峰的展览馆。这里的色彩和极富冲击力的山石形态让人惊叹，在惊叹之余应该还会产生一些疑问。这样的一个地方是如何出现的呢？接下来就简单地介绍一下锡安的地貌是如何形成的。

岩石和植被的颜色都很丰富，让公园看上去色彩斑斓

长期的沉积

锡安如今地貌的形成，大致经历了沉积、石化、地面抬升、侵蚀这4个阶段。其中时间最为漫长的是沉积阶段。在距今约2.5亿年至5000万年这1.8亿万年的时间里，这里是浅海的海底或者海岸的附近，其间沉积形成了厚达5000米的地层。

最古老的地层是由钙和碳酸盐沉积而成的石灰岩层，被称为凯巴布石灰岩 Kaibab Limestone。相当于大峡谷顶部的地层，但在这里该地层位于地下（→p.125）。

石灰岩层上面主要是由石膏岩和泥岩构成的莫恩科皮层 Moencopi Formation。上面沉积下来的是钦利层 Chinle Formation，为锡安峡谷底部的地层。这一地层的下半部分是砾岩层，上半部分是火山灰层，经常可以在该地层里发现树木化石。

再往上面是莫埃纳威层 Moenave Formation。是在公园南口附近可以见到的深红色砂岩层。之后是沉积于三叠纪与侏罗纪之交的凯彦塔层 Kayenta Formation，在这里经常能发现恐龙的足迹。该岩层是在水中沉积而成的红色砂岩，具有不渗透性。

再往上就是纳瓦霍砂岩层 Navajo Sandstone Formation，与凯彦塔层一样属于锡安峡谷地质结构上的特征。最厚处约670米，为奶油色或粉色的砂岩层。锡安山卡梅尔公路 Zion-Mt. Carmel Hwy. 旁边的岩石就处在这一地层。侏罗纪广阔的沙漠在氧化铁和碳酸钙的作用下逐渐固化。风的侵蚀又将沙丘变得起伏不平，现在公园东部的岩石表面也因此呈现出连续的“人”字形纹路（herringbone pattern）。棋盘岩台地地上水平方向的线条是沙丘在风的作用下被分割开来的结果，垂直方向的线条是岩石因热胀冷缩而出现的裂痕。

博物馆东侧岩壁上的克劳福德拱门 Crawford Arch

再往上面沉积的是寺帽层 Temple Cap Formation。在较短的时期内，由水流中的红色泥沙沉积而成的泥岩层。“白色王座”的上半部分常见这种岩石。再往上就是卡梅尔石灰岩层 Carmel Limestone，这也是锡安地层中最上面的一层。侏罗纪后期，这里再次变成海洋，地层是在海洋中慢慢沉积而成，里面有很多海洋生物化石。

岩石的形成过程也是多种多样

泥沙沉积下来，经过很长的岁月变成岩石，这其中有各种力量发生的作用。

首先是来自上层沉积物重量的压力。另外溶于水中的矿物质（碳酸钙、氧化铁等）产生的作用也很大。这就导致，同样是砂岩，与含矿物质极少的白色砂岩相比，颜色较深的砂岩质地会更硬。这种差异由构成砂岩的沙砾大小决定。沙砾越大，砾与砾之间的空隙也就越大。矿物质进入空隙，最终比较坚硬的岩石便形成了。锡安东部的白色砂岩山体坡度较小，而锡安峡谷的红色砂岩山体则为近乎垂直的断崖，这也因为岩石的强度不同。

地面抬升与断层

4000 万 ~5000 万年前（始新世），这里的地面开始隆起。这就是所谓的拉拉米造山运动，现在的落基山脉就是在这次造山运动中形成的。在这一时期，出现了飓风断层 Hurricane Fault，该断层大致上与今天的 I-15 公路重合。大约 1500 万年前，由于西海岸的板块运动，飓风断层以东的地面开始被大幅度抬升。

河流的侵蚀

河流冲刷着隆起的大地。科罗拉多河冲刷出了大峡谷。比科罗拉多河小的维珍河冲刷出了锡安峡谷，巨大的岩石一直矗立在这里。布莱斯峡谷所在地没有较大的河流，所以较浅的地层也没有被水冲刷掉。

纳瓦霍砂岩层是锡安地层中较浅的一层，这里植被稀少，涵养水分的能力较弱。因此，雨水会在短时间内流入河流，让河水变得湍急，最终冲刷出很深的峡谷。

关于锡安岩石的颜色

在前面介绍石化过程时已经提到过，岩石的颜色由其所含矿物质的多少决定。尤其是铁的成分经氧化后会形成黑色、红色、黄色、茶色甚至绿色。

但是，这些岩石表面的颜色并非岩石本身的颜色。生长于岩石表面的细菌在特定的日照、风等条件下，会对岩石产生作用（尚有争论）。风把尘土吹到岩石上，细菌把尘土中的铁和锰析出并让其附着在岩石表面。岩石上像经过表面处理后一样形成的光彩其实就是矿物质氧化的结果。含铁较多，就变成红褐色；含锰较多，就变成黑紫色。岩石表面还会有一些印迹和斑点。例如，游客服务中心后面的圣坛山 Altar of Sacrifice，含铁较多的水流在岩石表面留下了黑色的印迹。

在锡安的岩壁上经常能见到瀑布留下的印迹

Wildlife

锡安国家公园的主角们

锡安特殊的地形形成了生物学意义上极为特别的环境。

首先，峡谷的顶部与底部生息着完全不同的动植物。峡谷顶部的沙漠地带，有响尾蛇等爬行类以及鹌鹑、雕等动物，植物只有仙人掌和极少的灌木。峡谷底部则有兔子、臭鼬、骡鹿以及苍鹭、褐河乌等水生鸟类，河岸上还覆盖着多种树木。

垂直岩壁上的突出部分也可能是完全不同于其他部分的独立环境。锡安峡谷深处的窄谷就是一个孤立的世界，在那里发现了当地特有的青蛙等许多特殊的物种。

锡安的夏季非常炎热。很多植物在 6 月以前就会枯萎。夏季只有鸭跖草、月见草等植物在夜间才会开花。

对动物来说这里的夏天同样是严酷的。雌性灰狐在夏季会变成夜行性动物。

由此可见，虽然这里环境恶劣，但生物都已经适应。不过，锡安的环境仍在不断变化之中。河流对岩石的侵蚀从未停止过，有时甚至会发生大规模的山体滑坡。由动物的排泄物造成的污染，使得人类已经无法饮用维珍河水。而且，在这里的蓝天上，也被检测出存在大气污染。

这里的美景和生物今后又会如何变化呢？

在阳光充足、气候干燥的岩石地带能见到团扇仙人掌

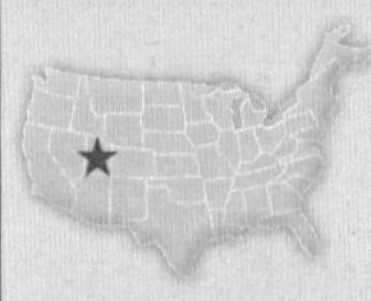

布莱斯峡谷国家公园

Bryce Canyon National Park

犹他州 Utah
MAP 文前图① C-3、
文前图③ G-1

DATA
时区▶ 山地标准时间 MST
☎（435）834-5322
URL www.nps.gov/brca
开 365 天 24 小时开放
旺季 全年
费 每辆车 $25、其他方法入园每人 $12
被列为国家保护区▶ 1923 年
被列为国家公园▶ 1928 年
面　积▶ 145 平方公里
接待游客▶约 144 万人次
园内最高点▶ 2778 米（Rainbow Point）
哺乳类▶ 73 种
鸟　类▶ 210 种
两栖类▶ 4 种
爬行类▶ 13 种
植　物▶ 624 种

属西南大环线中海拔较高的地区，冬季有积雪。银装素裹的岩塔 Hoodoos 别有一番情趣

是适合观赏日出的地点。东方的天空开始泛白，空气中飘浮着早晨的气息。西方的天空闪着星光，仍然沉浸在黑夜之中。

当阳光从东方开始照向大地，静止的岩塔似乎也被注入了生命。伴随着阳光颤动的节奏，岩塔逐渐显现出火焰般的红色。

在犹他州南部平坦的森林和草原地带上突然出现了断崖。耸立于这里的岩塔颜色、形状各异，而且在光照下会不断发生变化。

尤其是在清晨和傍晚，一定要到此观赏一下美景，这里可以给人留下难忘的印象。

用 1 小时可以下到谷底并返回

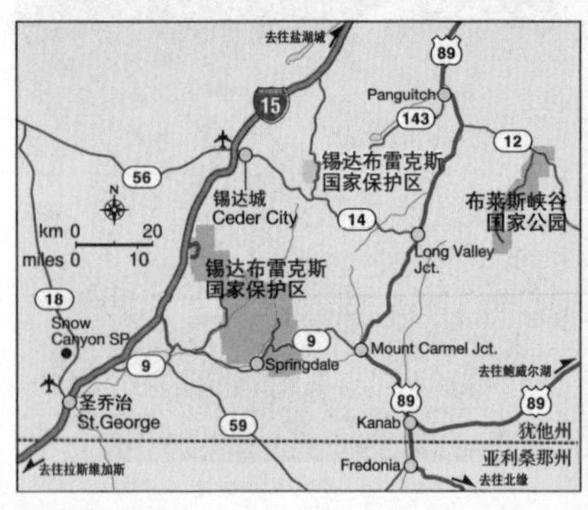

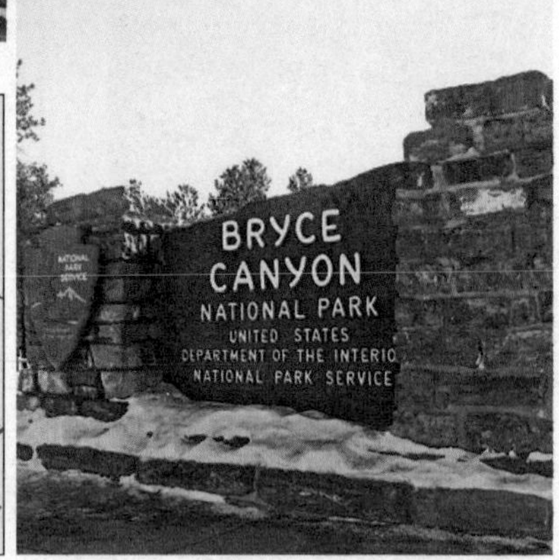

交通

布莱斯峡谷离锡安国家公园非常近，很多游客都会一起游览这两个公园。门户城市是圣乔治和锡达城，但圣乔治有定期航班起降的机场，还有巴士客运站（→p.105），所以把那里作为起点会更方便一些。不过，选择从拉斯维加斯自驾或参加巴士旅游团前往的游客似乎更多一些。

另外，距离公园大门4英里（约6.4公里）处有一座小型机场，但只供包机和私人飞机起降，没有定期航班。

团体游 Tour

有很多从拉斯维加斯出发的巴士旅游团项目，可以从旅游局收集资料然后仔细研究一下。有锡安 & 布莱斯峡谷国家公园1日游的项目，但不建议参加。布莱斯峡谷往返，归途中顺便去一下锡安也至少需要1晚2天。旅游淡季的非节假日，会经常因为游客人数不足而取消行程。

租车自驾 Rent-A-Car

从锡安国家公园出发的话，沿UT-9向东行驶，走到尽头后左转进入US-89向北行驶。经过名为Hatch的小镇不久就有右转进入UT-12的岔路。沿岔路转弯后，突然会有红色的奇石和岩塔出现在眼前。那就是红峡谷 Red Canyon。之后在草原中前行，见到UT-63的标识后右转。经过免费接送巴士（→p.124）车站以及名为Ruby's Inn的旅馆后，马上就会到达公园大门。全程约86英里（约138公里）。用时约1小时30分钟。

从锡达城出发的话，看地图会认为经由UT-14的线路距离比较近，但实际上这条路陡坡较多，因此行驶时间更长，不过景色很美。从UT-14左转上UT-148，然后进入锡达城国家保护区（→p.130），接下来沿UT-143穿越潘圭奇 Panguitch 的一段路程是最好的高原自驾线路。如果时间充裕的话，一定要体验一下这条线路。

时间较为紧张的话，可以走UT-20。先沿I-15北上，再沿UT-20东行，进入US-89后向南行驶。经过潘圭奇后左转进入UT-12并向东行驶。从锡达城到目的地，全程90英里（约144公里），用时约1小时30分钟。

现身于村庄的骡鹿

到达布莱斯峡谷所需时间

Salt Lake City	4~5 小时
Page	约 3 小时
Zion	约 1.5 小时
Capitol Reef	3~4 小时

夏季可乘坐免费接送巴士

5月中旬~10月下旬，建议乘坐免费接送巴士游览 →p.124。

加油站

公园内未设，在大门前面的Ruby's Inn（→p.131）有加油站，不要忘记补充油量。

布莱斯峡谷国家公园 漫步

布莱斯峡谷国家公园沿南北方向狭长延伸，游客服务中心、客栈以及主要景点都集中在公园北部马蹄形岩壁附近。夏季有免费接送巴士往返于该区域。

沿悬崖边缘修建的铺装道路，长15英里（约24公里），一直通往公园南端的彩虹观景点 Rainbow Point。可以在沿途的各观景点观赏公园内美景。

仅仅是站在悬崖上眺望四周就能给游客带来很多惊喜，如果沿步道游览被称为 Hoodoos 的岩塔群，对这里的印象就会变得更加立体。只走 1~2 小时的路程也完全可以，建议下到悬崖底部走一走。

另外，还可以注意一下修建有道路和各种设施的悬崖顶部。那里栖息着骡鹿和土拨鼠，仔细观察也许可以发现它们的踪影。

获取信息 Information

Visitor Center

进入收费大门，行驶一小段距离后，路的右侧便是。通过中心内的立体模型和幻灯片可以了解布莱斯峡谷的地质、自然、环境。还设有一个小型的纪念品商店。有 Wi-Fi 信号。

有很多由公园管理员带领的游览项目

园内设施

餐厅位于客栈内（4 月上旬 ~11 月上旬 7:00~22:00）。晚餐需要预约。

可以在日出观景点附近的杂货店（4~10 月 8:00~21:00）购买到食品、野营用品等。另外，在 Ruby's Inn 有较大一些的商店，全年营业。

Visitor Center

☎（435）834-5322

开 夏季 8:00~20:00
冬季 8:00~16:30
春 · 秋 8:00~18:00

休 11 月的第四个周四、12/25、1/1

Ranger Full Moon Hike

可在月光下徒步观赏岩塔群的游览项目，充满了梦幻色彩。只在 5~10 月各月的两天满月期间举办。用时约 2 小时。每次名额 30 人。游览当日早上 8:00 在游客服务中心报名。

Wildlife

濒临灭绝的犹他土拨鼠

土拨鼠分为几个种类，只栖息于美国犹他州南部的是犹他土拨鼠 Utah Prairie Dog。现在种群数量已经减少到 7000 只以下，成为濒危物种。数十年前就已经有人提出警告，认为犹他土拨鼠可能会灭绝，可是为什么最终还是没能遏制住这一趋势呢？犹他土拨鼠必须在具备以下条件的草原上才能生存。首先，草不能生长得过于茂密；其次，草的高度要比较矮。这种环境有利于土拨鼠发现天敌。另外，需要草中含有较多的水分和营养。导致犹他土拨鼠数量锐减的原因之一是，气温上升使得适宜它们生存的土地减少。另外，牧场的增加导致稻科草类减少，而这些草类是正是犹他土拨鼠的食物。

还有一点也很重要。土拨鼠掘地而居，牲畜会因误踩土拨鼠栖息的洞穴而骨折，所以大量的犹他土拨鼠被毒杀。政府屈服于农民的压力，把对犹他土拨鼠的保护等级从濒临灭绝物种降格至准濒危物种，对此环保组织提出了强烈的抗议。政策上的变化让曾经受到严格保护的犹他土拨鼠变成了可以被人驱除的有害动物。

尽管如此，在布莱斯峡谷的游客服务中心以南、夕阳宿营地以北的草原上还是很容易见到犹他土拨鼠的身影。它们体长 30~35 厘米，其特征是，背上的毛色醒目，眼睛上边有酷似眉毛的黑色花纹。根据其叫声被称为 "dog"，但在动物分类上与松鼠一样属于啮齿目动物（相关知识→ p.420）。

群居于地下巢穴中，巢穴结构复杂，彷佛一座地下都市

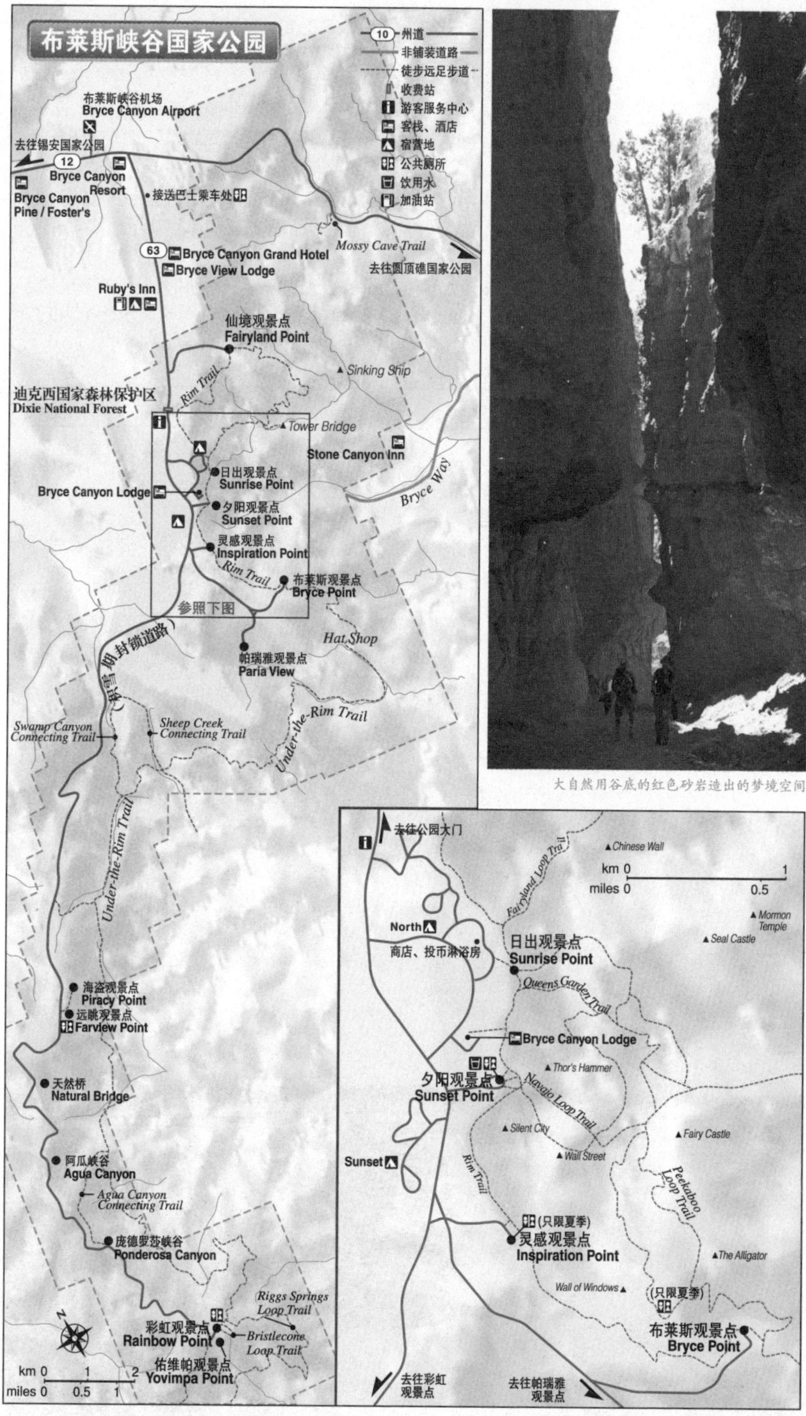
布莱斯峡谷国家公园
10 州道
非铺装道路
徒步远足步道
收费站
游客服务中心
客栈、酒店
宿营地
公共厕所
饮用水
加油站
布莱斯峡谷机场
Bryce Canyon Airport
去往锡安国家公园
12
Bryce Canyon Resort
Bryce Canyon Pine / Foster's
接送巴士乘车处
Mossy Cave Trail
去往圆顶礁国家公园
63
Bryce Canyon Grand Hotel
Bryce View Lodge
Ruby's Inn
仙境观景点
Fairyland Point
Sinking Ship
Rim Trail
迪克西国家森林保护区
Dixie National Forest
Tower Bridge
Stone Canyon Inn
日出观景点
Sunrise Point
Bryce Canyon Lodge
夕阳观景点
Sunset Point
Bryce Way
灵感观景点
Inspiration Point
Rim Trail
布莱斯观景点
Bryce Point
参照下图
（冬季封锁道路）
Hat Shop
帕瑞雅观景点
Paria View
Under-the-Rim Trail
Swamp Canyon Connecting Trail
Sheep Creek Connecting Trail
Under-the-Rim Trail
海盗观景点
Piracy Point
远眺观景点
Farview Point
天然桥
Natural Bridge
阿瓜峡谷
Agua Canyon
Agua Canyon Connecting Trail
庞德罗莎峡谷
Ponderosa Canyon
Riggs Springs Loop Trail
彩虹观景点
Rainbow Point
Bristlecone Loop Trail
佑维帕观景点
Yovimpa Point
km 0 1 2
miles 0 0.5 1
去往公园大门
Chinese Wall
Fairyland Loop Trail
km 0 1
miles 0 0.5
Mormon Temple
Seal Castle
North
商店、投币淋浴房
日出观景点
Sunrise Point
Queens Garden Trail
Bryce Canyon Lodge
Thor's Hammer
夕阳观景点
Sunset Point
Navajo Loop Trail
Silent City
Fairy Castle
Wall Street
Sunset
Rim Trail
Peekaboo Loop Trail
(只限夏季)
灵感观景点
Inspiration Point
The Alligator
Wall of Windows
(只限夏季)
布莱斯观景点
Bryce Point
去往彩虹观景点
去往帕瑞雅观景点

大自然用谷底的红色砂岩造出的梦境空间

免费接送巴士

5月上旬~10月中旬7:21~17:54（夏季至19:54），每10~20分钟发一班车。

彩虹观景点接送巴士

除了上面介绍的接送巴士以外，还专门开通有从游客服务中心至公园南端彩虹观景点的接送巴士。可在Ruby's Inn用电话预约，但至少要提前一天。

☎（435）834-5290

运行 5~10月，1天2班

所需时间 约2小时

费 免费

仰望星空

布莱斯峡谷是全美空气透明度最高的地区之一。加上海拔高、灯光少，夜空显得格外美丽。近年来，汽车尾气污染在逐渐加重，不过即使是这样，在晴朗的日子里还是能看到满天的繁星，那景象不禁令人感动。5~9月的周二、周四、周六举办星空观赏活动。

园内的交通与旅游团 Transporation

免费接送巴士➡ 5月上旬~10月中旬

为了解决观景点停车位不足的问题，公园开通有往返于北部各设施与观景点之间的免费接送巴士。与锡安不同的是，游客并非一定要乘坐接送巴士，可以自驾进入公园。但是，要想在园内观景点找到停车位可绝非易事。所以建议游客还是选择乘坐接送巴士，这样还能减轻环境的负荷。有了接送巴士，对于那些只想单程徒步游览的游客来说也更方便了。

从UT-12进入UT-63后，左侧的停车场就是接送巴士的乘车地点。从这里发车，在Ruby's Inn、游客服务中心、客栈、夕阳观景点、布莱斯观景点等站停车，每隔10~20分钟发一班车。

季节与气候 Seasons and Climate

公园海拔较高，在2000~2700米。有1000多座岩塔，风可以从岩塔之间吹过，所以即便是夏季也很凉爽。与锡安一样，夏季游客过多。75%左右的游客都集中在6~8月这3个月期间前往游览。

9月下旬~10月中旬是观赏黄叶的季节，比锡安要早很多。冬季降雪较多，但公园仍然开放，可以观赏到银色世界里梦幻般的景色。

布莱斯宿营地的气候数据

日出·日落时刻根据年份可能会有细微变化

月	1	2	3	4	5	6	7	8	9	10	11	12
最高气温（℃）	3	4	8	13	19	24	27	27	23	17	11	6
最低气温（℃）	-13	-11	-8	-4	-1	7	8	7	7	0	-7	-9
降水量（mm）	43	36	36	20	20	15	36	51	36	36	30	40
日出（15日）	7:43	7:19	7:40	6:55	6:20	6:07	6:19	6:45	7:11	7:37	7:08	7:36
日落（15日）	17:34	18:07	19:36	20:03	20:31	20:51	20:50	20:22	19:38	18:53	17:19	17:12

从锡安出发的话，UT-12是一条比较好走的州公路。冬季会有降雪，但加装防滑链后多数情况都可正常行驶。即将出发时要查询一下天气情况

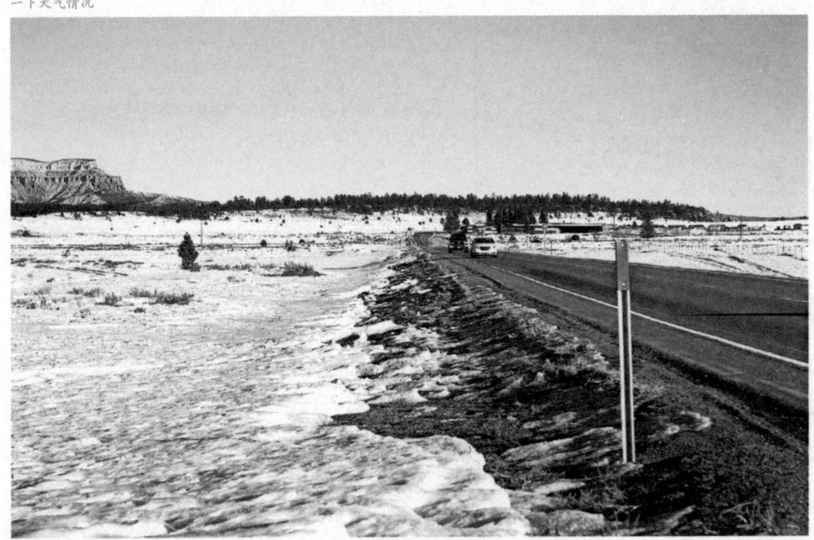

Notes **互联网与手机通信** 在Ruby's Inn附近，手机信号较强。游客服务中心有可免费使用的Wi-Fi。客栈的大厅里也有Wi-Fi，对住宿游客开放（需要密码）。

GEOLOGY

布莱斯峡谷的成因

沉积与抬升

与大峡谷和锡安相比，布莱斯峡谷的地层形成较晚。最古老的一层是达科他层 Dakota Formation，比锡安最浅的地层还要新。主要地层为克拉隆层 Claron Formation。该地层是始新世初期（4000 万~5000 万年前），含有大量石灰的泥沙在巨大的湖泊中沉积而成。湖泊的大小根据降水量和气候的干燥程度会发生变化，重一些的泥沙在湖岸附近沉积下来，轻一些的泥沙在离岸较远的地方沉积下来，就形成了硬度不同的各种地层。之后，从大约 1000 万年前起，科罗拉多高原开始抬升。在布莱斯峡谷周围形成了庞索甘特高原 Paunsaugunt Plateau 以及高原东侧的断层。

河流与降雨的侵蚀

在帕瑞亚河 Paria River 的冲刷下，庞索甘特高原东部的克拉隆层中强度较低的部分逐渐被侵蚀掉。雨水也不断冲刷岩石，形成了许多被称为“fin”的狭长且向外突出的山崖。这些山崖继续受到侵蚀，就变成了如今看到的岩塔群 Hoodoos，这其中也包含了许多自然界的作用。雨水溶解岩石中的碳酸钙，让岩石变得不再坚固。冰雪融化后渗入岩石上的裂纹里，到了夜里又被冻成冰，把岩石的裂纹胀大。

这样的侵蚀过程现在仍在继续，因此可以预见到，2 万年后布莱斯峡谷客栈所处位置就会成为悬崖边缘。

侵蚀仍在继续

大阶梯 Grand Staircase

从亚利桑那州北部到犹他州南部，地层由南至北向下方倾斜。在有的地方，断裂的地层露出地面，从整体上看如同下面图中所绘的巨大阶梯。这种地形也就被形象地称为大阶梯。露出地面的地层形成悬崖，根据颜色分别叫作：

●红崖　Vermilion Cliffs

三叠纪后期的莫埃纳威层 Moenave Formation、凯彦塔层 Kayenta Formation 露出地面后形成的红色山崖。可以在 US-89 的佩吉至卡纳布段、US-89A 沿线、卡纳布以西地区看到。

●白崖　White Cliffs

以侏罗纪的纳瓦霍岩层为主的白色山崖。除了锡安东部以外，还可以在卡梅尔山交叉路口东侧见到。

●灰崖　Gray Cliffs

以白垩纪的 Wahweap 砂岩层为主的灰色山崖。

●粉崖　Pink Cliffs

始新世（第三纪）的克拉隆层露出地面后形成的略带粉色的山崖。布莱斯峡谷中的山崖就是这种颜色。

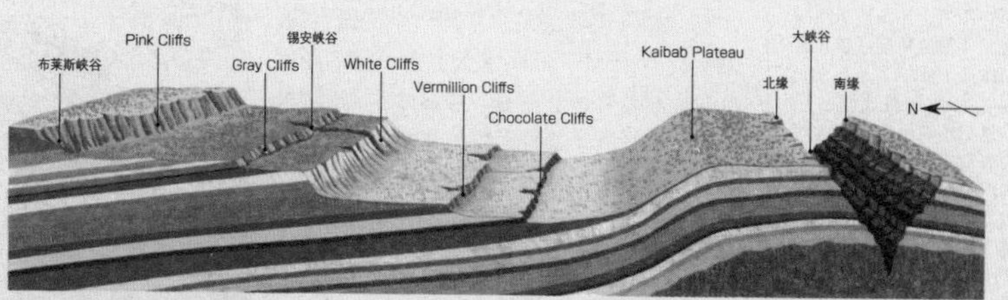

夕阳观景点。时间允许的话，最好在清晨、中午、傍晚这3个时间段分别造访此处，观赏景色的变化

布莱斯峡谷国家公园 主要景点

夕阳观景点
Sunset Point

Sunset Point
设施 厕所、饮水系统

Ranger Rim Walk
在公园管理员的带领下沿悬崖边缘徒步游览，还能听到对各主要景点的介绍。
集合▶ 夏季 16:30
出发地点▶夕阳观景点

经过游客服务中心后不远处的左侧是日出观景点 Sunrise Point，接下来就是夕阳观景点。可以先去夕阳观景点看一看。

在停车场停车后向前步行一段，可以听到一种奇妙的声音，仿佛是瀑布发出的轰鸣。来到观景点，马上就能知道这声音究竟是什么。视线突然变得非常开阔，可以 180° 地观看周围的景色，布莱斯峡谷就出现在脚下。类似瀑布的轰鸣声其实是风从众多岩塔之间的空隙吹过时发出的。岩塔的色彩丰富，有橙色、粉色、白色、薰衣草色，是风、霜和雨的鬼斧神工把这些岩石精雕细刻成了现在的样子。

夕阳观景点下面的"雷神之锤" Thor's Hammer

仔细观察一座座由石灰岩和砂岩构成的岩峰，会发现它们呈现出各种有趣的形态，有的像尖塔，有的像城堡，有的像国际象棋里的马，还有的像并肩而立的幽灵。从整体上看，像一座城镇的废墟，也像科幻小说中的未来城市，充满了梦幻色彩。特别是在黎明、黄昏以及月光洒满大地的时候，这里会显得更加美丽。

有好几条步道都能通往谷底，不妨花上 1 个小时的时间下去走一走。站在岩塔底部仰望更能感受到岩塔的高大。

可以沿极具人气的纳瓦霍环线步道下到谷地游览

灵感观景点
Inspiration Point

Wildlife

寻找大型鸟类

2003 年，在布莱斯峡谷发现了 4 只加利福尼亚兀鹫（→ p.63）的巢穴。这几只兀鹫是在 1996 年被放归自然的。这里还有不久前曾险些因农药 DDT 而灭绝的游隼以及美国国鸟白头海雕等猛禽。在观赏悬崖下美景的同时也不要忘记抬头观察一下天空。

Inspiration Point
设施 厕所（仅限夏季）

位于夕阳观景点的南面。据公园管理员介绍，如果想要观赏夕阳照射下的岩塔群，灵感观景点比夕阳观景点更为适宜。观景点的背后静静地矗立着一片森林，风吹过峡谷，让这里有了某种奇特的氛围。还能看到鸟类在空中轻轻地飞舞。

在灵感观景点静静地等待黄昏的到来

布莱斯观景点脚下是宛如沉睡中的鳄鱼般的石塔

布莱斯观景点

Bryce Point

布莱斯观景点位于灵感观景点的南侧。围绕峡谷转一圈，最后的终点站便是布莱斯观景点了。从这里可以眺望到马蹄形峡谷的北部，如果没有时间游览其他观景点也一定要来这里看一看，推荐清晨时分来这里，风景别有洞天。

仙境观景点

Fairyland Point

位于布莱斯峡谷北侧的观景台。去往这里的道路是在刚进入公园时向左岔开的路。

最大的看点是，一处叫作沉船岭 Sinking Ship 的岩壁。巨大的岩石宛如“泰坦尼克”号沉船时最后的景象，这是因地壳隆起而产生的地形。不得不让人再次感叹大地的力量，这种由于自然能量形成的景观让人望而生畏。

沉船岭

彩虹观景点

Rainbow Point

上述的观景点均在公园北部的马蹄形断崖上，而彩虹观景点距离这里大约 15 英里（约 24 公里），位于公园的南侧。途中还有数座观景台，可以观赏到富有变化的尖塔石林谷。终点的彩虹观景点和与停车场反方向的佑维帕观景点 Yovimpa Point 的景观也是很值得一提的，从这两个观景台可以眺望到布莱斯峡谷西侧 30 英里（约 48 公里）以内的范围，这段岩壁也被称为粉崖 Pink Cliffs，风景极为壮观。

站在彩虹观景点可以一览马蹄形的断崖

Rainbow Point

设施 公共厕所

注意积雪

通往彩虹观景点的道路在积雪期是会被封路的。

就连动物们都会迷失方向的地狱?

过去曾经居住在这一带的派尤特人认为布莱斯峡谷的岩塔群是，想要修炼成人类的动物修炼失败后变成的石头。

1875 年，一个名叫埃比尼泽·布莱斯的人来此在断崖下修建了牧场，他曾经称这里为地狱。

“牛群都不知道跑去哪里了？”

居然在这样的地方放牧，想法真是令人费解。

徒步远足 Hiking

小心悬崖塌陷

布莱斯峡谷的奇观是由质地比较松脆的岩石构成，而且自然的腐蚀至今仍在持续。2006年在纳瓦霍环线步道、2008年在布莱斯观景点都发生了大规模的悬崖塌陷事件。之后每年都会有小规模的塌陷事件发生。在步道行走时一定要格外留意，如有小的碎石落下等现象都是发生塌陷的前兆。

2006年在华尔街发生的塌陷

峡谷内有多条徒步远足步道，可以轻松下到谷底。很多步道在中途会有交会，因此也就产生了很多新的线路组合。从岩塔的空隙间穿行，一直下到谷底，眼前的风景会使你大吃一惊，宛如到了另一个世界，风景是如此不同。首先是，原来谷底生长着这么多的植物，在岩塔上看到的峡谷貌似是不毛之地，但实际上却生长着白杨树、红木、枫树等多种树木。特别令人感动的是，在岩塔狭窄的缝隙中生长的树木，因渴求阳光而努力向上生长的精神。

其次是，站在观景台看到的岩塔石林每个岩塔感觉好像没有什么大的区别，但是走近岩塔会发现原来它们每一个都不同，每一个之间都有很大的差别。

值得注意的是，这里的岩石体质都非常脆弱易碎，千万不要用手触摸或者走出步道以外的地方。有积雪时可以在游客服务中心免费租借雪鞋，但是根据降雪的情况步道也有可能完全封锁。最后千万不要忘记，布莱斯峡谷的步道大都是最后需要登上山崖的，所以后半程的路段都是比较陡峭的登山路 。

纳瓦霍环线步道
Navajo Loop Trail

中级 Navajo Loop Trail
适宜季节▶ 4~11月
距离▶一周 2.2 公里
所需时间▶一周 1~2 小时
海拔差▶ 167 米
出发地▶夕阳观景点 Sunset Ponit
注："华尔街" 冬季封闭

最值得推荐的步道之一！看点很多，步道途中的风景也富有变化。必看的是名曰"雷神之锤" Thor's Hammer 的岩石，还有宛如 ET 和它的三姐妹的岩石。名曰"华尔街" Wall Street 的谷底既深邃又狭窄，下到这里可以欣赏到细高挑的道格拉斯云杉。为了追求阳光努力地向上生长，这种超强的生命力让人禁不住想要为之鼓掌。

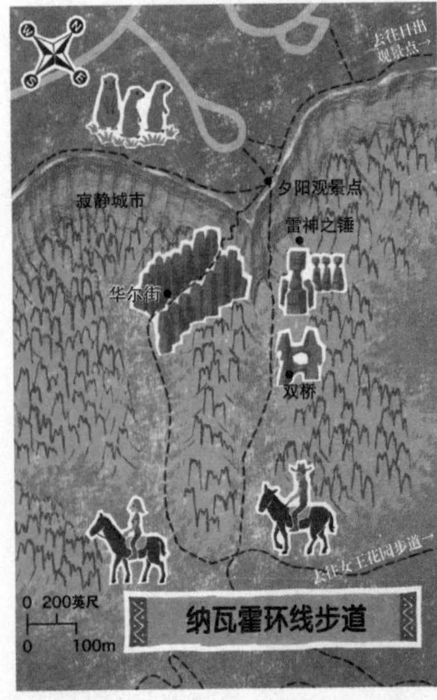

华尔街谷底努力向上生长的道格拉斯云杉

女王花园步道

Queen's Garden Trail

这条步道是下到崖底最简单的一条线路。从格列弗城堡 Gulliver's Castle 出发穿过几个小隧道后，便可以看到东侧维多利亚女王 Queen Victoria 岩石的英姿。很多游客选择这里为折返点，但是如果从这里继续向东走可以与纳瓦霍环线步道会合，一直可以走到夕阳观景点，单程需要 3 小时左右。

中级 Queen's Garden Trail
适宜季节▶ 4~11 月
距离▶往返 2.9 公里
所需时间▶往返 1~2 小时
海拔差▶ 98 米
出发地▶日出观景点

藏猫猫环线步道

Peekaboo Loop Trail

途中经过圆形剧场 Amphitheater 般的岩峰群和寂静城市 Silent City，是一条风景十分美丽的步道。这条步道也可以在中途与纳瓦霍环线步道汇合，一直走到夕阳观景点，单程需要 3~4 小时。

高级 Peekaboo Loop to Navajo Loop
适宜季节▶ 4~11 月
距离▶单程 8.8 公里
所需时间▶单程 3~4 小时
海拔差▶ 479 米
出发地▶布莱斯观景点或夕阳观景点

帽子店步道

Hat Shop Trail

这条步道上的风景是其他步道上欣赏不到的奇观。粉红色的岩塔顶部有宛如帽子一般的灰色岩石。走在这里仿佛进入了一间“帽子店”一般。形成这种地貌特征的原因是，上部灰色的岩石是比较坚硬的地层，受腐蚀的程度比下部脆弱的岩石要慢一些，而下部的粉红色岩石逐渐因腐蚀而变细，所以在未来的某一天“帽子”终究逃脱不了会掉下来的命运。

名如其景的帽子店岩塔群

高级 Hat Shop Trail
适宜季节▶ 4~11 月
距离▶往返 6.5 公里
所需时间▶往返 3~4 小时
海拔差▶ 328 米
出发地▶布莱斯观景点

骑马 Horseback Riding

4 月上旬 ~10 月下旬（根据积雪的情况而定），有从日出观景点附近的马厩出发、骑马下到谷底的项目。2 小时项目可以下到女王花园，半天项目可以游览藏猫猫环线步道。可以在布莱斯峡谷客栈 Ruby's Inn （→ p.131）报名参加。

骑马
☎（435）679-8665
URL www.canyonrides.com
2 小时项目（7 岁以上）
9:00& 14:00　$60
半天项目（10 岁以上）
8:00& 13:00　$80

游览飞行 Flight Seeing

还有直升机游览项目。35 分钟项目可以到仙境观景点 Fairyland Point 上空盘旋观景，其他还有各种组合项目，如与锡安国家公园或者纪念碑谷等地一起游览飞行的项目。报名和出发地都是在 Ruby's Inn。

Bryce Canyon Helicopters
☎（435）834-8060
URL www.rubysinn.com

越野滑雪 Cross Country Ski

布莱斯峡谷国家公园比犹他州南部其他的国家公园积雪量要大很多。这里的条件特别适合越野滑雪，还设有专用的越野雪道。穿雪鞋徒步走也是一件非常有趣的事情。2 月中旬，还会举行以教授野外滑雪技巧为中心的活动 Winter Festival。冬季户外项目的活动中心位于 Ruby's Inn。既有滑雪用具租赁，又有“住宿 + 租赁”的组合套餐。

Ranger Snowshoe Walk
集合▶冬季的每周四 · 周五 · 周日　13:30
所需时间▶ 2 小时
地点▶游客服务中心

冬季户外运动的时间表是不固定的，请提前在官网进行确认

园内住宿

布莱斯峡谷客栈 Bryce Canyon Lodge

这间客栈是园内唯一的客栈。只在4月上旬~11月中旬开放。位于日出观景点与夕阳观景点之间的途中。客栈大厅有壁炉，是一间非常有情调的客栈。客栈主楼内共有70间客房，另外在松林中还分布着40间小木屋。小木屋使用石头和圆木建造而成的，一家人住在里面也足够宽敞。住宿在这里可以步行到达谷缘。房间内有电话。大厅里还有免费Wi-Fi。全馆禁烟。可以提前13个月开始预约，6~9月的房间几乎在春季期间就被订满了。

建于树林中的小木屋

Forever Resorts
☎（435）834-8700（当天） Free 1877-386-4383
URL www.brycecanyonforever.com
on off 主楼 $193、小木屋 $160~260
信用卡 A D J M V

宿营地住宿

位于游客服务中心附近的North Campground通年开放。部分帐篷位可以在5月上旬~9月下旬预订（提前6个月开始受理预约）。

另外，在夕阳观景点附近的Sunset Campground是在4月下旬~9月下旬开放。不可以提前预约。6月中旬~9月中旬总是人满为患，最好是在早晨先到这里占个位子。

公园大门外的Ruby's Inn也有宿营地，只限4~10月提供住宿。另外，US-89沿线还有几处民营宿营地。

North（99个帐篷位）Free 1877-444-6777
URL www.recreation.gov 费 $15
Sunset（101个帐篷位） 费 $15
※上述宿营地的淋浴房都只限在4月中旬~11月中旬开放

在附近城镇住宿

公园大门外附近共有设备齐全的3间大型汽车旅馆，UT-12的交叉路口附近还有数间旅馆。另外沿UT-12向东行驶15分钟还有度假小镇——热带镇Tropic，这里有许多旅馆和B&B。沿UT-12向西行驶从US-89向北走还有潘圭奇小镇Panguitch，这里共有15间旅馆。

Side Trip

锡达布雷克斯国家保护区 Cedar Breaks National Monument

MAP 文前图③ G-1
☎（435）586-9451
URL www.nps.gov/cebr 费 每人 $4

参观游览布莱斯峡谷国家公园时，一定要顺路到这里来看看。锡达布雷克斯的风景经常被形容为“初期的布莱斯峡谷”。迪克西国家森林保护区的一部分被侵蚀成捣臼的形状，一座座类似于布莱斯峡谷中的岩塔正逐渐显露出来。断崖上白色和黄色的岩层与粉色的岩塔形成鲜明对比。经过极为漫长的侵蚀过程而出现的山崖，长4.8公里，高度超过600米。

适合观赏风景的地点是游客服务中心（只在夏季开放）附近的Point Supreme、海拔3190米的Chessmen Ridge以及UT-143沿线的North View等处。

从锡达城沿UT-14向东行驶18英里（约29公里），登上一个陡坡，在UT-148左转便可进入公园。积雪期（11月中旬~次年5月下旬）公园关闭。园内没有餐饮设施。因为海拔较高，所以夏季气温也仅有10~15℃，夜间有时甚至会降至零下。需要准备防寒衣物。

Point Supreme是游览的中心点

Notes 门票即将涨价 锡达布雷克斯国家保护区的门票预计将涨价到每人$7。

布莱斯

Bryce, UT 84764 距离公园大门 1~5 英里（1.6~8 公里） 5 间

旅馆名称	地址·电话	费用	信用卡·其他
Best Western Plus Ruby's Inn	住 26.S Main St. ☎（435）834-5341 Free 1866-866-6616 URL www.rubysinn.com	on $112~210 off $70~159	ⒶⒹⓂⓋ 距离公园大门驱车只需2分钟。免费接送巴士在这里停车。店内有餐厅、纪念品商店。附近有加油站、邮局等，是非常便利舒适的汽车旅馆。另外，还有投币式洗衣房、ATM、室内温水游泳池。有免费 Wi-Fi。全馆禁烟。
Bryce Canyon Grand Hotel	住 30 N. 100 E. ☎（435）834-5700 Free 1866-866-6634 URL www.brycecanyongrand.com	on $162~290 off $81~200	ⒶⒹⓂⓋ 位于 Ruby's Inn 的斜对面。包含早餐，店内有餐厅、投币式洗衣房。有免费 Wi-Fi。全馆禁烟。
Bryce View Lodge	住 105 E. Center St. ☎（435）834-5180 FAX（435）834-5181 Free 1888-279-2304 URL www.bryceviewlodge.com	on $96~110 off $61~80	ⒶⒹⓂⓋ 位于 Ruby's Inn 的正对面，免费接送巴士站旁。店内有投币式洗衣房。冬季休业。有免费 Wi-Fi。
Bryce Canyon Resort	住 13500 E. Hwy.12 ☎（435）834-5351 FAX（435）834-5256 Free 1866-834-0043 URL www.brycecanyonresort.com	on $145~255 off $49~77	ⒶⒿⓂⓋ 位于 UT-12 的一角。店内有餐厅、投币式洗衣房。
Foster's	住 1152 Hwy.12 ☎（435）834-5227 FAX（435）834-5304 URL www.fostersmotel.com	on off $71	ⓂⓋ 位于 UT-12 沿线，距离公园大门有 5 分钟车程。有餐厅、超市。全馆禁烟。
Bryce Canyon Pines	住 P.O. Box 43 ☎（435）834-5441 FAX（435）834-5330 Free 1800-892-7923 URL www.brycecanyonmotel.com	on $110~325 off $65~150	ⒶⓂⓋ 位于 UT-12 沿线，距离公园大门有 5 分钟车程。有餐厅和宿营地。店内有投币式洗衣房。有免费 Wi-Fi。

热带镇

Tropic, UT 84776 距离公园大门 11 英里（约 18 公里） 13 间

旅馆名称	地址·电话	费用	信用卡·其他
Stone Canyon Inn	住 1220 W. 50 S. ☎（435）679-8611 Free 1866-489-4680 URL www.stonecanyoninn.com	on $255~350 off $125~175	ⒶⓂⓋ 位于从 UT-12 出发在 Bryce Way 向西行驶的途中，稍微有点偏僻，紧邻公园属地。含美式早餐。
Buffalo Sage B&B	住 980 N. Main St. ☎（435）679-8443 Free 1866-232-5711 URL www.buffalosage.com	on $75~95	ⓂⓋ 位于 UT-12 沿线。包含美式早餐，全馆禁烟。冬季休业。
Bryce Country Cabins	住 320 N. Main St. ☎（435）679-8643 FAX（435）679-8989 Free 1888-679-8643 URL www.brycecountrycabins.com	on $109~124 off $85~99	ⒶⓂⓋ 位于 UT-12 沿线小木屋式旅馆。有冰箱、微波炉。有免费 Wi-Fi。全馆禁烟。冬季休业。
America's Best Value Inn Bryce Valley Inn	住 199 N. Main St. ☎（435）679-8813 Free 1888-315-2378 URL www.brycevalleyinn.com	on $80~120 off $55~65	ⒶⓂⓋ 位于 UT-12 沿线。全馆禁烟。有餐厅、投币式洗衣房。只在夏季提供早餐。有免费 Wi-Fi。
Bryce Canyon Inn	住 21 N. Main St. ☎（435）679-8502 Free 1800-592-1468 URL www.brycecanyoninn.com	on $75~250 off $85~150	ⒶⓂⓋ 位于 UT-12 沿线，包含早餐。有餐厅。有免费 Wi-Fi。冬季长期休业。
Bryce Pioneer Village	住 80 S. Main St. ☎（435）679-8546 Free 1855-679-8546 URL www.brycepioneervillage.com	on off $65~100	ⓂⓋ 位于 UT-12 沿线，包含早餐。有西部风格的餐厅。有冰箱、免费 Wi-Fi。冬季休业。

Side Trip

全景道路——犹他州 12 号州公路

被选为国家级景观道路（全美共 120 条）。从布莱斯峡谷行驶至圆顶礁需要 3~4 个小时，途中风景优美、富于变化。通过 Cannonville 后就进入广阔的荒漠，可以清楚地看到大地上的褶皱。过了埃斯卡兰特小镇 Escalante，驶上一段坡路，就开始在平顶山丘的顶部行驶。向下望去，可以看见名为 Calf Creek 的河流，复杂的地形一直绵延到远处的地平线。过了博尔德 Boulder，风景马上就变得不一样，汽车开始行驶在高原的森林之中。高度逐渐上升，最高地点到达 2865 米。树木刚刚长出新叶和变成黄叶的季节风景最美，但这里 10 月 ~ 次年 5 月随时都有可能下雪，需要留意路况信息。从山口处的观景点可以远眺圆顶礁国家公园。远处的山脊指向了鲍威尔湖。

海拔较高，要注意山口处的积雪

柯达盆地州立公园 Kodachrome Basin SP

MAP 文前图③ G-2
☎（435）679-8562　开 6:00~22:00
URL www.stateparks.utah.gov
费 1 辆车 $8，宿营地 $19~28

布莱斯峡谷的东面，在被红、粉、褐、白、黄等颜色丰富的岩壁包围着的峡谷里，有许多烟囱形的岩石。因为这里的环境色彩缤纷，所以在征得柯达公司的同意后，给公园命名为柯达盆地公园。公园的中心地点是 Grand Parade，由此沿未铺装道路向东延伸的平原上有烟囱岩 Chimney Rock、莎士比亚拱门 Shakespeare Arch，这些地方都是园内的主要景点。有 1 个小时就能大致转遍。

有 60 多个烟囱形岩石

前往该地的线路是，从布莱斯峡谷出发沿 UT-12 向东行驶约 15 英里（约 24 公里），在 Cannonville 转向南，行驶约 7 英里（约 11 公里）。在冬季厕所和饮水系统不能使用。

埃斯卡兰特大阶梯国家保护区 Grand Staircase-Escalante NM

MAP 文前图③ G-2　☎（435）826-5499
费 免费　休 冬季的周六、周日
URL www.ut.blm.gov/monument
Escalante Visitor Center　开 8:00~16:30

从布莱斯峡谷前往圆顶礁的游客可以在途中顺便游览此地。沿 UT-12 延伸，是美国本土最大的国家保护区。

大阶梯（→ p.125）是三叠纪、侏罗纪等 5 个地质年代的地层倾斜后形成的巨大阶梯状岩石，也被形容为地球历史的博物馆。总面积达 7600 多平方公里。西边是布莱斯峡谷，东北方向与圆顶礁相邻，东南方向延伸至鲍威尔湖附近。

国家保护区内，经过整修的道路极少，基本上保持着原始状态。这里有美国最为与世隔绝的荒漠地带，同时这里也有经 2 亿年形成的峡谷、颜色各异的岩壁等富于变化的自然美景。即便时间不够充裕，只要沿着 UT-12 驾车行驶，也能在一定程度上领略到这里的魅力。

偏僻的环境里有很多原生态的景观，宽度仅能通过一人的峡谷（缝隙峡谷）等景点很具人气。但是，几乎都是没有经过整修的步道，因此前往那里游览需要有一定的时间和体力，还要冒

风景富于变化，不会让人感到乏味

魔鬼花园的奇石不容错过

着遭遇山洪等各种事故的风险。做好相应的准备，到游客服务中心详细了解当地的情况后才能出发。

Lower Calf Creek Fall

位于 UT-12 附近的瀑布，景色优美。但是这里没有能从悬崖下到谷底的道路，只能徒步前往游览，单程需要 3~4 个小时。步道起点在埃斯卡兰特 Escalante 以东 15 英里（约 24 公里）的小牛溪 Calf Creek 宿营地。路面为沙地，有的路段不好走，而且阴凉处也很少，需要多带饮用水。走到步道的尽头，高约 38 米的瀑布就会出现在眼前。瀑布周围都是峭壁，只在上午有一段时间的日照。最佳游览季节为春秋两季。6~8 月间天气变化较大，建议不要选择在此时前往。

Grosvenor Arch，有经过整修的步道

Cottonwood Canyon Rd.

从柯达盆地州立公园南下，经过巨大的双拱门——Grosvenor Arch 后一直延伸到鲍威尔湖附近，长 47 英里（约 75 公里）的未铺装道路。如果路面干燥，普通汽车也能通过这条道路，可万一途中下雨的话，四驱车也会被困住，一定要有心理准备。积雪期禁止通行。

Hall in the Rock Rd.

从埃斯卡兰特东侧进入未铺装道路，到鲍威尔湖畔的摩尔门教遗迹，约 56 英里（约 90 公里）。普通汽车能行驶的只有最初的 20 英里（约 32 公里），后面的路段非四驱车无法通过。12 英里（约 19 公里）处有集中了很多奇石、拱门的魔鬼花园 Devils Garden。雨后以及积雪期无法通行。

Burr Trail Rd.

从博尔德 Boulder 向东延伸的铺装道路。行驶 31 英里（约 50 公里），进入圆顶礁国家公园后就变成未铺装道路。路面干燥的话，普通汽车也可通行。继续前行，通过走向谷观景台（→ p.138）的岔路后，再驶向下一段铺装道路，最终汇入 Notom-Bullfrog Rd.。至此长 36 英里（约 58 公里）。左转可去往圆顶礁的中心区域，右转可去往鲍威尔湖。

致沿 Cottonwood Canyon Rd. 自驾的游客

从布莱斯峡谷自驾前往佩吉时，走 Cottonwood Canyon Rd.。驾驶的是普通汽车，用了 2.5 小时到达目的地，一路上也很顺畅，但觉得有几点值得注意的地方。

首先，道路入口不易识别，岔路很多，建议在 Tropic 的游客服务中心获取详细地图。

进入道路行驶 10 分钟后就会出现一条河。我驾车经过时水深 5 厘米左右，但河底是淤泥，车轮会出现打滑空转，最终艰难通过。

行驶 30 分钟左右会遇到第一个翻山路段，可以远眺柯达盆地。这段路很窄，如果对面来车，只能是有一方倒车才能通过。

途中还遇到了牛群大迁徙。5 个牛仔赶着 300 头牛，仿佛西部片里的情景，让人一阵激动。不过，面对这种情况，只能停车等待，10 分钟后牛群才全部通过。

我行驶的时间是 8:00~10:30，时间越往后路上车辆越多，一共遇到了 15 辆对向来车。考虑到路况以及对向车辆不甚稳重的驾驶，在此行车需要极为小心。我一直将车速控制在时速 25 英里（约 40 公里）以内。

犹他州 Utah
MAP 文前图① C-3、文前图③ G-2

DATA
时区▶ 山地标准时间 MST
☎（435）425-3791
网 www.nps.gov/care
开 365 天 24 小时开放
宜行期 全年
费 只有观光游览道路收费，每辆车 $5
被列为国家保护区▶ 1937 年
被列为国家公园▶ 1971 年
面　积▶约 979 平方公里
接待游客▶约 79 万人次
园内最高点▶ 2820 米（Billings Pass）
哺乳类▶ 82 种
鸟　类▶ 225 种
两栖类▶ 5 种
爬行类▶ 26 种
植　物▶ 465 种

圆顶礁国家公园

Capitol Reef National Park

在这片气候干燥的荒漠中，只有弗鲁塔 Fruita 附近的河岸上有一片非常显眼的绿洲

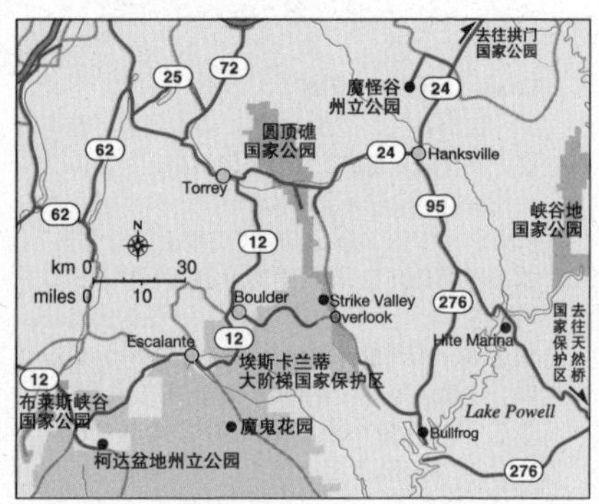

圆顶礁景观的形成，主要是由于水的作用。被称为 Waterpocket 的砂岩上有数不清的水坑，还有在水的侵蚀下而形成的形状奇特的岩石。这些岩石都诞生于距今 6500 万年前的地壳运动中，从这里一直绵延至鲍威尔湖，长达 160 公里。有形似华盛顿国会大厦圆顶的岩石，也有形似落叶的巨大石板，纳瓦霍人把这里称作“彩虹沉睡的大地”。

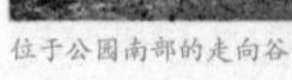

位于公园南部的走向谷

交通

该公园地理位置相当偏僻，没有任何公共交通工具可以到达这里。位于西南大环线自驾线路的途中，布莱斯峡谷与拱门国家公园之间。

从布莱斯峡谷出发沿 UT-12 向东行驶约 120 英里（193 公里），遇见 UT-24 后再继续向东行驶约 5 英里（8 公里）便可以到达游客服务中心了。全程大约需要 3~4 小时。距离虽然不远，但因为途中都是盘山路所以用时较长。春秋时节注意路上的积雪。

从拱门国家公园沿 US-191、I-70、UT-24 行驶大约 145 英里（约 233 公里），便可到达，约需要 3 小时车程。无论是从哪一个国家公园出发，沿途的景色都是富有变化的，可以说这是一条不错的风景线路。

另外，有一条从圆顶礁国家公园去往鲍威尔湖的近路叫作 Notom-Bullfrog Rd.，沿途风景非常优美，但是路况很差属于非铺装道路。出发前一定要在圆顶礁游客服务中心或者鲍威尔湖的布尔弗罗格码头等地提前确认好当天这条路的路况。

圆顶礁国家公园 漫步

公园南北狭长，景点主要都集中在横跨公园中央位置的 UT-24 公路沿线。如果在这周边游览的话，大约有半天~1 天的时间就足够了。夏季的白天这里的气温会超过 40℃，到了夜间温度会直线下降变得很凉。这个地区多雷雨，一旦雨点落下瞬时间干涸的大地上就会变得激流滚滚。行走在峡谷之间或者铺装路上的时候一定要格外小心。

另外，园内没有商店等设施，进入公园前请做好充足的食物准备。园内空气干燥，饮用水也是必需的。

获取信息 Information

游客服务中心　Visitor Center

游客服务中心位于 UT-24 道路的沿线，公园的观光游览道路入口处。需要特别注意的是一定要在这里确认好未铺装道路的路况和天气情况（尤其是降雨预报）。也可以顺便拿一些沿途景点介绍和步道的线路图。

到达圆顶礁国家公园所需时间

Bryce Canyon	3~4 小时
Arches	3 小时
Salt Lake City	约 4 小时

加油站

园内未设加油站。最近的加油站位于 UT-24 以西 8 英里（约 13 公里）处。

Visitor Center

开 8:00~16:30（夏季至 18:00）

休 冬季的法定节日

被称为大城堡 The Castle 的岩石是观光游览道路入口的地标景观

沿着州公路 24 号行驶，一路上奇岩怪石层出不穷地映入眼帘

圆顶礁国家公园 主要景点

观光游览道路
Scenic Drive

天气不好的时候最好不要入内

这是一条沿着岩壁修建的自驾游线路，单程约 10 英里（约 16 公里）。路面十分狭窄，虽说是整修过的道路，但是路况并不理想。途中有号码牌，可以在游客服务中心花 $2 购入一本旅游手册，里面有关于地形景点等详细的解说，对照号码牌可以更加深入地了解这里的地貌。沿着“Y”字形道路向左转，一直开到未铺装道路的尽头，便可到达国会峡谷 Capitol Gorge（→ p.138）的步道起点。

富有变化的风景映入眼帘

弗鲁塔
Fruita

圆顶礁国家公园内还有作为国家公园少见的人文景点。这里遗留有 19 世纪摩尔门教的开拓者们修建的果园、炼铁小屋、学校等，时令季节还可以采摘水果。共有 2700 多棵果树，7 月份可以采摘樱桃和杏，8~9 月份可以采摘桃子、梨和苹果。当果园外贴出采摘公告牌时便可以采摘了，可以自由进入果园内采摘，也可以边采摘边吃（园内设有收费钱箱，请自行缴费）。

据考察，这些岩壁画距今已有 1000 年以上

原住民的岩壁画
Petroglyphes

位于游客中心以东 1 英里（1.6 公里）处 UT-24 沿线。虽然大环线的旅程中可以欣赏到类似的岩壁画的机会还有很多，但是这里的岩壁画描绘着宛如太空人一般奇怪的图案，值得一看。

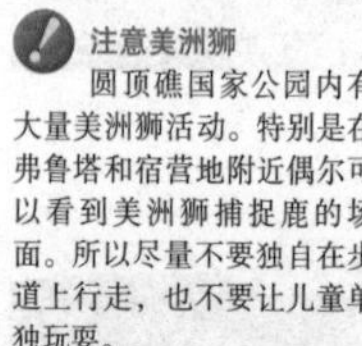
注意美洲狮
圆顶礁国家公园内有大量美洲狮活动。特别是在弗鲁塔和宿营地附近偶尔可以看到美洲狮捕捉鹿的场面。所以尽量不要独自在步道上行走，也不要让儿童单独玩耍。

鹅颈湾
Gooseneck

距离游客服务中心以西 1 英里（约 1.6 公里），有一个很小的 UT-24 的标识。从停车场向左侧步行 600 米是夕阳观景点，日落时分远处的圆

总是在宿营地周边出没的骡鹿

弗鲁塔果园有专门的工作人员在打理

TriVia 乡村商店　观光游览道路的宿营地前有农用仓库和农家小屋，这些原本是 20 世纪初期时摩尔门教教徒移民们在这里生活时的居所。房屋内部再现了当时人们生活的情景，并且兼用为乡村商店。手工制↗

顶礁岩壁上的颜色丰富多变、绚丽迷人。虽然步道的距离不是很长，却是一条很容易迷路的线路，所以应趁天黑之前返回停车场。相反地，如果从停车场向右步行200米可以到达鹅颈湾Gooseneck，只需大约5分钟。这里可以看到蜿蜒的宛如鹅颈般的河道，小心坠崖。

在进入未铺装道路之前需要确认

大型的汽车租赁公司都会有四驱车出租，不过即便是吉普车，在未铺装道路上行驶也会有很多车险项目不适用。在租车之前请一定确认好车险的适用项目。

Hondoo Rivers and Trails

Free 1800-332-2696

URL www.hondoo.com

费 大教堂峡谷 $150、走向谷 $150、古印第安人的岩壁画（→p.156）$165。以上行程费用均包含午餐。最少成团人数2人。

大教堂峡谷

Cathedral Valley

位于公园北侧的一片辽阔的区域，这里最为著名的景观是矗立于荒野之中高度约120米的一块岩石——Temple of the Sun & Moon。Caineville Wash Rd. 如果各项条件都还不错的话，普通车也是可以开进去的，但是Hartnet Rd. 途中有需要涉水渡河的路段必须需要四驱车才能通过。这两条路在雨天的时候路面会变得泥泞不堪，如果路面不变干就连四驱车也是无法在上面行驶的。而且这里每天几乎没有几辆车路过，万一车子陷入泥潭中想找人帮忙都找不到。如果想要到这里来参观，建议参加从托雷Torrey出发的1日游旅游团（需要预约）。

如果是自行驾驶四驱车前往的话，需要在游客服务中心拿一份详细的地图，并且确认好当天的路况。也不要忘记加满油，准备好充足的食物和水。另外还需要带上防寒的衣服。从游客服务中心到Wash Rd. 的入口处有18.6英里（约30公里），从这里到Temple of the Sun还需要18英里（约29公里），如果要去由几块独立的大岩石排成排的上教堂峡谷Upper Cathedral Valley还需要行驶13英里（约21公里）。开四驱车在这里转一周大约有60英里（约96公里），需要整整一天时间。

看大教堂峡谷最好是在早晨或者傍晚，这时的景色最美

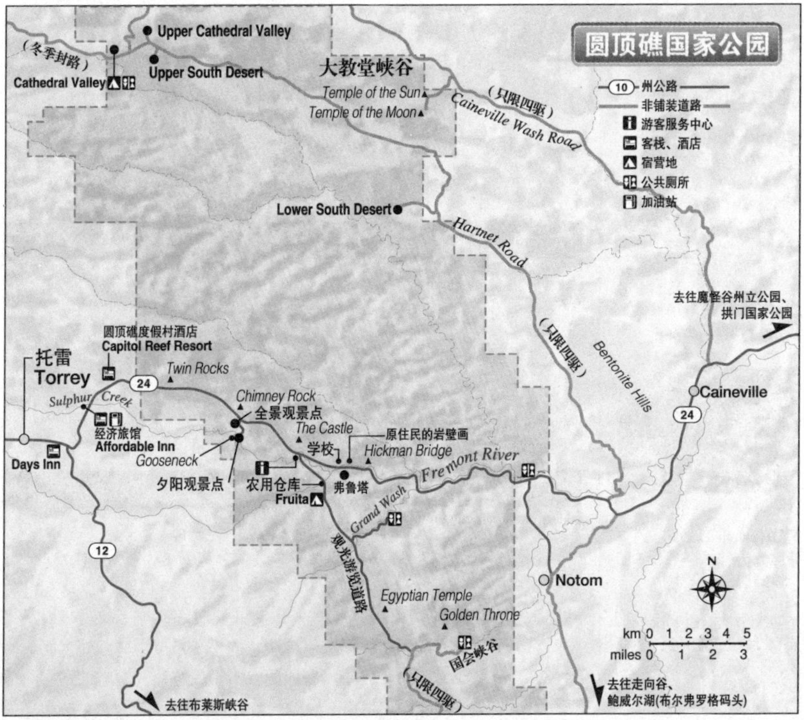

圆顶礁国家公园
10 州公路
非铺装道路
游客服务中心
客栈、酒店
宿营地
公共厕所
加油站
Upper Cathedral Valley
（冬季封路）
Cathedral Valley
Upper South Desert
大教堂峡谷
Temple of the Sun
Temple of the Moon
（只限四驱）
Caineville Wash Road
Lower South Desert
Hartnet Road
（只限四驱）
Bentonite Hills
去往魔怪谷州立公园、拱门国家公园
Caineville
24
圆顶礁度假村酒店
Capitol Reef Resort
托雷
Torrey
Twin Rocks
24
Sulphur Creek
Chimney Rock
全景观景点
经济旅馆
Affordable Inn
The Castle
原住民的岩壁画
学校
Hickman Bridge
Days Inn
Gooseneck
Fremont River
夕阳观景点
农用仓库
弗鲁塔
Fruita
Grand Wash
观光游览道路
12
Notom
Egyptian Temple
Golden Throne
国会峡谷
（只限四驱）
N
km 0 1 2 3 4 5
miles 0 1 2 3
去往布莱斯峡谷
去往走向谷、鲍威尔湖(布尔弗罗格码头)

↗作的小杂货、果酱和派非常有人气。这里的情景宛如美剧《大草原之家》中的感觉，喜欢的人可以到这里走走。只在3/14~10月下旬开放。

即使不是地质学家也会为之震惊的褶皱地貌

Burr Trail Rd. 上的"之"字形盘山路，景色十分壮观

走向谷
Strike Valley

从游客服务中心出发向东行驶 9 英里（约 14 公里），然后右转进入 Notom-Bullfrog Rd.。这条道路一直通往鲍威尔湖，虽然是土路但是被修整过，还算好开，如果路面干燥普通车也是可以通过的。走向谷的两侧是被称作 Waterpocket Fold 的褶皱地形，这些褶皱的岩层绵延起伏，十分壮观。在途中的交叉路口沿写有"Boulder"标识的方向右转进入 Burr Trail Rd.，爬上"之"字形线路的上坡之后可以看到写有"Upper Muley Twist Canyon"的标识。沿着标识向右转行驶 3 英里（约 4.8 公里），可以到达观景台，这里可以饱览峡谷的全景。但是这段路况确实不太好走，普通车辆是无法开到这里的。可以选择在停车场停好车，步行 3 英里（约 4.8 公里）到达这里，或者参加前述的旅游团。

圆顶礁国家公园 户外活动

徒步远足 Hiking

国会峡谷步道
Capitol Gorge

沿着观光游览道路的铺装路一直开到终点，然后左转，再继续沿未铺装的道路行驶 2 英里（约 3.2 公里）就可以到达停车场。从这里大约步行 2 公里，可以到达一处叫作 The Tank 的小水池。水池两侧的岩壁高耸矗立在头顶，非常有震撼力。途中还有原住民的岩壁画。这条步道几乎是没有海拔差的，平时是在干涸的河道上行走，一旦降雨时坚决不可以进入到这条步道上来。

初级 Capitol Gorge
适宜季节▶全年
距离▶往返 4 公里
所需时间▶往返约 1 小时
出发地▶ 观光游览道路终点处的停车场
设施 公共厕所

大洼地步道
Grand Wash

对于没有在窄峡谷（类似于逆溪步道 Narrows）中徒步远足过的驴友来说，这条步道是入门级，非常值得推荐。两侧是高达 150 米以上的峭壁，最窄的谷底之间只有 5 米宽。步道是沿着 UT-24 延伸的，所以从 UT-24 一侧上到步道上也是可以的。几乎没有高低差，但是一旦下雨水流就会汹涌地灌入谷内，出发前一定要确认好当日的天气状况。

初级 Grand Wash
适宜季节▶全年
距离▶往返 7.2 公里
所需时间▶往返约 90 分钟
出发地▶ 从观光游览道路的途中进入未铺装道路上的入口处。或者从游客服务中心沿 UT-24 向东行驶 5 英里（约 8 公里）处的停车场
设施 公共厕所

注意雷阵雨

希克曼天生桥步道
Hickman Bridge

这条步道的起点位于游客服务中心以东 2 英里（约 3.2 公里）处的停车场。可以一边听着潺潺的流水声，一边沿着满是仙人掌的之字形上坡路向上攀登，眼前还可以眺望国会圆顶 Capitol Dome 等岩峰，步道尽头便是希克曼天生桥（石拱）了。值得注意的是步道途中有几处不明显的路径，一定要小心。由于途中没有树荫，所以最好避开夏季的正午时分在这里徒步。

中级 Hickman Bridge
适宜季节▶ 10 月～次年 6 月
距离▶往返 3.2 公里
海拔差▶ 122 米
所需时间▶往返约 2 小时
出发地▶ 游客服务中心以东 2 英里（约 3.2 公里）处 UT-24 沿线
设施 公共厕所

圆顶礁国家公园 住宿设施

园内没有住宿设施。游客服务中心的西侧有几间汽车旅馆，地理位置、景色都还不错，都是背对着圆顶礁公园延绵的红色岩山。另外与 UT-12 公路的交叉路口处还有一间旅馆，托雷 Torrey 小镇上有大约 10 间旅馆。基本上不需要预约。

在附近城镇住宿

圆顶礁度假村酒店 Capitol Reef Resort

旅馆位于游客服务中心以西约 3 英里（约 4.8 公里）处的 UT-24 沿线上，四周被红色的岩壁包裹着，景色不错。全年营业。有餐厅、温水游泳池。有免费 Wi-Fi。

住 2600 E. Hwy. 24, Torrey, UT 84775
☎（435）425-3761
URL www.capitolreefresort.com
on $129~189 off $75~169
信用卡 A M V

经济旅馆 Affordable Inn

位于游客服务中心以西 4 英里（约 6.4 公里），上述酒店的附近。有加油站和杂货店，十分方便。住宿费用含早餐。有免费 Wi-Fi。冬季长期休业。共有 40 间客房。

住 877 E. Hwy. 24, Torrey, UT 84775
☎（435）425-3866
URL www.affordableinns.com
on $85~150 off $65~95 信用卡 A D J M V

宿营地住宿

观光游览道路入口处的 Fruita Campground 有 71 个帐篷位，全年开放，每个位子 $10。公园北部的 Cathedral Valley 和南部的 Cedar Mesa 也有宿营地，但是这两个地方没有水。帐篷位是免费的。上述宿营地均不可以预约。

特别是春季和秋季家族旅行的游客非常多，公园里会变得很热闹

Side Trip

魔怪谷州立公园 Goblin Valley State Park

MAP 文前图③ F-2
☎（435）275-4584
URL www.stateparks.utah.gov
费 $8，宿营地 $20

从圆顶礁国家公园前往拱门国家公园会途经这里。公园面积不大，但有不同于其他任何公园的奇特景观。

公园入口位于 UT-24 上的汉克斯维尔 Hanksville 以北 22 英里（约 35 公里）处。从入口再行驶 12 英里（约 19 公里）就能到达公园大门。

从观景台俯瞰谷底，能看到无数座被侵蚀得外形圆润的岩石，场面非常壮观，好像是聚集了众多妖魔鬼怪一般。

下到谷底走一走，就能知道这些岩石其实特别大，岩石那似于蘑菇的形状也会更加清晰。而且岩石形象各异，有的像正在跳舞的妖怪，也有的像妖怪把脸扭过去独自看着旁边。有 1 小时的时间基本上就能参观完。这里设有饮水系统以及厕所。

离州公路不算远，可以顺路去看一看

Reader's Voice **关于就餐** 园内没有餐厅，可以在 UT-12 与 UT-24 交会的丁字路口处的快餐店赛百味买一些吃的作为午餐带走。冬季休业。

拱门国家公园

Arches National Park

犹他州 Utah
MAP 文前图① C-3、
文前图③ F-3

DATA

时区▶ 山地标准时间 MST
☎（435）719-2299
URL www.nps.gov/arch
开 365 天 24 小时开放
宜行期 全年
费 1 辆车 $25、1 辆摩托车 $20、其他方法入园 1 人 $10，另有与峡谷地国家公园、天然桥国家保护区的通票 $50（1 年内有效）
被列为国家保护区▶ 1929 年
被列为国家公园▶ 1971 年
面积▶ 310 平方公里
接待游客▶约 128 万人次
园内最高点▶ 1723 米（Elephant Butte）
哺乳类▶ 50 种
鸟　类▶ 273 种
两栖类▶ 7 种
爬行类▶ 15 种
鱼　类▶ 10 种
植　物▶ 391 种

园内有 2000 多座石拱门，但玲珑拱门是其中最精致的一座

犹他州南部有锡安峡谷、布莱斯峡谷等众多景色优美的峡谷，因此被称为“色彩之乡”“峡谷之乡”。拱门国家公园也是其中的一个著名景区。这里石拱门（环形岩石）的数量为世界之最，在这片并不算广阔的区域内，已被发现的拱门就有 2000 多座。这些拱门讲述着漫长的地球历史，也向人们展示着大自然的伟大和奇妙。随着阳光照射角度的改变，拱门的色彩也时时刻刻在发生变化，绚丽多姿的外观超过了任何艺术品。尤其是玲珑拱门，已经成了犹他州的一个标志。

游览这座能够给人带来无限惊喜的公园时，一定要为自己的数码相机和智能手机准备好足够大的存储卡。

石窗区域

交通

拱门国家公园的门户城市为犹他州的莫阿布 Moab，从公园大门南行 5 英里（约 8 公里）可至。从莫阿布可去往拱门国家公园和峡谷地国家公园这两个公园，可以体验越野驾驶和漂流等户外运动，游客很多。春季和秋季还会在此举办吉普车越野赛和摩托车越野赛，届时这座小城将变得异常热闹。不过遗憾的是，这里交通并不方便。可以乘坐小型飞机或巴士到达莫阿布，但是从莫阿布去往拱门国家公园的巴士旅游团却非常少。最好还是从拉斯维加斯租赁汽车，在环游西南大环线的途中顺便游览。

飞机 Airlines

峡谷地机场

Canyonlands Field Airport（CNY）

位于莫阿布以北 16 英里（约 26 公里）处的小型机场。达美航空有定期航班在此起降。与盐湖城之间有两个航班（周二、周三各一班），均为小型飞机，搭乘时需要预约。

从机场到小镇中心区域，有 Roadrunner Shuttle 的巴士可以接送乘客。租车的话，可以在机场的 Enterprise 公司服务窗口办理。汽车数量有限，需要预订。能够租到四驱的吉普车。

长途巴士 Bus

从盐湖城到拱门国家公园，有 Moab Luxury Coach 公司的巴士运行。1 天 1 次往返。

另外，灰狗公司的巴士沿 I-70 行驶，可以在与 US-191 的交会处或者绿河 Green River 下车，但是那里没有能通往莫阿布的车次，也没有租车公司。

团体游 Tour

在峡谷地国家公园，四驱越野车的旅游项目很受欢迎，不过在拱

CNY
☎（435）259-4849
URL www.moabairport.com
Roadrunner Shuttle
☎（435）259-9402
URL www.roadrunnershuttle.com
Enterprise
☎（435）259-8505
Free 1800-261-7331
URL www.enterprise.com

Moab Luxury Coach
☎（435）940-4212
URL www.moabluxurycoach.com
出发
盐湖城
机场是 14:00、市中心是 14:15
莫阿布 Moab
主要的几间酒店都是在 11:00 发车（因为是具有流动性的，需要事前确认）
所需时间 4 小时
费 单程 $159

世界最长的天然石拱——风景线拱门绝对不容错过

Tag-A-Long Expeditions
☎（435）259-8946
Free 1800-453-3292
URL www.tagalong.com
运行 4~10 月 的 7:30 & 13:00；11 月～次年 3 月是 9:00。公园门票单独收费。4 人以上成团。
费 $98.68、不满 16 岁是 $87.90

到达拱门国家公园所需时间

Capitol Reef	约 3 小时
Monument Valley	约 3 小时
Mesa Verde	约 3 小时
Salt Lake City	4~5 小时

犹他州的路况信息
Free 511
Free 1866-511-8824
URL commuterlink.utah.gov

加油站
园内未设有加油站，请在莫阿布加满油后再进入公园。

门国家公园多数游客都是自驾游，旅游团巴士非常少。其中有名为 Tag-A-Long Expeditions 的半日游项目。从位于莫阿布中心区域的办公地点乘四驱越野车前往拱门国家公园，游览过平衡石 Balance Rock、石窗区 Windows Section 后，沿未铺装道路行驶。气候凉爽的季节，根据游客的要求，有时也会允许游客进行短距离的徒步游览。另外，夏季时有傍晚出发的团体游，可以在网上查询具体事宜。

租车自驾 Rent-A-Car

从纪念碑谷出发，沿 US-163、US-191 向北行驶约 166 英里（267 公里），用时 3 小时。从梅萨维德出发，沿 US-491、US-191 行驶约 149 英里（240 公里），用时 3 小时。从圆顶礁出发，沿 UT-24、I-70、US-191 行驶约 142 英里（228.5 公里），用时 3 小时。

在莫阿布，几乎所有的汽车旅馆都集中在从小镇中心穿过的 US-191 沿线。前往拱门国家公园和峡谷地国家公园可以沿 US-191 向北行驶。通过横跨于科罗拉多河上的大桥后，右侧就是拱门国家公园的入口。距离莫阿布约 5 英里（约 8 公里）。

在莫阿布租借四驱车，自驾游览拱门国家公园和峡谷地国家公园也是不错的选择。有 Enterprise 等 6 家汽车租赁公司，但汽车数量不多，一定要提前预订。

Side Trip

公园外的拱门与岩塔

从 US-191 沿科罗拉多河向西延伸的 UT-279 又叫 Potash Rd.。这条道路一直通往钾矿（→ p.154）。行驶 10 英里（约 16 公里）后，到达形似彩虹桥的日冕拱门 Corona Arch 的步道起点。沿步道游览往返 4.8 公里，用时约 2 小时。这附近还有与纪念碑谷的太阳之眼形状极为相似的蝴蝶结拱门 Bowtie Arch。继续向里走，会看到当年搬运钾矿石用的铁轨与汽车行驶的道路平行延伸，3 英里（约 4.8 公里）后，抬头向右上方看去就能看到壶柄拱门 Jug Handle Arch。

如果打算从莫阿布驶往大章克申 Grand Junction 方向，可以在拱门国家公园内沿科罗拉多河岸旁的 UT-128 行驶。此线路虽然看不到拱门，但沿路风景富于变化，是一条不错的景观线路。在莫阿布以北的科罗拉多河大桥前面右转后行驶 21 英里（约 34 公里），在未铺装道路右转后再行驶 2 英里（约 3.2 公里）就是著名的渔夫塔 Fisher Tower。徒步游览这里的步道，往返 7 公里，用时 4 小时。

注意：所有的道路上交通量都很小，尤其在降雨过后，一定要去游客服务中心确认道路状况后才能出发。

被称为“第二个彩虹桥”的日冕拱门

从汽车行驶的道路上就能看到渔夫塔

TriVia 不要命的冒险　2012 年，YouTube 上出现了有人在这里进行类似于蹦极的 Rope Swing 的视频，而且很受关注，人气暴涨。但是由于这项运动过于危险，而且也有很多人认为在珍贵的自然景观上进行极↗

拱门国家公园 漫 步

公园南面是 US-191，这里有唯一的公园入口。园内有一条长 21 英里（约 34 公里）的铺装道路，连接着各主要景点。可以沿这条道路行驶，途中停车前往各景点，或者沿着步道走一走。

徒步游览非常重要。如果不喜欢徒步的话，就基本无法欣赏到拱门国家公园的魅力。因为很多拱门都与铺装道路有一定距离，但每条步道其实都不是很长。徒步游览时不要忘记带水。

景点比较集中的区域是公园南部的市政厅大楼区 Courthouse Towers、从平衡石所在地向东可至的石窗区 Windows Section、公园中央区的熔炉 Fiery Furnace 以及北部的魔鬼花园 Devils Garden 等。

拱门国家公园极具人气

近几年来，拱门国家公园的人气急速上升，本来就很小的停车场变得车满为患。在旅游旺季（3~10 月），参观游览会很费时间，尤其是白天的魔鬼花园和傍晚的玲珑拱门步道起点停车场会异常拥挤。游览时最好避开休息日，而且要留有富余的时间。

园内只有一条铺装道路。游览时只能沿此道路往返

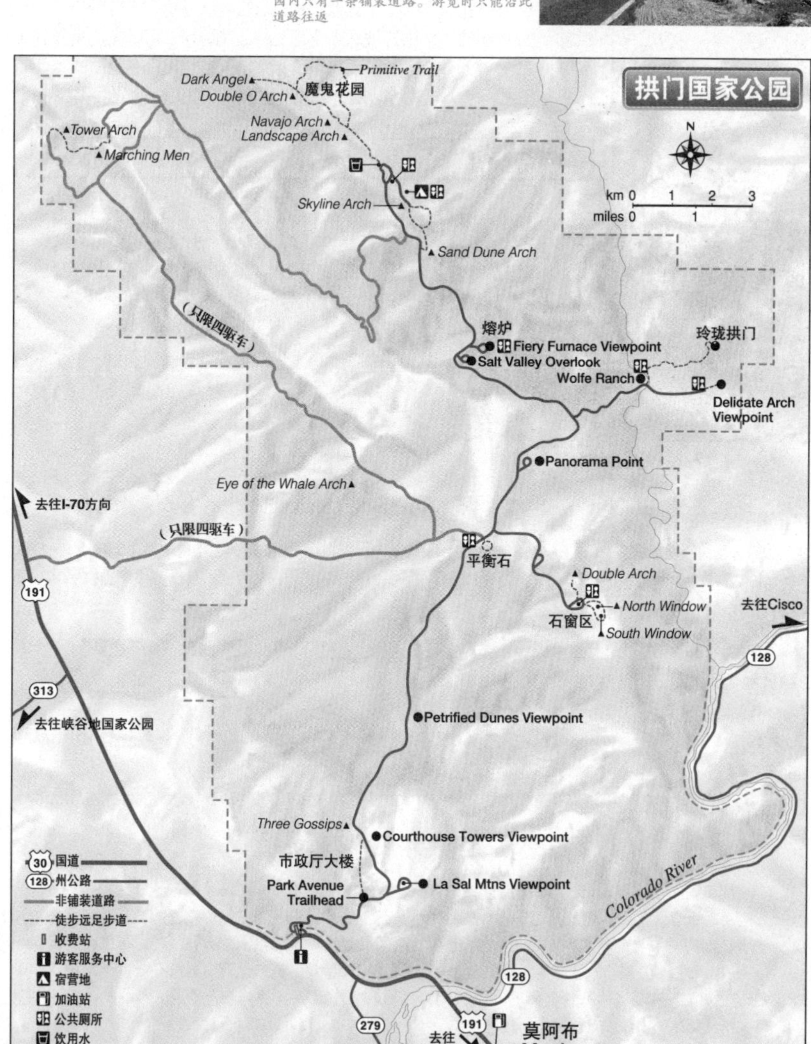

↗限运动是不妥的行为，因此引起了很大的争议。尽管如此，一些不要命的挑战者们还是蜂拥而至，最终酿成一起死亡事故。2015 年 1 月，公园方面开始禁止游客攀登拱门以及在拱门上进行 Rope Swing。

Moab Information Center
住 Main & Center Sts.（停车场位于 Center St. 的东侧）
Free 1800-635-6622
URL www.discovermoab.com
开 夏季 8:00~19:00
（周日 9:00~18:00）
冬季 9:00~17:00
（周二 13:00~17:00、周三 9:00~14:00）
休 11 月的第四个周四、12/25/、1/1

Visitor Center
☎（435）719-2299
开 4~10 月 8:00~17:30、11 月 ~ 次年 3 月 9:00~16:00
休 12/25

其他设施

除了游客服务中心和宿营地外，园内没有任何其他设施。就餐、购物、加油都要在莫阿布完成。

获取信息　Information

Moab Information Center

US-191 路旁的游客服务中心，位于小镇的中心区域。由国家公园管理局、国家森林管理局等 5 个部门共同运营，有全面介绍当地旅游的资料和照片。还可以从这里了解到拱门国家公园、峡谷地国家公园的天气状况以及步道状况。

户外运动的胜地——莫阿布

Visitor Center

从 US-191 进入公园，通过收费大门，右侧就是游客服务中心。这座建筑于 2005 年竣工，很好地融入了周围的自然环境。可以在这里先看一下片长 15 分钟的介绍短片。设有厕所和饮水系统，但没有餐厅。室外的广场上有展示牌，游客服务中心关门后也可以从这里获取必要的信息。

季节与气候　Seasons and Climate

可以在公园管理员的带领下造访“熔炉”

拱门国家公园的夏季异常炎热，有时气温会超过 40℃。徒步游览时一定要带上饮用水。另外，也不要忘记准备汽车用水。园内道路有很多起伏不平的路段，汽车容易出现过热的情况。到了冬季，天气又变得寒冷，而且会有积雪。正是这种巨大的温差才造就了园内的石拱门，所以作为游客只能忍耐一下了。

游客最多的季节是 3~10 月。特别是阵亡将士纪念日（5 月的最后一个周一）和劳动节（9 月的第一个周一）前后园内会非常拥挤。

冬季是旅游淡季，住宿费用也会相应下降。尽管非常寒冷，但拉萨尔山上的积雪与红褐色的石拱门形成鲜明的对比，景色非常漂亮。

拱门国家公园的气候数据　　日出 · 日落时刻根据年份可能会有细微变化

月	1	2	3	4	5	6	7	8	9	10	11	12
最高气温（℃）	7	11	18	22	28	34	38	36	31	23	13	7
最低气温（℃）	-6	-2	2	6	11	16	19	19	13	6	-1	-5
降水量（mm）	15	16	20	20	19	12	17	21	23	29	15	11
日出（15 日）	7:35	7:10	7:30	6:43	6:07	5:53	6:06	6:32	6:59	7:27	7:01	7:28
日落（15 日）	17:20	17:55	19:25	19:55	20:23	20:45	20:43	20:14	19:28	18:41	17:06	16:57

Side Trip

可以看到恐龙化石的米尔峡谷

从莫阿布驱车 30 分钟，就能到达一处可近距离观看恐龙化石的地点，而且化石都保持了刚被挖掘时原样。从莫阿布沿 US-191 北行 15 英里（约 24 公里），过了 141 号里程碑后左转。进入未铺装道路行驶 2 英里（约 3.2 公里）便可到达（雨后以及积雪期不能进入）。

米尔峡谷 Mill Canyon 有埋于地层下的 1.5 亿年前的跃龙、剑龙骨骼化石、岩石斜面上的恐龙足迹以及硅化木（→ p.175），可以在徒步游览时参观。虽然化石周围没有栅栏等保护设施，但游客绝不可将化石带走。
☎（435）259-2100　费 免费

咄咄逼人的高耸的摩天大楼

夺宝奇兵

电影《夺宝奇兵-3 最后的圣战》的开头中，描述了印第安那·琼斯少年时的故事。影片中出现了派克大街、平衡石、双拱门等拱门国家公园内的景观。

拱门国家公园 主要景点

派克大街
Park Avenue

初级 Park Avenue
适宜季节▶全年
距离▶单程 1.6 公里
所需时间▶单程约 45 分钟
海拔差▶ 98 米
出发地▶ Park Avenue

从游客服务中心爬上“之”字形的陡坡之后位于左侧的便是派克大街了。说到派克大街，首先想到的应该是位于曼哈顿的豪华街区的大街两旁高楼林立的场景。为什么犹他州的辽阔大地上，会有这样一个名字？站在步道入口处向前观望，就不难明白这名字的来历了。步道穿过的峡谷两侧，矗立着被称为“鱼翅”的巨大屏风状岩石，宛如高楼林立的大都市街区一般。这雄伟的气势，就连真正的派克大街也自愧不如。如果下到谷底抬头仰望，那气势更是咄咄逼人。步道的终点是市政厅大楼 Courthouse Tower 的观景台，也可以留在最后开车来这里转一圈。

左边是三个闲聊者，右边的是绵羊岩

市政厅大楼
Courthouse Towers

派克大街的北端有大量的巨岩聚集，非常有气势地矗立在那里的是管风琴 The Organ，指向天空方向的是通天塔 Tower of Babel，剪影宛如绵羊般的巨石叫作绵羊岩 Sheep Rock，好像 3 个人围在一起说悄悄话的岩石叫作三个闲聊者 Three Gossips，试着在巨岩群里找出这些巨石吧。

平衡石
Balanced Rock

距离游客服务中心约 9 英里（约 14 公里）。虽然这里没有石拱但绝对是一处不可不去的景观。登顶后看到平衡石，感觉随时有可能会掉下来。以前旁边还有一个宛如平衡石的孩子一般的岩石（Chip-Off-the-Old-Block），非常遗憾在1976年的一场暴风中被吹毁了。而平衡石的寿命其实也是危在旦夕了。真正的石头比照片中的感觉更加巨大。还有一条围绕景点周边的徒步步道，全程只需 30 分钟，不妨走走看。虽然拍照最好的地点是步道的入口处，但是下到底下之后才能真正体会到平衡石的巨大。

平衡石根据所看到的角度不同形状也大有不同

Balanced Rock
设施 公共厕所

注意站在双拱门下的人的大小！

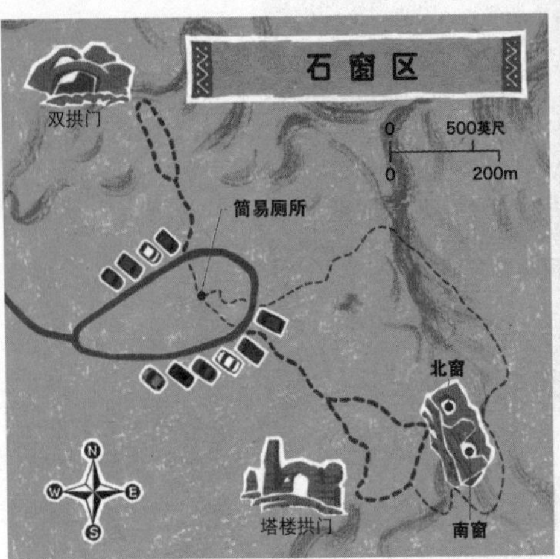

石窗区

Windows Section

初级 Windows Section
适宜季节▶全年
距离▶ 1 周 1.6 公里
所需时间▶ 1 周 30~45 分钟
出发地▶ Windows Section
设施 公共厕所

平衡石往前一点右转后便可以到达石窗区，这个区域集中了许多大型拱门、石窗等景观。把车停在停车场后，沿步道稍微走几步就可以看到北窗 North Window 和南窗 South Window。从正前方的塔楼拱门 Turret Arch 看过去，中间的石头好像鼻子，两边的北窗南窗好像两只眼睛，所以它们的别名也被叫作眼镜 Spectacles。

位于大窗正对面的是塔楼拱门

初级 Double Arch
适宜季节▶全年
距离▶往返 1 公里
所需时间▶往返 30 分钟
出发地▶ Windows Section
设施 公共厕所

然后返回停车场，沿着与刚才反方向的短途步道一直走可以看到双拱门 Double Arch。这是一座非常罕见的拱门，在同一个位置有两座拱门成“V”字形架在空中，也正是因为这个奇观，这里是公园内非常有人气的景点。

熔炉

Fiery Furnace

Ranger Fiery Furnace
距离▶ 1 周约 3.2 公里
所需时间▶约 3 小时
出发地▶ Fiery Furnace Viewpoint
设施 公共厕所
费 $15、5~12 岁 $8
※不满 5 岁不能参加。请在出发 6 个月 ~4 日前于下面的网站中提出申请。如果当天有空缺的名额，也可申请参加。
网 www.recreation.gov
如准备个人进入需要取得许可证才可以。

如果迷失了方向是十分危险的，一定不要擅自入内

景如其名，宛如熔炉一般，在灼热的大地上坐落的岩石群守望着远处的拉萨尔山脉，给人留下了深刻的印象。从观景台往里还有一条徒步步道，4~9 月期间每天有 2 次由公园管理员带领的徒步游活动，如果有时间强烈建议参加一下。虽说是步道，但是途中几乎没有指示标识，非常容易迷路。步道途中会有攀岩等情况，尽量穿着登山衣或者比较方便活动的衣服与鞋。

Notes **熔炉的徒步游活动** 活动分别在上下午举行 1 次，只有上午的活动可以提前预约。下午的活动需要在游客服务中心提出申请，不是每天都有下午的活动。

魔鬼花园
Devils Garden

虽然名曰“魔鬼花园”，但实际上却是拥有各式各样石拱的“梦幻庭园”。沿着园内的铺装道路一直行驶到最深处，停下车沿步道走走看。旅游旺季的时候在停车场找车位是件非常困难的事情，所以建议在早晨游览这里。

出发后不久右侧会出现一个分岔路，走过去可以看到隧道拱门 Tunnel Arch 和松树拱门 Pine Tree Arch（石拱的镂空部分长着一棵小松树）。看完这两个景点可以返回步道，继续前行，很快就可以看到位于左手边的风景线拱门 Landscape Arch，跨度 88.4 米，是世界上最长的拱门。第二位的是锡安国家公园的科罗布拱门（→ p.116），但是由于该拱门是从断崖岩壁上镂空的拱门，从观景台看过去镂空部分的后面有岩壁挡着，不能完全透视。风景线拱门最细的地方只有 1.8 米，随时有可能断毁。近年，有数次崩落，所以石拱下方十分危险，出于安全考虑公园关闭了通往石拱下方的步道。与平衡石一样，属于随时有可能消失的奇观。

沿着步道继续前行还会看到于 2008 年崩塌的墙拱 Wall Arch、纳瓦霍拱门 Navajo Arch，还有酷似两扇上下打开着的窗户一般的双环拱门 Double O Arch，最里侧的是塔状的岩石，被称作黑暗天使 Dark Angel。如果只想简单走一走到风景线拱门就可以折返了。想要看到双环拱门的话需要走上相当一段时间，还需要翻过两侧矗立的岩石。特别是大风天气十分危险。

如果有时间有体力，从双环拱门返回的时候可以绕路走一下原始步道 Primitive Trail。Primitive 的意思是“未经过整修的”“原始的”。所以，这条步道是近乎于野路的线路，一定要有心理准备哦！途中有时会走在湿滑的岩背上，所以最好穿登山鞋。雨后和结冰期、积雪期尽量不要走这条路。另外，这条路很容易迷路，一定要注意用小石子堆的路基，按着路的方向前行。

初级 Landscape Arch
适宜季节▶全年
距离▶往返 3.2 公里
所需时间▶往返约 1 小时
出发地▶ Devils Garden Trailhead
设施 公共厕所 · 饮用水

中级 Double O Arch
适宜季节▶ 3~6 月、9~11 月
距离▶往返 6.4 公里
所需时间▶往返 2~3 小时
出发地▶ Devils Garden Trailhead
设施 公共厕所 · 饮用水

高级 Primitive Trail
适宜季节▶ 3~6 月、9~11 月
距离▶ 1 周 11.5 公里
所需时间▶ 1 周 3~6 小时
出发地▶ Devils Garden Trailhead
设施 公共厕所 · 饮用水
※ 途中有多处一旦摔倒会处于危险境地的位置，所以当岩石潮湿、大风天气等外界因素不好的时候最好不要走这条路。

步道上沙土很多，不是很好走，一定要多带些水

墙拱（上）于 2008 年 8 月突然崩毁（下）

©NPS

©NPS

不需要徒步便可以欣赏到拱门的方法

从沃尔夫牧场继续沿道路行驶 1.2 公里，有一处玲珑拱门观景台。虽然不用徒步远足也可以看到拱门，但只能是从远处看全貌而已。再向里走有一条步道，沿着步道攀登 15 分钟，可以隔着山谷再次看到玲珑拱门。

玲珑拱门

Delicate Arch

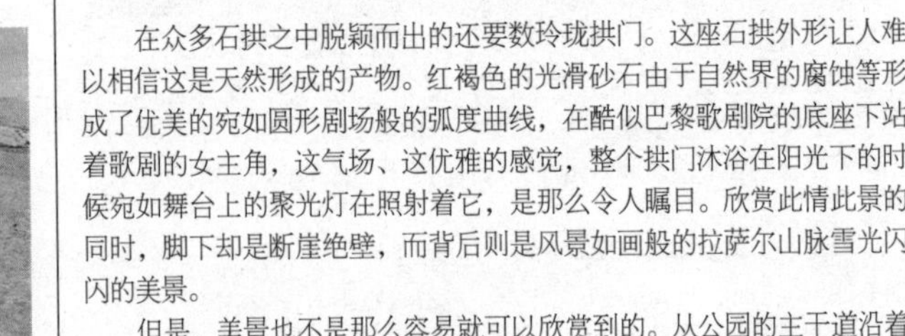

在众多石拱之中脱颖而出的还要数玲珑拱门。这座石拱外形让人难以相信这是天然形成的产物。红褐色的光滑砂石由于自然界的腐蚀等形成了优美的宛如圆形剧场般的弧度曲线，在酷似巴黎歌剧院的底座下站着歌剧的女主角，这气场、这优雅的感觉，整个拱门沐浴在阳光下的时候宛如舞台上的聚光灯在照射着它，是那么令人瞩目。欣赏此情此景的同时，脚下却是断崖绝壁，而背后则是风景如画般的拉萨尔山脉雪光闪闪的美景。

但是，美景也不是那么容易就可以欣赏到的。从公园的主干道沿着标识一直开转向东后 3 分钟，需要从沃尔夫牧场 Wolfe Ranch 沿着步道继续徒步 2.4 公里才可到达。虽然距离看似不是很远，但是途中道路崎岖很是难走。雨后更是湿滑，注意一定不要擅自离开步道。尽管路途很是艰难，单程需要 1 小时，不过一旦到达玲珑拱门就会有一种此生不枉此行的快感，疲劳之感瞬间烟消云散。

如果找不到路可以试着寻找茶色的标识或者小石堆，沿着这些提示可继续前行

Trail Guide

玲珑拱门步道

中级 Delicate Arch

适宜季节▶ 3~6 月、9~11 月

距离▶往返 4.8 公里　**所需时间▶**往返 2~3 小时

海拔差▶ 146 米　**出发地▶** Wolfe Ranch

设施 公共厕所　※ 白天记得带上 1 升以上的饮用水，傍晚的时候需要带一个手电筒。

上个厕所修整一下，就可以穿过眼前的小河开始徒步远足了。开始是一段在原野上行走的平坦路段，途中会遇到一块巨大的岩石，需要翻过这座岩石才可以继续前行。这个部分还是有些难度的。需要小步幅、快节奏地行走。虽然小石堆是步道的指向标识，但是这里到处都是小石堆，难免会让人有些困惑。不过，只要从左侧绕过正面的岩石然后直行，方向是不会错的。

越过巨岩之后，步道的路面会变得不是很好走，有许多细小的沙砾和岩石的碎渣混杂在一起。这时左侧有一些奇怪的石头，可以一边观赏一边前行，走着走着就走到一处非常狭窄的断崖边缘，强风天气时通过这里一定要多加小心。然后，翻过右侧的岩壁忽然间玲珑拱门就呈现在眼前了。

如果想要拍照，上午的时候有点逆光。最好是在落日时分的时候拍照，这个时间夕阳染红了天空和玲珑拱门，景色极为壮观。可以在游客服务中心确认好日落的时间，提前 1 小时到达玲珑拱门便可。如果不提早一些到的话，可能会没有地方停车。

如果等到太阳下山再返程的话天色会变暗。这个时候的岩石表层也最湿滑，一定要小心脚下。

与远处的拉萨尔山脉雪景形成了鲜明的对比

按照标识提示前行　玲珑拱门步道上有多处写有“TRAIL”字样的茶色标识。途中需要左转的拐角处也立有标识。

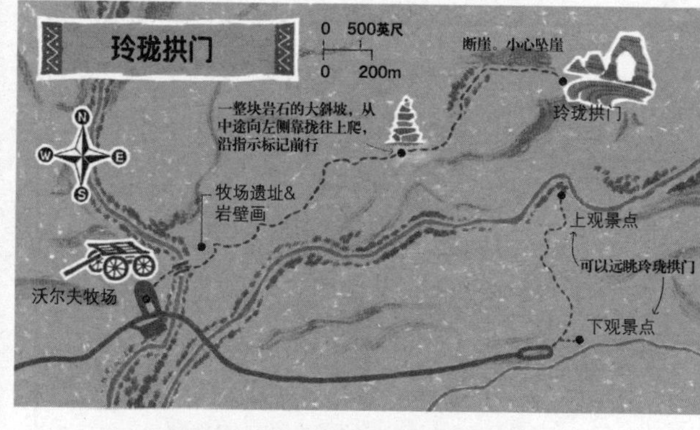

来到上观景点 Upper View Point 可以清楚地看到玲珑拱门背后的断崖

拱门国家公园 户外活动

徒步远足 Hiking

园内修建了许多步道，可以沿步道去往远离观景点的各个拱门游览。其中，一定不能错过的是通往玲珑拱门的步道。

关于主要的步道，可以参见前面主要景点内容的栏外信息。这里气候炎热且干燥，所以一定要带上水。在游客服务中心的自动售货机上可以买到凉的矿泉水。园内不销售任何食品。

远古时代的蓝菌进行光合作用，放出氧气，对地球环境的变化产生了巨大影响

主要拱门 & 天然桥的比较

（红字为天然桥）	洞宽（米）	洞高（米）
Shipton's Arch 希普顿天门（中国）	45.7	365.8
Aloba Arch（查德共和国）	76.2	120.0
Landscape Arch	88.4	23.6
Kolob Arch（→p.116）	87.5	31.9
Rainbow Bridge（→p.96）	83.8	75.6
Sipabu Bridge（→p.170）	81.7	67.0
Kachina Bridge（→p.170）	62.2	64.0
Owachomo Bridge（→p.170）	54.8	32.3
Double Arch（南侧）	44.4	34.1
（西侧）	18.3	26.2
South Window	35.1	17.1
North Window	27.4	14.6
Double O Arch（上部）	20.3	10.8
Skyline Arch	21.1	13.7
Turret Arch	11.9	19.5
Delicate Arch	10.0	13.7

Shipton's Arch 的洞高为 National Geographic 的测量结果（洞宽为推测值），Aloba Arch 的相关数值为 The Natural Arch and Bridge Society 的测量结果。

不要离开步道

在拱门国家公园内，随处都能见到被蓝菌这种地衣类苔藓覆盖着的土壤。蓝菌仿佛是立于地面的黑色冰针，可以防止土壤风化，在维系拱门国家公园的生态上起到了重要作用。不过现在，游客们对地面的踩踏已经对这里的土壤产生了影响。据说完全恢复需要 250 年的时间。所以务必要记住游览时不能离开步道。

TriVia **原住民的岩画** 沿玲珑拱门步道游览，出发后不久，走过一座桥然后左转继续前行 3 分钟，就能看见欧洲移民留下的小屋 Wolfe Ranch 以及原住民留下的描绘着大角羊等形象的岩画。

GEOLOGY

石拱门 & 天然桥

对“中间开孔的岩石”有多种称谓，标准也不一。有的人把超过 3 米的此类岩石称为石拱门，把小于 3 米的称为石孔 Hole。也有的人把石孔纵向细长的岩石称为石窗 Window，把石孔横向较宽的称为石拱门。在拱门国家公园，把最短方向的石孔径长超过 3 英尺（91 厘米）的称为石拱门。

那么石拱门与天然桥又有什么区别呢？地质学家认为“在化学性、物理性侵蚀作用下形成的叫石拱门，而被河水或雨水冲刷形成的叫天然桥”。例如，河流水量增加时，在河流转弯处，在水流的冲击下，外侧河岸会被不断磨损。当冲开口子后，水流从口子流出并继续冲刷岩石。就这样，最终形成了天然桥。犹他州南部有 4 座天然桥，其中，鲍威尔湖的彩虹桥 Rainbow Bridge（→ p.96）是世界上最大的天然桥。

像拱门国家公园一样，在风、霜、雨、阳光的综合作用下形成的叫石拱门。经过细致的测量而得到广泛认可的石拱门中，拱门国家公园内的风景线拱门是世界最大的，第二大的是锡安国家公园内的科罗布拱门。犹他州是世界上为数不多的天然桥和石拱门的宝库。

石拱门的形成过程

远古之海

2.5 亿年前，这里是一片广阔的内海。当时，这里距离赤道更近，气候炎热干燥，因此海水容易蒸发，水中的盐分便沉积下来。由于海平面高度的变化，反复出现海水流入内海然后又被蒸发的现象，最终在这里沉积下厚达 1500~1800 米的盐。水位稳定后，盐层之上又开始有土石沉积。在压力（重量）的作用下，盐层像冰川一样开始移动。移动的盐层向压力相对较小的方向挤压，有的部分横向移动，有的部分向表面移动，经过 2 亿年的时间，形成了被称为背斜构造的山丘。

距今 1 亿年前，盐层停止运动，上面砂石等其他沉积物也形成了地层。

水的侵蚀

在距今 4000 万年前的地壳运动中，这一带的地面开始抬升。科罗拉多河与格林河开始侵蚀地表。上层部分被侵蚀掉，盐层的背斜构造逐渐露出地表。水渗入盐层，将盐溶解，失去底部支撑后，上层部分中便出现峡谷和裂缝。

在拱门国家公园，上层部分是近乎红色的埃特拉达砂岩层 Entrada Sandstone，比下层部分的纳瓦霍砂岩层 Navajo Sandstone 强度要低，多数石拱门都是由这种砂岩形成。

埃特拉达砂岩层上的裂缝，在雨水的作用下进一步扩大，形成被称为“fin”的薄板状岩石。现在，可以在熔炉拱门、魔鬼花园等地见到典型的 fin。

形成石拱门的最后阶段

Fin 上出现石孔后就变成了石拱门。那么，石孔是如何出现的呢？主要有两种力量发生作用。

第一个是酸性物质的力量。雨水混入大气中的二氧化碳后变成弱酸性，在与埃特拉达砂岩颗粒之间的碳酸钙发生反应后，岩石便会开裂剥落。

另一个是冰霜的影响。水渗入岩石中较为薄弱的部分，结冰后体积增大，岩石被撑裂并剥落。在 Entrada 砂岩层之中，较软的 Dewey Bridge 层与光滑岩石层相交处，经常会发生这种现象。

只要出现孔洞后，岩石就开始从里向外剥落。至此还没有完全形成石拱门。有的情况需要再用 1000 年左右的时间石拱门才能逐渐成形，也有的情况一夜之间孔洞的大小就能增加一倍（天际拱门的石孔在 1940 年就突然增大了一倍，1991 年曾经有一块长 18 米、宽 3.4 米、厚 1.4 米的石板从景观拱门上脱落）。关于石拱门有说不尽的故事。

1940 年岩石崩塌，一夜之间就让天际拱门的石孔增大了

Reader's Voice 值得推荐的酒店　位于主干道路东侧的 Moab Valley Inn 提供早餐，有 4 台投币洗衣机（24 小时可用）。酒店正面设有超市，超市旁边还有 20 台投币洗衣机，8:00~18:00 可以使用（根据当天为周几，时间会↗

宿营地住宿

魔鬼花园的停车场附近有一个宿营地——Devils Garden Campground。既没有电源和丢垃圾的场所，也没有淋浴房。虽然是通年开放，但是冬季有时候会因水管被冻住而没有饮用水。1天$20。共有50个帐篷位，几乎所有位子都可以在3~10月通过互联网或者电话进行预约（手续费$9）。11月~次年2月只有一半的帐篷位开放使用，先到先得。

宿营地的预约（只限3~10月）
Free 1877-444-6777
URL www.recreation.gov
受理时间是入住6个月前~4日前。

在附近城镇住宿

莫阿布华美达旅馆 Ramada Inn Moab

位于城镇正中心的国道沿线，是一座大型的汽车旅馆。客房内十分宽敞，有咖啡 & 泡茶机，还有大冰箱和微波炉。Wi-Fi 免费。酒店大堂有可供客人使用的电脑。

宽敞舒适的客房

周围是商店和餐厅

旁边是粉饼店，斜对面是一间中国菜馆，非常方便。全馆禁烟。

住 182 Main St., Moab, UT 84532
☎（435）259-7141　Free 1888-989-1988
URL www.ramadainnmoab.com
on $142~189　off $50~169　信用卡 AMV

阿帕奇汽车旅馆 Apache Motel

从城镇中心出发在BW的转角处向东开4个街区。虽然离国道有些远，但是价格很便宜。客房十分质朴，稍微有些老旧。没有咖啡机。有吹风机。早晨提供免费的华夫饼 & 咖啡套餐。全馆禁烟。

房间内有冰箱和微波炉，非常方便

住 166 S. 400 E., Moab, UT 84532
☎（435）259-5727　Free 1800-288-6882
URL www.apachemotelinmoab.com
on off $45~175　信用卡 MV

位于距离国道稍远的住宅街区

莫阿布　Moab, UT 84532 距离公园大门5英里（8公里）约40间

旅馆名称	地址·电话	费用	信用卡·其他
Best Western Greenwell Inn	住 105 S. Main St.　☎（435）259-6151 FAX（435）259-4397 Free 1800-780-7234 URL www.bestwesternmoab.com	on $153~230 off $80~180	ADJMV　位于镇子的中心。全馆禁烟。房间内有微波炉、冰箱。有免费 Wi-Fi。含早餐。有投币式洗衣房、中国菜馆。
Rodeway Lankmark Inn	住 168 N. Main St.　☎（435）259-6147 FAX（435）259-5556　Free 1877-424-6423 URL www.rodewayinn.com	on $159~214 off $58~79	ADJMV　位于镇子的中心。客房内都有微波炉、冰箱。包含早餐。有投币式洗衣房。全馆禁烟。有免费 Wi-Fi。
Bighorn Lodge	住 550 S. Main St.　☎（435）259-6171 Free 1800-325-6171 URL www.moabbighorn.com	on $100~130 off $50~80	AMV　位于镇子的南侧。所有客房内有冰箱、微波炉。有免费 Wi-Fi、牛排店。全馆禁烟。
Red Stone Inn	住 535 S. Main St.　☎（435）259-3500 Free 1800-772-1972 URL www.moabredstone.com	on $105~120 off $90~105	AMV　位于镇子的南侧。所有客房内有冰箱、微波炉。店内有免费 Wi-Fi。

↗有所不同）。住 711 S. Main St.　☎（435）259-4419　URL www.moabvalleyinn.com　费 $70~199　Wi-Fi 免费

峡谷地国家公园

Canyonlands National Park

从格林河观景台望去的夕阳景色与上午时的景色判若两地

©Tsuneo Yamamoto

犹他州 Utah
MAP 文前图① C-3、文前图③ G-3

红色的科罗拉多河冲刷着这片大地，茶绿色的格林河的河水也在这里留下了深深的印记。这两条全然不同的河水汇聚于此，经过若干年的冲刷使这片大地的谷底更加深邃。这片壮丽的景观之地便是峡谷地国家公园了，虽然距拱门国家公园不远但景色却全然不同。这里是越野车的天堂，如果你对自己的驾驶技术有信心，不妨在莫阿布小镇租一辆吉普车或者四驱越野车，挑战一下这片大开大阖的荒野风光。

雄伟景观观景点（Grand View Point）

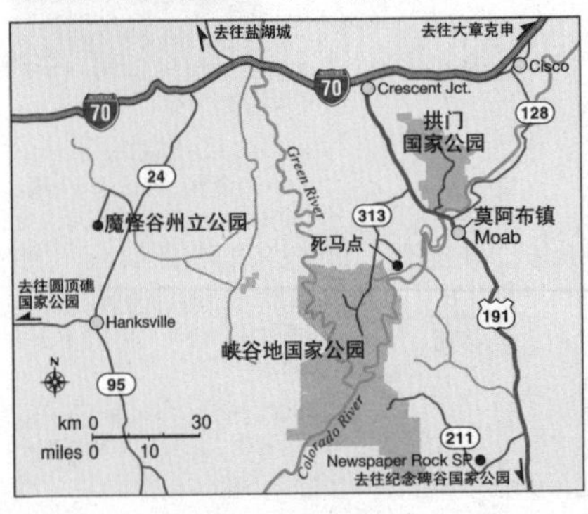

交通

门户城市与拱门国家公园一样都是莫阿布镇 Moab（→ p.141）。

科罗拉多河与格林河呈"Y"字形合流把园内分割成为了 3 个区域。分别是北侧的天空之岛 Island in the Sky、东南侧的针峰区域 Needles 和西南侧的迷宫区域 Maze。园内没有一座横跨河道桥梁，3 个区域之间也没有互相连接的道路和步道。如果你是第一次拜访这里，建议选择一般车辆也可以行驶的天空之岛区域。如果时间充裕还可以顺便去一下针峰区域。迷宫区域是一片荒蛮之地，必须要在野路上行驶很长一段距离才能够到达。

团体游 Tour

Tag-A-Long Expeditions

乘坐摩托艇从死马点顺流而下，到达峡谷地国家公园后换乘吉普车，在园内的未铺装道路行驶一段时间后到达天空之岛区域。虽然途中没有绕行去比较受欢迎的观景点，但可以从不寻常的视点观看另一片景色。可以从莫阿布镇的各个酒店接送。其他还有针峰区域的团体旅游或者专业的漂流项目等各式各样的旅游项目。

租车自驾 Rent-A-Car

从莫阿布镇去往天空之岛区域，需要从镇子出发沿 US-191 北上，经过拱门国家公园的入口后行驶一段距离左转至 UT-313。从莫阿布出发大约需要 40 分钟才可以到达公园的游客服务中心。

去往针峰区域需要从莫阿布镇出发沿 US-191 向南行驶，然后右转至 UT-211。穿过报纸岩州立公园后大约 1 小时就可以到达游客服务中心了。如果准备去纪念碑谷可以在途中顺便到这里游览。

峡谷地国家公园 漫 步

如果只是想参观公园的景观，天空之岛和针峰区域就足够了，分别需要半天到 1 天的时间。但是峡谷地国家公园最大的魅力在于这里的活动项目。可以骑着山地自行车在岩石上穿行，或者在野路上飞奔，还可以参加这里的飞行游览项目，都是十分有趣。

DATA

时区▶ 山地标准时间 MST
☎（435）719-2313
URL www.nps.gov/cany
开 365 天 24 小时开放
宜行期 全年
费 1 辆车 $25、1 辆摩托车 $20、其他方法入园 1 人 $10 另有与峡谷地国家公园、天然桥国家保护区的通票是 $50（1 年内有效）
被列为国家公园▶ 1964 年
面　积▶ 1366 平方公里
接待游客▶约 54 万人次
园内最高点▶ 2170 米（Cathedral Point）
哺乳类▶约 50 种
鸟　类▶ 273 种
两栖类▶ 7 种
爬行类▶ 21 种
鱼　类▶ 54 种
植　物▶ 570 种

Tag-A-Long Expeditions
☎（435）259-8946
Free 1800-453-3292
URL www.tagalong.com
出发 3~10 月的 7:30
费 $163.66、未满 16 岁是 $142.80（包含午餐、公园门票）

针峰区域的奇岩宛如针峰林一般。驾驶越野车在这些奇岩之间来回穿梭的活动十分有人气

园内设施

在3个区域各自的入口处分别设有游客服务中心，但是没有商店、餐厅和加油站。一旦离开游客服务中心也没有可以饮水的地方。所有补给需要在莫阿布小镇准备齐全。

天空之岛游客服务中心
Island in the Sky Visitor Center
☎（435）259-4712
开 夏季 8:00~18:00、冬季 9:00~16:00
休 11月第四个周四、12/25、1/1
※ 饮用水只能在自动贩卖机上购买。

初级 Grand View Point Trail
适宜季节▶ 9月～次年6月
距离▶ 往返3公里
所需时间▶ 往返约1小时
出发地▶ Grand View Point

初级 Mesa Arch
适宜季节▶ 全年
距离▶ 一周800米
所需时间▶ 一周30分钟
出发地▶ Mesa Arch停车场

初级 Upheaval Dome First Overlook
适宜季节▶ 全年
距离▶ 往返1.5公里
所需时间▶ 往返30分钟
出发地▶ Upheaval Dome停车场

死马点州立公园
Dead Horse Point SP
MAP 文前图③ FG-3、p.163
☎（435）259-2615
游客服务中心
设施 公共厕所·饮用水
开 夏季 8:00~18:00、冬季 9:00~17:00（公园大门是6:00~22:00开放）
费 每辆车 $10
※ 由于这里不是国家公园，所以不能使用美国国家公园年票。

峡谷地国家公园 主要景点

天空之岛
Island in the Sky

这个区域的名字是非常浪漫的“天空之岛”。从游客服务中心出发大约行驶12英里（约19公里）可以到达雄伟景观观景点 Grand View Point，站在这里就不难理解这浪漫名字的来历了。

位于雄伟景观观景点前方的巴克峡谷观景台

去往上述观景点的途中还会经过几个观景台。其中，梅萨拱门 Mesa Arch 与透过拱门看到的日出美景最为著名。其次，在格林河观景台 Green River Overlook 赏夕阳也很值得推荐。

在剧变圆丘 Upheaval Dome 可以欣赏与到其他地方不同的景色。只需要攀登很短的一段步道，就可以观赏到如火山口一般的弧形坑。关于这个大坑的来历至今说法各异，既有地球隆起之说，又有陨石坑之说。

只需要步行很短一段步道便可以到达的梅萨拱门

死马点州立公园
Dead Horse Point State Park

从莫阿布出发到达这里大约需要45分钟。在去往天空之岛的途中沿UT-313行驶，看到路标向左转，便可以到达。这里的夕阳色彩独特，科罗拉多河在这里180°大转弯形成了一个鹅头形状的半岛，也被称为“鹅颈湾 Goose Neck”。很久以前，当地的牛仔们会追赶生活在鹅颈湾上的野马群，在只有27米宽的半岛顶部设置栅栏，在那里将野马群捕获。但是，后来不知道牛仔们由于什么原因去了别的地方，马群们逐渐饿死渴死，经过一段时间后人们发现了已经白骨化的野马尸体。从此以后这里便被称为死马点。

随着时间的变化逐渐变换色彩是这里的一大看点之一

现在，在野马们死去的断崖以金雕和隼经常出没而著称。运气好的话还可以看到加利福尼亚兀鹫（→p.63）。

Trivia 钴蓝色的一汪水 从死马点停车场向东俯瞰，可以欣赏到这雄伟景观的另一个侧面。在科罗拉多河畔有一片钴蓝色的水池。这是化肥原料氯化钾的矿山。虽然开采氯化钾要抽取大量的地下水，由此可能↗

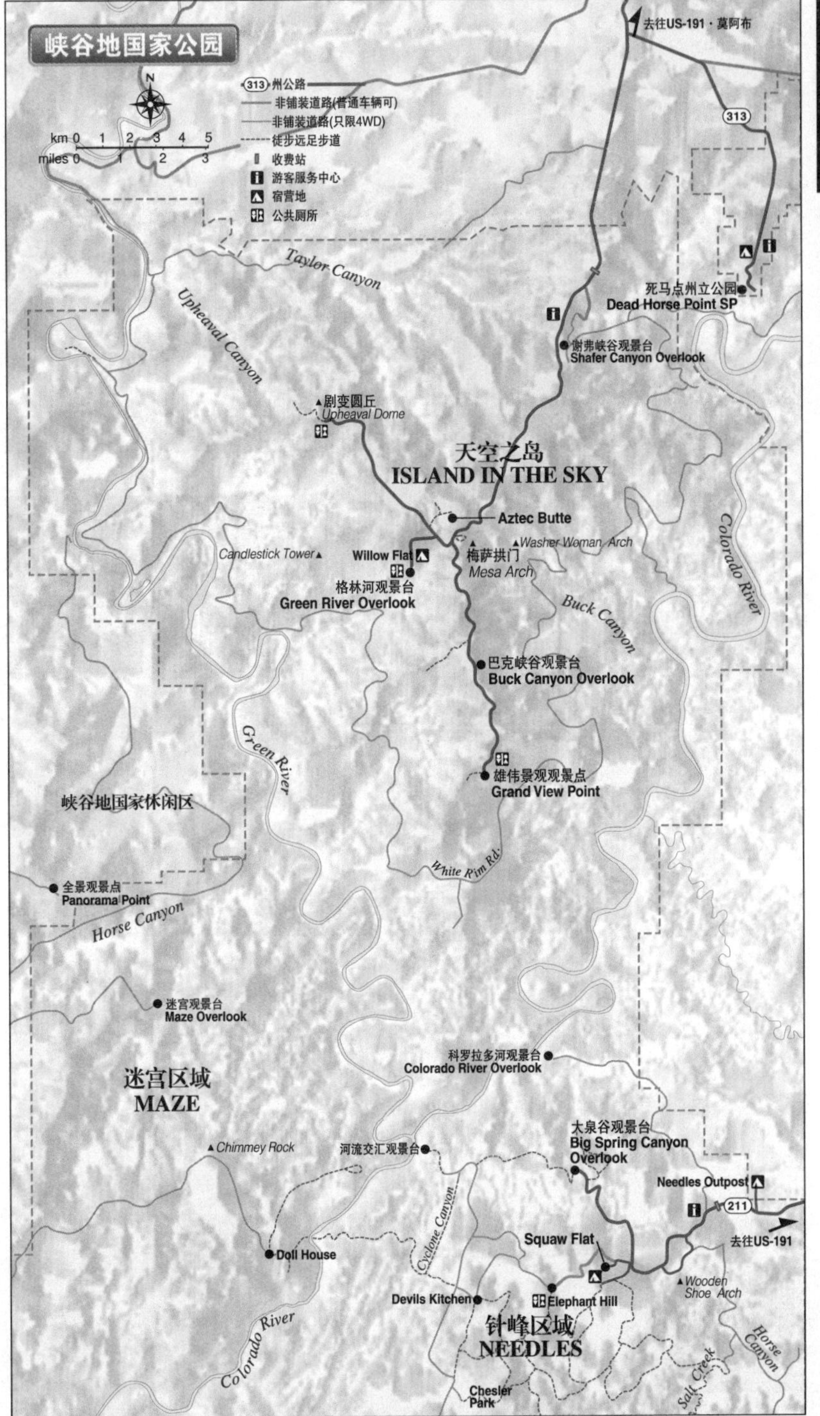
峡谷地国家公园
313 州公路
非铺装道路(普通车辆可)
非铺装道路(只限4WD)
徒步远足步道
收费站
游客服务中心
宿营地
公共厕所
km 0 1 2 3 4 5
miles 0 1 2 3
去往US-191・莫阿布
313
Taylor Canyon
Upheaval Canyon
死马点州立公园
Dead Horse Point SP
谢弗峡谷观景台
Shafer Canyon Overlook
剧变圆丘
Upheaval Dome
天空之岛
ISLAND IN THE SKY
Aztec Butte
Washer Woman Arch
Candlestick Tower
Willow Flat
梅萨拱门
Mesa Arch
格林河观景台
Green River Overlook
Colorado River
Buck Canyon
巴克峡谷观景台
Buck Canyon Overlook
Green River
雄伟景观观景台
Grand View Point
峡谷地国家休闲区
White Rim Rd.
全景观景点
Panorama Point
Horse Canyon
迷宫观景台
Maze Overlook
科罗拉多河观景台
Colorado River Overlook
迷宫区域
MAZE
大泉谷观景台
Big Spring Canyon Overlook
Chimmey Rock
河流交汇观景台
Needles Outpost
211
去往US-191
Squaw Flat
Cyclone Canyon
Doll House
Wooden Shoe Arch
Devils Kitchen
Elephant Hill
针峰区域
NEEDLES
Colorado River
Horse Canyon
Salt Creek
Chesler Park

↗导致的环境问题十分令人担忧，但是钾矿只存在于特定的地区，属于非常宝贵的资源，所以目前州政府以及当地政府似乎都不打算对开采加以什么限制。

针峰区域游客服务中心
Needles Visitor Center
☎（435）259-4711
开 8:30~16:00
休 11 月第四个周四、12 月上旬 ~ 次年 3 月上旬

象山 Elephant Hill

针峰区域的象山地区是世界上众多越野驾驶爱好者最为向往的地方。对于经验尚浅的人来说，如果轻易地闯入这个地区会非常危险。这里还有徒步步道，但是地形复杂，非常容易迷路，需要格外小心。

象山

Tag-A-Long Expeditions
→ p.153

针峰区域 1 日游

包含乘坐四驱车在针峰区域游览、参观盐溪 Salt Creek 等项目。最新信息请在官网上确认。
网 www.tagalong.com

迷宫区域公园管理处
Hans Flat Ranger Station
开 8:00~16:30
休 11 月第四个周四、12/25、1/1
※ 无饮用水

Native American

古印第安人的大壁画

古印第安人遗留下来的巨大岩壁画 Great Gallery 位于迷宫区域。到达这里需要在未铺装的道路上行驶一段时间，而且还需要徒步往返 13 公里。Hondoo Rivers and Trails（→ p.137）的 1 日游项目可以到达这里。

古印第安人的岩壁画

针峰区域的斯阔福来特宿营地 Squaw Flat。在宛如针峰般的岩石脚下的一片宿营地

针峰区域
Needles

位于针峰区域前的古印第安人的岩壁画 Newspaper Rock

该区域的景观为，仿佛针峰一般的赤褐色砂岩呈不规则的排列状。从游客服务中心进入景区后行驶 7 英里（约 11 公里）一直到大泉谷观景台 Big Spring Canyon Overlook 的道路都是经过整修的铺装道路，过了这个观景台以后就都是土路了。如果没有时间在荒野驾车兜风或者在游步道步行游览景观，建议至少应该去象山 Elephant Hill 游步道的入口处看一看。虽然最后一段大约 1 英里（1.6 公里）的路程是未铺装道路，但普通车也是可以正常行驶的。特别提示，从游客服务中心出发后不久左手边可以看到类似荷兰木靴的拱门 Wooden Shoe Arch，千万不要错过哦。

迷宫区域
Maze

位于科罗拉多河西侧的区域，岩峰和方山坐落交替形成了宛如迷宫般复杂的地形。因电影《虎豹小霸王》而闻名的劫匪头目布奇 · 卡西迪曾经藏身于此，这片区域至今仍然是尚未开发的荒蛮之地。沿 UT-24（魔怪谷州立公园入口的南侧附近）向东行驶 46 英里（约 74 公里）处虽然有公园管理处（在公园境外），但是前方的道路只有四驱车才可以行驶，而且途中很多地方都需要极其娴熟的驾驶技术。一般来说，游览这里可以选择参加飞行游览项目或者团体旅游等。

峡谷地国家公园 户外活动

莫阿布小镇是户外运动的胜地。虽然，租借车辆、户外用具后自行参观游玩是最痛快的游玩方法，但是对于初次来此地的游客，建议还是应该首先参加团体旅游项目最为稳妥。小镇上还有许多租借山地自行车和宿营用品的公司。

虽然，莫阿布有大约 15 家旅游公司，但是可在国家公园内进行经

Notes **小心车辆陷入困境** 在峡谷地国家公园内的未铺装道路上开越野车，经常会出现车辆陷入岩石缝隙或者陷入泥潭等事故。拖车牵引需要花费 $1000 以上！

营活动的公司并不多，持有游船 & 吉普车双重许可证的公司就更是微乎其微了。在参加团体旅游之前一定要询问清楚，旅游项目具体都要去哪些地方。

漂流 Rafting

从莫阿布出发到格林河的交汇处的漂流大约需要 2~3 天。从河流的交汇处继续向下游漂流，在 Cataract Canyon 处水流最为湍急，这段河段也是最有人气的。由于没有可以到达这段区域的道路，所以需要继续花费数日顺流而下漂流至鲍威尔湖，或者选择乘坐摩托艇逆流而上回到莫阿布。持有摩托艇项目经营许可的大型旅游公司在右侧有详细的介绍。

越野驾驶 Off Road Drive

在莫阿布可以租借四驱车的公司除了 Enterprise 还有许多家（→ p.141）。吉普车 1 天大约 $100~150 便可以租借（不包含保险费用），因为这种车型比较少，所以春季 ~ 秋季必须要提前预约。另外值得注意的是，这里所说的越野驾驶是指驾驶四驱车在土路上行驶，严禁在道路以外的地方行驶。

相对比较容易驾驶的线路是位于天空之岛断崖下方的沿河路段——White Rim Road（1 圈需要 12 小时以上）。需要特别高超驾驶技术的路段是位于针峰区域的象山和迷宫区域。公园区域外也有许多越野线路，可以向租车公司索要详细的线路图。

值得注意的是，这些路径中有许多路段都是需要在干涸的河道上行驶的。一旦远在上游的地区发生降雨，河水会以迅雷不及掩耳之势涌入河道，瞬间可达 2 米之高。沿途可以在河道两旁看到柳树的枝条上挂着干枯的野草，这便是河水涌入时可以到达的高度。虽然观察云层的流向非常重要，但是发现远在上游地区发生的降雨是非常难办到的一件事情。最好可以在出发前再去游客服务中心确认好上游地区的天气。如果突然出现流水需要尽快驶回主路，如若感觉时间来不及了可以选择弃车，尽快逃去高处避难。

游览飞行 Flight Seeing

峡谷地国家公园与大峡谷一样是非常值得推荐的适合游览飞行参观的公园。特别是迷宫区域等地，从地面上很难到达这些区域，乘坐飞机从空中俯瞰还可以看到很多与众不同的地形。莫阿布有许多旅游公司都设有飞行游览项目，既有乘坐小型飞机的项目，也有乘坐直升机的项目，还有可以绕行去纪念碑谷和鲍威尔湖的游览项目。

Tag-A-Long Expeditions

→ p.153

1 日游（园外）

在危险系数较低的急流处乘坐橡皮艇进行漂流（7~8 月无急流）。

出发 3~10 月的 9:00、12:00

费 半天 $55

1 晚 2 天团体游

通常到达鲍威尔湖的漂流项目需要 4 天以上的行程，本行程中使用摩托艇将行程日期缩短。沿途可以体验 28 处激流的乐趣。回程方式有 3 种选择（单收费）：用车将游客送至莫阿布、参加游览飞行返回莫阿布、代驾将游客的车开到鲍威尔湖。

出发 4~9 月

费 $580

对环境破坏说不！

峡谷地国家公园，对于越野驾驶是十分宽容的，而其他的国家公园则几乎近于偏执一般地保护着野外道路。如此大量地向四驱车开放非铺装道路，在国家公园中实属珍贵。但是，这些四驱车比普通车的排放量要大很多，噪声也比较严重，随之而来的环境问题逐渐开始浮现出来。虽然这里表面上看去是一片荒野之地，但是地面上却附着着苔藓类的植物，它们在生态系统中承担着重要的责任（→ p.149）。几年前曾经有环境保护团体对这里提起了诉讼，以至于针峰区域的一部分被关闭。今后，其他的线路也都会逐渐采取许可制，需要提前在游客服务中心进行确认。

红尾航空 Redtail Aviation

☎（435）259-7421

Free 1800-842-9251

URL www.moab-utah.com/redtail/

费 1 小时 $177、90 分钟 $299

峡谷地国家公园 住宿设施

园内没有住宿设施。有关莫阿布的酒店可以参考→ p.151。

宿营地有 2 个，分别是位于天空之岛的 Willow Flat 和位于针峰区域的 Squaw Flat。两者都是按照先到先得顺序，春季和秋季在很早的时间内就会人满为患。另外，死马点州立公园内也设有宿营地，可以提前预约。3~10 月期间游客较多，最好早做准备。当然，莫阿布镇也有大量的宿营地。

Willow Flat（12 个帐篷位）

费 $10 有厕所，无饮用水

Squaw Flat（26 个帐篷位）

费 $15 有厕所 & 饮用水

Dead Horse Point（17 个帐篷位）

费 $25 有厕所 & 饮用水

Free 1800-322-3770

Notes **死马点新的住宿设施** 外观好像蒙古包的建筑 Yurt 建在了宿营地上。可供 6 人住宿，费用 $80。屋内有电灯、冷暖空调和床。需要自带睡袋。可以通过上述的电话进行预约。

纪念碑谷国家公园

Monument Valley

被夕阳染成红色的孤丘的壮观景色不容错过

亚利桑那州 / 犹他州
Arizona / Utah
MAP 文前图① C-3、
文前图③ H-3

被称为最具美国风景特色的纪念碑谷国家公园，位于犹他州与亚利桑那州的交界处。公园地处纳瓦霍自治区的境内，正式名称为Monument Valley Navajo Tribal Park（纪念碑谷纳瓦霍部落公园）。这里是由纳瓦霍人管理和运营的、纳瓦霍人民的公园。清澈透明的蓝天与一望无际赤褐色的沙漠荒野对比鲜明，荒野中还不时矗立着高达300米以上的孤丘（butte）。沿途不时还会有感觉很熟悉的景色，这并不奇怪，因为这里的风景经常出现在电影和广告片中。真实的纪念碑谷之风景是很难用四角形画面收纳进去的，必须要身临其境体验其中雄伟壮观之美。

不妨坐下来面对孤丘与寂静的大地来一次心灵的沟通。说不定还能感觉到大自然的灵力呢。

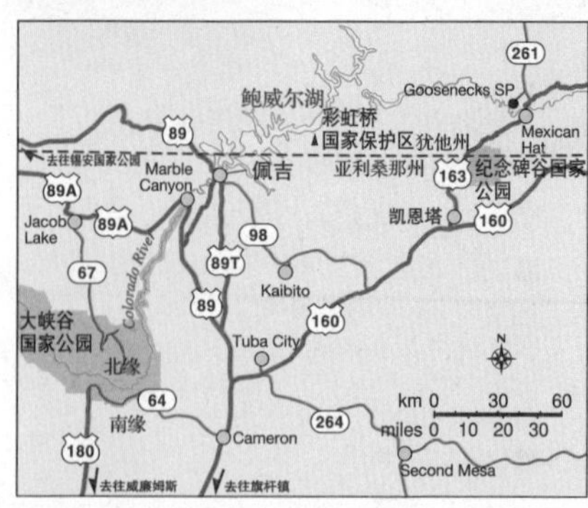

20世纪的纪念碑谷与西部片一起书写了美国的历史

交通

纪念碑谷国家公园横跨犹他州、亚利桑那州，将其与大峡谷国家公园一起游览的游客较多。可以参加从拉斯维加斯或者佩吉出发的旅游团，还可以在拉斯维加斯或者旗杆镇租车自驾前往。与大峡谷国家公园一样，这里的早晚景色最为迷人，一定要在当地住上一个晚上。如果是参加旅游团，还可以选择山谷驱车（详细后述）的项目。

团体游 Tour

拉斯维加斯灰线旅游团

推荐参加 3 Day National Parks Tour，具体行程是从拉斯维加斯乘坐面包车依次游览锡安国家公园、布莱斯峡谷国家公园、鲍威尔湖、纪念碑谷、南缘，整个行程共 2 晚 3 天。包含在纪念碑谷的山谷驱车项目。住宿基本上都是宿营地。旅行社会为你准备帐篷和睡袋，如果你想体验一下宿营的感觉，这个行程很值得尝试。追加费用还可以选择在客栈住宿。

租车自驾 Rent-A-Car

距离旗杆镇大约 180 英里（约 289.7 公里），约需要 4 小时。沿 US-89 向北行驶约 1 小时后向右转至 US-160。在纳瓦霍自治区（纳瓦霍

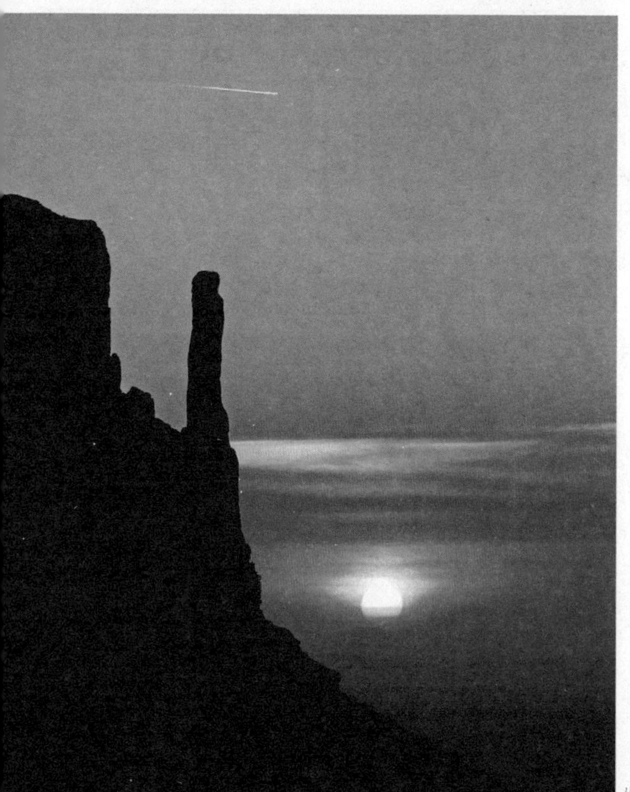

从 The View Hotel 的观景侧可以看见日出

DATA

时区▶ 山地标准时间 MST（纳瓦霍印第安保留地内采用夏时制）

☎（435）727-5874

开 5~9 月 6:00~20:30
10 月 ~ 次年 4 月
8:00~16:30（山谷驱车）

宜行期 全年

费 每人 $10、或者 1 辆车只限 4 人 $20。9 岁以下免费（只收现金）

※ 不能使用美国国家公园年票。

拉斯维加斯灰线旅游团
Gray Line Tours of Las Vegas

☎（702）739-7777

Free 1800-472-9546

URL www.grayline.com

出发 每周的周一出发

费 $595；11 月 ~ 次年 3 月只能在客栈住宿，费用是 $795

与大峡谷国家公园之间存在着时差问题！

亚利桑那州虽然没有采用夏时制，但是纪念碑谷位于纳瓦霍自治区的境内，这里是采用夏季时间的。简单来说也就是，3 月的第二个周日 ~11 月的第一个周日期间，位于亚利桑那州境内的凯恩塔 Kayenta 和纪念碑谷国家公园的时间都会与犹他州的时间相同，比大峡谷国家公园的时间提早 1 小时。

Wildlife

仙人掌在哪儿？

说起亚利桑那州就会让人联想起纪念碑谷和仙人掌（巨人柱→ p.433）。这两者的组合经常出现在海报或者图片中。但实际上，这两者是不能同时观赏的。因为，纪念碑谷位于亚利桑那州北部靠近犹他州的位置，而仙人掌则生长在温暖的南亚利桑那。

印第安人保留地）行驶一段时间后，进入凯恩塔 Kayenta，然后向左转至 US-163。这时右侧可以看到被称为 Agathlan（El Capitan）的一块岩石，一路欣赏着岩石很快就可以到达位于犹他州的公园入口处了（入口处在路的右侧）。

从大峡谷南缘出发的话，需要沿着 AZ-64 向东行驶，从沙漠观景点附近的东口驶出，在与 US-89 的交汇处向左转。之后的线路与上述从旗杆镇出发的线路是相同的。从南缘村出发到纪念碑谷大约需要 4 小时，距离约有 197 英里（约 315 公里）。

从拱门国家公园南下的线路，经由 Blufff 最快 3 小时便可到达，但是如果时间充裕建议中途从 US-191 右转至 UT-95，顺路还可以游览一下天然桥国家保护区，这条线路需要 1 天时间。

纪念碑谷国家公园 漫 步

沿 US-163 行驶进入园内，大约需要继续行驶 4 英里（约 6.4 公里）后才可以到达游客服务中心。眼前有 3 座孤丘矗立，从这里开始往后的景色都比较类似。没有时间参观的人，只能止步于此，不过还是建议进入到谷内的未铺装道路上，体验一下山谷驱车团体游的乐趣。虽然私家车也可以进入谷内，但是谷内的路面状况极为恶劣，有些甚至可能会使车辆陷入险境，而且还有些区域是只有参加山谷驱车的团体游才可以进入的。

获取信息 Information

如果想参加团体游，需要在这里报名

Visitor Center

游客服务中心内有关于纪念碑谷地理位置的介绍，还有关于纳瓦霍族人生活的一些展示。中心的二楼是一间大型的印第安商店。

季节与气候 Seasons and Climate

公园通年对外开放。夏季人也很多，白天气温很高！由于这里是没有什么阴凉处的公园，一定不要忘记戴上墨镜和遮阳帽。冬季这里可能会有降雪，试想在莽莽雪原上行驶还可以欣赏到两侧的孤丘，简直是太幸运的事情了！

虽然停车场很宽敞，但是从早上开始就几乎车满了

纪念碑谷国家公园的气候数据 日出、日落时刻根据年份可能会有细微变化

月	1	2	3	4	5	6	7	8	9	10	11	12
最高气温（℃）	5	9	14	20	25	31	33	32	27	20	11	5
最低气温（℃）	-4	-2	2	6	12	17	20	18	14	7	1	-4
降水量（mm）	7	4	5	7	8	3	14	22	20	17	8	5
日出（15 日）	7:33	7:10	7:32	6:47	6:13	6:00	6:12	6:37	7:02	7:27	6:59	7:26
日落（15 日）	17:26	17:59	19:27	19:54	20:21	20:41	20:40	20:13	19:30	18:45	17:11	17:05

到达纪念碑谷国家公园所需时间

Flagstaff	约 4 小时
South Rim	约 4 小时
Page	约 2.5 小时
Arches	约 3 小时
Mesa Verde	3~4 小时
Las Vegas	7~8 小时

亚利桑那州的路况信息

Free 511

Free 1888-411-7623

URL www.az511.com

犹他州的路况信息

Free 511

Free 1866-511-8824

URL commuterlink.utah.gov

确认油箱储量

纪念碑谷的周围都是荒野，偶尔也会看到几个小村落，剩下的路都是在荒野上行驶的感觉。所以，如果路上看到了加油站，一定要看看车辆的燃油储量，尽早补充燃油。

禁止饮酒！

在纳瓦霍族部落联合地内禁止一切饮酒行为。餐厅的菜单中既没有啤酒也没有红酒，商店内也不销售酒类。

Visitor Center

开 5~9 月 8:00~20:00

10 月～次年 4 月 8:00~17:00

11 月第四个周四 8:00~12:00

休 12/25、1/1

其他设施

加油站（7:00~22:00）以及其他设施都在 US-163 以北的古尔丁客栈 Goulding's Lodge 内。

风景极佳的餐厅，7:00~21:30 营业

拍照时的注意事项

在纪念碑谷内生活着约 100 人的纳瓦霍族人，将相机对准居民或者他们的房子是非常没有礼貌的行为，还可能引起纠纷。有专门面向游客的、可以合影留念的模特，但是拍完照记得付小费哦。

Reader's Voice 超市 驶入凯恩塔 Kayenta 后左转至 US-163，然后马上就可以看到路的左侧有一间 Bashas（7:00~21:00、周日至 20:00。不销售医药品）。如果不在这里购买一些必需品的话，接下来的路上就没有地方可买了。↗

与电影中相同的景观位于公园外。从国道北上沿着上坡一直开，看到一个小小的停车区域，就可以拍到这幅景观了

纪念碑谷国家公园

1 国道
非铺装道路
非铺装道路(一般车辆禁止入内)
徒步远足步道
收费站
游客服务中心
客栈
宿营地
km 0 3
miles 0 1 2
N
去往墨西哥帽
Eagle Rock
Setting Hen
Brigham's Tomb
King of his Throne
Stagecoach
Bear & Rabbit
Castle Rock
163
Big Indian
机场
古尔丁客栈
Goulding's Lodge
高中
Sentinel Mesa
犹他州
亚利桑那州
Wildcat Trail
West Mitten Butte
East Mitten Butte
观景酒店
The View Hotel
Merrick Butte
Mitchell Butte
163
Gray Whiskers
Mitchell Mesa
Elephant Butte
北风
艺术家观景点
约翰·福特观景点
Three Sisters
Spearhead Mesa
去往凯恩塔
单行线
Rain God Mesa
Totem Pole
沙丘
Thunderbird Mesa
The Hub
Moqui Step Mesa
神秘谷
遗址
满月拱门
太阳之眼
大草屋
莫卡辛拱门
风之耳
遗址
蜜月拱门
遗址

↗虽然在 The View Hotel 内可以买到饮用水但是价格十分昂贵。另外，我是在 10 月参加的谷内团体游中的观日出团，因为谷内没有可以遮挡风沙的物体，最好可以带上帽子、外套、披肩等。

Goulding's Tour
☎（435）727-3231
URL www.gouldings.com
费 3 小时 30 分钟 $55，未满 8 岁者 $35，每天 2 团。1 日游 $100，未满 8 岁者 $80，包含午餐和门票。

Monument Valley Balloon Company
☎（623）847-1511
Free 1800-843-5987
URL www.monumentvalleyballooncompany.com
费 包含住宿费单人间 $615，双人间每人 $505。不住宿每人 $395。

园内的交通与旅游团　Transportation

谷内团体游

在游客服务中心可以报名参加团体游。这些团体游是由纳瓦霍人驾驶面包车或者吉普车带领游客一同游览的。具体内容和价格没有很大差别，可以选择适合自己的时间段。

团体项目的内容主要是，坐着面包车进行峡谷驱车，沿途在几处观景点停留。其中有些道路是禁止一般车辆入内的，但是团体游的车辆可以进入。还会去参观纳瓦霍族的传统民居，观看他们的民族纺织技术等表演。根据游览时间分为，1 小时 30 分钟团体游（$60 左右）、2 小时 30 分钟团体游（$70 左右）、半日游（$80~90）等。开始时间从早晨到傍晚一直都有，不过还是早上第一波或者黄昏时分的团体游最值得推荐。

位于 US-163 北侧的古尔丁客栈也有去往谷内的团体游项目，旅游团的名字是 Goulding's Tour，游客是乘坐一辆由四驱皮卡改造的敞篷拖车参观游览的。虽然扬尘会比较多，但是沿途的风景非常赞。参加这个一日游还可以游览神秘谷。

开放感超群的敞篷车拖车，但是扬尘非常严重，坐在后面会吃很多土。也有大量的读者来信说：这个行程对于佩戴隐形眼镜的人来说比较痛苦

另外，5~10 月期间 Monument Valley Balloon Company 还有从凯恩塔出发并且返回的热气球与吉普车搭配的团体游。前一天晚上住宿在 Monument Valley Inn 内，早上很早的时间去往谷内乘坐 1 小时的热气球。着陆后，回酒店吃早餐，然后乘坐吉普车去往神秘谷。这个团体游需要预约，而且 4 人以上才可以成团，主要是以周末为主举行的。

纪念碑谷国家公园　主要景点

峡谷驱车
Valley Drive

谷内有一条全长 17 英里（约 27 公里）的非铺装道路，可以乘车或者驾车在谷内的各个孤丘之间穿梭。从谷底仰望的孤丘十分有震撼力，可以真真切切地感受到有 300 米之高的孤丘。约翰 · 福特观景点 John Ford's Point 是摄影大师们经常取景的地点。可以眺望到福特导演电影中熟悉的场景（→ p.165）。沿途可以看到宛如 3 位修女的三姐妹丘 Three Sisters、仿佛一匹骆驼（又或者是史努比）在休息的骆驼丘 Camel Butte 等风景，车子在峡谷内一路飞驰，后面扬起来的红色砂土宛如一阵红烟一般。穿过一片灌木蒿丛后，在道路的前方还可以看到岩拱。

不过，峡谷驱车的路况十分荒凉，天气干燥的时候会有扬沙，下雨的时候地面又十分泥泞，车辆的轮胎很容易陷入泥坑中。虽然峡谷内有些道路是允许一般车辆驶入的，但还是推荐参加团体游。

纳瓦霍的族人们在售卖他们的手工艺品

Valley Drive
开 5~9 月　6:00~20:30
10 月 ~ 次年 4 月　8:00~16:30

中级 Wildcat Trail
距离▶ 1 周 5.1 公里
海拔差▶ 274 米
所需时间▶ 1 周约需 2 小时
出发地▶ 从停车场下到谷底后，沿着十字路直行。

这是谷内唯一的一条，可以让个人自由行走的步道。步道围绕 West Mitten 转一圈。夏季时周围的气温很高，午后还会有雷雨；冬季还会有降雪。所以推荐早晨去最合适。

Reader's Voice

值得推荐的谷内团体游

✉ 傍晚的时候在游客服务中心预约。第二天一早随第一批旅游团前往峡谷游览。导游名叫哈利。听起来是一个西方人的名字，但实际上哈利是一名很优秀的纳瓦霍青年。他还曾在电影《回到未来》中扮演过印第安人。哈利很健谈，在他说着话的时候，我们抬头看到了巨大的孤丘。与在游客服务中心远眺时看到的景象不同，此时的孤丘少了几分秀气而显得气势恢宏。旅游团中的丹麦青年以及从旧金山来的情侣也抬头看着这座山丘。在约翰·福特观景点还有一些人在进行着拍摄工作，好像是拍什么广告。

汽车继续在凹凸不平的道路上前行。一路上多次下车观赏周围的美景。早晨的空气透着几分清冷，让人感觉很舒适。仙人掌的花朵上带着露水。此时已经在峡谷中行驶了很远。参观了被称为 Hogan 的纳瓦霍传统房屋之后，哈利向我们介绍了纳瓦霍人的传统习俗。他说纳瓦霍的老人们至今还保持着传统的生活方式，但年轻人与其他美国人已经没有什么区别，对本民族的传统也已经很淡漠。作为年轻人，哈利本人也正像他讲的那样，他说英语，穿着夹克衫并且驾驶着汽车。哈利讲述纳瓦霍年轻人的现状时带着一些自嘲的语气，不过他也问我，"中国现在还保持着传统文化吗？"我没有找到合适的答案来回答哈利的提问，但我可以清楚地知道，至少我没有什么资格对纳瓦霍年轻人逐渐远离本民族传统的问题评头论足。

正在这时，汽车突然停了下来。原来是车轮陷入了昨天大雨冲出的泥坑。游客全都下来帮着一块儿推车。因为路面十分泥泞，所以不管如何踩油门，轮胎始终空转并且越陷越深。我们奋战了大约半个小时，弄得浑身都是泥土。最后哈利说是去找朋友来救援，然后就消失了。寂静的峡谷中只剩下同车游览的 4 名游客，不知道为什么，此时我们之间的互信似乎加深了，有了一种同舟共济的感觉，更令人惊奇的是谁也没有因为汽车抛锚而抱怨什么。我也只是待在那里默默地感受着峡谷中的徐徐清风。

过了一会儿，哈利终于坐着他朋友的汽车回来了。然后我们一起坐上这辆汽车返回了游客服务中心。虽然耽误了将近两个小时的时间，但是我却感到通过这个小插曲，我得到了很大的意外收获。

✉ 我参加的是用时 2 小时 30 分钟的谷内团体游项目。乘坐吉普车在坑洼不平的道路上行驶，一定要注意颠簸。路况真的是差极了。我把莱卡相机放在胸前的口袋里，但很不幸，相机被颠了出来，掉在地上摔坏了。这趟旅游的代价可谓不小。途中一定要把相机放好，或者用手紧紧握住。

✉ 参加了 Monument Valley Simpson's Trailhandler Tours［☎（435）727-3362］的全程游览项目。时间是从中午过后一直到晚上 9:30。预约时并非只能使用英语。不过导游未必会讲游客所使用的语言。在 The View Hotel 的前厅迎接我们的是一个纳瓦霍导游，他还兼任四驱车的司机。除了到必去的神秘谷，我们还游览了潟湖拱门、大草屋（Big Hogan）、太阳之眼、阿纳萨齐人遗迹、壁画等几乎所有的景点，用了半天的时间。此外，我们也了解了天然植物洗发液的制作方法、居住在草屋（Hogan）中的纳瓦霍人的生活习惯，欣赏了手鼓伴奏下的纳瓦霍歌曲。到了晚上跟其他旅游团的游客一起享用晚餐，品尝纳瓦霍人制作的炸面包并且欣赏了笛子演奏和舞蹈等。整个行程被安排得非常充实。

✉ 参加谷内团体游，途中遇到了沙尘暴，时间持续了几分钟。我身穿白色纯棉帽子衫，沙尘暴过后，衣服纹理间充满了细沙，衣服的颜色都变成了淡红色。建议穿着质地较为光滑的衣服，以防止沙子附着。不过，被纪念碑谷的沙子染成淡红色的那件衣服反倒成了一个很好的纪念品。

一定要下到谷底去仰望一下美丽的孤丘

关于厕所 The View Hotel 的厕所为水冲式，所以很干净。但是，各景点的厕所没有冲水设备，排泄物堆积，周围苍蝇很多。

神秘谷的蜜月拱门 Honeymoon Arch

神秘谷
Mystery Valley

位于峡谷驱车线路比较靠里的位置，不允许个人单独进入的地区。这里有古代原住民的遗址，还有多座美丽的石拱，而且游客较少，十分幽静而神秘。从游客服务中心出发的谷内团体游项目中，半天以上的行程几乎都会游览这里。请提前确认好再报名参加。

曾经在这里居住的原住民，在某一个时期突然间消失了。正是由于这个原因，这里被命名为“神秘谷”。夏季白天时气温大约有 40~50℃，而冬季夜间可以达到 –30℃。推荐穿长袖类的衣物，既可以防日照又可以防寒。

给人留下深刻印象的天然石拱之一风之耳 Ear of the Wind

Goulding's Museum
开 夏季 8:00~20:00、冬季 12:00~20:00。有午休
费 随意捐赠

古尔丁博物馆
Goulding's Museum

驶出公园后横穿 US-163，大约行驶 2 英里（约 3.2 公里）就可以看见古尔丁客栈旁的这座博物馆了。

1923 年，白人古尔丁夫妇被纪念碑谷的风景所吸引，购买了这片土地，并且在这里开了一间小型的商店和民宿。生性纯朴善良的纳瓦霍人也逐渐接受了这对夫妇的到来。时间转瞬到了 1938 年，印第安保留地也没能躲过大恐慌带来的影响，夫妇二人努力地寻找各种方法想要帮助纳瓦霍人度过这一时期，帮他们找一些工作的职位。之后听说好莱坞的电影公司正在找电影的外景地。于是二人用仅存的积蓄充当旅费踏上了前往好莱坞的旅途，吃了不知道多少次的闭门羹后，终于成功地见到了约翰 · 福特导演，并且把纪念碑谷的照片呈给导演参考。导演对照片一见中意，3 日后便把纪念碑谷作为《关山飞渡》的外景地。这样一来许多纳瓦霍人获得了临时演员的工作，还有一些可以通过在剧组内帮忙得到一些报酬。古尔丁的小屋也作为外景剧组的根据地变得热闹起来。

现如今的古尔丁客栈已经搬到了旁边的建筑内，当时的民宿小屋作为博物馆对外公开展示。小屋内复原了 20 世纪 20 年代的贸易站的原貌，并且还有关于记录纳瓦霍族人生活习惯的摄影展等。当然最受关注的还是要数纪念碑谷作为电影外景地的相关展出。约翰 · 福特导演爱用的导演椅真实地摆放在那里，还有约翰 · 韦恩的巨幅海报。

屋内展出着西部片的珍宝级纪念物品

Native American

纳瓦霍的炸面包

Navajo Bread 是用油炸制的印度馕，外焦里嫩。把肉馅和蔬菜夹在中间一起吃，十分美味。1 个的量很大。可以在纪念碑谷等地的餐厅菜单内见到这种餐食，一定要试着尝一下哦。

Column

导演约翰·福特与纪念碑谷

著名导演约翰·福特的许多作品都曾经在纪念碑谷拍摄。他首部在此拍摄的作品是约翰·韦恩的成名作《关山飞渡》。该片拍摄于1938年10月。这里冬季寒冷、夏季酷热，而且各方面条件都极为不便，所以给电影的拍摄带来很大的困难。但是福特导演认为高原及石峰构成的景观可以让电影拍摄出绝佳的画面效果，所以即使辛苦一些也是很值得的。

纪念碑谷是纳瓦霍人的居住地，他们曾经在这里饲养羊群并居住在用泥和秸秆筑成的半球形房屋（Hogan）中。影片拍摄时，福特导演雇用了遭受寒流侵袭、正处于困苦之中的纳瓦霍人担任现场的幕后工作人员。因此，福特导演与当地的纳瓦霍人建立了良好的关系，在之后的西部题材电影拍摄中都得到了纳瓦霍人的鼎力相助。

约翰·福特导演的外景团队每次都把基地设在古尔丁客栈。这个客栈还兼为贸易站，每天早上，福特导演都乘坐客栈经营者古尔丁的旅行车前往拍摄现场。

继《要塞风云》之后，作为骑兵队三部曲之一的著名影片《黄巾骑兵队》也曾在这里进行拍摄。那是在1948年，福特导演接受拍摄彩色电影的片约，起用了曾是化学家的温顿·C.霍克为摄影师参与了拍摄。霍克是一个完美主义者而且极富才华，但做事情往往缺乏一定的灵活性。一直流传着很多两个人（福特与霍克）在拍摄过程中的逸事。

在纪念碑谷进行拍摄的某一天，正在拍骑兵队的镜头时，突然狂风大作，顿时卷起漫天黄沙，怒涛般的云层遮天蔽日。福特导演觉得这种天气反而会让画面变得更具戏剧效果，所以他示意摄影师继续拍摄。可是职业素养极高的霍克以光线不足为由提出暂停拍摄的要求。尽管如此，福特还是坚持自己的意见，仍然强令拍摄继续进行。霍克无奈，只能很不情愿地继续操纵摄影机进行拍摄，但事后他给美国电影摄影师协会发去一封正式的信函，表示对此镜头他本人很难接受，只是当时迫于导演的命令才不得不完成拍摄而已。

但非常讽刺的是，这个镜头被评价为该影片中最美的影像，霍克甚至还因这部影片(《黄巾骑兵队》)得到了奥斯卡最佳摄影奖。

前面提到的纪念碑谷中的古尔丁客栈，有据称是拍摄《黄巾骑兵队》时建造的餐厅，名字叫作Stagecoach Dining Room。另外，客栈内还设有一个博物馆，里面展示着许多照片，这些照片记录了约翰·福特导演影片中有关纪念碑谷的镜头。

在纪念碑谷拍摄的影片还有很多很多！

在纪念碑谷拍摄的影片超过40部。这些影片的拍摄地不仅限于纪念碑谷国家公园内的区域。以下介绍的是其中的一些主要作品。

《关山飞渡》1939年
导演：约翰·福特　主演：约翰·韦恩

《侠骨柔情》1946年
导演：约翰·福特　主演：亨利·方达

《要塞风云》1948年
导演：约翰·福特　主演：约翰·韦恩/亨利·方达/秀兰·邓波儿

《黄巾骑兵队》1949年
导演：约翰·福特　主演：约翰·韦恩

《原野神驹》1950年
导演：约翰·福特　主演：本·约翰逊

《日落狂沙》1956年
导演：约翰·福特　主演：约翰·韦恩/娜塔莉·伍德

《边疆铁骑军》1950年
导演：约翰·福特　主演：约翰·韦恩

《2001太空漫游》1968年
导演：斯坦利·库布里克

《逍遥骑士》1969年
导演：丹尼斯·霍珀　主演：丹尼斯·霍珀/彼得·方达/杰克·尼克尔森

《勇闯雷霆峰》1975年
导演&主演：克林特·伊斯特伍德

《回到未来3》1990年
导演：罗伯特·泽米基斯　主演：迈克尔·J.福克斯

《末路狂花》1991年
导演：雷德利·斯科特　主演：苏珊·萨兰登/吉娜·戴维斯

《阿甘正传》1994年
导演：罗伯特·泽米基斯　主演：汤姆·汉克斯

《待到梦醒时分》1995年
导演：福利斯特·惠特克　主演：惠特尼·休斯顿

《碟中谍2》2000年
导演：吴宇森　主演：汤姆·克鲁斯

《垂直极限》2000年
导演：马丁·坎贝尔　主演：克里斯·奥唐纳

《风语者》2001年
导演：吴宇森　主演：尼古拉斯·凯奇

《独行侠》2013年
监制：约翰尼·德普　主演：约翰尼·德普

《变形金刚4：绝迹重生》2014年
制片人：史蒂芬·斯皮尔伯格　导演：迈克尔·贝

园内住宿

观景酒店 The View Hotel

紧邻游客服务中心而建，在酒店的房间内可以透过宽大透明的玻璃窗欣赏世界上屈指可数的绝景（也有看不到风景的房间）。酒店并不是很高，外墙的颜色为了配合周围的景观而喷涂成了岩石色，整体设计都是考虑到不要破坏这里的自然景观而精心打造的。尽管这样，这座现代风格的建筑在峡谷内依然是异样的存在。

酒店也是由纳瓦霍族人经营的，全部房间内都配有咖啡机、TV、电冰箱和微波炉。酒店大堂与部分客房内有免费Wi-Fi。大堂还设有客用的PC和ATM。在这里住宿的客人还可以享受餐厅 & 商店的优惠待遇。酒店内全馆禁烟。因为这里十分受欢迎，所以最好提早预约。

房间外就是近在咫尺的孤丘

地理位置不用多说

住 Monument Valley, UT 84536
☎（435）727-5555
URL www.monumentvalleyview.com
on $199~329　off $99~249
信用卡 A M V（不收现金）

宿营地住宿

峡谷驱车线路的入口处有宿营地。从停车场下到谷底后沿着十字路直行400米后右手边便是。住宿是按照到达先后顺序来决定的，需要在游客服务中心办理手续。1晚 $10。

另外，Goulding's Lodge 有设备比较齐全的宿营地。在下面的网站中可以提前预约。

Goulding's Campground（50个帐篷位）
URL www.gouldings.com　费 $20~45
有淋浴、厕所、投币式洗衣房、商店。

在附近城镇住宿

古尔丁客栈 Goulding's Lodge

从US-163进入到与纪念碑谷入口反方向的道路上，在向北2英里（约3.2公里）的位置便是这座客栈了。客栈有汽车旅馆形式的房间，还有小木屋和棚屋等形式。无论从哪一种房型内，都可以远眺大平原与纪念碑谷的美景。屋内非常干净整洁。客栈还有室内温水泳池、投币式洗衣房和纪念品商店，附近还有超市和加油站。坐在客栈餐厅的靠窗位置，还可以欣赏到如画卷一般的红砖造博物馆与大平原并存的美景。

这间客栈也是十分有人气，夏季时总是客满为患。淡季的时候大都可以不用预约就能入住。全店禁烟。有免费 Wi-Fi。有客用 PC。共64间客房。

房间的内饰十分有品位，感觉很有档次

周边还有加油站等，设施也比较齐全，十分方便

住 P.O. Box 360001, Monument Valley, UT 84536
☎（435）727-3231
Free 1800-874-0902
URL www.gouldings.com
on $211~247
off $87~150　信用卡 A D J M V

Notes **The View Hotel 追加信息**　取消预约需要收取10%的费用。提前45天取消预约需要收取25%的费用、提前3天则需要收取100%的费用。虽然酒店被称为cabin，但并不是字面意义上的棚屋独立建筑，而是普通的酒店客房。

Native American

美国领土中的独立王国

全美最大的印第安保留地——纳瓦霍自治区，横跨亚利桑那、新墨西哥和犹他三州，总面积7万平方公里。美洲约有30万纳瓦霍族人，其中有18万左右的人口都居住在纳瓦霍自治区的周边，纪念碑谷内根据季节的变化约有30~100人的纳瓦霍人居住和生活。

纳瓦霍自治区享有有限的自主权，自治区内有独立的法律、国旗、大学、警察和法院。除了普通医院以外，这里还有巫医的诊所，没有生病的时候，也可以来这里举行各种仪式。纳瓦霍族与自然浑为一体，有着独立的世界观，他们的理念现如今已经超越了民族的界限为世界人民所共识。

他们的语言与阿拉斯加的阿萨巴斯卡族的语言十分接近，有研究认为这两个部族曾经是一个民族，早在16世纪就已经定居在美国的西南部了。

纳瓦霍人有时会在断崖上用黏土搭建房子，后来搬移到平原后逐渐开始改建名曰"大草屋Hogen"的碗形房屋。在峡谷驱车线路的入口处便有这么一座房屋（情景再现），不妨进屋参观一下。

他们在艺术、手工艺品方面也十分有天赋，受到了较高的评价，尤其是彩陶、银饰和沙画等技术，至今仍在沿用。几何图案模样的纺织品——纳瓦霍织物在世界上也是相当有名的。虽然，纳瓦霍自治区内有着丰富的石油、铀矿、天然气等自然资源，还有被大自然眷顾的天然观光资源，但是自治区的经济并不富裕。除了国道以外，还有大量的非铺装道路，没有电话的家庭也为数不少。这里居民的43%都处于贫困层，据统计失业率高达42%。

观看集会

每年9月会举行Navajo Nation Fair，届时会有各种的舞蹈、游行、乐队演出等，是一次非常热闹的部族集会。集会上还可以吃到纳瓦霍菜肴，还有出售纳瓦霍宝石的摊位，当然还有著名的牛仔竞技比赛和表演等项目。举行集会的地点位于笛箫谷国家保护区的东南侧、亚利桑那州与新墨西哥州的州境处的城镇窗岩Window Rock，这个镇子也是自治区的首府。

纳瓦霍族的女性把民族传承的风俗习惯展示给游客

凯恩塔 Kayenta, AZ 86033 距离公园大门23英里（约37公里） 5间

旅馆名称	地址·电话	费用	信用卡·其他
Wetherill Inn	住 1000 Main St. ☎（928）697-3231 FAX（928）697-3232 URL www.wetherill-inn.com	on $143 off $83	ⒶⓂⓋ 位于US-163沿线。附带早餐。有免费Wi-Fi。有投币式洗衣房、室内温水泳池。
Kayenta Monument Valley Inn	住 P.O. Box 307 ☎（928）697-3221 FAX（928）697-3349 Free 1866-306-5458 URL www.kayentamonumentvalleyinn.com	on $169~219 off $89~149	ⒶⓂⓋ 位于US-163与US-160的交汇处。店内有餐厅，有免费Wi-Fi。
Hampton Inn Kayenta	住 P.O. Box 1219 ☎（928）697-3170 FAX（928）697-3189 Free 1800-560-7809 URL www.hilton.com	on $149~199 off $99~106	ⒶⒹⓂⓋ 位于US-160沿线，在与US-163的交汇处的西侧。附带早餐，有投币式洗衣房。全馆禁烟。

墨西哥帽 Mexican Hat, UT 84531 距离公园大门24英里（约39公里） 4间

旅馆名称	地址·电话	费用	信用卡·其他
San Juan Inn	住 US-163 Free 1800-447-2022 FAX（435）683-2210 URL sanjuaninn.net	on $94~114 off $65~78	ⒶⓂⓋ 如果从峡谷过来的话，过桥后左侧便是。有餐厅和投币式洗衣房。
Hat Rock Inn	住 120 US-163 ☎（435）683-2221 URL www.hatrockinn.com	on $145 off $140	ⒶⓂⓋ 位于城镇的中心部。房间内有冰箱。可以饮酒。11月~次年2月休业。
Mexican Hat Lodge	住 P.O. Box 310175 ☎（435）683-2222 FAX（435）683-2203 URL www.mexicanhat.net	on off $84~160	ⓂⓋ 有牛排馆。11月~次年2月休业。

Side Trip

大全景的景观大道——四州交界点地区

墨西哥帽 Mexican Hat

MAP 文前图③ H-3

从纪念碑谷出发沿 US-163 北上去往墨西哥帽的途中，不妨停下车来回首观赏一下身后的美景。笔直的道路两旁不时有竖立在其中的孤丘，这熟悉的景色经常在电视广告中出现。

然后继续前行，沿途望着左手边宛如古城一般的 Alhambra Rock，大约行驶 20 分钟便可到达墨西哥帽。前方很长一段路程都没有加油站，一定要在这里把油加满。

穿过城镇后，沿着 Mexican Hat Rock 的标识向右转就会进入到一段非铺装道路的路段上，不久便可以到达墨西哥帽岩石的脚下。

宛如一位戴着斗篷的墨西哥人一般的“墨西哥帽岩石”

鹅颈湾州立公园 Goosenecks State Park

MAP 文前图③ GH-3　费 每辆车 $2

从 Mexican Hat 出发大约单程行驶 15 分钟便可到达。沿 US-163 北上，然后左转上 UT-261，接着马上左转至 UT-316。大约行驶 4 英里（约 6.4 公里）便可以看到圣胡安河宛如巨蛇蜿蜒一般的壮丽自然景观了。另外，有些地方虽然直线距离只相隔 90 米，但是需要驾车迂回 4.8 公里才可到达。有些位置还可以清楚地看到纪念碑谷内的孤丘。附近虽然有简易的厕所，但是没有饮用水和商店。

可以跟马蹄湾（→p.98）、死马点（→p.154）对比观赏

摩奇盘山道 Moqui Dugway

从鹅颈湾返回到 UT-261 后向北行驶，道路的前方矗立着雪松台地 cedar mesa 断崖。这条笔直道路一直通向断崖脚下，到底前方还有没有路可以走了呢？继续行驶后，才恍然大悟，原来 UT-261 道路是直接翻越断崖的。道路的两旁竖有很多指示标识，指示大型车或者车长较长的车辆需要绕行国道，看到这些心中不免有些紧张。

需要翻越眼前这座断崖！

渐渐地车子开到了雪松台地绝壁的脚下，翻越断崖的道路是非铺装道路。沿途都是急转弯和很陡的上下坡，如果你对驾驶技术没有信心还是提早绕行为好。如果你习惯了山地驾驶，那么这种路也不算是很难。道路的边侧路基比较松软，需要注意。另外，如果路面比较干燥的话普通车也可以行驶，但一定要避免夜间行驶，天气情况不好的时候最好还是绕行比较安全。

虽然是非铺装道路，但是路面还算平整，坑洼较少

关于厕所　鹅颈湾州立公园的厕所虽然是无水冲的蹲坑式，但还是比较干净的。另外，Blanding 的 US-191 沿线的信息中心内的厕所也比较干净。

俯瞰鹈颈湾和纪念碑

妙丽观景点 Muley Point

MAP 文前图③ G-3

这处观景点距离纪念碑谷约 1 小时车程，是一处绝佳的观景点。从摩奇盘山道登上台地后，在与铺装道路即将接壤的路口附近向左转，接下来需要走一段砾石路。道路虽然还算是宽敞，但路况堪忧，建议如果道路泥泞时普通车辆一定不要进入到这里。大约行驶 10 分钟后，左手边有一座能够停靠 10 辆车大小的天然岩棚和三角岩，向着这个方向行驶，便是妙丽观景点了。

虽说脚下是波光粼粼的圣胡安河，但这里却是与鲍威尔湖相连接的葛兰峡谷国家休闲度假区的一角。远方的地平线宛如海市蜃楼般扑朔迷离，定睛一看原来是纪念碑谷的孤丘。

妙丽观景点并不是一处打造得很完善的观景台，甚至连标识都没有。当然也没有厕所和饮用水。危险的地方也没有扶手，如果在悬崖边上不小心滑倒，估计掉下去就会没命的，即便只是受伤恐怕也没有地方可以呼救。特别是风大的日子，一定要格外小心，注意自身的安全。

这里虽然并不是道路的尽头，貌似前方还有路可以走，但是前方的路面状况极为恶劣，除了四驱车以外，还是不要继续前行了。

这个岩石便是妙丽观景点的标志了

犹他州 95 号线 UT-95

MAP 文前图③ G-23

从妙丽观景点回到 UT-261 路上向北行驶大约 30 分钟就会与 UT-95 相交会。从这里向左转是一条可以到达圆顶礁国家公园的小路，也是只有旅行达人才能知道的大全景的景观大道。

大约行驶 3 分钟便可以看到天然桥国家保护区（→ p.170）的入口，再继续行驶 10 分钟左右便是与 UT-276 的交汇点了。如果从这里向左转大约开 1 个多小时便可以到达鲍威尔湖的布尔弗罗格码头。

道路的两旁是不断变换的岩石

车辆驶过交会点后，视野会逐渐地变开阔。荒野延绵之景色的前方会逐渐开始有色彩的变化，从地层中冒出的孤丘也相继地出现在眼前。周边没有任何通行的车辆，车流量几乎为零。

大约行驶 40 分钟后便到达了鲍威尔湖的北端。按照标识向左转有海特 Hite 的娱乐休闲区。这里有厕所、饮用水和加油站。

修整之后继续返回到 UT-95 道路上来，一路下坡上桥渡过科罗拉多河。如果运气好的话，还可以看到在河中沿着激流而下的漂流团游客们的橡皮艇（→ p.157）。桥上没有停车场，也不可以停车，不过绕过红色岩山后不久就有一座观景台，可以俯瞰鲍威尔湖（虽然说是湖，但看似一条大河）与海特的港口。

继续前行，前方的景色更加迷人。在应接不暇的美景中，大约行驶 1 小时便会到达汉克斯维尔 Hanksville（这里有汽车旅馆）。如果左转至 UT-24 大约再继续行驶 45 分钟便可到达圆顶礁国家公园。

Side Trip

天然桥国家保护区 Natural Bridges National Monument

右 / 最受游客欢迎的欧瓦巧莫桥 Owachomo Bridge
左 / 虽然从观景台也可以望见欧瓦巧莫桥，但是距离有点远。建议一定要到桥下去体验一下这座石桥之巨大

MAP 文前图① C-3、文前图③ G-3
开 游客服务中心是 5~9 月 8:00~18:00、10 月 ~ 次年 4 月 9:00~17:00
休 11 月第四个周四、12/25、1/1
费 每辆车 $6、其他方法入园每人 $3。与拱门国家公园、峡谷地国家公园的通票是 $25（有效期 1 年）

从纪念碑谷到达这里单程约需要 2 小时，从莫阿布小镇过来也大约需要 2 小时。如果准备去拱门国家公园和圆顶礁国家公园可以顺道来这里游览。

从摩奇盘山道下来沿 UT-261 向北行驶 27 英里（约 43 公里）后，向右转至 UT-95，行驶一段时间就会看到指路的标识了。沿着标识前行首先到游客服务中心领取地图，然后沿着 9 英里（约 14.5 公里）的单行线（夜间封路）行驶 1 周。

这里有 3 座世界最大级别的天然桥（→ p.149），每个石桥附近都设有徒步远足步道（积雪期封锁），可以走到石桥的下方。游览长 81.7 米、高 67 米的斯帕布桥 Sipabu Bridge 和长 62.2 米、高 64 米的卡琪娜桥 Kachina Bridge 时往返各需要 1 小时左右。最轻松的要数欧瓦巧莫桥 Owachomo Bridge，往返只需要 30 分钟。虽然比其他两座石桥小一点，但这座桥桥面的厚度只有 2.7 米，非常值得一看。回程都需要攀登海拔差 55 米的上山路，如果不下到谷底亲自站在桥下很难身临其境地感受到石桥之巨大程度，条件允许的话，一定要走下去看看哦。

厕所和饮用水只有在游客服务中心才有。园内以及周边没有任何的餐厅和商店。加油站只有在距离这里以东 40 英里（约 64 公里）的 Blanding，或者以西 20 英里（约 32 公里）的 Fry Canyon 才有。

另外，天然桥国家保护区的暗夜也是非常著名的，这里还是国际黑暗天空协会 International Dark-Sky Association 命名的首个黑暗天空公园 International Dark Sky Park。

现在全美国家公园中被该协会命名的公园，只有天然桥国家保护区、死亡谷国家公园和大弯国家公园这 3 座公园。5~9 月期间的每周周三和周四的夜间，有可以观星空的游览项目，届时还可以借给游客望远镜使用（具体行程需要再确认）。

左 / 斯帕布桥是使用霍皮族的语言命名的，意思是“开天辟地”
右 / 有时间的话真想围绕整个山谷走上一圈

四州交界点纪念处 Four Corners Monument

MAP 文前图③ H-3
开 6~9月 8:00~20:00　10月~次年5月 8:00~17:00
休 11月第四个周四、12/25、1/1　费 每人 $5

从纪念碑谷向东行驶约2小时可达。是前往梅萨维德、笛箫谷时可以在中途顺便游览的一处景点。这里简要介绍一下。

打开一张美国地图，会发现美国各州的边境大致都是由一条条直线划分开来的，但4个州的边境线交会于一点的却只有一处。这个地点被称为Four Corners。相邻的4个州分别是科罗拉多州、犹他州、亚利桑那州和新墨西哥州。连接梅萨维德与凯恩塔 Kayenta 的 US-160 公路经过此地，交界点上建有纪念标识和测量标识。

从 US-160 下来，不远处就是景点的收费大门。纪念标识处，脚跨4州拍照留念的游客络绎不绝。周围还有纳瓦霍人、霍皮人、犹特人经营的手工艺品店。

上/设有厕所，但没有饮水设备以及公用电话
下/土地管理局设置的标识（基准点）

船岩 Shiprock

MAP 文前图③ H-4

接下来向驾车巡游西南大环线并且对奇峰怪石有浓厚兴趣的游客介绍一些特别美丽的岩峰。

从四州交界纪念处进入 US-160 向南转，之后沿 US-64 向东行驶。进入新墨西哥州后，再行驶一小段距离就能在路的右方看见一座名为“船岩”的奇峰。

船岩呈巨大的板状，是岩浆灌入地层裂缝后凝固而成，之后又随地质运动露出地表并不断遭受侵蚀，最终形成了今天的样子。在很久以前原住民就把这座岩峰当作圣山来尊奉。1939年，后来成为知名环保活动家的戴维·布劳尔第一个成功登顶。之后，不顾纳瓦霍人的反对，这里变成了一处攀岩胜地。不过，现在攀岩已经被禁止。

虽然从 US-64 及其东侧的 US-491 也能看到屹立于荒野之中的船岩，但是既然已经来到这里，还是建议从南侧绕行沿 Red Rock Hwy.13 行驶。这样可以从旁边横穿如同恐龙背骨一样延伸的山脊，让旅途变得更有趣。

另外，在岩峰东北方向10英里（约16公里）远处有纳瓦霍人居住区中最大的城镇——船岩镇。

纳瓦霍人称其为“展翅之岩”

石化林国家公园

Petrified Forest National Park

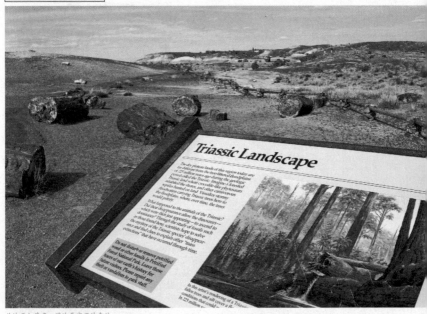

此地正如其名，满地是宝石的森林

亚利桑那州 Arizona
MAP 文前图① D-3、文前图③ J-3

亚利桑那州的荒野中有许多非常神奇的地方。既有在太空中也能看的深谷，也有赤色大地上巍巍矗立的孤丘，还有巨大陨石留下的痕迹，接下来就是这里的树干化石了，化石群散落在地上，一直延绵到地平线处，其中不乏有直径 1 米以上的巨大树干化石。用手敲击后会有“咚咚”的声音，仔细观察一下，这些化石都泛着微弱的光芒。放眼望去这片荒原上有无数的树干化石，简直如同水晶森林一般。

这些都是在 2.25 亿年前由于水渗过木头发生的化学反应而形成的。大自然的力量真是不可估量，时而将森林变成石头，时而又将石头变成砂土。目前，石化林正在为获得生物保护区世界遗产认定而努力，争取在 2019 年以前获得认证，现在已经在“世界遗产暂定名录”内。

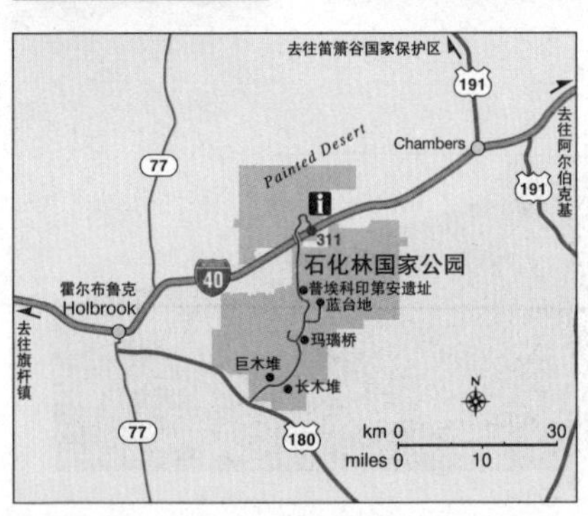

石化林还与有着神秘颜色的沙丘相连。柔软质地的岩石被逐渐侵蚀，形成了奇岩群。这里还有古老的印第安人生活的遗迹和岩壁画的遗址。

就连来游览化石林的游客都仿佛感觉自己身体已经融入这片自然之中。

交通

建议以大峡谷、拉斯维加斯、菲尼克斯等地为起点，驾车围绕北亚利桑那的景点周游 1 圈。

租车自驾 Rent-A-Car

从旗杆镇出发沿 I-40 向东行驶 120 英里（约 192 公里）可达。大约需要 2 小时。沿着 Exit311 的标识从出口出来后向下行驶，便是公园的大门了。如果从旗杆镇出发可以与亚利桑那陨石坑一起游览，当天可归。

石化林国家公园 漫 步

南北狭长的公园内有一条 27 英里（约 43.5 公里）的贯穿道路。公园大门分别位于南北两端。北端有 Painted Desert Visitor Center，南端有纪念品商店，按照从北向南的顺序是正确的游览方法。从南口驶出后右转上 US-180 行驶 19 英里（约 30.5 公里）便可返回到 I-40 道路上了。

季节与气候 Seasons and Climate

春季到初夏时期这里非常干燥炎热，夏末时雨季会到来。到了下午，飓风和霹雷常常会侵袭这里，这一时期的降水量约占全年降水量的一半。雨水的到来会使化石产生移动，冲刷黏土层产生不可思议的奇妙景象。届时园内各处的雨水会汇集成河流，仙人掌等植物也会悄悄地开花。这里开花的季节一般不是在春季而是在夏末。冬季这里比较寒冷，偶尔会因风雪而闭园。

石化林国家公园 主要景点

彩绘沙漠
Painted Desert

从 9 座观景台都可以看到这片沙漠地貌，富含矿物质的地层豪爽地勾

允许手摸化石。一定要亲手摸一摸化石的触感

DATA

时区▶ 山地标准时间 MST（不实行夏时制）
☎（928）524-6628
URL www.nps.gov/pefo
开 夏季 7:00~19:00
春季 · 秋季 7:00~18:00
冬季 8:00~17:00
休 12/25
宜行期 全年
费 每辆车 $20、摩托车 $15、其他入园方法每人 $10
被列为国家保护区▶ 1906 年
被列为国家公园▶ 1962 年
面 积▶ 896 平方公里
接待游客▶ 约 84 万人次
园内最高点▶ 1900 米
哺乳类▶ 40 种
鸟 类▶ 227 种
两栖类▶ 7 种
爬行类▶ 17 种
植 物▶ 327 种

注意开园时间

为了防止化石被盗，夜间公园是会关闭的。开园的时间经常根据日落的时间频繁变更，一定要提前确认。另外，12/25 日公园是关闭的。

到石化林国家公园的所需时间

Flagstaff 约 2 小时
Canyon de Chelly 约 2 小时

彩绘沙漠游客服务中心

Painted Desert VC
☎（928）524-6628
开 夏季 7:00~18:00
冬季 8:00~17:00
※ 有餐厅和加油站

禁止采集！

只要是园内的硅化木和化石，无论是多小的碎片也不可以带走。出公园大门的时候会进行检查，罚金最低 $325。纪念品商店内销售的化石是在园外私有地内采集的。如果购买了化石纪念品并且准备带入园内，一定要在入园时申报购物小票。

Painted Desert Inn Museum
开 9:00~17:00 费 免费
设施 公共厕所

外观是模仿印第安人的房屋而设计的

Puerco Indian Ruin
设施 公共厕所 · 紧急电话

初级 Blue Mesa Trail
适宜季节▶全年
距离▶ 1周1.6公里
所需时间▶ 1周约1小时
设施 紧急电话

Agate Bridge
设施 公共厕所

初级 Crystal Forest Trail
适宜季节▶全年
距离▶ 1周1.2公里
所需时间▶ 1周约30~45分钟
设施 紧急电话

初级 Long Logs Trail
适宜季节▶全年
距离▶ 1周2.6公里
所需时间▶ 1周约1小时

Rainbow Forest Museum
☎ (928) 524-6822
开 夏季 7:00~19:00
冬季 8:00~17:00
费 免费

初级 Giant Logs Trail
适宜季节▶全年
距离▶ 1周640米
所需时间▶ 1周约20分钟

住宿设施

园内以及附近都没有可以住宿的旅馆或者宿营地。最近的住宿设施在霍尔布鲁克 Holbrook，有大约15间汽车旅馆。

画着它绚丽的外衣。卡琪娜观景点 Kachina Point 还有一座博物馆 Painted Desert Inn Museum，这座博物馆是使用20世纪20年代的酒店改建而成的。

普埃科印第安遗址
Puerco Indian Ruin

遗址大约是14世纪时期时的产物，主要有使用晒干的砖瓦建造成的集体住宅遗址和岩壁画等。据说夏至早上8:30时透过对面的岩孔阳光会照射进来。

蓝台地
Blue Mesa

下面介绍一下公园的主角树干化石。在第一个观景台可以看到正前方的山脊处，横躺着被脚下的砂岩所侵蚀的巨大树干化石，感觉可能随时会崩毁。接下来的观景台可以望到一个被称作“恶土 badlands”的山丘。延绵的砂山有着多样的色彩变化，这些色彩是由火山灰、砂岩和黏土所构成的。至今仍然有无数的硅化木、化石等埋藏于此，随着沙丘逐渐被大自然所侵蚀，这些化石的模样也会慢慢显露出来。

玛瑙桥
Agate Bridge

这根长12米的硅化木横跨在一个小河床上方。虽然表面有很多裂纹，但奇迹般地被保存了下来。在这里被指定为国立公园的数年前，人们担心石化桥会崩塌所以用混凝土建造了底座作为支撑。

水晶林
Crystal Forest

在眼前的草原上布满了密密麻麻的硅化木。据说是由于19世纪时为了开采硅化木中的宝石而把化石炸开所遗留下来的痕迹。

长木堆
Long Logs

相对比较平坦的地区，这里的硅化木化石多是树干较高的针叶树，形状保持得较为完整。

巨木堆
Giant Logs

巨木堆步道一圈下来只需要20分钟，但是很值得一看的步道。步道入口处有彩虹森林博物馆 Rainbow Forest Museum，这里还是南口的游客服务中心。博物馆内展示着三叠纪时期巨大的爬行类和两栖类动物的化石等。

绕步道走一圈只需要20分钟，但非常值得一看

TriVia 66号公路　横穿石化林的I-40也是66号公路的一部分。位于霍尔布鲁克西侧的 Winslow 的 W.2nd St 与 N. Kingsley Ave. 的交汇处，根据老鹰乐队的经典曲目 *Take it easy* 建造了 Standing Corner Park。公↗

GEOLOGY

将树木变成宝石的魔术之水

在距今2.25亿年前的三叠纪，这里是一片绿洲。缓缓流淌的河水中有鱼儿游动，松树和杉树组成的森林生长得非常茂盛。树木在暴风雨中被吹倒，随着洪水漂到下游并堆积在这一带，最终被泥沙掩埋。一般情况下，到了此阶段树木就会开始腐烂，可是由于不断有来自上游的泥沙沉积，以致圆木上面形成了厚达数百米的沉积层，这让圆木避免了被氧化。另外，当时在这附近有火山，导致泥沙中含有大量的火山灰，其中的硅元素与树木细胞发生反应会产生出石英的结晶。结晶逐渐增多，把圆木完全包裹起来，最终圆木就变成了石头。

之后大地不断受到侵蚀，只有坚硬的硅化木得以留存，这就形成了我们现在看到的化石森林。树木化石展现出的状态各异，有的树木化石只有上面的一小部分刚刚露出地表，有的树木化石则已经完全露出地表。据说含有树木化石的地层深达600米，所以随着时间的推移，今后还会有更多的树木化石逐渐露出地表。

比较长的圆木大多都是被整齐地拦腰切断。大地隆起时，在压力或者地震的作用下，圆木会出现裂痕，水进入裂痕后结冰膨胀就会把裂痕撑大，最终圆木会自然断裂开。不过归根结底，这些化石还是会在侵蚀中被粉碎，变成沙子（有一些化石早已被原住民打碎来制造工具，19世纪开采宝石的时候也有很多化石被炸药爆破炸碎）。

可以看到树木化石的地方不只限于这里，但是就化石数量之多以及化石形态的丰富而言，这里是独一无二的。化石形态丰富并非由于树木的种类多，而是水中所含成分的差异所导致。石化之后，从裂痕中渗入的其他化学物质能够在化石上描绘出图案，变成了硅化物质的树木年轮也可能一直保持着原来的样子。化石中有带红褐色或白色条纹图案的玛瑙、缟玛瑙、碧玉、石英、紫水晶等很多种宝石。因此，在20世纪初，很多宝石商人从这里运走了大量的树木化石。

有许多保持着原有年轮的硅化木，但当时没有四季之分，所以这些年轮无法表示树龄

在化石森林中发掘出的并非只有树木化石。这里能见到的化石还有贝类化石、爬行动物的骨骼化石等，种类多达数百种。这些化石基本上都诞生于三叠纪，也就是恐龙出现的前叶，所以可为探索恐龙产生原因提供一定的线索。公园内现在仍在进行着化石发掘工作。

Side Trip

亚利桑那陨石坑国家自然地标 Meteor Crater National Natural Landmark

陨石坑的英语是Meteor Crater。亚利桑那陨石坑又名巴林杰陨石坑，是已知的世界上唯一一个几乎没有被风化的陨石坑。从旗杆镇沿I-40向东行驶，在233号出口驶出。用时约50分钟。位于前往化石森林的途中。

距今5万年前的某一天，一颗直径约为50米（经过推测，2013年掉落在俄罗斯境内的陨石直径为17米）的巨大流星陨落。流星以7万公里的时速冲破大气层，与地表发生剧烈碰撞。陨落地点周围160公里内的动植物瞬间全部死亡。站在观景点，可以远眺这个直径1300米、深达170米的巨大陨石坑。

陨石坑的底部有挖掘坑。1903年，确信陨石埋于此处地下的巴林杰博士曾经试图挖掘陨石，挖掘坑就是那时留下来的。今天，通过超声波和磁法勘测，已经证明他的判断是正确的。但是，陨石在剧烈碰撞中几乎都已汽化，目前认为埋在地下的陨石只有原来全部大小的10%左右。

MAP 文前图① D-3、文前图③ J-2

费 $18。6~17岁 $9

开 夏季 7:00~19:00，冬季 8:00~17:00，11月的第四个周四至13:00

休 12/25　Free 1800-289-5898

URL www.meteorcrater.com

↗园的一角处有一座铜像，是一位年轻人拿着吉他的样子。在环66号公路自驾的游客中非常有人气。

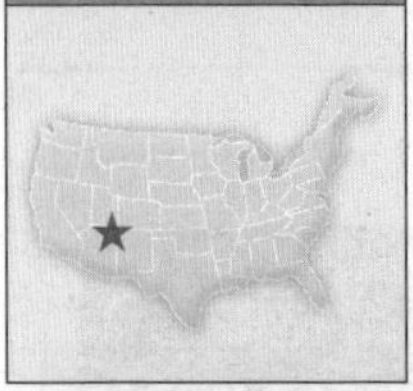

笛箫谷国家保护区

Canyon de Chelly National Monument

北谷缘一侧最深的遗迹—— Mummy Cave

亚利桑那州 Arizona
MAP 文前图① CD-3、文前图③ H-3

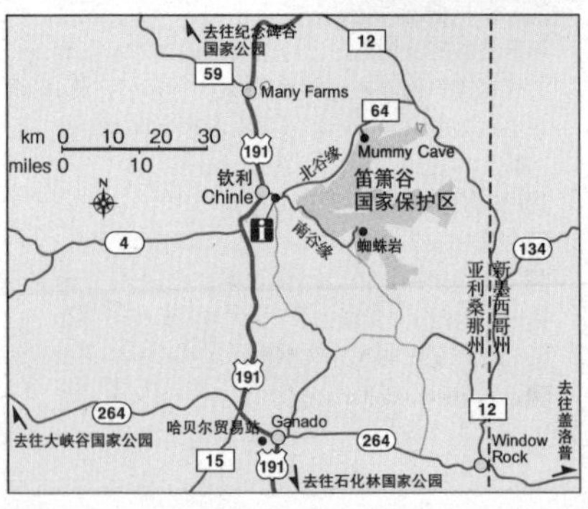

笛箫谷的笛箫是音译，原本为西班牙语，意为"岩石之谷"。这里的垂直断崖高达 300 米，岩壁的颜色与甸尼人（纳瓦霍人）的肤色相似，整个断崖绵延 42 公里。虽说比不上大峡谷的规模，但是这里给人感觉要更欢快、柔和一些。

峡谷的上空有雕乘着风悠然地飞翔。谷底传来马的嘶鸣声。仿佛还能听到笛子的声音，是谁在演奏呢？

这里与纪念碑谷一样都位于纳瓦霍人居住区内。对当地的甸尼人来说，这里是极为重要的神圣之地。因此，即便是被列为国家保护区之后，居住在这里的人们仍然不愿放弃自己的土地，时至今日这里都没有国有土地，这在美国的国家公园及国家保护区中是极为罕见的。在部族间争斗不断的年代，很多人为了躲避战祸便隐居于这里的断崖之上，当年的遗迹尚存，非常值得游览。

建议把这里加入西南大环线自驾巡游的计划之中。

交通

笛箫谷国家保护区位于亚利桑那州的东北端，是一处非常偏僻的地方，不过沿途一路的景观相当值得一看。虽然从旗杆镇到这里可以 1 日内往返，但既然已经到达了这里，建议花上几天时间与石化林国家公园和梅萨维德国家公园一同游览。峡谷脚下平原的钦利 Chinle 小城是公园的门户城市。

租车自驾 Rent-A-Car

从石化林国家公园沿 I-40 向东行驶在钱伯斯 Chambers 驶出，按照标识进入到 US-191 道路上便可到达。距离大约是 121 英里（约 195 公里），需要 2 小时左右。

如果从纪念碑谷前往这里，需要返回到凯恩塔 Kayenta 沿 US-160 向东行驶，44 英里（约 71 公里）后在 Mexican Water 进入到 US-191 道路上。全程大约 136 英里（约 219 公里），需要 3 小时左右。

笛箫谷国家保护区 漫 步

笛箫谷国家保护区是东西呈“V”字形的峡谷。从位于钦利 Chinle 小城中心部的交叉点沿 Indian Route 7 向东走 3 英里（约 4.8 公里）的上坡路，可以到达“V”字的底尖部位。这里有游客服务中心、雷鸟客栈 Thunderbird Lodge 和宿营地，这里的岔路可以分别去往南谷缘和北谷缘。如果时间不是很充裕，建议只去南谷缘。

谷底有非铺装道路，但是没有许可是不允许车辆行驶的。如果想在这里兜风可以参加峡谷团体游（→ p.179）。有半日游也有 1 日游，1 日游还可以走进蜘蛛岩一看清楚。

季节与气候 Seasons and Climate

最好的游览季节是初夏。冰雪融化后汇聚成河流湿润着整个峡谷，

DATA

时区▶ 山地标准时间 MST（纳瓦霍印第安保留地内采用夏时制）
☎（928）674-5500
URL www.nps.gov/cach
开 365 天 24 小时开放
宜行期 全年
费 免费
被列为国家保护区▶ 1931 年
面　积▶ 339 平方公里
接待游客▶ 约 83 万人次
园内最高点▶ 2094 米（Spider Rock Overlook）

到笛箫谷国家保护区所需时间

Petrified Forest	约 2 小时
Monument Valley	约 3 小时
Mesa Verde	3~4 小时
South Rim	约 5 小时

游客服务中心
Visitor Center
☎（928）674-5500
开 8:00~17:00
休 12/25

其他设施

园内没有任何设施。进入公园不需要费用，入口连大门也没有。加油站等其他设施都在钦利。

Column

哈贝尔贸易站国家历史遗迹 Hubbell Trading Post National Historic Site

MAP 文前图③ J-3
开 夏季 8:00~18:00、冬季至 17:00
休 11 月的第四个周四、12/25、1/1
费 每人 $2

1878~1965 年，由约翰·哈贝尔以及他的儿子经营的一家贸易站。哈贝尔会纳瓦霍语，曾经致力于纳瓦霍人与白人的和解。当时，一些从强制收容所返回故乡的纳瓦霍人在被强制收容期间已经学习了白人的生活习惯。哈贝尔贸易站里的商品，如食物、衣服、器皿等可以满足这些纳瓦霍人生活上的新需求。同时，哈贝尔也购买纳瓦霍人的手工艺品并把他们的精湛技术介绍到白人社会。现在，这里保存并展示着哈贝尔收集到的陶器、银制品、纺织品、照片等珍贵的历史资料。地点位于笛箫谷与石化林之间，Ganado 以西 1 英里（约 1.6 公里）AZ-264 路边。

至今仍然发挥着贸易站（商店）的功能

试着联想一下古代人的生活景象

注意时差！

笛箫谷国家保护区地处纳瓦霍印第安保留地内，虽然属于亚利桑那州但是采取夏时制。夏时制期间这里的时间比大峡谷、石化林都要早1个小时。

中级 White House Trail
适宜季节▶ 4~10月
距离▶往返4公里
所需时间▶往返约2小时
海拔差▶ 152米
出发地▶ White House Overlook
设施 谷底有简易厕所

Native American

蜘蛛岩

这里所指的蜘蛛是甸尼族的创世主蜘蛛祖母。传说太阳的光芒只是它众多织物中的一部分。著名的纳瓦霍编织法也是祖母传授给纳瓦霍人的。

花儿们竞相开放。断崖随处可见涌出来的小瀑布。盛夏时这里的气温会超过40℃。由于海拔比较高，冬季这里会有积雪。

笛箫谷国家保护区 主要景点

南谷缘
South Rim

单程18英里（约29公里）的道路沿线共有8座观景台，停下车来俯瞰，谷底民宅和农田依稀可见。谷底生活着几家印第安原住民，他们靠种植苹果和杏维持生计。他们有时也会放牧，视力较好的游客可以看见在树荫下休息的牛羊群，偶尔还可能看到在苹果林中穿行的白马。

在众多的遗址当中，最值得一看的要数白房子遗址 White House Ruin。一定要去到遗址近前走一走这里的游步道。这里也是峡谷内唯一一处不需要许可证便可以入内的场所。

南谷缘的终点是蜘蛛岩 Spider Rock。这座244米高巍巍矗立的岩峰，是印第安原住民的圣石。

北谷缘
North Rim

准确地来说笛箫谷的名字是指“V”字形峡谷的北谷缘一侧。北谷缘沿线的峡谷也被称作死亡之谷 Canyon del Muerto。

17英里（约27公里）的道路沿线共有4座观景台。北谷缘一侧的道路严格来说大多数都处于园外，所以道路两旁会有一般的民宅。从其中的3座观景台都可以望见木乃伊洞穴 Mummy Cave，在4世纪至14世纪期间这里曾经被作为居住用的断崖所使用。由于在这里发现了木乃伊，故而取名木乃伊洞穴。

峡谷团体游 Canyon Tour

可以参加乘车在谷底荒野之间穿行的谷底团体游。除了能够观赏到峡谷内的风景和印第安原住民的遗址，还能体验驱车在峡谷的荒野中穿行的乐趣。

笛箫谷的“V”字形底尖部分不是很高，很容易就能下到峡谷中。越往东，峡谷断崖的高度就越高。

从谷缘处俯瞰谷底时觉得谷底的路很平坦，但真正驱车驶进来后路面却起伏跌宕，十分颠簸。总而言之，这里没有可称得上是“道路”的路。雨后的谷底路况更是糟糕，整个谷底的地面有一半变成了河流，汽车在行驶中要几十次横穿河流，甚至有时还需让车子涉水逆流而上。

纳瓦霍族的导游正在兴高采烈地为游客们讲解这里的故事

一路上可能还会遇见骑在马背上的印第安人。他们在这片土地上放牧着自己的羊群。

半日游分别游览至南谷缘、北谷缘的途中。1日游，上午会一直游览到达北谷缘最深处的木乃伊洞穴，下午会一直游览到南谷缘的蜘蛛岩。推荐参加1日游。出发地在游客服务中心。夏季时建议提早预约。旺季的时候经常是提前一天就被订满了。

峡谷团体游
☎（928）349-1600
URL canyondechellytours.com
半日游
出发 3~10月的9:00、13:00、16:00出发
费 $82.50
1日游（只限春季~秋季）
费 $250~（需要协商）（包含午餐）

雨后谷内变为水的世界

好不容易下到谷底，建议一定要参加1日游项目去到蜘蛛岩看一看

住宿设施

园内有一间客栈，钦利有2间酒店，周围其他临近的小镇都没有住宿设施。上述3间住宿设施在旅游旺季的时候都比较抢手，最好是提前预约。宿营地位于游客服务中心的附近。全年开放，按照到达的先后顺序决定位子。

神圣峡谷客栈 Sacred Canyon Lodge

游客服务中心旁的一间度假客栈，外观是圣菲风格的建筑。峡谷团体游也是从这里出发的，十分方便。房间内有空调、电视。酒店内设有餐厅。

住 PO Box 548, Chinle, AZ 86503
☎（928）674-5841　Free 1800-679-2473
URL www.sacredcanyonlodge.com
on $99~169　off $73~99
信用卡 ⒶⒹⓂⓋ

家具摆设统一都是纳瓦霍风格的

全部房间带有空调，非常舒适

钦利

Chinle, AZ 86503 距离公园大门3英里（约4.8公里） 2间

旅馆名称	地址·电话	费用	信用卡·其他
Holiday Inn Canyon de Chelly	住 7 Garcia Trading Post ☎（928）674-5000　Free 1800-465-4329 FAX（928）674-8264 URL www.holidayinn.com	on $106~139 off $72~94	ⒶⒹⓂⓋ　位于公园与钦利的之间地带。酒店内设有餐厅，有投币式洗衣房、有免费 Wi-Fi。
Best Western Canyon de Chelly Inn	住 100 Main St.　☎（928）674-5875 FAX（928）674-3715　Free 1800-327-0354 URL www.canyondechelly.com	on $108~120 off $81~109	ⒶⒹⓂⓋ　从 US-191 沿9号线路向东1个街区。去公园路上的途中。酒店内有餐厅、室内游泳池、按摩浴缸。全馆禁烟。有免费 Wi-Fi。

Native American

霍皮族 Hopi

12世纪时，霍皮人来到了现在的亚利桑那州地区，定居于大峡谷与笛箫谷中间地带的3片台地上。现在，大约有7000人仍然生活在纳瓦霍人保留地的第二台地 Second Mesa 一带。

霍皮的意思是“稳重的人们、和平的人们”，正像这个名字所表达的那样，历史上他们一直都致力于消除纷争。霍皮族的古老传说警示人们，如果不能与自然和谐相处，未来就可能遭受洪水等来自大自然的报复。

这个民族非常注重仪式，男性从春季到夏季每个周末都要跳名为“卡琪娜舞”Katsina 的舞蹈来祈祷灵魂能够升入天堂。他们手工制作的被称为“卡琪娜人偶”的木雕以及银质饰物也很有名。如果游客要从笛箫谷前往大峡谷，可以在途中绕行 AZ-264，会经过一些博物馆和纪念品店，在那里可以接触到霍皮人的文化。

另外需要说明的是，纳瓦霍人保留地虽然位于亚利桑那州境内，但是会实行夏时制，不过霍皮人保留地则未采用夏时制，那里全年的时间都与大峡谷一致。

卡琪娜人偶

Side Trip

世界遗产　查科文化国家历史公园 Chaco Culture National Historical Park

在这里的几处遗迹中，普韦布洛博尼托被称为是最美的一处

MAP 文前图① D-3、文前图③ H-4

☎（505）786-7014

URL www.nps.gov/chcu

费 每辆车 $20。宿营地 $15

开 7:00 至日落（游客服务中心是 8:00~17:00）

休 11 月第四个周四、12/25、1/1

接下来介绍一下位于梅萨维德与圣菲之间的一处并不广为人知的世界遗产。这里的住宅建于荒野之中，与梅萨维德的悬崖住宅形成了鲜明的对比。时至今日，这里依然是普韦布洛人、霍皮人、纳瓦霍人的圣地。无论从规模还是从景色来说，这里都很值得游客前往游览，尽管路途并不近。

该景点位于新墨西哥州西北部。从梅萨维德经杜兰戈沿 US-550 南下，约 4 个小时可到达。US-550 是一条路况很好的干线公路，驾车一直南行，约 4 小时后在圣菲或阿尔伯克基出公路。

之后，在 Bloomfield 以南 41 英里处（从 Nageezi 镇向南 3 英里）进入当地的 7900 号公路（路与路的交会点旁边有加油站）驶往公园。行驶 5 英里（约 8 公里）后，右转进入当地的 7950 号公路，在这条沙土路上行驶 18 英里（约 29 公里）就可到达公园。中途有几处地点需要驾车驶过很浅的河流，所以在雨天或有积雪时普通汽车无法通过。另外，周围还有几条未铺装道路，但是路况更加糟糕，所以当地有关部门建议游客应该选择前面介绍的第一条线路。

园内道路已经过铺装。入口处设有游客服务中心和宿营地，沿着全长 9 英里（约 14 公里）的环形道路（夜间关闭）行驶，可以参观到 5 处遗迹。其中最有名的是普韦布洛博尼托 Pueblo Bonito。背靠着断崖有一座半圆形的建筑，直线部分位于连接春分和秋分时太阳升起位置与落下位置的直线之上。遗迹中建筑严格地按照东西方向或南北方向排列。

当时的人们堆砌石材的技术令人叹为观止。仔细观察会发现每座遗迹都使用了不同的技术来堆砌石材。墙壁的下半部分为黑色，据推测可能是原住民离开这里时在 Kiva（→ p.190）焚烧物品所致。

查科遗迹大概是 850~1250 年这一时期的建筑。当时，这里作为贸易中心曾经繁荣一时，像 Pueblo Bonito 这样的大型混居住宅楼就有 150 多座。

园内没有客栈。最近的住宿设施是位于 Bloomfield 的 4 家汽车旅馆。在 Farmington 还有大约 20 家。

另外，沿 US-550 向南行驶 1 小时 30 分钟可到达的 Cuba 也有 3 家汽车旅馆。

©NPS

左上 / 路面情况不佳时，要果断地停止旅程
右上 / 宿营地在遗迹的正前方
右下 / 这里的落日与星空也很著名

梅萨维德国家公园

Mesa Verde National Park

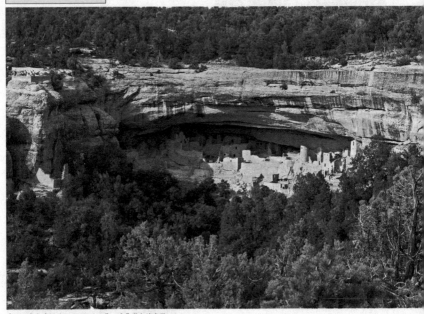

有 200 多个房间的 Cliff Palace，是一座悬崖上的宫殿

科罗拉多州 Colorado
MAP 文前图① C-3、文前图③ G-4

梅萨维德国家公园位于科罗拉多州西南部的落基山脉尽头，这里是美国西部唯一一处非自然公园的国家公园，1978 年被联合国教科文组织评为美国首个世界文化遗产。

这里地形独特，距今大约 1400 年前，曾经有人居住在这片“绿色高地”之上。这些人拥有高度的文明，他们所处的社会也非常繁荣。但是，过了大约 700 年，也就是在 14 世纪的时候，这些人突然从这片土地上消失了。当时距白人来到美洲大陆还有相当长的时间。

公园内现存有多处遗迹，利用此地的特殊地形而建于悬崖峭壁上的房子十分壮观。遗迹位于海拔超过 2000 米的山上，所以能从这里远眺周围的美景和郁郁葱葱的植被。建议从旅行计划中拿出 1 天的时间去游览一下梅萨维德。游客一定会对这里留下深刻印象，而且这种印象会不同于其他任何地方。

只有在夏天才能进入的威瑟利尔台地（Wetherill Mesa）

交通

公园的门户城市是距离公园以东36英里（约58公里）处的杜兰戈Durango与西北10英里（约16公里）处的科特兹Cortez。杜兰戈是一座旅游城市，这里最著名的要数复古蒸汽小火车SL，以这里作为出发地可以游览的景点较多，比较方便。但是，这两座门户城市都没有可以到达公园的公共交通设施，需要租车自驾。当然，将这里与拱门国家公园或者西南大环线一起周游，也是不错的选择。

飞机 Airlines

杜兰戈拉普拉塔机场 Durango – La Plata County Field Airport（DRO）

美联航每天有6班从丹佛市出发的航班可以到达杜兰戈（所需时间1小时10分钟）。全美航空每天有2班从菲尼克斯出发的航班可达杜兰戈（所需时间1小时20分钟）。

科特兹机场 Cortez Municipal Airport（CEZ）

美联航系的大湖航空每天有2班飞机从丹佛市飞往科特兹（所需时间1小时20分钟）。机场有2家租车公司，由于可以租借的车辆较少需要提前预约。

租车自驾 Rent-A-Car

从杜兰租车自驾 Rent-A-Car

从杜兰戈出发沿US-160向西行驶36英里（约58公里）便可到达梅萨维德国家公园。到公园入口处大约需要50分钟，如果要到达游客服务中心则需要90分钟车程。

从拱门国家公园出发沿US-191、US-491行驶，途中经由科特兹约有149英里（约238公里）路程。从纪念碑谷出发需要沿US-163、US-160行驶，全程约141英里（约226公里）。从笛箫谷国家保护区出发则需要沿US-191、US-160行驶150英里（约241公里）。上述路程都需要3小时左右。

DATA

时区▶ 山地标准时间 MST
☎（970）529-4465
URL www.nps.gov/meve
开 365天开放。冬季的夜间关闭。
宜行期 6~9月
费 每辆车$15（冬季$10），其他方法入园每人$8（冬季为$5）
被列为国家公园▶ 1906年
被列为世界遗产▶ 1978年
面　积▶约212平方公里
接待游客▶约50万人次
园内最高点▶2613米（Park Point）
哺乳类▶ 74种
鸟　类▶ 218种
两栖类▶ 5种
爬行类▶ 16种
植　物▶约1000种

DRO	☎（970）382-6050
Avis	☎（970）375-7831
Hertz	☎（970）247-5288
National	☎（970）259-0068

CEZ	☎（970）565-7458
Budget	☎（970）564-9012
Hertz	☎（970）565-2001

到达梅萨维德国家公园所需时间

Arches	3小时
Monument Valley	3~4小时
Canyon de Chelly	3~4小时
Chaco NHS	约4小时
Santa Fe	约8小时
Albuquerque	约6小时

科罗拉多州路况信息

Free 511　☎（303）639-1111
URL www.codot.gov

非常受游客欢迎的3座遗址，可以参加由公园管理员带领的团体游项目来进行参观

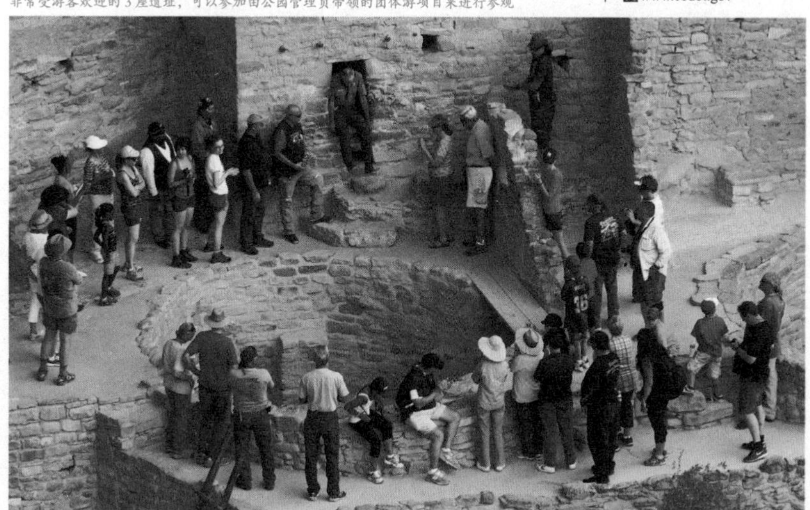

注意落石

园内的道路上方经常有落石掉下。从公园大门到游客服务中心的路上等标有“注意落石”标识的地方需要小心驾驶，很有可能在前方拐弯处的路面上就趴着一块大石头。发现落石后千万不要自行搬挪，一定要向公园管理员汇报情况。基本原则是不要在标有注意落石的路段停车。

注意山火

梅萨维德国家公园山火事故频发，在过去的 100 年中公园境内有 70% 被烧。有时，根据火势公园全境可能都会关闭，请在参观公园之前通过官网等平台了解最新信息。

梅萨维德国家公园 漫 步

公园的入口只有一个位于 US-160 沿线。入园之前首先应该在门口处的游客服务中心购买遗址参观团的套票。因为，绝壁宫殿、露天庭院和长屋这 3 个地方只有参加遗址参观团才能进入。获得参观团套票后根据时间安排可以自行参观其他的遗址。

穿过公园大门后会有一段持续的坡路。随着海拔逐渐增高，眼前的风景也随之变得开阔起来，白雪覆盖的山峰和四州交界点旁的荒野分别映入眼帘。随后便到达了远景观景点 Far View，道路在这里会分岔成两个方向。直行可以到达查宾台地 Chapin Mesa（通年开放），右转可以到达威瑟利尔台地 Wetherill Mesa(只在 5 月下旬~9 月初开放)。查宾台地的遗址数量比较多一些。从这里沿着绿色的坡面继续往上行驶，可以去参观位于断崖尽头的遗址。

建于公园中心位置的远景客栈，观景一级棒，也是园内唯一一座客栈

获取信息 Information

Mesa Verde Visitor and Research Center

游客服务中心位于公园大门的附近，这里有关于悬崖居所、原住民文化等的展示，还有最新的生态学展示。参观绝壁宫殿、露天庭院和长屋的套票也需要在这里购买。夏季的时候这里会聚集很多游客，想要买到自己希望时间段的套票非常困难。早上最早过来或者提前一天过来购票是最理想的。

Mesa Verde VRC

开 夏季 7:30~19:00
冬季 8:00~16:30

休 11月的第四个周四、12/25、1/1

Ranger Tour

每条线路 $4。需要提前 2 天申请。游客较多时绝壁宫殿与露天庭院的项目不能同一天参加。

季节与气候 Seasons and Climate

虽然公园通年开放，但客栈和咖啡厅等设施在冬季是会关闭的，由公园管理员带领的绝壁宫殿团体游冬季期间也暂停活动。5 月、10 月这里可能还会有部分路段有积雪，根据积雪的程度有些去到遗址的路段可能会被封闭。冬季的夜间这里也是全面封闭的。如果想要来这里参观旅游最好选择在夏季，但夏季的时候白天比较炎热，7 月、8 月的下午多有雷雨天气。

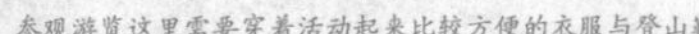

参观游览这里需要穿着活动起来比较方便的衣服与登山鞋

其他设施

莫菲尔德 Morefield
（只在 5 月中旬 ~10 月上旬开放。有免费 Wi-Fi）

咖啡厅	7:00~22:00
商店	7:00~21:30
加油站	7:00~21:00

远景观景点 Far View
（只在 5 月中旬 ~10 月上旬开放）

咖啡厅	7:00~22:00

客栈内餐厅 Metate Room
7:00~9:30、17:00~21:30

园内很多地方都有类似这样被烧焦的树林

Notes 查宾台地博物馆前的咖啡厅　只有这间咖啡厅是通年营业的。营 夏季 9:00~18:30、春季和秋季 10:00~17:00、冬季 11:00~15:30。

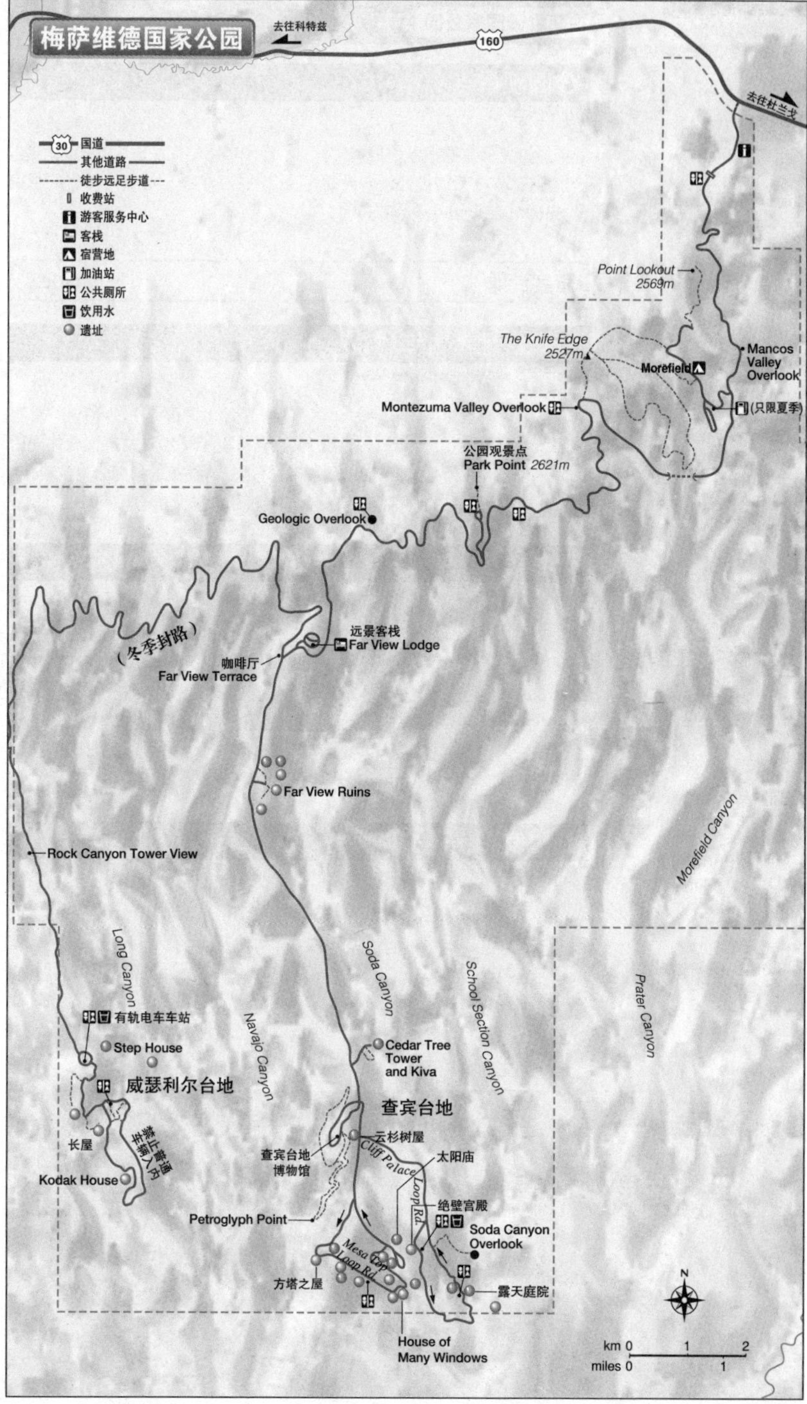
梅萨维德国家公园
去往科特兹
160
去往杜兰戈
30 国道
其他道路
徒步远足步道
收费站
游客服务中心
客栈
宿营地
加油站
公共厕所
饮用水
遗址
Point Lookout
2569m
The Knife Edge
2527m
Morefield
Mancos
Valley
Overlook
Montezuma Valley Overlook
(只限夏季)
公园观景点
Park Point 2621m
Geologic Overlook
(冬季封路)
远景客栈
Far View Lodge
咖啡厅
Far View Terrace
Far View Ruins
Rock Canyon Tower View
Morefield Canyon
Long Canyon
Soda Canyon
School Section Canyon
Prater Canyon
Navajo Canyon
有轨电车车站
Step House
威瑟利尔台地
长屋
Kodak House
Cedar Tree
Tower
and Kiva
查宾台地
云杉树屋
查宾台地
博物馆
Cliff Palace
Loop Rd.
太阳庙
绝壁宫殿
Soda Canyon
Overlook
Petroglyph Point
Mesa Top
Loop Rd.
方塔之屋
露天庭院
House of
Many Windows
km 0 1 2
miles 0 1

梅萨维德国家公园 主要景点

公园观景点

Park Point

经过莫菲尔德宿营地后继续前行，盘山道路结束后进入旁边的小路。这里海拔 2613 米，是公园内最高处，监视山火的瞭望塔兼为游客的观景台。360° 的全景令人心旷神怡。

查宾台地 Chapin Mesa

查宾台地考古博物馆

Chapin Mesa Archeological Museum

从远景观景点行驶 15 分钟。这里有一座建于遗迹群中的考古博物馆，里面展示有大量出土于梅萨维德的文物，可以了解到有关古代原住民的生活、文化、习俗等方面的知识，非常有趣。博物馆的斜前方有咖啡店。另外，博物馆的后面还有作为观景台的云杉树屋以及步道起点。

云杉树屋

Spruce Tree House

这里是保存最完好的一处遗迹，有 8 间 Kiva（举行仪式的房间。→ p.190）和 114 间居室。建于公元 1200 年左右，当时居住在这里的有 100 人以上。据推测，这些人靠耕作悬崖上的农田为生。在这里游览的一个特点是可以进入 Kiva 内部参观。古代原住民跟今天的游客一样，都是通过梯子进出这些住宅。夏季游客可以自由参观，冬季需要参加由公园管理员带领的团体游（每天 3 次）才能进入。

绝壁宫殿

Cliff Palace

从远景观景点出发行驶 25 分钟，从博物馆出发行驶 10 分钟可到达。进入单行线 Cliff Palace Loop Rd. 后不远处即到。这里是公园里规模最大的一处遗迹，有 217 个房间，墙壁高处有 4 层楼高，可以算是当时的豪华公寓。

只有在公园管理员的带领下才能参观房屋内部，但如果只是从外面观赏的话，任何时间都可以自由前往。站在观景点眺望，能够清楚地看到遗迹的全貌。右侧的 4 层建筑并非历史遗存而是后来复建的。

参观遗迹时的注意事项

前往遗迹时，除了水以外不能携带任何饮料或食物。不能攀登、触碰、倚靠墙壁。当然，遗迹内也禁止吸烟。有的遗迹在参观时需要爬梯子，所以应穿着适当的服装。

Chapin Mesa Archeological Museum

开 夏季 8:00~18:30
冬季 9:00~16:30

咖啡厅（全年营业）

开 9:00~18:00

休 11 月第四个周四、12/25、1/1

初级 Spruce Tree House

开放 ▶夏季 8:30~18:30、春秋 9:00~17:00

距离 ▶往返 1 公里

所需时间 ▶往返 45 分钟 ~1 小时

海拔差 ▶ 30 米

出发地 ▶查宾台地考古博物馆里侧

Ranger Spruce Tree House

集合 ▶ 10:00、13:00、15:00

费 免费（无须预约）

※ 只在 11 月上旬 ~ 次年 3 月上旬期间举行。夏季可自由参观。

Ranger Cliff Palace

集合 ▶ 5 月下旬 ~11 月上旬 9:00~16:00（每小时 1 次）
夏季 9:00~18:00（每小时 1 次）

所需时间 ▶ 1 小时

费 $4

注意：团体游的出发地点不在停车场而是在观景台。因为需要爬梯子，所以不能穿裙子和拖鞋。

云杉树屋。上午被悬崖的阴影遮挡，建议选择下午参观

可以从对面的 Sun Point 远眺绝壁宫殿

露天庭院
Balcony House

这个梯子会让人产生一些恐惧感

位于Cliff Palace Loop Rd.的深处，从远景观景点驱车需30分钟。在道路上完全看不见这处遗迹，最好参加由公园管理员带领的团体游。房屋建在极为陡峭的绝壁上，让人感到不可思议，所以参观这里并非一件很容易的事情。通往房屋的梯子高达10米，不建议有恐高症的游客攀登。而且游览途中需要穿过一处46厘米宽、4米长的孔洞，最好穿着不怕被弄脏的衣服。应尽可能地减少身上携带的物品。遗迹面朝东侧，故推荐上午前往游览。

另外，未能成功报名参加团体游的游客以及想看到遗迹全貌的游客，可以从前面提到的地点再向前行驶1英里（约1.6公里），然后从Soda Canyon停车场沿游览步道徒步20分钟就可以到达一处能够远眺位于峡谷另一侧的露天庭园遗迹的观景点。

台地顶端环形路
Mesa Top Loop Road

周长约10公里的单侧通行环形道路，路上有几处房屋遗迹和观景点。其中的方塔之屋Square Tower House被称为梅萨维德最美的遗迹，一定不要错过。在12世纪的100年中，这里始终有人居住，当时是一座有80多个房间的高层建筑。这里是美国同类遗迹中最高的一处，约8米左右。游客只能在观景点俯瞰而不能进入建筑内部参观。

继续前行，会来到太阳观景点Sun Point。从这里可以同时看到绝壁宫殿、橡树屋Oak Tree House等6处悬崖上的遗迹。

最后到达的景点是太阳庙Sun Temple。与其他遗迹不同，此处遗迹建于台地之上。可能是为了举行某种仪式而建，石材堆砌得极为精准，

充满了谜团的迷宫——太阳庙

Ranger Balcony House
集合▶ 4月下旬~5月中旬每天4次，5月中旬~10月中旬9:00~17:00（每小时1次。夏季是每30分钟1次。）
所需时间▶ 1小时
费 $4
出发地▶ Balcony House停车场北侧
注意： 因为需要攀登梯子，所以不可穿裙子或者拖鞋。有恐高症和狭窄空间恐惧症的患者需要慎重考虑。

不能钻过这个箱子的人不可以参加

初级 Soda Canyon Overlook Trail
开 8:00~日落
适宜季节▶ 5~10月
距离▶ 往返2公里
所需时间▶ 往返45分钟~1小时
出发地▶ 露天庭院停车场以北1英里（约1.6公里）处

Mesa Top Loop Road
开 8:00~日落。如路面积雪这里可能会被封闭。

高达8米的方塔之屋非常显眼。遗迹面朝西侧，所以最好在下午游览

Native American
跳熊舞的人们

生活在梅萨维德西部的犹特人流传着一个传说。很久以前，有一只熊因无法从冬眠中醒来而几乎要饿死，犹特人唤醒了这只熊，拯救了它的生命。熊为了表示感谢，就把告别冬季的舞蹈传授给了犹特人。

之后，每年进入春季时，犹特人都要跳熊舞来庆祝春天的到来。

Notes **方塔之屋** 平时不能进入建筑内部，但在春秋两季的周末会举办团体游，可以进入内部参观。往返需2小时。1人$25。每年2月中旬开始在 URL www.recreation.gov 上可以预约。

建筑技术高超。建筑内部有多个房间以及走廊，结构复杂，像迷宫一样。但是，在13世纪后期，原本住在这里的原住民突然迁徙，这些建筑在尚未完成的状态下被舍弃了。

Wetherill Mesa Road
开 春季～秋季的9:00~16:15期间开放。其他的时间禁止通行。自行车全年禁止通行。

威瑟利尔台地 Wetherill Mesa

春季～秋季对外开放的自驾线路。虽然沿途多是狭窄的急转弯，但通行的车辆较少，可以安静悠闲地开车在这条线路上兜风。游览这条线路大约需要半天时间。

从远景观景点驱车大约45分钟可以看见一个售货亭（有方便食品售卖）和厕所。停车场处有租借自行车的业务。

Ranger Long House
集合▶5月下旬~9月初的10:00~16:00、每小时1趟。
所需时间▶2.5小时
费 $4
地点▶售货亭
设施 公共厕所 · 饮用水 · 商店

长屋
Long House

只有参加团体游才能入内，需要在游客服务中心购买团体游套票。集合地点在售货亭处，在公园管理员的带领下徒步参观。这里是梅萨维德国家公园内第二大的遗址，据推测曾经有150~160人在这里生活过。有梯子供游客爬上去参观。

长屋是众多遗址中特别值得一看的遗址

初级 Step House
开放时间▶10:00~16:00
距离▶往返1.2公里
所需时间▶往返约1小时
出发地▶售货亭的对面
※从步道入口直行，经过一段比较险的下坡路段后可以到达阶梯屋。如果途中向左转，还可以绕道走比较平缓的路段，一样可以到达阶梯屋。
设施 公共厕所 · 饮用水 · 商店

阶梯屋
Step House

厨房遗址等保存状态非常完整

从步道入口出发需要走20分钟的下坡路才可以到达悬崖居所。可以自由参观。这里的特点是，公元626年前后使用的居所与13世纪时使用的居所被很明显地划分开来。

梅萨维德国家公园 住宿设施

园内住宿

远景客栈 Far View Lodge

园内唯一的客栈。位于游客服务中心附近，每年只有在4月中旬~10月下旬期间才开放。客房内没有电视，但所有房间都带有一个小阳台，可以观赏到宽广绿色台地之绝景，天气好的时候一直可以远眺到160公里以内的景色。房间内的设施还有电话、冰箱和咖啡机。有免费Wi-Fi。共150间客房。全馆禁烟。旺季时需要提早预约。客栈还设有餐厅，餐厅的名字是Metate Room，味道和环境都不错，在餐厅内赏夕阳也是绝好的！

屋内装饰使用了印第安人的艺术元素

ARAMARK
☎（970）564-4300 Free 1800-449-2288
FAX（970）564-4311 URL www.visitmesaverde.com
on off $124~187 信用卡 ⒶⓂⓋ

宿营地住宿

莫菲尔德 Morefield 有设备齐全的宿营地。只在4月中旬~10月下旬开放。因为这里的宿营地面积比较宽敞，所以不用担心没有位子。配套设施也比较齐全，有餐厅、加油站、商店、投币式洗衣房、淋浴等。共有435个帐篷位。

Free 1800-449-2288 费 $30.29~40.77

在附近城镇住宿

US-160沿线有大量的汽车旅馆、民宿和B&B。如果在科特兹或者曼科斯没有找到满意的旅馆，可以一直开到杜兰戈去。杜兰戈有大约50间旅馆，即便是在旅游旺季也可以订到房间。

曼科斯 Mancos, CO81328 距离公园入口8英里（约12.8公里） 5间

旅馆名称	地址·电话	费用	信用卡·其他
Flagstone Meadows Ranch	住 38080 Road K4 ☎（970）533-9838 Free 1800-793-1137 URL flagstonemeadows.com	on off $95~125	ⓂⓋ 位于小镇以西3英里（约4.8公里）处。有US-160的标识。全馆禁烟。附带美式早餐。共8个房间。
Mesa Verde Motel	住 191 W.Railroad Ave. ☎（970）533-7741 Free 1800-243-8824 URL www.mesaverdemotel.com	on $70~90 off $55~75	ⒶⓂⓋ 位于US-160与CO-184的交会处。全馆禁烟。

科特兹 Cortez, CO81321 距离公园入口10英里（约16公里） 17间

旅馆名称	地址·电话	费用	信用卡·其他
Holiday Inn Express	住 2121 E. Main St. ☎（970）565-6000 FAX（970）565-3438 Free 1800-626-5652 URL www.coloradoholiday.com	on $145~179 off $107~129	ⒶⒹⓂⓋ 位于US-160沿线，城镇的东侧。有室内温水游泳池和投币式洗衣房。附带早餐。全馆禁烟。
Best Western Turquoise Inn	住 535 E. Main St. ☎（970）565-3778 FAX（970）565-3439 Free 1800-780-7234 URL www.bestwesterncolorado.com	on $112~160 off $89~110	ⒶⒹⓂⓋ 位于中心城区。US-160沿线。有投币式洗衣房。附带早餐。有免费Wi-Fi。
Econo Lodge	住 2020 E. Main St. ☎（970）565-3474 FAX（970）565-0923 Free 1877-424-6423 URL www.econolodge.com	on $104~114 off $53~80	ⒶⒹⓂⓋ 位于中心城区的东侧。US-160沿线。附带早餐。有投币式洗衣房。有免费Wi-Fi。

住在悬崖上的原住民

梅萨维德的历史始于公元 550 年。

曾经过着游牧生活的原住民部落来到这里定居并开始了农耕生活。他们种植马铃薯、豆子、南瓜，还会编织精美的篮子，住在名为洞屋 Pit House 的房屋里。这种房屋建筑在崖壁的凹陷处或台地之上，在地面挖出四边形的坑，然后在里面立起柱子，用木材及灰泥盖出屋顶。

到了公元 750 年前后，这些原住民开始使用柱子和泥在台地上建造真正的房子，到了公元 1000 年前后，他们就已经掌握了使用石头搭建房子的技术。他们建造的房子墙壁很厚，为双层，有时还会建造 2 层或者 3 层的房子。

到了 12 世纪，这些原住民的人口数量达到了数千人。他们聚居在小村落中，用石头建造 Kiva。所谓 Kiva 就是类似于教堂一类的建筑。在 Kiva 中，原住民们进行祈雨以及祈求丰收的仪式，有时也会在此用织布机织布。由于要举行仪式，所以这里可以用火，为此还设置有换气系统。

悬崖居民的日常生活

13 世纪时，这里发生了巨大的变化。原住民们放弃了建于台地上的房子，转而移住到悬崖上的洞穴中。虽然不知道是何原因导致他们搬家，但是从这一时期开始，悬崖房屋便出现了，原住民们在之后的 75~100 年间都过着悬崖上的生活。

因为表示古代原住民的 Anasazi 一词在纳瓦霍语中意味“昔日的敌人”，所以现在一般把普韦布洛人的祖先称为 Ancestral Pueblo

悬崖居所的主要建筑材料是砂岩，他们把砂岩制成长方形的小石块，然后把小石块严丝合缝地堆砌起来。砌石头用的灰泥由泥与水混合而成，房屋内部的墙壁上还有装饰性的绘画。房屋一般可供 2~3 人居住，根据需要还被沿纵向或横向扩建。他们的食物是在台地上种植的谷物以及鹿、兔子等动物。他们还饲养着狗和火鸡。

令人惊奇的是，他们与西海岸的原住民保持着贸易关系。他们靠输出纺织品、陶器、皮革制品、宝石来换取贝壳、土耳其石、棉花等物品，有商人为贸易而行走于各个村落之间。

到了冬季，为了抵挡寒冷和潮湿，他们会在房屋中生火，因此墙壁和屋顶都被熏成了黑色。即使是这样，他们的生活条件仍然是非常严酷的，平均寿命大概只有 32~34 岁。如果到了梅萨维德的遗迹参观，就会发现建筑的门都很小。这是因为当时原住民的身高很低，男性为 163 厘米左右，女性为 152 厘米左右（当时的欧洲人的身高也大致如此）。

一个文明社会的消失

到了 14 世纪后期，悬崖房屋中的生活走到了尽头，原住民们舍弃了梅萨维德而迁移到他地。不过其原因至今不详。很可能是由于干旱以及过度砍伐树木、滥捕动物而导致原住民无法在此继续居住。据推测，离开这里的原住民向南迁移，其后代就成了现在的普韦布洛人。

就这样，梅萨维德变成了荒无人烟的地方，此后一直沉睡了 600 年。那时距离哥伦布发现美洲大陆还有 200 年。

1888 年，当地的牛仔威瑟利尔一家发现了梅萨维德。1906 年这里被列为国家公园。

西海岸

West Coast

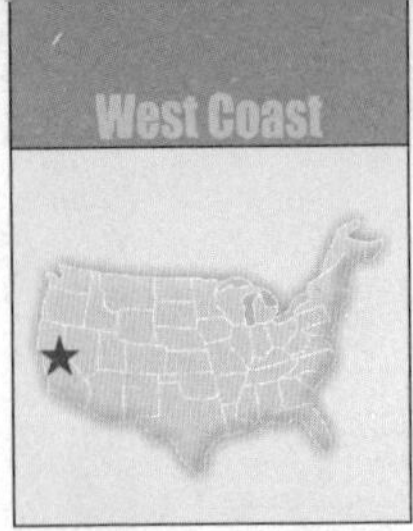

约瑟米蒂国家公园

Yosemite National Park

以冰川点为起点开始徒步远足吧

加利福尼亚州 California
MAP 文前图①C-1、文前图④L

春天。冰雪融化后形成瀑布落入谷中，瀑布的声音仿佛是在唤醒大地，各种生物开始活动。

夏天。人类成为约瑟米蒂谷的主人。人们为了从城市生活的压力中暂时解脱，纷纷来到这里游玩。虽然环境会变得喧嚣，但约瑟米蒂的大自然不会因此失去自己的尊严。

秋天。干爽的空气充满峡谷，约瑟米蒂又重归寂静。被美丽的秋叶装点的树木倒映在河面上，瀑布也在此时逐渐消失。

冬天。山谷被白色覆盖，让这里多了一层神秘之感。在大自然的守护下，地上的生命安静了下来，等待着生机盎然的时节再次来临。

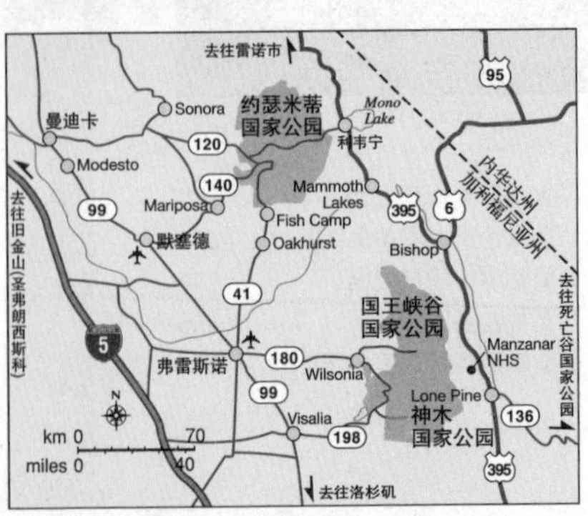

这里交通便利，从西海岸仅需几个小时就能到达，因此成为全美国最有人气的国家公园之一。也正因为这个原因，在夏季，这里的宿营地会变得异常拥挤。不过，只要稍微离开宿营地，漫步于这里的步道，立即就能看到另一番景象。云朵、阳光以及清风会向游客展示这里充满变化的自然。置身于此，会让人不由自主地去思考对于我们来说什么才是最重要的这样的问题……

交通

约瑟米蒂国家公园位于加利福尼亚州的东侧，距离旧金山（圣弗朗西斯科）有 4~5 小时的车程，距离洛杉矶有 6~7 小时的车程。因为有从旧金山出发的 1 日游项目，所以这里夏季的时候十分拥挤。这里交通也十分方便，既有巴士可以到达，又有飞机、火车可以到达，还可以选择租车自驾，可以根据自己的旅行计划与兴趣点来选择适合本次旅行的交通工具。

约瑟米蒂国家公园的门户城市共有 4 个，分别是位于西北侧的曼迪卡 Manteca、西侧的默塞德 Merced、西南侧的弗雷斯诺 Fresno 以及东侧的利韦宁 Lee Vining。虽然没有通往西北侧入口的公共交通，但是从旧金山开车自驾的话这里是最近的路。如果准备乘坐火车或者巴士的话，西侧的默塞德是最近距离。乘坐飞机到达的话，会从西南大门进入。东门只有在夏季才开放。

飞机 Airlines

弗雷斯诺约瑟米蒂国家机场
Fresno Yosemite International Airport（FAT）

这是一座现代风格的地方机场，美联航每天有 3 班从旧金山出发的航班可以到达这里（所需时间 1 小时），从洛杉矶出发的航班每天也有 3 班可以到达这里（所需时间 1 小时）。另外，还有从西雅图、盐湖城（上述城市都是达美航空系的天西航空的航线）等城市出发的直达航班。该机场内还设有各大汽车租赁公司的分店。

值得注意的是，该机场的缩写为“FAT”，经常被人们取笑为“胖机场”，为了提高公众形象，机场决定取用约瑟米蒂国家公园的“Y”字作为缩写，故更名为“FYI”。虽然，弗雷斯诺市与机场方面，还有当地的酒店等日常都会使用 FYI 作为机场的代名词，但 IATA（国际航空运输协会）的官方机场缩写还是 FAT。

长途巴士 Bus

California Parlor Car Tours

可以乘坐从旧金山出发并且返回原地的豪华巴士。虽然价格偏高，但是 5~10 月期间乘坐的话不用换乘，非常方便。虽然是旅游团巴士（→ p.205），但也可以只坐车不参加团体游。7:00 从旧金山出发，13:45

DATA

时　区▶ 太平洋标准时间 PST
☎（209）372-0200
🌐 www.nps.gov/yose
开 除部分地区外，365 天 24 小时开放
官方网 全年
费 每辆车 $30、摩托车每辆 $20、其他方法入园每人 $5
被列为景观保护区▶ 1864 年
被列为国家公园▶ 1890 年
被列为世界遗产▶ 1984 年
面　积▶ 3081 平方公里
接待游客▶约 388 万人次
园内最高点▶ 3997m（Mt. Lyell）
哺乳类▶ 90 种
鸟　类▶ 264 种
两栖类▶ 12 种
鱼　类▶ 16 种
爬行类▶ 22 种
植　物▶约 1500 种

保留好入园交费的小票

约瑟米蒂国家公园在出园的时候也需要检查入园时购买门票的小票，一定不要随手扔掉小票。入园门票 7 日内有效，出入自由。另外，约瑟米蒂的各个出口处都可以使用 Ⓐ Ⓜ Ⓥ 信用卡进行支付。

FAT	☎（559）621-4500
Alamo	☎（559）251-5577
Avis	☎（559）454-5030
Budget	☎（559）253-4100
Dollar	Free 1866-434-2226
Hertz	☎（559）251-5055

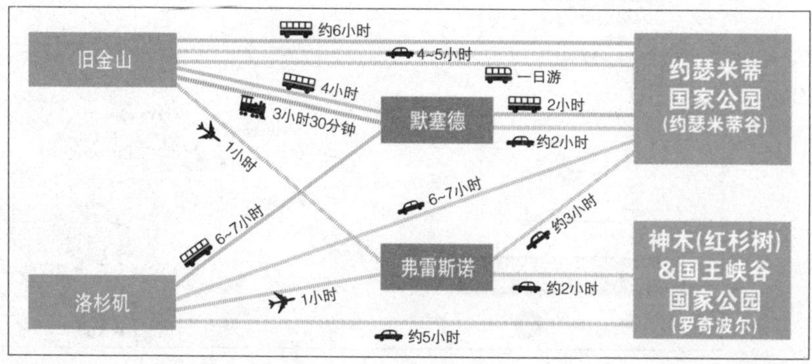

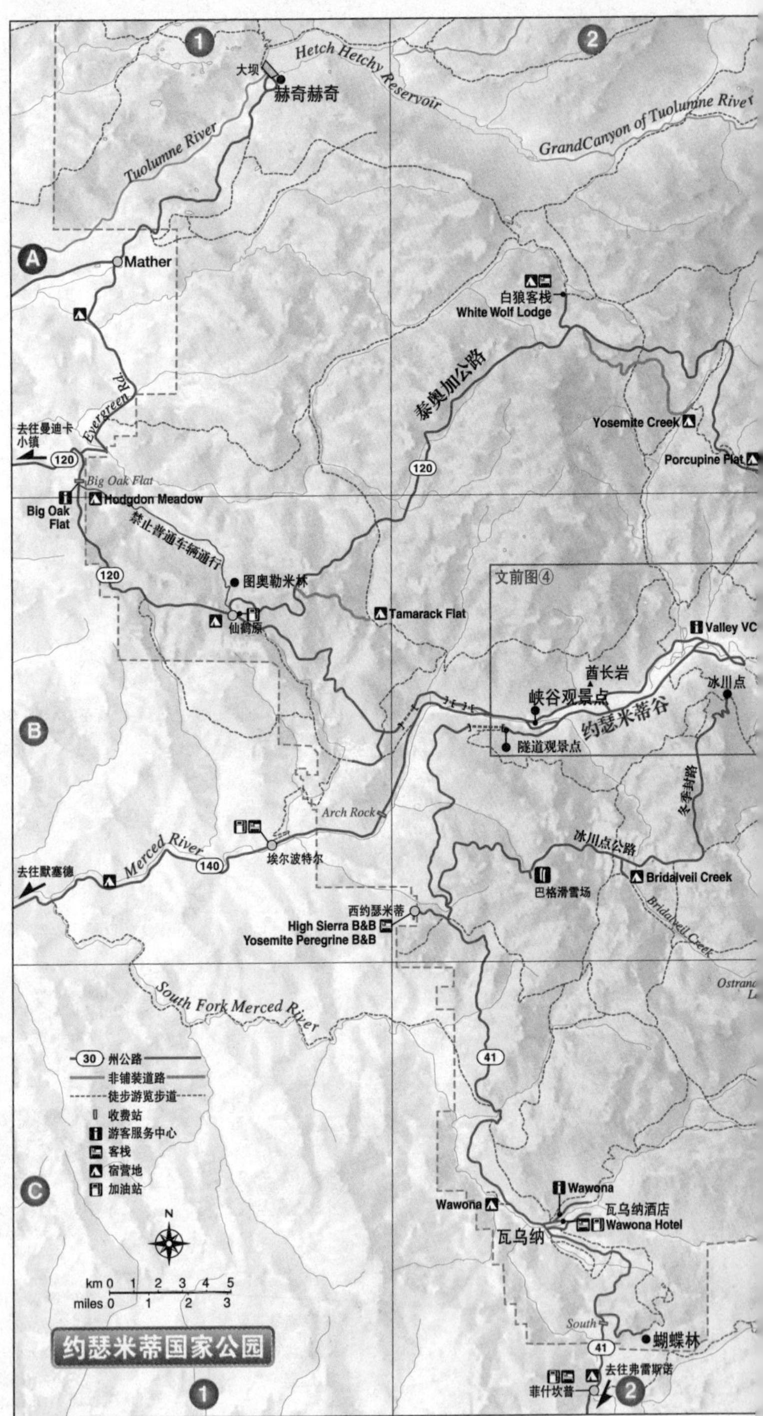

大坝
赫奇赫奇
Hetch Hetchy Reservoir
Tuolumne River
GrandCanyon of Tuolumne River
Mather
白狼客栈
White Wolf Lodge
泰奥加公路
Evergreen Rd.
去往曼迪卡小镇
120
Yosemite Creek
Porcupine Flat
Big Oak Flat
Hodgdon Meadow
禁止普通车辆通行
图奥勒米林
仙鹤原
Tamarack Flat
文前图④
Valley VC
酋长岩
峡谷观景点
冰川点
约瑟米蒂谷
隧道观景点
冬季封路
Arch Rock
Merced River
去往默塞德
140
埃尔波特尔
冰川点公路
巴格滑雪场
Bridalveil Creek
西约瑟米蒂
High Sierra B&B
Yosemite Peregrine B&B
South Fork Merced River
41
30 州公路
非铺装道路
徒步游览步道
收费站
游客服务中心
客栈
宿营地
加油站
N
km 0 1 2 3 4 5
miles 0 1 2 3
Wawona
瓦乌纳酒店
Wawona Hotel
瓦乌纳
South
蝴蝶林
去往弗雷斯诺
菲什坎普
约瑟米蒂国家公园

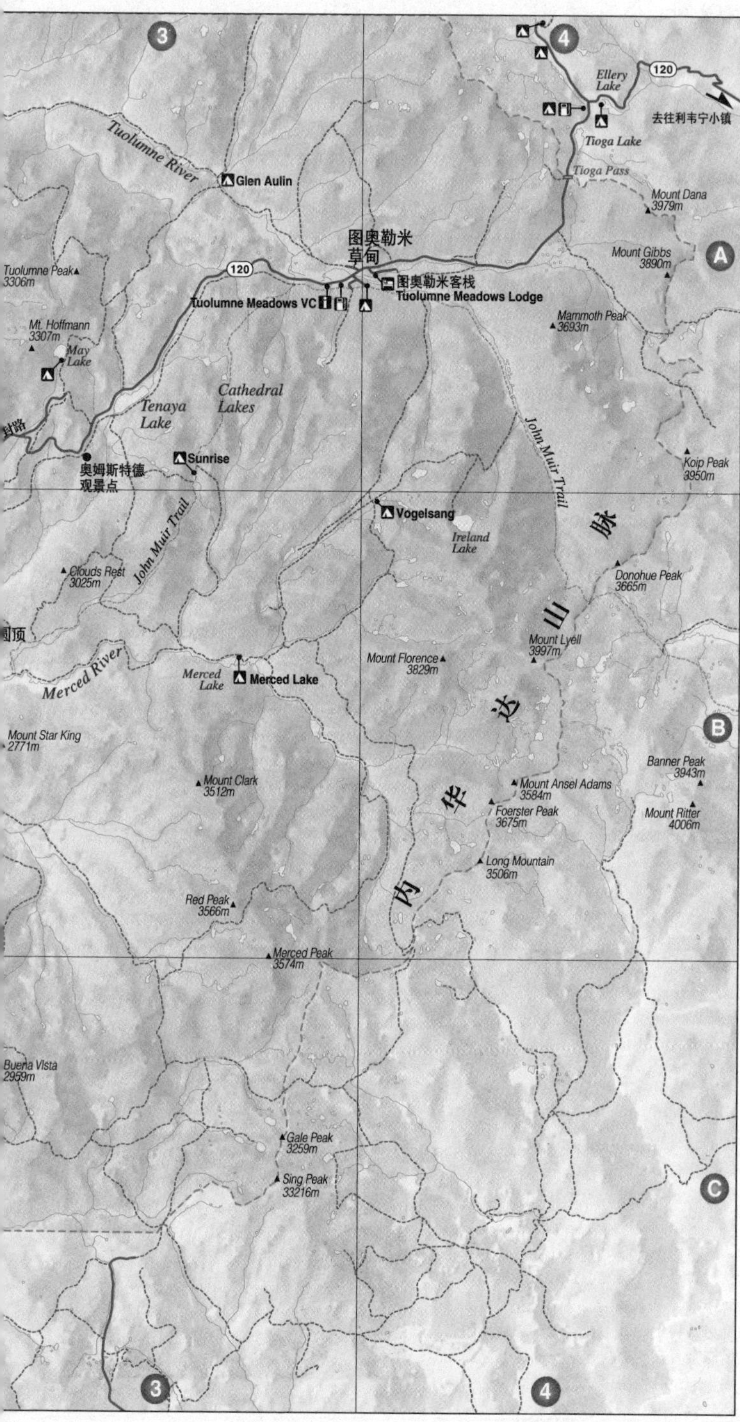
3
4
120
Ellery Lake
去往利韦宁小镇
Tioga Lake
Tioga Pass
Mount Dana 3979m
Tuolumne River
Glen Aulin
图奥勒米草甸
Mount Gibbs 3890m
A
Tuolumne Peak 3306m
120
图奥勒米客栈
Tuolumne Meadows Lodge
Tuolumne Meadows VC
Mammoth Peak 3693m
Mt. Hoffmann 3307m
May Lake
Cathedral Lakes
Tenaya Lake
John Muir Trail
Sunrise
奥姆斯特德观景点
Koip Peak 3950m
Vogelsang
Ireland Lake
John Muir Trail
Clouds Rest 3025m
Donohue Peak 3665m
内华达山脉
Mount Lyell 3997m
Mount Florence 3829m
Merced River
Merced Lake
Merced Lake
Mount Star King 2771m
B
Banner Peak 3943m
Mount Clark 3512m
Mount Ansel Adams 3584m
Foerster Peak 3675m
Mount Ritter 4006m
Long Mountain 3506m
Red Peak 3566m
Merced Peak 3574m
Buena Vista 2959m
Gale Peak 3259m
Sing Peak 33216m
C
3
4

California Parlor Car Tours
☎（415）474-7500
Free 1800-227-4250
URL www.calpartours.com
费 单程 $95、往返 $180。5~17 岁单程 $65、往返 $115。冬季是往返 $120（2~12 岁半价）
（包含公园门票和税金）
※11 月～次年 4 月的工作日有时可能会改乘美铁（Amtrak）

灰狗巴士 → p.470
Free 1800-231-2222
URL www.greyhound.com
默塞德的车站
住 710 W. 16th St.
☎（209）722-2121
开 周一～周五 8:00~17:30
周六 8:00~15:00
休 周日 · 法定节假日
费 旧金山→默塞德单程 $39~
洛杉矶→默塞德单程 $28~

YARTS
Free 1877-989-2787
URL www.yarts.com
费 默塞德→约瑟米蒂往返 $25、儿童 $18（包含公园门票）

这个看板是上下车站的标志

到达约瑟米蒂客栈。回程是 15:45 从约瑟米蒂客栈发车，20:30 左右抵达旧金山。

Greyhound + YARTS

如果乘坐灰狗巴士则需要在默塞德换乘 YARTS。从旧金山到默塞德大约需要 4 小时车程。每日 1 班车。从洛杉矶出发则需要 6~7 小时，直达班次每天 5 趟。

默塞德的车站通年都有 YARTS 的巴士运营，每天 6:00~18:00 期间都有发车，夏季每天往返 6 个班次。VIA 公司的巴士也有可以到达约瑟米蒂的，两者的价格和线路完全一样。

到达约瑟米蒂谷会经由游客服务中心、咖喱村、阿赫瓦尼酒店 Ahwahnee Hotel 最终到达约瑟米蒂客栈，需要 2 小时左右。无须预约。

铁路 Amtrak

非常舒适快捷，也是用时最短的交通工具，价格也相对便宜一些。虽然换乘比较多是个难点，但如果选择好了列车的班次还是比较容易的。

从旧金山或者洛杉矶乘坐去往默塞德的"圣华金"号 San Joaquins 列车，到达后换乘 YARTS（或者 VIA）的巴士，这两家公司的巴士作为与美铁连接的循环巴士在运营，车票也可以一直买到约瑟米蒂客栈。但不是所有的"圣华金"号都可以连接循环巴士，在购买车票时输入的目

如果没有开车自驾则必须要乘坐 YARTS

Column

约瑟米蒂的骄傲

如果在约瑟米蒂参加巴士团体游，导游一定会在介绍景点的时候提到几次"黄石"。

例如，有可能会听到"黄石的森林几乎都是美国黑松，而约瑟米蒂的森林则有丰富的树种共生"之类的话。

长年在约瑟米蒂工作或者从事自然保护的人，一般都会对这里抱有无限的热爱，他们往往有一种强烈的意识，认为"约瑟米蒂才是自然保护的发祥地"。这种意识的背后，其实隐藏着他们针对黄石的对抗心理以及深深的遗憾，因为他们觉得本应属于这里的"世界上第一个国家公园"的称号被黄石夺走了。

在约瑟米蒂，人们很早就开始致力于自然保护运动，1864 年，这里就被列为风景保护区 Yosemite Grant。但是，黄石在 1872 年成了国家公园，这要早于约瑟米蒂。随着淘金热的出现，大量淘金者来到加利福尼亚，这就让加利福尼亚的土地所有权变得比较复杂。而深处内陆的黄石，在土地的国有化以及管理上遇到的阻碍会小得多。

2014 年，在约瑟米蒂举办了许多活动来隆重纪念这里成为风景保护区 150 周年。当时，也就是 1864 年，林肯总统签署命令指定这里为风景保护区。约瑟米蒂的人们作为自然保护的先锋有着强烈的荣誉感。

相关内容→ p.200

2014 年在游客服务中心举办了约瑟米蒂特别展

Notes 要留意巴士的时刻表 从旧金山出发的灰狗巴士（Greyhound Bus）只在 11:00（14:35 抵达默塞德）有一班车发出，一定要注意。约瑟米蒂区域交通系统 YARTS 的巴士 17:40 发车，20:22 抵达约瑟米蒂客栈。

的地不是默塞德而应该是 Yosemite。

从旧金山出发的话，在旧金山站至爱莫利维尔 Emeryville 或者斯托克顿 Stockton 之间有循环巴士通车。在旧金山市内有多处巴士的乘车站，联合广场 Union Square 附近的车站是在 Powell St. 与 4th St. 之间的 Market St. 上（住 835 Market St.），旧金山购物中心前有一个很小的巴士站。另外，渔人码头附近的车站是在 39 号码头的水族馆外。上述乘车地都需要提前购买车票。如果没有车票需要到渡轮大厦 Ferry Building 的美铁办事处购买车票后才能够乘车，这里有候车室，很容易找到。

"圣华金"号列车

从洛杉矶出发的话，在洛杉矶联合车站至 Bakersfield 之间也有循环巴士通车。

美铁·"圣华金"号 &YARTS （本书调查时的时刻表）

4:10		10:45		出发	Los Angeles	到达	18:40			0:30	2:20	
↓	7:05	↓	12:45	出发	San Francisco (Ferry Bldg.)	到达	↑	16:40	22:15	↑	↑	0:35
10:08	10:31	16:22	16:13	到达	Merced	出发	12:59	13:08	18:42	19:06	20:47	21:15
	11:00		17:30	出发		到达	12:27		18:27		20:27	
	13:25		20:22	到达	Yosemite Lodge	出发	10:00		16:00		18:00	

团体游 Tour

约瑟米蒂国家公园，并不是只在夏季而是几乎全年都很难订到房间。所以建议参加带园内住宿的团体游项目。虽然有从旧金山出发的 1 日游项目，但几乎有 10 小时都是在路上颠簸，真正在谷内玩的时间很短。如果想要好好游玩，一定要选择在园内住宿 1 晚以上的团体游项目。

California Parlor Car Tours

这间公司的团体游的魅力在于可以在园内的客栈住宿。7:00 从旧金山出发，大约中午过后便可到达约瑟米蒂。13:45 在客栈办理入住手续。第二天的上午游览冰川点（冬季变更为谷底游）。回程是 15:35 从约瑟米蒂客栈出发，大约 21:00 抵达旧金山。另外，还有夏季限定的可以住宿在咖喱村的团体游项目。

到达旧金山后再预约团体游可能会比较困难，可以提前在网上预约，或者通过中国的旅行社预约。

租车自驾　Rent-A-Car

从旧金山出发　Big Oak Flat Entrance（CA-120）

从旧金山出发渡过海湾大桥后沿 I-580 向东行驶。然后按照 I-205EAST、I-5NORTH 的方向前进，看到 Exit 461 便可以下到 CA-120 公路上了，接着很快就会到达曼迪卡小镇，到此大约行驶了 75 英里（约 120.7 公里）。然后沿 CA-120 继续向东行驶约 115 英里（约 185 公里）便可到达约瑟米蒂谷了。从旧金山出发大约需要 4~5 小时的车程。后半程多是比较急的山路，冬季积雪较多，11 月 ~ 次年 3 月期间规定必须使用轮胎防滑链的时候比较多。

美铁 Amtrak → p.470
Free 1800-872-7245
URL www.amtrak.com
默塞德火车站
住 324 W. 24th St.
☎（209）722-6862
开 7:15~21:45
费 旧金山→约瑟米蒂单程 $38~
洛杉矶→约瑟米蒂单程 $58~（含公园门票）

注意山林火灾
约瑟米蒂国家公园内在 2013 年与 2014 年连续发生了大面积的山林火灾，部分道路和观景台都被关闭了。在准备去之前一定要在官网上事先确认好。

California Parlor Car Tours
☎（415）474-7500
Free 1800-227-4250
URL www.calpartours.com
费 约瑟米蒂客栈住宿 1 晚 $403
约瑟米蒂客栈住宿 2 晚 $577
阿赫瓦尼酒店住宿 1 晚 $589
阿赫瓦尼酒店住宿 2 晚 $949
※ 上述费用是住宿双人间 1 人费用。包含公园门票和税金。11 月 ~ 次年 4 月期间的工作日可能会使用美铁作为交通工具。

加利福尼亚州的路况信息
Free 1800-427-7623
URL quickmap.dot.ca.gov

最近的 AAA
道路救援
Free 1800-222-4357
弗雷斯诺 Fresno
住 5040 N. Forkner Ave
☎（559）440-7200
开 周一 ~ 周五　8:30~17:30

从默塞德出发 Arch Rock Entrance（CA-140）

只需沿 CA-140 一直向东行驶大约 140 英里（约 225 公里）便可以到达约瑟米蒂谷。大约需要 2 小时。全年都可以通车，但中途有山路，冬季需要安装轮胎防滑链。

从弗雷斯诺出发 South Entrance（CA-41）

弗雷斯诺是加利佛尼亚中部的中心城市，这里有大城市的弊病——严重的大气污染，也是神木（红杉树）& 国王峡谷国家公园的门户城市。去往约瑟米蒂只需沿着 CA-41 一直向北行驶便可。大约 2 小时就可以到达公园的南大门，向右转大约 10 分钟车程可以到达蝴蝶林，如果向左转大约行驶 1 小时可以到达约瑟米蒂谷。从弗雷斯诺到约瑟米蒂谷共 95 英里（约 153 公里），约需 3 小时。虽然道路全年都可以行驶，但是 10 月～次年 4 月期间大都有安装轮胎防滑链的强制规定。而且，道路比较狭窄，连续的急转弯较多，驾驶时需要小心。

从洛杉矶出发 South Entrance（CA-41）

从洛杉矶出发沿 I-5 向北行驶，驶过两座山之间的道路后在 Exit131 出去，转至 CA-99 去往弗雷斯诺方向。之后只需沿 CA-141 一直北上便可以到达公园了。共计需要 6~7 小时。

从死亡谷国家公园出发 Tioga Pass Entrance（CA-120）➡只限夏季

谷内的道路几乎都是单行线

可以一路眺望内华达山脉的风景前行，是一条风景很美、十分值得推荐的线路（→ p.228）。沿 CA-190 向西行驶，然后进入 CA-136 向北行驶，与 US-395 交会后驶入 US-395 继续向北行驶。距离利韦宁大约 178 英里（约 286.5 公里），约 5 小时车程。从利韦宁进入到 CA-120 道路可以一直开到东大门，经由泰奥加公路 Tioga Road 可以到达约瑟米蒂谷，大约还有 60 英里（约 96.6 公里），需要 2~3 小时。

可以把车停在村内的停车场，然后乘坐景点间的循环巴士

旧金山 San Francisco
住 2300 16th St.（Potrero Center）
☎（415）553-7200
开 周一～周五 8:30~17:30
周六 10:00~14:00
※ 如果在园内发生车辆故障或者交通事故请拨打 ☎（209）372-8320。

请给油箱加满油

约瑟米蒂谷内没有加油站，所以在进入公园之前请给油箱加满油。

关于安装轮胎防滑链的规定 CHAINS REQUIRED

约瑟米蒂的气温比旧金山要低很多。园内甚至还有滑雪场，所以很多时候需要安装轮胎防滑链。11 月～次年 3 月期间必须要安装，有时 5 月或者 9 月也偶尔会有安装防滑链的规定。规定有 3 个阶段，以下分别介绍。

R1：Autos & Pickups Snow Tires OK

雪地轮胎可以（针对胎纹的深度有一定的限制）。

R2：4W Drive with Snow Tires OK

四轮全部是雪地轮胎的四驱车可以。

R3：No Exceptions

所有车辆必须装配轮胎防滑链。公园大门处有检查站，如果没有装配防滑链不能进入公园。注意，如果是租赁的车辆可能会由于加装雪地轮胎或者防滑链而违反租车合同。

泰奥加公路 Tioga Road

冬季封路。道路开通的日期根据积雪情况而定，大约是在 4/29 至 7/1 之间。开始封路大约是在 10 月中旬~11 月下旬左右。

Notes 约瑟米蒂 App　可以通过 App Store 下载免费的软件“NPS-Yosemite”，里面的内容很丰富，有公园内的道路交通信息和园内的最新信息，还有由公园管理员带领游览线路的时间表。

Wildlife

约瑟米蒂的四季

约瑟米蒂的每一个季节都有让人难以割舍的魅力。总体而言，这里的气候比较温和，但也不要忘记这里毕竟是山地。天气多变，冬季有降雪。另外，海拔较高的内陆高原观光区和冰川点与谷底的温差将近 10℃。到此游览应该注意所穿衣物要便于增减。

入园游览人数的高峰期在 6~9 月。从西海岸很方便就能到达这里，所以 4~11 月每逢周末游客都非常多。应尽早预订住宿。

春 春天的约瑟米蒂谷是一片柔和且朦胧的世界。雾气笼罩着峡谷，色调柔和的蓝天下有青灰色的圆顶山峰以及峭壁耸立在眼前，柳树的枝叶仿佛是蕾丝的剪影画。冰封已久的瀑布沐浴着春光，面朝南方的约瑟米蒂瀑布开始有水幕落下。小溪像丝绸般静静地流淌在峡谷中，各种野花含苞待放。整个峡谷就像是在为生命奏响赞歌的音乐厅。运气好的话，在满月的夜晚，来到下约瑟米蒂瀑布，有可能看到“月夜下的彩虹”。

到了 5 月上旬，四照花的白色大花朵会开满峡谷。等到这些花绽放完毕，春天的脚步就会向山上移动。

夏 6 月，蓝天下的岩峰上仍有残雪，墨绿色的松树、杉树等常绿植物与旁边的山杨树、槲树交相辉映。众多瀑布飞流直下，水流的轰鸣声回响在山谷中。各种野花齐放，动物们也开始忙于抚育下一代。峡谷中的自然景观与动植物都呈现出勃勃生机，是这里最具活力的季节。此时，约瑟米蒂谷和周围的湿地会有很多蚊虫，游客应带上驱虫喷剂。

到了 7~8 月，图奥勒米梅多斯等内陆高原观光区才进入花季。这一时期，峡谷里的瀑布基本上都会断流，公园中遍布游客，让这里似乎变成了一座城市。但是，在厚厚的云朵下颜色暗淡的峭壁巍然耸立，这幅景象是夏季独有的。

只有在夏季才能体验到自行车骑行以及漂流的乐趣

只有在冬季到访这里的游客才能欣赏到银装素裹的约瑟米蒂大地

夏季游览这里，穿 T 恤衫和短裤即可。不过，最好还是准备上在夜间穿着的薄上衣。

秋 峡谷中的空气中开始有了一些凉意，谷底的草原呈现出一片金黄色。枫树、桤树等落叶树木的叶子从绿色逐渐变成朱红色、古铜色，构成了一幅巨大的彩色绘画。生物即将进入休眠的阶段，大自然用华丽的色彩装点着这一特殊的季节。

秋季的谷底，日落很早，温度也急剧下降。需要穿着毛衣等较厚的衣服。

冬 白色的峡谷就像安塞尔 · 亚当斯的摄影作品一样变成了色调单一的世界。布满冰雪的森林、峭壁以及山峰在蓝天的映衬下，宛如银板上的浮雕。尤其是风雪过后的早晨，景色更加优美。树梢上的积雪被风吹落，就像细细的钻石沙一样散去。对于游客来说，这个季节的缺点是交通不便，但是冬天的约瑟米蒂谷也许才真正可以称得上“众神的乐园”。

约瑟米蒂谷的气候数据

日出 · 日落时刻根据年份可能会有细微变化

月	1	2	3	4	5	6	7	8	9	10	11	12
最高气温（℃）	9	11	14	18	22	27	32	32	28	22	13	8
最低气温（℃）	-2	-1	1	3	7	11	14	13	11	6	1	-2
降水量（mm）	160	170	130	71	44	18	10	3	18	53	120	142
日出（15 日）	7:13	6:49	7:09	6:24	5:49	5:36	5:49	6:14	6:40	7:06	6:38	7:06
日落（15 日）	17:03	17:36	19:05	19:33	20:01	20:22	20:20	19:53	19:08	18:22	16:48	16:40

TriVia 异常气候？ 2014 年 7 月，加利福尼亚州出现了史上少见的干旱天气，导致包括约瑟米蒂瀑布和布里达尔维尔瀑布在内的许多瀑布断流。一直到 12 月 3 日出现降雨，峡谷都处于没有瀑布的状态。

Column

约瑟米蒂的历史

最早居住在约瑟米蒂的是被称为阿法尼奇人的原住民。他们在与外界完全隔绝的峡谷中长期过着和平的生活。

到了19世纪，这座峡谷才进入了白人的视线。猎人以及毛皮商人来到内华达山脉的深处，随后便有“见到了被刀整齐地切为两半的山峰”“见到了高达数百米直插云霄的巨树”之类的传言，但当时没有人相信。

1849年，约瑟米蒂的命运发生了改变。随着淘金热潮的出现，大批移民乘着大篷马车蜂拥至此并与当地的原住民发生了冲突。受政府之命，由志愿兵组成的马里波萨部队向约瑟米蒂进军。这支部队历经艰难险阻翻越了瓦乌纳高原，到达了隧道观景点附近。当这座峡谷出现在他们眼前时，每个人都认为他们已经来到了通往天堂的大门，默默地把手中的武器放到了地上。

1862年，追寻着传说中的美景，3名画家进入了约瑟米蒂并画出了许多作品。其中一幅在多年后被赠给了西奥多·罗斯福总统，正是这幅画让罗斯福下定决心前往约瑟米蒂视察。

就这样，约瑟米蒂充满神秘色彩的美景立即被整个美国所知晓。

此时，出现了一个倾倒于蝴蝶林的红杉林并为保护这片景观而四方奔走的男子。他就是盖伦·克拉克（Galen Clark）。在他的不懈努力之下，1864年，约瑟米蒂成了美国第一个自然保护区并由克拉克出任保护区的负责人。

不久，对约瑟米蒂的保护事业意义重大的另一个人约翰·缪尔也来到了约瑟米蒂。他同样为这里的美景所倾倒并积极地投身到约瑟米蒂的保护运动之中。1890年，约瑟米蒂被指定为国家公园。

1903年，罗斯福总统造访了约瑟米蒂。同年，把约瑟米蒂的美景在今后的日子里介绍到全世界的摄影师安塞尔·亚当斯也来到了这里，当时他只有14岁。之后，他在约瑟米蒂定居，拍摄了大量极富想象力的优秀作品。

1927年，默塞德至约瑟米蒂谷的公路竣工。1956年约瑟米蒂客栈、1966年泰奥加公路相继建成，这座国家公园开始拥有较为完备的基础设施，为来此旅行的游客带来了极大的便利。可是，公园建设的速度远远赶不上游客增长的速度，现在，住宿设施不足的问题仍然长期困扰着公园。

国家公园之父——约翰·缪尔 John Muir

被誉为国家公园之父的约翰·缪尔于1838年生于苏格兰。11岁时随父母移居美国，在威斯康星的农村帮助家里从事农业劳动。

29岁时，在劳动中眼睛受伤，有1个月的时间处于失明的状态。因为这个原因，缪尔下定决心“要去自己真正想看的地方看一看”，之后便踏上了周游各地的旅程。他从印第安纳波利斯徒步1600公里到达佛罗里达，然后乘船去了古巴。本来打算前往南美，但由于感染上了疟疾，所以只能放弃这个计划，转而经巴拿马海峡前往旧金山，然后到达约瑟米蒂。在约瑟米蒂，他用倒下的树木建造了水车、房子，一边放羊一边观察当地的自然。生活在约瑟米蒂的5年时间里，缪尔发表了约瑟米蒂谷是因冰川侵蚀而形成的学说。当时，地震引起下沉的观点是得到广泛接受的学说，因此缪尔的观点被视为痴人说梦。后来，缪尔终于在约瑟米蒂发现了冰川的痕迹，从此他便在全美声名鹊起。

1903年，与约翰·缪尔（右）并肩站在冰川点上的西奥多·罗斯福总统说：“今天是我人生中最美好的日子”

离开约瑟米蒂后，缪尔继续撰写并发表呼吁保护自然的文章。同时，他也步入婚姻，开始过上安定的生活。在51岁的时候，缪尔再次造访约瑟米蒂，但是他看到的是当地的自然环境惨遭破坏的景象，所谓保护区其实只不过是一个虚名而已。缪尔无法对此无动于衷，他掀起了一场轰轰烈烈的环境保护运动。这场运动不仅赢得了政治家的支持，还成功地让许多普通市民也积极地参与了进来。第二年，约瑟米蒂被指定为国家公园。

1892年，缪尔创立了塞拉俱乐部，这个组织是世界上首个真正意义上的自然保护团体。缪尔在大峡谷和雷尼尔山被列为国家公园的过程中也发挥了重要的作用。鉴于这些卓越的贡献，缪尔被誉为“国家公园之父”。

1901年，在赫奇赫奇峡谷（→p.216）建造大坝的计划被提出，针对这一计划，塞拉俱乐部开始了反对运动。两年后，对缪尔的著作产生兴趣的罗斯福总统乘马车前往约瑟米蒂视察。据说，缪尔与罗斯福两个人在野外宿营，一起游览了3天时间，并对自然保护的方针进行了探讨。普遍认为，正是这次旅行为罗斯福自然保护政策的出台奠定了基础。这一年，缪尔还进行了世界森林之旅。

缪尔与塞拉俱乐部积极地开展了针对总统以及国会议员的游说活动，试图把赫奇赫奇峡谷从被水淹没的命运中挽救出来。但很遗憾，最终没有成功，1913年建造大坝的计划获得批准。次年，缪尔因肺炎病逝。

在他离世的第二年，人们决定沿着他深爱的内华达山脉修建一条全长340公里的约翰·缪尔步道（1938年竣工）。

约瑟米蒂国家公园 漫 步

公园形状大致呈圆形，中央部位是在冰河期被削成东西延绵的“U”字形山谷。位于谷底的便是约瑟米蒂谷 Yosemite Valley 了，两侧是高1000米左右的断崖，断崖之上是广袤的森林。横贯整个森林东西向的道路叫作泰奥加公路 Tioga Road（积雪期封路），除了公路以外，公园还有94%是被森林、湖泊和花岗岩所覆盖的，简直是一座巨大的后花园。东侧是巍巍耸立的内华达山脉，南侧的蝴蝶林 Mariposa Grove 内有许多巨大的美洲红杉。

主要的景点都分布于约瑟米蒂谷周边、泰奥加公路沿线（也被称作内陆高原观光区）和蝴蝶林这3个区域内。

公园的中心是约瑟米蒂谷

主要的观光景点都集中在约瑟米蒂谷附近。而且，谷底的设施比较齐全，如果可能建议在这里住宿一晚。谷内全年有免费的循环接送巴士运行（→p.204），山谷外围的景点之间还有团体游巴士运行。

约瑟米蒂谷的中心是约瑟米蒂村

山谷是沿着默塞德河延伸的细长形溪谷，溪谷的中心便是约瑟米蒂谷 Yosemite Village。这里有游客服务中心、超市、咖啡厅、邮局等设施。

距离约瑟米蒂村稍微有一小段距离的河对岸还有咖喱村 Curry Village。这里位于茂密的树丛中，有小木屋和客栈等住宿设施，其他的设施也都还比较完善。

建于村中心的游客服务中心。首先应该到这里收集游览信息

制定游览日程的方法

曾经有一位女士向专业的公园管理提问：“如果只有1天时间在约瑟米蒂游玩，你会做什么？”管理员回答：“我会坐在默塞德河的河边上哭泣。”

的确，约瑟米蒂值得看的地方太多了，一两天时间根本不够。如果只有一整天时间，建议在约瑟米蒂谷周边转一转。可以合理利用园内的团体游项目，有可能的话尽量走一段比较短的徒步远足步道。如果有两天时间可以去冰川点和蝴蝶林看看。如果你有3天时间，一定要去 High Country 转一转，走一下较长的徒步远足步道。

获取信息 Information

除约瑟米蒂谷以外，园内还有多处可以获取信息的设施。入园后应该首先去最近的设施领取园内资料，然后再计划下一步去哪里游览。如果是乘坐巴士来的游客，建议拿一份叫作 *Yosemite Guide* 的报纸、地图以及徒步线路图手册（上述资料全部是免费的）等。

改装后展示品更加充实

谷内的行车方法

谷内的道路是单行线，分别建于默塞德河的南北两岸，去程是位于南岸的东向道路，回程则是位于北岸的西向道路。途中，在风景好的地方还设有停车位，可以停车观景。

如果你预约了谷内的客栈，应该首先办理入住手续，然后乘坐谷内的循环巴士（→p.204）进行游览。如果没预约客栈则需要渡过哨兵桥 Sentinel Bridge，将车停在 Day Parking 停车场。

另外，咖喱村的里侧（快乐岛、镜湖方向）是禁止一般车辆进入的。

做好游客众多的思想准备！

夏季的旅游旺季时，谷内的道路十分拥挤，经常堵车，停车位也会变得十分紧张。一旦找到了车位停车后最好不要再移动了，可以利用谷内的循环巴士作为之后的交通工具。另外，如果道路堵塞得很严重的话，还会限制一些没有在园内客栈或者宿营地预订住宿的车辆入园。6~9月中旬，特别是周末计划来这里出游的人需要注意。

注意减速！

约瑟米蒂国家公园内有许多熊已经失去了对车辆的戒备心，每年有大量的熊在谷内被车辆碾压。另外，鹿突然从路边窜出来的概率也很高，所以无论白天黑夜都应该低速行驶！

后的数字代表谷内循环接送巴士（→p.203）的车站

Valley VC #5,9
MAP p.204
开 9:00~17:00
Ranger Ranger Walk
集合▶夏季 15:00
所需时间▶ 1 小时 30 分钟
地点▶游客服务中心
※ 时间和星期经常频繁地变换。需要在园内报纸中再确认。

Big Oak Flat Information Station
MAP p.194 AB-1
☎（209）379-1899
开 只限夏季 8:00~17:00

Wawona VC
MAP p.195 C-2
开 夏季 8:30~17:00
冬季 9:00~16:00

Tuolumne Meadows VC
MAP p.195 A-3
☎（209）372-0263
开 只限夏季 9:00~18:00

Degnan's Deli #2,4,10
开 夏季 7:00~18:00
冬季 7:00~17:00

Village Grill #2,10
开 夏季 11:00~17:00

Food Court #8
开 6:30~21:00

Pavilion Buffet #13B,14,20
开 7:00~10:00 17:30~20:30
（冬季只在周末营业）

Pizza Patio #13B,14,20
开 夏季 12:00~21:00（冬季只在周末营业）

Ahwahnee Dining Room #3
预约 ☎（209）372-1489
开 7:00~21:00

Mountain Room #8
开 17:30~21:00

Valley Visitor Center

位于约瑟米蒂村的中心位置，也是园内最大的游客服务中心。这里有各种各样的展示，还有名曰 *Spirit of Yosemite* 的宣传片放映，另外还售卖一些书籍等。这里没有停车场。只能将车停在 Day Parking，然后乘坐谷内循环巴士在 #5 或者 #9 下车。

用沙盘再现的谷内缩影

Big Oak Flat Information Station

位于 CA-120 一侧的西北大门入口处。周末从旧金山方向开车过来的游客，可以首先到这里收集旅行信息。

Wawona Visitor Center

位于南大门附近的瓦乌纳。主要面向从弗雷斯诺过来的游客。关于蝴蝶林的信息这里是最齐全的。

Tuolumne Meadows Visitor Center

位于泰奥加公路上的一座山间小屋风格的建筑，是内陆高原观光区的中心。关于内华达山脉徒步远足的信息比较详细。

园内设施 Facilities

就餐

既没时间又没钱的时候村内的 Degnan's Deli 最方便快捷，三明治和汤还算不错。夏季的时候村商店的旁边还会开设 Village Grill 快餐店。对家族旅行的客人来说约瑟米蒂客栈的餐饮区（自助式）最有人气。

咖喱村内有可以吃到饱的 Pavilion Buffet，夏季的时候比萨屋 Pizza Patio 也会开放。

如果旅费比较宽裕，建议去阿赫瓦尼酒店吃晚餐。透过巨大的玻璃窗观赏到的景观之美无以言表。虽然这里吃晚餐不用穿着晚礼服，但也尽量不要穿 T 恤衫或者短裤。需要预约。另外，约瑟米蒂客栈的 Mountain Room 餐厅气氛也是不错的。

谷外的瓦乌纳酒店、白狼客栈（只限夏季营业）、图奥勒米客栈（只限夏季营业）内也有都设有餐厅。另外，在冰川点也可以买到简餐类的食物，除此之外的地方一概没有任何水和食物可以购买。

食材 · 杂货

约瑟米蒂村内的 Village Store 与普通的大型超市一样商品十分齐全。从食材到纪念品、服装、书籍等应有尽有。咖喱村的商店内货品种类也十分齐全。除此之外，在客栈或者酒店内还有一些礼品店和小型的杂货店等，可以买到户外食品、手电筒、防虫喷雾等用品。

溪谷以外的地方，在冰川点和瓦乌纳各有一间小型的商店，夏季的时候图奥勒米草甸也会有一间商店开门营业。

Notes **互联网信息** Degnan's Deli 的 PC 使用费用是 4 小时 $2.95、12 小时 $5.95、4 小时 $9.95。Wi-Fi 在约瑟米蒂客栈内 24 小时 $9.95（住宿客人免费）。

户外用品专卖店位于 Village Store 的旁边，另外咖喱村和约瑟米蒂客栈也有户外用品店。

只是进去欣赏一下海报也是蛮开心的

安瑟·亚当斯艺廊
The Ansel Adams Gallery

这间艺廊紧邻谷内的游客服务中心。是由安瑟·亚当斯的工作室改造而成的，安瑟·亚当斯是世界著名的风景摄影家，他通过拍摄约瑟米蒂四季变换的风景向世界人们介绍这片美丽的地方。艺廊内展示着其作品的写真集、印刷品、海报、纪念卡片等，还有一些高档的礼品。店内还可以买到卤化银胶卷，另外还有租借相机的服务。

约瑟米蒂博物馆 Yosemite Museum

博物馆紧邻游客服务中心，这里展示着约瑟米蒂的自然与历史资料。博物馆外侧还有一个庭院，再现了以前被白人赶出溪谷的米沃克族与派尤特族人的居住场所，还有原住民表演手工编筐等手工艺技术的展示。这里即便是盛夏季节天气也十分凉爽，也是谷内最安静的地方。

快乐岛自然博物馆 Happy Isles Nature Center

位于溪谷东侧，春天瀑布远足步道入口附近的一座自然博物馆。由于正好位于冰川点的正下方，在1996年山体滑坡自然灾害时被完全压毁，现在的建筑是后来重建的。这里展示着约瑟米蒂动植物的相关资料。糖松的巨大松塔很值得一看。这里关于公园旅游的信息也比较齐全，还发挥着游客服务中心的作用。

其他设施

在游客人数较多、人气较高的国家公园会设立邮局和诊所等设施。公园内共有 2 个加油站（夏季时有 3 个），如果是刷卡 24 小时都可以加油。但需要注意的是约瑟米蒂谷内是没有加油站的。在 Village Store 的后面有一间汽车修理厂，可以 24 小时处理车辆故障、交通事故拖车等意外事故。

园内的交通与旅游团 Transportation

谷内循环接送巴士➡全年运行

谷内有免费的接送巴士循环运行。行车线路是按照下述号码的单方向运行的，#21 的下一站是从 #1 重新循环开始的。首先按照地图上的线路坐上一圈（大约需要 1 小时），大概就会对谷内有所了解了。作为谷内交通工具的循环巴士，一定要好好地活用。特别是到了晚上，可以安

Village Store #2,10
开 夏季 8:00~22:00
冬季 8:00~20:00

Curry Village Grocery #13B,14,20
开 夏季 8:00~22:00
冬季 8:00~20:00

Ansel Adams Gallery #5,9
开 夏季 9:00~18:00
冬季 10:00~17:00
休 12/25
Ranger Camera Walk
集合▶夏季每周一、周二、周四、周六的 9:00
所需时间▶ 1 小时 30 分钟
地点▶艺廊前
需要自带照相机。提前一天将名字登记一下便可。

Yosemite Museum #5,9
开 9:00~12:00　13:00~17:00
费 免费

Happy Isles Nature Center #16
开 9:30~12:00　13:00~17:00
费 免费

邮局
约瑟米蒂村
开 周一～周五 8:30~17:00
周六 10:00~12:00
约瑟米蒂客栈
开 周一～周五 12:30~14:45

ATM
园内共有 4 处 ATM 分别位于 Village Store、Degnan's Deli（入口）、约瑟米蒂客栈大堂、咖喱村的 Grocerystore 内。

诊所 #4
☎（209）372-4637
紧急 ☎ 911
开 周一～周五 9:00~17:00
位于阿赫瓦尼酒店附近

加油站
瓦乌纳
开 8:00~18:00
Crane Flat
开 24 小时（位于 CA-120 沿线）
Tuolumne Meadow（只限夏季）
开 9:00~18:00

汽车修理厂 #2,10
☎（209）372-8320

投币式洗衣房 #12
开 8:00~22:00
位于露营管家客栈 Housekeeping（→ p.225）

TriVia 小圃千浦 Obata, Chiura　用日本画的形式描绘出约瑟米蒂美景的画家（1885~1975 年）。加利福尼亚大学伯克利分校的名誉教授。在游客服务中心有展出他的作品。

全地返回酒店或者宿营地，利用价值很高。行车时间是 7:00~22:00，每 10~20 分钟一班车。

酋长岩循环巴士

只在 6 月中旬 ~9 月上旬运行，线路是绕着溪谷的西侧行驶 1 圈。运行时间是 9:00~18:00，整点和半点在游客服务中心前 #5 车站发车，免费。

车站→文前图④ L 背面

左 / 看清楚车站的地图再乘车
右 / 循环巴士全部使用混合动力车辆

#1	约瑟米蒂村（Day Parking 停车场）	#13A	咖喱村（Rental center）
#2	约瑟米蒂村（Village Store）	#13B	咖喱村（总服务台前）
#3	阿赫瓦尼酒店	#14	咖喱村（停车场）
#4	约瑟米蒂村（Degnan's Deli）	#15	宿营地 Upper Pines
#5	约瑟米蒂村（游客服务中心）	#16	快乐岛 /
#6	下瀑布 Lower Falls 入口		内华达瀑布徒步步道起点
#7	宿营地 Camp 4	#17	镜湖 · 徒步步道起点
#8	约瑟米蒂客栈	#18	马厩
#9	约瑟米蒂村（游客服务中心）	#19	宿营地 Lower Pines & North Pines
#10	约瑟米蒂村（Village Store）	#20	咖喱村（停车场）
#11	哨兵桥	#21	咖喱村（Rental center）
#12	露营管家客栈 Housekeeping		

约瑟米蒂谷

去往上瀑布
约瑟米蒂观景点
约瑟米蒂瀑布
车道
徒步远足步道
免费循环接送巴士路线与车站
游客服务中心
客栈
宿营地
公共厕所
km 0 500m
miles 0 0.3
下瀑布
Upper Yosemite Fall Trail
Yosemite Creek
约瑟米蒂客栈
Yosemite Lodge at the Falls
安瑟 · 亚当斯艺廊
邮局
餐厅
商店
诊所
Washington Column
Royal Arches
阿赫瓦尼酒店
Ahwahnee Hotel
哨兵桥
Merced River
Camp 4
礼拜堂
露营管家客栈
Housekeeping Camp
Lower Pines
North Pines（只限夏季）
去往镜湖
4mile Trail
Sentinel Rock
冰川点
咖啡村
Curry Village
禁止一般车辆通行
Upper Pines
哨兵瀑布
哨兵穹岩
去往婚纱瀑布
Sentinel Dome Trail
Panorama Trail
快乐岛自然博物馆
去往春天瀑布
KUROSAWA

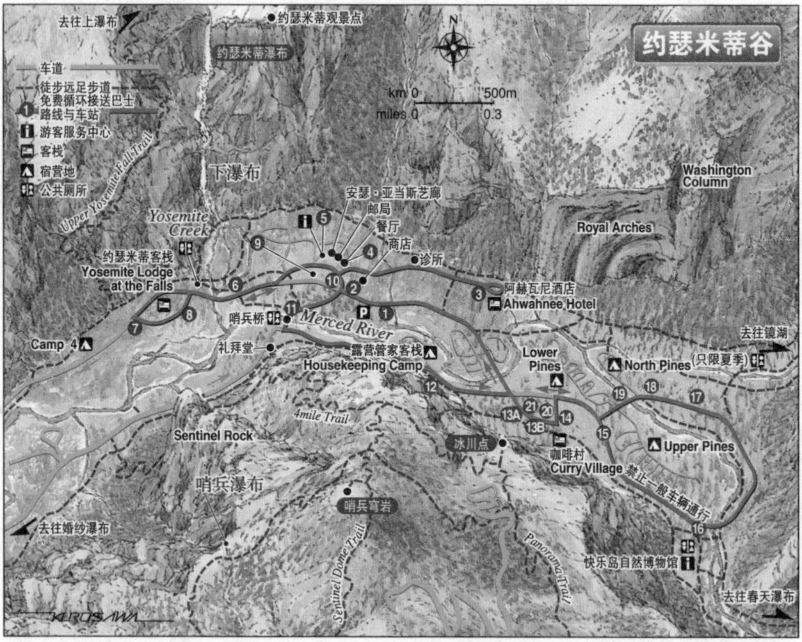

Notes **租借轮椅** 约瑟米蒂客栈和咖喱村的租赁中心都可以租借到轮椅，费用是 1 小时 $6、1 天 $19。另外还有租借婴儿床的服务，费用是 1 小时 $7.5、1 天 $27.5。

团体游巴士 Tour Bus

对于不是开车自驾的游客来说团体游巴士简直是必不可少的交通工具。旅游旺季出游时，最好提前打电话预约好位子，如果准备到达当地再预约，也最好是提前一天预约最为保险。出发地点是约瑟米蒂客栈前。

Valley Floor Tour ➡全年运行

主要的观光景点是溪谷观景点 Valley View、婚纱瀑布 Bridalveil Fall、隧道观景点 Tunnel View 等，夏季是坐在敞篷车内游览，冬季则是乘坐普通的巴士游览。公园管理员会在车内充当导游为游客讲解与景点有关的知识。上下车自由，可以中途下车走一下徒步远足步道，然后再搭乘下一趟巴士回去。

Valley Moonlight Tour ➡ 6~9 月的月圆之夜的前后两天

与上述的 Valley Floor Tour 的线路是一样的，但是是乘坐敞篷车在夜间巡游的。只在每月月圆之夜的前一天和后一天出行。具体的出游日期等事宜需要到当地再确认。

Glacier Point Tour ➡ 5 月下旬 ~10 月下旬

站在冰川点上远望溪谷和半圆顶。中途还会顺路去隧道观景点。注意，这条线路不是循环的线路而是单程，需要从 4 英里步道 Four Mile Trail 步行回到谷内。

Grand Tour ➡ 5 月下旬 ~10 月下旬

值得推荐的线路，包含隧道观景点、冰川点、蝴蝶林这些重要景点。午餐在瓦乌纳酒店内就餐（$12.5）。

图奥勒米草甸循环巴士➡ 6 月下旬 ~9 月初

从约瑟米蒂谷出发经由泰奥加公路前往图奥勒米草甸，每天有 1 趟车往返于此。途中会在仙鹤原 Crane Flat、白狼客栈、奥姆斯特德观景点 Olmsted Point 和泰纳亚湖 Tenaya Lake 停车。上下车自由，也可以结合短途的徒步远足一起使用。

乘坐图奥勒米草甸循环巴士在溪谷上方的谷崖路段看看风景也是不错的选择

团体游的预约方法
● ☎（209）372-4386
出发日期 7 天前开始受理预约
●通过园内的客栈或酒店的内线电话（1240）
●约瑟米蒂客栈大堂旁的团体游接待处
开 全年 7:30~19:00
● Village Store 停车场旁边的便利店
开 夏季 7:30~15:00
●咖喱村的车站 #13B 旁边的便利店
开 夏季 7:30~15:00

Valley Floor Tour
出发 10:00~15:00 期间的每个整点发车。冬季是 10:00、14:00 出发
所需时间 2 小时
费 $25、5~12 岁 $13

Glacier Point Tour
出发 8:30、10:00、13:30
所需时间 4 小时
费 $41（单程 $25）、5~12 岁 $23（单程 $15）

Grand Tour
出发 8:45
所需时间 8 小时
费 $82、5~12 岁 $46

Tuolumne Meadow Shuttle
运行 8:00 在咖喱村的巴士站 #13B 出发 → Village Store 里侧 #2 8:05 出发 → 约瑟米蒂客栈 #8 8:20 出发 → 10:35 到达图奥勒米草甸 10:35 到达 /14:05 发车 → 16:00 到达约瑟米蒂谷
费 泰纳亚湖往返 $22、图奥勒米草甸往返 $23、5~12 岁半价

约瑟米蒂谷的主角们

动物

在广阔的约瑟米蒂国家公园内，不同的海拔高度栖息着各种不同的动物。特别是森林之中的约瑟米蒂谷，有草原分布其间，还有溪水流过，成了动物们的美丽家园，游客可以在这里大饱眼福。

约瑟米蒂客栈住宿，早上可能会被嘎达嘎达的声音吵醒，那其实是骡鹿在吃屋外树木上的嫩叶时鹿角碰到客栈外墙而发出的声音。到了夜里，可爱的浣熊也会出现在客栈旁，松鼠什么的则随时都能看到。在咖喱村，到了傍晚会有大量的蝙蝠飞来飞去。

在早期殖民者刚刚发现加利福尼亚时，约瑟米蒂的生态系中位于食物链最上层的是北美灰熊。但是这种动物被人类视为害兽，遭到了人类的彻底捕杀，20 世纪 20 年代便在这片土地上灭绝了。现在约瑟米蒂的主角是黑熊，约瑟米蒂的黑熊，颜色基本上都为棕色，黑色的个体极为罕见。

公园内还栖息着豪猪 Porcupine、水獭 Otter、日本貂 Fisher、山猫 Bobcat 等动物，但这些动物都很少会出现在人类面前。另外，在内华达山脉 High Sierra 还能见到鼠兔的身影。

野生鸟类

约瑟米蒂栖息着 264 种鸟类。其中最常见的是羽毛为艳蓝色的暗冠蓝鸦。作为世界上体形最小的鸟类被人们熟知的蜂鸟在花间忙碌地飞着，森林深处传来啄木鸟用嘴敲打树木的声音。

暗冠蓝鸦的英文名为 Steller's Jay，Jay 就是高亢的鸣叫声

左上 / 有白色眼线的加利福尼亚地松鼠
左下 / 观鸟最好选择春秋季节
右上 / 公园内有三处红杉树林
右下 / 菊科植物的一种，Arrowleaf Groundsel

醋栗和浆果等植物果实都是黑熊非常喜欢的食物

植物

初夏的约瑟米蒂遍布着鲜花。有橘黄色的加利福尼亚罂粟花 California Poppies、蓟草 Thistle、只在湿地环境中开花的类似仙客来的流星花 Shooting Star 等草本花。能开出美丽花朵的树木也很多，如四照花树 Dogwood、丁香树 Lilac 等。

不过，说到约瑟米蒂的植物，最著名的还是高大的红杉树。游览时一定不要错过位于公园南部的蝴蝶林中的红杉树林。（→ p.215）

流星花常见于湿地及河畔

GEOLOGY

约瑟米蒂谷的地理

约瑟米蒂谷是位于内华达山脉中央的一个 U 字形山谷，深约 1000 米、宽约 1600 米、长约 11.5 公里。其面积只占整个公园的百分之几，但是就像约翰·缪尔所说的那样，这里“汇聚了大自然创造出的最美的景色”。冰川雕出的悬崖绝壁、由清凉的冰雪融水汇集而成的瀑布和溪流、冰川消失后留下的冰川湖，每一处风景都带有一层神秘的色彩。

如此美景能够得以形成，是千万年的岁月、自然界的巨大能量以及一些偶然因素相叠加的结果。

距今大约 2500 万年前，这一带是较为平缓的山地，其间有默塞德河静静地流过。200 万年前，默塞德河的侵蚀作用加剧，约瑟米蒂谷变成了一个很深的“V”字形峡谷。与此同时，内华达山脉开始抬升，“V”字形峡谷的深度因此不断增加。

约 7 万年前，峡谷被厚达 1000 米的冰川所覆盖。冰川由东向西移动，“V”字形峡谷受到冰川的切削，逐渐变成了“U”字形峡谷。

约 2 万年前，地球表面的温度快速上升，冰川后退，谷底便出现了大片的湖泊。而且，冰川消失后，河水便从冰川侵蚀出的悬崖绝壁上直接落下，形成了壮观的瀑布。

就这样，美丽的约瑟米蒂谷，这座“众神的乐园”便出现了。

山火本来可以起到促进森林更新的作用，但是最近几年来过于干燥的气候导致山火频繁发生

不要杀害黑熊！

黑熊正在遭受杀害。罪魁祸首是人们扔掉的饮料瓶，又或是人们忘记带走的口红。

整个国家公园的生态系统存在环境遭到破坏的困扰，尤其是约瑟米蒂的黑熊更是面临着巨大的危机。熟悉了人类食物的味道后，黑熊就会频繁地出没于营地和步道之间。渐渐地，这些熊就变得对人类具有攻击性。在发生事故最多的2002年，全年有超过1300辆汽车遭到黑熊的破坏，变得面目全非。

不光是夜间，即便是在白天的宿营地，哪怕有人，也可能有熊公然地走来走去。甚至还出现了熊从宿营者的背后夺取桌上食物的情况。在咖喱村，竟然有一对黑熊母子就住在近处，在尚有很多游客活动的晚上9点时分行走于淋浴房前，体形已经很大的幼熊逐个嗅探帐篷的气味。如果幼熊连续几日都无法在宿营地获得食物，想必它一定会重回密林深处去寻找树木果实等来充饥。可是，如果它能够一直在宿营地得到食物，那么随着成长，这只熊就会变得更加不惧怕人类，这种状况持续下去，在不久的将来，它只能被杀掉。

到目前为止，基本上还没有出现过熊袭击人的情况（有游客被熊抓伤过），有人在的时候熊也不曾进入过帐篷内部，所以游客不必过分恐惧。但是，虽说如此，也绝不要为了能在近距离看到熊而感到高兴。对于过分接近人类的熊，等待它们的结果就是以悲惨的方式结束生命。

公园管理员会把熊抓住然后放回到深山里，但即使这样，有的熊还是会返回营地。对这样的熊以及行为上已经显露出有袭击人类可能的熊，管理员只能使用药物结束它们的生命。其实，管理员也不想看到这一幕，但又不得不这么做。

当然，熊本身没有什么过错。把它们逼向死亡的是我们人类。如果来到约瑟米蒂的所有游客都能对以下介绍的几件事情加以注意，那么用不了几年黑熊就一定会自行回到山中。

必须要遵守的几个重要注意事项

首先要记住，熊的嗅觉十分灵敏。所以，夜间严禁将食物以及有味道的东西放在车内或者宿营地。熊喜欢味道甜的东西，会对空饮料瓶以及被吐掉的口香糖产生兴趣。香皂、洗发液、化妆品、牙膏也不能随便放。不能把装过食品的塑料袋当作垃圾扔掉。如果车上有婴儿座椅的话，因为上面会沾有食物或乳汁的味道，所以要拆下来。租借的汽车，要检查车内是否有上一个使用者留下的食物碎渣，对后备箱也要彻底检查。万一把有味道的东西忘在车内，则汽车很可能会因此遭到熊的破坏，另外当事人还要面临最高可达\$5000的罚金。

特别是在帐篷里过夜时，更要严格地遵守有关保管食品的规定

可能遭遇危险的不仅是汽车。游客在野餐桌旁吃午餐时、在徒步游览中休息时，视线也不要离开食物以及身边的物品。还要注意不要让食物掉落在地上，要把垃圾收拾干净。

也许有的读者会觉得说这么多未免太唠叨了，但其实这些事情都是举手之劳，并不复杂。为了让熊对树木果实、昆虫等自然界中的食物恢复兴趣，希望大家一定要严格遵守以上所说的注意事项。

遇到熊时该怎么办

在咖喱村和宿营地，每天夜里都会有熊出没。按照公园的规定，游客必须与熊保持50码（45.7米）以上的距离，但是熊往往会毫无顾忌地在帐篷前走来走去，所以也难免会出现游客与熊近距离接触的情况。约瑟米蒂的黑熊，在冬眠期间有时也会从洞穴中出来，因此即使在冬季，游客也不能掉以轻心。

公园管理员会告诉游客，看见熊的时候，应该用敲打金属的声音把熊赶跑。就算在深夜，为了驱赶熊，也不用顾忌噪声会影响到其他人，这就是约瑟米蒂的规矩。但是，这种方法之所以有效，是因为约瑟米蒂的熊对见到人这件事情早已习以为常。如果在其他地方，噪声很可能会把熊激怒，那反而会给游客带来危险，所以不建议在其他地方使用上述方法来驱赶熊（→p.395）。另外，即使在约瑟米蒂，如果与熊的距离非常近，特别是在只有一个人的时候，不惊扰到熊是最稳妥的选择。

公园管理员会频繁地在峡谷里巡逻并使用橡皮子弹来驱赶熊。深夜里游客如果听到喊叫声或者枪声，不要害怕。

好消息

在公园管理员们的不懈努力下，针对游客的宣传教育收到了很好的效果，游客的自然保护意识有了大幅度的提高。2014年，黑熊侵扰游客的事件比1998年时减少了90%。不过，目前黑

47
©Tsuneo Yamamoto

黑熊，请你回到森林里去寻找真正美味且安全的食物

在宿营地，一定要把食物锁入专门的食物储藏柜

熊还是会在营地出没，也没有对人类产生畏惧。2014 年游客受到黑熊侵扰的事件仍达 154 件。为了不再被迫杀掉黑熊，需要游客们继续努力，直到黑熊能够与人保持正常的距离。

美洲狮的悲剧

2003 年 10 月，在咖喱村出现了两只美洲狮（山狮）。原本美洲狮是一种警惕性很高的动物，极少会现身于人前。但这两只美洲狮为了捕食浣熊而经常光顾咖喱村，时间一长，它们便失去了对人的畏惧感。有一天，人们无意中看到这两只美洲狮竟然试图偷偷地接近游客。因此，公园管理部门认为它们有可能袭击人类，随后公园方面将它们捕获并进行了安乐死处理。这两只美洲狮，一只是成年母狮，另一只是它的孩子。

游客扔掉的垃圾会吸引很多浣熊前来觅食。在咖喱村，游客在室外的餐桌边用餐时，经常会有可爱的浣熊突然出现在游客脚下。美洲狮为了捕食这些浣熊也随之来到这里。杀死美洲狮的其实是把面包渣、饼干渣掉在地上以及乱丢垃圾的游客。至于那些主动给浣熊喂食的游客就更不要提了。要知道，约瑟米蒂的浣熊并不是我们的宠物。

对松鼠也要注意

面对游客，约瑟米蒂的松鼠已经变得有些肆无忌惮了。有时，即使游客没打算喂食，但只要把身上的包放在地上，松鼠就会以迅雷不及掩耳之势在包上咬出洞并抢夺里面的食物。另外，如果游客手中握有食物，还可能被浣熊咬伤，这会让游客面临染上狂犬病的危险（→ p.481）。尽管这样，游客在驱赶浣熊时，还是要尽量注意不要伤害到它们。可以采用拍手、大声喊叫等驱赶方法。

What smells like food
to a bear?
游客可以在前台看一看有关园中注意事项的电视片

用望远镜观察，也许能发现岩壁上的攀岩者

酋长岩
El Capitan
MAP 文前图④ L-2
设施 公共厕所

禁止跳下！

公园明令禁止游客从酋长岩顶上跳下。这里说的跳下是指从悬崖上跳伞（Base Jump）。这种运动非常危险，曾经事故频发，所以公园决定予以禁止。但是，仍然有许多挑战者在未被管理员发现的情况下偷偷尝试。2004年9月，有两名年轻人成功跳下并安全着陆，但当即就被管理员逮捕，所有器材以及拍摄的影像也被没收，并且每个人都被罚款 $2000。

约瑟米蒂谷及其周边 Yosemite Valley

酋长岩
El Capitan

位于峡谷入口处，是世界上最大的整块花岗岩。进入峡谷后，会遇到一个岔路口，一条路通往婚纱瀑布（CA-41），沿另一条路前行，正前方就是这座岩峰。垂直耸立的岩壁高达 996 米，是攀岩爱好者们心中向往的圣地。每到夏天，岩壁上总有许多攀岩者在向上攀爬，但是由于岩壁太大，不用望远镜观察甚至都无法发现攀岩者在哪里。一般来说，攀到岩顶需要 3~6 天时间，但最短纪录是 2 小时 23 分钟。

酋长岩是攀岩爱好者的圣地

年龄最大的登顶者是一名当时已经 81 岁的男性，他花了 10 天时间完成登顶。

如果在春天造访此地，一定要去看看从酋长岩左侧绝壁上落下的丝带瀑布 Ribbon Fall（落差 491 米）。这个瀑布宛若一条螺旋飘落的美丽丝带，还有一个别名叫“处女的眼泪”。其高度在垂直瀑布（→ p.212）中位居世界第四，但有水期很短，只有在 5 月中旬~ 6 月上旬这段时间才能见到。

Native American

爬上酋长岩的尺蠖 ~原住民的传说~

有一天天气很热，两只小熊背着母熊偷偷地去河里游泳，然后躺在一块平坦的岩石上休息。小熊睡着后，岩石突然开始长高。逐渐超过了大树，而且超过了云朵……

母熊发现两只小熊不见了，便慌慌张张地向其他动物打听小熊的去向。仙鹤发现小熊正在高耸入云的岩石顶上睡觉，就把这个消息告诉了母熊。这时，母熊变得更加着急了，因为她担心小熊醒来后会从岩石上掉下来。

看到心急如焚的母熊，很多动物都十分同情，便开始尝试着爬上岩石去解救小熊。但是，岩石太陡峭了，没有动物能爬得上去。正在大家几近绝望的时候，一条尺蠖主动站了出来，说它能爬上去。大家都觉得对尺蠖来说，这是一个不可能完成的任务。尺蠖没再说什么，默默地开始攀爬。

尺蠖嘴里哼着“To-tock，to-tock，to-to-kon oo-lah”，身体紧贴光滑的岩壁，一直向上攀爬。不一会儿，从地面上就看不见尺蠖了，此时已经没有动物再嘲笑尺蠖。

当尺蠖爬到一半的时候，岩石突然燃烧起来。尺蠖身体一伸一缩地继续往上爬。

最终，尺蠖爬到岩石的顶端，它叫醒两只小熊并奇迹般把它们带回地面，交给了母熊。动物们感到非常高兴，开始大声学唱尺蠖刚才哼出的曲调。为了纪念尺蠖做出的英雄事迹，这块隆起的巨大岩石被命名为 To-to-kon oo-lah。

这个传说非常有名，甚至有相关的图画书

TriVia 首次成功　2015 年 1 月，两名徒手攀岩者首次从难度最大的线路成功登上酋长岩。他们不使用任何工具，只凭借自己的手和脚，花了 19 天时间，完成了这个不可能完成的挑战。

瀑布下方的地面湿滑，一定要小心脚下，不要滑倒。在约瑟米蒂众多的瀑布当中，要数这里的水量最大，即使在干燥的秋季也不会干涸，寒冷的冬季也几乎不会结冰（2014年大旱的时候很少见地干涸了一段时间）

婚纱瀑布
Bridalveil Fall

位于酋长岩的对面，瀑布落差有189米。水流纤细而婉约缠绵，风吹过来的时候宛如雪花飞舞般四散飞落。因为这飘柔的姿态好像新娘的披纱，故而人们给它起了一个这么浪漫的名字。从停车场步行10分钟便可到达瀑布的下方，途中的步道上可以看到溪流中的河水宛如一条白丝巾一般缓缓流动。

初级 Bridalveil Fall
适宜季节▶ 3~12月
距离▶ 往返800米
所需时间▶ 往返约20分钟
出发地▶ 进入谷内后道路变为单行线时，马上右转至CA-41，然后左手边会有一个停车场，这里便是起点
MAP 文前图④ L-2
设施 公共厕所

溪谷观景点
Valley View

约瑟米蒂国家公园中最具代表性的观景点。前景是流淌着的默塞德河河水，而酋长岩与婚纱瀑布则恰到好处地展现在眼前。瀑布背后耸立的岩壁是教堂岩 Cathedral Rock，教堂岩上方探出头来的是哨兵岩 Sentinel Rock。看到此景不由得被冰河期伟大的雕刻水准所震撼。

如果准备拍照最好选择在夕阳时分

溪谷观景点
Valley View
MAP 文前图④ L-1
设施 公共厕所

位于溪谷的入口处，观景台位于谷内西向道路的（北岸）沿线。这里的停车场很小，特别容易开过，所以要格外地留意。谷底团体游等项目一定会在这里经停。

哨兵岩
Sentinel Rock

矗立在约瑟米蒂村入口处的一座巨岩。春季的时候在谷内抬起头向上看，可以看到岩壁右手边有一条瀑布，这便是哨兵瀑布 Sentinel Falls。这条瀑布不是一条垂直的瀑布，而是从一个斜面上缓缓落下，落差有610米之高。虽然从4英里步道或者谷内都可以看到这里，但因为这条瀑布的水流十分纤细，在初夏的时候基本上就会断流。

哨兵岩
Sentinel Rock
MAP 文前图④ L-3

只有在春季拜访这里的游客才可以欣赏到哨兵瀑布的美景

在夕阳照射下的哨兵岩

TriVia **炎之瀑布** 位于酋长岩的东侧，只有在冬季才会出现的一条季节性瀑布马尾瀑布 Horsetail Fall，在2月后两周的日落时分，根据天气条件瀑布会由于光照而被染成红色，宛如岩浆般奔泻直下，届时会有很多摄影爱好者会聚于此。

GEOLOGY

美国最大的瀑布

瀑布的分类方法有很多种。包含只从斜坡上滑下而没有悬空跌落的瀑布，以及只有在短时间才会出现的瀑布，约瑟米蒂瀑布在全美排名第六，第一是夏威夷莫洛凯岛上的 Oloupena Falls，高达 900 米。

初级 Lower Yosemite Fall

适宜季节▶全年

距离▶往返 1.6 公里

所需时间▶往返约 30 分钟

出发地▶ 谷内循环巴士站 #6

MAP p.204、文前图④ L-3

设施 公共厕所

夜晚的彩虹

如果在春季月圆之时游览约瑟米蒂的话，建议在夜间去下瀑布看一看。运气好的话可以欣赏到瀑布下方被称为 Lunar Rainbow 或者 Moonbow 的月虹。虽然不是轻易就能看到的景色，但据说十分梦幻，值得尝试。

约瑟米蒂瀑布

Yosemite Falls

这条瀑布是美国落差最大的瀑布，夏季的时候飞流而下的流水声响彻整个溪谷，气势之磅礴绝不辜负约瑟米蒂之圣名。春季的时候岩壁两侧的冰块逐渐融化啪啪落下，场景也十分壮观。瀑布共分为 3 段，分别是上瀑布（落差 436 米）、湍流区（206 米）、下瀑布（97 米），总落差高达 739 米，位居世界第八。从约瑟米蒂客栈步行 10 分钟便可到达下瀑布的底部。但是，从 8 月开始瀑布的水量会逐渐变少，到了秋季便会干涸。

谷内各处都可以眺望瀑布，最值得推荐的地点是下瀑布徒步步道的起点处。因为从这里可以看到 3 条瀑布纵深排列的景象。另外，从哨兵桥北侧或者冰川点遥望瀑布也是很美的。如果你有时间也有体力，可以尝试着爬到瀑布的顶部，景色更是别有洞天（→ p.222）。

上 / 水量较少的季节可以走进瀑布的底部观看
右 / 落差是尼亚加拉瀑布的 10 倍以上

GEOLOGY

约瑟米蒂的瀑布

虽然不为人们所熟知，但在世界瀑布落差前 100 名的排名中有 5 条瀑布都分布在约瑟米蒂谷内。其中既有分成几段的瀑布，也有季节性瀑布，约瑟米蒂的瀑布还真是为数不少呢。5、6 月雨雪融合之时水量会大幅度增加，此时在近距离的绝壁上到处布满了大大小小的瀑布，它们飞流而下气势磅礴，每一条瀑布都有着自己的个性与表情。

单拿出上瀑布来也可以排名进世界前 20

落差大的瀑布	世界排名	
1.	979 米	Salto Angel（委内瑞拉）
2.	948 米	Tugela Falls（南非）
3.	818 米	Utigordsfossen（挪威）
4.	773 米	Mongefossen（挪威）
5.	771 米	Catarata Gocta（秘鲁）
6.	762 米	Mtarazi Falls（津巴布韦）
7.	755 米	Kjelfossen（挪威）
8.	739 米	Yosemite Falls
9.	715 米	Kjeragfossen（挪威）
10.	671 米	Salto Yutaj（委内瑞拉）
17.	580 米	Sutherland Falls（新西兰）

除去无垂直下落水流的瀑布、水流量极为细小的瀑布以及流水时间较短的瀑布以外，针对垂直瀑布的排行，丝带瀑布可以排名世界第 4 位，约瑟米蒂瀑布的上瀑布可以排名世界第 18 位。

TriVia 真正的炎之瀑布　以前冰川点（→ p.214）附近曾经有一间酒店，从 1872 年开始每年夏季的晚 9:00，会举行 Firefall 的篝火晚会，主要是将冷杉的树皮点燃，然后从悬崖上向下扔。这场景宛如火红色的↗

半圆顶
Half Dome

巍巍矗立在约瑟米蒂村的背后，仿佛一座巨大的球形花岗岩岩山被整齐地劈掉了一半一般。从山脚到山顶有 1443 米（海拔是 2693 米），从不同角度欣赏的景色也都各有千秋。这座被冰河削成半圆的岩山经过了 2 万年的风风雨雨着实有着其独特的沧桑感和存在感，如今却只是静静地矗立在那里守望着喧闹的约瑟米蒂谷。谷内最佳的观景地点是在哨兵桥上。默塞德河与半圆顶构成了一幅和谐的风景画卷，尤其是傍晚时分，众多的摄影爱好者会聚于此秒杀内存卡。当然，从冰川点眺望这里也是绝佳的。岩山的东侧还有可以一直攀登到山顶的登山步道（→ p.220）。

根据观看角度的不同岩山的样子也大有不同

不是半圆吗？

虽然看上去好像被整齐地切去了一半，但根据地质学家们的研究，冰河只是削掉了圆顶的 1/8 左右。

另外，还有一种说法是半圆顶根本不是由冰河削成的岩山。有些研究者认为冰河的厚度最大也只能达到 1200 米，根本覆盖不到半圆顶的山顶。形成这种形状的主要原因是，冰冻的作用使岩盘剥落。

镜湖
Mirror Lake

位于溪谷东侧的最里面，是非常安静的一片冰川湖。沿着溪流有一条平坦的徒步远足步道，大约步行 30 分钟便可到达镜湖，湖面平静如镜，Mt.Watkins 倒映在水中宛如一幅油画一般美丽。湖岸后方矗立的障壁是半圆顶，抬头向上望去可以感觉到其高耸入云般的壮观。这里与喧闹的约瑟米蒂村相比是另一番景象。见到野生动物的机会也比较多一些，各种野鸟的叫声清脆入耳，治愈心灵。尤其是在早上来这里走上一圈，简直宛如人间仙境一般。不过，夏季至秋季水量较少的时候这里的景色会大打折扣。

没有风的时候平静的湖面宛如镜子一般

初级 Mirror Lake
适宜季节▶全年
距离▶往返 3.2 公里
所需时间▶往返约 1 小时
出发地▶谷内循环巴士站 #17
※ 有一条平坦的步道绕湖一周，走一圈需要 2 小时
MAP p.218、文前图④ L-5
设施 公共厕所

Native American

半圆顶的眼泪 ~原住民的传说~

在大平原上居住着一位名叫迪斯泽厄克的女子和她的丈夫南格斯。他们听说这个世界上有一片非常美丽且富饶的土地，有一天便踏上旅途去寻找这片土地。南格斯带着弓、箭和棍子，迪斯泽厄克拿着篮子和婴儿的摇篮。

他们走了很多天，翻过了崇山峻岭，终于到达了他们梦想中的约瑟米蒂谷。可是这时，疲惫不堪的南格斯突然发狂，竟然举起手中的棍子殴打妻子。迪斯泽厄克被丈夫莫名其妙的举动惊吓到，慌忙向东方逃跑。神灵把她逃跑的线路变成了小河，把从篮子里掉出的种子变成了结实的椌树。

迪斯泽厄克跑到了镜湖边，一口气把湖水喝干。而一路追着妻子赶到这里的南格斯被眼前的景象惊呆了。是的，南格斯此时也渴坏了。这让南格斯的愤怒达到了顶点，他再次举起棍子殴打妻子。神灵看到南格斯如此固执地追打他的妻子迪斯泽厄克，不禁叹气。

夫妻二人向神灵提出要求："神啊，请把我们变成这里的悬崖吧，而且一定要背对着背，让我们永不相见。"

迪斯泽厄克将篮子扔出的瞬间，篮子变成了岩峰，这座岩峰后来被称为 Basket Dome。随后，她又把摇篮抛向北侧的溪谷，摇篮就变成了后来被称为 Royal Arch 的石拱。南格斯变成了后来被称为 Washington Column 的岩峰，迪斯泽厄克变成了后来被称为半圆顶 Half Dome 的岩峰。半圆顶岩壁上的痕迹，相传是迪斯泽厄克在遭到丈夫追打时流下的眼泪。

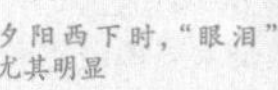
夕阳西下时，"眼泪"尤其明显

↗瀑布一般，一度曾经是约瑟米蒂公园的著名观光项目。据说肯尼迪总统也曾观看过。但随着树皮被扒光，杉树逐渐枯萎，每年涌到这里的观光客也给湿地的生态环境带来巨大的影响，终于在 1968 年这项活动被中止了。

冰河退出后茂密的森林逐渐涌出

隧道观景点 ➡全年开放
Tunnel View

沿从溪谷出发去往冰川点和公园南口的道路（CA-41）一直往上开，有一个叫作瓦乌纳隧道 Wawona Tunnel 的地方。观景台就位于隧道的入口处。从这里可以望见覆盖着整个溪谷的树林、婚纱瀑布和酋长岩，这景象宛如一幅风景画般优美动人。说这里是美国屈指可数的绝景观景台一点也不为过。脚下是一片溪谷，还有茂密的森林、银光闪闪的巨大岩石等，无论从哪个角度观赏都十分惬意。值得一提的是，从隧道观景台望向溪谷，一向喧闹的谷内显得格外安静，完全没有人类的影子存在，这也是这个观景点的特别之处。

冰川点 ➡积雪时封闭
Glacier Point

观景点位于咖喱村头顶上的绝壁之顶点处，也是大自然送给我们的礼物。这座全景的自然观景点海拔 2199 米，毋庸置疑是园内风景最美的观景点。正对面是气势逼人的半圆顶，俯瞰是宛如一处小庭院一般的溪谷。春季的时候，半圆顶对面的 North Dome 岩山上开始逐渐滴落融化的雪水，与彩虹形状的 Royal Arch 形成一个小小的瀑布，景色别有洞天。

还可以远眺位于半圆的后方的内华达瀑布 Nevada Fall（落差 181 米）和春天瀑布 Vernal Fall（97 米）。位于上游的内华达瀑布水量多、气势磅礴，下游的春天瀑布给人一种十分清爽的感觉。瀑布背后延绵的白皑皑的山脉是内华达山脉。看到这些景象顿时让人想到约瑟米蒂谷原来才只占整个公园面积的一小部分。

这里也是观看夕阳最有人气的观景点。在欣赏完着壮丽的景观之后大家都会扬长而去，不过请再等一下！在太阳落下去的一瞬间，半圆顶的顶部会被晚霞映红。如果参加 Sunset Talk，公园管理员会针对这一现象为你讲解有关于约瑟米蒂的传说。在月光照射下的半圆顶也是绝美的，如果你是开车自驾来这里的，一定不要错过观看这幅美景的机会。

隧道观景点
Tunnel View
MAP 文前图④ L-1

注意行人

从布雷斯诺沿 CA-41 方向驶入这里的话，从隧道一出来，两侧就会有停车场。注意不要踩急刹车，而且道路两旁可能会有行人穿行，一定要格外小心。

冰川点
Glacier Point
MAP 文前图④ L-4、p.218
设施 公共厕所

从溪谷驾车出发单程约需 1 小时 15 分钟。夏季的时候有可以到达这里的巴士团体游，也可以花上半天的时间从 4 英里步道爬上来。观景台的下方是步道，远一点还有约瑟米蒂村和咖喱村，注意一定不要往下扔石头或者杂物。另外，这里海拔较高，温度比溪谷要低很多，风也很大，所以即便是在夏季也需要带上一件长袖的衣服。

自驾游的游客须知

去往冰川点的道路在 11 月～次年 5 月的积雪期是处于封闭状态的。这条路上急转弯很多，而且道路狭窄的地方也有很多处。虽说是大的巴士也可以通行的道路，但是对于没有开惯山路的游客来说还是非常难开的道路。

Ranger Sunset Talk
集合▶夏季周一、周五、周六的 19:45
所需时间▶ 30 分钟
地点▶冰川点
※ 开始时间根据日落时间会有相应的变化，请在园内的报纸上确认准确时间

通过望远镜可以清楚地看到对面半圆顶山顶的游客

Notes **蝴蝶林地区的修整工作** 由于近几年来游客的逐渐增多给蝴蝶林带来巨大影响，前两年对蝴蝶林地区进行了大规模的整修工作，敞篷观光车取消了，原来的车道和商店也被撤掉了。缩小停车场面积，取↗

其他地区 Outside of Valley

蝴蝶林 Mariposa Grove

➡参考页脚处

雷霹的烙印令人心生怜悯

蝴蝶林位于溪谷以南约 1 小时 15 分钟车程的地方。这里是公园南侧的巨型红杉树的森林。在多达 500 多棵的巨型红杉树林中，最有名的要数“灰巨人 Grizzly Giant”了，这棵树根部的直径有 8.7 米、周长 28 米，树龄推测有 2700 年。也就是说这棵树刚刚发芽的时候，中国正处于春秋时期！历经过多次雷劈之后树的高度止于 63.7 米，并且呈 17° 倾斜状态。

普通的车辆只能开到森林的入口处，剩下的路程需要步行才可以到达（敞篷观光车取消了）。这里有多条步道，可以边走边欣赏巨木。说不定还能听见树精灵们的声音哦！

值得注意的是，蝴蝶林的停车场非常小，旺季的时候经常是车满为患。因此，在公园的南口和瓦乌纳商店旁设立了预备停车场，还有可以从这里去往蝴蝶林的循环巴士通车。建议可以利用公共交通。

蝴蝶林
Mariposa Grove
MAP p.194 C-2
设施 公共厕所、客栈→ p.225
Big Trees Tram Tour
预约 ☎（209）372-4386
运行 5~10 月的 9:30~17:00，每 20 分钟一班车。所需时间 1 小时
费 $26.50、5~12 岁是 $19

初级 Grizzly Giant
适宜季节▶ 4~10 月
距离▶往返 2.6 公里
所需时间▶往返约 1 小时
海拔差▶ 122 米
出发地▶停车场里侧

初级 Grove Museum
适宜季节▶ 4~10 月
距离▶单程 3.5 公里
所需时间▶下坡约需 1.5 小时
海拔差▶ 292 米
出发地▶迷你博物馆

Ranger Nature Walk
集合▶夏季的 10:00、14:00
所需时间▶ 1.5 小时
地点▶停车场里侧

Wildlife

红杉树的小知识　1

位于蝴蝶林的隧道树（1929 年拍摄）

可能有很多读者都从百科词典上见到过一张有关巨型红杉树的照片，红杉树的底部被挖出一个很大的洞，汽车可以从中通过。这棵树就生长在蝴蝶林 Mariposa Grove，1875 年树身被挖出大洞后，这棵树变得非常有名，但树况迅速衰弱下来。1968 年，第二次遭到雷击，次年又适逢天降大雪，于是整棵树便倒下了。这棵树生长了 2000 多年，可以说是这里的森林之王，但最终还是“败在”了人类的手下。

倒下的隧道树 Fallen Tunnel Tree 所在位置比迷你博物馆还要远一些，乘坐敞篷观光车可以途经那里。

另外，在巨杉——灰巨人附近，也有一棵于 19 世纪时被挖出大洞的树，名为加利福尼亚隧道树 California Tunnel Tree。但是，让人感到遗憾的是，时至今日游客还是可以进入树洞中拍照留念。

伴随山火而生的森林

山火并不是红杉树的敌人。对于红杉树的生长而言，山火反而是不可缺少的东西。红杉树的树皮非常耐燃。事实上，我们能够看到很多红杉树的树干上都有被火烧黑的痕迹，那其实就是红杉树在山火中存活下来的证据。而且，山火还可以把森林中较矮的植物以及堆积于地面上的枯枝烧掉，这样会让红杉树的树苗沐浴到阳光。

不过，在国家公园成立初期，管理员们曾经一直在努力地扑灭山火。这导致喜阴树木越来越繁茂，让森林里的环境变得不利于红杉树苗的生长。

吸取了这些教训，现在，公园方面对山火基本是置之不理的。

长时间未发生山火的区域，枯枝会堆积得非常厚，这就大大地降低了森林的活力。因此，国家公园管理局会有计划地实施烧山，用这种方法来促进树木的新老更替。在春季烧山，还可以起到驱逐外来树种的作用，因为外来树种的树苗往往会先于本地树种的树苗发芽。

进行烧山时，在能看到火苗及烟雾的地方都会立有提示板。只要看到提示板则说明是在烧山，不要误认为是发生了山火而感到紧张。

（→下接 p.240、267 页）

令人意外的是，支撑着巨大树身的树根其实很短

↗而代之的是公园南口的停车场面积扩张。增加通往这里的免费循环巴士车次。

初级 Tuolumne Grove
适宜季节▶ 6~10 月
距离▶往返 3.2 公里
所需时间▶往返约 2 小时
海拔差▶ 150 米
出发地▶停车场

图奥勒米草甸
Tuolumne Meadow
MAP p.194 A-34
设施 游客服务中心→ p.202、客栈→ p.233

免费循环巴士
与溪谷内的循环巴士不是一条线路，这条线路是连接图奥勒米客栈与奥姆斯特德观景点之间的、只有在夏季才运行的免费循环巴士。为了缓解各观景台的拥挤状态，在游客服务中心、宿营地、泰纳亚湖也会停车。

赫奇赫奇 Hetch Hetchy
MAP p.194 A-1
从 CA-120 的 Big Oak Flat Entrance 的最外侧进入到 Evergreen Rd.，沿着窄窄的山路行驶 30 分钟便可以看见大坝。这里全年开放，但 4~10 月期间会有雪链规定。道路夜间封锁。

中级 Wapama Falls
距离▶往返 8 公里
所需时间▶往返约 3~4 小时
海拔差▶几乎没有
出发地▶ 将车停在大坝前，沿着大坝走到对岸有一个隧道，这里便是出发地

峡谷还会再回来吗？
现在，美国各地都在进行要求撤去大坝的运动，其中也有关于归还赫奇赫奇峡谷原有样子的运动。这处美国环境保护运动的失败之地，是否能够成为还原自然再生之地呢？详细内容请参考 URL www.hetchhetchy.org。

上 /1908 年时的赫奇赫奇峡谷
下 / 可以在大坝上行走，一直可以走到对岸

图奥勒米林 ➡积雪时封闭
Tuolumne Grove

对于没有时间去蝴蝶林的游客来说这里很值得推荐。从溪谷向北行驶，然后从仙鹤原上到泰奥加公路后，路的左侧很快就可以看到一个停车场。从停车场沿着缓缓的下坡下来后，很快就可以看到有 25 棵巨大红杉树的树林。不妨走一下这里步道，距离很短只有 800 米。虽然这里规模很小，但很安静，可以静静地聆听巨木之间的对话。

图奥勒米草甸 ➡积雪时封闭
Tuolumne Meadow

奥姆斯特德观景点 Olmsted Point 的迷路之石

位于泰奥加公路的沿岸，也被称为内陆高原观光区。夏季期间这里会聚了来自世界各地的徒步旅行者。从溪谷出发合理地利用循环巴士（→ p.204），可以拜访分布在周围森林里的湿地、小湖泊等。泰奥加公路中途的奥姆斯特德观景点 Olmsted Point 可以欣赏到雄伟壮观的风景，另外泰纳亚湖 Tenaya Lake 澄净的景色也不容错过。

赫奇赫奇 ➡全年开放
Hetch Hetchy

位于公园西北侧的另一个峡谷。虽然这里的景色一点不逊色于约瑟米蒂谷，但峡谷现在有一半都在沉在湖底。从西北大门驱车 30 分钟可以到达这里，主要景观有：1923 年竣工的奥肖纳西水坝 O'Shaughnessy Dam 与图奥勒米草甸流下来的水汇集成的湖，两条流入湖底的瀑布，还有一座酷似半圆顶的岩石等。

1901 年为了供应旧金山的用水开始筹划建设水坝，约翰 · 缪尔（→ p.200）刚刚创办的塞拉俱乐部等自然保护团体开始展开强烈地反对运动。当时全美的舆论分成开发与保护两大派系。T. 罗斯福总统被认为是保护派，但 1913 年新总统威尔逊上任后签署并通过了这个法案。历经 10 年以上的保护运动以失败告终。

但是，总结这次失败的经验后，人们意识到当时的国家公园系统存在一定的缺陷，以此为契机在 1916 年成立了国家公园管理局。

诞生于 20 世纪的赫奇赫奇蓄水池。Tueeulala Falls（左上）与 Wapama Falls（中间）之间有步道连接

TriVia **酒店的结局** 在 Firefall（→ p.212）被中止的第二年，冰川点酒店由于火灾被烧毁。堆放于酒店旁的冷杉树皮使火势变得更加猛烈。

徒步远足 Hiking

约瑟米蒂国家公园是徒步远足爱好者的乐园。既有面向初级爱好者的简单步道——满地花开的湿地，又有需要花上一些时日才可以走完横断内华达山脉的高级步道，步道全长1300公里。在游客服务中心可以获取到按区域划分的步道线路图，另外还有各种步道的详解等书籍出售。如果你的时间充裕，一定要花上1天时间来走一走以下步道中的一条，感受一下大自然的魅力。

被称为青春之瀑的春天瀑布

春天瀑布 & 内华达瀑布步道

Vernal & Nevada Falls Trail

这两条步道位于半圆顶的后方，春天瀑布落差97米、内华达瀑布落差181米。步道是一直沿着溪流旁的树林修建而成的，树林里的空气中富含负氧离子和芬多精！这里也是约瑟米蒂谷内最美的步道，虽然夏季游客众多，但绝对值得一走。

注意积雪与冰冻

冬季时，公园内的步道多数会由于积雪而暂时封闭。春季和秋季也需要注意冰冻的地面湿滑。

中级 Vernal Fall Trail
适宜季节▶ 5~10月
距离▶往返4.8公里
所需时间▶往返约2~4小时
海拔差▶ 366米
出发地▶谷内循环巴士站 #16
※这条线路的别名叫作“迷雾步道 Mist Trail”，路面湿滑。特别是在春季到初夏期间，走下来可能全身都会湿透。
MAP p.218
设施 3间公共厕所（冬季关闭）

中级 Nevada Fall Trail
适宜季节▶ 5~10月
距离▶往返8公里
所需时间▶往返约5~7小时
海拔差▶ 580米
出发地▶谷内循环巴士站 #16

Trail Guide

春天瀑布与内华达瀑布步道

想在约瑟米蒂体验长距离远足的游客，可以尝试一下下面介绍的人气线路。不过，线路的后半段有很陡的坡路，走起来还是会有一些吃力的。

乘坐谷内循环巴士#16，下车后走过默塞德河上的大桥，然后右转进入约翰·缪尔步道 John Muir Trail 开始远足。这条步道距离很长，可以通往美国本土48州最高峰惠特尼峰。

步道沿河岸延伸，为比较和缓的上坡路。向右前方的峡谷深处望去，可以看到依利路维特瀑布 Illilouette Fall（落差113米）。随后还要经过一座横跨默塞德河的桥梁。这里有一个简易厕所，向默塞德河上游望去，可以看见春天瀑布。到这里只能算是万里长征第一步，对体力没有自信的游客以及时间比较紧张的游客，可以在此折返。

继续前行，不远处会遇到一个岔路口。选择直行线路，沿河岸边的迷雾步道 Mist Trail 向高处前行。当逐渐接近瀑布时，坡路也会变陡，马上就要到达此线路中最精彩的部分。春天瀑布发出轰鸣声从高处落下，瀑布旁边的陡坡上有被人凿出的石阶，游客冒着瀑布的水雾沿石阶向上攀登。全身会被淋湿，但如果天气好的话很快就能干。不过，如果身上带着相机等物品，则一定要做好防水措施。脚下很滑，尤其是下坡时会很危险。要十分注意脚下情况。走完这段险要的坡路就来到了春天瀑布的顶端，至此旅途可以告一段落。

如果有时间的话，建议继续前行去内华达瀑布看一看。这段路最初的坡度也较为平缓，到了后半段突然变陡。途中会遇到通往半圆顶的岔路，不走岔路，继续直行，不久就能达到内华达瀑布顶端。这个瀑布的落差是春天瀑布的两倍，极具冲击力，人站在旁边会感觉就要被瀑布吸走。路上护栏很少，行走时要时刻小心。

返回时，向瀑布上游方向行走一段，然后沿约翰·缪尔步道下山。途中有可眺望内华达瀑布和自由峰的观景点，还能观赏到高山植物。走这条线路所需时间要比走迷雾步道长一些，但是在河流水量较多的季节走迷雾步道会比较危险，所以最好不要选择迷雾步道。

可以试着登上内华达瀑布顶端

高级 Panorama Trail
适宜季节▶ 6~10 月
距离▶往返 13.7 公里
所需时间▶下山 5~6 小时
海拔差▶ 975 米
出发地▶ 冰川点
MAP p.218~219
设施 公共厕所 · 商店

全景步道

Panorama Trail

步道的起点位于冰川点，然后经过东侧的全景峰和内华达瀑布到达快乐岛下方的观景台。

一般来说，去程可以步行走 4 英里步道或者乘坐团体游巴士到达冰川点，然后走这条步道返回。沿步道走 3 公里还可以到达依利路维特瀑布 Illilouette Falls 的观景点。步道沿途阴凉处很少，所以要多准备一些水。

从内华达瀑布，经由迷雾步道，或者经由约翰 · 缪尔步道也可以下山返回。

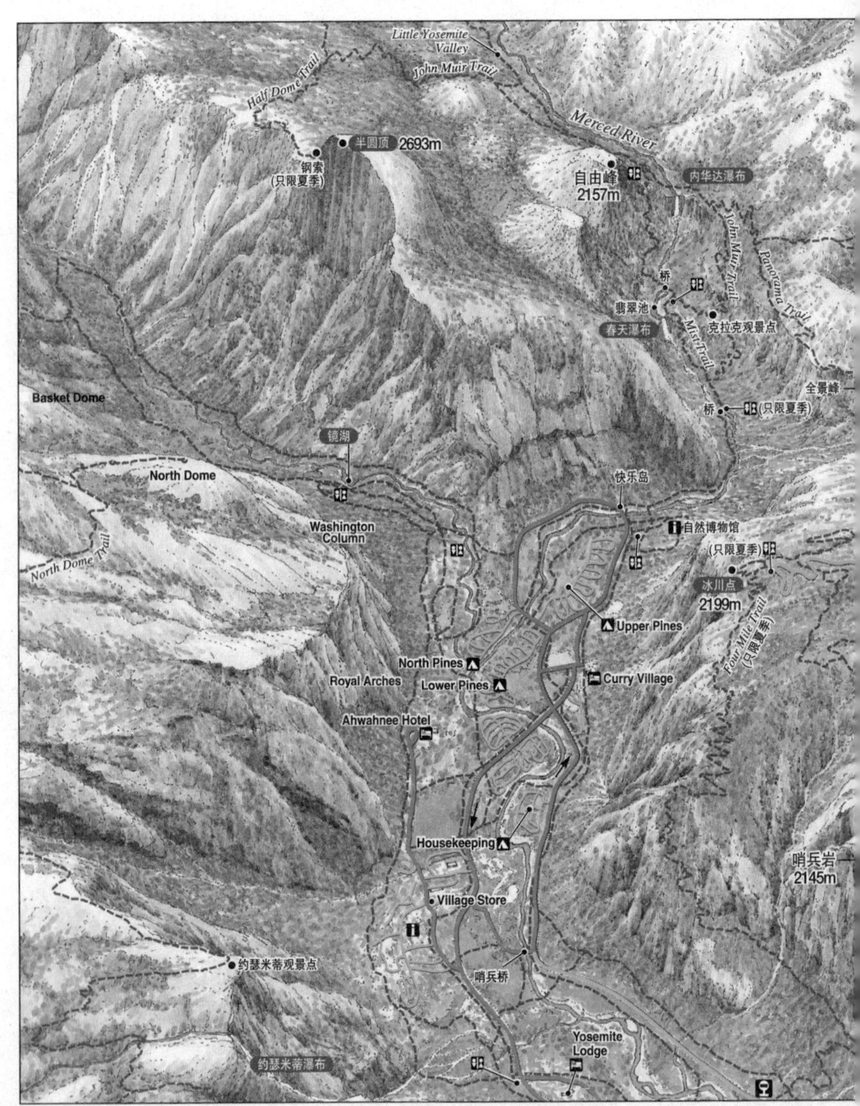

Reader's Voice **全景步道值得推荐！** 全景步道是一条很适合眺望全景的线路，沿途可以欣赏到 3 条瀑布、大松树和鲁冰花盛开的森林等景观。建议提前一天预约好去往冰川点的团体游巴士（单程）。

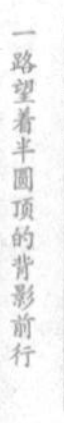

一路望着半圆顶的背影前行

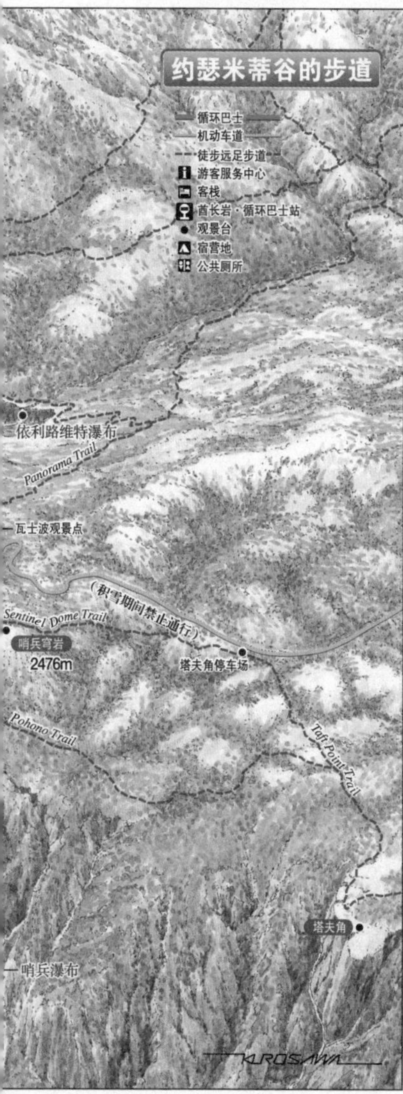

从哨兵穹岩处观赏到的酋长岩

半圆顶步道

Half Dome Trail

高级 Half Dome Trail
适宜季节▶ 6~9 月
距离▶往返 22.4 公里
所需时间▶下山 10~14 小时
海拔差▶ 1463 米
出发地▶谷内循环巴士站 #16

※ 山顶很容易遭到雷劈，电流会顺着铁索传导，极度危险。如果登山途中遇到下雨会非常恐怖，花岗岩潮湿后会变得很滑，铁索也会变得好像瀑布一样。登山前一定要确认天气变化。每年除了 5 月中旬 ~10 月中旬，铁索会被撤掉，这里不适合一般人攀登。

另外，步道的后半段没有可以补给水的地方，需要带足饮用水。为了预防突然天黑的情况，最好再准备一个照明用具（电池也不要忘记哦）。

MAP p.218

Half Dome Permits
☎（518）885-3639
Free 1877-444-6777
URL www.recreation.gov

旺季许可证（每天 50 人）的申请及抽签时间不固定，可通过相关网站查询。抽签结果通过电子邮件的形式告知。共有 7 个备选日期可以选择。根据申请人数的多少，中抽率会有所不同。

剩余的 175 个名额，会在登山前两天的 0:00~13:00 进行抽签，并且在当天夜间通过电子邮件告知抽签结果。

费 参加抽签的费用是互联网 $4.50、电话 $6.50。中签后需要交纳许可证费用 $8。提前两天取消，或登山当天由于各种原因没能架设铁索的情况，只退还许可证费用。

这条步道是本书中介绍的所有步道中最有难度的一条。必须要在出发前拿到申请许可才能进入这条步道，而且一定要在早上出发。经过迷雾步道、春天瀑布后向着内华达瀑布方向继续前行，在瀑布的前方向左转。这个地点会有许多徒步者在休息，但从这里开始才是本次挑战真正的起点。

通往山顶的道路非常艰险，特别是最后的 120 米几乎是垂直路径，需要手扶设置在步道旁的 2 根宽 90 厘米的铁索才能攀登。建议戴上一双皮手套。正午前前来挑战铁索的步行者会很多，需要尽可能在早一点的时间到达这里。

登顶后山顶十分平坦，还可以将溪谷风景尽收眼底。

半圆顶登山许可证 Half Dome Permits

半圆顶步道上的游客非常多，虽然曾经有 20 多年在钢索攀登线路上没有发生过死亡事故，但是近些年来却死亡事故频发。因此，从 2010 年开始，周末对游客实行许可证制，现在此制度已经扩展到周末以外的日子。

- ◎ 从半圆顶之前的小圆顶再向上攀登，需要事先获得许可证。在半圆顶当地无法获得许可证。对逃避公园管理员监管的无证擅闯者，处以 $5000 以下罚款及 6 个月以内监禁。
- ◎ 可以通过左边介绍的网站或打电话来申请许可证。当日往返的徒步旅行者使用的许可证，每天发放225张。1次可以为6个人申请。
- ◎ 禁止将许可证借与他人。不得以任何方式转卖。
- ◎ 抽签时，已经在申请中写明的名字不能变更。登山当日，管理员会核对许可证，所以游客需要带好护照。
- ◎ 取消申请需在预计登山日的 2 天之前办理。对因取消申请而空出的名额在预计登山日的 2 天之前重新进行抽签。
- ◎ 因天气状况不佳而造成游客无法攀登或者未架设钢索时，登山许可的日期也不能变更。何时架设及撤销钢索都不固定，在 5 月、10 月前往的游客需要多留意相关信息。
- ◎ 已获得攀岩运动或野外运动资格认证的游客不需要另外申请半圆顶的登山许可证。
- ◎ 具体受理申请的时间不固定，游客可以通过相关网站查询。

左侧小圆顶的位置会有公园管理员检查登山许可证

Notes 挑战半圆顶之前　在挑战前可以先在网上观看相关视频，预习攀登的技巧。可以通过输入“Half Dome Cables”等关键词来查找视频。

4 英里步道
Four Mile Trail

从溪谷出发爬上冰川点需要 3~4 小时，一路上是连续的盘山道。虽然道路很崎岖，也没有合适的阴凉处可以乘凉，但看着酋长岩和约瑟米蒂瀑布逐渐逼近自己眼睛的高度的这种快感是无以言表的。登顶之后更是成就感满满。建议穿一双专业点的登山鞋，带上一件外套。想要省力一些的游客，可以选择单程步道，回程乘坐团体游巴士。如果还想要徒步走一走的话，回程可以选择全景步道下山。

塔夫角步道
Taft Point Trail

海拔落差很小，是非常轻松的一条步道，开车自驾的游客可以选择这条步道走一走。从冰川点前方的停车场开始进入步道，向右侧走是哨兵穹岩，向左走是塔夫角。在森林中走上一会儿，视野会逐渐变得开阔起来，这里便是酋长岩正对面的悬崖边缘。有胆量的游客可以在悬崖边上站一下，但如果当天的风比较大还是小心为好。

塔夫角步道是面向初级登山爱好者的登山步道中最值得推荐的一条线路

哨兵穹岩步道
Sentinel Dome Trail

海拔 2476 米，比冰川点要高出许多，周围的景色呈 360° 大全景，绝对称得上是绝景观景的最佳位置。除了最后一段需要攀登花岗岩的穹顶，其他路段都还算是平坦。但是途中没有阴凉处，盛夏季节走这条步道会比较炎热。平缓的山顶曾经因安瑟·亚当斯的作品《詹弗利松树》而闻名于世。这棵松树于 1977 年干枯后，景色与之前照片中的景色形成了绝好的对比，一度成为摄影家们喜爱的摄影地。不过这棵树还是没能逃脱倒下的命运，最终于 2003 年彻底枯萎。

从哨兵穹岩的山顶可以望到半圆顶，以及半圆顶背后内华达山脉的山峰

中级 Four Mile Trail
适宜季节▶ 6~10 月
距离▶ 往返 7.7 公里
所需时间▶ 上山 3~4 小时
下山 2~3 小时
海拔差▶ 975 米
出发地▶ 谷内的 4 英里步道停车场。酋长岩循环巴士可以在这里停车。如果准备步行前往入口处，可以从约瑟米蒂客栈沿一条很窄的步道前行，然后穿过一座步行者专用的小桥，与机动车道交会后向右转，继续前行一段时间后就会到达步道入口处的停车场了。
MAP p.204、218
设施 公共厕所

初级 Taft Point Trail
适宜季节▶ 6~10 月
距离▶ 往返 3.5 公里
所需时间▶ 往返 1~2 小时
出发地▶ 冰川点公路上的塔夫角停车场
MAP p.219

Ranger Ranger Walk
集合▶ 夏季周二、周五、周六的 14:00
所需时间▶ 2 小时
地点▶ 塔夫角停车场

初级 Sentinel Dome Trail
适宜季节▶ 6~10 月
距离▶ 往返 3.5 公里
所需时间▶ 往返 1~2 小时
海拔差▶ 140 米
出发地▶ 冰川点公路上的塔夫角停车场
MAP p.219

Notes **如果准备走两条步道** 登上哨兵穹岩后，沿风之灵步道 Pohono Trail 向西走经由塔夫角也可以回到停车场，这样便可以走两条不同的步道。1 周大约 7.4 公里，用时 3 小时左右。

上约瑟米蒂瀑布步道
Upper Yosemite Fall Trail

步道入口位于 Camp 4 的停车场处，从这里开始可以一直登上世界第八高的瀑布。步道是从 1873 年开始修建的，历时 4 年才修建完成，也是约瑟米蒂最古老的步道之一。如果时间比较紧张，可以在大约 1.6 公里处登上科伦比亚岩 Columbia Rock 眺望溪谷后，选择原地返回。

整条步道几乎都是“之”字形的盘山道，险坡陡坡较多。曾经有游客坠入瀑布内身亡，所以千万不要擅自偏离步道。另外，步道的后半程没有树荫，夏季的时候十分炎热，一定要带足补给的水分。登上瀑布顶峰之后，如果还有体力可以再继续前行 1.6 公里到达前方的约瑟米蒂观景点 Yosemite Point，然后折返。

高级 Upper Yosemite Fall Trail
适宜季节▶ 4~11 月
距离▶往返 12 公里
所需时间▶往返 6~9 小时
海拔差▶ 823 米
出发地▶谷内循环巴士站 #7
MAP p.204
设施 公共厕所

步道追加信息

从步道入口到科伦比亚岩往返需要 2~3 小时。再往前走路面会变成比较缓的斜坡，大约爬 800 米（单程 30 分钟）上瀑布就会浮现在眼前。水流充足的时候，瀑布气势磅礴会有飞溅的水雾。走过这里后会再次变为比较急的岩石斜坡路面。

五月湖步道
May Lake Trail

内陆高原观光区内最受游客欢迎的一条步道。可以游览泰奥加公路的北侧山上的一个小小的湖泊。沿着一路上坡路的步道向上走，就可以到达倒映着霍夫曼山 Mt.Hoffman（海拔 3307 米）的寂静又小巧的五月湖了。由于这里海拔较高，积雪会比较多，所以开放的时间也比较短暂。

位于山上的湖区格外寂静

初级 May Lake Trail
适宜季节▶ 7~10 月
距离▶往返 3.8 公里
所需时间▶往返 2~3 小时
海拔差▶ 145 米
出发地▶从奥姆斯特德观景点行驶 3 英里（约 4.8 公里），然后沿西侧的标识进入一旁的岔道，再继续行驶 2 英里（约 3.2 公里）左右，路的尽头便是出发地。
MAP p.195 A-3

大教堂湖区步道
Cathedral Lakes Trail

这条步道可以游览图奥勒米草甸里侧的两个湖，也是约翰·缪尔步道的一部分。位于里侧的上湖处于步道的上方位置，前方的下湖位于离步道 800 米远的位置。高耸的大教堂峰 Cathedral Peak（海拔 3335 米）十分壮观，这里也是观赏高山的最佳线路。

中级 Cathedral Lakes Trail
适宜季节▶ 7~9 月
距离▶往返 11.3 公里
所需时间▶往返 5~8 小时
海拔▶ 305 米
出发地▶图奥勒米草甸游客服务中心以西 800 米的停车场
MAP p.195 A-3

Column

出发前需了解的注意事项

每年有 388 万名游客造访约瑟米蒂，这对当地的环境造成了严重的影响。为了不让这片无法再生的宝贵景观资源从地球上消失，每一个去往那里的人都应该时刻提醒自己不要破坏当地的环境。说到这里，希望读者能够再读一读 p.40 的“能带走的只有照片！那么能留下的只有足迹吗？”以及 p.41 的“让野生动植物始终保持野生状态”。

可能有的人会觉得太唠叨了，不过还是要再次提醒游客不要忘记防范黑熊的措施。步道沿线栖息着很多黑熊。在内华达瀑布附近，徒步旅行者稍不留意，装有食物的背包就有可能被黑熊抢走，所以一定要十分小心。

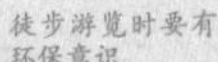
徒步游览时要有环保意识

TriVia 咖喱村的滑冰场　这座滑冰场作为冬季奥运会的候补滑冰场始建于 1928 年。虽然现在这里是停车场，但曾经是一座专业的滑冰场。最终冬奥会未能举行，但这里也曾举办过众多的冰上运动比赛，如短道↗

由公园管理员带领的项目 Ranger-led Program

这里全年都会有各种各样的由公园管理员带领的游览项目，请在园内报纸中确认。值得推荐的是，选择水彩或者蜡笔等形式根据自己想要画的主题在室外进行写生的 Art Workshop、月圆前后的夜间沿溪谷步行的 Full Moon Walk 等项目。另外，针对小朋友的项目也有很多。大都是可以免费参加的，其中也有一些是由自然保护组织主办的付费项目，这些项目多会邀请一些专家来参与，所以十分有人气。所有项目都需要提前预约。

自行车 Biking

园内有全长 20 公里的自行车道。一路上可以望着半圆顶和酋长岩的风景骑行，十分惬意。可以在游客服务中心领取自行车线路图。

漂流 Rafting

乘坐 6 人橡皮艇沿默塞德河向下漂流，这个项目只在初夏举办。如果你准备在 6~7 月（每年不同）游览约瑟米蒂，一定要挑战一下。

根据河水的水位，有时会禁止漂流

骑马 Horseback Riding

4~10 月期间，有带向导的骑马游项目，出发地是约瑟米蒂谷、图奥勒米草甸、瓦乌纳。夏季时报名的游客很多，最好可以提前 1 天在各酒店的团体游办事处提出申请。

钓鱼 Fishing

园内可以钓虹鳟鱼等，但鱼的数量并不是很多。默塞德河与泰奥加公路沿岸的湖泊是最佳的垂钓地点。钓鱼许可证可以在 Village Store 旁的体育用品商店购买。

攀岩 Rock Climbing

咖喱村的登山用品商店内有攀岩教室，可以从攀岩的基础课程开始教学。看到酋长岩后如果你的斗志被激发，不要犹豫，挑战一下攀岩运动吧！需要预约。

冬季运动 Winter Sports

12 月中旬～次年 3 月下旬，去往冰川点的途中有巴格滑雪场 Badger Pass 对外开放。这里也是州内最古老的滑雪场。谷内有免费的循环巴士可以到达这里。雪场共 5 有条缆车线路，雪道适合初中级的滑雪者。雪场还设有餐厅、滑雪教室、器具租赁中心。有向导的内陆高原观光区团体游、穿上雪鞋（雪鞋套）在林中漫步的由公园管理员带领的团体游项目 Ranger Tour 也十分有人气，在月圆夜的前后夜也有活动。所有用具都可以在当地租借。

另外，11 月中旬～次年 3 月上旬期间，谷内咖喱村中的滑冰场也会开放。可以一边远眺在月光照射下的半圆顶，一边滑冰，这场景想想就觉得很浪漫。

Ranger Art Workshop
集合▶夏季周一～周六的 10:00
所需时间▶ 4 小时
地点▶ Village Store 南侧的 Art Center。$10。需要预约

Rental Bike
可以在约瑟米蒂客栈或者咖喱村的租赁中心（谷内循环巴士 #13A）租借自行车。1 小时 $11.50、1 天 $32。只限 4~10 月可以租借。禁止在徒步远足步道上骑山地车。另外，最好也尽量不要进入机动车道内。

Rafting
可以在咖喱村的租赁中心租借（#13A）。包含救生衣每人 $31。体重不足 22.7 千克的儿童不可参加。

Horseback Riding
谷内的马厩（#18）
预约 ☎（209）372-8348
费 2 小时 $64、4 小时 $85
※未满 7 岁、身高不足 134 厘米、体重超过 102 千克的不可。

Fishing
钓鱼季是 4 月最后一个周六至 11 月中旬。捕鱼量和垂钓地点有相关的规定，请在游客服务中心进行确认。可以在 Village Store 旁的体育用品商店购买许可证。这里还可以出租渔具。

Mountaineering School
☎（209）372-8344
时间 4 月中旬～10 月上旬的每天 8:30 开始约 7 小时
费 每人 $148~

Badger Pass Ski Area
费 1 天缆车票 $48.5
雪道信息
☎（209）372-8430
道路与气象信息
☎（209）372-0200

Ranger Snowshoe Walk
集合▶ 10:30
所需时间▶ 2 小时
地点▶滑雪场

Ice Skate Rink #13A、21
开 周一～周五
15:30~18:00
19:00~21:30
周六、周日、节假日
8:30~11:00
12:00~14:30
15:30~18:00
19:00~21:30
费 $10、未满 12 岁是 $9.50、租借滑冰鞋是 $4

↗速滑、花样滑冰、冰球等。进入 20 世纪 70 年代后，冰场搬到了现在的位置，是公认的“世界上眺望景观最美的冰场”。

园内住宿

约瑟米蒂的住宿设施从高级酒店到宿营地各式各样十分齐全，可以通过下述的内容进行预约，1年前可以开始受理。夏季的时候这里游客众多，旺季时早在半年前酒店就会被订满。

约瑟米蒂住宿有严格的要求，不可以将食物至于房间的阳台处，禁止门窗一直敞开。另外，客栈的周围还有许多已经不惧怕人类的浣熊出没，在美国浣熊是狂犬病3大感染源之一，注意一定不要让孩子伸手摸浣熊。

DNC Parks & Resorts

☎（801）559-4884 URL www.yosemitepark.com

受理 周一～周五 7:00~20:00/ 周六、周日 7:00~19:00（PST）

信用卡 Ⓐ Ⓓ Ⓙ Ⓜ Ⓥ

※2012年夏季，咖喱村 Curry Village 的帐篷宿营地有住客感染了汉坦病毒肺综合征（→p.482），2名致死。2000年与2010年园内也出现了感染者，注意客房的门窗不要一直敞开。如果在小木屋或者帐篷内发现野生的老鼠，不要自己驱赶，一定要寻求工作人员的帮助。

阿赫瓦尼酒店Ahwahnee Hotel

酒店建于1927年，是美国首屈一指的度假酒店。地理位置优越，可以同时观赏到约瑟米蒂瀑布和半圆顶的景色，外观优雅，设计独特。建筑材料全部是现地取材，主要使用了花岗岩、松树、杉树等。这里还是美国人"一生至少要入住一次的酒店"，费用相对要高昂一些，所以比较容易订到房间。客房内配有电视和电话。还有免费Wi-Fi。共有123间客房。

MAP p.204　on off $349~649

这间酒店既高雅又威严，乘坐循环巴士专门来这里参观也是很值得的

阿赫瓦尼酒店古典风格的休闲区很值得一看

约瑟米蒂客栈 Yosemite Lodge at the Falls

距离约瑟米蒂瀑布很近，十分便利。这间客栈也是园内可容纳人数最多的客栈，客房内配有电视和电话。除了没有空调，基本上与一般的酒店没有太大的区别。房间的种类也十分丰富。还有免费Wi-Fi。共有250间客房。

MAP p.204　on off $111~395

还有可以从阳台观赏到约瑟米蒂瀑布的房间

咖喱村Curry Village

小木屋整齐地排列在冰川点脚下的森林中。这里有团体游办事处、咖啡馆、商店和游泳池，十分热闹。停车场和小木屋周边地区很暗，一定要带上手电筒。共有2处公用的厕所和淋浴房（出示房间的钥匙可免费）。

●酒店客房

共18间，是带浴室的双人间，屋内有取暖设备。

●小木屋

木造的独立小屋，带浴室的有56栋，不带浴室的有80栋。

很有约瑟米蒂味道的住宿设施，值得推荐

Notes 客栈追加信息　办理入住手续17:00、退房11:00。只有阿赫瓦尼酒店办理入住手续是在16:00，退房是在12:00。必须在7天前取消预约。所有设施都是全面禁烟的。

带浴室的小木屋十分抢手，夏季屋内也有取暖设施。没有浴室的房间，屋内只有床，连洗面台也没有。床单、被褥、毛巾是准备好的，虽然屋内有取暖设施，但夏季不能使用。

●帐篷屋

424 栋。木造的框架上盖上帆布，屋内只有床，并备有床单、被褥和毛巾。办理入住手续时，会将入口处的挂锁钥匙和作为防熊对策的铁质食物柜钥匙一并交给住客。即便是夏季，盖一床被子凌晨时还是会觉得冷。可以想一些防冷对策，如与睡袋并用等。虽然有带暖炉的帐篷屋，但 5 月中旬 ~10 月上旬不可以用暖炉。屋内除了电灯以外没有任何其他电器。

MAP p.204　酒店客房 on $198　off $145~165
带浴室的小木屋 on $203　off $159
不带浴室的小木屋 on $152　off $120
帐篷屋 on $80~125　off $39~89
※ 由于熊经常出没，所以室外禁止饮食。酒店客房与小木屋的住客需要将食品和化妆品一律放入室内。绝对不要留在车内。相反地，住在帐篷屋的客人禁止将食品长期放置于室内。而且，绝对不可以在帐篷屋内外进行饮食行为。违反规定可能会给下一位使用这里的客人带来生命危险。食物柜设置于帐篷的前方。尺寸是深 52 厘米、宽 90 厘米、高 58 厘米。需要将所有的食物和化妆品等装入柜中。

露营管家客栈 Housekeeping Camp

位于约瑟米蒂村与咖喱村之间的溪流沿岸。设施与宿营地基本一致，是约瑟米蒂公园内最便宜的住宿设施。房间的建筑物有 3 面墙和地面是水泥的，屋顶和另 1 面墙是帐篷布，屋内只有上下铺和桌子。能接受被雨淋的游客可以选择在这里住宿。淋浴房和投币式洗衣房总是人满为患。共有 266 栋。

MAP p.204　on 可住 4 人 $109　只在夏季开放。可以借被褥和床单给客人用。各个区域都有防熊的食物柜和做饭用的烧烤架。

在其他地方很难见到的住宿设施

白狼客栈White Wolf Lodge

位于泰奥加公路的途中。共有 24 栋，木造的框架上盖上帆布的帐篷屋。没有电灯，取而代之的是柴火烤炉和蜡烛。屋内备有床单、被褥和毛巾。

MAP p.194A-2　帐篷屋 on $124 只在 6 月下旬 ~9 月上旬开放。有餐厅。

可以充分地享受内陆高原观光区的乐趣

图奥勒米客栈 Tuolumne Meadows Lodge

位于泰奥加通道附近，从谷内出发需要 1 小时 30 分钟的车程才可以到达这里。共有 69 栋帐篷屋，每间屋内可供 4 人住宿。没有电灯，取而代之的是柴火烤炉和蜡烛。屋内备有床单、被褥和毛巾。

还准备了专门点火用的助燃剂

MAP p.195A-4　on $126 只在 6 月上旬 ~9 月上旬开放。有餐厅。食物柜的尺寸是深 43 厘米 × 宽 124 厘米 × 高 43 厘米。

瓦乌纳酒店Wawona Hotel

位于距离溪谷以南驱车 45 分钟的地方，正好在蝴蝶林的前方。这间酒店建于 1879 年，是园内最古老的木造酒店，是白色的维多利亚风格。特别适合喜欢浪漫气氛的游客。只在 4~11 月开放。房间内没有电话和电视。费用包含早餐。有免费 Wi-Fi。有高尔夫球场。共有 104 间客房。

MAP p.194 C-2　带浴室 on $235　off $212
无浴室 on $159　off $143

在爬满爬山虎的露台上悠闲度过甜美时光

宿营地住宿

约瑟米蒂国家公园是宿营者的乐园。谷内就有4个宿营地（414个帐篷位），整个公园共有13个宿营地（1410个帐篷位）。虽然有这么多的位子，但人们的需求大大超出了可供范围，可以提前预约的宿营地只有6个，在预约开始当天几乎就爆满了。

先到先得的宿营地几乎也是一大早就被一抢而空了，所以如果你想要在宿营地住宿最好尽早到达。

Free 1877-444-6777
URL www.recreation.gov 3~10月 7:00~21:00；11月~次年2月 7:00~19:00（PST）
※ 可在入住前5个月的15日预约（例如7/15~8/14的预约可以从3/15开始）。

●千万注意熊出没！

即便是在白天，宿营地内也可能会有熊出没，千万不要大意。但凡是有味道的物品一定要放入食物柜中。柜子的尺寸是，深83厘米 × 宽114厘米 × 高45厘米。

约瑟米蒂宿营地

本书调查时

宿营地名称（# 是谷内循环巴士站）		开放时间	距离溪谷（英里）	帐篷位	预约（▲夏季需要预约）	1晚费用	水（▲需要煮沸）	厕所（▲简易厕所）	垃圾场	淋浴房	投币式洗衣机	商店
谷内	North Pines（#18）	3月~9月下旬	0	81	●	$26	●	●	●	●	●	●
	Lower Pines（#19）	4~10月	0	60	●	$26	●	●	●	●	●	●
	Upper Pines（#15）	全年开放	0	238	▲	$26	●	●	●	●	●	●
	Camp 4（#7）	全年开放（只限帐篷）	0	25		$5	●	●				
Wawona（瓦乌纳）		全年开放	27	93	▲	$26	●	●	●	▲		●
Bridalveil Creek（冰川点前）		7月~9月初	25	110		$18	●	●	●			
Hodgdon Meadow（西北大门附近）		全年开放	25	105	▲	$26	●	●	●	▲		●
Crane Flat（CA-120沿线）		7~9月	17	166	▲	$26	●	●	●			●
泰奥加公路	Tamarack Flat	6月下旬~9月中旬	23	52		$12	▲	▲				
	White Wolf	7月上旬~9月上旬	31	74		$18	●	●				
	Yosemite Creek	7月上旬~9月上旬	35	75		$12	▲	▲				
	Porcupine Flat	7月上旬~10月中旬	38	52		$12	▲	▲				
	Tuolumne Meadows	7~9月	55	304	※	$26	●	●		▲		●

※ Tuolumne Meadows 有50%的帐篷位可预约，剩下的位子先到先得。

在附近城镇住宿

最近的城镇是，从约瑟米蒂谷出发去往瓦乌纳方向时，过了冰川点的岔路口后向右转就可以到达的西约瑟米蒂 Yosemite West。紧邻公园的私有地内共有9间B&B等住宿设施。虽然这里很偏僻没有车几乎不能到达，但地处在寂静的森林中，特别适合散步。

对于没有开车的游客来说住宿在CA-140沿线的El Portal、Midpines、Mariposa最为方便。这些地方与溪谷之间有YARTS的巴士连接（→p.196）。另外，距离公园70英里（约12.7公里）外的默塞德也有20间汽车旅馆。

南大门的外侧、CA-41沿线的Fish Camp、Oakhurst也有数间可以住宿的地方，如果到弗雷斯诺 Fresno的话还有50间以上的汽车旅馆。

西约瑟米蒂

Yosemite West, CA95389 距离约瑟米蒂谷约5英里（约8公里）9间

旅馆名称	地址·电话	费用	信用卡·其他
Yosemite Peregrine B&B	住 7507 Henness Circle ☎（209）372-8517 FAX（209）372-4241 URL www.yosemiteperegrine.com	on off $250~750	MV 虽然只有3间客房，但隔壁有面向家庭的客栈。含早餐。全馆禁烟。有免费Wi-Fi。最少住2晚。
Yosemite West High Sierra B&B	住 7460 Henness Ridge Rd. ☎（209）372-4808 URL www.yosemitehighsierra.com	on off $270~340	MV 包含早餐。全馆禁烟。

Notes 关于Camp 4　入口处有巨大的停车场，停车后需要带上帐篷和行李去往宿营地。在接待处办理完入住手续后，就可以走向自己的帐篷位了。

埃尔波特尔（CA-140） El Portal, CA95318 距离公园西大门 1~8 英里（约 1.6 ~ 12.9 公里） 3 间

旅馆名称	地址·电话	费用	信用卡·其他
Cedar Lodge	住 9966 Hwy.140 ☎（209）379-2612 URL www.stayyosemitecedarlodge.com	on $159~200 off $79~120	ⒶⓂⓋ YARTS 在此停车。有餐厅、游泳池。
Yosemite View Lodge	住 11136 Hwy.140 ☎（209）379-2681 URL www.stayyosemiteviewlodge.com	on $189~469 off $100~180	ⒶⓂⓋ YARTS 在此停车。有餐厅、投币式洗衣房。

米德派恩斯（CA-140） Midpines, CA95345 距离公园西大门 23 英里（约 37 公里） 3 间

旅馆名称	地址·电话	费用	信用卡·其他
Bear Creek Cabins	住 6993 Hwy.140 ☎（209）966-5253 Free 1888-303-6993 URL www.yosemitecabins.com	on off $109~159	位于埃尔波特尔与马里波萨之间。YARTS 在此停车。共有 4 间客房，带厨房。
Yosemite West/ Maripose KOA	住 6323 Hwy.140 ☎（209）966-2201 Free 1800-562-9391 URL koa.com/campgrounds/yosemite-west	on off $82~179	ⒶⓂⓋ 3 月中旬 ~10 月下旬营业。只有可容纳 4~6 人的小木屋。厕所位于屋外。有帐篷位和 RV 停车位。
Yosemite Bug Lodge & Hostel	住 6979 Hwy.140 Free 1866-826-7108 ☎（209）966-6666 FAX（209）966-6667 URL www.yosemitebug.com	on off $75~155 帐篷屋是 $30~70 集体宿舍是 $25~30	ⒶⓂⓋ YARTS 在此停车。有分布在树林中的各式各样的客房。有厨房、餐厅、SPA、投币式洗衣房。有免费 Wi-Fi。

马里波萨（CA-140） Mariposa, CA95338 距离公园西大门 30 英里（约 50 公里） 18 间

旅馆名称	地址·电话	费用	信用卡·其他
Mariposa Lodge	住 5052 Hwy.140 ☎（209）966-3607 FAX（209）743-7038 Free 1800-966-8819 URL www.mariposalodge.com	on $139~149 off $69	ⒶⒹⓂⓋ 位于城镇中心部。有免费 Wi-Fi。
Best Western Plus Yosemite Way Station	住 4999 Hwy.140 ☎（209）966-7545 FAX（209）966-6353 Free 1800-780-7234 URL www.yosemitebestwestern.com	on $117~194 off $89~126	ⒶⒹⒿⓂⓋ 位于 CA-140 与 CA-49 交汇一角处。附带早餐。有免费 Wi-Fi。全馆禁烟。
Miners Inn	住 5181 Hwy.140 ☎（209）742-7777 FAX（209）966-2343 Free 1888-516-1372 URL www.yosemiteminersinn.com	on $159~209 off $59~119	ⒶⓂⓋ 位于 CA-140 与 CA-49 交汇的一角处。有餐厅，有免费 Wi-Fi。

菲什坎普（CA-41） Fish Camp, CA93623 距离公园南大门 2 英里（约 3.2 公里） 7 间

旅馆名称	地址·电话	费用	信用卡·其他
Tenaya Lodge	住 1122 Hwy.41 ☎（559）683-6555 Free 1888-514-2167 URL www.tenayalodge.com	on $246~520 off $139~286	ⒶⒹⓂⓋ 这是一间高级的度假酒店。有 SPA。有冰箱。
Narrow Gauge Inn	住 48571 Hwy.41 ☎（559）683-7720 FAX（559）683-2139 Free 1888-664-9050 URL www.narrowgaugeinn.com	on $175~229 off $79~109	ⒶⓂⓋ 距离南大门 5 英里（约 8 公里）。全馆禁烟。附带早餐。有正式的餐厅。

奥克赫斯特（CA-41） Oakhurst, CA93644 距离公园南大门 12 英里（约 19 公里） 18 间

旅馆名称	地址·电话	费用	信用卡·其他
Days Inn	住 40062 Hwy.41 ☎（559）642-2525 FAX（559）658-8481 Free 1877-642-2525 URL www.daysinn.com	on $170~188 off $67~79	ⒶⒹⒿⓂⓋ 位于城镇外围以北，CA-41 路边。附带早餐。有免费 Wi-Fi。全馆禁烟。
Comfort Inn Yosemite Area	住 40489 Hwy.41 ☎（559）683-8282 FAX（559）658-7030 Free 1877-424-6423 URL www.comfortinn.com	on $149~249 off $70~100	ⒶⒹⒿⓂⓋ 位于城镇的北侧，CA-41 沿线。附带早餐。有冰箱。有免费 Wi-Fi。全馆禁烟。
Best Western Yosemite Gateway	住 40530 Hwy.41 ☎（559）683-2378 FAX（559）683-3813 Free 1888-256-8042 URL www.yosemitegatewayinn.com	on $150~199 off $63~107	ⒶⒹⒿⓂⓋ 位于城镇的北侧，CA-41 沿线。有室内温水游泳池、SPA、投币式洗衣房。有免费 Wi-Fi。全馆禁烟。

利韦宁（US-395） Lee Vining, CA93541 距离公园东大门 10 英里（约 16 公里） 7 间

旅馆名称	地址·电话	费用	信用卡·其他
Lake View Lodge	住 51285 Hwy.395 ☎（760）647-6543 Free 1800-990-6614 URL www.bwlakeviewlodge.com	on $140~269 off $90~124	ⒶⓂⓋ 位于 US-395 与 CA-120 交汇的一角处。有咖啡厅。有免费 Wi-Fi。
Murphey's Motel	住 51493 Hwy.395 ☎（760）647-6316 Free 1800-334-6316 URL www.murpheysyosemite.com	on off $58~133	ⒶⓂⓋ 位于镇中心，US-395 路边。全馆禁烟。

Side Trip

大全景的景观大道——国道 395 号线

沿约瑟米蒂的泰奥加公路向东行驶，可以上到 US-395。这条国道沿线有许多景点，很多游客会沿路去往死亡谷国家公园，也有不少游客的目的只是在这条路上自驾。在路上可以远眺内华达山脉，景色非常美丽，所以即便只是驾车经过，也会感到心情非常舒畅。

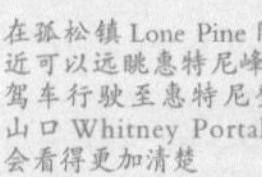

在孤松镇 Lone Pine 附近可以远眺惠特尼峰。驾车行驶至惠特尼登山口 Whitney Portal，会看得更加清楚

伯帝镇 Bodie

☎（760）647-6445 URL www.parks.ca.gov

开 夏季 9:00~18:00，冬季 9:00~16:00

费 1 人 $5，1~17 岁 $3

这个小镇现在空空如一座“鬼城”，让人感到仿佛乘坐时间机器回到了西部片中的世界。在 19 世纪 80 年代，这里随着淘金热的出现而繁荣一时，目前尚存住宅、酒吧、教堂等 200 多座建筑。前往该镇的线路是从利韦宁沿 US-395 向北行驶 18 英里（约 29 公里），然后右转进入 CA-270 再行驶 13 英里（约 21 公里）。单程需要 45 分钟。最后的 3 英里（约 4.8 公里）为未铺装道路，夏季的话，普通汽车就能顺利通过。不过，这里海拔 2500 米，夏季之外的季节路面经常会有积雪和结冰，前往时应事先确认路况。

©Masatoshi Koide

曾经有 1 万多名金矿工人聚集在这里，经常会发生杀人越货的事件

六月湖环路 June Lake Loop Road

☎（760）648-4651

URL www.junelakechamber.com

内华达山脉脚下的环游道路。沿途有 4 个湖泊，湖畔建有一些别墅。这里还有度假酒店等 19 家住宿设施。秋季能观赏到美丽的山杨树黄叶。从利韦宁沿 US-395 向南行驶 5 英里（约 8 公里）后进入 CA-158。行驶 14 英里（约 22.5 公里）后再汇入 US-395。

推荐在内华达山脉下雪的季节到六月湖环路自驾

由石灰堆积而成的塔，高度达到10米

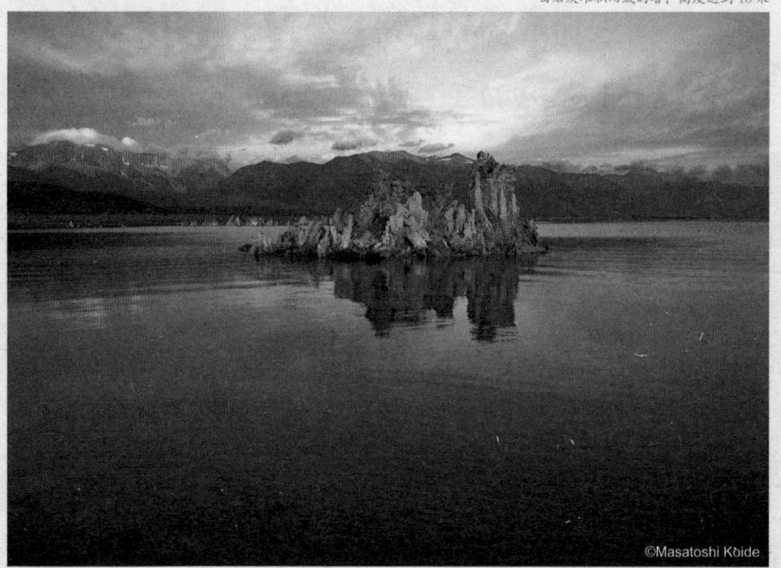

©Masatoshi Koide

莫诺湖 Mono Lake

☎（760）647-6331 URL www.parks.ca.gov
费 每人 $3

四面环山，因为没有河流注入，所以湖水盐度很高，只有一些特殊的虾和苍蝇栖息在这里。在南岸的南泉华 South Tufa 有很多形状奇特的岩石以及泉华塔 Tufa Tower。

这座"塔"原本在湖水中，1941年，为了给洛杉矶供水便开始抽取湖水，因此水位下降了一半，塔就露出了水面。与此同时，湖水的盐度也增加了1倍，生态系统彻底遭到破坏。现在当地正在致力于将环境恢复到原来的状态。

从利韦宁沿 US-395 向南行驶 5 英里（约 8 公里），过了六月湖环路 June Lake Loop Rd. 交叉点后立即左转进入 CA-120。继续行驶 5 英里（约 8 公里），行至未铺装道路后不远处就是目的地。

另外，如果沿 US-395 继续向南行驶 125 英里（约 201 公里），过了孤松镇 Lone Pine 后，车行进方向的左侧会出现白色的沙漠。这片沙漠原来是欧文斯湖 Owens Lake，因抽取水源而干涸。现在，为了减轻风沙灾害，已经开始采取措施，人工向这里注水。从通往死亡谷的道路上也能清楚地看到这里。

猛犸湖 Mammoth Lakes

☎（760）934-2712 URL www.visitmammoth.com

以滑雪场而闻名的度假胜地。在夏季，有从约瑟米蒂发车的 YARTS 巴士开往这里。从 US-395 转入 CA-203 行驶一段距离后路边就会出现一座比较热闹的小镇，镇上有汽车旅馆和餐厅。继续前行，可以欣赏到沿路的湖景。

如果时间充裕的话，建议前往魔鬼柱国家保护区 Devils Postpile NM 游览一下。在那里能够看到岩浆冷却后形成的玄武岩六棱柱群，那景象可谓奇观（6~9月开放。6/13~9/9 可以在中途换乘景区的循环巴士。$10）。

©NPS

魔鬼柱与魔鬼塔一样都是典型的地质学上所说的柱状节理

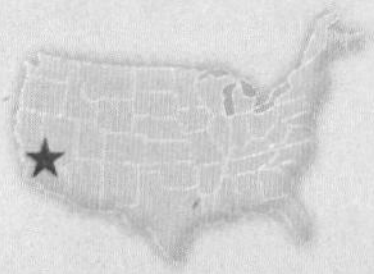

神木（红杉树）& 国王峡谷国家公园

Sequoia & Kings Canyon National Park

沿途的树木都很大，但是巨杉的树皮为红色，所以很容易识别

加利福尼亚州 California
MAP 文前图① C-1

“走在山间，接受美好的事物。阳光照射在树木上，大自然让我们的内心变得宁静平和。一袭清风让人感到十分惬意，落叶随风飘舞，我们心中的烦恼似乎也被风吹走了……”

在这两个位于内华达山脉并且相邻的国家公园中，自然主义者约翰·缪尔曾经赞美过的自然景观仍然被完好地保存着。游客可以在树龄达到 2000 年的巨树之林中及巨型白色花岗岩下的草地上漫步。公园里的大自然充满了亲切感，这种亲切感来自阳光、森林、花草、风、清澈的流水、动物等存在于这里的一切。公园成立于 1890 年，是美国建立的第二个国家公园。建议游客拿出充裕的时间来细细地品味这里。

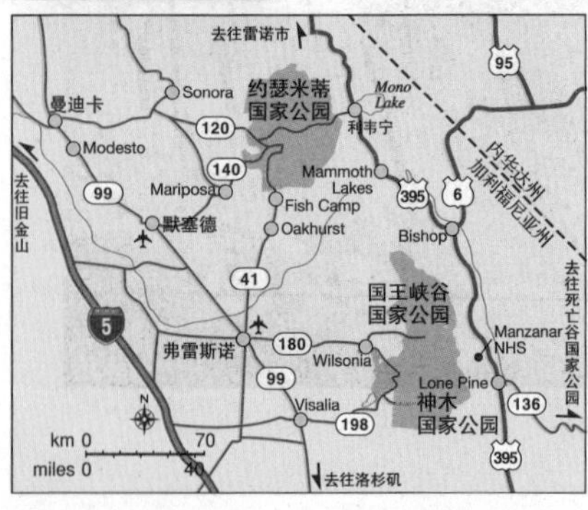

世界上最大的生物——雪曼将军树

交通

虽然距离约瑟米蒂国家公园相对较近，但是交通并不方便。几乎没有通往这里的公共交通工具，只能租车自驾前往。

两个公园南北相连，景点都集中在公园西部。公园的东部是内华达山脉。园内没有横穿内华达山脉的道路。

门户城市是弗雷斯诺 Fresno。城市与机场都比较大，设有汽车租赁公司，租车很方便。可以驾车同时游览约瑟米蒂。

飞机 Airlines

弗雷斯诺约瑟米蒂国际机场 Fresno Yosemite International Airport（FAT）

旧金山、洛杉矶等全美各主要城市都有飞往这里的航班。机场设有大型汽车租赁公司的营业部。详细情况→ p.193

长途巴士 Bus

开行于旧金山与洛杉矶（或者萨克拉门托）之间的灰狗巴士会在弗雷斯诺停车，游客可以在此租车。

另外，如果只想游览雪曼将军树等位于公园南部的景点，也可以在维塞利亚 Visalia（从洛杉矶发车，每天 4 班）下车，然后换乘循环巴士前往景点游览。

铁路 Amtrak

开行于洛杉矶与旧金山之间的“圣华金”号列车 San Joaquins 会在弗雷斯诺停车。详细情况→ p.196。前往维塞利亚的话，必须在汉福德 Hanford 乘坐摆渡巴士。如果想乘坐前面提到的维塞利亚循环巴士，还是从一开始乘坐灰狗巴士比较方便。

租车自驾 Rent-A-Car

如果在弗雷斯诺租车，可以沿国王峡谷公路 Kings Canyon Rd. 向东行驶。之后进入 CA-180，最终到达国王峡谷的大树桩 Big Stump 入口。全程约 60 英里（约 96.6 公里），用时约 1 小时 40 分钟。

如果从洛杉矶出发，可以沿 I-5 向北行驶。从山间穿出，来到盆地

DATA

时区▶太平洋标准时间 PST
☎（559）565-3341
URL www.nps.gov/seki
开 积雪期部分景区封锁。其他景区 365 天 24 小时开放
旺季 5~10 月
费 两个公园通票是 1 辆车 $30、1 辆摩托车 $25，其他方法入园 1 人 $15
被列为国家公园▶ 1890 年（神木国家公园）、1940 年（国王峡谷国家公园）
被列为世界生物保护区▶ 1976 年
面　积▶ 3504 平方公里
接待游客▶约 154 万人次
园内最高点▶ 4421 米（Mt. Whitney 山顶。48 州的最高峰）
哺乳类▶ 90 种
鸟　类▶ 212 种
两栖类▶ 13 种
爬行类▶ 24 种
鱼　类▶ 11 种
植　物▶约 1200 种

维塞利亚循环巴士

Free 1877-287-4453
费 含公园门票，往返 $15
运行 5 月下旬 ~9 月上旬。去程 6:00~10:00，回程 14:30~16:30，每小时发一班车

途中在维塞利亚的 8 家酒店以及巨人森林博物馆停车。换乘园内的循环巴士（→ p.235），可以前往雪曼将军树和新月草甸 Crescent Meadow 游览。需要预约。

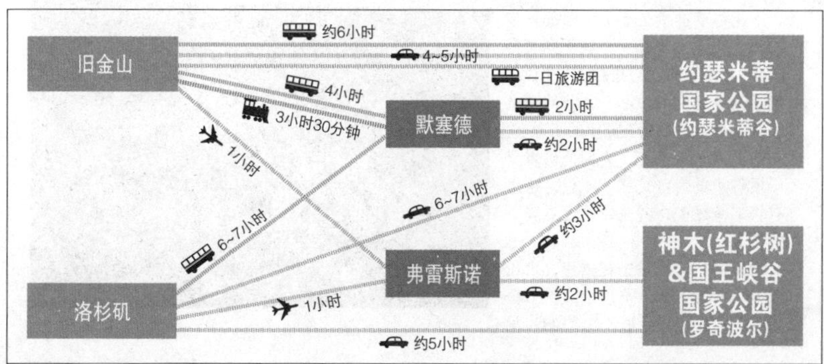

Notes 什么是世界生物保护区　联合国教科文组织（UNESCO）指定的自然保护区，英语为 Biosphere reserves。

提前加油

公园内无法加油。北部的国王峡谷中既有国有森林又有私有土地，所以有几处加油站，但是在南部的神木国家公园，只有一个石溪客栈 Stony Creek Lodge（位于公园境外。仅在夏季营业）。特别是从南部的 Ash Mountain 入口进入时，要在急转弯一个接一个的盘山路上行驶，汽油的消耗量很大。因此，游客一定要在三河城加满油。

冬季前往时

积雪很厚，车上要常备防滑链。即使是春季和秋季也要注意路面会有结冰（→ p.198）

园内道路信息

☎（559）565-3341

加利福尼亚州道路信息

Free 1800-427-7623

URL quickmap.dot.ca.gov

（圣华金谷）后，从 Exit221 进入 CA-99，行驶 96 英里（约 154.5 公里），进入 CA-198，向东行驶，不久即可到达维塞利亚。至此，路程为 190 英里（约 305.8 公里），用时 3 小时 30 分钟。

沿 CA-198 继续向东行驶，经过名为三河城 Three Rivers 的小镇后就会到达阿什山 Ash Mountain 的入口。接着沿坡度很大的山路行驶近 1 个小时可到达巨人森林 Giant Forest。那里距离维塞利亚 50 英里（约 80.5 公里），用时 1 小时 40 分钟。

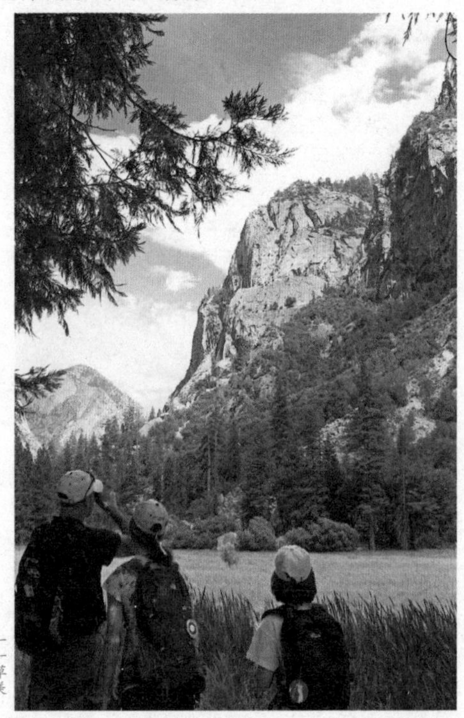

如果是驾车前往，一定要去雪松林看一看。那里有寂静的草原以及多条景色优美的步道

Side Trip

羚羊峡谷加利福尼亚罂粟保护区 Antelope Valley California Poppy Reserve

☎（661）946-6092　URL www.parks.ca.gov

开 日出～日落　费 1 辆汽车 $10

从洛杉矶向北行驶 1 小时 40 分钟可到达的一处州立公园。这里有成片的花菱草，非常壮观。在 3 月下旬～5 月上旬的花季，会有大量游客到此。

花菱草群生长于美国西部海拔 2000 米左右的草原上，属于罂粟科 1 年生草本植物。与我们通常所说的罂粟花不是同一个品种，茎的高度只有 40 厘米。行走在草原的步道上，周围开满了这种花，人们仿佛置身于橘红色的海洋之中。不过，这里有很多响尾蛇，游览时要注意脚下的情况。

从洛杉矶出发前往这里，可以沿 I-5 向北行驶 60 英里（约 96.6 公里），从 Exit 198 进入 CA-138。见到 Lancaster Rd. 的标识后沿标识所指线路向东行驶 20 英里（约 32.2 公里）即可到达。

另外，虽然公园全年开放，但游客服务中心在花季以外的时间里都会处于关闭状态。

©Masatoshi Koide

每年的 4 月中旬是花开最盛的时节

神木（红杉树）& 国王峡谷国家公园 漫 步

北部有国王峡谷国家公园，南部有神木国家公园。公园面积广大，但是能驾车游览的只有公园西侧的一部分区域。公园东侧的荒山野岭是徒步旅行者的挚爱，在公园的最东端有很多海拔 4000 米以上的山峰。惠特尼峰，海拔 4421 米，是美国本土的最高峰。不过很遗憾，在公园内的主要观景点都看不到这座山峰。在公园以东很远处的 US-395（→ p.228），可以隐约看到。山脉绵延不断，所以没有从东侧进入公园的道路。

也许很多游客想花上几天时间，仔细地徒步游览这里的高山，但是，那需要精心的准备以及时间充裕的行程。如果只想泛泛地游览一下的话，可以集中在公园西侧的各景点活动，这样的话，有两天时间就能基本转遍。

跟约瑟米蒂一样，这里也有清澈的河流以及瀑布，初夏是最佳季节（国王峡谷的灰熊瀑布）

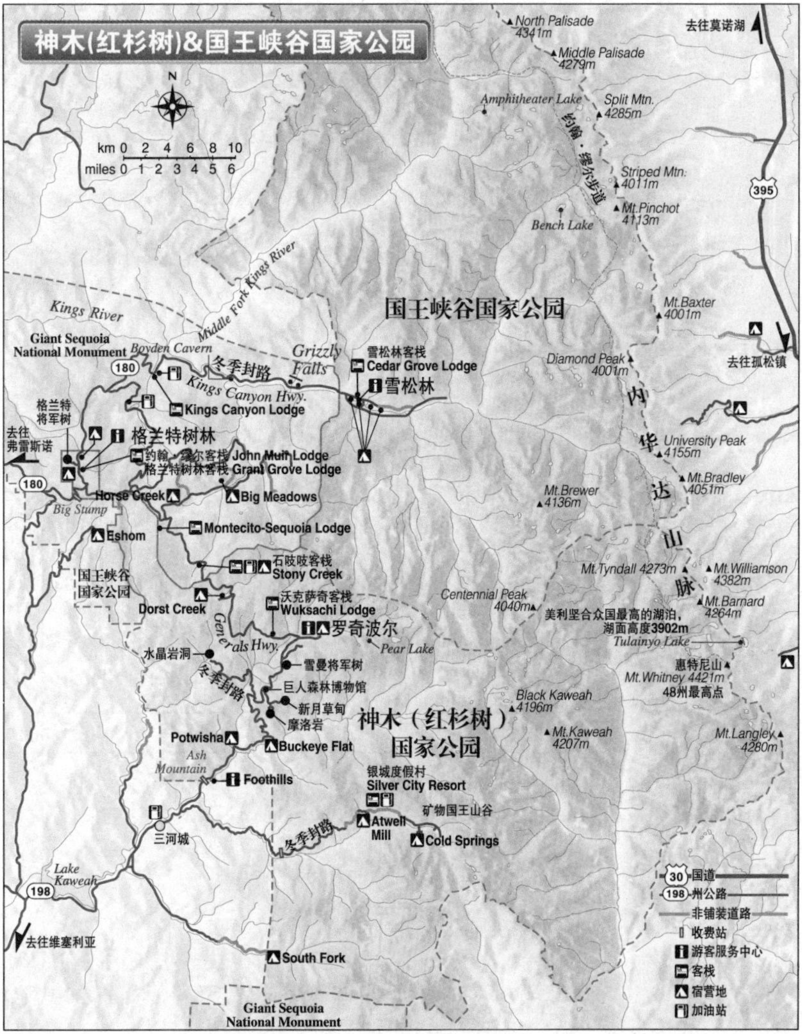

神木(红杉树)&国王峡谷国家公园

N
km 0 2 4 6 8 10
miles 0 1 2 3 4 5 6
North Palisade 4341m
Middle Palisade 4279m
去往莫诺湖
Amphitheater Lake
Split Mtn. 4285m
约翰·缪尔步道
Striped Mtn. 4011m
395
Mt.Pinchot 4113m
Bench Lake
Middle Fork Kings River
Kings River
国王峡谷国家公园
Mt.Baxter 4001m
Giant Sequoia National Monument
Boyden Cavern
Grizzly Falls
雪松林客栈 Cedar Grove Lodge
Diamond Peak 4001m
去往孤松镇
180
冬季封路
Kings Canyon Hwy.
雪松林
Kings Canyon Lodge
内华达山脉
格兰特将军树
格兰特树林
去往弗雷斯诺
约翰·缪尔客栈 John Muir Lodge
格兰特树林客栈 Grant Grove Lodge
University Peak 4155m
Mt.Bradley 4051m
180
Horse Creek
Big Meadows
Mt.Brewer 4136m
Big Stump
Montecito-Sequoia Lodge
Eshom
石吱吱客栈 Stony Creek
Mt.Tyndall 4273m
Mt.Williamson 4382m
国王峡谷国家公园
Centennial Peak 4040m
Mt.Barnard 4264m
沃克萨奇客栈 Wuksachi Lodge
Dorst Creek
美利坚合众国最高的湖泊，湖面高度3902m
罗奇波尔
Generals Hwy.
Pear Lake
Tulainyo Lake
水晶岩洞
雪曼将军树
惠特尼山 Mt.Whitney 4421m 48州最高点
冬季封路
巨人森林博物馆
Black Kaweah 4196m
新月草甸
摩洛岩
神木（红杉树）国家公园
Mt.Kaweah 4207m
Mt.Langley 4280m
Potwisha
Buckeye Flat
Ash Mountain
Foothills
银城度假村 Silver City Resort
矿物国王山谷
Atwell Mill
Cold Springs
三河城
冬季封路
Lake Kaweah
198
去往维塞利亚
South Fork
Giant Sequoia National Monument
30 国道
198 州公路
非铺装道路
收费站
游客服务中心
客栈
宿营地
加油站

注意有熊出没

在这两个公园里，黑熊较多。与约瑟米蒂一样，这些黑熊的存在带来了很大的问题。因此，在这里严禁将有味道的东西留在车里。不仅是食品和化妆品，就连香烟、驱虫剂、防雾喷剂等物品也不行。而且也不能放进后备箱，要完全从车上拿走。无论是去徒步游览时，还是在客栈住宿时，总之只要离开车就一定要做好防范措施（→p.208、395）。

园内设施

餐饮

格兰特树林服务区设有餐厅。另外，罗奇波尔的商店也提供简单的餐食。如果想吃得正式一些，可以去Wuksachi Lodge，那里全年营业。

雪松林服务区没有餐厅，不过可以在商店买到零食。

食品·杂货

各服务区都设有商店，出售食品和纪念品。

开 夏季 8:00~20:00
春·秋 9:00~18:00
除格兰特树林服务区外，冬季均休业

不要把行程安排得过于紧张

园内的道路上有很多让人感到难以驾驭的连续急转弯。尤其是南面入口至巨人森林之间的道路，非常狭窄，而且有多个地点在进行整修，所以行驶起来很费时间。出行时，要给自己留出充裕的时间。在下坡路段行驶时，要注意不能过多使用刹车，应通过减挡来控制车速。

夏季跟约瑟米蒂一样，游客很多。最好选择乘坐园内循环巴士

主要的景区集散地有3处

在北部的国王峡谷国家公园，有两个集散地。一处是位于寂静溪谷之中的雪松林 Cedar Grove 景区集散地（4月中旬~11月中旬开放），四周都是峭壁。另一处是位于巨大红杉树林之中的格兰特树林 Grant Grove 景区集散地。

在南部的神木国家公园，有该区域最大红杉林——巨人森林 Giant Forest。以前，这里也曾有景区集散地，但是因为担心会对这里的环境造成不良的影响，现在住宿设施已经被关闭，只留下了森林入口处的博物馆仍然对游客开放。从这里向北走，不远处还有名为罗奇波尔 Lodgepole 的集散地可供游客住宿。

园内的道路

公园有两个入口，一个是北面（CA-180）的 Big Stump Entrance，另一个是南面（CA-198）的 Ash Mountain Entrance。每个入口都有可通往3个服务区以及各景点的道路。

连接格兰特森林与雪松林的道路长约30英里（约48公里），被称为国王峡谷公路 Kings Canyon Highway，11月中旬~4月中旬会被关闭。

格兰特森林与巨人森林之间的将军公路 Generals Highway 长约32英里（约51.5公里）。这条路的交通量最大。全年可通行，但是出现暴风雪等情况时会临时关闭。

巨人森林与 Ash Mountain Gate 之间的道路长约21英里（约33.8公里）。虽然路面狭窄且弯道很多，但全年可通行。

获取信息 Information

Kings Canyon VC
MAP p.233
☎（559）565-4307
开 夏季 8:00~17:00
冬季 9:00~12:00、13:00~16:30

Kings Canyon Visitor Center

国王峡谷游客服务中心距离 Big Stump 入口处大约3英里（约4.8公里）。位于格兰特树林服务区的中心地带，里面有很多展示品。这里不出售水晶岩洞的门票，需要到罗奇波尔购买。

Foothills VC
MAP p.233
☎（559）565-4212
开 夏季 8:00~17:00
冬季 8:00~16:30

Foothills Visitor Center

进入 Ash Mountain 入口后右转即至。可以向这里的工作人员了解园内的住宿情况。如果是从南面到达的话，首先应该在这里购买水晶岩洞的门票。

Notes **网络与手机** 园内能使用 Wi-Fi 的只有格兰特树林餐厅的周边以及 Wuksachi Lodge 的大堂。手机基本上都打不通。各集散地内设有公用电话。

神木（红杉树）国家公园 Sequoia

雪曼将军树 ➡全年开放
General Sherman Tree

这棵树在巨人森林内，也是“陆地上现存最大的生物”，十分有名。当然所谓的大也是有很多测量基准的，这棵树之所以大是因为它的体积最大，所以它是世界上现存最大的单体树木。其体积约有1487立方米，据推算树干重量约达2000吨、高度为83.8米、树干直径11米、周长为31.1米。可以说得上是绝对的巨大了。据推测这棵树的树龄大约在2300~2700年之间。1879年时博物学家杰姆·沃尔弗顿（James Wolverton）发现了这棵树，为了对一位在南北战争时他曾经跟随过的将军表示敬意，故以将军之名命名了这棵树。

以雪曼将军树为出发点，周围还有被命名为“上院”“下院”的巨型水杉林等景点，有专门的步道可以围绕着这片巨杉林徒步走。每棵树都有着各自的特点，不妨按照黄色的标识走走看看。

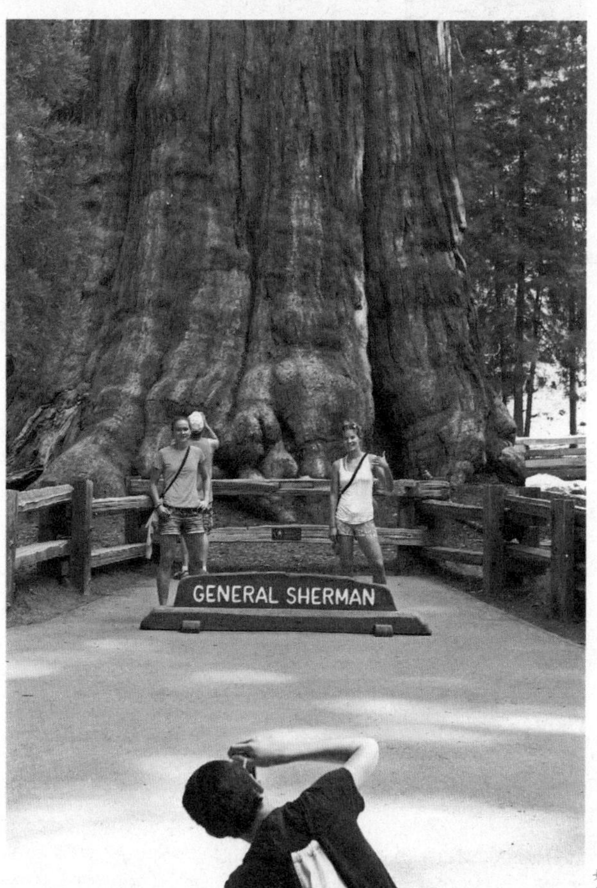

如果想要照到树梢，必须要使用鱼眼镜头

免费循环巴士

运行 5月下旬~9月上旬的9:00~18:00

线路#1：罗奇波尔、雪曼将军树、巨人森林博物馆（每15分钟1趟）

线路#2：博物馆、摩洛岩（只限回程停留）、新月草甸（每15分钟1趟）

线路#3：罗奇波尔、Wuksachi Lodge（每20分钟1趟）

线路#4：Wolverton、雪曼将军树（每20分钟1趟）

为了缓解停车位紧张的现象和减少尾气排放，请尽量乘坐循环巴士。

雪曼将军树

MAP p.233

设施 公共厕所

以前可以从将军公路进入此地，但是由于游客过多，现在对一般游客开放的停车场已经被移至靠近森林里侧的Wolverton Rd.旁边。新建停车场所在的位置原来是滑雪场，没有砍伐过一棵树。沿经过铺装的步道走15分钟，便可以到达雪曼将军树所在的地点。残障人士仍可继续使用将军公路旁的停车场。

初级 Congress Trail

适宜季节▶4~11月

距离▶1周3.2公里

所需时间▶1周1~2小时

出发地▶雪曼将军树

Lodgepole Visitor Center

☎（559）565-4436

开 夏季 7:00~18:00

春季 & 秋季 8:00~17:00

冬季 9:00~16:30

从雪曼将军树向北走4英里（约6.4公里），然后右转便可到达。这里还可以购买水晶岩洞的门票。

TriVia 巨木的森林　从雪曼将军树到巨人森林博物馆这一区域被称为巨人森林，世界上排名前30位的巨型水杉树，其中有11棵都在这片森林中。

Giant Forest Museum
☎(559) 565-4480
开 夏季 9:00~18:00
春季 & 秋季 9:00~17:00

初级 Round Meadow
适宜季节▶ 4~11 月
距离▶往返 1 公里
所需时间▶往返约 30 分钟
出发地▶博物馆
设施 公共厕所·饮用水

新月草甸之路

➡只限夏季开放

Crescent Meadow Road

巨人森林南侧有单程 3 英里（约 4.8 公里）的铺装道路，这道路沿线汇集了许多景点，一定要试着开车走一下这里。

首先，从入口处的巨人森林博物馆 Giant Forest Museum 开始出发，在博物馆内可以学习一些关于巨人森林的知识。博物馆后面还有一片绵延的草原，被称作环形草原 Round Meadow，有比较短的步道可以在草原上漫步。夏季时花儿竞相开放、色彩缤纷，画面十分养眼。

强烈推荐新月草甸的徒步步道

继续向前行驶，车辆会宛如翻越一棵倒下的大树一般行驶到伐木车道 Auto Log 上，行驶一段时间后进入到路的右边就可以看到摩洛岩 Moro Rock 了。从停车场到山顶需要走 15 分钟左右，全程都是比较陡的台阶。虽然脚下的路不是很好走，但是登到岩顶之后可以一览内华达山脉的大全景，还是很值得一试的。周围还有一些被称为世界上个子最高的松树——糖松树矗立在两旁。高约 60 米的糖松，巨大的松塔居然有 30~50 厘米长。

接下来会经过三叉树 Triple Tree、帕克集团 Parker Group 等巨木群。然后会穿过树干隧道 Tunnel Log，这是一棵自然倒下的巨木，树干刚好在道路的中央，人们将树干挖了一个洞让车辆可以从这里通过。虽然这棵树在巨杉中并不算是特别巨大的，但推测树龄也有 2000 年左右，树干底部直径有 6.4 米之宽。

道路的尽头是新月草甸 Crescent Meadow。这是一片位于巨型水杉林中的辽阔草原，夏季有可人的野花盛开，秋季平静的草原让人心旷神怡。有时间一定要在这里的步道上散散步。巨杉的底部长满了凤尾草，这种好像随时会有始祖鸟飞出来一样的原始森林的感觉令人不可思议。聆听着清脆的鸟叫声，呼吸这里新鲜的空气，尽情地享受大自然吧。这片 2000 年前的古老森林又会给我们讲述一个什么样的故事呢?

初级 Crescent Meadow
适宜季节▶ 5~10 月
距离▶往返 3 公里
所需时间▶往返 1~2 小时
出发地▶新月草甸停车场
设施 简易厕所

Crystal Cave
时间 5 月上旬 ~10 月下旬 11:00、13:00、14:00（夏季至 16:30 结束，每 30 分钟一次）
费 $15、5~12 岁是 $8
※禁止使用三脚架、婴儿车、婴儿背带
设施 简易厕所

虽然知名度不是很高，但还是可以欣赏到很多奇特的钟乳石的

水晶岩洞

➡5 月上旬 ~10 月下旬

Crystal Cave

位于巨人森林以南 9 英里（约 14.5 公里）处的一座钟乳洞。必须要在溶洞的入口处参加由管理员带领的团体游，才可以入内，全程需要 45 分钟。门票可以在罗奇波尔或者山脚处的游客服务中心购买。溶洞附近没有可以购票的窗口。夏季时最好可以提前一天预约。溶洞内恒温 10℃左右，不要忘记带上外套。

从巨人森林驱车大约需要 50 分钟，从停车场到洞口需要步行 10 分钟，一路都是比较急的下坡路。建议在停车场上好厕所再出发。

Mineral King

去往矿物国王山谷的道路十分狭窄，弯路也比较多，而且大多数路面是非铺装道路，每年的 11 月上旬 ~5 月中旬该路段会被封锁。

矿物国王山谷

➡5 月下旬 ~10 月下旬

Mineral King

矿物国王山谷是位于公园南部的一处幽静的小村落。19 世纪 70 年代左右在这儿附近发现了银矿，从而这座山谷被人们开放利用。海拔 2300 米的山谷被周围险峻的群山包围着，群山上还有好几座山中湖。距离 Ash Mountain 入口外以东 29 英里（约 46.7 公里），夏季的时候这里是一片乐土。既可以漫步在湖边的步道上，又可以骑在马背上悠闲地度过一天。

Notes 禁止普通车辆入内　夏季开始，周末期间新月草甸之路禁止一般车辆入内。这是一个活性规定，请随时关注最新变化。另外，循环巴士的回程不经过摩洛岩。

国王峡谷国家公园	Kings Canyon

格兰特将军树

➡全年开放

General Grant Tree

格兰特将军树是世界上第三大的树，被人们亲切的称为“美国的圣诞树 Nation’s Christmas Tree”。当地商会的人们参观这棵树的时候，旁边有一个小女孩说：“如果这是一棵圣诞树，那该有多好啊！”受到这个启发后商会便给柯立芝总统提议——在这里举行圣诞集会活动。后来于 1926 年这棵树被正式认定为美国的圣诞树。而且这里还被指定为“纪念在战争中牺牲的美国人之场所”。直至现在每年圣诞节的时候这里还是会举行集会活动。

树高 81.7 米、树干周长 32.8 米、直径 12.3 米、树龄大约有 1800~3000 年之久。驾车的话需要从游客中心向前行驶然后左转。步行也不过 10 分钟就可到达。沿途还会穿过倒塌的树干洞、李将军树 Robert Edward Lee，以及以各州的名字命名的大树等。

全景观景点

➡积雪期封闭

Panoramic Point

从格兰特树林的 John Muir Lodge 进入右侧的小路，沿着狭窄的上坡路行驶 2.3 英里（约 3.7 公里）可到达这里的停车场。然后沿着停车场继续步行 400 米便可以到达全景观景点了。东临内华达高原，西侧可以隔着巨大的山谷远眺海岸山脉。遗憾的是这里看不到惠特尼山峰。

格兰特将军树

MAP p.233

设施 简易厕所。附近有游客服务中心 p.234、客栈 p.242

Ranger Grant Tree Walk

集合▶ 14:00（只限夏季）

所需时间▶ 1 小时

地点▶ 停车场

清晨与黄昏时分景色分外美丽的全景观景点

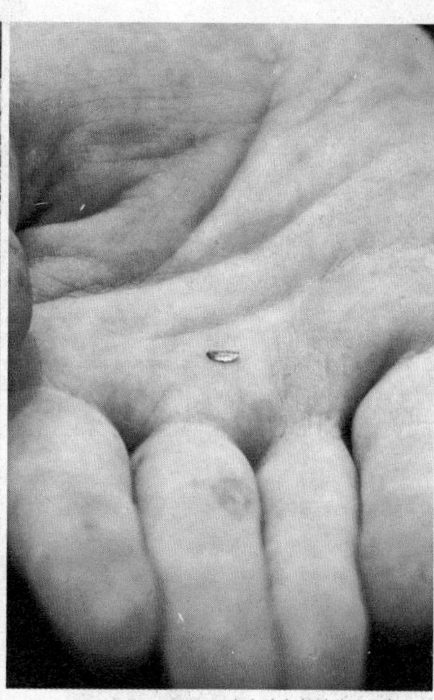

小小的水杉树种子。在山火中受到高温的加热，种子会从果实中蹦出来

格兰特将军树距离公园入口和旅游集散地都很近，地理位置十分方便，不论什么时候到这里都十分热闹

雪松林

➡ 5 月下旬 ~10 月下旬

Cedar Grove

雪松林是国王河沿岸开放的一处旅游集散地，被冰河时期削割的岩峰的风景令人想起了约瑟米蒂谷。这里也是内华达山脉长距离徒步远足步道的聚集地。

游览雪松林最大的乐趣就在于徒步走一下这里的步道。从集散地再往里驱车 6 英里（约 9.7 公里），道路的尽头有一处停车场，这里汇集了多条距离长短不一的步道。开车过来的沿途也有几条短途的步道。

如果只是想轻松地走走看，可是试试朱姆沃尔特草甸步道 Zumwalt Mesdow Trail。穿过横架在国王河上的桥梁，开始出发。接着会穿过一片树林，右侧有一块巨大的岩壁，沿着岩石道路一直走。后半程会进入到松树和杉树林中行走，左手边是国王河，右手边是草原，一路上风景优美，十分惬意。

内华达山脉的一部分山体被冰河削成山谷，国王河在这里流淌

Cedar Grove Visitor Center
☎（559）565-3793
开 9:00~17:00
位于雪松林偏西一点的地方。只在 6 月下旬 ~9 月上旬开放。

初级 Zumwalt Meadow
适宜季节▶ 6~9 月
距离▶ 1 周 2.4 公里
所需时间▶约 1 小时
出发地▶ Zumwalt Meadow 停车场
设施 简易厕所

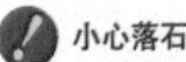

小心落石

冬季时国王峡谷公路会被封锁，封路的理由不是积雪而是落石。春秋季节天气比较冷的时候、夏季的雨后都需要小心落石。说不定道路中途的某一处弯道的前方就会有落石挡在中间，开车时一定要小心。

CA-108 被海拔 3000 米前后的山峰所围绕

神木（红杉树）& 国王峡谷国家公园 户外活动

徒步远足 Hiking

说这里是为徒步者准备的国家公园一点也不为过，距离长短各异，总长度 1200 公里以上的步道分布在公园的各个地区。如果不走上一走是不会了解真正地内华达大自然之美好的。哪怕只是在旅游集散地周围的短程步道上走走看，也一定要亲自体验一下这里的步道。在游客服务中心等地可以购买到周边步道的详细导览。首先，买一本导览再出发吧。

较短的步道中一些主要的景点请参考（→ p.235）。

雪松林深处的朱姆沃尔特草甸步道

迷雾瀑布步道

Mist Falls Trail

从雪松林出发，与准备前往瑟瑞高地的登山者一起

Reader's Voice **注意看公园入口处的揭示板** 美国国家公园的入口处会立有一块揭示板（入口布告板），揭示板上记载着每个公园不同的风景特点。神木国家公园的揭示板，可以在沿 CA-198（三河城方向）方向从南口进↗

向上攀爬。最开始的几公里路面比较平坦，最后的 2 公里需要一口气爬 183 米。如果没有充足的时间，可以沿着国王河走到中途看看。

水晶湖步道
Crystal Lake Trail

沿着步道可以一直走到矿物国王山谷深处的一座湖旁边。途中会与去往帝王湖 Monarch Lake 的步道岔开，分岔点的位置很容易错过，需要注意。虽然整段路程爬坡比较吃力，但在湖上看到的风景顿时可以消化掉所有倦意。不过，这条步道出发点的位置就已经有海拔 2300 米了，只面向身体强壮善于徒步远足的步行者。调整好身体，计划好时间再出发才是完全之策。

由公园管理员带领的项目 Ranger-led Program

公园内每个游客服务中心都有各式各样的游览项目，既有在水杉林中漫步的项目，也有观察野花野草的项目，还有观鸟团、印第安人手工艺表演、营地篝火等。在每个入口的游客服务中心内都有报纸 *The Guide*，其中有详细记载，有空一定要试着参加一下。

骑马 Horseback Riding

夏季期间每个集散地都有可以骑马的团体游项目。大多数都是半天~一天的行程。建议提前一天通过电话预约。

登山 Mountain Climbing

有众多的登山爱好者，都向着耸立于公园东侧的内华达山脉的高峰进军。以惠特尼山（4421 米）为首，还有好几座 4000 米以上的高峰，攀登这些山峰需要专业的装备和经验。每年 7 月上旬~10 月开山。需要注意的是，7 月期间会有雪崩的危险。

另外，如果只攀登惠特尼山，一般都会选择从位于东侧的 Whitney Portal 开始登山（MAP → p.228）。

钓鱼 Fishing

国王河鳟鱼溪钓的解禁期是在 4 月下旬~11 月中旬期间。周边其他的湖泊全年都可以钓鱼。但是，关于鱼的种类、大小、钓鱼的地点等有非常详细的规定，具体内容请在游客服务中心确认。

如果你想钓鱼必须要购买加利福尼亚州的许可证（1 天 $15.12）。可以在游客服务中心等地购买。

越野滑雪 Cross Country Ski

巨人森林附近的沃尔弗顿 Wolverton 和格兰特树林，都设有专门的越野滑雪用雪道。

特别是从巨人森林博物馆到摩洛岩、新月草甸的这条线路，往返有 7 英里（约 11 公里），途中景色优美，初学者滑一圈下来技术也可以大有长进。另外，格兰特树林还有针对初学者的团体授课活动。

中级 Mist Fails
适宜季节▶ 6~9 月
距离▶往返 13 公里
所需时间▶往返 4~6 小时
海拔▶ 233 米
出发地▶ Road's End 停车场
设施 公共厕所

高级 Crystal Lake
适宜季节▶ 6~9 月
距离▶往返 16 公里
所需时间▶往返 8~10 小时
海拔▶ 992 米
出发地▶ Sawtooth Pass 停车场
设施 公共厕所 · 公用电话

只有尾巴尖是黑色的，耳朵大大的骡鹿

预约骑马
格兰特树林
☎（559）335-9292
雪松林
☎（559）565-3464

关于登山
必须要拿到野外许可证（免费）。攀登惠特尼山时，即便是当天返回也需要出示许可证。5~10 月期间每天限定 100 人入内，2/1~3/15 期间接受抽签报名。另外，还需要接受如何应对熊的培训，前往不要忘记使用防熊储物箱哦。

许可证和渔具
在罗奇波尔、石溪客栈、格兰特树林、雪松林可以购买。其中只有格兰特树林那里是全年营业的。

滑雪团体游
冬季的周六日、节假日在格兰特树林和 Wuksachi Lodge 有这个团体游项目。可以穿上雪鞋跟随管理员一起雪地漫步。

↗入时看到。这块揭示板设计成印第安头像风格，非常有意思。

Wildlife

红杉树的小知识 2

相关内容→ p.215、267

红杉树是世界上最大的树木，有两个亚种。一种是巨型红杉，树干非常粗，而且寿命很长。另一种是海岸红杉，树高更高，但树干相对细一些。

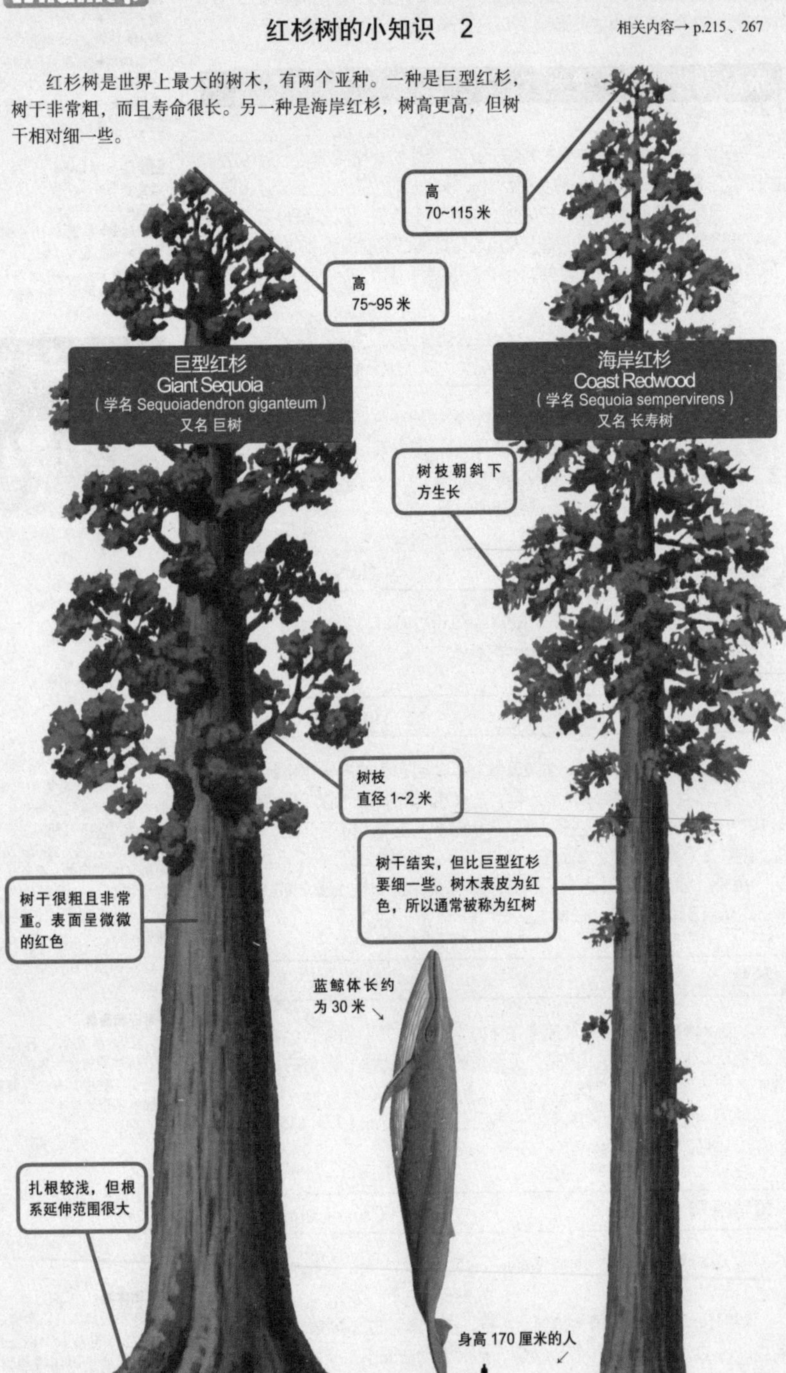

巨型红杉中最大的一棵——雪曼将军树

巨型红杉 Giant Sequoia

生长于内华达山脉中，但仅限于约瑟米蒂和神木国家公园才有，是一种非常宝贵的植物。树高 75~90 米，树干底部直径可达 10 米。最大的特点是寿命很长，平均树龄可达 3000 年。

距今大约 1 亿年前地球上生长的树木基本上都比现在的树木要大得多。红杉是这些巨型树木中唯一延续至今的一种。在澳大利亚、南极大陆、格陵兰岛都曾生长过红杉的近缘树种。日本杉也是红杉的近亲。

巨型红杉之所以耐火，是因为树干里面以及树皮中含有大量的鞣质以及其他的有机物质。这些物质也起到了防虫防腐的作用。巨型红杉长寿的奥秘也许就在于树木中所含的鞣质。

尽管这里的红杉森林已经在地球上存在了 2000 多年，但自从 100 多年前被人类发现以后就遭遇了悲惨的命运。在这里被列为国家公园之前，人们一直采伐这里的红杉。现在，当时采伐留下的树桩仍然随处可见（与海岸红杉不同，巨型红杉的树桩上不会长出新的树木）。

海岸红杉 Coast Redwood

树木表皮带有红色。与巨型杉树相比，树干要细一些，但却更高。直径约 7 米，树高 100 米，最高的可达 115 米。生长于从北加利福尼亚至俄勒冈的海岸地区，其中以旧金山郊外的穆尔伍兹国家保护区（→ p.263）和红木国家公园（→ p.262）最为有名。

海岸红杉的寿命比巨型红杉短（但是也有 500~2000 年）。从物种的角度来说，巨型红杉是海岸红杉的祖先。但是海岸红杉比祖先更高，树高超过 100 米的海岸红杉也很常见。巨型红杉看上去英姿挺拔、浑身上下充满了力量，而海岸红杉则更显女性般的细腻。游览时将二者加以比较，可以从中体验到很多乐趣。

海岸红杉具有不易变形且耐腐蚀的特点，是一种优良的木材，因此在建筑行业中很受青睐。现在，国家公园及保护区中已经禁止采伐海岸红杉，不过也有许多海岸红杉的种植林，其木材可供商用。巨型红杉只能通过种子来繁育新的树苗，但海岸红杉可以从剪断的树枝以及树根上发出新芽（→ p.267）。

Wildlife

世界上寿命最长的生物

是生长于加利福尼亚州因约县名为狐尾松 Bristlecone Pine 的一种松树。那里是海拔 3000 米左右的高原，据推算，树龄达到 4800 年，是世界上寿命最长的树木。与红杉正相反，这种树长在干燥且养分较少的土地上，生长速度极为缓慢。

另外，2008 年 4 月，在瑞典发现的一棵鱼鳞云杉，被认为树龄达到 1 万年（通过树木自身克隆繁殖的方式）。

在日本的屋久岛，有一棵杉树曾被认为已有 7200 年树龄，但现在普遍认为其实只有 3000 年左右。

©NPS
生长在内华达州的狐尾松

园内住宿

公园界内共有 5 间客栈，将军公路 & 国王峡谷公路沿线公园界外还有 3 间。其中有 4 间可以通过下面的联系方式进行预约，剩下的几间都是单独经营。夏季期间不预约很难找到房间。

另外，由于熊经常出没，一定不要将食物或者有味道的物品放在露台上。需要放在室内（从外面看不见屋内的）。窗户和门也不可以长期打开，十分危险。

DNC Parks & Resorts
☎（801）559-4930
Free 1866-807-3598、1877-436-9615
URL www.visitsequoia.com 信用卡 Ⓐ Ⓜ Ⓥ

约翰·缪尔客栈 John Muir Lodge

位于格兰特树林集散地附近的一间设备齐全且舒适的酒店。有暖炉的酒店大堂内摆放着约翰·缪尔的肖像，非常有情调。房间内有电视、咖啡机、电话，还有部分客房有露台，共 36 间客房。可以通过 DNC 预约。

位于集散地的最里侧

营 全年开放 on $129~299 off $92~199

格兰特树林客栈 Grant Grove Lodge

1890 年，国家公园初创期建造的一间历史悠久的客栈。带浴室的小木屋 9 栋只在 5~11 月期间开放。不带浴室的小木屋 24 栋在 5~10 月期间开放。所有房间内都带有暖风空调。夏季期间，还有 17 栋帐篷屋开放。可以通过 DNC 预约。

带浴室的小木屋

营 5~11 月 on off 带浴室小木屋 $111~129、不带浴室小木屋 $89~99、帐篷屋 $62~77

雪松林客栈 Cedar Grove Lodge

位于雪松林的里侧，共有 18 间客房，房间类似汽车旅馆的结构。有商店和投币式洗衣房。国王峡谷公路在日落后会变得十分的黑暗，所以最好在天黑前到达客栈。办理入住手续截至当天的 20:00。可以通过 DNC 预约。

营 5 月下旬 ~10 月中旬 on off $129~155

石吱吱客栈 Stony Creak Lodge

严格来说，这间客栈位于公园界外，但是又在巨人森林与格兰特树林的中间位置。共有 11 间汽车旅馆式的客房，房间内有电话、电视、免费有线网络。有比萨店、商店。可通过下述方式预约。

Sequoia-Kings Canyon Park Services
营 5 月上旬 ~10 月上旬 ☎（559）565-3388
Free 1877- 828-1440
URL www.sequoia-kingscanyon.com
on $199~398 off $129~298 信用卡 Ⓐ Ⓜ Ⓥ

沃克萨奇客栈 Wuksachi Lodge

位于罗奇波尔以北 2 英里（约 3.2 公里）的地方，是园内最新的酒店。从这里眺望的山景相当出色。酒店共有 102 间客房，有餐厅和礼品店。可以通过 DNC 预约。

是园内最好的景观酒店

营 全年开放 on $225~322 off $116~226

银城度假村 Silver City Resort

位于距离三河城 21 英里（约 33.8 公里）的位置，这里距矿物国王山谷仅有 3 英里（约 4.8 公里）。带浴室的小屋共有 4 栋，不带浴室的小木屋共有 10 栋。几乎所有的屋内都带有厨房和柴火取暖炉。有餐厅和商店。有免费 Wi-Fi。

营 5 月下旬 ~10 月下旬 ☎（559）561-3223
URL www.silvercityresort.com
on off 带浴室 $250~395、不带浴室 $100~195
信用卡 Ⓐ Ⓜ Ⓥ ※ 最少住宿 2 晚

Notes 客栈追加信息 John Muir Lodge 与 Grant Grove Lodge 办理入住手续需要在位于餐厅栋（游客服务中心正对面）内的前台办理。

宿营地住宿

两个公园共有 13 个宿营地。设施齐全、冬季也会开放的是 Potwisha、Azalea 这两个宿营地。神木国家公园内有 4 个宿营地只在夏季开放，并且可以提前预约。可以在入住日期的前 6 个月开始预约（例如：9/15 入住，可以在 3/15 开始预约）、受理时间：西海岸时间 7:00~19:00。详情请参考→ p.478。

宿营地预约
Free 1877- 444-6777　URL www.recreation.gov
※ 为了预防黑熊侵犯请注意使用食物储存柜。

Sentinel 的宿营地位于森林中，十分幽静

	宿营地名称	开放时间	帐篷位	可预约（只限夏季）	1 晚费用	水（▲需要煮沸）	厕所（▲简易厕所）	垃圾场	淋浴房	投币式洗衣机	商店
神木国家公园	South Fork	全年开放	10		$12		▲				
	Potwisha [距离南大门 4 英里（约 6.4 公里）]	全年开放	42	●	$22	●	●	●			
	Buckeye Flat [距离南大门 5 英里（约 8 公里）]	5 月下旬 ~9 月下旬	28	●	$22	●	●				
	Lodgepole	5 月中旬 ~9 月下旬	214	●	$22	●	●	●	●	●	●
	Dorst Creek	6 月下旬 ~9 月上旬	204	●	$22	●	●	●			
	Atwell Mill（矿物国王山谷）	5 月下旬 ~10 月下旬	21		$12	●	▲		●		●
	Cold Springs（矿物国王山谷）	5 月下旬 ~10 月下旬	40		$12	●	▲		●		●
国王峡谷国家公园	Azalea（格兰特树林）	全年开放	110		$18	●	●		●		●
	Sunset（格兰特树林）	5 月中旬 ~9 月上旬	157		$18	●	●		●		●
	Crystal Springs（格兰特树林）	5 月中旬 ~9 月中旬	36		$18	●	●		●		●
	Sentinel（雪松林）	5 月上旬 ~9 月下旬	82		$18	●	●		●	●	●
	Moraine（雪松林）	5 月下旬 ~9 月下旬	120		$18	●	●		●	●	●
	Sheep Creek（雪松林）	5 月下旬 ~10 月下旬	111		$18	●	●		●	●	●

在附近城镇住宿

即便是距离最近的三河城，从巨人森林出发也需要开 1 小时以上的山路才可以到达。所以尽可能地还是住在园内比较合适。距离南口 50 英里（约 80.5 公里）的维塞利亚 Visalia 有 18 间旅馆、弗雷斯诺 Fresno 有近 100 间汽车旅馆。

三河城　Three Rivers, CA93271 距离公园南大门 6 英里（约 9.7 公里）12 间

旅馆名称	地址 · 电话	费用	信用卡 · 其他
Buckeye Tree Lodge	住 46000 Sierra Dr. ☎（559）561-5900 URL www.buckeyetree.com	on $149~299 off $90~179	MV 位于公园大门附近。附带简单的早餐。有免费 Wi-Fi。
Comfort Inn and Suites	住 40820 Sierra Dr. ☎（559）561-9000 Free 1877-424-6423 URL www.sequoiahotel.com	on $149~199 off $69~139	ADJMV 距离公园大门 7 英里（约 11.3 公里）。附带早餐。有免费 Wi-Fi。有投币式洗衣房。
Sierra Lodge	住 43175 Sierra Dr. ☎（559）561-3681 URL www.sierra-lodge.com	on off $105~299	AMV 距离公园大门 3 英里（约 4.8 公里）。附带早餐，有免费 Wi-Fi。
Rio Sierra Riverhouse	住 41997 Sierra Dr. ☎（559）561-4720 URL www.rio-sierra.com	on off $170~275	MV 距离公园大门 6 英里（约 9.7 公里）。独立小别墅式的房屋。有微波炉、冰箱。有免费 Wi-Fi。

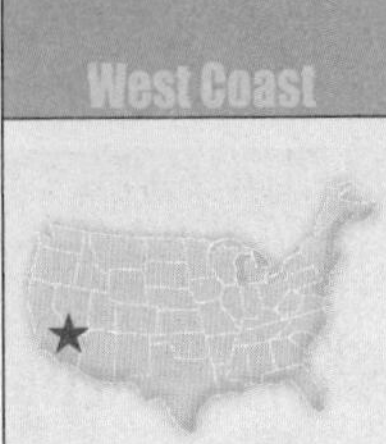

死亡谷国家公园

Death Valley National Park

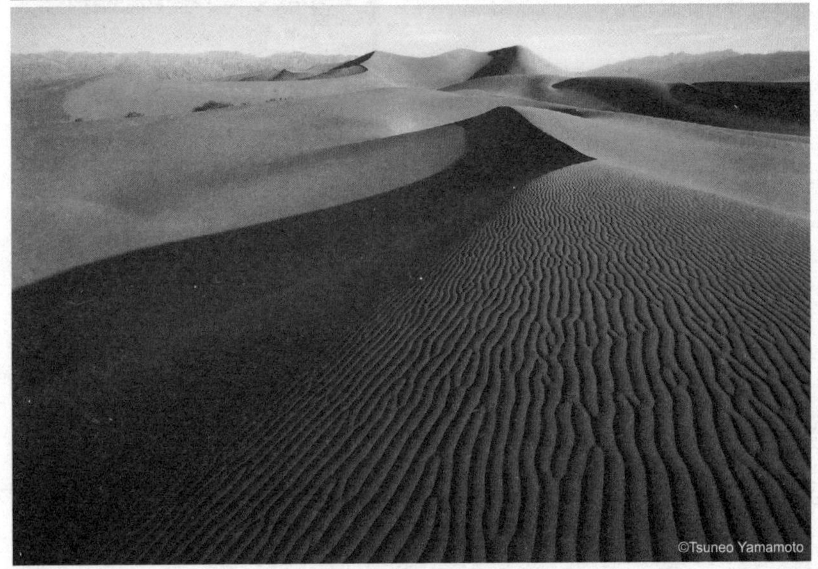

如果准备游览沙丘，一定要在光影差距较大的清晨或者傍晚去。夏季的白天地面太热无法行走

加利福尼亚州 / 内华达州
California / Nevada
MAP 文前图① C-2

死亡谷是一片极限之地，黑夜里有着猛烈的沙暴，而白天则是在一片寂静包围下的灼热。似乎这里的大自然在拒绝人类的存在，尽管如此，还是有大量的游客来欣赏这里宛如梦幻般的风景。这里的自然景观变化多端，时而粗犷时而精致，有时又会让人心生畏惧。

死亡谷是北美海拔最低的地方（世界第八低），另外还以气温高而闻名。峡谷中心的海拔是 –86 米、盛夏季节气温有时会超过 50℃（历史最高气温 57℃）。年降水量只有 49 毫米（北京年均降水量大约是 600 毫米），绝对称得上是酷热峡谷。

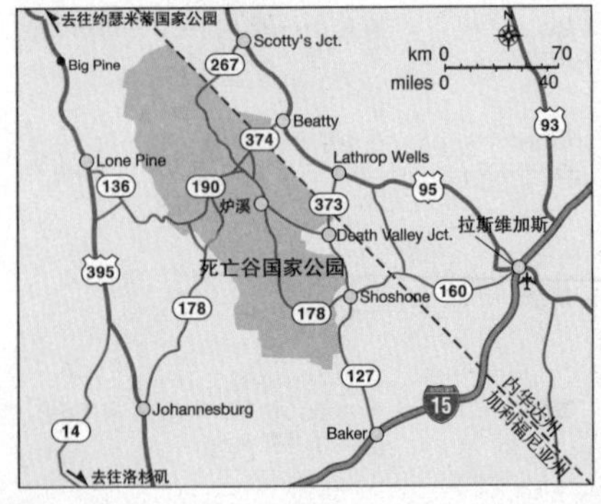

炉溪庄园是公园的中心

交通

死亡谷国家公园距离拉斯维加斯 Las Vegas 约有 3 小时车程。可以选择租车自驾前往，或者参加 1 日游团体项目。公园共有 5 个大门，可以有多种组合线路，一般来说是从拉斯维加斯租车，从东侧进入。

租车自驾 Rent-A-Car

从拉斯维加斯出发

最普遍的线路是，从拉斯维加斯大道沿 I-15 向北行驶，从 Exit 42A 出口进入 US-95 NORTH，然后向北行驶 87 英里（约 140 公里），在 Lathrop Wells 向左转至 NV-373。驶过州境后道路的名称会变为 CA-127，在 Death Valley Jct. 右转，沿 CA-190 行驶 29 英里（约 46.7 公里）后，经由扎布里斯观景点最后到达公园的中心炉溪庄园 Furnace Creek Ranch。大约需要 3 小时车程。

也可以稍微改变一下线路，沿 US-95 行驶至 Beatty，然后进入 NV-374（越过州境后是 CA-190）。中途还可以参观一下内华达州鬼镇里欧莱特 Rhyolite（→ p.252）。

沿途风景最优美的线路是，从拉斯维加斯的南部（I-15 的 Exit 33）沿 NV-160 一直向西行驶，在 Pahrump 左转至 NV-372（CA-178）。在 Shoshone 向右转后马上再左转至 CA-178，经过恶水 Bad Water（→ p.250）最终到达炉溪。从拉斯维加斯出发大约需要 3 小时 30 分钟（夏季尽量避免走这条线路）。

DATA

时区▶太平洋标准时间 PST
☎（760）786-3200
URL www.nps.gov/deva
开 24 小时 365 天开放
宜 10 月～次年 4 月
费 每辆车 $20、其他方法入园每人 $10
被列为国家保护区▶ 1933 年
被列为世界生物保护区▶ 1984 年
被列为国家公园▶ 1994 年
面　积▶ 13650 平方公里（比北京市小一点，是 48 州的公园中面积最大的）
接待游客▶约 110 万人次
园内最高点▶ 3368 米（Telescope Peak）
园内最低点▶ -86 米（北美大陆最低点）
哺乳类▶ 51 种
鸟　类▶ 307 种
两栖类▶ 5 种
爬行类▶ 36 种
鱼　类▶ 6 种
植　物▶ 1505 种

请给油箱加满油

从 Shoshone 开始沿途 74 英里（约 119 公里）都没有加油站。夏季应尽量避免穿过海拔极低的区域以及比较危险的山口。

Side Trip

全美最寂寞的道路

从死亡谷东面的门户城市比蒂 Beatty 先沿 US-95 再沿 US-93 北上，在托诺帕 Tonopah 进入 US-6 后向东行驶 50 英里（约 80 公里）有通向 NV-375 的叉路口。这条路被称为全美国交通量最小的道路。道路从长期不为人所知的军事基地——51 区附近通过。也许是因为这一特殊的地理位置，从很早以前开始，就经常传出有人在这里目击到 UFO。现在这条路被正式命名为“ET 公路”。长约 100 英里（161 公里）的道上，路边几乎什么都没有，仅在 62 英里（约 100 公里）处的拉歇尔 Rachel 有 UFO 爱好者们经常光顾的咖啡店以及汽车旅馆，纪念品商店里与外星人有关的物品非常有人气（距 Beatty 车程为 3 小时 30 分钟。12/25 休业）。

说不定能在路上遇到 UFO

Little A'Le'Inn
营 8:00~17:00（周末延长。夏季关门时间提前）
费 1 晚 $45 ~
☎（775）729-2515　URL www.littlealeinn.com

沿州公路一直向东行驶 36 英里（约 58 公里），右转进入 US-93，前行 85 英里（约 136.8 公里）后进入 I-15。从拉歇尔 Rachel 至拉斯维加斯需 3 个小时。

需要注意的是，一路上加油站非常少。从西向东行驶的话，一定要在托诺帕 Tonopah 加满油。从东向西行驶的话，则必须在阿拉莫 Alamo 加满油。

从拉斯维加斯出发的团体游巴士
Pink Jeep Tours
Free 1888-900-4480
URL pinkjeeptours.com
费 $254（包含午餐盒饭）
所需时间 约 10 小时
※ 只在冬季运营

路况信息
California
Free 1800-427-7623
URL quickmap.dot.ca.gov
Nevada
Free 511
Free 1877-687-6237
URL www.nevadadot.com

最近的 AAA
道路救援
Free 1800-222-4357
Las Vegas
住 3312 W. Charleston Blvd.
☎（702）415-2200
开 周一～周五 8:30~17:30

从约瑟米蒂国家公园出发

如果准备从约瑟米蒂的泰奥加公路出发从西面进入公园，需要走 US-395。一路望着内华达山脉 4000 米高的一座座山峰连绵起伏，心情也会格外爽朗（→ p.228）。

从利韦宁小镇 Lee Ving 出发南下 125 英里（约 201 公里），在 Lone Pine 的城外左转至 CA-136，然后与 CA-190 汇合，一直可以到达公园。但这中间需要越过两座山口，而且这两处的道路是非常危险的，春季至秋季期间可能会发生车辆过热。一定记得要带上水。转弯的地方十分狭窄，而且没有护栏，夜间行车也十分危险。虽然路程艰险，但沿途的风景却十分美丽。从约瑟米蒂谷到炉溪大约需要 8~9 小时车程。

从洛杉矶出发

从洛杉矶出发经由 I-5、CA-14、US-395，然后在 Olancha 进入 CA-190。全程大约 290 英里（466.7 公里），需要 6 小时 30 分钟。或者选择走 I-10、I-15，到 Barstow 后再继续行驶 60 英里（约 96.6 公里），从 Baker 进入到 CA-127，然后从 Shoshone 进入到 CA-178 向西行驶一段时间就会到达炉溪。后者的风景比较好看一些，大约需要 6 小时 30 分钟。

Column

夏季驾车的注意事项

应该尽量避免在盛夏季节驾车在此行驶，如果无论如何都想体验一下在炎热天气中驾驶，那么必须注意以下事项。

- 必须要带上充足的水。这样才能保证汽车的正常行驶以及人的生命安全。
- 出发前对车辆进行细致的检查。如果在死亡谷抛锚，无异于进入地狱。
- 驾驶时尽量不要让发动机负担过重。
- 死亡谷的地面非常不坚实。最好不要进入道路以外的地方。
- 先到游客服务中心问询天气情况，如果气温不适宜则不进入海拔较低的区域。
- 即便天气炎热异常也不能脱掉衣服让皮肤裸露出来。因为那样很快就会被晒伤，甚至出现脱水症状。这里的阳光要比夏日海边的阳光还要强得多。最好穿白色长袖衬衫。帽子和太阳镜也必不可少。
- 还要注意突发的雷雨以及沙暴。尤其在夜晚遇到这类天气，能见度会降为零，非常危险。

发动机过热时如何处理

夏季驾驶，最容易遇到的问题就是发动机过热。行驶中要经常观察水温表。发现水温上升有可能引起危险时，即使天气炎热也要关掉车内空调。如果最终还是没能避免遭遇发动机过热的厄运，那么不要慌，可以采取以下方法进行处理。

- 寻找阴凉处（虽然几乎没有可能），停车休息。
- 不熄火，打开发动机盖，冷却发动机。此时发动机盖本身也会很热，打开时要小心。
- 如果风扇皮带与水箱并未出现异常，可以轻踩油门，等待温度自然下降。
- 水温表显示水温已经下降，便可以熄火，等待发动机完全冷却下来。
- 补充冷却水时，突然打开水箱盖是十分危险的。要确认盖子已经冷下来并且水箱中的冷却液不再沸腾。还可以选择从水箱外面浇水冷却的方法。
- 万一汽车在中途抛锚，绝对不要离开汽车。留在原地耐心等待，总会有其他车辆经过。

驾驶时要经常观察速度表

补充冷却水的地点已被取消！死亡谷中一些容易出现发动机过热的地点，曾经设置有存放冷却水的水罐，但是现在都已被取消。游客需要自带冷却用水。

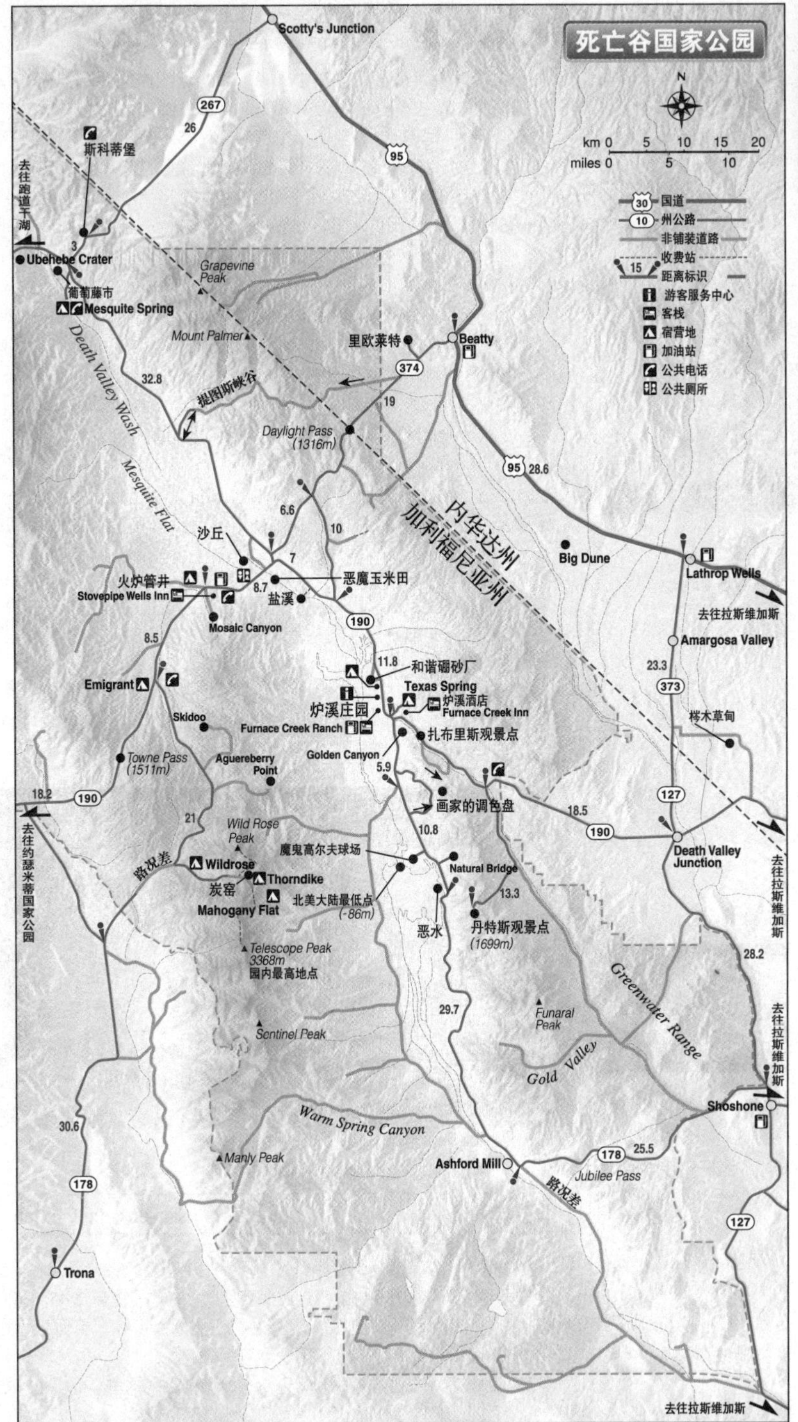
死亡谷国家公园
Scotty's Junction
267
26
95
斯科蒂堡
去往跑道干湖
Ubehebe Crater
葡萄藤市
Mesquite Spring
Grapevine Peak
Mount Palmer
Death Valley Wash
32.8
提图斯峡谷
里欧莱特
Beatty
374
19
Daylight Pass (1316m)
Mesquite Flat
6.6
10
内华达州
加利福尼亚州
95
28.6
沙丘
7
火炉管井
Stovepipe Wells Inn
8.7
恶魔玉米田
盐溪
Mosaic Canyon
Big Dune
Lathrop Wells
去往拉斯维加斯
Amargosa Valley
190
8.5
11.8
和谐硼砂厂
Emigrant
Texas Spring
炉溪酒店
Furnace Creek Inn
炉溪庄园
Furnace Creek Ranch
Skidoo
扎布里斯观景点
23.3
373
梣木草甸
Towne Pass (1511m)
Aguereberry Point
Golden Canyon
5.9
18.2
190
画家的调色盘
18.5
190
127
Death Valley Junction
21
Wild Rose Peak
10.8
去往约瑟米蒂国家公园
路况差
Wildrose
魔鬼高尔夫球场
Natural Bridge
炭窑
Thorndike
13.3
Mahogany Flat
北美大陆最低点 (-86m)
恶水
丹特斯观景点 (1699m)
去往拉斯维加斯
Telescope Peak 3368m 园内最高地点
28.2
Greenwater Range
29.7
Funaral Peak
Sentinel Peak
Gold Valley
去往拉斯维加斯
Warm Spring Canyon
Shoshone
30.6
Ashford Mill
178
25.5
Manly Peak
Jubilee Pass
路况差
178
127
Trona
去往拉斯维加斯
N
km 0 5 10 15 20
miles 0 5 10
30 国道
10 州公路
非铺装道路
收费站
15 距离标识
游客服务中心
客栈
宿营地
加油站
公共电话
公共厕所

园内设施

餐饮

炉溪庄园与火炉管井这个两个地方有餐厅。另外斯科蒂堡有简餐。

杂货店

炉溪庄园与火炉管井有

ATM

炉溪庄园与火炉管井有

加油站

炉溪庄园

营24小时，可修车

火炉管井

营24小时

在斯科蒂堡可以买一些简餐，但是这里没有加油站

Furnace Creek VC

☎（760）786-3200

开夏季 9:00~18:00

冬季 8:00~17:00

沙漠五斑花 Desert Five-spot的花瓣底部是深粉色的花点。3月份时这种花会在荒野中盛开

小心被地面烫伤！？

盛夏的死亡谷内，即便是阴凉地也有45℃以上，地表温度有时会接近90℃（最高纪录是93.8℃）。光着脚，或者用手碰到岩石很可能会被烫伤！

死亡谷国家公园 漫步

死亡谷国家公园地跨加利福尼亚州与内华达州，是除了阿拉斯加以外美国境内最大的国家公园。其面积约有13650平方公里，只比北京市小一点点。公园呈南北狭长形，最宽的位置有25公里，最长可达200公里。既有低于海平面的低谷，又有海拔3000米以上的山峰。

主要景点都集中在谷内，从拉斯维加斯可以当天往返。不过这里的夕阳很值得欣赏，建议可以住宿一晚。

公园的中心是炉溪

公园的中部有一条南北贯穿的道路，景点大都分布在这条道路的两旁。炉溪 Furnace Creek 刚好在这条路的中间位置。炉溪庄园内有游客服务中心和各种设施，是公园的旅游集散地。

从这里向北一点，还有一处叫作火炉管井 Stovepipe Wells 的旅游集散地，这里位于横贯整个公园东西向的 CA-180 道路的沿线，也还算是比较方便。

获取信息 Information

Furnace Creek Visitor Center and Museum

因为死亡谷国家公园没有大门，所以需要到这里来缴纳进入公园的费用。另外，一定要确认好园内的气象信息，还要咨询一下徒步或者自驾游的注意事项。

游客服务中心内还设有博物馆，主要介绍了死亡谷的地理、地貌以及在恶劣的气候环境中生存的动物们的信息等。还有公园管理员讲解的项目，不妨参加一下，顺便还可以享受一下这里的空调。

在博物馆内可以学习到从高山到低谷极端的地理知识

季节与气候 Seasons and Climate

夏季的死亡谷是寂静的世界。谷内既听不见嘈杂的喧闹声，也没有汽车的轰鸣声，只有太阳火辣辣地照射着谷底。谷内温度超过45℃，令人无法入内，真可谓是“死谷”。关于谷内气温的提示可千万不能大意。首先应该到游客服务中心，听一听公园管理员的建议。

最好的旅游季节是在冬季。特别是圣诞节前后，这里会变得十分热闹。开花的季节是在2~4月。雨后，野花会竞相开放。

令人惊讶的死亡谷气候记录

死亡谷的气候极为异常，气温和降水量的记录中有很多令人瞠目的数据。下面就说一说这些数据。

以下是 1911 年在炉溪 Furnace Creek 设立观测点以后的记录。

1913 年　1 月份最低气温为 -9.4℃（至今仍为该地气温的最低纪录）。7 月份连续 10 天气温在 52℃以上（其中有 5 天在 54℃以上）。7 月 10 日在炉溪观测到的气温高达 56.67℃，这是世界气象组织 WMO 承认的世界最高气温纪录。之后，1921 年在伊拉克，1922 年在利比亚，分别观测到了 58.8℃和 57.8℃的气温，但是由于观测方法和测量器具的可信度较低而未得到正式认可，因此死亡谷仍然保持着这项世界纪录。

1917 年　连续 43 天最高气温超过华氏度 120（48.9℃）。

1929 年　年降水量为零。

1934 年　1931 年以来，40 个月的总降水量只有 16 毫米。

1953 年　年降水量为零。

1972 年　在炉溪观测到地表温度的最高纪录竟达 93.8℃。

1974 年　连续 134 天气温超过华氏度 100（37.8℃）。

1976 年　2 月份连续 5 天降水超量过 60 毫米，造成洪灾。

1983 年　年降水量 115 毫米，与 1913 年一样，成为至今为止的最高纪录。

1984 年　暴发洪水，导致该地区的一部分道路中断数周。

1994 年　华氏度 120（48.9℃）以上的日子有 31 天，华氏度 110（43.3℃）以上的日子有 97 天，最高气温 53.3℃。

1995 年　仅 1 月份降水量就达 66 毫米。成为死亡谷史上“最湿润的一个月”。

1996 年　有 40 天最高气温超过 48.9℃，超过 43.3℃的有 105 天。

2001 年　连续 154 天最高气温超过华氏 100 度（37.8℃）。

2004 年　8 月 15 日，暴雨导致该地区 11 个地点突发洪水。遇难者 2 名。公园中大部分区域因此有几个月时间无法进入。

2005 年　7 月 19 日最高气温 54℃。年降水量达到 120 毫米，为 1913 年以来 92 年中的最高纪录。

2007 年　7 月 6 日最高气温 54℃。

死亡谷国家公园（炉溪）的气候数据

月	1	2	3	4	5	6	7	8	9	10	11	12
最高气温（℃）	19	23	27	32	38	43	47	46	41	34	25	18
最低气温（℃）	4	8	13	17	23	27	31	30	24	16	9	3
最高纪录（℃）	32	37	39	45	50	53	56.7	53	50	45	36	32
降水量（mm）	7	9	6	3	2	1	3	3	4	3	5	5

从丹特斯观景点俯瞰盐的沙漠、恶水

恶水

设施 简易厕所

恶水在整个死亡谷中属于气温最高的地区，夏季游览这里时最好在游客服务中心咨询一下天气情况。

如果不小心踩入盐的沼泽中整个身体都很难移动，需要格外小心

注意减速

死亡谷国家公园中的死亡事故原因之首，是由于超速造成的单体事故。另外，偶尔也会有野生动物突然闯出，所以一定要注意减速。

侵蚀还在继续，色彩会变得更加富有变化

恶水
Bad Water

位于炉溪庄园南侧，驱车30分钟可达。到达停车场后就可以下车在一望无际白皑皑的盐原上行走了。盐的结晶勾画出各种奇妙的图案，十分壮观。因为这里实在是太宽广了，一时间很难相信眼前这一片白茫茫的东西居然是盐巴。试着捏起一点尝一尝，苦苦的、涩涩的，才顿时觉得这真的是盐。这里是北美大陆的最低点，海拔是 -85.2 米。不过，距离这里 6 公里左右的西北位置，还有一处最低点是 -85.9 米。过去这里曾经是盐水湖，所以被称为"恶水"。雨后地面会变得十分泥泞。

©Masatoshi Koide

盐的结晶勾画出各种富有变化的图案

魔鬼高尔夫球场
Devil's Golf Course

距离炉溪以南 12 英里（约 19.3 公里）处。这里是由盐的结晶与泥巴混合而成、凹凸不平、坚硬如石的地面。人类在这里别说打高尔夫了，恐怕连美式橄榄球都无法进行，估计只有魔鬼们可以在这里玩耍。总之这里的风景既梦幻又有几分不可思议。

盐的结晶缔造的魔鬼高尔夫球场。最里面覆盖着白雪的是望远镜峰 Telescope Peak（海拔 3368 米）

画家的调色盘
Artists Palette

受到大自然的侵蚀、逐渐崩塌的岩山斜面露出了各种矿物质斑斓的色彩。既有黄色、红色和茶色，又有绿色、紫色等，好像是哪位画家的调色盘一样，色彩绚丽。这处景点距离炉溪以南约 10 英里（约 16 公里）处。沿着标识向左转，大约在北向的单行道路上行驶 9 英里（约 14.5 公里）便可到达。如果从恶水出发准备北上，可以顺路到这里游览。

值得推荐的步道　从停车步行 0.5 英里（约 0.8 公里）就可以看到气势磅礴的 Natural Bridge。继续走还可以看到已经干涸的瀑布，可以一直走到瀑布下潭。

扎布里斯观景点
Zabriskie Point

从炉溪沿 CA-190 向东行驶 3 英里（约 4.8 公里）。从停车场处可以一直爬到观景台上，登顶后眼前会浮现出一座黄金的山峰。沐浴在阳光下的金光灿灿的山峰，是由黄色的泥土构成的，据说这些泥土在 1000 万年前曾沉于湖底。

扎布里斯观景点
设施 简易厕所

一定要在黄昏时分来这里看看

丹特斯观景点
Dantes View

从扎布里斯观景点继续向东行驶 7 英里（约 11.3 公里），然后按照标识右转继续行驶 13 英里（约 21 公里）到达观景台。后半程险坡陡坡比较多，注意控制车速。观景台海拔 1669 米，从这里可以眺望整个死亡谷。低下头是白皑皑的恶水（–86 米）盐原，正对面是园内最高峰望远镜峰 Telescope Peak（海拔 3368 米）以及其他连绵的山峰。这座观景台的海拔差距是大峡谷的 2 倍之多。

可以望见拥有世界最高温度纪录的盆地与雪山同时辉映的景色

和谐硼砂厂
Harmony Borax

紧邻炉溪北侧。19 世纪末，这里曾经是制作玻璃或陶瓷等必备的原料偏硼酸钠（硼砂）的采矿区。最鼎盛时期曾经有 40 人在这里工作，但最终由于这里夏季时的水温过高不容易使偏硼酸钠结晶，仅仅 5 年便被迫关闭了。

小心！
死亡谷内有大量的废旧矿坑，其中不乏有些存在随时崩塌的危险，请不要靠近矿坑。

还展示着一驾运货的马车

盐溪
Salt Creek

位于炉溪以北 15 英里（约 24 公里）的地方。只有在冬季时这里才能显露出湿地样子，水中还会游动着只有死亡谷才有的小鱼——Salt Creek Pupfish。这里的水温有时候可以达到 38℃，盐分比普通的海水要高 5 倍，在盐分浓度如此高的水中生活的鱼，真的很特别。

仔细观察一下，河岸边上到处都是盐的结晶。在这种环境中居然还有鱼可以生存，真是惊人！

初级 Salt Creek Loop
适宜季节▶ 12 月 ~ 次年 3 月
距离▶ 1 周 800 米
所需时间▶ 1 周约 20~30 分钟
出发点▶盐溪停车场
设施 简易厕所

魔界的玉米样子还真是很奇怪

恶魔玉米田
Devils Cornfield

紧邻沙丘的东侧。这里生长着一种叫作 Arrowweed 的植物，为了在盐分较高、降雨后即刻变成湿地的这片土地上生存，其根部的形状十分特别。

沙丘
Sand Dunes

位于火炉管井的东侧，可以在清晨或者黄昏时分来这里走一走。沙漠上随时变化的风纹以及起伏的沙丘在阳光的照射下，形成了美丽的光影艺术。充满了梦幻色彩，看多久都不会觉得腻。

风纹每天都有所不同，风比较大的时候可以明显看到风纹形状的改变

沙丘
设施 简易厕所

沙丘的步道
在沙丘上可以自由地行走，到达最高的位置单程需要 3 公里。2009 年夏季，有 2 人在此遇难身亡。注意在大风天气、能见度较差时或者气温较高时，应尽量避免行走。

炭窑
Charcoal Kilns

公园的西侧留有 10 座形状独特的炭窑。19 世纪末，炼银需要大量的燃料，所以在这里建造了炭窑。从 Stovepipe Wells 到这里大约需要 90 分钟。从客栈向西行驶 8 英里（约 12.9 公里）后左转沿山路一直往上开，最后的 2 英里（约 3.2 公里）是一段非铺装道路，但普通车辆也可以通行。

©Masatoshi Koide
窑的高度接近 8 米

去往里欧莱特的方法
从 Beatty 向园内方向行驶，沿 NV-374 行驶 3 英里（约 4.8 公里），沿着道路旁的标识右转再继续行驶 1 英里（约 1.6 公里）。

里欧莱特
Rhyolite

1905～1910 年，这个小镇曾经是盛极一时的采矿基地。周围有 5 座金矿山，最多有 8000 人在这里居住和生活。曾经有 3 家医院，还有歌剧院、大剧场等。如今却变成一座著名的鬼镇，只剩下一些当时的建筑还残留于此。严格来说，这里位于公园境外。

©NPS
雨天很容易倒灌，一定要注意天气变化

提图斯峡谷
Titus Canyon

从园外的 NV-374 一直向西行驶有一条长 27 英里（约 43.5 公里）的

关于提图斯峡谷 虽然普通车辆也可以进入此地，但是路面凹凸不平且落石很多，非常容易爆胎或者磕碰底盘，需要格外小心地驾驶。游客服务中心的工作人员会建议底盘较高的车辆入内。如果准备驾驶普↗

非铺装单行道路。穿过这里大约需要 2 小时车程，期间会经过变化万千的地层、小型鬼镇、适合眺望风景的山口以及印第安人的岩壁画等景点。最后一段路程，道路两侧的岩壁之间仅有 6 米的距离，十分狭窄。路面干燥时，普通车辆也可以通行。

斯科蒂堡

Scotty's Castle

建于死亡谷北端的一座别样的豪华建筑。是保险业大亨 Albert Johnson 的别墅，尽显奢华的内饰令人惊叹。大厅内还有一个石造的喷泉，还有用西班牙制品装饰的西班牙屋以及意大利屋、俄罗斯屋等。城堡内共有 2 个音乐室，里面甚至摆放着自动钢琴。暖炉和洗澡间各有 14 个。

说到这里，大家可能会好奇斯科蒂到底是谁呢？

是表演"狂野西部秀"的一位明星，也是推动横断美国大陆的特别列车运行的人，还是探矿人，甚至是一个爱炫耀的骗子……是的是的，这些都是他的头衔—— Walter Scott。Albert Johnson 是斯科蒂金矿的投资人。由于斯科蒂经常跟人们吹牛说这座城堡是他自己的，人们也就慢慢相信了。

从炉溪出发大约需要 1 小时车程便可到达这里。通年都有可以参观城堡内部的导游团。不过，这里不能住宿。

跑道干湖

Racetrack

这里曾经是湖底，现在是干涸的大地。地面上散落着石块，石块后面有一些移动过的痕迹。有些位置的石块，好像是好几块石头都在向一个方向移动，仿佛石头们在进行一次漫长的赛跑一样。

关于这种现象的成因，有这样一种说法：泥土覆盖的地面受潮后会变得很湿滑，在风比较大的时候将石头吹动了。虽然这说法十分有道理，但石头中也不乏有些石头是向完全反方向移动的，其中还有直径 1 米以上的大块石头，也不像是风可以轻易吹动的样子，这又做何解释呢？没有人目击过石头移动的瞬间，这个谜团至今困扰着人们。

这里正在进行学术调查，千万不要移动石块

斯科蒂堡

设施 公共厕所 · 饮用水 · 公用电话 · 商店

城内导游团

开 9:00~16:00 的每个整点。夏季是 9:30~16:15 随时开始。整个行程约 1 小时

费 $15；6~15 岁是 $7.5

旅游旺季时需要排队等待 1~2 小时。可以通过下面的方法提前一天预约。

Free 1877-444-6777

URL www.recreation.gov

关于城内导游团

城堡管理很严格，禁止个人单独参观。跟随导游进入城堡后，也经常会被提示"禁止触摸"，说明这里保护得还是比较好的。在比较有特点的地方，导游还会额外地多讲解一会儿，如果听不懂英语实在是有点遗憾。

跑道干湖

从斯科蒂城堡前的 Grapevine 向左行驶 32 英里（约 51.5 公里）。中途有些路段路况较差，普通车辆很难通过。租车的保险中不包含在非铺装道路上行驶，AAA 的道路救援，即便是会员也需要收取费用（$250~1000）。另外，去到有石块的地方还需要走上一段距离，夏季尽量不要去。如果遇上雨雪天气，道路泥泞十分危险。

↗通车辆入内，最好提前上一个全险。进入峡谷的时间也最好选在车多的时段，万一发生意外可以获得后车的帮助。

Ash Meadows

沿 CA-127 进入内华达州大约行驶 1 英里（约 1.6 公里）左右，看到标识后向右转。沿非铺装道路继续行驶 3 英里（约 4.8 公里）可以看到一个不太起眼的小路牌，上面写着“Crystal Springs Boardwalk”。从梣木草甸国家野生动物保护区 Ash Meadow National Wildlife Refuge 的办公室步行需要 5 分钟。

梣木草甸

Ash Meadow

虽然距离峡谷有点远，但是在返回拉斯维加斯的途中可以顺路来这里游览。这个地区的地下有深 30 米以上的钟乳洞，因为里面充斥着地下水所以未能进行调查。一部分属于魔潭 Devil’s Hole，是非公开的，但是附近梣木草甸的 Crystal Springs Boardwalk 是可以游览的。这是一个生长着水草的绿宝石色的泉，泉水里还有小鱼自由自在地游动。这种鱼名曰“魔潭之鳉”Devil’s Hole Pupfish。大约在 2 万年前被隔离在这里，是这片地区的特有种类，也被认定为濒临灭绝物种。

Side Trip

约书亚树国家公园 Joshua Tree National Park

MAP 文前图① D-2

☎（760）367-5500 URL www.nps.gov/jotr

费 1 辆车 $25（可能还会上调）

位于加利福尼亚州南部两个沙漠的交界处，公园的东部与西部有着完全不同的景观。公园东部是生长着泰迪熊仙人掌、墨西哥刺木等植物的索诺兰沙漠。公园西部是莫哈维沙漠，海拔较高，所以气温较低，有成片的约书亚树，看上去非常壮观。另外，沙漠中的强风以及悬殊的昼夜温差孕育出了许多奇形怪状的岩石，形成了独特的景观。

公园西部的宿营地周围有很多奇石

园内还有 5 处被称为“绿洲”的区域。在这些区域，有地下水从断层涌出，地面上生长着椰子树，在酷热的荒漠上为人们提供了宝贵的树荫。

要去往约书亚树国家公园，可以从著名的度假胜地棕榈泉沿 I-10 向东行驶 45 分钟，从 Exit168 出来后向北行驶。此后便进入公园道路，途中可前往观景点以及步道游览，用两、三个小时的时间就能从北面驶出公园。非常适合从棕榈泉自驾至此的一日游。如果是从洛杉矶出发的话，沿 I-10 向东行驶，3 个小时可以到达。

这里夏季极为炎热，徒步游览时要多带饮用水。

公园内没有住宿设施，不过在 I-10 沿途的 Indio、棕榈泉等地很容易找到住宿设施。

在公园西部可以看到约书亚树 Tsuneo Yamamoto

游览马赛克峡谷时的注意事项　从入口处大约走 800 米以后步道风景开始变得很单调，接近终点的位置有一块巨大的岩石，爬上岩石之后会有另一番景色——一条神秘的而狭窄的峡谷。由于峡谷被巨石挡↗

户外活动

徒步远足 Hiking

以上述去往沙丘的步道为首，公园内有长短各异的多条步道可供选择。具体内容请到游客服务中心咨询。准备沿步道远足时，一定要带上足够的饮用水。另外，夏季的白天由于天气过于炎热是不可以远足的。

黄金峡谷

Golden Canyon

位于炉溪酒店 Furnace Creek Inn 十字路口以南 2 英里（约 3.2 公里）的地方，是一条非常有人气的步道。透过头顶上金黄色的峡谷，可以望见碧蓝的天空，如此鲜明的对比给人留下了深刻的印象。以前这里曾经铺装过道路，据说在 1976 年发生泥石流的时候被冲毁了。

初级 Golden Canyon
适宜季节▶ 10 月 ~ 次年 4 月
距离▶往返 3.2 公里
所需时间▶往返 1~1.5 小时
出发点▶炉溪与画家的调色盘之间
设施 简易厕所

马赛克峡谷

Mosaic Canyon

位于火炉管井的里侧。大理石等色彩各异的岩石通过大自然的挤压与打磨，形成了天然马赛克模样。步道最开始的 800 米非常狭窄。这个区域还有大角羊出没，早晚的时候遇见它们的可能性较大。

中级 Mosaic Canyon
适宜季节▶ 10 月 ~ 次年 4 月
距离▶往返 6.4 公里
所需时间▶往返约 3 小时
出发点▶在火炉管井西侧附近的一个十字路口左转，沿非铺装道路行驶 2 英里（约 3.2 公里）后停车场处

如果你准备去火炉管井一定要到这里来看看

越野驾驶 Off Road Drive

谷内有多条适合四驱车驾驶的车道，如果你对自己的驾驶技术有信心不妨挑战一下。游客服务中心有专门的地图（Dirt Road Travel & Backcountry Camping）。当然前提是一定要事先做好准备。

高尔夫 Golf

炉溪游客服务中心的里侧，居然有一座 18 洞的高尔夫球场（不是恶魔们的，而是人类用的）。国家公园内的高尔夫球场是多么珍贵啊。这座高尔夫球场建于 1931 年，是针对炉溪酒店的住客们而修建的。当然也是一座历史悠久的高尔夫球场，与约瑟米蒂高尔夫球场一起被国家公认。这里海拔 –65.2 米，也是世界上最低的球场。有时站在果岭上，还能看到走鹃（Roadrunner → p.35）从头顶飞过。池水是这里的绿洲，总是有许多鸟类在这里乘凉，注意不要让球打到鸟儿们！

高尔夫球场
费 $60。租借球车 $13.5。夏季包含球车费用 $30。

↗住，很难从正面看到，走到这里时一定不要以为没有景色就原路返回。岩石的缝隙很容易攀登，成年人可以不借助任何工具就能穿过岩石的缝隙，如果有手套的话当然更好。

园内住宿

园内中心位置有3间，西部境界线以外有1间。旺季是冬季的周末与法定假日，最好可以提前预约。

炉溪酒店 Furnace Creek Inn

建于CA-190一角处的高级度假酒店。1927年竣工。由于酒店地处高台，所以在这里观赏谷内的风景也很不错。棕榈树围成的庭园也别有一番风情。房间内有空调、电视、冰箱，酒店内有餐厅、游泳池、桑拿房、网球场等设施。全馆禁烟。共有66间客房。

度假村在这里被指定为国家公园之前就已经存在了

营 10月中旬~次年5月中旬
☎（303）297-2757 ☎（706）786-2345（当天）
Free 1800-236-7916 FAX（303）297-3175
URL www.furnacecreekresort.com
on $309~479 信用卡 A D J M V

炉溪庄园 Furnace Creek Ranch

这里汇集了餐厅与商店等设施，十分方便。房间内有空调、冰箱、电话、电视。有免费Wi-Fi。全馆禁烟。共有224间客房。

营 全年营业
on $199~330（冬季） off $149~199（夏季）
预约方法与炉溪酒店相同

火炉管井 Stovepipe Wells

位于CA-190沿线，可以望见沙丘的位置。道路的南侧是汽车旅馆与餐厅，北侧是杂货铺和加油站。客房虽然不是很大，但还算干净整洁。房间内有空调、冰箱，没有电话。有游泳池。全馆禁烟。有免费Wi-Fi。共83间客房。

建议预订可以看见沙丘的房间

营 全年营业
☎（706）786-2378
URL www.escapetodeathvalley.com
on off $117~175
信用卡 A M V

帕纳明特温泉酒店 Panamint Springs

位于CA-190沿线，从火炉管井Stovepipe Wells向西行驶31英里（约50公里），在公园边界线边缘的一所民营客栈。可以远望沙丘。客栈内有餐厅和纪念品商店。房间内没有电话。全馆禁烟。共有15间客房。

从约瑟米蒂过来的游客住在这里比较方便

营 全年营业
住 P.O. Box 395,Ridgecrest,CA 93556
☎（775）482-7680
URL www.deathvalley.com
on off $99~169 信用卡 A M V

Column

再见了，死亡谷

关于死亡谷名字的由来，在美国广泛流传着这样一个故事。19世纪时，有一群人迷路后误入这个峡谷。由于酷暑难耐，这些人一个接一个地死去，只有一名男子最终保住了性命。当这名男子走出峡谷时，他留下一句“Good Bye，Death Valley”。

地上布满了盐的结晶，如果在这片土地上迷路，确实如同进入地狱

1849年，有一群人想要去往加利福尼亚淘金，其中有数十人确实曾被困在这个峡谷。但是，他们被困发生在当地气候条件最好的12月份，完全可以将冰雪融化成水并且饮用。事实上，他们在进入峡谷以前就已经迷路，陷入了缺乏食物的状态，最终被四面的山峰阻隔，无法从这里走出。他们杀掉了拉车的牛并把牛车上的木板拆掉点燃，用这种方法制作牛肉干来充当逃生时的干粮。然后，他们扔掉了所有行李，离开了峡谷，途中被牛仔所救。所谓在这次被困中有很多人遇难的说法也完全不符合事实。实际上，丢掉性命的只有一名老人。

宿营地住宿

园内共有 7 处宿营地（还有 2 处位于比较偏远的位置）。盛夏季节这里的天气热得几乎可以杀人，圣诞节前后游客较多一定要做好心理准备。冬季时只限 Furnace Creek 可以提前 6 个月预约。

宿营地预约→ p.473
Free 1877-444-6777 URL www.recreation.gov
受理 7:00~21:00（PST）

死亡谷的宿营地

（本书调查时）

宿营地名称	开放时间	海拔	帐篷位	预约	1晚费用	水	厕所	垃圾场	淋浴房	投币式洗衣机	商店
Emigrant	全年开放	640 米	10		免费	●	●				
Furnace Creek	全年（只限冬季可预约）	-60 米	136	●	$18（夏季 $12）	●	●	●	●	●	●
Stovepipe Wells	10/15~4/15	0 米	190		$12	●	●	●	●		●
Sunset	10 月中旬～次年 4 月中旬	-60 米	270		$12	●	●	●			
Texas Spring	10/15~4/15	0 米	106		$14	●	●	●			
Mesquite Spring	全年开放.	554 米	30		$12	●	●	●			
Wildrose	全年开放	1249 米	23		免费	●	●				

在附近城镇住宿

内华达州一侧只有比蒂（Beatty）等地有几间酒店。大都是赌场的客人，所以酒店的价格惊人得便宜。如果没有找到酒店可以到拉斯维加斯住宿。加利福尼亚州一侧需要到 US-395 沿线，在孤松镇 Lone Pine（夏季是旺季）等有汽车旅馆。

比蒂

Beatty, NV 89003 距离沙丘 35 英里（约 56 公里） 5 间

旅馆名称	地址·电话	费 用	信用卡·其他
Stagecoach Casino	住 P.O. Box 836 ☎（775）553-2419 Free 1800-424-4946 URL www.bestdeathvalleyhotels.com	on off $68~78	ⒶⒹⓂⓋ 位于 NV-374 的十字路口北侧。US-95 的沿线。有赌场、餐厅。
Motel 6	住 550 Hwy. 95 ☎（775）553-9090 FAX（775）553-9085 Free 1800-466-8356 URL www.motel6.com	on off $53	ⒶⒹⓂⓋ 位于 Stagecoach Casino 的旁边。有投币式洗衣房。Wi-Fi 24 小时 $5。

阿玛戈萨谷

Amargosa Valley, NV 89020 距离炉溪约 35 英里（约 56 公里） 1 间

旅馆名称	地址·电话	费 用	信用卡·其他
Longstreet Casino	住 4400 S. Hwy. 373 ☎（775）372-1777 URL www.longstreetcasino.com	on off $65~85	ⒶⓂⓋ 位于 NV-373 的州境处。有投币式洗衣房。有免费 Wi-Fi。

肖松尼

Shoshone, CA92384 距离恶水约 55 英里（约 88.5 公里） 1 间

旅馆名称	地址·电话	费 用	信用卡·其他
Shoshone Inn	住 P.O. Box 67 ☎（760）852-4335 URL shoshonevillage.com	on off $76-91	ⒶⓂⓋ CA-127 沿线。有投币式洗衣房。有餐厅和商店。有免费 Wi-Fi。

孤松镇

Lone Pine, CA93545 距离沙丘 35 英里（约 56 公里） 5 间

旅馆名称	地址·电话	费 用	信用卡·其他
Comfort Inn	住 1920 S. Main St ☎（760）876-8700 FAX（760）876-8704 Free 1877-424-6423 URL www.comfortinn.com	on $105~185 off $64~95	ⒶⒹⒿⓂⓋ 从 CA-136 右转至 US-395，位于道路的右侧。有免费 Wi-Fi。含早餐。有投币式洗衣房。全馆禁烟。
Mt. Whitney Motel	住 305 N. Main St ☎（760）876-4207 FAX（760）876-8818 Free 1800-845-2362 URL www.mtwhitneymotel.com	on $66~69 off $49~79	ⒶⓂⓋ 位于 US-395 沿线，镇城中心部。有冰箱、微波炉。有免费 Wi-Fi。
Dow Villa Motel	住 310 S. Main St ☎（760）876-5521 FAX（760）876-5643 Free 1800-824-9317 URL www.dowvillamotel.com	on off $115~173	ⒶⓂⓋ 从 CA-136 右转至 US-395，位于道路的右侧。有冰箱。室外有按摩浴池。全馆禁烟。

海峡群岛国家公园

Channel Islands National Park

岛屿周围的水域中有大量的海藻形成的“海中森林”。这里还会举行潜水员现场直播海底景象的活动

加利福尼亚州 California

MAP 文前图① D-1

从洛杉矶可以看到岛屿附近的海面。有客轮、油轮、军舰在海面上航行。巨大的航空母舰驶过，向远处望去，水平线上浮现出的黑影，那就是“北美的科隆群岛”。

海峡群岛由 5 座岛屿组成，现在已成为国家公园，这避免了度假地开发、军事基地建设、环境污染、外来物种入侵对岛上的宝贵自然环境造成破坏。

安那卡帕岛的石拱

洋流把这些岛屿跟大陆完全隔离开，岛上的固有物种有 145 种。为了能在岛上的特殊环境中生存下来，这些物种经过了独特的进化过程。岛上的狐狸变得只有其他地方的猫那么大，而松鸦却比岛外的同类大一圈。悬崖上的石洞成为海狮和海鸟绝好的栖身之所。大量的海藻，有的可长达 40 米，这些海藻组成了水中的森林，1000 多种鱼类在其间游来游去。暖流与寒流交汇于这片海域，有蓝鲸、海豚等 27 种鲸类动物在此出没。

从洛杉矶出发，只需花几个小时的时间就能体验到在科隆群岛游览的感觉。接下来将会介绍这个美丽的公园。

加利福尼亚州
Solvang
Santa Barbara
文图拉
奥克斯纳德
Simi Valley
Hollywood
Malibu
Santa Monica
洛杉矶
Long Beach
圣米格尔岛
圣克鲁斯岛
圣罗莎岛
安那卡帕岛
海峡群岛国家公园
太 平 洋
圣巴巴拉岛
San Nicolas Island
Santa Catalina Island
km 0 40
miles 0 30

交通

这5座岛都是无人岛，但每个岛上都有船可以停靠的小码头，可以参加团体游项目游览各个岛屿。门户城市是洛杉矶以北70英里（约112.7公里）的文图拉 Ventura。城市的中心非常美丽，适合散步。从洛杉矶还有美铁 Amtrak 可以到达这里，另外洛杉矶国际机场 LAX 也有可以到达这里的直通机场巴士、文图拉县机场快捷巴士 Ventura County Airporter。从行李领取处出来后过马路中央分离带的位置是乘车地点。写着"Fly Away, Buses & Long Distance Vans"的绿色看板是车站的标志，需要提前预约。

市内有可以去往各个岛屿的团体游渡船 Island Packers 按时出发。由于渡船的发船日期是有限的，所以需要提前预约。天气恶劣时渡船还会停航。乘船地点在文图拉港。从市中心开车向南行驶10分钟左右便可到达，可以选择乘坐出租车前往。

如果是自驾车，一般会选择走高速路，比较快捷。从洛杉矶出发北上到 I-405，从 Exit 63 出口进入到 US-101 NORTH。然后在 Victoria Ave. 驶出，之后左转。左转后马上要在 Olivas Park Dr. 处右转，一直开就可以到达港口了。大约需要1小时30分钟。

如果是在高峰时段建议走沿海的 CA-1，可以避开拥堵。选择这条道路从洛杉矶（圣莫妮卡）过来需要2小时左右。

海峡群岛国家公园 漫步

岛上除了公园管理员管理处和宿营地没有任何其他设施。登岛后只可以选择在步道上徒步的岛内探险，或者海上皮艇等户外运动。最好自带水和食物，以及保暖的上衣。

季节与气候 Seasons and Climate

这里属于地中海气候，全年都十分温暖，但岛屿位处太平洋中，所以偶尔也会有风比较大的天气。平时天气多雾，特别是春季，要格外小心浓雾。天气最稳定的季节是秋季。冬季时多雨，但仍然有众多游客来这里参观驱逐舰。

花季是在早春时节。特别是2~3月时整个岛屿被波斯菊染成了黄色。

安那卡帕岛是西美鸥 Western Gull 在这个世界上最大的筑巢地

DATA

时区▶太平洋标准时间 PST
☎（805）658-5730
URL www.nps.gov/chis
开 365天24小时开放
宜行期 全年
费 免费
被列为国家公园▶1938年
面　积▶1010平方公里
接待游客▶约34万人次
园内最高点▶552米
（圣克鲁斯岛的 El Mountain Peak）
陆地哺乳类▶23种
（其中包含11种蝙蝠）
海洋哺乳类▶34种
鸟　类▶212种
两栖类▶3种
爬行类▶6种
鱼　类▶约1000种
植　物▶790种

Amtrak

每天从洛杉矶的联合车站发5趟车。所需时间2小时。单程$24。车站（无人车站）位于市中心的 Harbor Blvd. & Figueroa St. 处。

Ventura County Airporter

☎（805）650-6600
URL www.venturashuttle.com

从 LAX 出发每天往返8趟车。单程$35、往返$65。终点是文图拉港入口处的 Holiday Inn Express。

国家公园游客服务中心

开 8:30~17:00
休 11月的第四个周四、12/25

位于文图拉港的尖端部分。

Island Packers

☎（805）642-1393
URL www.islandpackers.com

文图拉港的游客服务中心。前方500米是渡轮的乘船处

Anacapa Island
运行 每周1~4趟。夏季的周末是每天2趟。所需时间单程1小时，在岛上可以停留2小时。
费 $59、55岁以上 $54、3~12岁是 $41
※ 还有从文图拉港以南15分钟车程的 Oxnard 的 Channel Islands Harbor 出发的渡船
设施 简易厕所
初级 Inspiration Point
距离▶1周2.4公里
所需时间▶1周1小时
海拔差▶几乎没有

Santa Cruz Island
运行 Prisoners Harbor、Scorpion 每周各发4~6趟。周末每天2趟。单程1小时，停留时间约3小时。
费 $59、55岁以上 $54、3~12岁是 $41
设施 简易厕所 · 饮用水
初级 Cavern Point Loop
距离▶1周3.2公里
所需时间▶1周1~2小时
出发地▶Scorpion

Santa Rosa Island
运行 只在4~11月通航，每个月2~10趟。单程3小时，停留时间4小时。
费 $82、55岁以上 $74、3~12岁是 $65
设施 简易厕所 · 饮用水

San Miguel Island
运行 只在5~10月通航，每个月1~4趟。单程3.5小时，停留时间3天或者7天。不能当天往返。宿营地需要提前预约。
费 $105、55岁以上 $95、3~12岁是 $84
设施 简易厕所

Santa Barbara Island
运行 只在7~10月通航，每个月2趟。单程3小时，停留时间4小时。
费 $82、55岁以上 $74、3~12岁是 $65
设施 简易厕所 · 饮用水
初级 Arch Point
距离▶往返3.2公里
所需时间▶往返1小时
初级 Elephant Seal Cove
距离▶往返8公里
所需时间▶往返2~3小时
设施 简易厕所

上岛前须知

为了保护岛上珍贵的动植物，关于上岛会有很多严格的规定，请在船内认真听取注意事项。不可以将带泥土的物品、木质品、纸箱等带上岛。吃水果的时候注意不要将籽掉在地上。垃圾要自行带回。

安那卡帕岛
Anacapa Island

灵感角 Inspiration point 特别适合徒步

岛屿的名字在丘马什人的语言中是海市蜃楼的意思，也是文图拉海域20公里附近小岛群的总称，可以登岛的只有 East Anacapa。下船后登上154级台阶便是这座海岛的岛上乐园了。初夏时，这里几乎被哺育幼鸟的西美鸥鸟群 Western Gull 所占据。背黑海雀 Xantus's murrelet、灰叉尾海燕 Ashy storm-petrel 等固有种类也开始进入繁殖期。可以在岛上的步道走上一圈，被悬崖围起来的小岛既美丽又庄严。

圣克鲁斯岛
Santa Cruz Island

加利福尼亚州最大的岛屿，东西32公里，南北3公里，岛内共发现了70种固有种类。北岸有一个号称世界上最大的海洞——Painted Cove，宽30米 × 高49米 × 深370米。

岛上有3000个1万年前古代原住民留下的贝丘遗址，包含这些遗址在内，岛上90%都属于自然保护团体所有。国家公园管理局只拥有整座岛的东侧一部分。乘船地点共有2处，分别是 Prisoners Harbor 和 Scorpion。

圣罗莎岛
Santa Rosa Island

延绵的草原和河流分割着峡谷，还有湿地等景色，地貌景观十分丰富。1994年还在这座岛屿上发现了完整的侏儒猛犸象的遗骨，岛屿也因此而出名。

圣米格尔岛
San Miguel Island

公园中距离陆地最远的小岛，经常狂风怒吼。岛的西侧是延绵的白沙滩。这里还是世界上唯一一处6种海狮和海豹的繁殖地。冬季的时候大约有3万头左右的海狮、海豹登岛，场面十分壮观。不过到达这里单程需要步行13公里。途中还会经过石灰质土壤被植物的根部固定后形成的白色塔状的森林——Caliche Forest（需要管理员陪同）。

圣巴巴拉岛
Santa Barbara Island

在其他4岛的南侧，是一座小小的火山岛。下船的地方周围都是海狮，沿着步道一直走还可以看见象海豹。这里也因是褐鹈鹕的筑巢地而闻名。

圣巴巴拉岛上的加州海豹。雌性身长可达2米以上

Notes **圣米格尔岛处于封闭中** 圣米格尔岛在第二次世界大战中曾经作为军队的射击场被征用过，现在面临有哑弹的危险，所以需要封锁一段时期。

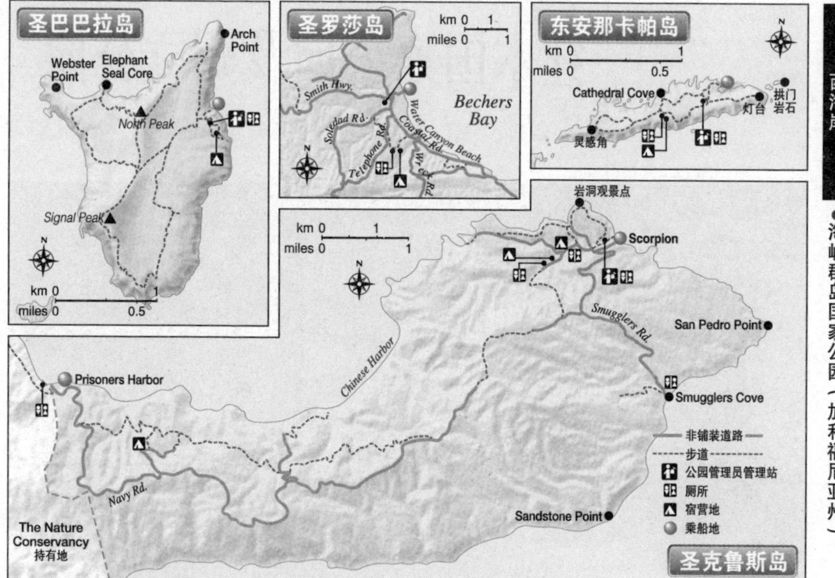

海峡群岛国家公园 户外活动

赏鲸 Whale Watching

海峡群岛周边海域中的深层海水经常涌上海面，所以海面上有大量的浮游生物，也使这里成了27种鲸鱼、海豚最喜爱的捕食区域。冬季赏灰鲸 Gray Whale、夏季赏蓝鲸 Bule Whale 和座头鲸 Humpback Whale。还可以观察北海狮、海燕、翻车鱼、立翅旗鱼等。

须鲸中最大的是被称为 Big Blue 的蓝鲲鲸

水上运动 Watersports

可以在巨藻的“森林”中潜水，体验海中散步的乐趣；还可以乘坐海上皮艇到海洞附近探险。浮潜也十分有乐趣。最佳季节是8~9月，这个季节海水的温度上升，透明度可达12~30米。

Whale Watching
运行 冬季每周4~7趟（所需时间3小时），夏季是每周2~4趟（8小时）
费 冬季 $37、55岁以上 $33、3~12岁是 $27；夏季是 $79、55岁以上 $72、3~12岁是 $59
※不上岛。另外还有从 Oxnard 的 Channel Islands Harbor 出发的渡船。

CalBoat Diving
Free 1866-225-3483
URL calboatdiving.com
费 下潜4次 $130

Channel Islands Kayak Center
☎（805）984-5995
URL www.cikayak.com
费 $199.95

准备宿营的游客需要注意

海峡群岛的老鼠带有汉坦病毒（→p.482），请妥善保管自己的食物。

Ventura Visitor Center
Free 1800-483-6214
URL www.ventura-usa.com

海峡群岛国家公园 住宿设施

岛上设有宿营地，需要提前预约（→p.473）。$15。首先预约好渡船，然后再预约宿营地。为了防止回程的船由于天气原因等停航，最好准备足够的水和食物。

文图拉港周边以及市中心有大约40间酒店。

红木国家公园及州立公园

Redwood National and State Parks

在树冠遮挡下生长的植物也非常好看

加利福尼亚州 California
MAP 文前图① B-1

从太平洋上飘来的湿润空气让北加利福尼亚的森林地带形成了特殊的气候。夏季，几乎每天都有雾。到了冬季则会经常下雨。在这种环境里，海岸红杉非常渴望获得阳光，于是便努力向上生长，最终成为了世界上最高的树木。树高在 100 米左右，相当于 30~35 层大楼，因此海岸红杉的树冠被称为华盖。在华盖的笼罩下，有数千种生物在此繁衍生息。

世界上最高的树冠被什么样的风吹拂着呢？2000 多年的岁月中，这些世界上最高的树冠又看到了什么呢？可能是沿长达 60 公里的海岸线由南向北游弋的鲸鱼，也可能是倒于砍伐者手中的斧子并被马拖走的树木伙伴。

几乎没有能够见到蓝天的日子

交通

公园位于加利福尼亚州的西北端，无论从哪里过来都有些远。门户城市是克雷森特城 Crescent City。这是一座靠近俄勒冈州州境的港口城市。公园内的主要景点都分布在 US-101 沿线的南北两侧，如果没有车几乎是无法游览的。可以从旧金山（圣弗朗西斯科）驾车过来，或者在克雷森特城租车。

飞机 Airlines

德尔诺特县克雷森特城机场 Del Norte County – Crescent City Airport（CEC）

原来唯一的定期航线——美联航的航线已经中止。后续航线待定。请使用阿克塔机场。

阿克塔机场 Arcata-Eureka Airport（ACV）

虽然阿克塔 Arcata 和尤里卡 Eureka 的名字都包含在内，但是机场位于阿克塔以北的麦金雷维尔镇 McKinleyville，距离奥里克小镇更近一些，只有 30 分钟车程。在 US-101 的 Exit 722 出口出很快就到。美联航每天有 6 班飞机从旧金山（圣弗朗西斯科）飞往这里（所需时间 1 小时 30 分钟）。

租车自驾 Rent-A-Car

从旧金山（圣弗朗西斯科）到这里的线路十分简单。从国际机场出来后，直接就可以上到 US-101，之后经过金门大桥，行驶 350 英里（约 563 公里），只需要沿着 US-101 NORTH 的标识行驶就可以了。所需时间 7 ~ 8 小时。

从火山口湖国家公园过来的话，首先需要右转进入 OR-62，经由 OR-234 后上 I-5 沿着 NORTH 一直开，看到 Exit 55 后驶出，然后一直沿 US-199 南下便可到达。全程 140 英里（约 225 公里），大约需要 4 小时。

DATA

时区▶太平洋标准时间 PST
☎（707）463-7335
URL www.nps.gov/redw
开 365 天 24 小时开放
宜行期 全年
费 免费
被列为国家公园▶ 1968 年
被列世界遗产▶ 1980 年
面　积▶ 562 平方公里
接待游客▶约 43 万人次
园内最高点▶ 944 米（Schoolhouse Peak）
哺乳类▶ 92 种
鸟　类▶ 312 种
两栖类▶ 17 种
鱼　类▶ 47 种
爬行类▶ 16 种
植　物▶ 1016 种

CEC ☎（707）464-7288
Hertz ☎（707）464-5750

ACV ☎（707）839-5401
Alamo ☎（707）839-3229
Avis ☎（707）839-1576
Hertz ☎（707）839-2172

Side Trip

穆尔伍兹国家保护区　Muir Woods National Monument

MAP 文前图① C-1　URL www.nps.gov/muwo
开 8:00 至日落，冬季至 17:00　费 1 人 $10

世界上最高的树木——海岸红杉（红杉的一种）的树林沿海岸线生长。那里距离旧金山很近，建议前往游览。虽然规模要比红木国家公园小得多，但是完全可以让游客领略到红杉树林的风采。

旧金山有很多前往那里的半日游巴士。如果选择自驾的话，可以沿 Van Ness Ave. 北上，看到 US-101 的标识后进入该道路向金门大桥行驶。过了金门大桥后继续沿 US-101 北上，从 Stinson Beach Exit 出来，然后按照标识指示行驶即可。会连续遇到路面较窄的弯道。从旧金山市内出发的话，需要 30~40 分钟。沿园内的步道行走一圈要 90 分钟。途中可以改走较短的线路。

如果时间充裕，返回时可以沿来时道路继续向深处前行，去 Muir Beach Overlook 看一看，那里是一个可以眺望大海的观景台。

夏季游客较多，选择在淡季造访的话，可以在安静的环境中享受旅程

红木国家公园及州立公园 漫步

小心驾驶

红木公园的道路除了US-101以外，大都是比较崎岖的山路。房车等大型车不能通行的道路也比较多，请提前在官网上确认好线路。

公园界内分别包含国家公园和3座州立公园，公园之间是共同管理和经营的，对于一般游客来说根本没有任何区别，和普通的公园没有什么两样。

大部分的景点，都集中在克雷森特城以南60公里的海岸线附近，中间有克拉马斯小镇Klamath，南端有奥里克小镇Orick。从克雷森特城到奥里克是一条直路，不用拐弯，大约需要1小时。

全家人一起来旅游的话，试着抱抱大树！

获取信息 Information

Crescent City Information Center

沿 US-101 的标识进入城区后位于城市中心。

Hiouchi Information Center

位于 US-199 沿线。从火山口湖国家公园方向过来的游客在这里获取信息比较方便，然后再折返 2 英里（约 3.2 公里）从黑啤森林开始游览。

Kuchel Visitor Center

从奥里克向南行驶1英里（约1.6公里），位于海岸沿线。展示内容丰富。

季节与气候 Seasons and Climate

即便是盛夏这里的气温也只有 15℃。冬季气温下降到零下的日子不常见。全年可以看到蓝天的日子不多，请做好享受雨天旅行乐趣的准备。其实，雨雾中森林更加朦胧而神秘。值得推荐的季节是杜鹃花 Pacific Rhododendron 盛开的 6 月中旬。

红木国家公园及州立公园 主要景点

黑啤森林
Stout Grove

由于这里距离克雷森特城较近，所以是公园中比较有人气的红杉森林。史密斯河的溪流沿岸，巨大的海岸红杉古树群汇集于此，沿着步道走一走，身临其境地感受一下这些古树之巨大吧！夏季的时候还可以从对岸的 Jedediah Smith 宿营地过桥走走看看。

行车线路是，从 Hiouchi Information Center 沿 US-199 向东行驶 2 英里（大约 3 分钟车程），然后右转至 S. Fork Rd.。大约行驶 1 分钟过了第二座桥以后马上按照标识右转，进入到 10 英里（约 16 公里）长（单程约 50 分钟）的 Howland Hill Rd.。这段路有部分路段没有铺装，但是一般车辆也可以行驶。沿着茂密的海岸红杉林行驶一段时间便可到达黑啤森林。如果准备从西侧进入，需要从克雷森特城市中心向南行驶 1 英里（约 1.6 公里），然后向东进入到 Elk Valley Rd，大约行驶 1 英里（约 1.6 公里）后右转至 Howland Hill Rd.。

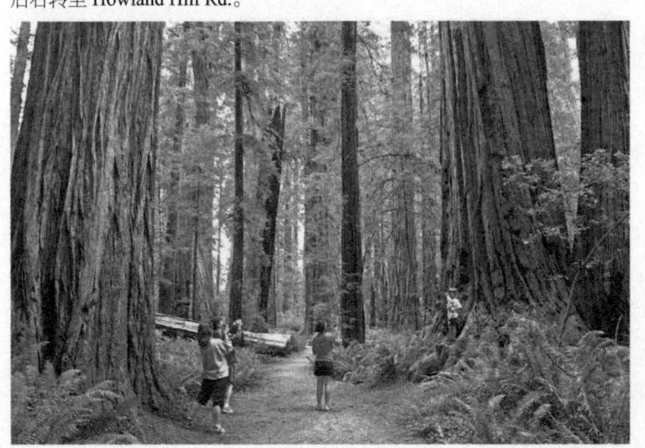

1 小时足可以走完一圈

Crescent City IC
住 1111 2nd St.
☎（707）465-7335
开 9:00~17:00、冬季至 16:00
休 11月的第四个周四、12/25、1/1

Hiouchi IC
☎（707）458-3294
开 9:00~17:00
休 9 月中旬 ~ 次年 6 月中旬

Kuchel VC
☎（707）465-7765
开 9:00~17:00、冬季至 16:00
休 11月的第四个周四、12/25、1/1

其他设施

克拉马斯和奥里克有超市、餐厅、加油站

初级 Stout Grove
适宜季节▶全年
距离▶ 1 周 800 米
所需时间▶ 30 分钟 ~1 小时
出发地▶ 停车场

Howland Hill Rd. 很窄但不是单行线。在视线不好的转弯处一定要小心对面来车

伐木巨人保罗·班扬的同伴是蓝色的公牛贝布

门票包含了乘坐缆车的费用

Trees of Mystery
Free 1800-638-3389
URL www.treeofmystery.net
开 6~8月 8:00~19:00
9月~次年5月 9:00~17:00
休 11月的第四个周四、12/25、12/24（半天）
费 $15、60岁以上是$11、7~12岁是$8

神秘树
Trees of Mystery

位于US-101沿线、公园界外的民营主题公园。矗立在公园门迎接游客们到来的是，在美国家喻户晓的伐木巨人保罗·班扬。公园内最有特点的是凌驾在海岸红杉树之上的缆车，全长480米。从距离地面41米处可以看到被称作“华盖”的树梢。天气好的时候还可以望见太平洋。回程可以选择走一下森林中的步道。除了海岸红杉以外，还有很多珍贵的树种。步道的尽头有一间大型的纪念品商店。有使用海岸红杉制作的家具和摆件，还有原住民博物馆等。旁边还有汽车旅馆（→p.269）。

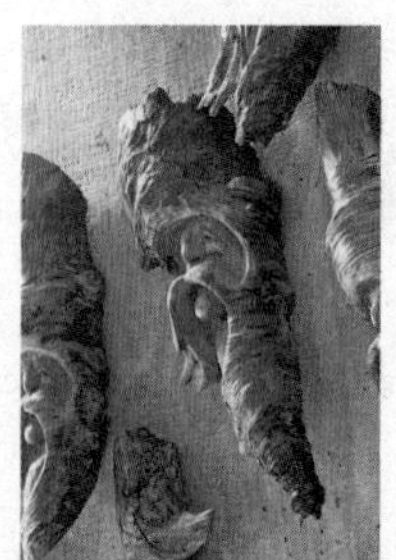

可以购买到使用海岸红杉木材制成的各种纪念品

Wildlife
灰鲸
体长可达14米的巨型鲸鱼。在阿拉斯加与墨西哥之间往返，16000公里的距离单程历时3周。

克拉马斯河观景台
Klamath River Overlook

在US-101即将跨越克拉马斯河处右转进入Raqua Rd.。行驶15分钟后便可到达能远眺河口以及大海的观景台，那里也是著名的观赏灰鲸的地点。3~4月以及11~12月是最佳观景季节。

禁止通行信息
海岸自驾线路南半部分由于山体崩塌目前处于车辆禁止通行状态。海布拉夫观景台的北侧可以通行。

海岸自驾线路
Coastal Drive

可以一直开到能够俯瞰大海的断崖上，单程需要1小时车程。虽然风景可以称得上是绝美，但是道路十分狭窄，大部分都是非铺装道路。一般车辆虽然也可以进入，但是路况堪忧，还是慎重为好。一不小心可能就会掉进太平洋里。在终点的Newton B. Drury Scenic Pkwy向右行驶，大约20分钟，就会与US-101会合。

两条道路交会之前千万不要错过93米高的巨杉Big Tree和麋鹿草原Elk Prairie。曾经数量削减到只剩15头的罗斯福麋鹿，现如今已经成群结队了。

海岸红杉的森林一直延伸到逼近海岸线的位置

注意麋鹿
从麋鹿草原到奥里克这一段路程，经常会有麋鹿突然窜出。特别是在早晚或者是起雾时能见度较差，一定要小心驾驶。

金崖海滩
Gold Bluffs Beach

可以见到罗斯福麋鹿的另一个景点是麋鹿草甸 Elk Meadow。从这里沿非铺装道路行驶 30 分钟可以到达 1850 年发现黄金的海滩。路的尽头是蕨类峡谷 Fern Canyon，9 米高的崖壁上长满了凤尾草，十分壮观。

栖息在红木国家公园到奥林匹克半岛区域内的罗斯福麋鹿。在麋鹿种群中是体形最大的，雄鹿的体重可达 500 千克

长满凤尾草的崖壁绝对称得上是蕨类峡谷

Wildlife

红杉树的小知识　3

相关内容→ p.215、240

海岸红杉是红杉树的一种，其特点是木纹美观、易于加工、耐腐蚀、防蛀。因此，作为一种优良的木材，从 1850 年前后开始，海岸红杉遭到了大规模的采伐。随着淘金热的出现，大批移民来到西海岸，这使得住宅建筑用木材的需求快速增长。

然而，失去树木保护的大山开始出现水土流失的问题，泥沙流入大海，对海洋的生态系统也造成很大的影响。但是，进入 20 世纪以后，人们才刚刚开始意识到保护环境的重要性。生长了 1000 年以上的树木，在短短的 60 年间就几乎被砍光。现在，地球上尚存的海岸红杉林面积只有淘金热之前的 4%。

但即便如此，海岸红杉的木材仍然很受人们的青睐。这种木材被广泛用于建筑外墙、家具、船泊等领域，是当地居民的一项重要收入来源。目前，国家公园、州立公园中的海岸红杉原生林面积加起来只占其总面积的 45%，这使得仍有很多海岸红杉在继续遭到砍伐。也就是说，好不容易才存活至今的这些宝贵树木，竟然有一半以上未能得到保护。

1964 年，在高树丛林 Tall Tree Grove 发现了一棵高 112.1 米的海岸红杉，是当时已知的世界第一高树木。这片树林虽然得到保护，但是在受保护区域之外采伐仍在继续。受到采伐的影响，这里的气候变得干燥，温度上升，上游区域的泥沙也被冲到这里，因此这棵世界最高的树开始衰弱并在暴风雨中被吹倒。国家公园管理局将因采伐而裸露的土地买下，然后在上面开始植树，试图通过这种办法来恢复当地的生态。但是，要完全恢复到从前的样子，据说需要 1000 年的时间。

现在世界上最高的树木是一棵高 115.7 米的海岸红杉。这棵树位于红木国家公园内的密林深处，但是为了避免游客对树木造成影响，公园方面没有公布具体的位置。

初夏季节在红杉树下开放的杜鹃花

海岸红杉的树皮非常耐火

一边欣赏美丽的杜鹃花一边走进伯德·约翰逊夫人林

初级 Lady Bird Johnson Grove
适宜季节▶全年
距离▶1周1.5公里
所需时间▶约1小时
出发地▶约1小时
设施 简易厕所

小心头上
大风时树枝有掉落的危险，请小心头顶上。

不要离开步道
擅自离开步道进入丛林深处，或者伸手触摸植物的行为是十分危险的。有些植物会像漆树一样使人过敏，还有些带有传播莱姆病（→p.482）的蜱虫。徒步远足结束后一定要检查服装和头发上是否沾染了这种蜱虫。

伯德·约翰逊夫人林

Lady Bird Johnson Grove

如果你的行程比较紧张，只能游览一个地方，那么这里是最值得推荐的。从US-101向东进入Bald Hills Rd. 行驶3英里（约4.8公里）便可到达。1968年，被人们亲切地称为伯德夫人的第36代约翰逊总统夫人，出席了这里的国家公园开幕典礼。海岸红杉毋庸置疑是公园最大的看点，云杉Spruce、铁杉Hemlock、道格拉斯冷杉Douglas-fir等比较矮的树木也很值得一看。脚下还有凤尾草等蕨类植物覆盖着地面，运气好的话说不定还能见到斑点猫头鹰Spotted Owl等珍稀动物。

脚下还有蕨类植物、菌类植物、苔藓等

©NPS

濒临灭绝的斑点猫头鹰

中级 Tall Trees Grove
适宜季节▶全年
距离▶往返5.6公里
所需时间▶往返3~4小时
海拔差▶244米
出发地▶停车场

通行许可证
在游客服务中心，每天9:00开始，按照到达的先后顺序免费发放50个通行证。

高树丛林

Tall Trees Grove

位于一个不会直接被海风吹到的峡谷内，这里汇集了大量高大的树木。现在最高的是109.7米。沿Bald Hills Rd. 行驶一段时间后，转入非铺装道路上，道路的尽头是停车场，这里有可以到达丛林的步道，需要徒步1小时。大多数时候都是在雨中行走的，有点不太好走。为了保护森林，公园通过发放通行许可证来控制车流量。如果你只准备用1天时间游览红木国家公园，不太推荐来这里。

Notes 去往高树丛林的注意事项　通行许可证是根据车牌来发放的，请一定事先记住自己的车牌号。除了夏季的周末，几乎每天早上到的游客都可以拿到许可证。

红木国家公园及州立公园 住宿设施

在附近城镇住宿

现在公园内没有住宿设施。US-101 沿线有几间汽车旅馆。如果你到达的时间比较早，不需要提前预约。除了以下记载的内容，奥里克小镇还有 2 间汽车旅馆。另外，克雷森特城约有 20 间旅馆。

宿营地住宿

州立公园的境内有 4 个宿营地。其中有 3 个都位于海岸红杉林中，只有夏季期间可以预约。Gold Bluffs 宿营地位于海岸边，从麋鹿草甸出发沿 Davison Rd. 行驶 4 英里（约 6.4 公里）可达，这里是不可以预约的。麋鹿草原 Elk Prairie 和黑啤森林附近的宿营地 Jedediah Smith 是通年开放的。

预约宿营地
Free 1800-444-7275
URL www.reserveamerica.com
费 $35
※ 与其他公园的预约地址不同。红木公园内的黑熊较多，食物等有味道的物品一定要收纳在食物柜或者汽车的后备箱内。

US-101 沿线

旅馆名称	地址 · 电话	费用	信用卡 · 其他
Requa Inn B&B	住 451 Requa Rd., Klamath, CA95548 ☎（707）482-1425 Free 1866-800-8777 URL www.requainn.com	on $139~199 off $99~169	DJMV 位于克拉马斯河观景台附近。含美式早餐。有免费 Wi-Fi。全馆禁烟。
Rhodes End B&B	住 115 Trobiz Rd., Klamath, CA95548 ☎（707）482-1654 Free 1888-328-6757 URL www.rhodes-end.com	on off $105~135	MV 从克拉马斯出发向东进入 CA-169。含美式早餐。全馆禁烟。共 3 间客房。
Motel Trees	住 15495 Hwy. 101, Klamath, CA95548 ☎（707）482-3152 Free 1800-848-2982 URL www.treesofmystery.net	on $68~95 off $58~75	AMV 位于神秘树的正对面。有餐厅，有免费 Wi-Fi。
Ravenwood Motel	住 151 Klamath Rd., Klamath, CA95548 ☎（707）482-5911 FAX（707）482-1330 Free 1866-520-9875 URL ravenwoodmotel.com	on $75~125 off $65~115	AMV 位于克拉玛斯的中心部。含早餐。全馆禁烟。有投币式洗衣房。有免费 Wi-Fi。

Side Trip

拉森火山国家公园 Lassen Volcanic National Park

这是位于喀斯喀特山脉的活火山。1914 年火山爆发，第二年为了开展火山研究，这里被列为国家公园。山脚下汇集了熔岩、间歇泉、温泉、湿地、湖水等许多景点。可以说这个公园就像是一块很小但却发出耀眼光芒的宝石。从红木国家公园出发，沿 US-101 南下，再沿 CA-299、CA-44 行驶约 5 个小时。右转进入 CA-89 后马上就能进入公园，如果一直沿这条道路行驶，绕火山半周后就会向南驶出公园。从海拔 2594 米的道路最高处停车场开始有步道通往海拔 3187 米的山顶，徒步往返需要 4 个小时。最佳游览季节是 6~9 月份。积雪季节公园会关闭。

MAP 文前图① B-1 URL www.nps.gov/lavo
☎（530）595-4480 费 1 辆汽车 $25、摩托车 $20、其他方法入园每人 $12

这里积雪较多，能够登山的日子有限

公园里的高山植物种类非常多

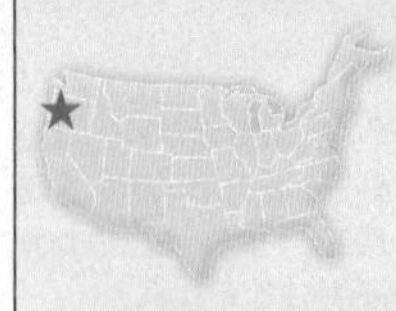

火山口湖国家公园

Crater Lake National Park

湖面的颜色每天都不同。观赏独特的“蓝色”是到这里旅游的一大乐趣

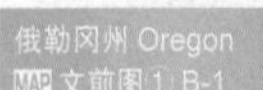

这座公园正好位于旧金山（圣弗朗西斯科）与波特兰之间，在俄勒冈柔和的日光下，能够看见平缓的草原后面有形状如碗倒扣的绿色山峰。山顶一直保持着原生状态，蓝色的湖水美丽得无法形容，谁也想象不到这竟然是世界第八深的湖泊。

总而言之，这里的风光具有独特的色彩以及质感，是一处绝佳的观光地。当看到云朵的影子在湖面上行走时，人们会感到心情无比放松。湖水平如镜面，并且还能不时变换色彩，展现出不同的蓝色。

不过，无论听多少介绍，无论看多少照片，都无法真正了解火山口湖的美丽。所以，还是要亲自去那里体验一下才行。

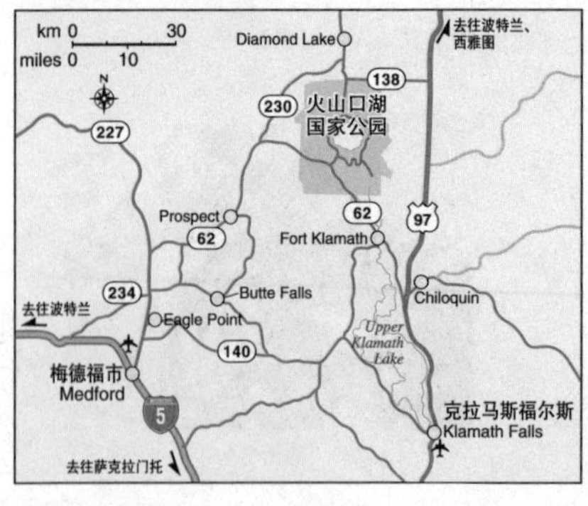

乘船游览非常值得推荐

交通

没有通往公园的公共交通设施，只能租车自驾前往。从俄勒冈州南端的城市梅德福市 Medford 前往公园比较方便。

飞机 Airlines

梅德福红河谷国际机场
Medford Rogue Valley International Airport（MFR）

美联航每天有 4 班从旧金山（圣弗朗西斯科）出发的航班飞往这里（约需 1 小时 30 分钟）。另外，阿拉斯加航空每天也有 4 班从波特兰飞往这里（需要 1 小时），每天还有 2 班从西雅图过来的航班（需要 1 小时 20 分钟）、从洛杉矶每天有 1 班航班飞达这里（需要 2 小时 10 分钟）。

机场内有多家租车公司，租车的数量比较少，需要提前预约。

长途巴士 Bus

纵贯西海岸的灰狗巴士在梅德福市设有停车站点。每天从波特兰发 4 班车（所需时间 6~7 小时）。从旧金山（圣弗朗西斯科）出发需要到萨克拉门托换乘，也有 4 班车次（所需时间 10~14 小时）。

巴士站位于市中心，附近有数家汽车旅馆，十分方便。不过，去火山口湖国家公园需要租车前往。

另外，克拉马斯福尔斯 Klamath Falls 也有巴士站，从距离上来说这里离公园较近一些，但是所有车次都需要到梅德福市换乘，非常不方便。

DATA

时区▶太平洋标准时间 PST
☎（541）594-3000
URL www.nps.gov/crla
开 夏季 24 小时开放。积雪期部分地区封闭
宜行期 7~9 月
费 每辆车 $25、摩托车 $20、其他入园方式每人 $12
被列为国家公园▶ 1902 年
面　积▶ 742 平方公里
接待游客▶约 54 万人次
园内最高点▶ 2721 米（Mt. Scott）
哺乳类▶ 74 种
鸟　类▶ 158 种
两栖类▶ 13 种
爬行类▶ 13 种
鱼　类▶ 5 种
植　物▶约 680 种

MFR	☎（541）772-8068
Alamo	☎（541）772-7715
Budget	☎（541）773-7023
Hertz	☎（541）773-4293

梅德福市的灰狗巴士站
住 220 S. Front St.
☎（541）779-2103
开 周一～周五　12:30~21:00
　周六 · 周日　13:15~16:15

©Tsuneo Yamamoto
从守望者观景台可以很清楚地看到巫师岛的火山锥口

俄勒冈州的路况信息
☎（503）588-2941
Free 511
Free 1800-977-6368
URL www.tripcheck.com

其他线路

虽然这条线路用时比较长，但是从波特兰出发走US-101，然后沿俄勒冈海岸一直行驶，绕道去红木国家公园（→p.262），沿途的风景更加美丽。

最近的AAA
道路救援
Free 1800-222-4357
Medford
住 1777 E. Barnett Rd.
☎（541）779-7170
开 周一～周五 8:30~17:30

其他设施

建于湖畔的客栈内有自助餐厅，附近还有咖啡厅。另外，南侧马札马村也有餐厅、杂货铺、投币式洗衣房、淋浴房和加油站（只在5月中旬~10月中旬营业）。

这些设施都只在夏季（大约6~10月中旬）营业。冬季除了Steel Visitor Center和咖啡厅，其他设施都会关闭。

租车自驾 Rent-A-Car

从梅德福沿OR-62北上77英里（约124公里），大约1小时40分钟可以到达公园南门。从克拉马斯福尔斯出发首先上到US-97，然后转至OR-62行驶57英里（约92公里），大约用时1小时15分钟可抵达公园南门。

如果是从波特兰南下的话，需要在I-5的Exit 124出口转至OR-128，行驶100英里（约161公里）后可以从北门进入到火山口湖国家公园。大约用时5小时。这条线路在积雪期（11月~次年5月）是禁止通行的。

从旧金山（圣弗朗西斯科）过来需要走I-80、I-505、I-5，行驶290英里（约466.7公里）可到达梅德福。中途，如果在Weed转至US-97可以到达克拉马斯福尔斯，全程280英里（约450.6公里）。上述两条线路大约都需要6~7小时。

火山口湖国家公园 漫 步

沿着湖外围的山铺设了一圈长33英里（约53公里）环湖公路Rim Drive。沿着这条公路行驶可以从各个不同角度欣赏湖中风景。南岸的火山口村Rim Village是公园的中心部。沿着南斜面的下坡行驶7英里（约11公里）还可以到达马札马村Mazama Village，这里也有客栈和商店。

住宿在客栈的话一定不要错过看夕阳的时间

公园的主要看点是欣赏湖光山色。在你游览火山口湖时，湖水呈怎样的“蓝”呢？是钴蓝、绛紫、靛蓝、碧绿，还是绿宝石蓝？根据阳光、云层以及季节的变化，湖水的颜色也会呈现出各种不同的状态，这是一种无以言表的美丽。

湖的周边有许多高山植物，秋季时岸边的白杨树林会变成金黄色。这里也经常可以见到野生鸟类。不妨将徒步远足和开车兜风合理结合，让自己疲惫的身心在大自然中得到充分的氧分补给。

虽然没有辽阔的花田，但是脚下的小野花们都在竞相开放

获取信息 Information

Steel VC
开 4~11月 9:00~17:00
12月~次年3月 10:00~16:00
休 12/25
※中心内设有邮局（周一~周六 9:00~12:00；13:00~15:00）。可以买到饮用水和零食。

Steel Visitor Center

距离火山口村以南3英里（约4.8公里，从西口或者南口进入会经过这里），全年开放。里面有各种各样的展览，还有18分钟长的影片上映。夏季时还会有公园管理员带领游览的项目。

Steel Visitor Center

Rim Village VC
开 9:30~17:00
休 10月~次年5月

Rim Village Visitor Center

在火山口村内，只有6~9月期间开放。只有简单的介绍和展示。

Notes 互联网与移动电话 Crater Lake Lodge和马札马村的餐厅有Wi-Fi，1小时$4,24小时$10。住宿客人可免费使用。手机在这里基本上没有信号。

季节与气候 Seasons and Climate

公园全年开放，但是冬季积雪会高达 2~4 米（最高纪录为 6.4 米），因此每年 10 月下旬 ~ 次年 6 月中旬（具体时间根据积雪情况而定）公园北口以及环湖公路会被关闭。在此期间，只能从火山口村（游客服务中心）眺望湖面。湖水的平均温度为 3℃，自 1949 年以后从未结过冰。如果打算在 10 月 ~ 次年 6 月期间前往，要做好应对降雪的准备。

7 ~ 9 月上旬期间，天气比较温和且稳定，会让人感到比较舒适。即便在夏季，夜晚也很冷，需要准备相应的衣服。另外，6 ~ 7 月期间，早上和夜晚会有很多蚊子。

7、8 月仍有许多残雪。沿步道徒步游览时要穿着不易打滑的鞋

不到秋季也有红叶！？

在火山口湖周边，郁郁葱葱的树林中间混杂着变成红褐色的树木。这种情况很大程度上是由蛀虫造成的（→ p.321），而且火山口湖地区还流行着由欧洲传播至此的菌类所引发的“疱锈病”。这里的松树有 1/4 已经枯死，还有 1/4 濒临死亡。火山口湖地区的松树能抗暴雪和强风，可以起到防止山体滑坡的作用。如果树木枯死的情况不能得到遏制，那么这里的生态系统恐怕会遭到严重破坏。

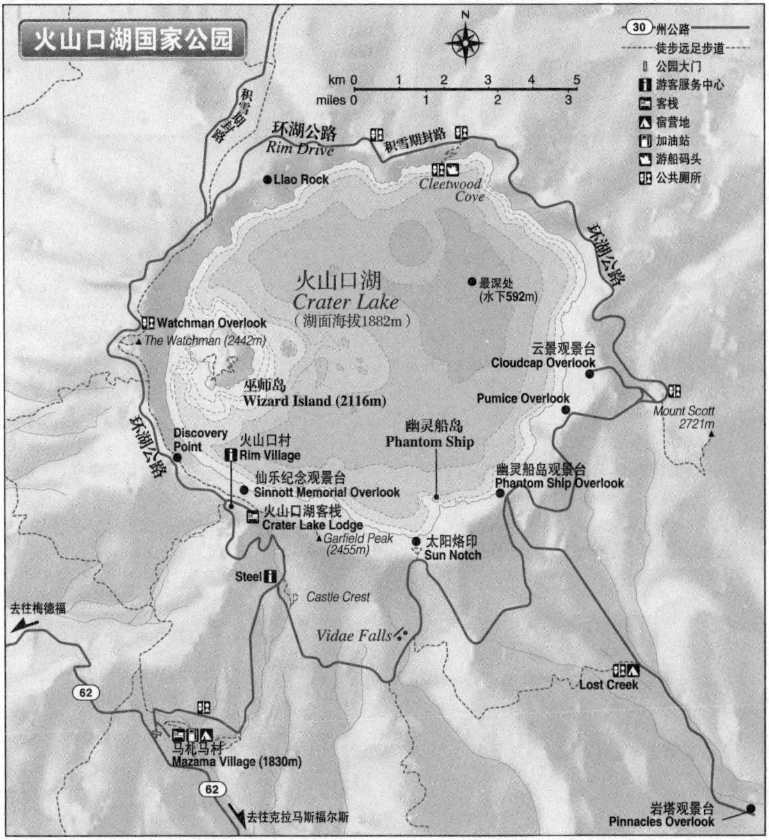

火山口湖国家公园的气候数据

月	1	2	3	4	5	6	7	8	9	10	11	12
最高气温（℃）	1	2	3	6	10	15	21	21	17	11	4	1
最低气温（℃）	-8	-8	-7	-5	-2	1	5	5	3	-1	-5	-7
降水量（mm）	267	213	213	114	86	58	20	23	53	132	163	239
积雪量（m）	2.0	2.6	3.0	2.8	2.0	0.6	0	0	0	0.1	0.4	1.2

火山口湖国家公园

30 州公路
徒步远足步道
公园大门
游客服务中心
客栈
宿营地
加油站
游船码头
公共厕所
km 0 1 2 3 4 5
miles 0 1 2 3
积雪期封路
环湖公路 Rim Drive
积雪期封路
Llao Rock
Cleetwood Cove
环湖公路
火山口湖 Crater Lake（湖面海拔1882m）
最深处（水下592m）
Watchman Overlook
The Watchman (2442m)
云景观景台 Cloudcap Overlook
巫师岛 Wizard Island (2116m)
Pumice Overlook
Mount Scott 2721m
环湖公路
Discovery Point
火山口村 Rim Village
幽灵船岛 Phantom Ship
仙乐纪念观景台 Sinnott Memorial Overlook
幽灵船岛观景台 Phantom Ship Overlook
火山口湖客栈 Crater Lake Lodge
Garfield Peak (2455m)
太阳烙印 Sun Notch
Steel
Castle Crest
去往梅德福
Vidae Falls
62
Lost Creek
马札马村 Mazama Village (1830m)
62
去往克拉马斯福尔斯
岩塔观景台 Pinnacles Overlook

仙乐纪念观景台上还一并设有一个小型的博物馆

黄昏时分守望者的影子逐渐伸向湖面

火山口湖国家公园 主要景点

仙乐纪念观景台
Sinnott Memorial Overlook

观景台位于火山口村。到达公园后首先从这里俯瞰300米下的巨大“墨水瓶”。仿佛将手放进去就会被湖水染成蓝色。右手边还可以看见幽灵船岛。

巫师岛
Wizard Island

中级 Wizard Island Summit
适宜季节▶7~9月
距离▶往返3.2公里
所需时间▶往返1.5~2小时
海拔差▶234米
出发地▶游船码头

沿着环湖公路向西行驶。大约行驶8英里（约12.9公里）就可以到达观景台，从这里可以俯瞰湖中火山灰形成的火山锥小岛，最高处距湖面大约234米。顶部还有小小的火山口，这便是火山口湖名字的由来。参加后述的游船团体游，还可以到火山口下走一走。每年夏天这里还可以见到白头鹫的雄姿。

GEOLOGY

世界上透明度最高的湖泊

距今大约7700年前，据推测海拔高度为3700米的马札马火山爆发，1/3的山体因此消失。这次爆发的规模据说是1980年震撼全球的圣海伦火山爆发的42倍。之后，喷发口积水，形成了这个直径达9.6公里的火山湖。

湖深592米，是全美最深的湖泊，在世界的湖泊深度中位列第八。火山口湖的湖水具有独特的颜色，这也与湖的深度有关。这个湖的透明度在全世界首屈一指，1997年6月以43.3米的透明度被认定为世界上最透明的湖泊。

这座火山既不是休眠火山，也不是死火山，而是一座活火山。值得庆幸的是，近年来没有出现爆发的迹象，不过经常能观测到地震等小规模地质活动。如果这个充满了水的火山口崩溃，那么毫无疑问会引发巨大的灾难，所以火山的活动情况一直受到密切的监视。

平静的湖水，让人难以相信这里是活火山

世界湖泊深度排名

1. 1637米 贝加尔湖（俄罗斯）
2. 1435米 坦噶尼喀湖（坦桑尼亚等国）
3. 1025米 里海（俄罗斯等国）
4. 836米 圣马丁湖（巴塔哥尼亚地区）
5. 706米 马拉维湖（马拉维等国）
6. 668米 伊塞克湖（吉尔吉斯）
7. 614米 大奴湖（加拿大）
8. 592米 火山口湖
9. 590米 马塔诺湖（印度尼西亚）
10. 586米 卡雷拉将军湖（巴塔哥尼亚地区）

15. 501米 太浩湖（加利福尼亚州、内华达州）

19. 457米 奇兰湖（→p.306）

	火山口湖	摩周湖
最大水深	592米	212米
平均水深	350米	138米
透明度	31米	18~28米
最大透明度	43.3米（1997年）	41.6米（1931年）
周长	42公里	21公里
面积	52.3平方公里	19.6平方公里
湖面海拔高度	1881米	351米
形成时间	约7700年前	约7000年前

围绕幽灵船岛绕一圈

可以在巫师岛停靠的船票十分抢手

克里特木湾
Cleetwood Cove

火山口村对岸的一个湾。也是整个火山口湖游览区唯一一处可以下到湖面附近，俯下身摸摸湖水的地方，夏季时还有游船团体游项目从这里出发。

将车子停在环湖公路的停车处，沿着下坡路徒步 1.7 英里（约 2.7 公里）便可到达乘船码头。虽然步道不是很长，但却很陡，徒步时一定要小心。

乘船后，可以一直望着熔岩形成的幽灵船岛，绕湖游览一圈。中途可以在巫师岛下船（上岛费 $15），不妨在岛上的步道走一走（注意不要误了回程的船）。

巫师岛的步道上石头很多，不是很好走

中级 Cleetwood Trail
适宜季节▶ 7~9 月
距离▶往返 3.4 公里
所需时间▶往返 1.5~2 小时
海拔差▶ 215 米
出发地▶环湖公路 Rim Drive
设施 简易厕所

游船团体游
运行 6 月下旬~9 月中旬的 9:30~15:30，每小时 1 趟。可以在巫师岛停船的班次只在 9:30 和 12:45 发船。
所需时间 约 2 小时
费 $37、3~12 岁是 $25。不满 3 岁不可乘船。
预约 Free 1888-774-2728

船票需要在乘船前 24 小时~2 小时前购买，可以在火山口湖客栈 Crater Lake Lodge 或者马札马村的商店内购买。夏季旅游旺季时部分座位可以通过电话提前预约。购票制度每年都有变化，请随时关注最新变化。

从火山口村到乘船码头包含步行大约需要 1 小时以上。另外加上寻找停车位消耗的时间，中途去其他观景台参观的时间等因素，最好提前出发。

云景观景台
Cloudcap Overlook

海拔 2427 米。环湖公路上的最高点，站在观景台上可以俯瞰湖面。由于这里地处湖的正东侧，也是观看夕阳的绝佳位置。

幽灵船岛
Phantom Ship

不妨试着从各种角度眺望小岛

对于这座长 90 米的小岛，没有比幽灵船更加贴切的名字了。黄昏时分，绛紫色的湖面上倒影着小岛黑色的倒影，给人一种不寒而栗的感觉，神秘感倍增。

从村内也可以看见这座小岛，但从岛东侧的幽灵船岛观景台 Phantom Ship Overlook（Kerr Notch）眺望小岛的景色是最好的。另外，从岛西侧的太阳烙印 Sun Notch 停车场步行 10 分钟可以到达的观景台，也很值得推荐。

岩塔
Pinnacles

从幽灵船岛观景台 Phantom Ship Overlook 的正对面驶出环湖公路，行驶 10 英里（约 16 公里）便可到达这里。火山灰被侵蚀后形成了一座座林立的岩塔，灰色岩塔在阳光的照射下形成了美丽的光影风景线。

火山灰形成的奇岩岩塔

Notes **循环游船** 与围绕湖面航行一周的游船不同，还有 1 趟循环游船是单独往返于码头与巫师岛之间的。每天 12:45 发船，费用是 $42、3~12 岁是 $28。在岛上可以停留 3 小时。

加菲尔德峰

初级 Castle Crest Wildflower Trail
适宜季节▶ 7~8 月
距离▶ 1 周 800 米
所需时间▶ 1 周 30~40 分钟
出发地▶ Steel Visitor Center 以东 800 米

中级 Garfield Peak
适宜季节▶ 8~9 月
距离▶往返 5.4 公里
所需时间▶往返 2~3 小时
海拔差▶ 300 米
出发地▶ Crater Lake Lodge

中级 Watchman
适宜季节▶ 7~10 月
距离▶往返 2.6 公里
所需时间▶往返约 1 小时
海拔差▶ 128 米
出发地▶火山口村以西 4 英里（约 6.4 公里）处

中级 Mt. Scott
适宜季节▶ 8~9 月
距离▶往返 8 公里
所需时间▶往返 3~4 小时
海拔差▶ 381 米
出发地▶云景观景台东侧环湖公路沿线的停车场

户外活动

徒步远足 Hiking

公园内有各种类型的步道，首先到游客服务中心领取地图，在挑选适合自己的步道吧。每年只有 7 月中旬 ~10 月初，才能尽情享受这里步道的乐趣，因为这一时期没有积雪。

城堡野花步道
Castle Crest Wildflower Trail

值得推荐的一条步道，可以围绕着森林和湿地参观游览。特别是 7 月下旬 ~8 月上旬，各种野花竞相开放，蜂鸟的身影也会出现哦。

加菲尔德峰
Garfield Peak

这条步道是从客栈的后面出发，攀登海拔 2457 米的加菲尔德山。登顶后可以眺望幽灵船岛和周边的风景。

守望者
Watchman

步道一直通到监测山林火灾的小屋。小屋位于湖的西侧，刚好可以俯瞰巫师岛。

公园管理员导览的项目可以在守望者观景台观看落日

斯科特山
Mt. Scott

海拔 2721 米，是园内的最高峰。既可以欣赏美丽的湖光，又可以观赏喀斯喀特山脉的全景。即便是盛夏季节这里依然会有积雪。

Wildlife

可以召唤幸福的神秘老爷爷

The Old Man of the Lake 是从 100 年前就浮于湖面的一段干枯的铁杉树，算上树根的话有 9 米长，非常令人不可思议的是枯木保持着直立的状态。

为什么枯木立而不倒呢?

为什么不腐烂呢?

有人说是因为树根缠绕在水中的岩石上，并且枯木已经变成了化石。不过究竟如何，至今仍然是一个谜。1988 年，研究人员试图对此开展调查，便把“The Old Man（老爷爷）”用工具固定好准备拖到向导岛 Wizard Island。但就在此时，原本晴朗的天空突然变得乌云密布。研究人员见状只好中止调查，放开了枯木。非常神奇的是，天空顿时又恢复了晴朗。

从船上近距离观看 Old Man

枯木露出水面的部分每年都在变短，现在还有 1 米左右。据说每天枯木会移动 5 公里，向哪里移动则全凭风向。来到此地的游客中大约只有 0.01% 的人能见到枯木，眼睛比较好的游客不妨试着找一找。

如果正赶上枯木漂至湖岸附近，在观景台以及环湖公路上有时也能看得见。参加乘船游览的话，看到的概率会大大提高。

冬季运动 Winter Sports

冬季时火山口湖附近的积雪可达 2~4 米，越野滑雪和雪鞋行走等运动十分受欢迎。火山口村的周围有多条步道，具体线路可以在游客服务中心咨询。

Ranger Snowshoe Walk
集合▶ 12 月 ~ 次年 4 月周六、周日的 13:00
地点▶火山口村的咖啡馆前
☎（541）594-3100 需要报名。8 岁以上

火山口湖国家公园 住宿设施

园内住宿

火山口湖客栈 Crater Lake Lodge

建于火山口村历史悠久的客栈，在房间的露台上可以俯瞰湖景。这间客栈十分受欢迎，经常是在半年前就被预订一空了。房间内有空调，没有电话。有免费 Wi-Fi。大部分房间内只有浴缸没有淋浴，需要注意。湖景房虽然很值得推荐，但是根据房型的不同有些窗户比较小，所以不要抱有太高的期望。另外，一层的房间每年 7 月以前，受到积雪的影响都是处于封闭状态的。客栈共有 71 间客房。

建在山崖顶部的位置，观景绝佳

开 5 月下旬 ~10 月中旬　Free 1888-774-2728
☎（303）297-2757　URL www.craterlakelodges.com
on off $167~206、湖景房 $210~294
信用卡 A D J M V

马札马村乡村小木屋 Cabins at Mazama Village

位于马札马村，每栋小木屋内有 4 个房间。屋内质朴而舒适。相对于火山口湖客栈来说这里比较容易订到房间，不过如果夏季准备在这里住宿的话，最好可以在春季的时候提前预订好。预约方法与客栈相同。有免费 Wi-Fi。共 40 间客房。

小木屋分布在僻静的树林中

开 5 月下旬 ~9 月下旬　on off $144

宿营地住宿

公园内共有 2 个宿营地，只能在夏季时使用。马札马村的宿营地总是有位子。

马札马宿营地 Mazama Campground
开 5 月下旬 ~10 月中旬　费 $21~35
共有 211 个帐篷位。有淋浴、投币式洗衣房、商店。

洛斯特溪宿营地 Lost Creek Campground
开 7 月上旬 ~10 月中旬　费 $10
只有 16 个帐篷屋。在去岩塔的路上 3 英里（约 4.8 公里）处。

在附近城镇住宿

OR-62 沿线有数间旅馆。如果返回梅德福市（40 间）和克拉马斯福尔斯（24 间）基本上不用担心住宿问题。

普罗斯佩克历史酒店 Prospect Historic Hotel

回程向梅德福方向行驶 40 分钟便可到达。沿着 Prospect 的标识驶入辅路。据说这间酒店早在邮政马车运行的时代就已经存在了，是一间非常古典的酒店。店内有餐厅，味道非常好。全馆禁烟。有免费 Wi-Fi。

住 391 Mill Creek Dr., Prospect, OR 97536
☎（541）560-3664　Free 1800-944-6490
URL www.prospecthotel.com
小木屋　on $145~210　off $125~190
馆内房间　on $90~160　off $75~140　信用卡 M V

普罗斯佩克 Prospect, OR 97536 距离公园南大门 16 英里（约 26 公里） 2 间

旅馆名称	地址·电话	费 用	信用卡·其他
Union Creek Resort	住 56484 Hwy.62　☎（541）560-3565 URL www.unioncreekoregon.com	on $119~295 off $99~245	位于 OR-62 沿线。有小木屋和客房，有半数房间是共用浴室的。有商店和餐厅。

钻石湖 Diamond Lake, OR 97731 距离公园北大门 10 英里（约 16 公里） 1 间

旅馆名称	地址·电话	费 用	信用卡·其他
Diamond Lake Resort	住 350 Resort Dr.　☎（541）793-3333 URL www.diamondlake.net	on $99~229 off $89~199	A M V　位于 OR-138 沿线。有商店和餐厅。

圣海伦火山国家保护区

Mount St. Helens National Volcanic Monumen

北侧的山体在火山大爆发中崩塌。从南面看去，与喀斯喀特山脉中的其他山峰一样拥有美丽的身姿（远处的是雷尼尔山）

华盛顿州 Washington
MAP 文前图① A-1

发生于 1980 年的圣海伦火山大爆发震撼全美，并且对世界气候造成了影响。这是科学技术已经得到极大发展的 20 世纪后半叶中规模最大的一次火山爆发。此地距离西雅图和波特兰很近，交通比较便利，因此现在受到火山、地震、生物、土木工程、防灾等各领域专家的广泛关注。火山爆发至今已经有 30 多年，可以去那里看一看什么地方发生了变化而什么地方没有发生变化。

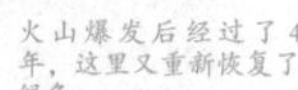

火山爆发后经过了 4 年，这里又重新恢复了绿色

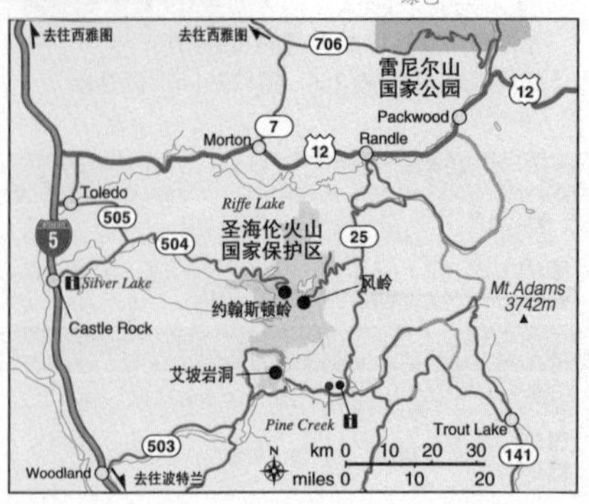

交通

从西雅图或者波特兰到这里都很近，十分方便。夏季的时候还有从波特兰出发的 1 日游巴士。

团体游 Tour

Ecotours of Oregon

往返于公园与波特兰之间的 1 日游巴士。中途会在冷水湖休息并且吃午餐（餐费自付。也可自带午餐），然后前往约翰斯顿岭观景台。

北侧山脚下的冷水湖

DATA
时区▶太平洋标准时间 PST
☎（360）449-7800
路况信息 Free 1800-695-7623
URL www.fs.usda.gov/mountsthelens
开 除一部分地区以外，365 天 24 小时开放。（有时会因火山的活跃程度与积雪情况而封锁。）
宜行期 5~10 月
费 过路免费
被列为国家保护区▶ 1982 年
面　积▶ 440 平方公里
园内最高点▶ 2550 米（Mount St.Helens）

Ecotours of Oregon
☎（503）245-1428
Free 1888-868-7733
URL www.ecotours-of-oregon.com
运行 夏季 9:00 发车。约 8 小时
费 $95

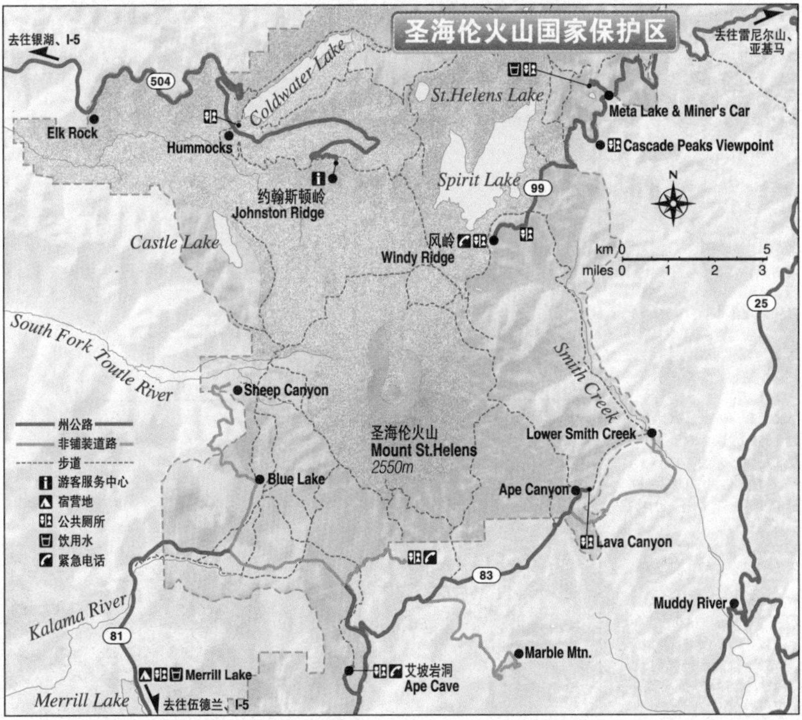

圣海伦火山国家保护区

去往银湖、I-5
504
Coldwater Lake
St.Helens Lake
Meta Lake & Miner's Car
Cascade Peaks Viewpoint
去往雷尼尔山、亚基马
Elk Rock
Hummocks
约翰斯顿岭 Johnston Ridge
Spirit Lake
99
Castle Lake
风岭 Windy Ridge
km 0 5
miles 0 1 2 3
25
South Fork Toutle River
Smith Creek
Sheep Canyon
圣海伦火山 Mount St.Helens 2550m
Lower Smith Creek
Blue Lake
Ape Canyon
Lava Canyon
83
Muddy River
Kalama River
81
Marble Mtn.
Merrill Lake
艾坡岩洞 Ape Cave
去往伍德兰、I-5

州公路
非铺装道路
步道
游客服务中心
宿营地
公共厕所
饮用水
紧急电话

1980年5月的火山大爆发导致北坡崩塌，半年后山顶火山口的背光侧形成了冰川。之后，熔岩穹丘与冰川展开了此消彼长的"竞争"，直至今日。由于火山灰以及山体滑落的影响，冰川看上去是黑色的，但却是最大厚度超过100米的大型冰川

租车自驾 Rent-A-Car

从西雅图沿 I-5 向南行驶 116 英里（约 186.7 公里），从 Exit49 进入 WA-504（Spirit Lake Hwy.）后向东行驶 5 英里（约 8 公里），到达银湖 Silver Lake。先到位于湖畔的游客服务中心大致了解一下当地的情况，之后便一直前行，可以到达约翰斯顿岭观景台。从西雅图到这里大约需要 3 小时 15 分钟。

另外，圣海伦火山虽然位于华盛顿州境内，但比较偏南，所以从俄勒冈州的波特兰前往反而会比较近。沿 I-15 向北行驶，从 Exit49 出来后向东行驶。之后的线路与上面提到的一致。需要 2 小时 30 分钟左右。

还要注意的是，园内没有加油站。

圣海伦火山国家保护区 漫步

有从西北、东北、南面 3 个方向前往那里的不同线路，但绝大部分人都会选择西北方向的线路，也就是 WA-504（Spirit Lake Hwy.）。在圣海伦火山爆发时，西北面的山体出现了大面积的崩塌。因此，只有从北侧登山才能看到山顶消失后形成的马蹄形火山口、泥石流的痕迹、熔岩穹丘等奇特的景观。中途有几处观景台，每走一步就更接近火山一些。

另外，圣海伦火山不归属国家公园管理局，而受农业部森林局管辖。游客服务中心以及观景台都不免费。

获取信息 Information

Mount St. Helens Visitor Center

位于银湖湖畔。这个湖是2500年前火山爆发时岩浆阻断河流形成的。来到这里，首先要观看 16 分钟的介绍短片。还有很多关于火山爆发的历史、受灾情况、之后的防灾体制以及生态学方面的展示。周围的湿地中建有不算很长的步道。

如果从西面前往，建议先去这里

注意火山相关信息

URL volcanoes.ucgs.gov/activity/status.php

☎（360）993-8973

圣海伦火山在 2005 年 3 月出现了一次小规模的爆发，之后的 3 年里，熔岩一直流出并形成了熔岩穹丘。从本书调查时的情况来看，火山处于稳定状态，但也有可能因为提升警戒级别而封锁道路，所以游览时要提前查询最新的相关信息。可以通过上面介绍的网站中出现的喀斯喀特山脉的颜色来了解情况。警戒级别从低到高分为 NORMAL、ADVISORY、WATCH、WARNING 四级，现在处于 NORMAL。

另外，受游览方式以及风向的影响，游客的身上有可能落上火山灰。

华盛顿州路况信息

Free 511

Free 1800-695-7623

URL wadot.wa.com/traffic

去往雷尼尔山

从雷尼尔山天堂区到风岭大约需要 2 小时 15 分钟，到约翰斯顿岭需要 4 小时。

Mount St. Helens VC

☎（360）274-0962

开 5 月 ~9/15 9:00~17:00　9/16~ 次年 4 月 9:00~16:00

休 主要节假日，冬季的每周二、周三

费 $5，7~17 岁半价。不能使用美国国家公园年票

Forest Learning Center

开 夏季 10:00~17:00

位于 WA-504 的沿途（→ p.279 的地图外侧边缘），是森林局开设的一间小型的游客服务中心。这里是免费的！

TriVia 游客服务中心为什么收费？ 圣海伦火山的土地所有权以及设施的运营内幕十分复杂！基本上属于农业部森林局管辖，但是沿途也有民营企业开设的观光设施，还有林业业界人士或者华盛顿州的天然资↗

约翰斯顿岭

Johnston Ridge

可以清楚看到火山口的观景台。位于海拔 1280 米的山脊上，曾经有一位火山学家在这里观测火山喷发时牺牲了，人们为了纪念他从而使用了他的名字来命名这座观景台。观景台距离火山口 9 公里，可以从正面直接观测马蹄形的火山口。到了观景台之后首先建议你体验一下这里最新科技的宽银幕火山纪录片。观影结束后不妨走一走这里的步道，距离不是很长，适合散步。沿途可以看到火山喷发留下的痕迹，历经 35 年都依旧没有被抹去。然而生命又是顽强的，35 年后绿色又逐渐染绿了这里的山谷，这与灾害留下的疤痕形成了鲜明的对比。

距离银湖 52 英里（约 84 公里），大约需要 1 小时 15 分钟。观景台位于 WA-504 的道路尽头，东侧不能通行。

通向约翰斯顿岭的山谷里留下了当年岩浆流过时的痕迹

Johnston Ridge Observatory
☎（360）274-2140
开 5 月中旬 ~10 月下旬的 10:00~18:00
费 $8，15 岁以下免费。不能使用美国国家公园年票

风岭

Windy Ridge

历经 35 年枯树依旧没有倒下

位于火山东北侧的观景台。无论是山脊上还是眼下的灵湖 Spirit Lake，都散落着倒下的树木残骸，仿佛火山喷发就发生在昨日。道路两旁也有许多干枯的树木。晴天的时候可以望到远处的亚当斯火山，甚至还能看见南面俄勒冈州的胡德雪山。

Windy Ridge
设施 公共厕所、紧急电话

从波特兰到这里需要 3 小时，从西雅图过来需要 4 小时。通往这里的山路叫作 Forest Road 99，道路十分狭窄，积雪期时会封路。沿途没有加油站。另外，风岭既没有餐厅也没有商店。

由于距离火山口比较近，有时还可以听见山体崩塌的响声

↗源局的土地。包括上述的游客服务中心在内，河流沿岸的一部分地区属于州立公园的管辖范围，所以游客服务中心和步道都是收费的。

圣海伦火山国家保护区 户外活动

Hoffstadt Bluffs Visitor Center
☎（360）274-5200
网 www.hoffstadtbluffs.com
运行 5月中旬~9月中旬的10:00~18:00。45分钟一班
费 20分钟$179，40分钟$299，最少乘机人数3人

距离银湖20英里（约32.2公里）

进山许可证
费 $22(11月~次年3月免费）每年2/1在下记的网站中开始发售
网 www.mshinstitute.org

登山的注意事项

初次登山时，请认真阅读上述网站中的注意事项。推荐你最好参加导游团。上述的网站也可以申请参加导游团，每人$195。

除了夏季以外山上积雪较多，需要专业的冬季登山装备与经验技术。

游览飞行 Flight Seeing

火山状态稳定，天气情况良好的时候，可以参加直升机游览项目。乘坐直升机直逼至今仍冒着蒸汽的火山口附近，还可以观察2004年秋季由于地壳运动才刚刚隆起的熔岩穹丘。除了火山，还有瞬息万变的湖水、岩屑流过的图尔特河 Toutle River、归来的麋鹿群，山谷内巨大的面积与干枯的树林等景观，都可以从天空中一目了然地俯瞰。

沿着岩屑流下的河水逆流飞行

乘机地点在去往约翰斯顿岭的途中，WA-504的24英里（约39公里）处的一个叫作 Hoffstadt Bluffs 的民营游客服务中心。这里有2台直升机，但每次只能载客4人，所以有时需要排队等待。尤其是暑假期间，最好提前预约。

登山 Mountain Climbing

有通往圣海伦火山山顶的步道，并且被整修得很好。最有人气的线路是从山的南侧出发的登顶步道，往返大约需要9~12小时。在火山堆积物上行走十分消耗体力，不过在夏天天气情况良好的情况下，这也不是一条十分难走的步道。当然，我们还要听大自然的安排，如果火山的状态不好就会禁止登山。进山是需要许可证的。为了保护环境，5/15~10/31期间每天只限100人进山。

圣海伦火山国家保护区 住宿设施

园内没有住宿设施。银湖周边有2间汽车旅馆，I-5的Exit 39周边有3间，火山南侧的Cougar有1间。如果再向西雅图、波特兰方向行驶，就会有更多的住宿设施。

公园的界内也没有宿营地，但是外侧的国有林内有很多宿营地。WA-504的沿途、在银湖东侧的Toutle和游客服务中心北侧有小型的宿营地。

WA-504 沿线

旅馆名称	地址·电话	费用	信用卡·其他
Mt.St. Helens Motel	住 1340 Mt.St. Helens Way, Castle Rock, WA 98611 ☎（360）274-7721 网 www.mountsthelensmotel.com	on $80~$135 off $70~$115	ⒶⒹⓂⓋ 从I-5 Exit49出口下来即到。房间和浴室都十分宽敞。有投币式洗衣房，有冰箱。含早餐。有免费Wi-Fi。
Silver Lake Motel	住 3201 Spirit Lake Hwy., Silver Lake, WA 98645 ☎（360）274-6141 网 silverlake-resort.com	on $125~$200 off $65~$125	ⓂⓋ 距离I-5 Exit49出口6英里（约9.7公里）。位于银湖湖畔，在房间里可以钓鱼。有厨房。
Blue Heron Chateau	住 2846 Spirit Lake Hwy., Castle Rock, WA 98611 ☎（360）274-9595 网 www.blueheronchateau.com	on off $225~265	ⓂⓋ 位于银湖湖畔。含美式早餐。Wi-Fi免费。全馆禁烟。共7间客房。

Notes Science and Learning Center 位于冷水湖 Coldwater Lake 的游客服务中心是2012年刚刚改建的。但这里平时只针对学校等教育机关开放，只在夏季的周末对外开放，需要提前预约。

GEOLOGY

圣海伦火山大爆发

海拔 2550 米的圣海伦火山在喀斯喀特山脉中属于比较活跃的一座成层火山，在过去的 4000 年中共爆发过 14 次。

1980 年 3 月下旬，当时海拔高度为 2950 米的这座火山开始发生火山性地震，山顶喷发出水蒸气。北坡部分山体以每天 2 米的速度开始隆起，政府向周边居民发出了避难令。

5 月 18 日早上 8 点 32 分，山顶正下方发生地震，部分山体隆起高达 100 米并且崩塌，30 分钟后岩浆从火山口喷出。泥石流沿山坡倾泻而下，最高时速达 360 公里，河流被泥沙掩埋，有 162 平方公里的森林遭到毁灭。火山爆发产生的冲击波也造成了很大的灾难，在距离山顶 12 公里处进行观测的研究人员连同拖车一起被冲击波震飞。57 名遇难者当中，当时处于危险区域的只有哈里 · 杜鲁门等 4 人。其余的人都是在所谓安全区域内不幸遇难。

喷发持续了大约 9 个小时，烟雾飞到了 24000 米高的上空，两周后便绕行了地球一圈，让全世界都笼罩在火山喷出的烟雾下。大量火山石因喷发而落在北坡，火山灰被风吹到了美国东海岸。就这样，圣海伦火山的高度一下子降低了 400 米，喷发带来的堆积物厚达 100 米。

柳兰是火山爆发后这片土地上最先长出的植物之一

火山爆发 1 年后，在山脚下便有植物开始生长。最早被发现的是鲁冰花。现在，30 多年过去了，这里的植被才有了一定的恢复。为了不给这里的植物造成危害，在 WA-504 沿线的步道等处都规定游客不得带宠物入内。

自上次爆发之后，圣海伦火山的状态一直都很稳定，只是在 2004 年左右有过一次小的波动，10 月份喷出一些水蒸气，第二年 3 月份发生了规模极小的爆发。火山口内隆起的熔岩穹丘，3 年后长高了 59 米。不过，即便把这座熔岩穹丘与另一座 1980 年爆发后 6 年中形成的熔岩穹丘加在一起也只有当时崩塌山体的 7%。

有 300 公里的道路以及 200 多栋房屋在这次火山爆发中遭到破坏

哈里 · 杜鲁门

他是一位当时已有 84 岁的老者，喜欢驾驶一辆粉色的卡迪拉克汽车。对于这位老者的死，有人认为“他非常勇敢”，但也有的人认为“他是一个既固执又愚昧的老人。只是为了出名而已”。

哈里遇难前在灵湖附近经营一家客栈，政府发出避难令后，他拒绝撤离。媒体曾连续多日报道哈里说过的话——“我跟妻子曾经一起生活在这里，而且妻子就长眠于此，没有理由能让我离开这里”，这句话引起了强烈的反响。有科学家向他发出“客栈可能会被雪崩和泥石流掩埋”的警告，宗教人士向他宣讲生命的宝贵，还有人试图解救哈里身边的 15 只猫。与此同时，他也收到了大量来自支持者的信件，据说其中还包括 3 封求婚信。

地震和山体膨胀越来越剧烈，火山眼看就要爆发，电视台派出飞机准备营救哈里，但是哈里还是没有走。

在全体美国人的关注下，哈里结束了自己的一生，他与他的客栈现在被深深地埋在了泥土之下。

TriVia 冰雪屏障　在 1980 年的火山爆发中，很多动物都遭受了灭顶之灾，但是鼹鼠、青蛙以及一些昆虫因处于冬眠之中而幸免于难。大部分植物的种子也因为被厚厚的积雪覆盖而没有受到伤害。

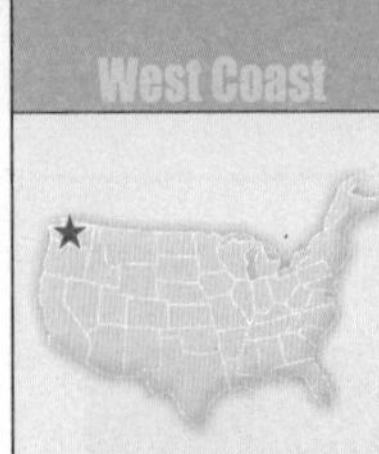

雷尼尔山国家公园

Mount Rainier National Park

山峰的南侧及东侧缓坡上修建有路况很好的行车道路

覆盖在山顶之上的浮云渐渐消散，雷尼尔山威严的身姿显现了出来。在早上阳光的照耀下，冰川看上去越发得洁白光亮。天空变得更蓝，与白色的冰川交相辉映，十分炫目。当阳光照向草原后，带着露水的紫色的羽扇豆与红色的火焰草好像一下子醒来。伴随着飒飒的响声，身体上还有白色斑点的小鹿在森林中出现……

这座山峰是喀斯喀特山脉的最高峰，海拔 4392 米，被原住民称为“Tahoma”（神灵的居所），还被当作敬仰的对象。天气晴朗时，从西雅图便能远眺山峰，驾车前往也只需要 2 小时 30 分钟。建议抽出时间去这座公园看一看，置身于广阔的大自然中，可以一边呼吸清爽的空气，一边悠闲地散步。

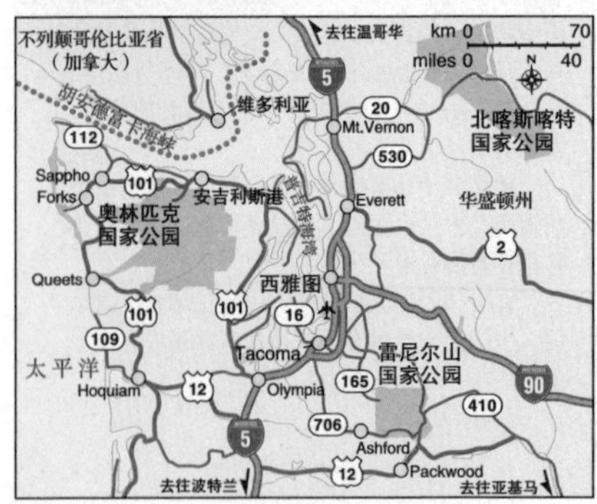

乘飞机在西雅图起降时经常能看到这座山峰

交通

华盛顿州最大的城市西雅图 Seattle，是公园的门户城市。夏季的时候还有从西雅图出发的巴士旅游团。车程只有 2 小时 30 分钟，当天往返完全没有问题，不过建议你在公园住宿一晚，体验一下高山植物烂漫的徒步远足步道。如果你有一周的时间在这里游玩，可以租车自驾，周游圣海伦火山国家保护区（→ p.278）、奥林匹克国家公园（→ p.296）、北喀斯喀特国家公园（→ p.304）。

团体游 Tour

Ever Green Escapes

乘坐烧生物燃油的面包车游览天堂区，是一个很环保的团体游项目。最多可容纳 10 人。这个项目的另一个亮点在于，是由自然学家们为游客做导游讲解的。午餐是有机食品配上当地的红酒。这个团体游项目冬季也运营，还可以体验雪鞋行走的乐趣。

租车自驾 Rent-A-Car

从西雅图出发沿 I-5 向南行驶，在 Exit 127 出口进入到 WA-512，然后经由 WA-7、WA-706 一直向东行驶就会抵达公园的西南大门 Nisqually Entrance。距离西雅图 95 英里（约 153 公里），约需 2 小时 30 分钟。

夏季也可以考虑从东北方向进入公园。线路是从西雅图出发沿 I-5 向南行驶在，Exit 142 出口进入 WA-18，驶过与 WA-167 的交叉路口后马上会有 WA-164 的出口。从这里经由 Enumclaw 沿 WA-410 向东行驶。距离西雅图 110 英里（约 177 公里），约需 3 小时。

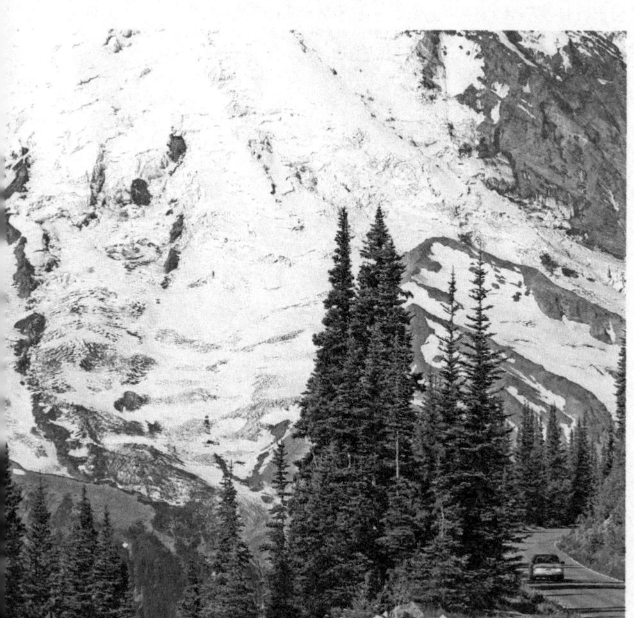

只在夏季短期开放的日出区 Sunrise

DATA

时区▶太平洋标准时间 PST
☎（360）569-6575
URL www.nps.gov/mora
开 夏季 24 小时开放。积雪期部分封闭。
宜行期 5~10 月
费 每辆车 $25、摩托车 $20、其他入园方式每人 $12
被列为国家公园▶ 1899 年
面　积▶约 957 平方公里
接待游客▶约 126 万人次
园内最高点▶ 4392 米（Mt. Rainier）
哺乳类▶ 63 种
鸟　类▶ 159 种
两栖类▶ 16 种
鱼　类▶ 18 种
爬行类▶ 5 种
植　物▶约 800 种

EverGreen Escapes
Free 1866-203-7603
☎（206）650-5795
URL evergreenescapes.com
运行 5/15~9/30 是每周周二、周四、周六、周日的 8:00 发车 10/1~次年 5/14 是每周周四、周六的 8:00 发车。整个行程大约 10 小时
费 包含简单早餐 + 有机食品午餐共 $225

华盛顿州路况信息
Free 511
Free 1800-695-7623
URL wadot.wa.com/traffic

最近的 AAA
道路救援
Free 1800-222-4357
West Seattle
住 4734 42nd Ave. Sw
☎（206）937-8222
开 周一～周五　9:00~18:00
周六　10:00~17:00

请加满油
园内没有加油站。请在 Ashford、Elbe、Packwood 等周边的城镇加油。

雷尼尔山国家公园 漫 步

公园共有4个大门，分别是西南的Nisqually、东南的Stevens Canyon、日出区Sunrise的White River和西北的Carbon River。全年开放的只有西南的Nisqually。

整个公园以雷尼尔山为中心，山脚下各个地区散落着一些公园设施。南部和东部开通了周游道路。旅游集散地共有3处，分别在南部的隆迈尔Longmire与天堂区Paradise，以及东部的日出区Sunrise。

游览雷尼尔山的乐趣，根据当天的天气情况各有千秋。山上没有被云层覆盖时，可以沿着周游道路到处游览，从各个角度欣赏美丽的雷尼尔山。也可以试着挑战一下距离较长的步道。如果山顶被厚厚的云层遮住时，不妨在天堂区停下脚步，试着走一下这里的步道，漫步于山花烂漫的草原之上。

获取信息 Information

Longmire Museum

隆迈尔博物馆距离西南大门6英里（约9.7公里），位于去往天堂区的途中。这里展示了有关雷尼尔山地理、历史、生物等详细的介绍，同时也发挥着游客服务中心的作用。

Jackson Visitor Center

这间游客服务中心的外观是配合天堂区的整体风格而设计的。即便是不做积雪处理，积雪也自然会从屋顶的斜面上滑落，落下的雪可以当作夏季的天然空调，最大限度地利用了自然资源。与改建前的游客服务中心相比，用电量减少了70%。这里除了动植物和冰河时期的相关展示以外，还有宣传小短片上映。馆内还另设有咖啡厅。

Ohanapecosh Visitor Center

这间游客服务中心位于东南门南侧的宿营地内。主要展出栖息在园内的动物信息，以及与森林生态环境相关的内容。

Sunrise Visitor Center

位于日出区，关于这个区域的远足信息可以在这里获取。停车场位于最里侧。前方右侧的建筑物是咖啡厅。

准备在日出区周边的步道徒步远足之前，先到这里的游客服务中心领取一份地图

旅游集散地之间的所需时间

Longmire - Paradise 约30分钟

Paradise - Ohanapecosh 约45分钟

Ohanapecosh - Sunrise 约75分钟

关于积雪期的通行

WA-410在积雪期（大约是11月~次年5月）是封路的。WA-706的天堂区以西地区，由于冬季有除雪车介入，所以可以通行，不过这个地段的积雪量曾经创造了世界纪录，所以行车时一定不要忘记装上防滑轮胎链。偶尔会由于雪崩的危险系数高而封路。另外，积雪期时夜间都是禁止通行的。

循环巴士

为了缓解停车场混乱而拥挤的状态，在每年6月中旬~9月初的周五~周日10:00~19:00期间，会有免费的循环巴士运行，主要连接隆迈尔Longmire与天堂区Paradise。15~45分钟一趟车。

Longmire Museum

☎（360）569-6575

开 夏季 9:00~17:00
春秋季 9:00~16:30

Jackson VC

☎（360）569-6571

开 夏季 10:00~19:00
春秋季 10:00~17:00
积雪期只在周六、周日以及节假日开放10:00~16:45

Ohanapecosh VC

☎（360）569-6581

开 夏季是周四~周日的10:00~18:00

休 10月上旬~次年5月下旬

Sunrise VC

☎（360）663-2425

开 10:00~18:00

休 9月上旬~次年7月上旬

其他设施

就餐

可以吃一些简餐的地方有：天堂区Jackson VC的咖啡厅（营 夏季10:00~18:45；春秋季11:00~16:45）、日出区的咖啡厅（营 夏季10:00~19:00）。2间客栈内各有1个餐厅。

杂货铺

隆迈尔有杂货铺

营 夏季 9:00~20:00
冬季 10:00~17:00

※园内不可以兑换外币。

季节与气候 Seasons and Climate

7 月下旬 ~8 月上旬，高山植物竞相开花，是这里最美的季节，同时也是游客最多的季节。全年入园游客数量大约有一半都集中在 7、8 月。到了 9~10 月上旬，虽然花期已过，但是天气变化较少，还能够看到黄叶。而且游客很少，很适合游览。

另外，对杉树花粉过敏比较严重的人最好不要选择在 6 月前后造访此地。

12 月 ~ 次年 4 月积雪很厚。隆迈尔至天堂区一带会进行除雪，所以全年对游客开放，其他道路则会关闭。被冰雪覆盖的山峰有一种凛然之美，这是在别的季节无法领略到的。

©NPS
冬季被厚厚的积雪所覆盖的天堂区旅馆

还需要注意的是，在夏季受雨和雾的影响，有时可能一个星期都看不到雷尼尔山的身姿。

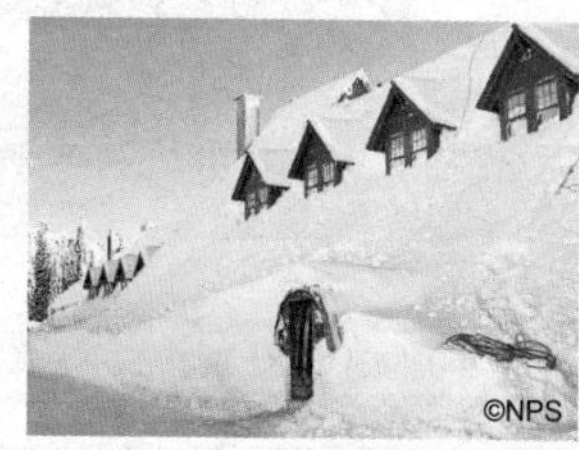

飘雪的季节

每年，天堂区一般在 10 月出现首次降雪。积雪一直持续到到 3、4 月，而降雪则会持续至 6 月。

雷尼尔山上冰川较多，这是因为来自太平洋的湿润空气到此受山峰阻隔而出现大量降雪。天堂区附近，每年的积雪厚度可达 15 米，有 3 层楼的天堂区旅馆 Paradise Inn，外面的积雪也会到达屋檐下。1972 年，这里全年降水量为 28500 毫米（北京现在的年均降水量只有几百毫米），并且创造了全年积雪深度 28.5 米的世界纪录（现在该项世界纪录是 28.9 米，是西雅图以北的贝克雪山 Mt. Baker 在 1999 年创造的）。

天堂区的气候数据　　日出 · 日落时刻根据年份可能会有细微变化

月	1	2	3	4	5	6	7	8	9	10	11	12
最高气温（℃）	1	2	3	7	10	14	18	17	14	9	5	1
最低气温（℃）	-6	-6	-6	-3	0	7	7	6	4	1	3	-6
降水量（mm）	463	333	319	211	150	104	50	50	120	265	515	436
降雪量（m）	2.9	3.7	4.3	4.5	3.7	2.1	0.5	0	0	0.1	0.6	1.8
日出（15 日）	7:48	7:13	7:20	6:21	5:33	5:12	5:28	6:04	6:44	7:24	7:09	7:45
日落（15 日）	16:44	17:30	19:12	19:54	20:34	21:02	20:58	20:19	19:21	18:22	16:43	16:19

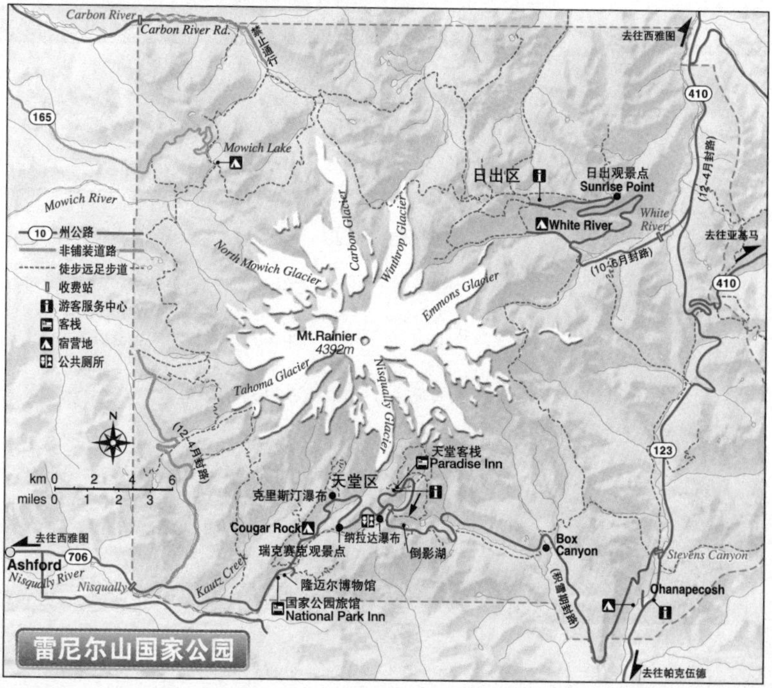

Carbon River
Carbon River Rd.
禁止通行
去往西雅图
410
165
Mowich Lake
Mowich River
日出区
日出观景点
Sunrise Point
White River
White River
(12~4月封路)
去往亚基马
(10~6月封路)
410
州公路
非铺装道路
徒步远足步道
收费站
游客服务中心
客栈
宿营地
公共厕所
North Mowich Glacier
Carbon Glacier
Winthrop Glacier
Emmons Glacier
Mt.Rainier
4392m
Tahoma Glacier
Nisqually Glacier
N
(12~4月封路)
km 0 2 4 6
miles 0 1 2 3
天堂客栈
Paradise Inn
天堂区
克里斯汀瀑布
Cougar Rock
纳拉达瀑布
倒影湖
瑞克赛克观景点
Box Canyon
123
Stevens Canyon
去往西雅图
706
Ashford
Nisqually River
Nisqually
Kautz Creek
隆迈尔博物馆
国家公园旅馆
National Park Inn
(积雪期封路)
Ohanapecosh
去往帕克伍德
雷尼尔山国家公园

观景台直逼尼斯夸利冰河，里面含有被冰削掉的碎石和沙土，所以看上去黑乎乎的

雷尼尔山国家公园 主要景点

天堂区

Paradise

天堂区位于雷尼尔山南侧的山脚下，海拔1647米。这里是一个小型的旅游集散地，只有一间客栈和游客服务中心。周边有湖泊、瀑布、高原、花田和冰川等，可以游览的景点众多，简直就是人间的天堂。

这个区域的里侧靠近尼斯夸利冰河 Nisqually Glacier。沿着一个短途的步道徒步一段距离，就可以到达一个叫作尼斯夸利观景台 Nisqually Vista 的地方，从这里可以观赏到气势磅礴的冰川。

Ranger Subalpine Saunter
一边散步，一边讲解高山植物
集合▶夏季 10:30
所需时间▶ 1小时
出发地▶ Jackson VC

初级 Nisqually Vista
适宜季节▶ 6~10月
距离▶ 1周2公里
海拔差▶ 61米
所需时间▶ 1周约45分钟
出发地▶ Jackson VC

Ranger Nisqually Vista Walk
一边散步，一边讲解冰川
集合▶夏季 14:00
所需时间▶ 1小时30分钟
出发地▶ Jackson VC

倒影湖

Reflection Lake

从天堂区向东侧的 Ohanapecosh 方向行驶，途中可以看到这个小小的湖。湖面倒映着雷尼尔山的雄姿，是绝好的拍照留念地。

GEOLOGY

关于冰川

长年的积雪因自重会变成冰川。冰川会沿山坡向下滑动。巨大的冰川以每天几厘米到几米的速度移动，其能量大得惊人。移动中，谷底以及周围的岩石受到冰川的刨蚀，进而形成约瑟米蒂谷那样的“U”形谷或者马蹄形谷。

与各地的冰川一样，这里的冰川每年都在缩小

冰川会将许多岩石带走，所以越到下游冰川中夹杂的碎石就越多，看起来也就越显得不干净。如果移动到了海拔较低的温暖地带，冰川就会停止前进，并且逐渐崩塌、融化。这些被搬运至冰川末端的岩石构成的堆积物被称为冰碛（Moraine）。

现在，雷尼尔山中的26条冰川，每天大约移动30厘米，坡度大的地方每天移动3米。其中最大的一条冰川是位于 Sunrise 的 Emmons Glacier。长6.5公里，宽1.6公里，在美国本土48州中也是首屈一指。

位于天堂区的 Nisqually Glacier 是园内第六大的冰川。150年前，这条冰川要比现在长2公里。

纳拉达瀑布
Narada Falls

从隆迈尔去往天堂区的途中，可以看到两个瀑布。离天堂区较近的瀑布便是纳拉达瀑布，落差 50 米。由于融雪是这座瀑布的水源，所以瀑布格外清澈透明。特别是冰雪融化的季节，水流量较大，十分有震撼力。从停车场向下走 150 米，可以到达离瀑布最近的观景台。

Narada Falls
设施 简易厕所

克里斯汀瀑布
Christine Falls

地处隆迈尔与天堂区的中间位置，从停车场向下走，桥的对面就可以看见瀑布（在桥上行走十分危险）。1911 年时，尼斯夸利冰河的尽头在这里，现如今后退了 1.6 公里，从冰河中流出的河水化成瀑布一落而下。由于被冰河削落的岩石中含有矿物质，所以瀑布流水的颜色呈乳白色。

克里斯汀瀑布

日出区
Sunrise

从天堂区沿着雷尼尔山的山脚绕行，大约 2 小时左右，便会到达海拔 1950 米的日出区。这个区域靠近埃蒙冰河 Emons Glacier，能见度高的天气里还可以望见远处喀斯喀特山脉中叫作 Hood、Baker、Adams 的山峰。日出区周围还分布着大量的高山植物群，与天堂区相反的方向观赏到的雷尼尔山别有一番韵味。有时间的话，一定要尝试一下这里的步道。

在日出区可以俯瞰埃蒙冰河

日出区

从 WA-410 上到日出区的道路，每年只在 7~9 月份短期开放。另外，日出区的 Day Lodge 是咖啡厅和纪念品商店，并非是住宿设施。

Ranger Sunrise Walk
集合▶夏季的 13:00 和 15:00
所需时间▶ 30 分钟
地点▶日出区游客服务中心

初级 Emmons Vista
适宜季节▶ 7~9 月
距离▶往返 1.6 公里
海拔差▶ 30 米
所需时间▶往返 30~40 分钟
出发地▶日出区停车场南侧

GEOLOGY

下一次爆发会发生在什么时候？

雷尼尔山是环太平洋火山带的一部分。这座山并非在一次喷发中形成，而是由多次喷发中产生的熔岩和火山灰堆积而成。

形成于 1200 万年前的岩浆在 100 万年前被喷出地表，造就了海拔 4900 米高的山峰。之后，在距今 5800 年前的一次大爆发中，山峰的顶端崩塌，东侧出现了巨大的凹陷。这次火山爆发导致泥石流从东北面的山坡流下，一直到今天的肯特市一带全部被泥石流覆盖。这是迄今所知的全世界最大的一次火山爆发。

这座火山的活动周期为 3000 年左右。距今最近的一次大爆发发生在 2500 前。其后，小规模的爆发也时有发生，最近的一次是在 1882 年。现在，这座火山仍然属于活火山，有时山顶会喷出蒸汽。

那么，下一次爆发将会发生在什么时候呢？对此，专家们的观点存在分歧，一部分学者认为“几年内爆发的可能性很高”。从 2004 年开始，圣海伦火山进入了活跃期，有鉴于此，人们对雷尼尔火山的关注度也在升高。

如果突遇火山爆发，要按照标识的指示撤离

据推测，如果将来发生大规模火山爆发，其危害将会波及西雅图。即便爆发的规模与 1980 年圣海伦火山爆发相同，由于这里存在大量的冰川，所以受灾的严重程度会加大。冰川接触到熔岩后立即就会融化，从而引发大规模的泥石流灾害。最后，顺便提一下，在英语中，死火山、休眠火山、活火山分别被称为 extinct volcano、dormant volcano、active volcano。

徒步远足的注意事项

雷尼尔山地区的天气多变，盛夏时节也会偶尔降雪。一定要穿着防水性较高且保温的服装。另外，雷尼尔山的步道线路大都十分复杂，很容易迷路。并且几乎没有任何明显的标识，即便是到达了目的地可能自己还都没有察觉。一定要事先在游客服务中心或者客栈领取步道地图。

中级 Alta Vista Trail
适宜季节▶ 6~10 月
距离▶ 1 周 2.8 公里
海拔差▶ 183 米
所需时间▶ 1 周 1.5~2 小时
出发点▶ Jackson VC

徒步远足 Hiking

遥望着冰川与花田，漫步在高原之上。夏季的时候还有由管理员带领的导览团项目。可以一边悠闲地散步，一边听管理员讲解该地区的地质与植物的相关知识。具体日程表可以在公园的报纸 ***TAHOMA NEWS*** 中查询。

阿尔塔观景台步道

Alta Vista Trail

这是一条攀登天堂区北侧小丘的步道，不仅可以欣赏雷尼尔山的雄姿，还可以遥望远处的圣海伦火山。

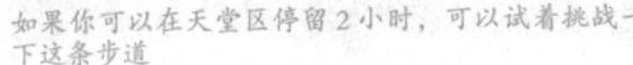
如果你可以在天堂区停留 2 小时，可以试着挑战一下这条步道

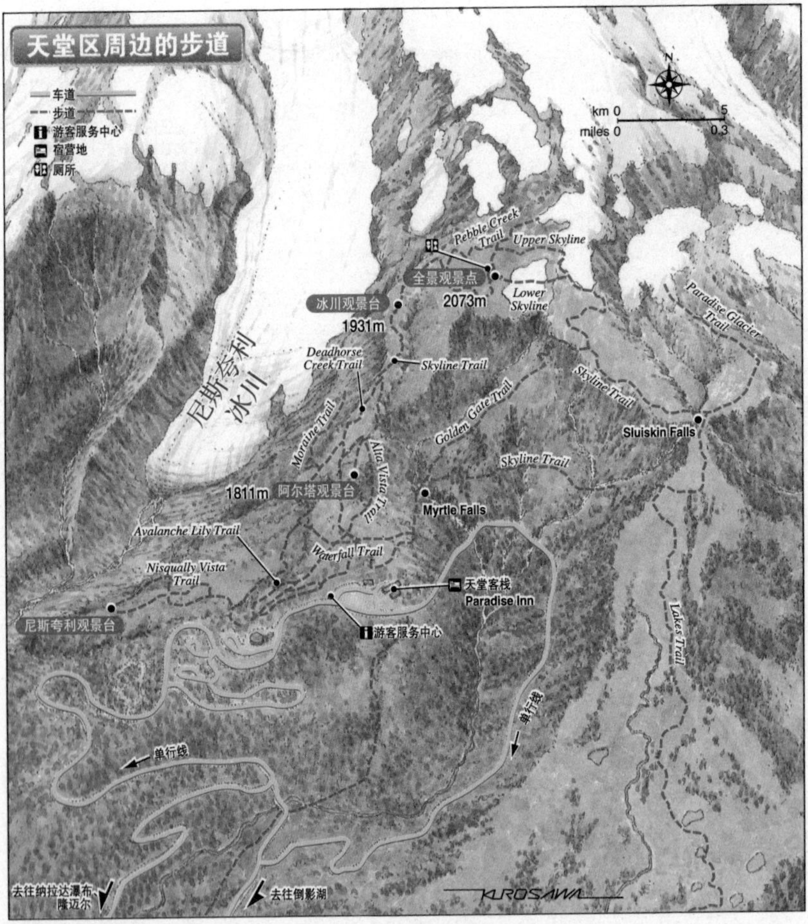

天堂区周边的步道

车道
步道
游客服务中心
宿营地
厕所

km 0 5
miles 0 0.3

Pebble Creek Trail
Upper Skyline
全景观景点 2073m
Lower Skyline
冰川观景台 1931m
Paradise Glacier Trail
Deadhorse Creek Trail
Skyline Trail
尼斯夸利冰川
Skyline Trail
Golden Gate Trail
Moraine Trail
Alta Vista Trail
Sluiskin Falls
Skyline Trail
1811m 阿尔塔观景台
Myrtle Falls
Avalanche Lily Trail
Waterfall Trail
Nisqually Vista Trail
天堂客栈 Paradise Inn
尼斯夸利观景台
游客服务中心
Lakes Trail
单行线
单行线
去往纳拉达瀑布、隆迈尔
去往倒影湖
KUROSAWA

小心黑熊 最近，经常有游客在步道附近看到黑熊的身影，即便是发现了可爱的小熊也绝对不要靠近。（→ p.364）

天空步道
Skyline Trail

这条步道可以一直登上天堂区周边的最高点——全景观景点 Panorama Point（海拔 2073 米）。可以遥望着冰川边散步边赏野花、边看土拨鼠们在残雪中嬉闹玩耍。这里还与多条步道交汇，可以选择捷径返回。盛夏时节冰和残雪依然有很多，建议穿一双防滑的鞋子。

中级 Skyline Trail
适宜季节▶ 7~9 月
距离▶ 1 周 8.8 公里
海拔差▶ 518 米
所需时间▶ 1 周 4~5 小时
出发点▶ Jackson VC
设施 简易厕所（位于全景观景点处，只限夏季使用）

左上方小小的空地就是全景观景点。往前走需要横穿雪溪，有滑倒的危险，要格外小心。建议绕路行走

偶尔还会有周围冰川或者山崖崩塌的声响

湖泊步道
Lakes Trail

从天堂区下到倒影湖的步道。虽然开车也可以到达湖岸边，但穿过森林越过草原徒步的感觉要比开车舒爽许多。

中级 Lakes Trail
适宜季节▶ 6~10 月
距离▶ 1 周 8.3 公里
海拔差▶ 396 米
所需时间▶ 1 周 4~5 小时
出发点▶ Paradise Inn

步道的尽头可以看见雷尼尔山的湖面倒影

步道沿线有大量灰毛土拨鼠出没

古老森林
Grove of the Patriarchs

降水量较高的雷尼尔山山麓地区生长着浩瀚的树海。这条步道会沿 Ohanapecosh 中部的古老森林行走。森林被树龄 500~1000 年左右的道格拉斯冷杉和喜马拉雅雪松所覆盖，即便是白天光线也很暗。在这片树林里深呼吸，耳边还会传来啄木鸟敲击树干的声响。雨后步道的路面会变得比较湿滑。

初级 Grove of the Patriarchs
适宜季节▶ 5~10 月
距离▶ 1 周约 2 公里
海拔差▶ 几乎没有
所需时间▶ 约 1 小时
出发地▶ 东南大门入口处

中级 Sourdough Ridge
适宜季节
▶ 7 月中旬 ~9 月上旬
距离▶往返 6.7 公里
海拔差▶ 244 米
所需时间▶约 3 小时
出发点▶日出区停车场北侧

中级 Second Burrough
适宜季节▶ 7~9 月
距离▶到第一巴勒斯是 1 周 8 公里，到第二巴勒斯是 1 周 11.2 公里
海拔差▶ 274 米
所需时间▶到第一巴勒斯 1 周需要 3 小时，到第二巴勒斯需要 4 小时
出发点▶日出区停车场北侧

萨瓦德山脊
Sourdough Ridge (Dege Peak)

穿过以鲁冰花为主的高山植物群，沿着山路向上的步道，往返于日出区的东侧与美丽的山梁之间。从厕所后面登上山坡，与登巴勒山时不同，这次在岔路口沿右手方向的道路前进。越往上面走，就会感觉雷尼尔山在变大，如果天气晴朗的话，甚至能远眺贝克雪山等位于加拿大境内的山峰。如果时间不充裕，可以在途中折返。

第二巴勒
Second Burrough

游览日出区周边主要景点的一条步道。内容十分丰富，景色多变。详情请参考 p.293 的专栏。

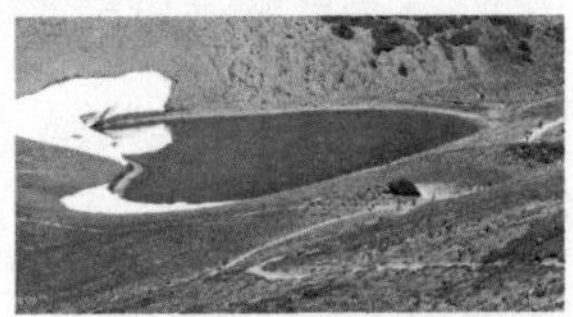

冰湖成为了这条步道的十字交叉口

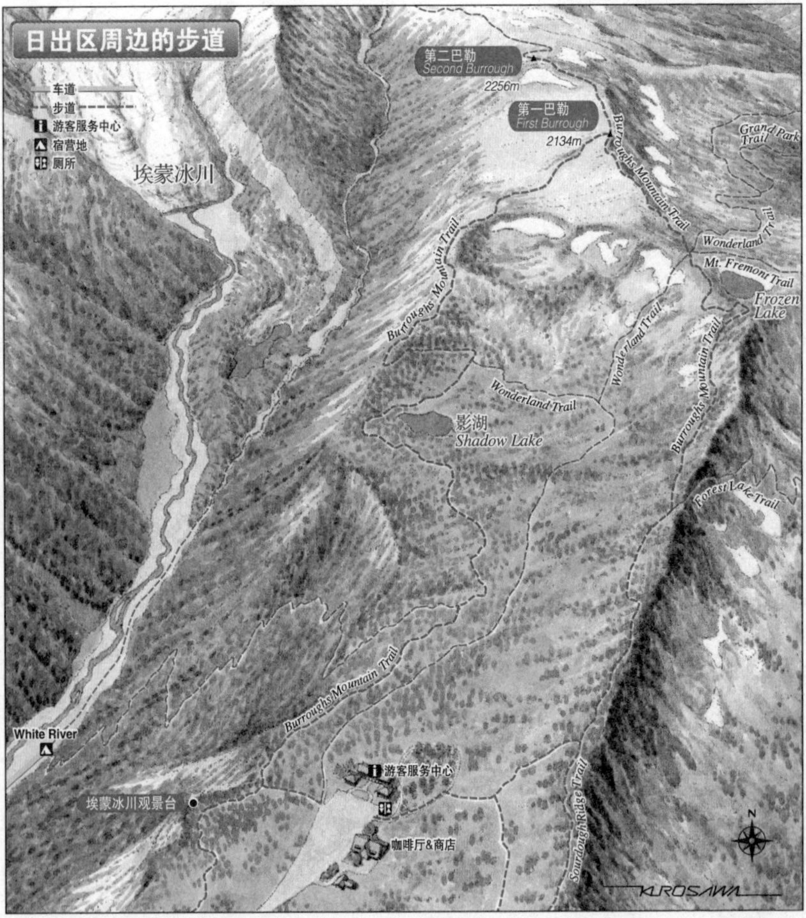

日出区周边的步道
车道
步道
游客服务中心
宿营地
厕所
埃蒙冰川
第二巴勒
Second Burrough
2256m
第一巴勒
First Burrough
2134m
Burroughs Mountain Trail
Grand Park Trail
Wonderland Trail
Mt. Fremont Trail
Frozen Lake
Burroughs Mountain Trail
Wonderland Trail
Wonderland Trail
影湖
Shadow Lake
Burroughs Mountain Trail
Forest Lake Trail
Burroughs Mountain Trail
White River
游客服务中心
埃蒙冰川观景台
咖啡厅&商店
Sourdough Ridge Trail
N
KUROSAWA

Notes 登山须知　需要提前在公园的官网上支付登山登记手续费，当天出发前还需要在管理员的管理站内登记。如果需要使用全景观景点与山顶之间的 Camp Muir，另外还需要支付 $20 的偏远地区许可证费用。↗

登山 Mountain Climbing

攀登雷尼尔山的难度较高，途中有无数的冰谷裂缝等待着你。尽管如此，每年大约还是有 5000 人左右会登顶。准备冬季登山的挑战者，只要可以在冰川上行走，只需在管理站登记一下，便可以单独出发。往返 26 公里，海拔差约 2750 米。对于经验不是很丰富的游客来说，可以先参加登山教室的培训，然后与教官一起登顶。

教授攀登雪山基础知识的登山教室

登山登记手续费
费 每人 $45、24 岁以下是 $32

登山教室
Rainier Mountaineering Inc.
Free 1888-892-5462
URL www.rmiguides.com
费 1 日课程 $197、夏季 4 日登顶课程 $1026

冬季运动 Winter Sports

冬季，在天堂区可以体验越野滑雪的乐趣。周末时还会有由管理员带领的雪鞋雪地行走团体游项目。

Ranger Snowshoe Hike
集合▶ 12 月下旬 ~ 次年 3 月下旬每周六、周日、法定节假日的 11:00、13:30
所需时间▶ 2 小时
地点▶ Jackson VC
费 随意捐赠 $5

Trail Guide

第二巴勒

游客不需要拘泥于走最短线路，可以尝试在往返时选择不同的线路。从位于日出观景点咖啡馆与游客服务中心之间的步道起点出发。一路向上，在路口处左转。最初的 1 公里是比较平缓的坡路。走完这段坡路便进入没有起伏的平路，但是有些路段上布满碎石，需要穿着适合此种路段的鞋。在冰湖右转，进入五岔路，通往巴勒山的登山之旅也就正式开始了（也可以从这里左转去往影湖 Shadow Lake）。

登山道路会让人感到很吃力。周围的环境属于与北极圈相同的冻土地带，只有少数高山植物能够在此生长。这里地处北纬 47°（相当于库页岛南部），海拔 2000 米以上，对于游客来说在此旅游无疑是一种挑战。而且这里的天气也变化无常。

向上攀登 300 米（高度差）以后，气势恢宏的雷尼尔山便会出现在眼前。平坦的山丘一带是第一巴勒。可以在这里休息并眺望埃蒙冰川的美丽景色。

可以看到对面山坡上通往第二巴勒的步道。即便在盛夏季节，这里仍会有很多残雪，要根据实际情况做出判断，不能贸然前行。继续向上走 30 分钟左右，有形似爱斯基摩人雪屋的石凳。那里就是第二巴勒。雷尼尔山看上去更近了。

折返至第一巴勒，可以选择右转，从另一条道路返回日出观景点。走在这条路上，右边可以看到与峡谷相隔的冰川与雷尼尔山，左边可以看到鲁冰花等植物。不过脚下的路并不好走。过了 Glacier Overlook 后左转下行就能到达宿营地。再往前走，左侧就会出现影湖。祖母绿色的湖水非常平静，周围长有颜色各异的野花。从影湖到日出观景点的路比较平坦。能够看见有鹿在森林中的花草间玩耍。这一切宛如童话世界。

注意：不要忘记这里是高纬度山地。雷尼尔山的存在让这一带形成了多变的特殊气候。阴天时气温急剧下降，刺骨的寒风会带走人的体温。一定要穿着足够厚的服装。即使是距离很短的步道，在出发前也要到游客服务中心确认天气情况。另外，在有的年份，8 月仍然会有积雪。游览时对是否可以继续前行要谨慎地做出判断。

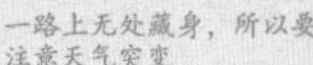
一路上无处藏身，所以要注意天气突变

↗攀登这里的高山，不仅需要专业的装备、技术与经验，还需要有一定的英语基础，可以充分理解公园管理员讲解的关于雪崩等危险信息的重要事项。

雷尼尔山的主角们

雷尼尔山是一座花的公园。每年，7月下旬～8月中旬，数百种高山植物的花朵竞相开放。尤其天堂区更是美不胜收，会让人觉得仿佛真的到了天上的花园。山上的森林里生长着以花旗松为主的针叶树。特别值得一提的是草原与森林交界处的美景。

交界处一带是黑熊和骡鹿出没的场所。森林中还栖息着不少美洲狮。通往东面日出观景点的道路旁也有一片森林，特别是在9月份，那里经常能见到麋鹿。在遍布岩石的区域还有雪羊。

在雷尼尔山，最常见的哺乳动物恐怕当数土拨鼠，不过在栖息着土拨鼠的岩石上更值得游客留意观察的动物是鼠兔。这种动物胆子很小，一听到人的声音马上就会躲到岩缝里，但只要在原地静静地等上一会儿，就能看到它们的身影。

1. 初夏的草原上会出现大片的鲁冰花　2. 年幼的骡鹿　3. 穿梭于岩石之间的鼠兔　4. 越橘是鼠兔最喜爱的食物　5. 日出观景点附近薄雾笼罩中的草原

园内住宿

隆迈尔和天堂区各有一间客栈。虽然都是历史悠久的客栈，但房间内装修一新，十分舒适。没有浴室的房间也会按照住宿人数准备好各种洗漱用品，公用的浴室很干净，可以放心使用。夏季时3个月前几乎房间就会被订满。

客栈的预约方法
☎(360)569-2275 Free 1855-755-2275
URL www.mtrainierguestservices.com
信用卡 Ⓐ Ⓓ Ⓜ Ⓥ

天堂客栈 Paradise Inn

1916年建于天堂区的客栈。木质的建筑内大厅十分宽敞，还有石造的壁炉，特别有情调。周围是野花烂漫的草原。房间内没有电话，有餐厅。全馆禁烟。共121间客房。

这个屋顶曾经抵御过世界罕见的暴雪

开 5/20~10/5(本书调查时)
on off 共用浴室房间 \$120~210
带浴室的房间 \$178~299

国家公园旅馆 National Park Inn

位于隆迈尔。是一间改建于1990年的现代风格客栈。房间内没有电话。有餐厅。全馆禁烟。共25间客房。

冬季也正常营业

开 全年开放
on off 共用浴室房间 \$122~158
带浴室的房间 \$165~258

在宿营地住宿

园内共有6个宿营地，但其中有3处遭受了洪灾，目前只在夏季时开放剩下的3个状态较好的宿营地。距离东南门较近的Ohanapecosh和隆迈尔附近的Cougar Rock宿营地可以预约。

宿营地的预约方法→ p.473
Free 1877-444-6777 URL www.recreation.gov 费 \$20

在附近城镇住宿

位于西南门外侧的阿什福德Ashford和从东南门沿US-12南下途中的帕克伍德Packwood都有少量的旅馆可以住宿。

阿什福德

Ashford, WA 98304 距离西南门约4英里(约6.4公里) 13间

旅馆名称	地址·电话	费用	信用卡·其他
Alexander's Country Inn	住 37515 SR-706 E. ☎(360)568-2300 Free 1800-654-7615 URL www.alexanderscountryinn.com	on \$130~179 off \$99~165	Ⓐ Ⓜ Ⓥ 距离公园大门只有1英里(约1.6公里)。建筑很有历史感。含美式早餐。Wi-Fi免费。全馆禁烟。
Mountain Meadows Inn	住 28912 SR-706 ☎(360)569-0507 URL mountainmeadows-inn.com	on off \$129~169	Ⓜ Ⓥ 距离公园大门6英里(约9.7公里)。是一间很浪漫的B&B。含早餐。Wi-Fi免费。

帕克伍德

Packwood, WA 98361 距离东南门约10英里(约16公里) 7间

旅馆名称	地址·电话	费用	信用卡·其他
Packwood Inn	住 13032 US-12 ☎(360)494-5500	on \$89~145 off \$79~99	Ⓐ Ⓜ Ⓥ 位于城镇的中心部。有室内温水泳池，是小木屋风格，给人一种很温暖的感觉。Wi-Fi免费。全馆禁烟。
Crest Trail Lodge	住 12729 US-12 ☎(360)494-4944 Free 1800-477-5339 URL cresttrail.whitepasstravel.com	on off \$100~304	Ⓜ Ⓥ 位于城镇外侧以西的位置。有冰箱。含早餐。Wi-Fi免费。

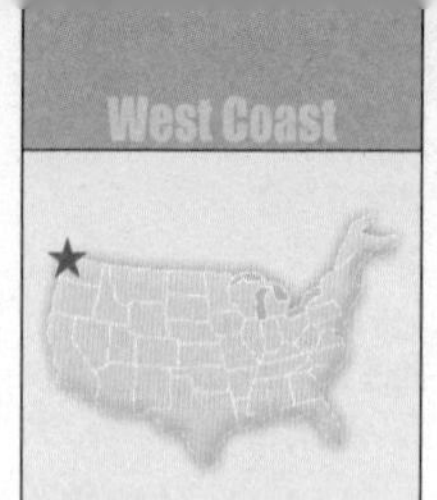

奥林匹克国家公园

Olympic National Park

毗邻奎鲁特族保留地的里托海滩。在奥林匹克半岛上有8个部族的原住民保留地

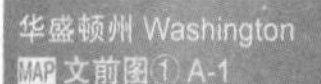

美国共有59个国家公园，如果说到景色的丰富多变，那奥林匹克国家公园应该是当之无愧的第一。奥林匹克国家公园位于华盛顿州西北部以奥林匹斯山（海拔2432米）为中心的奥林匹克半岛上，公园内的山上有将近60条冰川。但是，山脚下却是气候潮湿的温带森林，置身其中会让人联想起热带雨林。森林面对着的就是太平洋。因为环境极为特殊，所以1981年这里被联合国教科文组织列为世界自然遗产。

可以仔细观察一下温带雨林中的地衣类以及苔藓类植物

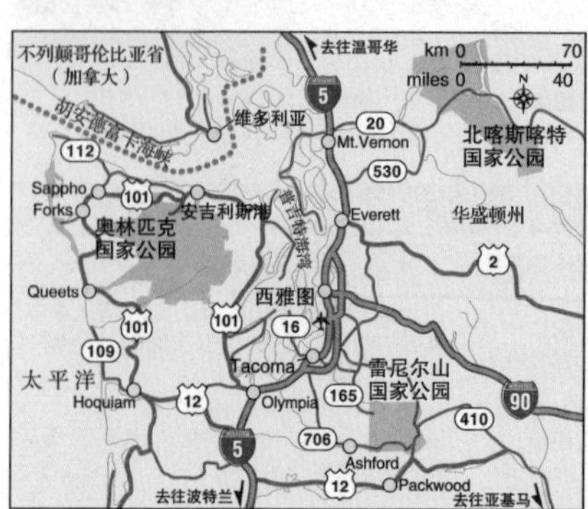

交通

奥林匹克半岛北侧的安吉利斯港 Port Angeles 是公园的门户城市。与加拿大的维多利亚市之间只隔着一个胡安德富卡海峡，两个城市之间有渡轮往返。如果只想游览公园的北部，可以从西雅图乘巴士到达安吉利斯，然后再租借车辆。如果还想游览公园的西侧，建议从西雅图租车自驾，绕奥林匹克半岛游览。日程安排紧凑的话可以当天往返，但是建议结合雷尼尔山国家公园一起，花上 3~4 天的时间周游。

长途巴士　Bus

西雅图与安吉利斯港之间有 Olympic Bus Lines 运行，每天 2 趟车。西雅图的乘车站位于市区的 Safeco Field（503 S. Royal Brougham Way）的旁边。也可以在西雅图国际机场（行李领取处的南侧。00 号门）上车。

从安吉利斯港去往公园则需要租车自驾了。

Olympic Bus Lines　（本书调查时）

↓	↓		↑	↑
12:45	18:40	Sea-Tac Airport	9:50	17:15
13:10	19:05	Seattle Downtown	9:10	16:50
16:35	22:30	Port Angeles	6:00	13:00

租车自驾　Rent-A-Car

从西雅图的 52 号码头驾车登上前往 Bainbridge Island 的渡轮，到达对岸后走 WA-305、WA-3、WA-104 然后驶入 US-101，一直往北行驶便可到达安吉利斯港。大约需要 2 小时 45 分钟。如果准备直接去飓风山脊，进入市区后在 Race St. 左转，沿着路标一直行驶，经过游客服务中心后很快就可以到达飓风山脊。需要 45 分钟车程。

想去新月湖的话，需要从安吉利斯港沿 US-101 向西行驶 21 英里（约 33.8 公里）。距离海岸地区有 70 英里（约 113 公里）左右。南部的卡拉洛奇距离安吉利斯港有 90 英里远（约 145 公里）。

与加拿大之间跨国境的渡轮

DATA
时区▶太平洋标准时间 PST
☎（360）565-3130
URL www.nps.gov/olym
开 365 天 24 小时开放
宜行期 全年
费 每辆车 $25、摩托车 $20、其他入园方式每人 $12
被列为国家公园▶ 1938 年
被列为世界生物保护区▶ 1976 年
被列为世界遗产▶ 1981 年
面　积▶ 3734 平方公里
接待游客▶约 324 万人次
园内最高点▶ 2432 米（Mt.Olympus）
哺乳类▶ 64 种
鸟　类▶约 300 种
两栖类▶ 13 种
鱼　类▶ 37 种
爬行类▶ 4 种
植　物▶ 1450 种

安吉利斯港的游客服务中心
住 121 E. Railroad Ave.
☎（360）452-2363
营 周一～周六的 10:00~16:00；夏季是每天 9:45~17:00
位于渡轮码头的旁边

Olympic Bus Lines
☎（360）417-0700
Free 1800-457-4492
URL www.olympicbuslines.com
费 西雅图出发单程 $39，往返 $69。机场出发单程 $49，往返 $79

Budget Rent-A-Car
住 111 E. Front St.
☎（360）452-4774
渡轮码头附近

预留足够的时间

西雅图周边的交通十分拥挤。上下班高峰和周末的时候，经常一直堵车到 I-5。另外，WA-104 上还有升降大桥，如果刚好有船经过，需要等待 30 分钟 ~1 小时。

Washington State Ferries
Free 1888-808-7977
URL www.wsdot.wa.gov/ferries
运航时间 早晨至深夜，每 35~105 分钟一班船。单程 35 分钟
费 夏季 $17.30、冬季 $13.90、同乘 1 人 $8

主要景点之间的所需时间
Port Angeles - Hurricane Ridge 约 55 分钟
Port Angeles - Lake Crescent 约 30 分钟
Lake Crescent - Hoh 约 90 分钟
Hoh - Kalaloch 约 75 分钟
Kalaloch - Quinault 约 45 分钟

熊出没
奥林匹克半岛的熊比较多。下车后一定要将食物、饮料、调味料、化妆品、垃圾袋等有味道的物品装入后备箱内。

Olympic NP VC
☎（360）565-3130
开 夏季 8:00~17:00
冬季 9:00~16:00

其他设施
飓风山脊等园内客栈中都有餐厅（只限夏季）。其他设施都在安吉利斯港等地。
加油站
US-101 沿线有很多加油站。另外在卡拉洛奇客栈也可以加油。

Wildlife
生态得以恢复的消息
1. 流淌于安吉利斯港和新月湖之间的埃尔瓦河，当地政府斥资 11 万美元将河上的两座大坝拆除，让鲑鱼像从前一样可以溯河而上去完成产卵。
2. 貂是长相类似于水貂的一种鼬科动物。因为毛皮非常美丽而遭到人类大量猎杀，因此 19 世纪末在奥林匹克半岛上灭绝，20 世纪初绝迹于整个华盛顿州。从 2008 年开始，一项旨在让貂重新出现在奥林匹克半岛的计划得以实施。当年春天，有 18 只捕获于加拿大的貂在半岛上的飓风山脊被放归自然。在之后的两年里，又有 72 只被放归到这里。

奥林匹克国家公园 漫 步

园内的主要景点分布在奥林匹克半岛中部的山岳地区，和太平洋沿岸南北 90 公里的海岸地区。各个景点之间没有直接连接的道路，只能沿半岛公路 US-101 绕道行驶。

山岳地区的景点需要从北侧进入。景点有海拔约1500米的广阔高原、飓风山脊 Hurricane Ridge、森林围绕的新月湖 Lake Crescent 等。

海岸地区的热点是温带雨林。主要有霍河温带雨林 Hoh Rain Forest 和奎诺尔特温带雨林 Quinault Rain Forest。海岸边还有卡拉洛奇 Kalaloch 小镇。

环半岛一周的 US-101 车流量很小，十分畅通

获取信息 Information

Olympic National Park Visitor Center

位于安吉利斯港的 Race St.（中途变为 Mt. Angels Rd.）以南 1 英里（约 1.6 公里）处。在去往飓风山脊的途中。在这里除了可以获取徒步远足步道线路图等各种旅游信息以外，还可以观看 25 分钟的公园小短片。

逆时针游览公园的话，首先会到达这里

季节与气候 Seasons and Climate

根据所处位置的不同，奥林匹克国家公园的气候有着戏剧性的变化。太平洋上寒冷的加利福尼亚海流带来的湿润空气，会乘着强烈的西北风与奥林匹克山脉相撞，给西侧的山体斜面带来大量的降雨。海拔较高的地区则会降雪，从而孕育了冰川，山脚下雨水充沛的地区则生长着茂密的森林。而山东侧的气候则与洛杉矶基本一致，属于干燥气候。

公园是一年四季都对外开放的，虽然每个季节都有不同的游览方法，不过还是夏季最合宜。因为，夏季与其他季节相比降水量要少一些，晴天会多一些。最高气温也不过是 24℃上下。冬季时山岳地区会有大量的降雪，适合冬季运动。

无论什么季节到这里天气变化都十分多样，各地区之间的气候差异也比较大，最好可以带上比较厚的外套。特别是准备徒步远足或者宿营的游客，需要做好万全的准备。如果冬季时准备驾车游览山岳地区，必须要准备雪地防滑链。

奥林匹克国家公园 主要景点

飓风山脊
Hurricane Ridge

从安吉利斯港驾车一口气驶到海拔 1500 米的山坡处，游客服务中心建在风景优美的山脊之上。在飓风山脊可以看到仍有残留冰川的山岳群、胡安德富卡海峡，甚至还能远眺加拿大的温哥华岛和北喀斯喀特山脉的群山！附近的草原上还有高山植物群分布，其中不乏有小鹿和土拨鼠在游走。

夏季也很凉爽

新月湖
Lake Crescent

US-101 沿岸的一座月牙形状的冰川湖。湖的四周被群山所包围，十分安静，湖畔的客栈特别适合观景。由于湖水中氮的浓度较低，所以没有浮游生物，这也使湖水保持了较高的透明度。时间充裕的话，建议挑战一下玛丽米尔瀑布（→ p.302）的步道。

特别适合坐在湖畔的椅子上，沐浴着阳光，慵懒地翻着自己喜欢看的书，就这么悠闲地等着太阳落山

Hurricane Ridge Visitor Center
开 夏季 9:00~18:00
冬季 9:30~16:00
休 淡季时的每周一 ~ 周五

初级 Cirque Rim Trail
适宜季节▶ 6~10 月
距离▶ 1 周 1.6 公里
海拔差▶ 15 米
所需时间▶ 40 分钟
出发地▶游客服务中心

积雪期的路况

飓风山脊在积雪期是每周五 ~ 周日以及法定节假日的 9:00~16:00 期间可以通行。11 月下旬 ~ 次年 4 月上旬需要装备防滑雪链。路况信息请拨打 ☎（360）565-3131

Wildlife

巨树的森林

奥林匹克半岛还因巨树繁多而知名。云杉 Sitka Spruce（58 米）、花旗杉 Weatern Red Cedar（48 米）等，根据树种的不同，半岛内发现了大量的世界级的大树。

奥林匹克国家公园

去往弗拉德利角
Sekiu
胡安德富卡海峡
Ozette
奥泽特族印第安保留地
Ozette Lake
Salt Creek
安吉利斯港 Port Angeles
新月湖
小木屋度假村 Log Cabin Resort
Klahowya
Sol Duc River
Fairholme
新月湖客栈 Lake Crescent Lodge
Altair
Elwha
Heart O'the Hills
去往西雅图
福克斯 Forks
里托海滩
Mora
索尔达克温泉度假村 Sol Duc Hot Springs
飓风山脊
Deer Park
奎鲁特族印第安保留地
Bogachiel
Mt.Carrie 2132m
霍河温带雨林
Mt.Deception 2374m
太平洋
Mt.Olympus 2432m
霍族印第安保留地
Dosewallips
红宝石海滩
Queets River
卡拉洛奇客栈 Kalaloch Lodge
North Fork
Graves Creek
Staircase
奎诺尔特温带雨林
Lake Quinault
Big Creek
奎诺尔特印第安保留地
去往奥林匹亚
奎诺尔特湖客栈 Lake Quinault Lodge
Lake Cushman

30 国道
112 州公路
非铺装道路
步道
游客服务中心
客栈
宿营地
宿营地(只限夏季)
km 0 5 10
miles 0 5

Sol Duc Hot Springs
Free 1866-476-5382
开 3 月下旬 ~10 月中旬
夏季 9:00~21:00；
春秋季至 20:00
费 $12.25，4~12 岁是 $9.25
※ 在此住宿的客人可免费。需要穿泳衣。

索尔达克温泉
Sol Duc Hot Springs

位于新月湖南侧的温泉度假酒店。“Sol Duc”是当地原住民的语言，意思是“有温泉涌出的土地”。温泉水中含有大量的碳酸和硅酸，温度在36.7~41℃。度假村内设施齐全，有宿营地、小木屋、餐厅等；也可以只泡温泉不住宿。一边泡着温泉，一边欣赏着森林的景色，真是再舒服不过了。温泉的水虽然是透明的，但是进入到温泉内会觉得水质有些黏稠，而且还带有刺鼻的硫黄臭。

穿着泳衣在温泉内玩耍

Cape Flattery
从新月湖向西行驶 25 英里（约 40 公里），右转至 WA-113，途中会与 WA-112 汇合，然后向 Neah Bay 方向行驶。进村后，按照标识继续行驶 7 英里（约 11 公里）。全程约用时 2 小时。到达停车场后，沿斜坡步行走下去，大约需要 20 分钟。
※ 可以在保留地内的加油站、Makah Tribal Center 或者马卡族博物馆购买进入许可证。

Makah Cultural and Reserch Museum
☎（360）645-2711
开 10:00~17:00
休 11 月的第四个周四、12/25、1/1
费 $5

弗拉德利角
Cape Flattery

位于马卡族印第安人保留地内（进入许可证 $10）、48 州西北端的一个海角。在断崖上设有一个观景台，途中经过 WA-12，沿途可以看到大量的海狮、海豹、海鸟等。还有生活在胡安德富卡海峡内的灰鲸和白头鹫等动物。从海角回来的路上，会经过位于 Neah Bay 的马卡族博物馆，馆内十分有趣，不妨去参观一下。

可以远眺海面上漂浮的无人岛——塔图什岛上的灯塔

Rialto Beach
从福克斯沿 WA-110 向西行驶 13 英里（约 21 公里）。约 40 分钟车程。

La Push
沿 WA-110 行驶然后左转至 La Push Rd，6 英里（约 9.7 公里）。从福克斯到这里大约需要 40 分钟。奎鲁特族印第安保留地可以免费进入。

里托海滩
Rialto Beach

位于距离福克斯以西 10 英里（约 16 公里），面向太平洋的奎鲁特河河口处。可以近距离地观察海狮、雄鹰和海豹。河流围绕着的拉布席（La Push）村，还是奎鲁特族印第安保留地。传说奎鲁特族人是狼人的后代，他们靠捕鱼、编织篮筐为生。现在村内还有民宿、宿营地等住宿设施，还有一个小港口。

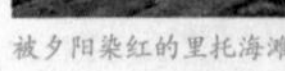
被夕阳染红的里托海滩

奎鲁特族约有 400 人，他们传承着自己民族特有的文化传统在此生活

Notes 关于大麻　虽然在华盛顿州购买和使用大麻是合法的，但是在国家公园、国有林和马卡族印第安人保留地内使用大麻和持有大麻都是被禁止的。

海岸地区的道路旁都设有避难道路指示牌

在霍河温带雨林内行走时，一定要注意观察附着在树干或者树枝上的苔藓

霍河温带雨林
Hoe Rain Forest

类似于热带雨林的茂密森林。年平均降水量高达3700毫米，所以可以孕育大量的巨树在这里生长，也是世界上为数不多的温带雨林。在这片温带雨林中行走可以体验到远古时代的感觉。加州铁杉（Western Hemlock）、大叶枫树 Bigleaf Maple 等树木随处可见，在树干、树枝上生长着100种以上的苔藓，垂下的树枝上有长肋青藓和卷柏等，仿佛回到了远古时代。脚下也有大量的凤尾草生长。奇怪的是这里唯一不长苔藓的树木是美西红柏 Western Red Cedear。据说是因为这种树木的树皮是酸性的，不适合苔藓生长。

海岸地区

这个地区的游览方法可以是一边沿着海岸边的沙滩散步，一边观察岩石类生物。在没有沙滩的岩石地带还设有徒步步道。在卡拉洛奇的信息中心（只在夏季开放）可以领取潮汐时间表，徒步时应尽量避开涨潮时间段。冬季时还可以赏鲸。这里受寒流的影响，即便是夏季海风也是比较凉的。行走在这片海滩上倾听着海浪拍打沙滩的声音，可以让自己的身心得到尽情舒缓。岸边数不清的漂流上岸的枯木们讲述着它们各自的故事。

卡拉洛奇的海滩。切勿在浪比较大的时候行走，有游客曾经被海浪卷上岸的枯木砸到并且致死

奎诺尔特温带雨林
Quinault Rain Forest

位于公园西南侧的温带雨林。由于地处奎诺尔特湖畔，所以湿度要比霍河温带雨林高一些，枫树也更加多一些，两个雨林的植被有着微妙的不同。这里的苔藓也更加茂盛，到处都布满了绿色的苔藓类植物。从US-101过来的途中，一定要顺路去看一看树龄1200年的美西红柏的巨树（有指示牌）。

Hoh Rain Forest Vistor Center
☎（360）374-6925
开 夏季 9:00~17:00
冬季是周五～周日的10:00~16:00
休 冬季的周一～周四

初级 Hall of Mosses
适宜季节▶通年
距离▶1周1.3公里
所需时间▶30~40分钟
出发地▶游客服务中心

初级 Spruce Nature Trail
适宜季节▶通年
距离▶1周1.9公里
所需时间▶约1小时
出发地▶游客服务中心

注意蚊虫！

夏季时森林中有大量的蚊虫。这些蚊子的体形要比国内的大上好几倍，被叮咬后特别疼痛。尽量不要穿短袖上衣和短裤。

Kalaloch Information Station
☎（360）962-2283
开 只在夏季开放 9:00~17:00

初级 Maple Glade Trail
适宜季节▶全年
距离▶1周800米
所需时间▶20~30分钟
出发地▶奎诺尔特温带雨林的公园管理员管理站

Wildlife

如果与美洲狮相遇

虽然概率很低，但确实曾经出现过遇到美洲狮的徒步远足者。如果真的与美洲狮相遇，需要大幅度地挥动手臂使自己看起来更加强大，还要发出声音恐吓它，然后倒退着撤离。千万不要背对美洲狮逃跑。万一被美洲狮袭击，不要装死，只能奋力抵抗才有活路。

中级 Hurricane Hill
适宜季节▶ 6~10 月
距离▶往返 5.1 公里
海拔差▶ 213 米
所需时间▶往返约 3 小时
出发点▶飓风山脊道路的尽头

中级 Marymere Falls
适宜季节▶全年
距离▶往返 2.9 公里
海拔差▶ 122 米
所需时间▶往返约 1.5~2 小时
出发点▶ Lake Crescent Lodge

高级 Mt. Storm King
适宜季节▶ 6~10 月
距离▶往返 7 公里
海拔差▶ 640 米
所需时间▶往返 5 小时
出发地▶ Lake Crescent Lodge

钓鱼的注意事项

公园内有针对园内垂钓的严格规定，主要关于用具、地点、鱼的大小等。具体细则请在游客服务中心进行咨询。

滑雪场

滑雪缆车线路 1 条，登山缆索 1 条。只在 12 月~次年 3 月期间营业。1 日缆车券是 $35

Ranger Snowshoe Walk
集合▶ 12 月下旬~次年 3 月下旬周五~周日的 14:00
所需时间▶ 1 小时 30 分钟
地点▶飓风山脊
费 $17

奥林匹克国家公园 户外活动

徒步远足 Hiking

想要在有限的时间里充分感受奥林匹克国家公园内多姿多彩的自然风光，建议你可以选择多条距离较短的步道走走看。在游客服务中心领取地图，然后挑选自己喜爱的线路。不过不要忘记，这里随时随地都会下雨，一定要带上雨具。

飓风山
Hurricane Hill

如果你计划在飓风山脊停留半天以上时间，一定要挑战一下登上飓风山。从山顶眺望大海是一件非常美妙的事情。

玛丽米尔瀑布
Marymere Falls

从新月湖穿过国道向森林的深处走，就可以看到落差 27 米的美丽瀑布。

雨神山
Mount Storm King

从玛丽米尔瀑布稍微折返一段距离，然后进入东侧的小路。需要攀登比较险陡的盘山道，登顶后可以俯瞰新月湖的全景。

钓鱼 Fishing

园内的河流与湖泊中，可以钓到虹鳟鱼、美洲鲑、溪鳟鱼等鳟鱼类。不需要许可证。不过，海钓需要华盛顿州的许可证（1 日证 $20.15）。可以在体育用品商店或者杂货铺内购买。

冬季运动 Winter Sports

飓风山脊滑雪场位于国家公园正中间的位置。有多条雪道非常适合越野滑雪，天气晴朗的日子里，可以参加户外团体游一边欣赏雪山美景，一边体验速度的乐趣。通往飓风山脊的道路只有在周末的白天才对外开放。必须要加装防滑轮胎雪链。有时会因风吹雪而封锁道路。

奥林匹克国家公园 住宿设施

园内住宿

公园内共有 4 间客栈、周边有 1 间。除 Kalaoch Lodge 以外，其他 4 间都可以通过下面的方式预约。

新月湖客栈 Lake Crescent Lodge

建于新月湖南岸的一间有品位的木结构客栈。小木屋别墅和汽车旅馆形式的房型较多。虽然屋内很简洁，但家具和摆设都让人感觉很舒服。再加上湖水拍打湖岸的声音，和浩瀚的星空做伴，心情格外的舒畅。大堂有阳光房，阳光透过白色木框的窗户直射进来让人感觉很惬意。客房内没有电话。有免费 Wi-Fi。需要提早预约，共有 55 间客房。

还有一间很有情调的

Aramark Parks & Destinations Free 1888-896-3818
URL www.olympicnationalparks.com 信用卡 A M V
Lake Crescent Lodge 营 5 月初~次年 1 月初
住 416 Lake Crescent Rd., Port Angeles, WA 98363
☎ (360) 928-3211 on off 客栈 $153~186、别墅 $221~283

索尔达克温泉度假村 Sol Duc Hot Springs Resort

如果想好好地享受温泉的乐趣，一定要在这里住上一晚。小木屋内都带有淋浴房和暖风。另外还有带厨房的房间，屋内有冰箱和微波炉等设施。共 32 栋。

营 3 月下旬 ~10 月中旬
住 12076 Sol Duc Hot Springs Rd., Port Angeles, WA 98362 ☎（360）327-3583 on off $225~457

卡拉洛奇客栈 Kalaloch Lodge

卡拉洛奇客栈位于 US-101 沿线，面朝太平洋而建。共有 44 栋带厨房的小木屋和 22 间标准客房。大多数的小木屋内都可以观赏海面落日的绝景。还有海景餐厅、加油站和商店。

营 全年开放 住 157151 Hwy. 101, Forks , WA 98331
☎（360）962-2271 Free 1866-662-9969
URL thekalalochlodge.com on $182~278 off $109~314

位于高地，可以无任何遮拦地观赏海景

奎诺尔特湖客栈 Lake Quinault Lodge

沿 US-101 向北行驶 2 英里（约 3.2 公里）便可到达奎诺尔特湖，客栈位于湖的东岸。一楼大厅是开放式空间，有暖炉，非常温馨。客栈内有餐厅、室内游泳池、桑拿房。共有 92 间客房。

营 全年开放
住 345 South Shore Rd., Quinault, WA 98575
☎（360）288-2900 on $236~457 off $140~250

小木屋度假村 Log Cabin Resort

建于新月湖东北侧的小木屋。沿 US-101 向北行驶 3 英里（约 4.8 公里），便会进入到这片幽静的土地。有宿营地、餐厅、投币式洗衣房。共 28 栋小木屋。

营 5 月下旬 ~9 月中旬
住 3183 E. Beach Rd., Port Angeles, WA 98363
☎（360）928-3325 on off $114~222

宿营地住宿

公园内、国道沿线等地共有 16 处宿营地、910 个帐篷位。冬季也有半数以上的宿地对外开放。其中只有卡拉洛奇的宿营地在夏季是可以预约的，剩下的则是按照先到先得的顺序来决定。

在附近城镇住宿

US-101 沿途有不少汽车旅馆。如果到达旅馆的时间比较早，不需要预约。

安吉利斯港 Port Angeles, WA 98362 距离飓风山脊约 20 英里（约 32 公里） 19 间

旅馆名称	地址 · 电话	费 用	信用卡 · 其他
Red Lion Hotel	住 221 N.Lincoln St. ☎（360）452-9215 Free 1800-325-4000 URL www.redlion.com	on $106~152 off $99~170	ⒶⒹⒿⓂⓋ 渡轮乘船口岸前。Wi-Fi 免费。有室外游泳池。
Royal Victorian Motel	住 521 E. First St. ☎（360）452-8400 FAX（360）452-4201 Free 1866-452-8401 URL www.royalvictorian.net	on $65~109 off $45~89	ⒶⓂⓋ 位于市中心地段的 US-101 沿线（向东行驶）。全馆禁烟。含早餐。Wi-Fi 免费。

福克斯 Forks, WA 98331 距离霍河温带雨林约 30 英里（约 48.3 公里） 11 间

旅馆名称	地址 · 电话	费 用	信用卡 · 其他
Olympic Stuites Inn	住 800 Olympic Dr. ☎（360）374-5400 FAX（360）374-2528 Free 1800-262-3433 URL www.olympicsuitesinn.com	on $94~104 off $59~74	ⓂⓋ 位于城镇的偏北地区。全馆禁烟。有冰箱、微波炉、投币式洗衣房。Wi-Fi 免费。
Forks Motel	住 351 S. Forks Ave ☎（360）374-6243 FAX（360）374-6760 Free 1800-544-3416 URL www.forksmotel.com	on $99~160 off $63~99	ⒶⒹⒿⓂⓋ 位于市中心地段。Wi-Fi 免费。有投币式洗衣房。

塞克乌 Sekiu, WA 98381 距离弗拉德利角约 25 英里（约 40 公里） 7 间

旅馆名称	地址 · 电话	费 用	信用卡 · 其他
Straitside Resort	住 241 Front St. ☎（360）963-2100 FAX（360）963-2173 URL www.straitsideresort.com	on off $79~109	ⒶⓂⓋ 沿 WA-112 驶入渔村内，马上就可以看到这间旅馆。有宽敞的厨房，还能欣赏到小海湾的景色。Wi-Fi 免费。

北喀斯喀特国家公园

North Cascades National Park

耸立于公园北部的舒克桑山 Mt. Shuksan。海拔 2783 米，虽不算高，但山脚下却有 3 条冰川

华盛顿州 Washington
MAP 文前图① A-2

邻近美加边境的北喀斯喀特国家公园是一个具有神秘色彩的公园。湖水和峡谷看上去总是非常朦胧，仿佛是山水画一般。这种北喀斯喀特特有的景观，据说是因当地潮湿的气候而形成的。厚重的云层笼罩着山顶，一旦云开雾散，有着 700 多条冰川的一座座山峰便会突然出现在眼前。湖水似乎也在呼吸，就像一个生灵，这样的景色堪称奇迹。登山家 H. 曼宁这样写道：

“北极和格陵兰的冰川让山峰变得支离破碎，而北喀斯喀特的冰川却能与花草树木、湖泊河流以及人类和谐共处。”

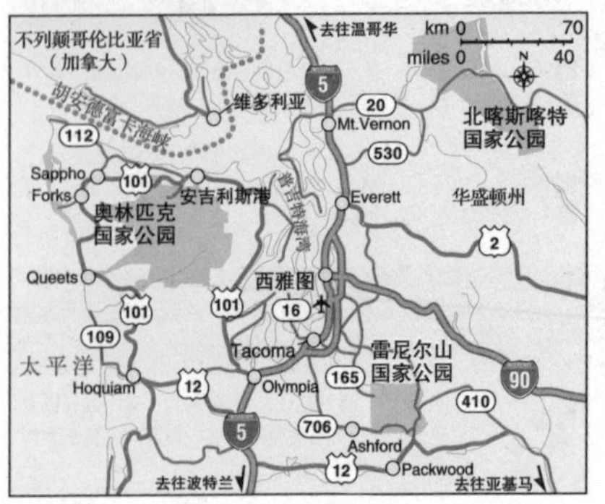

仿照德国巴伐利亚地区的城镇而建的莱文沃斯

交通

虽然距离西雅图只有 2 小时车程，但遗憾的是没有从西雅图出发的团体游项目，只有靠租车自驾才可到达。公园本身位于交通十分不便的老山深处，一般来说游览这里主要是沿着旁边的国家休闲娱乐区和国有森林行驶，看一看附近的山景。

初次来这里游览，推荐围绕一条叫作"喀斯喀特环山道"的自驾线路兜风一圈。从西雅图出发沿 I-5 向北行驶 30 英里（约 48.3 公里），从 Everett 开始进入环山道，全程共 420 英里（约 675.9 公里），1 晚 2 天的行程最合适。沿途可以体验田园地带、山顶带有积雪的险峻群山、清澈的湖水等多样的大自然带来给我们的乐趣。

从 Everett 出发沿 US-2 向东行驶，沿途会经过拥有南部德国风情的莱文沃斯 Leavenworth 小镇和具有西部剧风格的喀什米尔 Cashmere 小镇，然后在拥有广阔苹果林的韦纳奇 Wenatchee 会见到科伦比亚河。从这里再沿 US-97 向东行驶，在奇兰 Chelan 住宿一晚。如果可能的话，可以住 2 晚，游览一下湖对岸的斯特希金 Stehekin。

然后从奇兰继续向东行驶，从 WA-153 向北进入到 WA-20。这里会再次经过一个西部剧风格的小镇温思罗普 Winthrop，经过这里之后终于可以进入到本次行程的焦点喀斯喀特山脉地区了。一路上目不暇接的各种风景如诗如画，华盛顿隘口 Washington Pass 以国家公园的群山为背景，碧蓝碧蓝的罗斯湖 Ross Lake 湖水充满着神秘感，魔鬼湖 Diablo Lake 充满着魔幻色彩。

从隘口下来后，会到达一个叫作斯卡吉特谷 Skagit Valley 的大平原地区。春季的时候这里是一片郁金香花海。驶出这里后会在伯灵顿 Burlington 与 I-5 交会。

获取信息 Information

Chelan Ranger Station

奇兰公园管理员管理站位于奇兰的湖尾地区。这里不仅可以获取国家公园的信息，还可以拿到奇兰湖、斯特希金、特高大桥 High Bridge 的信息。

位于华盛顿隘口西侧的雷尼湖

DATA

时区▶太平洋标准时间 PST
☎（360）854-7200
网 www.nps.gov/lach
开 积雪期部分地区封路。其他地区 24 小时开放
宜行期 5~10 月
费 免费
被列为国家公园▶1968 年
面　积▶2043 平方公里
接待游客▶约 23900 人次
园内最高点▶2806 米（Goode Mtn.）
哺乳类▶75 种
鸟　类▶约 200 种
两栖类▶13 种
爬行类▶10 种
鱼　类▶28 种
植　物▶1630 种

到达各地的所需时间

Everett → Leavenworth	2 小时
→ Chelan	70 分钟
→ Winthrop	90 分钟
→ Washington pass	45 分钟
→ Diablo Lake	40 分钟
→ Newhalem	15 分钟
→ Burlington	75 分钟

关于积雪期

WA-20 上的华盛顿隘口路段（Winthrop—Diablo Lake），在每年 11 月中旬~次年 4 月下旬（根据积雪情况而定），会封路。

Wildlife

白头鹫

冬季的时候罗克波特 Rockport 附近的河边会聚集大量的白头鹫，在 WA-20 的沿途也经常会看到它们的身影。值得推荐的观鸟地是进入喀斯喀特河路后马上会经过的一座桥上、英里里程标 100 的停车场处以及 Bald Eagle Interpretive Center、Howard Miller Steelhead County Park 等地。

运气好的话，夏季的时候也可以看到

Newhalem 的游客服务中心，规模较大，展览也非常丰富

Chelan Ranger Station
☎（509）682-4900
开 7:00~16:30
休 法定节日

North Cascades VC
☎（206）386-4495
开 9:00~17:00
休 11 月 ~ 次年 4 月

Golden West Visitor Center
斯特希金的渡船码头附近
☎（509）699-2080
开 5 月下旬 ~9 月下旬的 8:30~17:00
冬季时只在渡船运航的时间段 12:30~13:30 开放

初级 Imus Creek
适宜季节▶ 6~9 月
距离▶往返 2.4 公里
所需时间▶往返约 1 小时
海拔差▶ 152 米
出发地▶游客服务中心

渡船与团体游
☎（509）682-4584
Free 1888-682-4584
URL ladyofthelake.com
Rainbow Fall Tour
所有渡船都可参加。$9。

水上飞机
☎（509）682-5555
URL www.chelanseaplanes.com
费 单程渡船、单程飞机是 $130.50~151。游览北喀斯喀特上空项目是 $175~295（可在斯特希金寄泊）

循环巴士
费 去往 High Bridge 单程 $7
运行 6 月上旬 ~10 月上旬。斯特希金出发 8:00、11:15、14:00、17:30。单程需 1 小时。

Washington Pass
设施 公共厕所

初级 Rainy Lake
适宜季节▶ 6~9 月
距离▶往返 3.2 公里
所需时间▶往返约 50 分钟
出发地▶ Rainy Pass
设施 公共厕所

North Cascades Visitor Center

位于罗斯湖国家休闲度假区界内的 Newhalem（WA-20 英里里程标 120）附近。有定期的公园管理员导览项目。

北喀斯喀特国家公园 主要景点

奇兰湖
Lake Chelan

水深 457 米，全美第三深的湖泊，在全世界排名第 19 位，是一座冰川湖（→ p.274）。虽然湖的南侧有大坝，但是受大坝影响而增加的储水量仅有极少的一部分。大坝的附近是一个叫作奇兰（Chelan）的热闹小镇，不过由于南北向约 80 公里以及湖畔周围没有道路通车，感觉很像北欧的挪威峡湾，保留着神秘的风景色彩。

斯特希金
Stehekin

位于奇兰湖北岸的一个小村庄。只能从奇兰乘坐渡船或者水上飞机到达这里。沿斯特希金继续向北行驶，是一段非铺装道路，可以一直通到北喀斯喀特国家公园。这段路程在 5 月下旬 ~10 月上旬的时候，会专门有为徒步者和宿营者准备的循环巴士通行（红色的前置发动机巴士车）。每天往返 2~4 趟车。需要预约。

如果准备从奇兰出发 1 日游的话，可以参加去往彩虹瀑布的团体游项目，或者乘坐循环巴士前往特高大桥 High Bridge 俯瞰全美水质最好的斯特希金河 Stehekin River。不过，如果乘坐渡轮的话可能时间会来不及，需要乘坐水上飞机（单程也可以）。

奇兰湖的渡船

渡船名称	往返费用	航运期	出发	返回	在斯特希金停留的时间
Lady of the Lake II	$40.50	5 月上旬 ~10 月中旬	8:30	18:00	90 分钟
Lady Express	$61	5 月上旬 ~9 月中旬	8:30	14:45	60 分钟
	$40.50	10 月中旬 ~ 次年 4 月（每周 3~4 次）	10:00	16:00	

华盛顿隘口
Washington Pass

横跨喀斯喀特山脉的一个山口。耸立于山口之上的 Liberty Bell Mountain 等山峰气势恢宏。向西 2 英里（约 3.2 公里）有一个停车场，从那里步行 20 分钟可以到达四面有悬崖环绕的 Rainy Lake。

积雪期处于封闭状态，春季与秋季游览时需要关注当地的天气预报

Notes Cascadian Farm WA-20 沿途的罗克波特以东（英里里程标 100）地区的生态农场和食品杂货铺。可以买一些有机蔬菜和火腿三明治，再配上一杯有机咖啡，坐在屋外的餐桌上一边吃午餐一边欣赏美丽 ↗

罗斯湖与魔鬼湖
Ross Lake & Diablo Lake

根据气候的不同湖水的颜色也会有很大的变化

这两座是水坝湖，一直绵延到与加拿大之间的国境线处。湖畔有许多野生动物，可以经常看到它们的身影。湖水四周是被冰河削割过的群山，由于矿物质含量很高，湖水的颜色很特别。

Diablo Lake Overlook
设施 公共厕所

魔鬼湖游湖客船
☎（206）526-2599
URL www.skagittours.com
通航时间 7月上旬~9月中旬的周四~下周一 10:30
费 $40，儿童半价
集合 在 WA-20 的英里里程标 127.5 的位置向左转，穿过大坝后，在路的尽头右转，沿湖畔行驶一段时间后会有 North Cascades Envioronmental Learning Center。这里便是集合地点。

喀斯喀特河公路
Cascade River Road

在云岩山 Marblemount 附近 WA-20 道路会有一个较大的弯道，从这里向南行驶 23 英里（约 37 公里）便是喀斯喀特河公路（有部分是非铺装道路）。途中虽然没有什么可以眺望的景色，但是道路两旁的针叶树林与溪谷景色相当漂亮。大约行驶 1 小时就会到达终点，这里的景色是令人震撼的险峻群山。从这里开始就是在北喀斯喀特最有人气的步道。登上喀斯喀特隘口 Cascade Pass，可以一览冰川环抱的群山全景。

沿途的森林和溪谷十分美丽

高级 Cascade Pass
适宜季节▶ 7月下旬~9月下旬
距离▶ 往返 12 公里
海拔差▶ 550 米
所需时间▶ 1 周 4~6 小时
出发地▶ 喀斯喀特河公路的终点处
※ 注意天气骤变。必须携防寒用具。

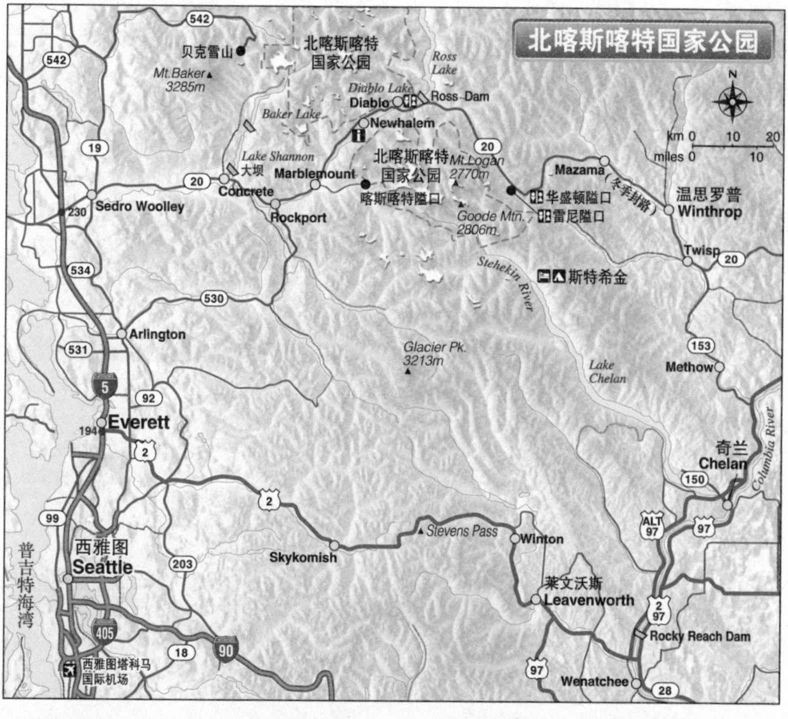

↗的香草田。甜品可试试这里人气最高的自制有机蓝莓冰激凌。5~10 月期间开放。营 夏季是 9:00~19:00，春季和秋季是 10:00~18:00。

园内住宿

斯特希金北喀斯喀特客栈 North Cascade Lodge at Stehekin

建于斯特希金渡船码头前的一间客栈。由于这里有冬季运动爱好者会聚，所以客栈春季的时候也会开放。房间内没有电话。有餐厅。全馆禁烟。共 28 间客房。冬季休业。

这里是一间很特别的客栈，如果你想体验一下不一般的旅行这里最合适

☎（509）682-4494
URL www.lodgeatstehekin.com
on off $122~202　信用卡 Ⓐ Ⓓ Ⓜ Ⓥ

斯特希金谷庄园 Stehekin Valley Ranch

位于斯特希金谷深处的小木屋度假村。循环巴士在这里停车。不带淋浴房的木屋较多，只有 5 栋小木屋是有浴室的。住宿费用包含 3 餐，午餐可以帮你准备成便当形式。虽然住宿设施很简单，但这里却十分受游客欢迎。几乎在半年以前就被预订满房了。只在夏季营业。循环巴士是免费的。

☎（509）682-4677　Free 1800-563-0745
URL www.stehekinvalleyranch.com
on off 无浴室房间每人 $100
有浴室房间每人 $120~175
有儿童优惠，连续住宿折扣　信用卡 Ⓜ Ⓥ

宿营地住宿

只有 Goodell Creek（$10）和 Gorge Lake（免费）这两个宿营地是全年开放的。其他各地的宿营地都只在夏季开放。例如，斯特希金、罗斯湖、Newhalem 等地。

在附近城镇住宿

喀斯喀特环山道上有许多住宿设施。在莱文沃斯 Leavenworth，以一间德国风情的客栈为中心，周边有 16 家客栈。奇兰 Chelan 也有大约 12 间汽车旅馆，另外打造西部剧风格的 Winthrop 小镇也有 20 间客栈和 B&B。当然，WA-20 和 I-5 沿途也有大量的汽车旅馆。

喀斯喀特环山道的住宿 & 旅游信息
URL www.cascadeloop.com

Side Trip

贝克雪山 Mt. Baker

MAP 文前图① A-2　☎（425）-783-600
费 免费　URL www.fs.usda.gov/mbs

位于喀斯喀特山脉最北端的著名活火山也很值得一看。这座活火山海拔 3285 米，距离美加边境线很近。从 I-5 的 Exit255 出来后沿 WA-542 向东行驶。过了 Glacier 的小镇就进入了名为 Mt. Baker Scenic Byway 的道路，沿路遍是风光明媚的景象。每当转弯时，舒克桑山 Mt. Shuksan（海拔 2783 米）便忽然映入眼帘。这是一座位于北喀斯喀特国家公园内的美丽山峰。

沿山路前行 24 英里（约 38.6 公里）后便可到达希瑟草甸 Heather Meadows 的游客服务中心（7 月中旬 ~9 月下旬 10:00~16:00）。这一区域属于亚高山带高原，可以花上两三个小时游览一下这里的湖泊。

从希瑟草甸继续前行 2.5 英里（约 4 公里），就可到达终点艺术家观景点 Artist Point。从山脚下到这里需要 1 个小时左右。之前还是犹抱琵琶半遮面的贝克雪山，现在终于作为主角登场了。向下望去，可以看到北喀斯喀特的湖泊以及群山。这个观景点的海拔高度只有 1536 米，但是却保持着积雪深度的世界纪录，几乎全年都处于积雪状态。只有在夏天的旅游季节，道路和停车场上的积雪才会被清除。

艺术家观景点。到了 7 月下旬仍有厚厚的积雪！

另外，如果驾车去往希瑟草甸前面的滑雪场，只要装上防滑链，冬季也可通行。

园内没有住宿设施，而且沿途道路两旁的旅馆也不多，所以应该事先预订好房间。有短租公寓以及别墅可供游客入住，不妨租上一套在这里悠闲地住几天。

Notes **取消预订时的条件**　斯特希金的客栈可以整栋包租，对游客来说这一点虽然很吸引人，但是取消预订时的条件往往都比较苛刻，如有的客栈规定必须要提前 3 周联系才能办理取消预订，所以游客订房时一定要仔细确认。

落基山脉

Rocky Mountains

黄石国家公园

Yellowstone National Park

耸立于公园西北部蒙大拿州境内的 Electric Peak（海拔 3343 米）

怀俄明州 / 蒙大拿州 / 爱达荷州 Wyoming / Montana / Idaho
MAP 文前图① B-3

黄石拥有丰富多彩的景色。这里有让人耳目一新的有色温泉和间歇泉、黄色的峡谷，草原上有壮美的瀑布与河流，还能在此观赏到极具开拓时代韵味的草原以及石灰构成的天然白色平台……

这片被原始森林环绕的地区就是世界上首个国家公园——黄石国家公园。这里住宿设施的建筑风格完全融于这里的自然景观，间歇泉、瀑布等景点都有步道相连。公园做到了在尽可能不破坏自然的同时让游客可以饱览大自然的美景。

虽说如此，但人类毕竟只是这里的访客而已。广袤的森林以及各种野生动物才是这里的主人。

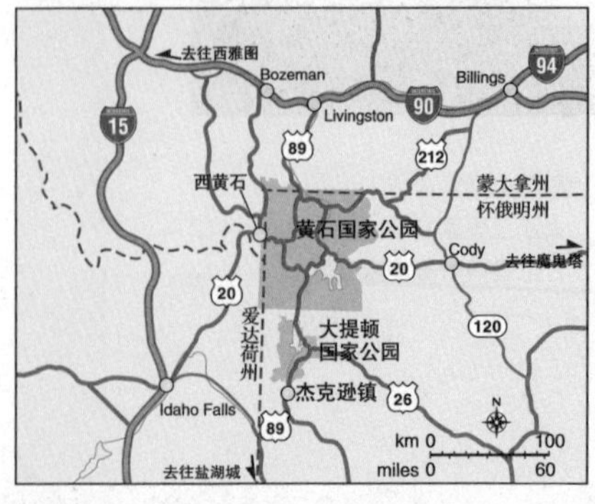

公园的名称源自这里的黄色大峡谷

交通

黄石国家公园是为数不多的、可以不依靠租车就能顺利游览的公园之一。6~9 月期间有各式各样的巴士团体游项目可供选择。

公园的入口共有 5 个，分别是西口、北口、东北口、东口以及南口。每个入口外围都有各自的旅游门户城市。租车自驾可以从任何一个入口进入，如果是参加巴士旅游团只能从西口或者南口进入。最受欢迎的线路是，从紧邻西口的蒙大拿州西黄石 West Yellowstone 进入公园。

团体游巴士既有在园内客栈上下车的，也有在门户城市上下车的。如果你没有租车，首先应该预订好住宿的地方。如果预订到了园内的客栈，可以选择客栈发车的团体游。如果没有预订到园内住宿，可以选择从周边门户城市出发的团体游项目。通过这种方法来制定适合自己的行程。如果有车的话，当然就不用受到这些约束，可以自由自在地游览。

位于公园北侧的马默斯区是园内唯一一处全年开放的景区

顺便记得游览一下公园南侧邻近的大提顿国家公园（→ p.350）。这两家公园的门票是通票，可以共同游览。虽然距离很近但是景观却是截然不同的。有机会的话一定要租车，周游一下两座公园。建议以怀俄明州的杰克逊镇为据点，从南口进入公园。

飞机 Airlines

西黄石机场　West Yellowstone Airport（WYS）

距离公园最近的机场。机场紧邻公园的西口，位于西黄石 West Yellowstone 的郊外。只有在 6 月上旬 ~9 月下旬期间，达美航空每天有 2 班（周末增加 1 班）飞机从盐湖城起飞，降落于此。所需时间 1 小时 30 分钟。着陆后可以乘坐从机场到酒店的接送巴士。如果乘坐出租车到园内的客栈，单程大约需要 $100。10 月 ~ 次年 5 月期间机场处于关闭状态。

如果你准备租车自驾周游，建议选择航班较多、租车公司也有更多选择的杰克逊霍尔机场（→ p.351）。这座机场是通年开放的。如果准备从东口进入，可以选择科迪小镇的黄石地区机场 Yellowstone Regional Airport（COD）；从东北口进入可以选择位于比灵斯的比灵斯洛根国际机场 Billings Logan International Airport（BIL）；从北口进入可以选择位于波兹曼的黄石国际机场 Yellowstone International Airport（BZN）。

DATA

时区▶山地标准时间 MST
☎（307）344-7381
路况信息
☎（307）344-2117
URL www.nps.gov/yell
开 3 月中旬 ~4 月中旬 &10 月下旬 ~12 月中旬除部分地区以外，全园关闭。其他时期 24 小时开放。
宜行期 5~10 月、1~2 月
费 与大提顿国家公园的联票是每辆车 $50、摩托车 $40、其他入园方法每人 $25（7 天内有效）
被列为国家公园▶ 1872 年（世界最早）
被列为世界生物保护区▶ 1976 年
被列为世界遗产▶ 1978 年
被列入世界遗产濒危名单▶ 1995~2003 年
面　积▶ 8984 平方公里（约有半个北京市大）
接待游客▶约 351 万人次
园内最高点▶ 3462 米（Eagle Peak）
哺乳类▶ 67 种
鸟　类▶ 322 种
两栖类▶ 4 种
爬行类▶ 6 种
鱼　类▶ 16 种
植　物▶约 1350 种

WYS ☎（406）646-7631
Avis ☎（406）646-7635
Budget ☎（406）646-5156

没有买到机票怎么办？

旅游旺季的时候黄石公园附近地区十分混乱，其周边地区机场的机票也早就被一订而空了。如果遇到这种情况，不妨试试飞往波兹曼的航班，波兹曼的机场规模比较大，还有与西海岸往来的航班，这里的租车公司车辆也比较充足。距离西黄石只有 2 小时车程，如果经由利文斯敦 2 小时就可以到达马默斯区。还有循环巴士。（→ p.314）

Notes　3 日通票　黄石国家公园还推出了 3 日内有效的通票（大提顿国家公园不可使用）。价格是一辆车 $30、摩托车 $25、其他入园方法每人 $15。

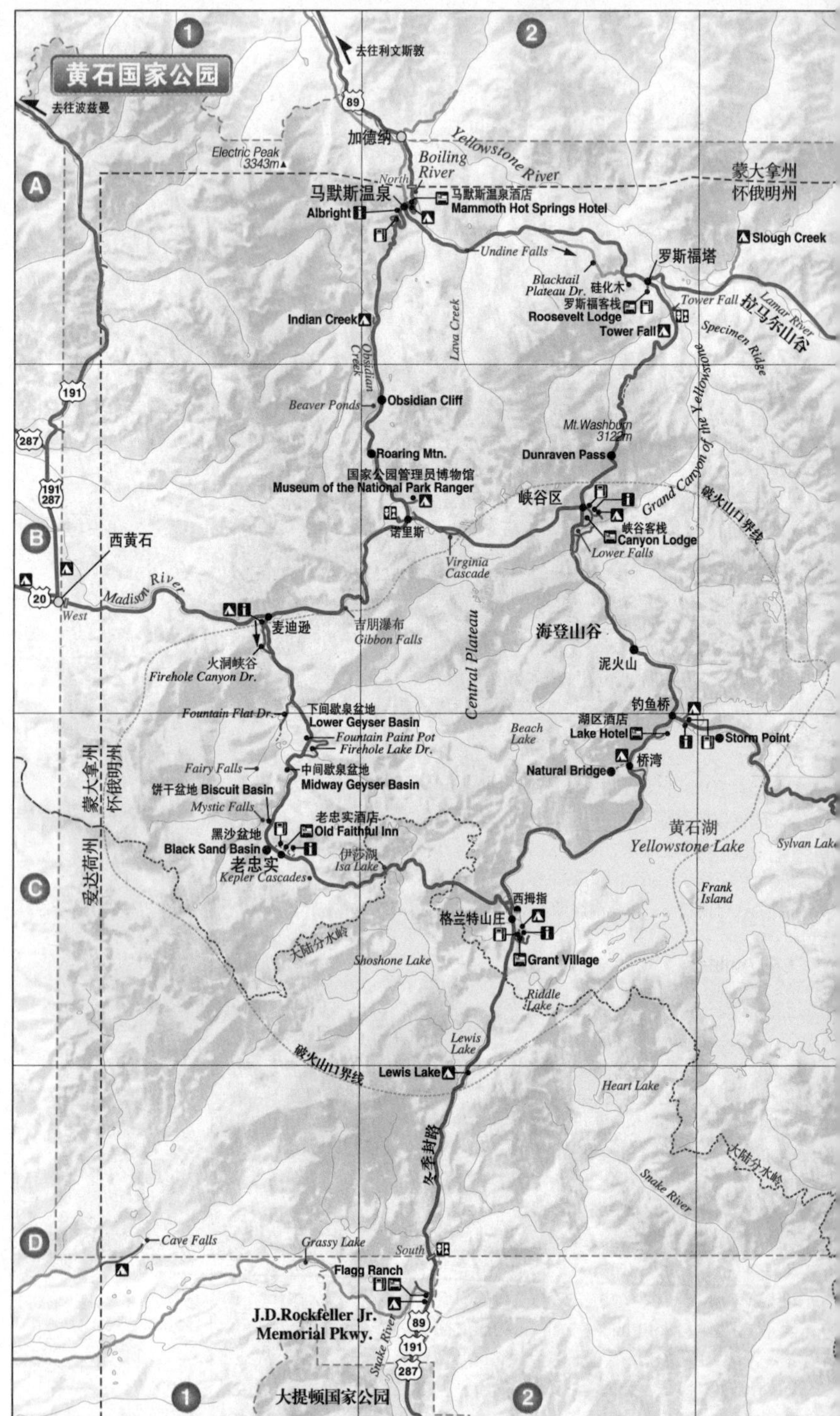
黄石国家公园
去往利文斯敦
去往波兹曼
89
加德纳
Electric Peak 3343m
Boiling River
Yellowstone River
North
马默斯温泉
马默斯温泉酒店
Mammoth Hot Springs Hotel
Albright
蒙大拿州
怀俄明州
Slough Creek
Undine Falls
罗斯福塔
Blacktail Plateau Dr.
硅化木
罗斯福客栈
Roosevelt Lodge
Tower Fall
Tower Fall
Lamar River
拉马尔山谷
Specimen Ridge
Indian Creek
Obsidian Creek
Lava Creek
191
287
Beaver Ponds
Obsidian Cliff
Mt.Washburn 3122m
Roaring Mtn.
Dunraven Pass
Grand Canyon of the Yellowstone
国家公园管理员博物馆
Museum of the National Park Ranger
峡谷区
破火山口界线
诺里斯
峡谷客栈
Canyon Lodge
Lower Falls
西黄石
Virginia Cascade
20
West
Madison River
麦迪逊
吉朋瀑布
Gibbon Falls
海登山谷
Central Plateau
火洞峡谷
Firehole Canyon Dr.
泥火山
Fountain Flat Dr.
下间歇泉盆地
Lower Geyser Basin
钓鱼桥
湖区酒店
Lake Hotel
Beach Lake
Storm Point
Fountain Paint Pot
Firehole Lake Dr.
Fairy Falls
中间歇泉盆地
Midway Geyser Basin
桥湾
Natural Bridge
饼干盆地 Biscuit Basin
蒙大拿州
怀俄明州
Mystic Falls
老忠实酒店
Old Faithful Inn
黄石湖
Yellowstone Lake
Sylvan Lake
黑沙盆地
Black Sand Basin
老忠实
伊莎湖
Isa Lake
爱达荷州
Kepler Cascades
Frank Island
西拇指
格兰特山庄
大陆分水岭
Shoshone Lake
Grant Village
Riddle Lake
Lewis Lake
破火山口界线
Lewis Lake
Heart Lake
冬季封路
大陆分水岭
Snake River
Cave Falls
Grassy Lake
South
Flagg Ranch
J.D.Rockfeller Jr. Memorial Pkwy.
89
191
287
Snake River
大提顿国家公园
1
2
A
B
C
D

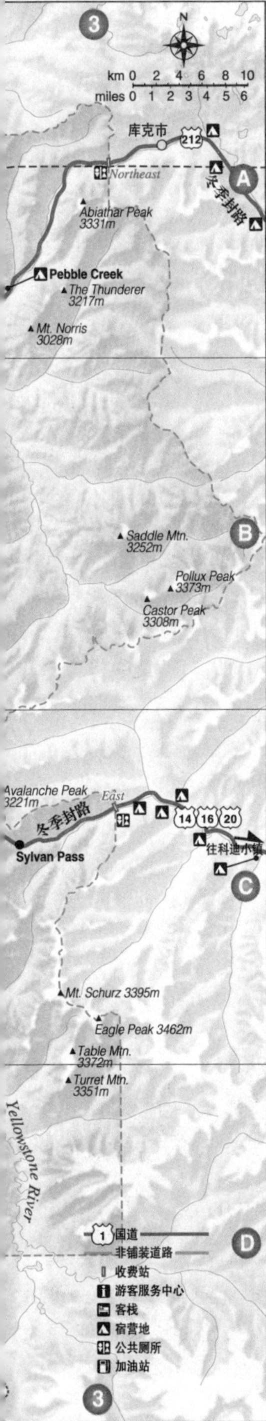

野牛们大都成群结队地出行。它们对汽车没有很大反应，驾驶时需要格外小心

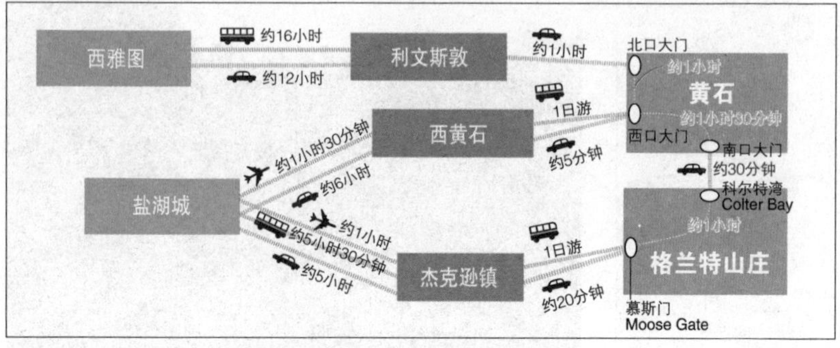

Olympic Bus Lines
☎ (406) 587-3110
住 2345 N. 7th Ave.
营 12:00~17:00、周六、周日和节假日是 14:00~

Karst Stage
☎ (406) 556-3540
URL www.karststage.com
费 往返每人 $175，2 人 $300。去往马默斯（只限冬季）往返每人 $309.75、2 人 $31。以上都需要预约。

长途巴士 Bus

非常遗憾的是乘坐长途巴士到黄石公园不是十分方便。从盐湖城到西黄石的灰狗巴士线路也被取消了。连接西雅图与明尼阿波利斯之间的巴士，每天有 2 个班次会在波兹曼停车，从波兹曼乘坐 Karst Stage 公司的循环巴士可以到达西黄石（冬季有可到达马默斯地区的车次）。不过，这条巴士线路每天只有 1~3 趟车，很难跟航班的时间匹配。从西黄石可以参加巴士旅游团，在园内游览。关于经由杰克逊镇的信息，请参考 → p.352。

团体游 Tour

园内无任何公共交通设施，所以对于没有车的游客来说，只能参加巴士旅游团。但是，巴士旅游团项目只在夏季才有。而且跟团游不是那么自由，即便是途中遇见野生动物，也不能下车观察（虽然会停车）、游览每个景点都是有时间限制的。除了下列的团体游以外，还有园内各个客栈出发的团体游项目（→ p.319）。

Buffalo Bus Touring Company
Free 1800-426-7669
☎ (406) 646-9564
FAX (406) 646-9353
URL www.yellowstonevacations.com
费 $69.95。两个项目都参加是 $129.90

Buffalo Bus Touring Company

上环地区团体游项目，夏季的时候每周一、周三、周五的 8:15 从西黄石出发，途中经由诺里斯、马默斯、峡谷区、罗斯福塔。下环地区团体游是夏季每天的 8:15，途中经由老忠实、黄石湖、海登山谷、峡谷区。

团体游的用时，会因中途遭遇到野生动物的情况而大不相同。参加完团体游之后尽量不要安排乘坐飞机移动的行程，很可能会误机

Yellowstone Country Van Tours

这是一个从西黄石出发的小型团体游，面包车可乘15人。主要项目有下环地区1日游、在上环地区&拉马尔山谷观察动物的下午游、大提顿1日游等。上述都是夏季的团体游项目（另有冬季限定的项目）。

Gray Line of Jackson Hole

从杰克逊发车并返回的团体游项目。经由大提顿后在老忠实解散吃午餐。下午游览峡谷区和黄石湖。6月上旬~9月下旬的周日、周二、周四，7:30~18:30。

租车自驾 Rent-A-Car

从西口进入的线路➡4月中旬~10月

从西黄石机场到公园的西口，只需沿着 Yellowstone Ave. 向东行驶，瞬间便可到达。从西口到麦迪逊有14英里（约22.5公里）。从麦迪逊到老忠实有16英里（约25.7公里），到峡谷区有26英里（约41.8公里）。首先对距离感有了大致的掌握，有助于合理安排行程。

从盐湖城出发的话，需要沿 I-15 北上，在 Idaho Falls 转至 US-20。全程大约390英里（约628公里）。需要6小时车程。如果还需要返回盐湖城的话，建议可以走大提顿经由杰克逊镇返回。

从南口进入的线路➡5月上旬~10月

黄石公园的南侧紧邻大提顿国家公园，而大提顿的南侧紧挨着杰克逊霍尔机场（→p.351），在机场租借车辆也十分方便。从杰克逊镇沿 US-89 北上60英里（约96.6公里）便可到黄石南门，大约需要1小时20分钟。

从北口进入的线路➡全年开放

从位于 I-90 沿途的利文斯敦 Livingston 进入 US-89，经由 Gardiner，穿过1903年由西奥多·罗斯福总统亲手奠基的拱门，很快就会达到北口大门。距离马默斯约61英里（约98.2公里）。用时约1小时。

位于北口的罗斯福拱门

从东北口进入的线路➡5月上旬~9月

从位于 I-90 沿途的比灵斯 Billings 进入 US-212，经由 Red Lodge、Cooke City、Silver Gate 后到达东北大门。途中过了熊牙隘口以后的景色十分雄伟壮丽。从比灵斯到杰克逊塔大约有175英里（约282公里），用时3小时左右。

Cooke City 与马默斯之间是园内唯一一条普通车辆可以全年通行的路段。积雪期时这里会有铲雪车介入，当然给车辆装配轮胎防滑链是必要的。

从东口进入的线路➡5月上旬~10月

从位于东侧的魔鬼塔等地进入公园的话，需要经过门户城市科迪小镇 Cody。这里距离东口大门有53英里（约85.3公里），东口距离钓鱼桥有27英里（约43.5公里）。大约1小时40分钟车程。

Yellowstone Country Van Tours

Free 1800-221-1151

URL www.yellowstone-travel.com

费 下环地区 $74.95
上环地区 $74.95
大提顿国家公园 $94.95

Gray Line of Jackson Hole

☎（307）733-3135

Free 1800-443-6133

URL www.graylinejh.com

费 $149、8~12岁 $74.50。未满8岁不可参加（公园门票单收费 $15）

到达黄石国家公园所需时间

Salt Lake City	约6小时
Glacier NP	7~8小时
Seattle	约12小时
Decils Tower	7~8小时

怀俄明州的路况信息

Free 511

Free 1800-996-7623

URL www.wyoroad.info

最近的AAA

关于 AAA →p.471

道路救援

Free 1800-222-4357

Salt Lake City

住 1400 S. Foothill Dr.

☎（801）238-1250

开 周一~周五 9:00~18:00

黄石的路况信息

☎（307）344-2117

园内道路通车时间表，仅供参考

本书调查时通车的计划如下。根据积雪可能会有微小变动。

西口—老忠实
4月中旬~11月上旬
北口—老忠实
4月中旬~11月上旬
南口—老忠实
6月中旬~11月上旬
东口—峡谷
5月初~10月中旬
东北口—比灵斯
5月下旬~10月上旬

夏季时注意道路整修信息

黄石公园每年夏季都会进行道路整修，所以基本上都会比预期的时间晚到30分钟~1小时。具体的施工信息春季时会在官网上公示。

Notes **南口线路需注意** 虽然南口每年会在5月上旬通车，但是西拇指湖与老忠实之间的隘口需要进行铲雪工作，每年6月中旬才能通车。

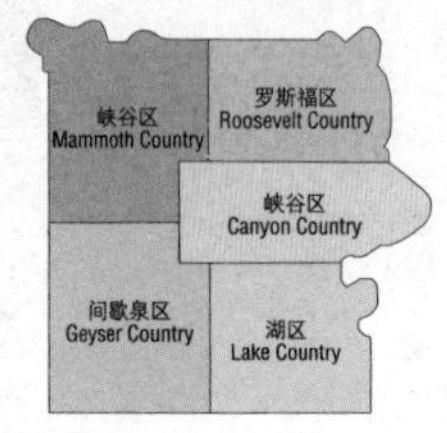

黄石国家公园分为 5 个区，具体信息如下。

间歇泉区 Geyser Country

位于公园的西南方。以最受欢迎的老忠实泉为代表，拥有众多间歇泉的区域。也是园内最大的旅游集散地，老忠实泉 Old Faithful 位于此区域。

马默斯区 Mammoth Country

位于公园的西北方。有温泉地热形成的石灰岩露台、马默斯温泉等，还有马默斯温泉度假村。这个区域在冬季也会开放。

罗斯福区 Roosevelt Country

位于公园的东部。拥有老西部的自然景观，区域内可以见到美洲野牛群。高塔瀑布附近遇到熊的概率较大。有一个叫作“罗斯福塔”的小型的度假村。

Side Trip

西黄石 West Yellowstone，MT

紧邻黄石国家公园西口的美国西部风情度假地。在类似于西部剧中场景的小镇上，有很多餐馆、纪念品店以及小木屋风格的旅馆。有来自世界各地的游客，夏季游客很多，冬季也有不少游客到此体验雪地摩托和狗拉雪橇。

小镇由 7×7 的网状街区构成，步行即能转遍。旅游局离公园入口很近，后面是棕熊与狼的科学探索中心。

棕熊与狼的科学探索中心
Grizzly & Wolf Discovery Center

☎（406）646-7001
Free 1800-257-2570
URL www.grizzlydiscoveryctr.org
开 8:30~16:00；夏季至 20:30
费 $11.50、62 岁以上是 $10.75、5~12 岁是 $6.50

黄石是一座野生动物的宝库。即便只在这里逗留 1 天，也能见到很多种动物。不过也有一些动物是难得一见的，最典型的就是棕熊和灰狼。棕熊的毛皮非常珍贵，所以曾经遭到滥捕，现在黄石的棕熊数量仅有 600 只左右，是 100 年前的 1%。出于保护家畜的目的，灰狼也被大量捕杀，20 世纪初就在黄石地区灭绝了。为了让灰狼重现黄石，从 1995 年开始有一些狼群被放入公园，但是至今数量仍然很少（→ p340）。

在黄石，能够在比较接近自然的环境中（虽然还是动物园的模式）观察到棕熊和狼的地方就只有这里。在观察区，游客可以从近距离看到这些动物。在白天，棕熊一直都很活跃，但是狼却基本上都在睡觉，因此看不到狼如何在自然界中活动，或许这会让游客感到有一点点失望。这里还有放映动物纪录片以及提供有关展示的建筑，展示内容涉及范围很广，包括动物的生态以及在危险距离遇到这些动物时的注意事项等，十分有趣。

加德纳 Gardiner，MT

加德纳是一座仍然能够让人感受到北美开拓时代气息的小镇。1903 年，当时的美国总统西奥多·罗斯福为了祝贺吊桥竣工而到访此地。桥以罗斯福的名字命名，并写有为了让人们更加幸福以及获得更多实惠的文字。

现在的加德纳已经成为进行各种户外运动的著名场所，有很多爱好者云集于此。夏天，可以在黄石河上钓鱼、漂流，还可以在这里骑马，而且接触野生动物的机会也很多。在每年的 6 月中旬，有两天是举行牛仔竞技的日子。届时，在主要街道上会为人们提供早餐，上午和下午有牛仔竞技，晚上还有歌舞表演。冬季，会有很多游客到这里体验越野滑雪的乐趣。

从北面沿 I-90 等道路进入黄石国家公园时，一定会经过加德纳。游客不妨顺便游览一下这座小镇。

峡谷区 Canyon Country

位于公园的东部。这个景区是最值得游览的景区，既有黄石大峡谷，还有壮观的下瀑布。峡谷的旁边是峡谷度假村 Canyon Village。还有一个很受欢迎的景区是海登山谷，这里是一片美丽的低洼草甸地带，水牛群也是这里的最大看点之一。

湖区 Lake Country

位于公园的东南方。是主要以碧蓝的黄石湖为中心的一个景区。湖里有鳟鱼，湖的周边还栖息着老鹰、白头鹫、麋鹿、熊等动物。湖的北岸有 3 个度假村，分别是钓鱼桥 Fishing Bridge、湖区度假村 Lake Village、桥湾 Bridge Bay。西岸还有格兰特山庄 Grant Village。

老忠实泉附近有一栋建于 20 世纪初期的酒店

“8”字环形游览道路

公园南北距离 63 英里（约 102 公里）、东西宽 54 英里（约 87 公里）。园内共有 8 个度假村，连接这些度假村与主要景点之间的道路呈“8”字形。这个“8”字的北半部分被称为上环地区 Upper Loop、南半部分被称为下环地区 Lower Loop，总称为大环道路 Grand Loop。

跟云南的滇池差不多大小的黄石湖

每个圆环的距离

Upper Loop
1 圈 70 英里（约 112 公里）
Lower Loop
1 圈 95 英里（约 152 公里）
Grand Loop
1 圈 141 英里（约 226 公里）

观察动物时要保持距离

在黄石公园遇到水牛群悠闲地在道路上行走不是一件很稀罕的事情，这也正是游览黄石公园的一大乐趣之一。但需要注意的是，观察野生动物的时候不要靠得太近。公园有严格的规定，如在观察熊或者狼的时候必须要保持在 100 码（约 91 米）以外、其他动物要保持在 25 码（约 23 米）以外。另外，公园的道路上每年都有多起撞死或者撞伤驼鹿、熊等动物的交通事故。一定要控制自己的车速。

Column

最佳游览行程是租车 4 日游

要想在面积广阔的黄石公园内有效率地游览，必须要事先做好大量的调查工作与周密的计划。各个公共交通设施之间的衔接是非常有限的，园内的住宿设施几乎总是客满，必须要提前预订妥当。特别是在 6~8 月期间，如果抱着去撞撞运气的想法，对于没有车的驴友来说真的十分困难。另外，对公园的游览行程也必须做出合理的安排。各个景点的度假村之间相距 16~21 英里（25~34 公里）。

例如，如果只有 1 天时间游览黄石公园，比起走马观花地看大量的景点来说，还是有针对性地游览下环地区，然后悠闲地逛一逛比较明智。如果想把上环地区和下环地区游览一遍的话，最少需要 2~3 天的时间。什么？还想顺便去游览一下大提顿国家公园，当然，如果缩短各个景点的所用时间，全部游览完也是可能的，但是这样的旅行方式不值得推荐。

TriVia 地热喷泉之最　黄石国家公园内共有 300 多个间歇泉。包含温泉、泥泉等共有 1 万多个泉！地球上约有一半的沸泉都集中在这里。

获取信息 Information

Old Faithful Visitor Education Center

位于老忠实泉前的一个游客教育中心。改建于2010年，多媒体的展示方法，无论是大人还是孩子都很容易理解。中心整体采用了环保的建筑理念。墙壁、地板、屋顶等几乎所有建筑材料都是再生资源制品。为了减少排出的热量对间歇泉的影响，提高了建筑物的阻热性，将室内空调调整为最环保的模式。除了展示的各个主题以外，沸泉的结构解析、有关于公园地下的火山等介绍也很值得推荐。

记得要确认一下间歇泉的喷出时间表

Madison Information Station

从西黄石进入公园大门后，很快就可以看到这间位于麦迪逊交叉路口附近的麦迪逊信息中心。

Albright Visitor Center（Mammoth）

唯一一间全年开放的游客服务中心。位于马默斯区，从北侧进入公园的游客，应该首先到这里获取必要的游览信息。有关于公园的大自然与人类的历史资料，还有25分钟长的电影短片等。必看的是，19世纪将黄石的大自然介绍给世人的托马斯·莫兰的油画作品，和杰克逊的摄影作品（→p.486）。

Fishing Bridge Visitor Center

钓鱼桥游客信息中心位于黄石湖的北岸。从公园东侧入园的游客，首先会到这里领取相关资料。有关于园内野生鸟类的展示品比较详细。

Grant Visitor Center

格兰特游客信息中心位于黄石湖的西岸。从大提顿国家公园方向过来的游客，可以在这里获取信息。这里有关于1988年山林火灾的展览，可以了解到火灾的扩散方式、救援活动、被害状况等信息。还有特辑电影上映，山林火灾的场面给人留下了深刻的印象。

园内设施 Facilities

黄石国家公园的园内设施是国家公园中丰富程度最高的。旅游集散地度假村共有8处，并且都带有住宿设施（客栈或者宿营地）、就餐设施（餐厅或者咖啡馆），另外杂货铺等其他设施也比较齐全。园区内还有3家诊所。各度假村的风格也都是配合所在景区的风格而建，几乎与自然浑为一体。单是游览各个度假村就有着很多乐趣。

但大多数的度假村都只在夏季开放。夏季期间虽然非常方便，其他季节到访的时候需要确认一下加油站等设施是否营业。

Old Faithful VEC
MAP p.312 C-1
☎（307）344-2751
开 夏季 8:00~20:00
春秋季 9:00~17:00
冬季 9:00~17:00
休 3月中旬~4月中旬
11月上旬~12月中旬

Madison IS
MAP p.312 B-1
☎（307）344-2876
开 9:00~18:00
休 10月上旬~5月下旬

Albright VC
MAP p.312 A-2
☎（307）344-2263
开 夏季 8:00~19:00
春秋季 9:00~17:00
冬季 9:00~17:00

Fishing Bridge VC
MAP p.312 C-2
☎（307）344-2450
开 8:00~19:00
休 9月下旬~5月下旬

Grant VC
MAP p.312 C-2
☎（307）344-2650
开 8:00~19:00
休 9月下旬~5月下旬

就餐

所有的集散地内都设有咖啡馆。杂货铺也可以买到简餐。如果想好好餐一顿的话，建议可以选择老忠实酒店、马默斯温泉酒店、湖区酒店内的餐厅。

杂货铺

只有老忠实和马默斯的杂货铺在冬季是营业的。其他地区的杂货铺只在5~9月份营业。

马默斯的诊所
☎（307）344-7965
休 主要节假日、冬季的周六日
※紧急情况时24小时接诊。求救电话911

老忠实的诊所
☎（307）545-7325
休 10月上旬~5月中旬

湖区的诊所
☎（307）242-7241
休 9月中旬~5月中旬

加油站

老忠实
5月上旬~10月中旬。可修车
马默斯
5月中旬~10月上旬
罗斯福塔
6月上旬~9月上旬
峡谷区
5月上旬~10月中旬。可修车
钓鱼桥
5月上旬~9月中旬。可修车
格兰特山庄
5月下旬~9月上旬。可修车

园内的交通与旅游团　Transportation

5月下旬~9月中旬期间，Xanterra Parks & Resorts公司的大巴车会在园内的各个集散地度假村之间运行。虽然，预留了参观各景点的时间和休息时间，可以高效率地游览园内景区，但是出发的地点十分有限，根据游客选择住宿的度假村不同，可以游览的景点也是非常有限的。

下环地区团体游　Circle of Fire

周游公园南半部地区的1日游。游览的主要景点有上、下间歇泉盆地和峡谷、黄石湖、诺里斯间歇泉盆地等。

大环道路团体游　Yellowstone in A Day

从马默斯区与老忠实地区出发并返回的团体游项目，游览景点囊括了黄石公园的主要景点。因为行程十分紧张，大都是走马观花式的。有午餐休息时间（午餐单收费）。

野外摄影团体游　Picture Perfect Photo Safari

由摄影家做导览的、清晨在园内游览的项目。可以指导游客如何抓拍风景、花草和野生动物等。根据游览日期拍摄的内容也会有所改变。

赏夕阳团体游　Lake Butte Sunset Tour

乘坐仿造20世纪30年代在公园内穿梭的黄色大巴车，周游观赏湖畔落日的团体游项目。

观察野生动物团体游　Evening Wildlife Encounters

傍晚乘坐老式大巴车在园内游览的项目。游览内容主要以观察野生动物为中心。根据出行的日期，所去的地点也有所不同。

间歇泉地区团体游　Firehole Basin Adventure

游览中间歇泉盆地、下间歇泉盆地等温泉地区的巡游项目。5/30~8/26期间运行，周四停运。

如果某人刚好发现了一只棕熊拿起相机准备抓拍，周围过路的车都会纷纷停下车来也准备抓拍，久而久之就成了这样的场面

团体游项目预约
☎（307）344-7311
Free 1866-439-7375
URL www.yellowstonenationalparklodges.com

3~11岁半价。不满3岁免费。可以在园内的客栈或者宿营地的团体游办事处预约，最好提前一天预约。可以电话预约。除了本书中介绍的项目以外，还有许多种不同的团体游项目。

Circle of Fire
出发 老忠实酒店、湖区酒店、钓鱼桥度假村、峡谷客栈
所需时间 约8小时
费 $74

Yellowstone in A Day
出发 老忠实酒店、马默斯温泉酒店
所需时间 约10小时
费 $84

Picture Perfect Photo Safari
出发 老忠实酒店、湖区酒店
所需时间 约5小时
费 $90

Lake Butte Sunset Tour
出发 湖区酒店、钓鱼桥度假村
所需时间 约2小时
费 $35

Evening Wildlife Encounters
出发 马默斯温泉酒店、峡谷客栈
所需时间 约4小时
费 $61

Firehole Basin Adventure
出发 老忠实酒店
所需时间 约3小时
费 $50

春秋也要做好应对积雪的准备

在1月的老忠实泉地区，积雪的平均厚度为37厘米。海拔较高的地方全年都有积雪。冬季仍营业的住宿设施只有马默斯温泉酒店和老忠实白雪客栈。全年可通行的道路只有北口大门—马默斯—罗斯福塔这一条。其他入口与各度假村之间的道路，11月~次年4月期间汽车无法通行。

网络与手机

在以下地点Wi-Fi服务的价格是1小时$4.75、1天$11.75、3天$24.95。

Old Faithful Snow Lodge（大厅&客房）
Mammoth HS Hotel（大厅）
Canyon Lodge（大厅）
Lake Lodge（咖啡厅）
Grant Village（大厅）

另外在Lake Lodge的客房里可连接有线网络。

在各旅游服务区能使用手机，但信号不稳定。不过据说美国电话电报公司AT&T的手机在峡谷里相对容易接通。

季节与气候 Seasons and Climate

公园适宜旅游的季节为5~10月，但有一些道路全年都能通行，公园内还备有雪地车并会举办冬季团体游。虽说如此，但最佳季节还是6~8月。森林里一片郁郁葱葱，各种颜色的花草竞相开放，野牛、驼鹿、熊等动物也最为活跃。飞机、巴士、团体游巴士等去往公园的交通工具也仅在这个季节开行。在海拔较低的区域，6月和9月经常会出现阴天，傍晚至夜半下小雨的情况也很多。天气最稳定时期是10月。虽然气温较低但非常晴朗。

进入7月后花的数量和种类一下子就会变多

老忠实地区的气候数据　　日出·日落时刻根据年份可能会有细微变化

月	1	2	3	4	5	6	7	8	9	10	11	12
最高气温（℃）	-2	1	4	10	16	21	26	26	20	13	4	-1
最低气温（℃）	-12	-11	-8	-3	1	5	8	7	3	-1	-7	-11
降水量（mm）	28	19	28	30	51	38	38	36	33	25	25	25
日出（15日）	7:57	7:25	7:36	6:41	5:57	5:38	5:52	6:25	7:01	7:37	7:19	7:52
日落（15日）	17:08	17:50	19:29	20:06	20:43	21:09	21:06	20:31	19:36	18:41	16:57	16:44

Column

冬季的黄石

在冬季，这里的原始森林与平原都会披上白色的外衣。雪地摩托的声音不时打破周围的寂静。也有很多人参加越野滑雪，在雪的世界里驰骋。到了晚上，围着炉火畅谈，外面的间歇泉在黑夜中喷发。这里就像是另外一个世界，来到这里可以切身感受到北美大自然的博大与深邃。

12月下旬~次年3月上旬，老忠实与马默斯对游客开放，大量冬季运动爱好者的到来会让这里变得十分热闹。从北口到马默斯积雪较少，汽车可以通行。前往老忠实，可以从西黄石、马默斯、弗拉格牧场（→p.367）这三个地点乘坐雪地巴士。1天只有1班车往返，需要预约。

在园内的集散地度假村（Village），可以参加前往峡谷的团体一日游（每周3次，8:15出发。$166.50）以及越野团体游（每周3次。$185）。另外，在马默斯有前往拉马尔山谷的动物观赏团体游（每周3次，7:00出发。$92.50）。

需要注意的是，发生暴风雪时，雪地巴士会临时停运。所以要做好变更旅行日程的准备。

雪地巴士　预约☎（307）344-7311

West Yellowstone-Old Faithful
所需时间 4小时　费 单程$62

Old Faithful-Flagg Ranch
所需时间 3小时15分钟　费 单程$93.50

Mammoth-Old Faithful
所需时间 4小时30分钟　费 单程$93.50

雪地摩托

雪地摩托会产生噪声和尾气污染，因此禁止在此使用雪地摩托的呼声很高，鉴于此，现在公园方面已经做出规定，对雪地摩托的数量加以限制。个人不得随意驾驶雪地摩托，有兴趣的游客可以在西黄石参加由导游带领的旅游项目，可供选择的类似项目有很多。

©NPS

驾驶时不能惊扰到动物

大火发生20多年以后的黄石

1988年夏季，黄石国家公园经历了一次极为严重的灾难。整个夏天发生了大小50多次山火。开始于5月24日的一次山火，直到11月18日才熄灭。火灾持续时间如此之长，究其原因，除了当年异常的干旱气候以外，很大程度上还与当局"不采取积极的灭火行动"的方针有关。公园管理部门认为山火是大自然新旧更替过程中的一部分，山火因雷击等自然现象而起，那么就应该等待山火自然熄灭。这一方针导致3213平方公里，也就是占公园总面积36%的土地变成了一片焦土。无疑，这场灾难给公园的生态环境造成了严重的影响，但是事后当局并未进行人工造林，而且除了那些可能给人带来危险的过火树木，当局也没有对火灾后的森林进行任何清理。出现如此大规模的突发性环境变化，而且始终没有进行人为干预，这是极为罕见的现象。另外，因为这里是国家公园，所以长年以来都有研究人员针对当地环境进行研究，得益于此，火灾前后的比较分析也顺利得到开展。时至今日，大火过去将近30年，自然环境的恢复也已经初见端倪。

拥有神奇能力的松塔

在被大火烧焦的土地上，可以看到植物的受害情况非常严重，但环境的恢复其实正无声无息地进行着。具有代表性的是占园内树木80%的美国黑松。这种树的果实，也就是松塔有两种：一种松塔生长到第二年就会破裂撒种，而另一种松塔的壳在松脂的作用下会变得更加坚固。只有在火灾产生的高温中，松脂才会熔化，然后松塔的壳才能破裂。这是为了防备发生山火而做出的"家庭内分工"。在1988年的大火中，这些只会在高温条件下才会破壳的松塔一齐破壳撒种，第二年春天，在大火过后的焦土上便重新出现了绿色的生机。

另外，在大火中倒下的树木分解为"经过高温消毒"的肥料来滋养大地，帮助黄石被火烧毁的森林恢复昔日的郁郁葱葱。那些仍然站立着的枯树也会逐渐倒下，这就意味着这里的土壤能够长期得到优质肥料的滋养。

现在仍有很多枯树

每年都会发生山火（照片摄于2013年）

因火灾而增加的动物

松鼠、老鼠、兔子等小型哺乳动物很难在火灾中逃生，在火灾后数量大减。但是，高大的树木被火烧掉后，就会有更多的阳光照到树下的草丛，让草丛的面积变得更大，这样小型哺乳动物们就更不容易被雕等天敌发现。

很多野牛、驼鹿等大型食草动物因火灾后的食物不足而丧命。不过到了第二年春天，火灾发生前的森林变成草原，这些动物又因此开始大量繁殖，使其种群数量甚至超过从前。接下来，以食草动物为食的食肉动物也会增加，最终黄石的生态系统反而会得到壮大。

从短期来看，1988年的大火给黄石的动植物造成了毁灭性的打击。但是，从长期来看，旧的生物作为养料哺育了新的生物，实现了在短时间内完成大规模的新旧交替。山火对自然界的循环来说是一种不可缺少的现象。

红色的枯木林与蛀虫

在黄石，小规模的山火每年都会发生，经常能在这里看到被烧焦了的黑色树林。可是最近，出现了大片的红色枯木林。导致这种现象发生的罪魁祸首是体长仅有5毫米的美洲山松甲虫 Mountain Pine Beetle。原本这种虫子只吃已经变得衰弱的树木，可以起到促进森林更新的作用。但是，从2000年前后开始，这种虫子数量剧增，现在美国西部很多地区都出现了大规模的虫灾。在不少地方，放眼望去，视线所及之处，所有的树木都变成了红褐色。

导致此问题的主要原因是持续的暖冬让更多的山松甲虫的幼虫能够活过冬季。如果是受到地球变暖的影响，那么今后虫害可能还会加剧。如果是暂时现象，那么不久就能恢复正常。不过，至于究竟如何，专家们的意见并不统一。但基本上都认为在未来的几十年里因枯木而引发的山火会继续增加。过火的枯枝有断裂的危险，所以在有风的日子游客应格外小心。

Ranger Geyser Hill Walk
集合▶夏季 8:30；春秋季 9:00
所需时间▶ 90 分钟
地点▶游客服务中心

租借轮椅

老忠实泉、城堡间歇泉、河畔间歇泉、牵牛花池之间有自行车道互相连接，可以乘坐轮椅参观。可以在诊所租借轮椅，费用是 1 天 $10（押金 $300）。

间歇泉区 Geyser

无论刮风还是下雨，都忠实不变地喷出泉水的老忠实泉

间歇泉区是黄石公园内最具人气的一个景区。可以游览以上间歇泉为中心的大量间歇泉景观。游客服务中心、客栈、邮局、加油站、杂货铺都是围绕着著名景点老忠实泉而建的。

老忠实酒店 Old Faithful Inn 背靠间歇泉群、位于路的最右侧。这间外观漂亮的酒店始建于 1904 年，也是世界上最大型的木屋酒店。团体游巴士在酒店的入口处出发并返回。酒店一楼大厅内还设有团体游办事处，可以在那里申请参加巴士团体游或者钓鱼团体游项目。

紧邻酒店而建的是游客服务中心，2010 年夏季改建完工。左侧是老忠实客栈 Old Faithful Lodge。附近有大型的纪念品商店，还有咖啡馆，里侧建有许多小木屋。

从上间歇泉盆地到麦迪逊方向，火洞河 Firehole River 沿岸汇集了大量的沸泉，被称为“间歇泉盆地”。如果是开车自驾可以在自己感兴趣的景区附近停车游览。

在预计泉水喷出时间的 10 分钟前会有大量游客会集于此

花上 1~2 小时的时间便可以绕上间歇泉盆地走一圈

Notes 喷泉时刻表　通过 Google Play 或者 App Store 可以下载免费的 App 软件，名字是“NPS Yellowstone Geysers”，通过这款软件可以查看老忠实泉等 6 个喷泉的预计喷出时刻表。

上间歇泉盆地

Upper Geyser Basin

这个景区内有著名的老忠实泉 Old Faithful Geyser。“Faithful= 忠实”，顾名思义这个间歇泉总是保持着一定的喷发时间、间隔与高度（由于受到地震的影响出现过间隔错乱的现象）。水温约 96℃，4 万升的沸水喷出时有 30~55 米高（这里海拔 2245 米，所以 93℃就可以使水沸腾）。如果喷发时长持续在 2 分 30 秒以内，下一次喷发的间隔时间为 65 分钟。如果喷发时长超过这个时间，下一次的喷发间隔是 90~110 分钟。大约会有 5~10 分钟左右的误差，所以需要耐心地等待。喷发时间表可以在游客服务中心或者客栈大厅的布告栏上确认。

喷发是循序渐进的，水量会逐渐增多，最后则如万马奔腾般一涌而出。沸泉和热腾腾水汽直上云霄。当然，夜间当游客们都回去休息的时候，老忠实泉仍旧忠诚地按时喷出，从不懈怠。

上间歇泉盆地
Upper Geyser Basin
MAP p.323
设施 游客服务中心→ p.318、客栈→ p.353

初级 Old Faithful Geyser
适宜季节▶全年
距离▶ 1 周 1.1 公里
所需时间▶ 1 周约 30 分钟
出发地▶游客服务中心

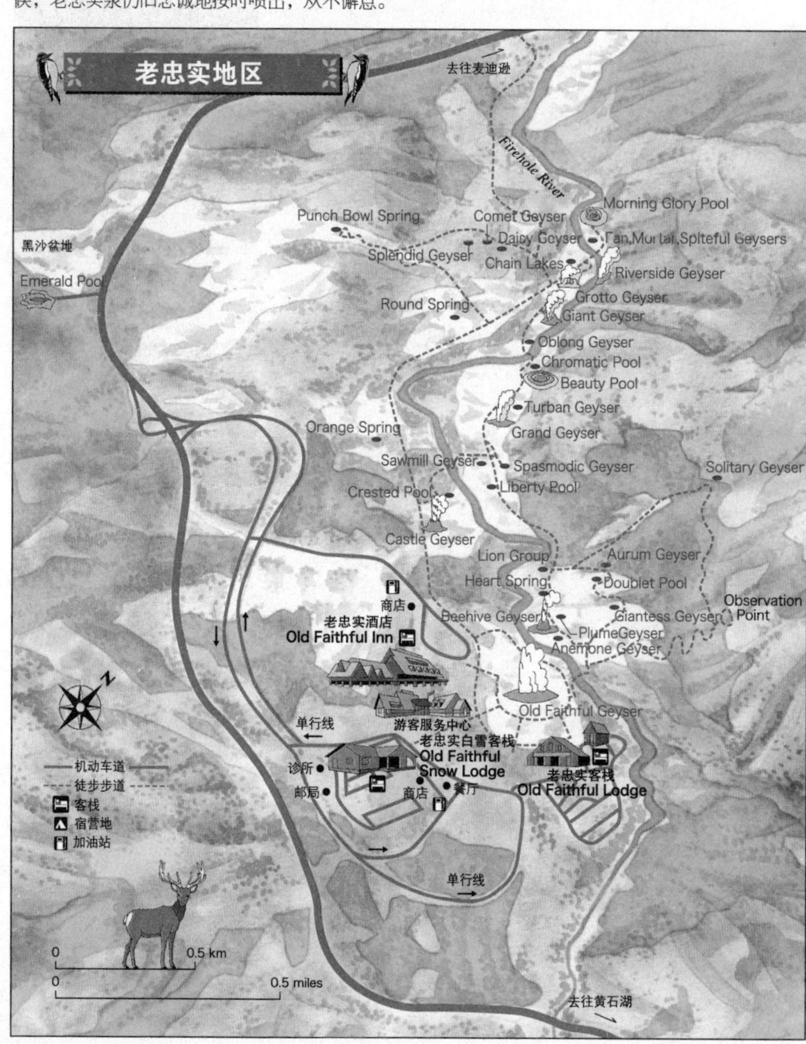

小心烫伤！　黄石公园的地热景观地区每年都会发生烫伤事故。特别是孩童不小心滑落入温泉的事故比较多发，一定要多加小心。

初级 Geyser Hill Loop
适宜季节▶全年
距离▶1周2.1公里
所需时间▶1周约1小时
出发地▶游客服务中心

Ranger Geyser Discovery Stroll
集合▶夏季17:30
所需时间▶90分钟
地点▶城堡间歇泉（从游客服务中心徒步需15分钟）

初级 Morning Glory Pool
适宜季节▶全年
距离▶往返2.2公里
所需时间▶往返约1小时
出发地▶游客服务中心

中级 Observation Point
适宜季节▶6~10月
距离▶往返1.6公里
所需时间▶往返1小时
海拔差▶49米
出发地▶老忠实泉里侧的桥上

其他间歇泉与温泉池

由于老忠实泉过于著名，所以周围的许多间歇泉和温泉很容易被人们所忽略，如果时间充裕不妨沿着步道走上一圈，游览一下周围的景观。

老忠实以北是女巨人间歇泉 Giantess Geyser 和蜂巢间歇泉 Beehive Geyser。围绕着这两座间歇泉的步道叫作间歇泉小丘 Geyser Hill。

步道周围还分布着位于小河沿岸的格兰特间歇泉 Grand Geyser 和园内最古老的城堡间歇泉 Castle Geyser 等间歇泉。

从格兰特间歇泉到穿过火洞河的这段路程中，右手边会出现一个叫作美丽池 Beauty Pool 的温泉池，与后述的牵牛花池类似，也是一座美丽的温泉池。接着经过巨人间歇泉 Giant Geyser 后，会有一座有着奇怪形状的岩穴间歇泉 Grotto Geyser，沉淀物将树木埋在泉底，据说40年才会沉淀1厘米。

继续前行，对岸是河畔间歇泉 Riverside Geyser。这座间歇泉是面向河歪斜着喷发的。接下来，步道最里面的是牵牛花池 Morning Glory Pool。温泉池的形状宛如一朵牵牛花一般，颜色妖艳多彩。

从游客服务中心径直走到这里用不了30分钟，如果途中一边等待间歇泉喷出一边散步，大约需要两、三小时的时间。

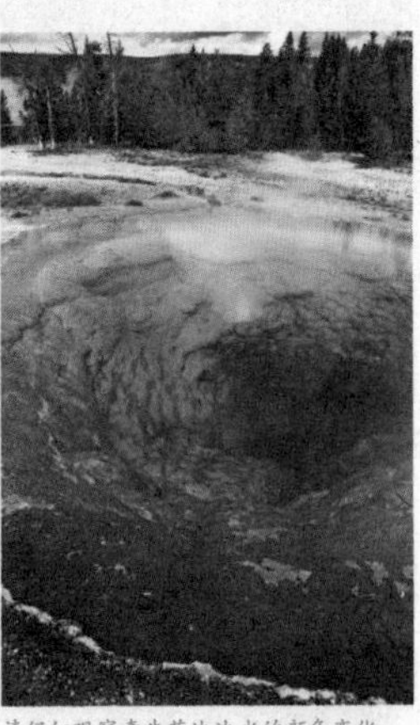
请仔细观察牵牛花池池水的颜色变化

位于老忠实酒店附近的城堡间歇泉

如果还有时间的话，推荐你去参观一下观测点 Observation Point。从老忠实泉的里侧过河，很快就可以看到，位于右侧的步道。这条步道需要向上爬800米，最终到达一个观景台，可以俯瞰整个上间歇泉盆地。

老忠实周边地区主要间歇泉

间歇泉名称	喷发高度	持续时间	喷发间隔
Old Faithful	30~55米	2~5分钟	60~110分钟
Beehive	40~55米	5分钟	1天2次
Castle	19~30米	30~40分钟	10~12小时
Daisy	20~30米	3~5分钟	2~4小时
Giant	55~80米	60分钟	每年数次
Giantess	30~60米	4~48分钟	每年数次
Grand	30~60米	9~12分钟	7~15小时
Grotto	3米	1~10分钟	2~15小时
Lion	15~21米	1~7分钟	每天1~2次
Riverside	23米	20分钟	5~7小时

格兰特间歇泉是世界最大的定期喷涌的间歇泉

Trivia **黄色牵牛花** 牵牛花池以前好像一朵“蓝色的牵牛花”，但是由于游客向池水中扔硬币和碎石，使池水温度下降，滋生了黄色的微生物。

黑沙盆地

Black Sand Basin

位于公园主路的另一侧，与老忠实度假村集散地相反的方向的一处温泉区域。这个区域不可不看的是翡翠池 Emerald Pool。据说是因为水中藻类的颜色与天空之色相呼应而形成的，又是一处大自然造化的美景。除此之外，还有落日湖 Sunset Lake、悬崖间歇泉 Cliff Geyser 等景观。

黑沙盆地
Black Sand Basin
MAP p.312 C-1、p.323

Ranger Black Sand Walk
集合▶夏季 13:00
所需时间▶ 1 小时
地点▶黑沙盆地停车场

饼干盆地

Biscuit Basin

从上间歇泉盆地回到主路上后向北行驶一小段距离便可到达。这里的名胜是以池水的透明度与优美程度而著称的蓝宝石池 Sapphire Pool。另外沿步道向深处走 2 公里，还可以到达十分有人气的迷离瀑布 Mystic Falls。

饼干盆地
Biscuit Basin
MAP p.312 C-1

蓝宝石池，可以尝试一下沿着木头步道走一圈

虽然规模较小，但很值得一看的是饼干盆地

GEOLOGY

超级火山

黄石国家公园是地热现象的集中地，有 1 万多处温泉、间歇泉、泥泉。这是因为这里地处北美大陆地质活动最为活跃的地区。

黄石甚至被称为落基山脉的火药库，这里的火山活动并非已经停止或者趋于停止。火山活动正处于非常活跃的时期才导致地热现象如此多地出现。

那么，火山究竟在哪里呢？实际上，我们现在所说的整个黄石地区曾经就是一座巨大火山的一部分。虽然在地面观察时无法发现，但其实公园内至今仍有火山口的遗迹。园内“8”字形道路的下环外侧有破火山口（Galdera）界线（MAP p.312），据说这条界线的内侧区域就是从前的火山口底部。

这座远古时期的火山，大约在 210 万年前、120 万年前、64 万年前发生过 3 次大规模喷发。特别是 210 万年前的那次大喷发，爆发出的能量相当于 1980 年圣海伦火山喷发的 1500 倍，火山灰甚至飘落并覆盖了距离此地非常遥远的墨西哥平原地区。爱达荷州的月球环形坑国家保护区 Craters of the Moon National Monument 里的大坑就是从前的火山口。

直到今天，黄石地下几公里的地方仍然涌动着火山活动的巨大能量。挖掘黄石的地表，地下 326 米处的温度竟然高达 237℃。

1975 年这里发生了里氏 6.1 级地震，2010 年 1 月在黄石以西发生了群发性地震。现在每年还要发生数千次微弱的火山性地震。

这里的公园管理员经常会被游客问到的一个问题，就是“下一次火山喷发会在何时发生？”曾经播出过描写黄石火山大喷发的电视剧，而且有调查结果显示黄石的地表正以每年 7 厘米的速度抬升，因此感到不安的人似乎不少。

许多学者认为下一次大喷发是几百年到 1000 年以后的事。目前，并没有观测到大喷发的任何前兆。不过，这座火山大喷发的周期为 60 万年左右，上一次大喷发至今已经过去 60 万年，因此也有研究人员表示“现在随时都可能发生大喷发”。

黄石地表下蓄积的岩浆，据说达到直径数十公里的规模。如果哪一天这座巨大的超级火山醒来，那么黄石的美景乃至全世界的自然景观都可能因此发生改变。

中间歇泉盆地
Midway Geyser Basin
MAP p.312 C-1

中间歇泉盆地
Midway Geyser Basin

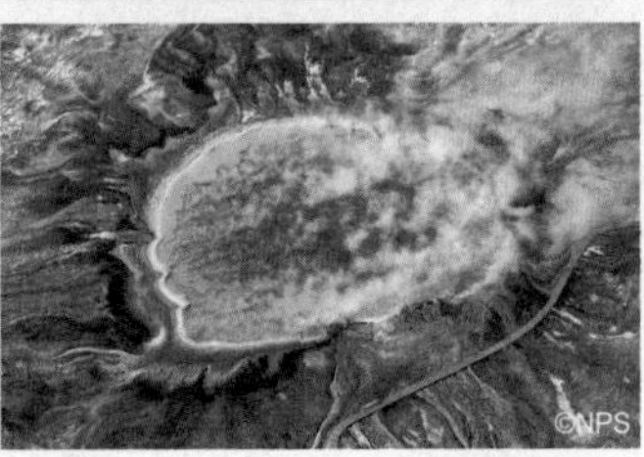

园内最大的大棱镜泉

位于饼干盆地的北侧。最大的看点是直径 113 米、园内最大的大棱镜泉 Grand Prismatic Spring。绿宝石色的温泉水与泉潭边缘的明黄色、橙色、棕色形成了一幅美丽的彩色图画。

在黄石公园 1 万多的沸泉中，色彩变化最复杂的要数中间歇泉盆地的沸泉了

下间歇泉盆地
Lower Geyser Basin

位于老忠实与麦迪逊之间，是一片宽广的间歇泉与温泉地带。首先沿着中间歇泉盆地向北行驶，然后右转至单行线的火洞湖公路 Fire Lake Drive。道路的两旁虽然分布着一些间歇泉，但位于里侧的大喷泉间歇泉 Great Fountain Geyser 是这个地区唯一一个有喷出时间表的间歇泉，可以坐在车内观看。每 9~15 小时，就会喷出 23~67 米高的沸泉，可以持续 30 分钟 ~2 小时左右。喷出时刻表可以在老忠实的游客服务中心布告栏上查看。

从火洞湖公路转至公园主路后，可以顺路去看看道路正前方的彩色锅喷泉 Fountain Paint Pot。从停车场右转可以到达步道入口，沿着步道一直走就可以看到这座喷泉了。这是一个嘟嘟冒泡的泥潭，也是泥浆泉（→ p.328）的代表景观。泥潭的颜色有点怪异，可以说是米色也可以说是红褐色。

下间歇泉盆地、火洞峡谷、吉朋瀑布
Lower Geyser Basin、Firehole Canyon、Gibbon Fall
MAP p.312 B-1

沿着这条步道继续向深处走，还有 7 座间歇泉。其中漏壶间歇泉 Clepsydra Geyser 长期有沸泉喷出，很值得一看。Clepsydra 是铜壶滴漏的意思。以前每隔 3 分钟就会喷出一次，因为十分准时故而命名漏壶。1959 年地震之后，就变为长期喷出的状态了。

下间歇泉盆地的尽头是泉平路 Fountain Flat Drive。小河岸边寂静的草原，初夏时节野花盛开，景色甚是怡人。

火洞峡谷
Firehole Canyon

这是位于麦迪逊交叉路口以南的一条南向单行线的游览道路。沿着从老忠实流出的火洞河，两岸是被熔岩腐蚀后而形成的小峡谷。路的尽头是火洞瀑布 Firehole Falls。

吉朋瀑布
Gibbon Fall

吉朋瀑布水量较大，冬季也很少结冰

从麦迪逊向东行驶一段距离后，会进入到一片湿地之中，道路蜿蜒宛如一条大蛇，周围是温泉水汇集成的小河，河面上雾气缭绕宛如仙境一般。道路的前方是落差 26 米的吉朋瀑布 Gibbon Fall。瀑布附近的树林中生活着许多麋鹿，特别是早晚的时候，可以试着找找看哦。

TriVia 无人机坠落！ 2014 年夏季，在园内逮捕了一名荷兰男子。因为他使用了禁止使用的无人机搭载相机，在园内进行拍摄，并且飞机坠落在大棱镜泉内。目前仍然无法回收坠落的机体，只能让它在深↗

诺里斯间歇泉盆地
Norris Geyser Basin

这个区域是黄石公园中最为活跃的温泉区域，地热喷泉现象在约 3 公里以内的各个方向都有发生。近年来，这个区域的地热喷泉面积有所扩大，到处可以看到枯死的树木。如今是按照每年都会有新的间歇泉喷出的速度在增长，时而还会发生地震，是一片十分不稳定的区域。因此，也是火山研究非常重要的观察地点，来自世界各地的研究人员都非常关注诺里斯地区。

2014 年大喷出时的蒸汽船间歇泉

诺里斯温泉区域的中心是一个小型的博物馆，以北是瓷器盆地 Porcelain Basin、以南是后盆地 Back Basin。

向后盆地方向行进的话，很快就可以看到位于右手边的翡翠泉 Emerald Spring。由于这座温泉属于高温酸性温泉，所以泉水中有绿色的藻类植物繁殖。可以与上间歇泉盆地的翡翠池的池水颜色比比看。继续前行可以看到著名的蒸汽船间歇泉 Steamboat Geyser，这座泉虽说是世界上最大的间歇泉，但平时只能看到小范围的沸泉喷出。大型的喷出是不定期的，届时会有 90~120 米的沸泉喷出，可持续 20~40 分钟。

继续往里走是海胆间歇泉 Echinus Geyser，这是一座 pH 高达 3.6，近乎于醋的间歇泉。如此之高的酸性实属罕见。

诺里斯间歇泉盆地主要间歇泉

间歇泉名称	喷发高度	持续时间	喷发间隔
Echinus	12~18 米	2~5 分钟	35~75 分钟
Steamboat	3~12 米（90~120 米）	1~4 分钟（3~40 分钟）	2~5 分钟 1 次（4 天 ~50 年）

瓷器盆地是黄石公园内温度最高、最活跃的地区

国家公园管理员博物馆
Museum of the National Park Ranger

从诺里斯交叉路口向马默斯方向行驶 1 英里（约 1.6 公里），沿着宿营地的标识右转就可以看到这座博物馆了。主要展出了与国家公园管理员制度和国家公园制度相关的内容，这里服务的志愿者都是原公园管理员。这也是国家公园鼻祖才配拥有的博物馆。

诺里斯 Norris
MAP p.312 B-2
设施 公共厕所 · 公共电话

诺里斯也是“8”字形环路的交叉口。以东 12 英里（约 19 公里）是峡谷区，以北 21 英里（约 34 公里）是马默斯区。

Norris Geyser Basin Museum
☎（307）344-2812
开 5 月下旬 ~9 月下旬 9:00~18:00

Ranger Windows into Yellowstone
集合▶夏季 9:30　春秋季 9:30
所需时间▶ 90 分钟
地点▶博物馆

初级 Porcelain Basin
适宜季节▶全年
距离▶ 1 周 800 米
所需时间▶约 30 分钟
出发地▶博物馆

初级 Back Basin
适宜季节▶全年
距离▶ 1 周 2.4 公里
所需时间▶ 1~2 小时
出发地▶博物馆

国家公园管理员博物馆
Museum of the National Park Ranger
MAP p.312 B-2
开 5 月下旬 ~9 月下旬 9:00~17:00

可以了解一下公园管理员的发展史

↗ 49 米的泉底长眠。今后，这座 71℃的温泉会将它溶解到什么程度，究竟会对温泉的颜色产生哪些影响，都还是未知数。

GEOLOGY

地热现象的原理

黄石的雨雪透过岩层用500年的时间逐渐渗入深层地下。在深度超过3000米的地下，水被260℃以上的高温加热。但是由于压力很高，所以无法汽化，热水便沿着岩层中的缝隙急速上升。这就是所谓的地热现象。出现这种现象的地点，在公园内有1万多处，这里是世界上最大的地热现象集中地。

地热现象根据其喷出方式的不同而有着不同的称谓。

温泉　Hot Springs

从广义上讲，应该指包括间歇泉在内的所有温泉，但实际上多指地下热水涌出地面后形成的水塘。黄石温泉的特点是颜色多样，这是由于温泉之间在温度和水中所含物质上存在差异所致。

间歇泉　Geyser

热水未被汽化而直接从地表喷出的是间歇泉。黄石公园内有约300个间歇泉，占世界间歇泉总数的2/3。每个间歇泉都会周期性地喷出热水，但间歇时间各不相同。按照喷出口的形态，间歇泉可分为两种。一种是喷出口周围有圆锥形沉淀物堆积的Cone Geyser，另一种是喷出口位于水塘中的Fountain Geyser。

喷气孔　Fumarole

热水在到达地表前汽化，以水蒸气的形式喷出。有时会伴随雷鸣般的声音，地面也会因其巨大的能量而晃动。也被称为Dry Geyser。热水是否会汽化，取决于温度、压力、岩层的种类等多种要素复杂的共同作用。

泥浆泉　Mud Pot

混有泥以及不可溶矿物质的热水涌出地表。根据水中矿物质种类的不同，水的颜色会发生变化。

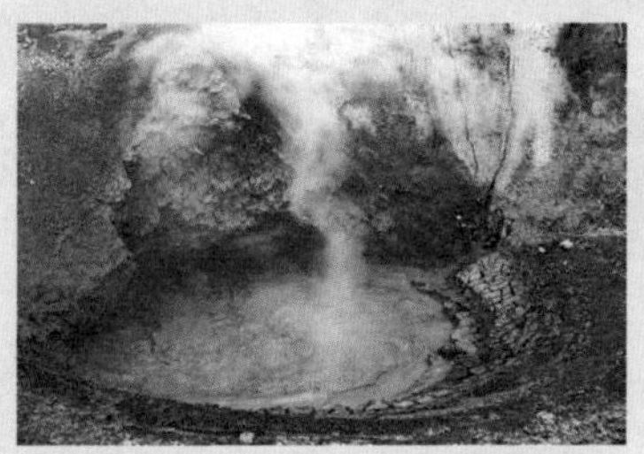

看上去有些阴森之感的泥浆泉

有色温泉的成因

牵牛花池Morning Glory Pool的神奇色彩以及翡翠泉Emerald Springs透明的天蓝色等，这里的温泉呈现出的颜色令人不可思议。据说颜色与温度之间有着密切的联系。

如果水温很高则生物无法在里面生存，水就呈现出天蓝色。例如，位于上间歇泉盆地的水晶池就属于这种温泉。

水温稍低一些的话，就会有藻类和真菌生长。酸性水质里生长绿色藻类，其他水质里生长黄色藻类。所以，有的温泉呈绿色，而有的温泉呈黄色。

另外，水塘周围以及间歇泉中的黏稠状物质是沉淀下来的矿物质。黄色的是硫黄，橘红色和褐色的是氧化铁。

世上稀有的微生物

黄石国家公园不仅拥有多样的地形，而且动植物的种类也极其丰富。

可以见到各种藻类的间歇泉盆地

其中最不可思议的生物是一种被称为“斯鲁夫巴雷斯”的微生物，据说仅生长于黄石。这种微生物不需要氧气，属于厌氧性的微生物，是地球上最古老的生物之一。在地球上充满氧气的地方无法找到它的身影，因为它是一种十分奇特的生物，只生长在水温高于90℃的强酸性（pH达到1）泥浆泉中。

此外，黄石还有许多只生长于高温温泉中的微生物。这些微生物和藻类让温泉呈现出黄色、橘红色、红色、茶色等色彩。

马默斯区 Mammoth

这是一个以马默斯温泉为中心的区域。距离北口大门大约有5英里（约8公里）。马默斯区也是园内唯一一个全年开放的区域，除了夏季以外，每年12月~次年3月中旬还有许多喜好冬季户外运动的游客到这里来游览。这里的游客服务中心也是全年开放的。

马默斯度假村设施完备，既有加油站又有诊所

马默斯区
Mammoth
MAP p.312 A-2
设施 游客服务中心→p.318、客栈→p.346

Ranger Terraces Walk
集合▶夏季9:00
所需时间▶90分钟
地点▶自由帽前

自由帽
Liberty Cap

位于阶梯山Terrace Moutain前，仿佛一个看门人一样守护着这里。近距离观看自由帽，出乎意料得巨大，仔细观察还能看出这座巨型石帽是由大量渗出物叠加而形成的。外观看上去有点像钟乳石，以前这里曾经有温泉水涌出，但由于沉淀物逐渐堵住了出水口，现在已经干涸了。

自由帽仿佛黄石公园北侧的看门人一般

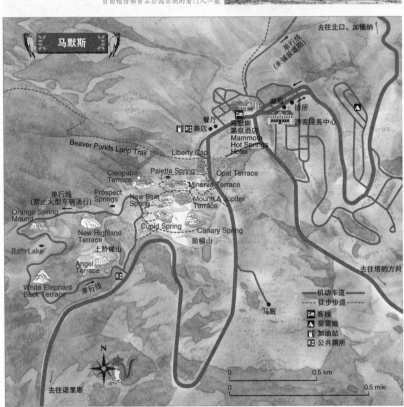

马默斯
去往北口、加德纳
单行线（未铺装道路）
邮局
诊所
游客服务中心
餐厅
商店
马默斯温泉酒店 Mammoth Hot Springs Hotel
Beaver Ponds Loop Trail
Liberty Cap
Palette Spring
Opal Terrace
Cleopatra Terrace
Minerva Terrace
Prospect Springs
New Blue Spring
Mound & Jupiter Terrace
单行线（禁止大型车辆通行）
Orange Spring Mound
New Highland Terrace
Cupid Spring
Canary Spring
阶梯山
Bath Lake
上阶梯山
Angel Terrace
White Elephant Back Terrace
单行线
去往塔的方向
马厩
去往诺里斯
机动车道
徒步步道
客栈
宿营地
加油站
公共厕所
0 0.5 km
0 0.5 mile

Notes 租借轮椅　可以在位于马默斯区的诊所（游客服务中心东侧）内租借轮椅，费用是每天$10（押金$300）。如果只在马默斯地区游览，游客服务中心也可以租借轮椅。

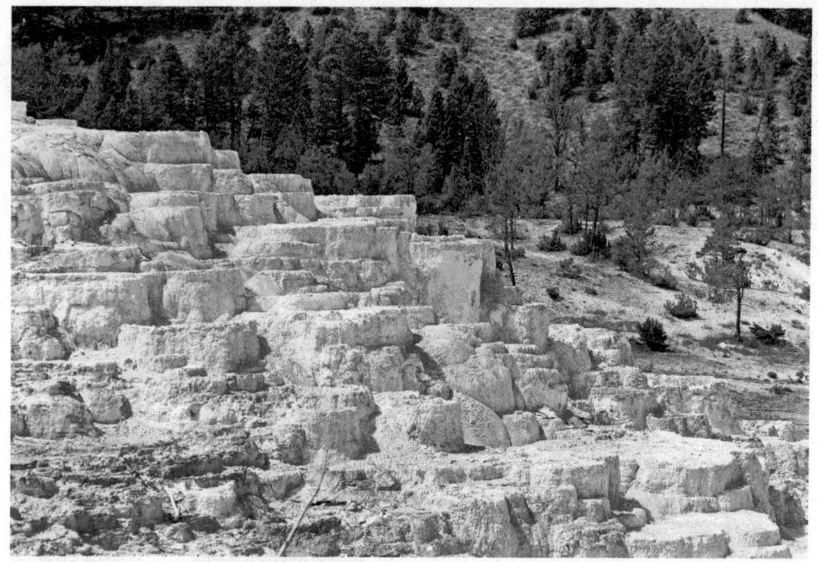

温泉水不断涌出时，密涅瓦梯田会呈明显的白色

阶梯山

Terrace Mountain

从地底深处喷涌上来的温泉水中含有大量石灰成分，并且不断堆积，逐渐形成了巨大的梯田形状，这便是阶梯山名字的由来了，也被称作钙华山，比我国的黄龙、土耳其的棉花堡、日本的秋芳洞还要巨大许多。

山顶上的温泉至今仍不停地流淌着，持续着大自然的造化之功。每天，大约有 2 万吨的石灰被源源不断地运送出来，不到 1 周的时间山体的形状就会发生相应的变化。不过，温泉涌出的水量不是太稳定，有些地方甚至已经停止出水了。所以，这座山才会有这么多的颜色变化。不妨试着对照本书中的照片，找找这是哪个位置的阶梯，现在究竟发生了怎样的变化。

这些温泉形成的阶梯，也都有着十分优雅的名字，如密涅瓦梯田 Minerva Terrace、丘比特温泉 Cupid Spring 等。这里距离马默斯度假村也比较近，围绕梯田周围的木结构步道转一圈大约需要 30 分钟，可以从各个角度观赏梯田。

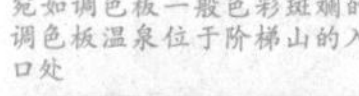

宛如调色板一般色彩斑斓的调色板温泉位于阶梯山的入口处

Side Trip

黄石的露天温泉！？

既然黄石有如此多的热水涌出，很多人可能立即会想到“温泉”。但是，在黄石既没有温泉街也没有温泉旅馆。也许会感到这未免太可惜了，不过其实还是有露天温泉的，而且就在河流中。所谓的露天温泉非常原始，就是河流中流淌着的热水。游客可以穿上泳衣进入河流去享受露天温泉。严禁在温泉中饮酒。

从马默斯向公园北口行驶，途中宿营地前面有一座桥，桥旁就是露天温泉。写着北纬 45° 的标识牌南侧有一个停车场，从那里沿河走 10 分钟即可到达。

夜间禁止进入温泉。另外，在河流水位较高的春季至初夏以及天气状况不佳时也可能临时关闭。

露天温泉游客众多 7 月下旬的傍晚，我去了加德纳河的露天温泉。冰凉的河水与沸泉水，勾兑出的温度刚刚好适合泡澡，非常舒服。这个露天温泉池大约有 100 米左右，跟煮饺子一样会聚了大量来泡↗

Orange Spring Mound 看上去好像含有大量铁的成分，其实这种橙色是由微生物和藻类所导致的

白象背阶梯，仿佛站在了一头白象的背上一样

上阶梯山
Upper Terrace

天使阶梯中矗立的干枯松树林给人留下了深刻的印象

阶梯山的里侧有一个区域被称为上阶梯山，由一条被称为 Terrace Mountain Drive 的单行车道所连接。驶过阶梯山的上部后，继续往里行驶就可以绕着这个区域观赏新高地阶梯 New Highland Terrace、白象背阶梯 White Elephant Back Terrace 等景观。沿途被石灰封立的干枯松树林给人留下了深刻的印象。偶尔还会有麋鹿从阶梯上穿行。

GEOLOGY

玻璃岩壁

在马默斯与莫里斯之间有一个名为 Beaver Pons 的湖，湖的北面是天然黑色玻璃岩壁 Obsidian Cliff。岩壁高 50~60 米，长 800 米，是露出地表的黑曜石。黑曜石是熔岩急速冷却凝固而形成的。通常情况下，这种石头都是一个个小块，并且被包在岩石中，形成如此巨大的一面岩壁实属罕见。据说是 18 万年前喷发出的岩浆遇冰川后而成。

原住民从岩壁上敲下碎石，把类似玻璃的尖锐石块当作箭头进行交易。现在已经明确知道，距此地很远的中西部原住民也曾使用过出自这块岩壁的黑曜石。因为这些历史，这里被列为了国家历史遗迹。

位于园内公路的东面

GEOLOGY

梯田状的山是如何形成的

在马默斯温泉，落到地面上的雨雪会通过透水性很强的岩层或者岩缝渗入深达 3000 米的地下。黄石的深层地下有岩浆库，地下 3000 米附近的岩层会因岩浆的温度而部分熔化。渗透到这里的水受热后，在对流作用下沿着岩层的缝隙被喷出地表。这种水中因有火山气体溶入而变成碳酸水，通过石灰层时，石灰就会溶解在高温碳酸水中。

当接近地表时碳酸水冷却，喷出地表后会向空气中放出二氧化碳。溶解于水中的石灰质在山坡上沉淀下来便形成了梯田状的山。

这种现象大概从 8000 年前就已经开始。现在石头的梯田仍在继续形成。

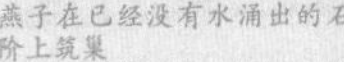

燕子在已经没有水涌出的石阶上筑巢

↗温泉的游客。在急流中找到一处适合自己安身、不会被河水冲走的位置，享受温泉吧。看板上写着“5:00~21:00 Swim Only”。

罗斯福区 Roosevelt
MAP p.312 A-2

GEOLOGY
硅化木的山脊
位于高塔瀑布与拉马尔山谷之间的标本山脊 Specimen Ridge 上有无数的硅化木（→ p.175）矗立于此。与亚利桑那的石化林国家公园不同，这里的树都是在矗立着的状态中逐渐被石化的。但非常遗憾的是，由于没有通往这里的道路，所以不能近距离观看。不过，黑尾高原车道终点以东的位置，沿着 Petrified Tree 的标识进入后，可以看到一棵孤立的硅化木。

中级 Tower Fall Trail
适宜季节▶ 5~10 月
距离▶往返 1.6 公里
所需时间▶往返 1 小时
海拔差▶ 91 米
出发地▶高塔瀑布停车场
设施 公共厕所 · 公共电话 · 商店
这条步道一路上都是比较崎岖的盘山路。2006 年时曾经发生过山体坍塌、2015 年时从中途的观景台向上的步道也被封闭。

高塔瀑布

罗斯福区 Roosevelt

罗斯福区是以罗斯福塔为中心的一个区域。位于这里的罗斯福客栈是公园住宿设施中最素朴的一家。圆木小木屋风格的客栈内有使用柴火的暖炉。整个客栈位于杉树的树林之中，一楼的餐厅给人感觉十分温馨，可以悠闲地在这里就餐。

夏季期间，每天都有从客栈出发的驿站马车团体游，可以在附近的草原上穿行。附近还有许多条徒步远足步道，还可以体验钓鱼、骑马等户外运动的乐趣。

黑尾高原车道
Blacktail Plateau Drive

这条车道位于马默斯与罗斯福塔的中间地带，是一条东向的单行道线路。道路是在松林中穿行的，秋季时可以观赏黄叶。运气好的话还能与叉角羚羊或者麋鹿相遇哦！

高塔瀑布
Tower Fall

高塔瀑布与阶梯山、老忠实泉齐名，是园中的必看景观之一。瀑布从高耸的火山岩尖塔之间一泻而下，落差有 40 米之高。天气好的时候还能看见彩虹。尖塔奇岩是火山运动时裂开的灰色流纹岩，然后又受到了黄石河的腐蚀，逐渐风化而形成。

拉马尔山谷
Lamar Valley

拉马尔山谷位于罗斯福塔与公园东北大门的中间地带。山谷内栖息着大量的野生动物，主要有麋鹿、驼鹿、水牛、丛林狼、叉角羚羊等。冬季的时候，由于谷内积雪较少，依旧会有大量的野生动物来这里觅食。而狼则会悄悄地隐藏在附近，伺机获取猎物。山谷视野很好，特别适合观赏动物。

Column

驿站马车团体游

6 月上旬 ~9 月上旬每天 3~4 趟，可以从罗斯福塔出发，乘坐仿制西部开拓时代的驿站马车 Stagecoach Rides 出游。虽然车子乘坐起来不是很舒服，但可以体验一下开拓者们的辛劳。
费 $12.25、3~11 岁是 $6.25

驿站马车是罗斯福区的著名观光项目，不妨试试看哦

另外，还可以与体验牛仔生活的野外烧烤游 Old West Cookout 组合。在草原上肆无忌惮地大口吃肉，体验烧烤真是太爽快了，味道也格外美味。既可以乘坐马车参加，也可以骑马参加，最终会在就餐地点会合。需要提前预约。
驿站马车（四轮马车）费 $57、3~11 岁是 $46
骑马（1 小时）费 $76、8~11 岁是 $66
骑马（2 小时）费 $85、8~11 岁是 $75

可以在各客栈的团体游办事处预约，或者通过互联网预约。☎（307）344-7311。出发地点是罗斯福客栈。截至出发 15 分钟前，可以在马厩挑选马匹和马车。还可以从黄石湖或者峡谷区接送的客人。
URL www.yellowstonenationalparklodges.com

峡谷区 Canyon

黄石国家公园的名字，源自于黄石大峡谷 Grand Canyon of the Yellowstone 内的颜色。长 32 米的峡谷内，是绵延的黄色崖壁。峡谷深 240~360 米，宽度最窄的地方是 450 米。流纹岩的岩壁受到含有硫黄成分的沸泉水蒸气的影响，变得脆而松，颜色也逐渐变成了黄色，再加上河流的冲刷与腐蚀，历时 1 万年左右终于造就了这片峡谷。

从黄石湖流出的水汇集成了黄石河，经由海登山谷茂密的草原后，再次迅速流入峡谷内。首先，经过落差 33 米的上瀑布 Upper Fall 后落下。清晨或者夕阳时分，水汽较重的时候还会有十分美丽的瀑虹出现。其次，落差 94 米的下瀑布 Lower Fall，瀑布落下的两侧，是悬崖峭壁的峡谷，北侧叫作北壁，南侧叫作南壁。

北壁的旁边，是峡谷区的中心地带——峡谷度假村。内有游客服务中心、客栈、宿营地、加油站等设施。

Canyon Visitor Education Center
MAP p.312 B-2
☎（307）344-2550
开 夏季 8:00~20:00
春秋季 9:00~17:00
冬季 9:00~15:00

上瀑布声势磅礴，绝对值得一看

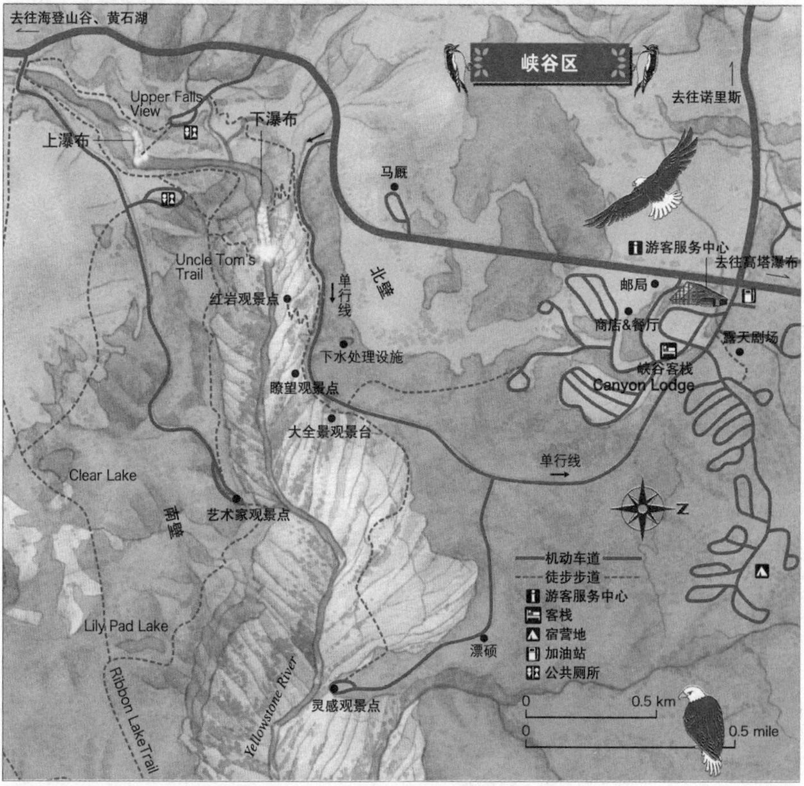

峡谷区
去往海登山谷、黄石湖
去往诺里斯
Upper Falls View
上瀑布
下瀑布
马厩
游客服务中心
去往高塔瀑布
邮局
商店&餐厅
露天剧场
峡谷客栈
Canyon Lodge
Uncle Tom's Trail
红岩观景点
单行线
北壁
下水处理设施
瞭望观景点
大全景观景台
单行线
Clear Lake
南壁
艺术家观景点
Lily Pad Lake
Ribbon Lake Trail
Yellowstone River
灵感观景点
漂碛
机动车道
徒步步道
游客服务中心
客栈
宿营地
加油站
公共厕所
0 0.5 km
0 0.5 mile

Notes 租借轮椅　游客服务中心可以租借轮椅，费用是每天 $10（押金 $300）。另外，峡谷的观景台大都有许多台阶。如果准备推轮椅的话，建议参观艺术家观景点，比较省力。

中级 Brink of Lower Fall
适宜季节▶ 5~10 月
距离▶往返 1.2 公里
所需时间▶往返约 1 小时
海拔差▶ 180 米
出发地▶ Brink of Lower Fall 停车场
※ 路途比较崎岖，身体状况欠佳的游客请慎重。冬季封闭。

中级 Red Rock Point
适宜季节▶ 5~10 月
距离▶往返 1.2 公里
所需时间▶往返约 40 分钟 ~ 1 小时
海拔差▶ 150 米
出发地▶瞭望观景点停车场
※ 路途比较崎岖，身体状况欠佳的游客请慎重。冬季封闭。

北壁
North Rim

沿峡谷度假村向湖区方向行驶 2 英里（约 3.2 公里），然后左转，有一条东向的单行车道便是北壁车道的起点了。从这里沿着北壁行驶会有 5 个观景台。

灵感观景点

首先，经过 Brink of Lower Fall Tail 步道的入口，从这里往下走可以到达下瀑布前方的观景台。绿色的流水，从脚下直落瀑布深潭的景象特别有震撼力。有时间和体力的游客不妨试着挑战一下这条步道。

其次，瞭望观景点 Lookout Point，也是观看下瀑布位置最好的观景台。有一条步道可以从这里一直下到红岩观景点 Red Rock Point，步道终点处距离瀑布十分近，瀑布溅起的水汽甚至可以打到脸颊上。

大全景观景点 GrandView Point 也是一座十分有人气的观景台。虽然看不到瀑布，但可以看到黄色的峡谷富有变化的景象。

最后，灵感观景点 Inspiration Point（冬季关闭）。这座观景台虽然距离瀑布较远，只能看到瀑布的一小部分，但却可以看到峡谷的全景。北壁车道的终点是度假村。

需要注意的是，北壁车道的入口西侧有 Brink of Lower Fall Tail 步道入口，从这里到上瀑布观景台的步道虽然很好走，但是可以在去南壁车道的途中顺便参观。

中级 Uncle Tom's Trail
适宜季节▶ 6~9 月
距离▶往返 1.6 公里
所需时间▶往返约 1~1.5 小时
海拔差▶ 150 米
出发地▶汤姆叔叔停车场
※ 比较险陡的铁质台阶共 300 阶，而且十分湿滑，一定要小心脚下。除夏季以外的季节封闭。

Ranger Lupine Loop walk
集合▶夏季 9:00
所需时间▶ 3 小时 30 分钟
地点▶汤姆叔叔停车场

Ranger Walking the Edge
集合▶春季 ~ 秋季 15:00
所需时间▶ 90 分钟
地点▶汤姆叔叔停车场

南壁
South Rim

沿南壁修建的道路叫作南壁车道，首先顺道去上瀑布观景台 Upper Fall Viewpoint，可以走一下汤姆叔叔的步道 Uncle Tom's Trail。这条步道可以一直下到上瀑布的瀑潭附近，在这里可以体验到从比尼亚加拉瀑布高 2 倍的高度上飞流而下的瀑布的震撼力。车道的终点是艺术家观景点 Artist Point，这里位于一个绝妙的角度，可以观赏到黄色的峡谷和上瀑布。

最适合游览艺术家观景点的时间是清晨至正午前这段时间

TriVia 巨大的漂砾　距离灵感观景点 600 米的路边（有停车区域），有一块巨大的花岗岩矗立在这里。据说是在 8 万年前由冰川"搬运"到这里来的。

海登山谷
Hayden Valley

在峡谷与黄石湖之间，有一片美丽的低洼地带被称为海登山谷。在这片广阔的低地平原上，黄石河宛如一条蜿蜒的大蛇缓缓流淌，河岸边的草甸上有为了觅食河中之鱼而栖息于此的鹈鹕，还有下半身浸泡在河中甩动着鱼竿的垂钓爱好者们。时而还能看到拥有白色脸颊的加拿大黑雁的雁群或者白头鹫的身影。有时还会有驼鹿在河边啃食河中的水草。草甸的各处还零星有在进行泥巴浴的水牛群。眼前的这一切让时间显得都那么悠长。这个地区的最佳游览时间是清晨时分，这是动物们最为活跃的时候。

春天出生的小牛，据说能顺利度过下一个冬季的只有不到半数

泥火山
Mud Volcano

位于海登山谷南端的一片神秘地带。步道的两旁有一些泥的喷气孔（→p.328），多彩的泥浆泉咕嘟咕嘟地冒着沸腾的气泡。看起来很神奇、很不可思议，有值得一看的价值的。

驾驶时的注意事项

在海登山谷经常会有野牛横穿道路，由此产生的堵车现象也很常见。这些野牛的动作极为迟缓，而且对车和人完全不害怕，但绝对不能惊扰它们。如果遭到野牛的攻击，它们的犄角和巨大的身躯将会给人带来致命的打击。

观看鳟鱼逆流而上

每年6月都能在黄石河看到鳟鱼为产卵沿河逆流而上的情景。泥火山与湖泊之间名为 Le Hardys Rapids 的支流汇入黄石河处最适宜观看。道路转弯处的停车场是识别此地点的一个标识。

Ranger Mud Volcano Ramble
集合▶夏季 16:00、春秋季 11:00
所需时间▶90 分钟
地点▶泥火山停车场
MAP p.312 B-2

缓缓流淌在海登山谷里的黄石河

GEOLOGY

在黄石感受地球的力量

地球蕴藏着超出人们想象的巨大力量。看着周围安静的绿色风景，可能无法感受到那种力量，不过那种力量有时会以火山喷发、地震等形式突然出现在我们面前。

在黄石，随时都能很全面地感受到地球的神奇力量，这样的地方在地球上极为罕见。

岩浆的力量

黄石以极具震撼力的间歇泉而闻名，有此类地热现象的地点在黄石有大约1万处，是世界上地热现象最为集中的地区。那么，这里为什么会有如此多的地热现象呢？这是因为地下的岩浆距离地表非常近，大约只有4800米。

微观世界的力量

位于马默斯的白色梯田状山坡，看上去让人感到不可思议。这其实也是因为有在岩浆作用下从地下喷出的热水才得以形成。喷出的热水中富含以石灰为主的矿物质，经过了8000年的岁月这些矿物质的结晶才形成了这个梯田状的山坡。

水的力量

黄石大峡谷两侧都是黄颜色的岩石，整个峡谷绵延32公里，深240~360米。峡谷中的岩石在热水的作用下变得很脆，经过黄石河1万年的冲刷形成了流纹岩。这里最美丽的景点是名为 Lower Fall 的瀑布，是园内150多个瀑布中的一个。可以沿步道走到瀑布近前。站在瀑布下能够感受到水的强大力量，正是这种力量才让这座雄伟的峡谷得以形成。

与大提顿之间隔着大陆分水岭，这两个地区的水系永远不可能交汇

湖区　Lake

黄石湖周边的区域被称为湖区。湖的北岸有 3 座度假村，从东开始依次是游客服务中心、房车宿营地，然后是有杂货铺的钓鱼桥 Fishing 地区、有酒店和客栈的湖区度假村 Lake Village、有宿营地的桥湾地区 Bridge Bay。

另外，湖的西岸也有一个度假村叫作格兰特山庄 Grant Village，那里有游客服务中心、客栈、宿营地等设施。

黄石湖

Yellowstone Lake

湖面海拔 2357 米，面积大约有 360 平方公里，大约跟昆明的的滇池（330 平方公里）差不多大小。这座湖泊也是美国面积最大山湖。最深处达 122 米，夏季水温约为 12℃，冬季约为 4.5℃。实际上黄石湖是黄石活火山口的中心，覆盖着黄石公园陆地的就是从这里喷出的火山岩石和岩浆，现如今火山口被湖水所覆盖，不过至今仍有部分湖湾地区会有热水涌出。

湖的唯一出口是黄石河，这条向北流淌的河流中途会与密苏里河、密西西比河合流，流经圣路易斯、新奥尔良，最终流入墨西哥湾。

黄石湖最大的魅力在于，广阔的湖面与四周的高山景观。天气晴朗的日子里，甚至可以望到大提顿山脉的轮廓，在湖中泛舟或是在湖边钓鱼都可以悠闲地度过一天的时光。

针对湖区的游览项目还有黄石湖游船。乘坐客船可以欣赏湖光山色，并且还能近看位于湖中心的史蒂文森小岛，乘船时间 1 小时。推荐早晨乘坐游船，景色最美。

如果还有时间，可以从钓鱼桥向东行驶 3 英里（约 4.8 公里），从 Indian Pond 的停车场沿步道爬上风暴观景点 Storm Point。这里地处高地，可以眺望湖景，沿途还有旱獭出没。

湖区 Lake
MAP p.312 C-2
设施 游客服务中心→p.318、客栈→p.346

黄石湖游船
☎（307）344-7311
通航时间 6 月中旬 ~9 月上旬、每天 5~7 趟
费 $15；3~11 岁 $10

出发地点位于桥湾码头。请提前 15 分钟到达出发地点。旅游旺季时最好提前一天电话预约。

船

泛舟于平静而美丽的湖面上。6 月中旬 ~9 月上旬，可以从桥湾码头出发。

不可以在河中漂流。如果在湖中使用皮划艇或者木舟需要遵守公园管理处的规定。

Ranger Featured Creature
集合▶夏季 14:00
所需时间▶ 30 分钟
地点▶钓鱼桥游客服务中心

观察野生动物和野生鸟类

初级 Storm Point Trail
适宜季节▶ 6~9 月
距离▶ 1 周 3.7 公里
所需时间▶约 1~2 小时
出发地▶ Indian Pond 停车场（钓鱼桥以东 3 英里处）
MAP p.312 C-3

Ranger Storm Point Saunter
集合▶春季 ~ 秋季 10:00
所需时间▶ 2 小时
地点▶ Indian Pond 停车场

TriVia 有热泉涌出的湖泊　风暴观景点的东侧，有一处地方是湖底涌出热泉、水温最高的地区，沸泉水温居然高达 122℃！从湖底喷出的沸泉中含有大量的矿物质，在湖面上堆积形成了好多烟囱状的立柱。即↗

西拇指
West Thumb

从北面看过来黄石湖呈一个巨手的形状，而在格兰特山庄以北、湖畔有温泉涌出的地区，刚好是拇指 thumb 所在的地方，因此被称为西拇指。可以试着围绕这里的步道走上一圈。从温泉对面可以看到湖的地方只有这里。其中有一处在湖中涌出的温泉叫作渔人锅 Fishing Cone。从前曾经有在此钓鱼的人不小心将钓到的鱼掉入此温泉中。结果鱼在温泉中被煮熟，当场就可以美餐一顿。后来，相继有许多钓鱼人都效仿这个行为。不过，这个温泉会不定期地喷出沸水，有人曾经因此而被烫伤。所以现在这种行为是被禁止的。

位于湖畔的黑池。以前曾经是近似于黑色的池水，1991 年喷出后水温升高，微生物几乎死绝，池水也变为了碧蓝色

渔人锅近年没有喷出沸泉，可能是由于湖水水位上升，倒灌入沸泉内部使之温度降低而造成的

West Thumb Information Station
MAP p.312 C-2
开 5 月下旬 ~9 月下旬 9:00~17:00；12 月下旬 ~3 月中旬 8:00~16:00

Ranger Hot Water Wilderness
集合▶夏季 10:30&15:30
春秋季 11:00&16:00
所需时间▶ 90 分钟
地点▶西拇指 IS

初级 West Thumb Geyser Basin Trail
适宜季节▶全年
距离▶ 1 周 1 公里
所需时间▶约 30 分钟
出发地▶西拇指停车场

伊莎湖
Isa Lake

以伊莎贝尔这个女性名字命名的小水池，位于黄石湖与老忠实之间。池水表面被睡莲所覆盖。这个小小的水池刚好骑在大陆分水岭之上，春季冰雪开始融化时池水会同时分别向东西两个方向流出，向西流入火洞河，然后与密苏里河、密西西比河合流最终流入墨西哥湾；向东流入蛇河，然后与科伦比亚河合流最终流入太平洋，这种逆转现象十分罕见。

盛开着落基山睡莲 Rocky Mountain Pondlily 的伊莎湖

伊莎湖
Isa Lake
MAP p.312 C-2

↗ 便有沸泉从各处涌出，但是对于诺大的湖面来说也只是其中一小部分而已。黄石湖每年 12 月下旬 ~5 月下旬期间，依然会被厚厚的冰层所覆盖。

黄石的主角们

世界上能够见到野生动物的地方有很多，但是比较容易前往且比较容易见到大型野生动物的地方就为数不多了，黄石就是其中之一。

欧洲人来到新大陆前，这里一直保持着自然的平衡状态。在森林与草原的交界处，可以见到极富变化的动物生态。草原上有可作为食物的草以及充足的阳光，遇到危险时森林还可以为动物们提供保护。

观察动物适合在早晨。日出时分，来到河边或湖畔能够看到许多意想不到的珍稀野生动物出没。像野牛、驼鹿这样的动物在度假村内就很常见。这些动物不惧怕人类，这是因为长年以来它们都得到了很好的保护。这种保护并不是给它们喂食，而是让这里的一切保持自然状态。因此我们绝不可以给动物们投放食物。

上 / 栖息着约 100 只灰狼（→ p.340）
下 / 北美最大的水鸟——黑嘴天鹅。数量急剧减少，目前正在实施从外界引入新鸟的计划

棕熊与黑熊

在黄石，栖息着棕熊（也称灰熊。约 600 只）和黑熊（美洲黑熊，约 600 只）。棕熊比黑熊体形大，如果是成年熊的话很容易区分，但如果是幼熊或者从远处看时则不太好区分。有一个办法可以帮助辨别，就是看肩和腰的位置。棕熊的肩胛骨凸起，行走时腰的位置低于肩。而黑熊的肩胛骨不凸起，腰与肩同高（→ p.395。关于园内的死亡事故→ p.341）。

野牛 Buffalo

又名美洲野牛。平时动作非常迟缓，遇到危险时能够以 60 公里的时速奔跑。其英姿飒爽的形象被用于国家公园管理局的标识中，但是游客看到的野牛大多数情况下似乎都是比较胆小温顺的。从春季到夏季是野牛换毛的季节，因为毛非常浓密，所以脱下的旧毛很难从野牛身上掉落。而且为了驱除寄生虫，野牛还会在泥塘中洗澡，身上的毛便缠在一起并结成硬块。看到这样的情形，让人不禁想拿起刷子给野牛清理身体。

野牛曾经广泛地栖息于整个北美大陆，但滥捕导致其数量骤减甚至濒临灭绝。现在终于恢复到 3 万头左右。另外，黄石的野牛全部是与公园外受保护野牛的杂交种。

驼鹿 Moose

形似手掌的犄角是雄鹿的特征。雌鹿则没有犄角。下颚处吻部下垂。栖息于水边，擅长游泳。

麋鹿 Elk

长达 1 米的犄角是雄鹿们打斗时的武器，早春季节会脱落并长出新的。到了秋季会迁徙至大提顿（→ p.359）。

骡鹿 Mule Deer

表情温柔的小型鹿。犄角形状与麋鹿非常相似，不过可以通过耳朵区分，因为其耳朵很大，类似骡子 Mule。

美洲羚羊 Pronghorn

群居于长有灌木蒿（蒿草的一种）的草原上，外貌特征是喉咙处有白色花纹并且尾巴也为白色。感到危险时能够以 110 公里的时速逃跑。

推荐看点

黄石的动物多为夜行性或半夜行性，所以早晨以及傍晚是最佳观察时间。朝雾笼罩下的海登山谷和拉马尔山谷、傍晚草原被一点点染成红色的羚羊溪，都是不错的观赏点。这里的美丽与高雅超过任何艺术品，置身于此，可以让自己融入大自然，会从心底感到一种幸福。

TriVia 野牛引起的问题　栖息于黄石的野牛有 5000 头左右。专家的调查结果显示，这个数量已经超过了当地环境能够承载的数量，会对生态系统造成破坏。因此，2015 年冬，在紧邻公园的区域有 900 头野牛↗

左上／在冬季种群数量会出现减少的野牛
左下／出现在老忠实的棕熊
右上／黄石的黑熊中，身体为黑色的只有一半左右
右下／麋鹿也有危险，不能过度接近

不要离动物太近！

发现动物时，人们总是想尽量接近动物，然后拍摄照片。但是，如果离动物过近的话，很可能会引起恶果，给双方都造成伤害。所以，观察动物时要保持一定距离。而且公园对此有具体的规定，遇到熊时要保持100码（约91米）以上的距离，遇到其他动物要保持25码（约23米）以上的距离。为了引起动物的注意而模仿狼的叫声以及用手电筒照射动物等行为都是被禁止的。在度假村，有时候也会出现野牛，如果遇到这种情况不要去刺激野牛，而应该默默地离开。

海登山谷

峡谷与湖泊之间。除了野牛、麋鹿之外，还有加拿大黑雁等水鸟。

沃什本山附近

罗斯福塔与峡谷之间的羚羊溪沿岸。是棕熊的主要栖息地，大角羊也会在此出没。

黑曜石溪沿岸

诺里斯与马默斯之间的一片湿地，可以在那里见到驼鹿、麋鹿、郊狼、天鹅等动物。

拉马尔山谷

罗斯福塔与公园东北口之间。是园内最大的麋鹿栖息地，还能见到野牛、骡鹿、郊狼、狼等动物。

关于植物

黄石的树木种类非常少，在如此广阔的区域内只有11种树木而已。有一种松树被称为Lodgepole，因为原住民过去使用这种树做帐篷的支柱。这种树的林地占到全部林地的80%。另外，还有为数不多的冷杉等针叶树以及白杨等落叶树。

每年到了7月，黄石的高山植物就会开花。一种名为隧裂龙胆Fringed Gentian的紫色龙胆被指定为黄石之花。河边以及湖畔中的浮萍开出黄色的花朵。草原上生长着成片的飞燕草和猴面花。

↗被捕杀。当地重新引入狼群后，野牛的数量也没有减少，而且其中布鲁斯氏菌病（可传播给家畜的传染病）阳性的个体较多，所以周边的牧场经营者都非常担心野牛会给牧场带来危害。

Wildlife

再次出现的狼群

1872年，黄石被列为国家公园。这也是世界上首个国家公园。到了20世纪90年代，黄石在世界上开了另外一个先河。那就是通过人类的干预让在黄石被人类消灭的动物——灰狼Gray Wolf重新出现，以此来恢复当地的生态系统。

自1870年欧洲探险队发现这里以来，黄石的环境发生了巨大的改变。其中尤为显著的一个变化就是狼的灭绝。自从欧洲人来此开发牧场以后，这里的狼便开始走向灭绝。狼经常会袭击麋鹿等动物，在人们的心目中属于凶残的野兽。因为这个很可笑的理由以及为了保护家畜，狼遭到了人们的肆意捕杀。到了20世纪30年代，狼在黄石地区绝迹了，从1870年算起，只过了短短的60年。

狼处于当地食物链的顶端，它们的灭绝给当地的动植物带来了巨大的影响。这种影响首先在被狼捕食的食草动物以及一些作为狼的竞争对手的食肉动物身上体现出来，之后通过连锁反应逐渐波及其他动植物。

在狼尚未灭绝的时候，郊狼在食物链中处于狼的下方。有时，郊狼的幼崽甚至会成为狼的食物。可是，随着狼的灭绝，在这一区域就没有任何动物能够威胁到郊狼，因此它们扩大了自己的活动范围并且使种群数量不断增加。这导致了郊狼喜欢捕食的地鼠数量急剧下降。随之而来的是雕等猛禽的数量也出现减少。

另一方面，被狼捕食的大型食草动物也受到了影响，并且出现了一系列连锁反应。狼可以捕食麋鹿和驼鹿，但对郊狼来说这些动物都太大了。所以，狼灭绝以后，这里的大型食草动物失去了天敌，数量增加了几倍。可是不管动物数量怎样增加，土地总是有限的。每天需要吃掉数公斤草的动物，如果数量激增，那么接下来将会面临的就是食物匮乏。在有些地区，草已经全部被吃光，最后连树皮都被啃掉了。这样一来，就连那些原本与狼没有直接关系的食草动物也陷入了严重的食物危机。

可以预见，这样的变化最终只会导致当地生态系统遭到毁灭性的破坏。为了阻断这一进程并让当地的生态系统回归到原来的状态，人们想出了一个办法，那就是把狼重新引入到这里的自然环境中。1995年，也就是狼在这片土地上灭绝60多年之后，有31只在加拿大捕获到的狼被放入黄石国家公园，不过这项计划的进展并非一帆风顺。虽说是人类导致了这里的生态发生了变化，但是反过来是否应该通过人为的介入来恢复生态也是一个疑问。而且当年对狼实施捕杀也是出于保护家畜和实际的经济利益，是经过长期讨论后才做出的决定。

上／为保护幼熊而与狼群对峙的棕熊
下／狼的脚印有西柚那么大

©NPS Photo by Barry O'Neill

到1998年为止共有3次把狼放入公园。到了2005年，园内的狼群达到20个，狼的数量增加为325只。

2004年1月，最后一只当年被放入公园的狼被确认死亡。现在，栖息于黄石、大提顿以及周边地区的狼都是在当地出生的。

其中有的狼群已经开始走出公园袭击家畜。如果在自己的牧场里发现狼袭击家畜，法律规定可以将狼射杀，而且如果农户受到了损失，还会由政府或者专门的公募基金提供赔偿。

目前，落基山脉地区总共栖息着大约1700只狼。因为数量已经有了大幅度的增加，2011年，蒙大拿州和爱达荷州将狼从濒危物种目录中删除并取消了禁止捕猎狼的规定。之后，在这两个州，人们处于个人兴趣以及商业目的共猎杀了206只狼。另外，还有270只狼因走人人类的居住区域而被视为危险动物，遭到当局的捕杀。

虽然在公园内捕猎活动受到禁止，但是狼也还是会面临来自其他方面的危险。2006年，有84%的新生幼狼因遭受到来自狗的病毒感染而死亡，园内狼的总数也锐减为124只。麋鹿等食草动物逃脱狼群捕杀的技能不断提高，狼捕获食物的成功率因此下降，从而导致幼狼出现营养不良，这被认为是幼狼易患病死亡的主要原因。此外，狼群之间的争斗、食物不足、交通事故、偷猎，又让狼的数量进一步减少到100只。

对于人类介入生态恢复的做法，黄石的经验虽然可以作为参考，但是人们在黄石所做的初次尝试是否能够算得上成功，恐怕还需要经过今后的长期检验才能得出答案。

TriVia 狼喜欢捕食幼年麋鹿　现在黄石公园内栖息着10群狼，共计100只。其中有21只被装上了用于生态调查的信号发射装置。调查结果显示，狼的食物中70%以上是麋鹿，而且基本上是未满1岁的幼鹿。↗

如果想真正体验黄石的美，只是开车围绕公园的主要景观游览是远远不够的。最少也要花上一天时间，体验一下黄石的户外运动。可以徒步远足、在草原上骑马或是泛舟于黄石湖之上。比起游览著名的景点来说，这一天的户外活动会给你今后的人生留下更加深刻和美好的回忆。

徒步远足 Hiking

徒步人数较少时一定要随身携带防熊喷雾

公园内虽然有近2000公里的徒步远足步道，但其中有一些可能会中途遇到熊等野生动物，十分危险，对于初级的户外运动爱好者来说还是有些难度的。老忠实泉周边的温泉步道和峡谷附近的步道比较安全，既有短程又有中程步道，不妨试试看（可以参考边栏介绍的内容）。

如果想要走长距离的步道，本书也会在接下来的内容中为你介绍。但是如果在有熊出没的区域徒步时，必须要做好充分的心理准备（→p.395）。

仙女瀑布
Fairy Falls

仙女瀑布是位于中间歇泉盆地与下间歇泉盆地之间落差约60米的瀑布。去往这个瀑布共有2条线路，一条是从距离中间歇泉盆地1英里（约1.6公里）以南的Steel Bridge开始出发，另一条是从位于泉平路尽头的停车场出发。推荐第二条步道，虽然步道的距离有些长，但沿途的风景着实不错，可以看到火灾后逐渐恢复的景色。

从停车场穿过温泉和小河大约前行2.2公里会在右侧看到trailhead的标识，沿标识右转。一路上比较容易走错的地方都有橙色标识。走上一段时间后，辽阔的草原就会出现在眼前，远处是连绵的群山，时而还会有从地面冒出来的蒸汽，有些地方甚至会喷出沸泉来。接下来会穿过一片被烧毁的枯树树林，进入到湿地。继续往前走，步道会出现分岔，左转后很快就可以到达本次的目的地——仙女瀑布。“仙女”之名，非常适合这座瀑布，站在这里感受到的是仿佛瀑布周围随时都会有仙女飞出来的氛围。

海狸池塘环状步道
Beaver Ponds Loop

从马默斯温泉出发穿过树林，游览有海狸筑坝的池塘。除了海狸以外，可以见到叉角羚羊、驼鹿等野生动物的概率也比较多。

特别小心熊！

进入动物们生活的世界时，有相对应的方法。尤其是进入危险动物，如熊生活的区域时，遵守这些方法可能会保住你的性命。

峡谷区、塔附近、肖松尼湖附近需要格外小心。2011年海登山谷北侧连续发生了2起徒步者死亡的事故。通过DNA锁定了袭击人类的棕熊，母熊被安乐死，小熊被送到了棕熊与狼的科学探索中心。（→p.316）

为了避免类似的悲剧再次发生，公园当局呼吁游客随身携带防熊喷雾（通过辣椒水击退熊的一种喷雾）。尤其是出行人数较少时，旅游旺季以外的季节时，一定要在公园的商店内购买防熊喷雾。

中级 Fairy Falls
适宜季节▶6~9月
距离▶往返11.2公里
所需时间▶往返约4~5小时
出发地▶泉平路停车场
MAP p.312 BC-1

春季时野花盛开，秋季有泛黄的野草和红叶景观

中级 Beaver Ponds Loop
适宜季节▶6~9月
距离▶1周8公里
所需时间▶1周约3小时
出发地▶自由帽前方
MAP p.329

↗狼的活动范围遍及整个公园，出没较多的是罗斯福塔以及拉马尔山谷附近，出没较少的是老忠实与湖泊附近。

丝带湖步道
Ribbon Lake Trail

从峡谷区南壁的汤姆叔叔停车场出发，经过澄清湖 Clear Lake、百合湖 Lily Pad Lake 最终拜访丝带湖。这条步道沿途有大量的野花，还可以看到野生动物。如果觉得用时较长，可以走到中途的某个湖，再折返回来。

沃什本山步道
Mt. Washburn Trail

可把车停在罗斯福塔与峡谷之间的当雷文通道 Dunraven Pass 附近，向海拔 3122 米的山顶发起挑战。山边两侧都有步道，无论哪一条都没有什么本质上的区别。登顶后可以在位于山顶的山火监测小屋处远眺风景，既能看到脚下的溪谷和湖，又能望见远处的大提顿连山。这个区域附近有许多大角羊，另外也有棕熊经常出没，需要小心。初夏时积雪还有很多。

迷湖步道
Riddle Lake Trail

这条步道需要翻越大陆分水岭，游览位于黄石湖南侧森林里的一座美丽湖泊。沿途碰到麋鹿的机会比较大，但熊也经常出没于此地，尤其是初春（5 月 ~7 月中旬），有时会由于熊出没的原因而封闭步道。

由公园管理员带领的项目 Ranger-led Program

黄石国家公园是最古老的国家公园，所以这里的公园管理员导览项目也特别充实。夏季时，所有的度假村内，每天都有多种多样的导览项目。新月的时候会举行星空赏鉴大会，还有专门针对小朋友的导览项目。另外，还有针对害怕熊的游客的游览项目，可以跟随公园管理员游览比较偏远的地区（免费，需要提前一天登记）。根据日期的不同，游览的地点也会有变化。可以在各游客服务中心查看时间表和项目具体内容。

骑马 Horseback Riding

可以在马默斯、罗斯福塔、黄石峡谷地区体验骑马的项目。在罗斯福塔地区体验完骑马以后，还可以在野外享受烧烤牛排的乐趣，这个项目的名称是 Old West Cookout（→ p.332）。骑在马背上，欣赏着身边雄伟的大自然风光，仿佛置身于西部剧的世界里一般。

过一天类似于图片中的生活也不错哦

中级 Ribbon Lake Trail
适宜季节▶ 5~10 月
距离▶往返 9.7 公里
所需时间▶往返 3~4 小时
出发地▶汤姆叔叔停车场
※ 到澄清湖往返是 4.8 公里、到百合湖往返是 6.4 公里。
MAP p.333

高级 Mt. Washburn Trail
适宜季节▶ 7~9 月
距离▶往返 9.7 公里
所需时间▶往返 4~6 小时
海拔▶ 425 米
出发地▶ Dunraven Pass 停车场
MAP p.312 B-2

向着山顶的山火监测小屋攀登吧

中级 Riddle Lake Trail
适宜季节▶ 7 月下旬 ~8 月
距离▶往返 8 公里
所需时间▶往返 2~3 小时
出发地▶从格兰特山庄向南行驶 3 英里（约 4.8 公里），越过大陆分水岭后的第一个停车场
MAP p.312 C-2

预约骑马
☎（307）344-7311
URL www.yellowstonenationalparklodges.com
马默斯温泉地区
5 月中旬 ~9 月上旬
罗斯福塔地区
6 月中旬 ~9 月上旬
黄石峡谷地区
6 月中旬 ~8 月中旬
费 1 小时 $42；2 小时 $63

也可以通过园内客栈的团体游办事处进行预约。出发前 45 分钟需要在马厩进行签到。8 岁以下，身高不足 122 厘米，体重在 109 千克以下的儿童不能参加。

钓鱼 Fishing

蒙大拿州、怀俄明州是世界垂钓爱好者们都很向往的地方。以黄石为水源的公园周边河流附近很适合钓鳟鱼。当然，公园内也是可以钓鱼的。

飞钓最有人气的 Yellowstone cutothroat trout

公园内钓鱼需要独立的许可证，不需要州发行的许可证。大多数的水域都是在 5 月的第四个周六至 11 月的第一个周日期间解禁，但是湖泊的解禁时间会稍有不同。

特别需要注意的是，不能使用铅质钓具，有些水域不能使用活物做诱饵。根据垂钓地点的不同，有些地点可能只允许飞钓。另外，针对本地物种的 catch and release 以及外来物种的管制，还有针对鱼钩的细节等都有着很严格的规定，细则请在游客服务中心或者公园管理处进行确认。

针对具体季节、在哪条河、钓哪种鱼、用什么渔具等问题，也可以在西黄石的渔具店内向店员咨询。桥湾码头也可以出租钓具，各个门户城市的渔具店内都可以租借钓具。

越野滑雪 Cross Country Ski

游客服务中心可以领取越野滑雪用的地图，拿到地图后再去茫茫雪原上滑雪。马默斯温泉酒店、老忠实白雪客栈可以租借滑雪用具。

深雪行走 Snowshoe

雪鞋的下面还需要再垫一层防滑链，然后拿着雪杖在茫茫雪原中行走。刚下的新雪不会很吃力，走起来很舒服。冬季期间马默斯地区（免费）和老忠实地区（付费）都有这个项目的团体游，不妨体验一下。可以带你沿着野牛或者麋鹿的脚印找寻野生动物群。可以租借雪鞋。

冬季在老忠实等温泉区域，不进行冬眠的动物会聚集

钓鱼许可证 Fishing Permit
费 3 日有效 $18；7 日有效 $25
可以在游客服务中心、公园管理处等地办理

团体游项目
费 2 小时 $180
包含可乘 6 人的包租船、导游、钓具、燃料费。西黄石也有许多渔具店开办了钓鱼团体游项目。
最近，当局对非法的钓鱼团体游项目正在进行取缔和整改。不要卷入不必要的麻烦之中，所以最好选择证照齐全的导游。
URL www.nps.gov/yell/planyourvisit/fishbsn.htm

Ranger Snowshoe Hike
集合▶ 12 月下旬～次年 3 月上旬每天 14:00
所需时间▶ 2 小时
地点▶马默斯的上阶梯山入口处

深雪行走团体游
集合 12 月下旬~2 月下旬每天 8:15 和 13:15
所需时间 3 小时 15 分钟
费 $28、含租借用具 $36
场所 老忠实白雪客栈

Column

第一个国家公园——黄石

黄石国家公园的历史就是美国以建立国家公园的方式对大自然进行保护的历史。

19世纪，探险队发现了这个地区。这里的美景深深地打动了探险队员们，之后得到了有识政治家的理解与支持，人们开始了设立国家公园的运动。当时的美国总统格兰特制定了设立黄石国家公园的相关法律，1872年3月1日，世界上首个国家公园诞生了。但是，在最初的一段时期，这个国家公园有名无实，根本无法获得足够的预算。不过，非法捕猎得到了遏制，当时承负保护动物任务的不是公园管理员，而是骑兵队。

随着时间的推移，黄石公园的奇异美景逐渐被人们所知，乘坐马车造访此地的游客开始多了起来。1890年，马默斯温泉酒店建成。

关心自然保护的西奥多·罗斯福总统也来到这里视察，随后公园内的设施建设得到加强。首先，这里的道路被重新修整。1904年，小木屋风格的老忠实客栈以及殖民地建筑风格的度假酒店——湖滨酒店相继落成。1908年，T型福特汽车开始销售，汽车热潮随之出现，黄石公园的游客数量也因此出现飞跃性的增长。在1915年，有大约5000辆汽车来到黄石。

1888年乘马车造访马默斯的游客

©NPS

对设立国家公园产生过重要影响的托马斯·莫兰（→p.486）的画作

1916年，美国国家公园管理局成立，之后黄石国家公园内的设施得到了进一步的完善。通过1956年开始的10年建设计划（Mission 66），环绕整个公园的公路修建完成。各个度假村的宿营地、客栈等设施也陆续开业。

尽管如此，受到人类影响的土地只占整个公园面积的1%而已。

现在每年有超过100万辆的汽车以及超过350万人的游客进入公园，来自世界各地的旅行者让这里变得非常热闹。

世界上首个国家公园曾经的过失

美国的国家公园对推动自然保护起到了积极的作用，但是在这里也曾经出现过给野生动物喂食的事情，而且就发生在黄石。

20世纪50~60年代，国家公园管理局为了增加游客数量，采取了一项新的措施，就是允许游客给棕熊和黑熊喂食。这项措施取得了成功，游客数量大幅度增加。但是，尝到甜头的熊因此改变了习性，开始频繁地出现于道路上，向人讨要食物。在人们的印象中，黄石变成了“可乘车游览的野生动物园”，来到这里游客可以很容易地见到体形巨大的熊。

当然，悲剧不可避免地发生了。不少游客因距离熊过近而受伤，公园方面立即停止了给动物喂食的活动。之后，因为没有了已经习以为常的食物来源，很多熊被饿死，还有一些熊为了寻找食物而闯入宿营地并袭击游客，有人因此丧命。由于在度假村出没而遭到射杀的熊也很多。就这样，几年过后，公园内熊的数量骤减。

世界上首个国家公园的这次教训让人们终于明白了“让野生动物保持野生状态 Keep Wildlife Wild”的道理，随后公园本着这一理念加强了对垃圾的管理。

但遗憾的是，50多年后的今天，在很多地方，黄石当年的教训仍然没能唤起人们的注意。

拍摄于20世纪60年代的照片记录了当时的不良做法

园内住宿

即便是住宿在共用浴室的房间，客房内也有备好的肥皂、洗发液、毛巾等

黄石国家公园内共有9处住宿设施，既有高档的度假酒店，又有经济实惠的小木屋。这些住宿设施大都是木质建筑，楼层也不是很高，与周围的景观几乎融为一体。园内的住宿设施都是禁烟的，房间内都没有电视、收音机、空调。小木屋内甚至没有电话。

无论是哪一处住宿设施夏季都十分抢手，特别是老忠实地区，不提前预约几乎是不可能有空房的。如果你准备住宿在园内，一定要尽早预订房间。关于预订房间请参考右侧记载的内容。可以选择在网上预约，但是有些房间是不接受网络预订的，如果没有在网上订到理想的房型，可以通过电话预约试试看。夏季的房间在提前1年的5月1日开始接受预订。

冬季（12月下旬~次年3月中旬）营业的只有马默斯温泉酒店 Mammoth Hot Springs Hotel 和老忠实白雪客栈 Old Faithful Snow Lodge。冬季的房间在提前1年的3月15日开始接受预订。

Xanterra Parks & Resorts
☎（307）344-7311 Free 1866-439-7375
URL www.yellowstonenationalparklodges.com
信用卡 A D J M V

老忠实酒店 Old Faithful Inn

位于老忠实泉前的一间客栈，也是黄石公园的标志性建筑。酒店建于1904年，是世界最大的木屋酒店，通透的大堂和巨型暖炉，不禁使人联想起西部开拓时代。如果没能订到这里的房间，哪怕只是来参观一下也是很有价值的。还有专门参观这间酒店的团体游项目。酒店的建筑物被指定为国家历史性建筑。这里也是公园的中心位置，去园内各个景点游览都比较方便。酒店共有327间客房。

MAP p.312 C-1、p.323
营 5/8~10/11（本书调查时）
on 浴室共用 $108~198、带浴室的房间 $167~273、套间 $503~572

盆地右侧是老忠实酒店、中间靠里的位置是白雪客栈、左前方是老忠实客栈

Notes 客栈附加信息　3人以上的加床费是每人$16。不满12岁免费。办理入住时间是16:30、退房时间是11:00。夏季需要提前48小时取消预订、冬季需要提前14天取消预订。

客栈主楼位于老忠实间歇泉的正前方

老忠实客栈 Old Faithful Lodge Cabins

带浴室的小木屋客房

虽然房间比较小，但十分干净整洁。这里的住宿价格是园内最实惠的，一点也不逊色于其他中档酒店。主楼位于可以望到老忠实泉的位置，小木屋离泉有点距离。客栈内有咖啡馆、礼品商店，共有132间客房。

MAP p.312 C-1、p.331 营 5/15~10/9（2015年）
on 浴室共用小木屋 $81、带浴室小木屋 $136

老忠实白雪客栈 Old Faithful Snow Lodge

冬季也会营业的客栈。想要住得舒服一些的话可以选择这里。不过，这里十分有人气，需要提早预订。客栈内有餐厅、投币洗衣房。共有65间客房。

客房和酒店外观都很漂亮，不过住宿费用也偏高

MAP p.312 C-1、p.323
营 5/1~10/18（本书调查时）、12月中旬~次年3月中旬
on 客栈 $240~251
带浴缸的小木屋 $163、带淋浴的小木屋 $109
off 客栈 $249~259
带浴缸的小木屋 $169、带淋浴的小木屋 $104

马默斯温泉酒店 Mammoth Hot Springs Hotel & Cabins

保留了1911年的部分建筑后，1937年重新改建的度假酒店，外观风格是瑞士小屋风。餐厅的口碑很好。相比老忠实酒店和黄石湖酒店来说，比较容易订到房间。另外，夏季时，酒店内部的白色别墅小木屋也会对外开放。共有222间客房。

可以步行到阶梯山

MAP p.312 A-2、p.329
营 5/1~10/12（本书调查时）、12月中旬~次年3月上旬
on 带淋浴 $135、淋浴共用 $95
带淋浴的小木屋 $152~251、淋浴共用的小木屋 $93
off 带淋浴 $129~479、淋浴共用 $90

罗斯福客栈 Roosevelt Lodge Cabins

罗斯福塔附近的一间有趣的山野小屋风格客栈。老罗斯福总统曾经在这里宿营过，1920年在这片土地上建成了该客栈。不过，却是十分简陋的小木屋。多数房型都没有浴室，房间内有柴火炉。共80间客房。

MAP p.312A-2
营 6/5~9/7（本书调查时）
on 带淋浴的小木屋 $130、淋浴共用的小木屋 $78

园内最便宜的住宿设施

从罗斯福客栈可以一览拉马尔山谷的景色

Notes 客房内有电话的客栈 Old Faithful Snow Lodge、Mammoth Hot Springs Hotel、Lake Hotel的主楼和Grant Village的所有房间有电话。关于网络与手机请参考→ p.320

峡谷客栈 Canyon Lodge & Cabins

这是一间山林小屋风格的简约客栈，所有房间都带有淋浴。客栈内有餐厅、咖啡厅、礼品商店。共 500 间客房。

MAP p.312 B-2、p.333 营 5/29~9/20（本书调查时）
on 客栈客房 $204、小木屋 $204

森林中的小木屋

湖区酒店 Lake Hotel & Cabins

位于黄石湖的北岸，是一间建于 1904 年的木造度假酒店。黄色的外墙、白色的立柱，是典型的殖民地风格建筑。如果你想在早上欣赏美丽湖景，悠闲度假，这间酒店最合适不过了。在宽敞明亮的阳光房里，既可以品尝鸡尾酒又能欣赏钢琴演奏。2014 年重新装修过之后，设施变得更加现代化，住起来也更加舒适了。共有 296 间客房。

MAP p.312 C-2、p.336 营 5/15~10/4（本书调查时）
on 套间 $572~660、主楼 $335~337
配楼 $186、带浴室的小木屋 $156

美国国家公园中的建筑物基本上会与周围的景观相融合，类似湖区酒店这种鲜艳的配色比较少见

湖区客栈 Lake Lodge

位于湖区度假村的里侧，在湖岸的树林中零星散落着小木屋。清晨的时候从这里出发去湖畔散步是一件非常惬意的事情。有咖啡厅、投币式洗衣房、礼品商店。也可步行至湖区酒店。所有客房都带有淋浴，但是 Pioneer Cabin 的木屋比较陈旧。共有 186 间客房。

MAP p.312 C-2、p.336 营 6/10~9/27（本书调查时）
on $131~204、Pioneer Cabin$83

幽静的小木屋

格兰特山庄 Grant Village

位于黄石湖的西岸，从这里去大提顿比较方便。1984 年完工，外观是汽车旅馆式的 2 层楼建筑，共有 6 栋，所有客房都带有淋浴。山庄内有湖景餐厅、牛排店、礼品商店等设施。共 300 间客房。

MAP p.312 C-2 营 5/22~9/27（本书调查时）
on $170~210

虽然很舒适，但缺少了黄石的味道

Column

小木屋住宿

黄石的各个度假村内都设有小木屋式的客房。湖畔、树林中零星分布的小木屋，十分幽静。虽然没有电视和电话，但是清晨可以听着小鸟的叫声起床。小木屋周边还栖息着许多的动物。根据住宿费用的不同，既有简约质朴价格实惠的小木屋，又有高端别墅风格、带浴缸的小木屋。请在预订房间时确认好屋内设施。即便是没有浴室的房型，在房间的附件也一定有共用的淋浴房和卫生间。咖啡馆、餐厅、礼品商店都在客栈的主楼内。在黄石你不妨体验一下户外的感觉，尝试着在小木屋住宿一晚。

Notes 独享露天温泉　马默斯温泉酒店 Mammoth Hot Springs Hotel 有 4 栋带室外浴池的别墅木屋。夏季时是 $251、冬季是 $239。雪中的露天温泉简直是人生的一大享受。

进入9月后半个月的时候天气逐渐转凉。要关注宿营地的海拔和气温，做好防寒保暖的准备

宿营地住宿

园内共有12个宿营地，7~8月期间基本上在上午的时候就会满员。有5个宿营地是可以提前预约的，其他7个都是按照先到先得的顺序。如果准备宿营，最好可以提早到达公园，确保位子。全年开放的只有马默斯区的宿营地，其他地区都只在夏季开放。另外，老忠实地区没有宿营地。

在公园的东部经常有熊出没的区域，有些宿营地是禁止在软帐篷内住宿的。其他宿营地也都规定，食物、肥皂、洗发水等有气味的物品必须放入食物柜中。烧烤架和保冷箱也不能随意摆放。

宿营地预约
Free 1866-439-7375　当天 ☎（307）344-7901
URL www.yellowstonenationalparklodges.com

黄石的宿营地

宿营地名称	MAP p.320 位置	开放时间（本书调查时）	海拔	帐篷位	预约	1晚费用	水	厕所	垃圾场	淋浴房	投币式洗衣机	商店
Madison	B-1	5/1~10/18	2073米	278	●	$21.50	●	●	●			
Norris	B-2	5/15~9/28	2286米	100		$20	●	●				
Indian Creek	A-2	6/12~9/14	2250米	70		$15	●	▲				
Mammoth	A-2	全年开放	1890米	85		$20	●	●				●
Tower Fall	A-2	5/22~9/28	2012米	32		$15	●	▲				●
Canyon	B-2	5/29~9/13	2408米	273	●	$26	●	●	●	●	●	●
Fishing Bridge RV	BC-2	5/8~9/20	2377米	325	●	$46.75	●	●	●	●	●	●
Bridge Bay	C-2	5/22~9/7	2377米	432	●	$21.50	●	●	●			●
Grant Village	C-2	6/21~9/20	2377米	430	●	$26	●	●	●	●	●	●
Lewis Lake	D-2	6/15~11/1	2377米	85		$15	●	▲				
Slough Creek	A-3	6/15~10/7	1905米	23		$15	●	▲				
Pebble Creek	A-3	6/15~9/28	2103米	27		$15	●	▲				

Notes　宿营地的附加信息　每个帐篷位只允许住6人。除Fishing Bridge以外，夏季最多可连住14天。预约的帐篷位需要提前48小时取消预约。

在附近城镇住宿

紧邻公园西口大门的西黄石 West Yellowstone 共有 58 间住宿设施，马默斯区以北 5 英里（约 8 公里）处的加德纳 Gardiner 有 19 间汽车旅馆。如果没能订到园内的房间，建议可以选择在这两个城镇住宿，不过这里旺季的时候也十分拥挤。如果这两个地方也没有订到房间，可以试试以北 60 英里（约 97 公里）的利文斯敦 Livingston 约有 17 间旅馆、以东 53 英里（约 85.3 公里）的科迪小镇 Cody 约有 50 间旅馆。

关于大提顿国家公园以南的杰克逊镇上的住宿设施请参考→ p.368

西黄石　West Yellowstone, MT59758 紧邻西口大门　58 间

旅馆名称	地址·电话	费用	信用卡·其他
Stage Coach Inn	住 209 Madison Ave. ☎（406）646-7381 FAX（406）646-9575 Free 1800-842-2882 URL www.yellowstoneinn.com	on $189~279 off $49~79	ⓂⓋ　位于城镇中心区域。1948 年开业以来延续着西部剧风格的酒店。有餐厅、桑拿房、投币式洗衣房。含早餐。Wi-Fi 免费。
Best Western Desert Inn	住 133 N. Canyon St.　☎（406）646-7376 FAX（406）646-7384　Free 1800-574-7054 URL www.bestwestern.com	on $153~245 off $80~100	ⒶⒹⓂⓋ　位于主干道沿线。附带早餐，有冰箱、微波炉。有投币式洗衣房。Wi-Fi 免费。可以接送机。全馆禁烟。
Three Bear Lodge	住 217 Yellowstone Ave. ☎（406）646-7353　Free 1800-646-7353 URL www.threebearlodge.com	on $119~299 off $69~149	ⒶⓂⓋ　距离公园只有两个街区。有冰箱、微波炉。有餐厅。Wi-Fi 免费。
Yellowstone West Gate Hotel	住 638 Madison Ave.　☎（406）464-4212 FAX（406）646-4279　Free 1888-264-2466 URL www.yellowstonewestgatehotel.com	on $180~260 off $117~180	ⒶⒹⓂⓋ　位于城镇西侧附近，距离公园大门有 5 个街区。有投币式洗衣房。含早餐。
Traveler's Lodge	住 225 Yellowstone Ave. ☎（406）646-9561 URL www.yellowstonetravelerslodge.com	on $142~189 off $124~164	ⒶⓂⓋ　只在夏季营业。距离公园有 2 个街区。有带厨房的房间。
Days Inn West Yellowstone	住 301 Madison Ave.　☎（406）464-7656 FAX（406）646-7965　Free 1800-225-3297 URL www.daysinn.com	on $195~307 off $89~120	ⒶⒹⒿⓂⓋ 位于城镇中心地段。有室内温水游泳池。有餐厅、投币式洗衣房。Wi-Fi 免费。
Madison Hotel & Hostel	住 139 Yellowstone Ave. ☎（406）646-7745 FAX（406）646-9766　Free 1800-838-7745 URL www.madisonhotelmotel.com	on $69~144 三人间 $38	ⒶⓂⓋ　距离公园只有 2 个街区。只在夏季营业。1912 年开业的木质小木屋民宿。有餐厅。

加德纳　Gardiner, MT59030 距离公园北口大门 1 英里（约 1.6 公里）19 间

旅馆名称	地址·电话	费用	信用卡·其他
Comfort Inn Yellowstone North	住 107 Hellroaring Rd.　☎（406）848-7536 FAX（406）848-7062　Free 1877-424-6423 URL www.comfortinn.com	on $135~255 off $105~155	ⒶⒹⒿⓂⓋ　冬季长期休业。有餐厅、按摩浴缸、投币式洗衣房。含早餐。Wi-Fi 免费。全馆禁烟。
Yellowstone Basin Inn	住 4 Maiden Basin Dr. ☎（406）848-7080 Free 1800-624-3364 URL yellowstonebasininn.com	on $195~445 off $75~245	ⒶⒹⒿⓂⓋ　位于城镇以北 5 英里（约 8 公里）处，US-95 沿线。附带早餐，Wi-Fi 免费。全馆禁烟。
Best Western Plus by Mammoth Hot Springs	住 905 Scott St. ☎（406）848-7311 FAX（406）848-7120 Free 1800-828-9080 URL www.bestwestern.com	on $120~220 off $81~150	ⒶⒹⓂⓋ　位于城镇以北。有桑拿房、投币式洗衣房。附带早餐。Wi-Fi 免费。全馆禁烟。
Yellowstone Suites B&B	住 506 S. 4th St. ☎（406）848-7937 Free 1800-948-7937 URL www.yellowstonesuites.com	on $120~170 off $85~120	ⒹⒿⓂⓋ　距离公园大门 3 个街区。维多利亚风的 B&B。附带美式早餐。Wi-Fi 免费。共 4 间客房。全馆禁烟。
Yellowstone River Motel	住 14 Park St.　☎（406）848-7303 FAX（406）848-7304 Free 1888-797-4837 URL www.yellowstonerivermotel.com	on $96~129 off $65~93	ⒶⒹⓂⓋ　位于罗斯福拱门附近小河沿岸。每年 5~10 月期间营业。Wi-Fi 免费。

大提顿国家公园

Grand Teton National Park

秋天，提顿山脉的新雪映衬着白杨树的黄叶

蛇河的支流蜿蜒曲折，形成了一小片清澈的湖水。平静的水面上倒映着直指天空的提顿峰。湖水清澈见底，早上的空气清新宜人。镜子般的湖面上，提顿峰的倒影突然起了波折，原来是一只驼鹿走了过来。明亮的曙光一下子出现在大地上，照射到正悠闲地吃着草的驼鹿身上。这时，感觉空气似乎也变得柔和了，不禁露出了一丝笑容……

位于黄石南面的大提顿国家公园里，山、水、植物、动物似乎相互配合着演奏出一曲完美的和声。在高原上清爽的空气中，或漫步，或乘船，或骑马，可以尽情地领略当地的美丽风光。

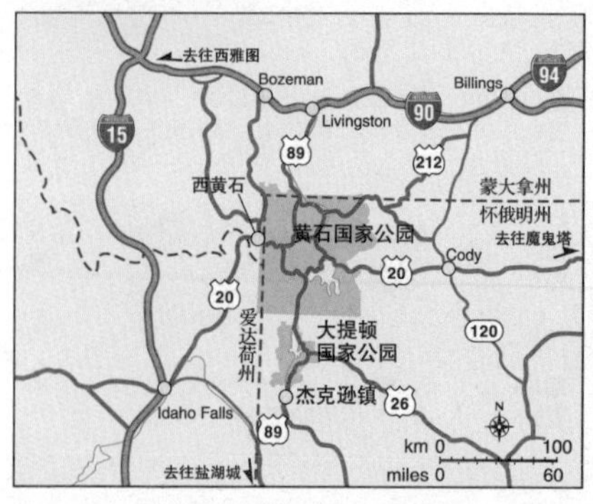

公园内的杰克逊机场，不仅十分便利，而且还能眺望远处的美景

交通

位于公园南侧的怀俄明州杰克逊镇 Jackson 是公园的门户城市。这个镇子位于杰克逊霍尔盆地的南侧，夏季时有大量游览大提顿的游客会住宿于此，冬季时这里是滑雪度假村。夏季期间还有团体游巴士往返于杰克逊镇、大提顿公园北部的杰克逊湖、黄石公园之间。虽然，夏季期间园内有循环巴士，不过还是租车更加逍遥自在一些。游客服务中心位于中心街区的偏北方向，去往大提顿公园时走国道会经过这里，里面的展览内容和纪念品十分丰富，一定要顺便过来看看。

游览大提顿国家公园的同时，当然要一起游览黄石国家公园了，所以也可以选择西黄石为你的旅行根据地（→ p.311）。

飞机 Airlines

杰克逊霍尔机场 Jackson Hole Airport（JAC）

位于杰克逊以北 8 英里（约 13 公里）处，是全美唯一一座建在国家公园境内的机场。达美航每天有 3 趟（所需时间 1 小时）航班从盐湖城飞来这里，美联航每天有 3 趟（所需时间 1 小时 30 分钟）航班从丹佛市飞来这里，还有从洛杉矶和旧金山（圣弗朗西斯科）的各 1 趟。

去往杰克逊镇可以乘坐 Alltrans 的机场大巴，一直可以到园内的客栈。另外，杰克逊镇的客栈、汽车旅馆等有些是有免费机场巴士在运行的。

长途巴士 Bus

Mountain States Express 公司的巴士每天从盐湖城出发往返一趟。盐

DATA

时区▶山地标准时间 MST
☎（307）739-3300
路况信息
☎（307）739-3614
URL www.nps.gov/grte
开 11 月初 ~ 次年 5 月上旬除部分地区以外，全园关闭。其他时期 24 小时开放。
宜行期 6 月中旬 ~10 月上旬
费 与黄石国家公园的联票是每辆车 $50、摩托车 $40、其他人园方法每人 $25（7 天内有效）
被列为国家公园▶ 1929 年
面　积▶ 1255 平方公里
接待游客▶约 279 万人次
园内最高点▶ 4197 米（Grand Teton）
哺乳类▶ 61 种
鸟　类▶ 305 种
两栖类▶ 6 种
爬行类▶ 4 种
鱼　类▶ 16 种
植　物▶约 1000 种

JAC ☎（307）733-7682
Avis ☎（307）733-3422
Hertz ☎（307）733-2272

Alltrans ☎（307）733-3135
Free 1800-433-6133
费 杰克逊镇中心往返 $31、科尔特湾往返 $100

Side Trip

化石丘国家保护区 Fossil Butte National Monument

MAP 文前图① B-3
☎（307）877-4455
开 5~9 月 9:00~17:30，10 月 ~ 次年 4 月 8:00~16:30
休 冬季的周日、周一以及法定节日　费 免费

如果对化石感兴趣，在从盐湖城驾车前往大提顿的途中可以绕路游览这里。5000 万年前，这里还是一片湖泊，现在从这里发掘出了鳄鱼、乌龟、鱼类、昆虫、植物等各种古生物化石。不仅有骨骼，有些化石还带有牙齿、贝壳、皮肤，很多属于已经灭绝的物种，具有很高的研究价值。在游客服务中心内，可以近距离观看研究人员挖掘化石的情形。

可以透过玻璃观看挖掘整理化石的过程

前往这里，可以从盐湖城沿 I-80 向东行驶，跨越州界后从 Exit 18 转入 US-189，在 Kemmerer 进入 US-30 然后向西行驶。用时大约 2 小时 30 分钟。要前往大提顿的话，沿 US-30 一直西行，之后进入 US-89。用时约 3 小时。

可以自己采集化石

Ulrich's Fossil Gallery
☎（307）877-6466
费 1 块 $90
URL www.ulrichsfossilgallery.com

化石采集体验处位于公园入口外面的山丘上。可以将自己采到的化石带走，不过不包括哺乳动物及鸟类等珍贵的化石。夏季从 9:00 开始，可以采集 3 个小时。需要预约。

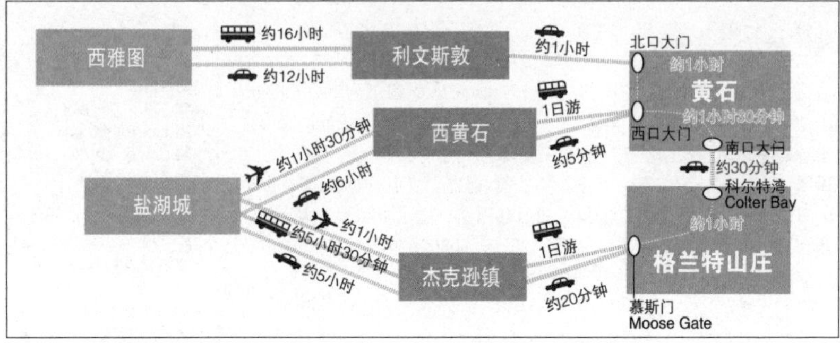

湖城的售票地点在机场1号候机楼的4号门与5号门之间的外侧。在杰克逊镇的 S. Park Loop Rd. 和国道一角处的 Maverik Adventure's First Stop 可以上下车。

团体游 Tour

杰克逊霍尔灰线巴士 Gray Line of Jackson Hole

可以游览大提顿主要景点的巴士团体游线路，只在夏季期间运行。主要游览景点有教堂、门诺渡船码头、科尔特湾、牛蹄湾等地。可以在杰克逊镇的主要酒店门口接送。

租车自驾 Rent-A-Car

周游大提顿和黄石最好的游览方法就是租车自驾。从杰克逊镇租车，在大提顿玩2天，然后在黄石玩2~3天是最理想的行程。虽然杰克逊机场也有大型租车公司的柜台，但是可以租借的车的数量比较少，需要提前预订。驶出机场后，很快就可以到达国家公园。在国道右转行驶10分钟便可以到达杰克逊市街，左转行驶8分钟可以到达慕斯交叉路口。

当然在西黄石机场租车也可以，不过西黄石比杰克逊镇要小得多，租车公司可以租借的车的数量也是有限的。

如果从盐湖城出发，需要沿 I-15、US-89 北上，距离杰克逊镇大约有307英里（约489公里）。需要5小时左右。

位于城镇北部的游客服务中心，展示着关于保护麋鹿的各种资料

Mountain States Express
☎（307）733-1719
Free 1800-652-9510
URL www.mountainstatesexpress.com
运行 盐湖城13:00发车、杰克逊镇6:30发车
所需时间 5小时30分钟
费 单程 $75

Gray Line of Jackson Hole
☎（307）733-3135
Free 1800-443-6133
URL www.graylinejh.com
运行 6月上旬~9月下旬，每周一、周三、周五的8:30发车
所需时间 7小时
费 $119、8~12岁是$59.50（未满8岁不能参加）（公园门票需另付$15）

大提顿的路况信息
☎（307）739-3614
怀俄明州的路况信息
Free 511
Free 1800-996-7623
URL www.wyorosd.info

园内的加油站

科尔特湾、杰克逊湖客栈、信号山客栈、多南客栈、弗拉格牧场有加油站。其中全年开发的只有 Dornans（→p.367）的加油站。

杰克逊镇的中心地区十分热闹

Notes 循环巴士　连接杰克逊镇内和公园内的7个地点（不开往机场）。夏季时每天5趟车，春秋季每天2趟。
费 单程 $14（门票另付 $15）URL www.alltransparkshuttle.com

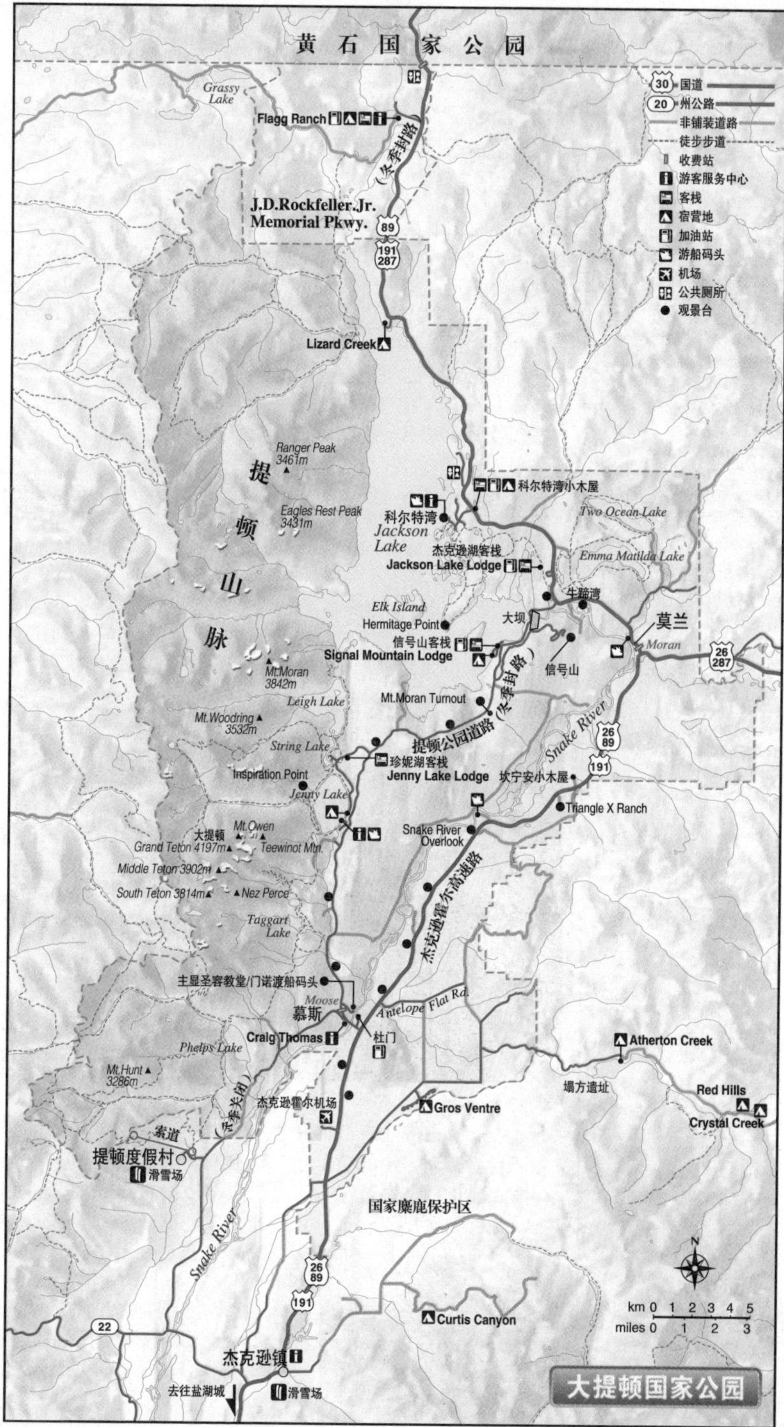
黄石国家公园
国道
州公路
非铺装道路
徒步步道
收费站
游客服务中心
客栈
宿营地
加油站
游船码头
机场
公共厕所
观景台
Grassy Lake
Flagg Ranch
（冬季封路）
J.D.Rockfeller.Jr. Memorial Pkwy.
Lizard Creek
Ranger Peak 3461m
提顿山脉
Eagles Rest Peak 3431m
科尔特湾小木屋
科尔特湾
Jackson Lake
杰克逊湖客栈
Jackson Lake Lodge
Two Ocean Lake
Emma Matilda Lake
牛轭湾
Elk Island
Hermitage Point
大坝
莫兰
Moran
信号山客栈
Signal Mountain Lodge
信号山
Mt.Moran 3842m
Leigh Lake
Mt.Moran Turnout
提顿公园道路（冬季封路）
Mt.Woodring 3532m
String Lake
珍妮湖客栈
Jenny Lake Lodge
坎宁安小木屋
Snake River
Inspiration Point
Jenny Lake
Triangle X Ranch
大提顿
Mt.Owen
Grand Teton 4197m
Teewinot Mtn.
Snake River Overlook
Middle Teton 3902m
South Teton 3814m
Nez Perce
杰克逊霍尔高速路
Taggart Lake
主显圣容教堂/门诺渡船码头
Moose
慕斯
Antelope Flat Rd.
Craig Thomas
杜门
Atherton Creek
Phelps Lake
Mt.Hunt 3286m
塌方遗址
Red Hills
Crystal Creek
杰克逊霍尔机场
Gros Ventre
（冬季关闭）
索道
提顿度假村
滑雪场
国家麋鹿保护区
Snake River
N
Curtis Canyon
km 0 1 2 3 4 5
miles 0 1 2 3
杰克逊镇
去往盐湖城
滑雪场
大提顿国家公园

注意减速！

在杰克逊霍尔高速路和提顿公园道路上都很容易发生车撞动物的交通事故。每年大约有 100 只以上的动物会在交通事故中丧生。其中包含野牛、麋鹿、驼鹿、棕熊和狼等动物。为了保证你和动物的安全，一定要注意减速，小心驾驶。

尤其是早晚需要特别小心

杰克逊游客服务中心

住 532 N. Cache St.

☎（307）733-3316

开 夏季 8:00~19:00、冬季 9:00~17:00

休 11 月的第四个周四、12/25

Craig Thomas VC

☎（307）739-3399

开 夏季 8:00~19:00
春秋季 9:00~17:00

休 11 月上旬 ~ 次年 3 月上旬

※ 中心内有免费 Wi-Fi。

Flagg Ranch IS

☎（307）543-2372

开 9:00~15:30

休 9 月上旬 ~ 次年 6 月初

Colter Bay VC

☎（307）739-3594

开 夏季 8:00~19:00、
春秋季 8:00~17:00

休 10 月中旬 ~ 次年 5 月上旬

其他设施

餐饮

夏季各度假村内有餐厅和咖啡厅。杰克逊湖北侧的 Leek's Marina 还有一间比萨店。

杂货铺

科尔特湾和珍妮湖南侧有杂货铺，都是只在夏季时营业。如果只购买食物，在信号山客栈（只限夏季）、慕斯的游客服务中心附近的 Dornans（全年营业）内的商店也可以买到。

ATM

科尔特湾有取款机

诊所

☎（307）543-2514

开 5 月中旬 ~10 月上旬的 9:00~17:00

位于杰克逊湖客栈的隔壁。不需要预约。

大提顿国家公园 漫步

大提顿国家公园南北狭长，北邻黄石国家公园，南接杰克逊镇。园内北部是海拔 2064 米的杰克逊湖 Jackson Lake，这座湖也是南北狭长的。湖的西侧是提顿山脉 Teton Range。公园的中心位置是，位于杰克逊湖东岸的特尔特湾 Colter Bay。

公园的东侧有一条南北向的高速路——杰克逊霍尔高速路 Jackson Hole Highway（US-26/89/191），沿途的风景十分优美，可以看到蛇河 Snake River 和广阔的山地平原与平原背后的提顿山脉。这条道路全年通车。

西侧有一条叫作提顿公园道路 Teton Park Road 的公路。道路一直沿着提顿山脉的山脚盘旋，高山的雄姿时时刻刻都在曲折变化着，特别有震撼力。这条道路只在 5 月上旬 ~10 月下旬期间开放。

这两条道路可以互相连接，北侧是在莫兰以西的杰克逊湖交叉路口 Jackson Lake Jct. 相连接，南侧是在慕斯 Moose。如果你是开车自驾，不妨在这两条路上绕上一圈，沿途的风景绝对不会让你失望。

获取信息 Information

Craig Thomas Visitor Center（Moose）

这个游客服务中心，位于从杰克逊霍尔高速路转入提顿公园道路的交会处附近、公园南口前的慕斯交叉点，全年开放。中心内的商店里有大量步道指南、动植物绘本、海报等读物。通过游客服务中心内设置的地震仪，还可以清楚地了解到提顿山脉至今仍然在逐渐隆起中。

位于慕斯的游客服务中心，无论是外观设计还是中心内的陈设、展示方法都非常值得一看

Flagg Ranch Information Station

弗拉格牧场信息中心位于大提顿与黄石中间。从黄石公园南下的游客可以在这里获取旅游信息。这里展示着关于 J. D. Rockefeller Jr. 的相关内容，他也是把附近这片土地捐赠给国家公园管理局的人。

科尔特湾游客服务中心

Colter Bay Visitor Center

位于科尔特湾度假村内的游客服务中心，汇集了公园的整体信息，特别是关于杰克逊湖附近户外运动的信息比较齐全。

TriVia 麋鹿审判　2014 年秋，两名当地的摄影师为了制止通过猎杀的方法来减少麋鹿数量的行为，把美国政府告上了法庭。虽然不大可能胜诉，但是这次诉讼引起了民众对在国家公园内狩猎、在麋鹿保护区给↗

季节与气候　Seasons and Climate

最佳旅游季节为6月下旬~9月上旬，但是这个期间比较拥挤。9月的后半段也是不错的选择，那时白杨树的黄叶非常漂亮。到了10月末，一般就已经开始下雪了，园内的客栈都会关闭，园内公路的大部分路段也将禁止通行。不过，公园东部的杰克逊霍尔高速路可以照常通行。南面入口附近的 Craig Thomas Visitor Center 全年开放，可以到那里获取必要的信息。

提顿气温最高的月份是7月。历年平均最高气温27℃，最低气温5℃。因海拔较高，所以即便在夏季早晚也很冷。5月、9月有时也会出现降雪。10月的最低气温在-5℃以下。

9月下旬的牛蹄湾已经是一片秋天的景色。进入10月以后，随时都可能出现降雪

Column

国家公园里的大坝!？

在宛如天堂花园般的牛蹄湾上游，有一座样子极为朴实的大坝。1916年为了确保下游的农业用水而建造了这座大坝，当时大提顿还没有被列为国家公园。大坝建成后形成的杰克逊湖水深12米，出资建设大坝的爱达荷州农民对湖水拥有永久的权利。2001年夏季，农民受到水源不足的困扰，为此大坝开闸放水，导致科尔特湾码头附近湖水干涸露出湖底，乘船游览的旅游项目也只能停止。

另外，美国的国家公园原则上都为国有土地，但是大提顿国家公园内有私人所有的观光牧场（Triangle X是国有地）。在笛箫谷等地，虽然承认园内的原住民拥有居住权，但是像这里那样允许私人在园内从事商业活动的则极为少见。公园东部的公路沿线，绵延着牧场的围栏，而且有私人住宅。这是因为大提顿被列为国家公园时，这一带其实早已有人在进行开发。

目前尚没有要拆除大坝的迹象

国家公园管理局曾试图把公园区域内的土地全部买下，但是土地所有者未必都会答应出售自己的土地，所以现在公园中还有0.3%的土地为私人所有。有一些土地所有者已经与政府签订协议，承诺在自己死后土地可以卖给政府。但也有很多土地所有者则完全没有出售或置换土地的意思，位于 Craig Thomas Visitor Center 前面的多南家族 Dornans 就是一例。他们的土地处于大提顿境内风景极好的位置，该家族从20世纪初开始就一直居住在那里。完全可以理解他们不愿意离开故土的心情。

几乎成为家畜的麋鹿

在大提顿国家公园，还有一个例外。到了秋季，政府允许一些猎人在公园内猎杀麋鹿。目前狼的数量不多，但麋鹿的数量也没有出现增长就是由于这个原因。只有那些从枪口下逃脱的麋鹿才能最终进入位于杰克逊的国家麋鹿保护区（→p359）。

猎人们还可以给麋鹿喂食，虽然只能在冬季进行，但在其他国家公园里这种行为的存在是无法想象的。通过喂食来增加麋鹿的数量，然后再进行猎杀。这里的麋鹿就像是牧民们放养的牛一样。

杰克逊镇很像西部电影中的度假小镇，大提顿的自然风光中，至今仍留有开拓时代的印迹。

↗麋鹿喂食、以保护猎人为名而计划猎杀6只棕熊等问题展开了积极的讨论，很多人都认为这些行为属于早已经被时代所抛弃的落后做法。

为了观看提顿山脉的剪影，日落时分，杰克逊霍尔高速路的观景台上会聚集大量游客

《原野奇侠》

一部由乔治·斯蒂文斯执导，艾伦·拉德主演的美国西部剧电影（1953年）。最让人难忘的一个镜头是影片最后小乔伊目送远去的肖恩，大声喊道“肖恩！回来……”其中肖恩远去的方向作为背景的山便是大提顿了。影片拍摄主要在公园南部等各地，提顿山连绵起伏的美景连连出现在该电影中。该电影还获得了1954年奥斯卡的最佳摄影奖。主要内容是牛仔、自耕农、不法者之间的矛盾、斗争与友情。也是一部西部牛仔片的代表作，在游览大提顿国家公园之前，不妨先看一遍此电影。

不要靠近野牛，有时候从车里对着野牛拍照，它们也会发出威慑信号。密切观察，野牛是否愤怒，是否冲着这边在看，需要时刻警惕

大提顿国家公园 主要景点

杰克逊霍尔高速路

Jackson Hole Highway

位于公园东侧的一条国道，从慕斯到莫兰全长18英里（约29公里）的这段路被称为杰克逊霍尔高速路。沿途是接连不断的具有怀俄明特色的雄伟景观。中途还有多座观景台，可以望到令人叹为观止的美景。仿佛进入了电影《原野奇侠》中最后告别的场景，小乔伊大声地喊“肖恩！回来……”。特别是著名的蛇河观景台Snake River Overlook，是摄影取材的好地方。

大角羊平地大道

Antelope Flats Road

位于慕斯交叉路口由北向东1英里（约1.6公里）处。修在一个小丘之上，比高速路的高度还要高一截，所以更加适合观景。沿途可以看到野牛、大角羊等。很多鸟类爱好者也超级喜欢这里，因为这里可以观察到美洲红隼Kestrel和艾草鸡Sage Grouse等鸟类的身影。

在明信片、海报中经常见到这样的风景

辽阔的草原上散落着古建筑，这些是19世纪移居到这里的摩门教信徒们的居住地。但是这片土地既不适合耕作，也不适合放牧，就像电影《原野奇侠》中描述的一样，人们十分辛劳。

坎宁安小木屋

Cunningham Cabin

试着联想一下当时人们的生活场景

离莫兰不远。1888年，从纽约来的一名男子曾在此经营过牧场。现在还保留着当时的仓库、木栅栏等，并向人们讲述着杰克逊霍尔刚刚被开拓时的故事。据记载这里还曾经发生过不法之徒之间的枪战。

牛蹄湾
Oxbow Bend

风平浪静的日子里可以看到"莫兰倒影"的美丽景观

穿过莫兰大门，行驶一段时间后左侧会有一个观景台。蛇河在这里有一个巨大的转弯，河水的流速会逐渐变缓，河岸两旁栖息着许多的野生动物。早上游览这里时，有机会见到驼鹿、水獭、河狸、白头鹫、黑嘴天鹅、苍鹭、鹈鹕等野生动物。

河面上倒映着莫兰山 Mt. Moran（海拔 3842 米）的倒影。清晨时分，是观赏这里山景水景的最佳时刻，特别是秋季树叶开始泛黄的早晨，架着三脚架摄影爱好者排成一排轮番在这里拍照。

杰克逊河
Jackson Lake

面向提顿山北侧的湖泊。到达公园的中心景区后，先到科尔特湾索取一份游船出游的时间表。夏季时每天都会有 90 分钟左右的游船巡航游项目。有时还会去拜访湖中小岛——麋鹿岛，品尝美味的鳟鱼，这个巡航游项目是早餐巡航游或者晚餐巡航游中包含的。

如果天气不好看不到山景，不妨在湖畔的步道上散散步，游览一下湖畔湿地。一路上能见到不少的野生动物。

巡航游
费 90 分钟巡航游 $30、3~11 岁 $13.50（夏季 2~4 次）。早餐巡航游 $45、3~11 岁 $23（周四停航）。晚餐巡航游 $64、3~11 岁 $37（周一、周三、周五、周六出航）

租借游船
科尔特湾和信号山客栈的码头都可以租借到游船。皮划艇、手摇船等 1 小时 $18.50。

湖与杰克逊湖客栈之间隔着一片草原，这里经常可以见到野生动物

湖对岸的森林正在遭受蛀虫（→ p.321）的侵害

以蛇河为中心扩展开来的杰克逊霍尔

Jenny Lake & Visitor Center
开 夏季 8:00~19:00
春秋季 8:00~17:00
周边的步道信息以及提顿山的登山信息十分详细。

摆渡船
通航时间 夏季 7:00~19:00、春秋季 10:00~16:00 每 15 分钟一趟
费 单程 $7，往返 $12

珍妮 & 迪克·利
位于线湖北侧的利湖 Leigh Lake，名字源于 1872 年，进入该地区的海登探险队向导——迪克·利。他是一个英国人，为了捕捉海狸居住在这里，后来跟当地原住民珍妮结婚。但是，仅仅在以他们夫妻的名字命名湖泊不久的 4 年后，珍妮和 5 个孩子就因天花相继去世。只剩下迪克一个人，独孤地守着这片土地，每天望着湖景直到终老。

信号山
Signal Mountain

位于杰克逊湖的东南方，是一座天然的观景台。沿提顿公园道路南下后，向东行驶沿山路向上走 4 英里（约 6.4 公里）便可到达海拔 2314 米的山顶处。这里可以一览杰克逊霍尔山谷的全貌。如果想要观赏提顿连山的景色，可以顺便去中途的观景台处。杰克逊湖的景色也可以尽收眼底。

珍妮湖
Jenny Lake

沿提顿公园道路行驶，可以在中途转入南向的单行道路—— Jenny Lake Scenic Road。这是一条环线湖 String Lake、珍妮湖 Jenny Lake 的周游道路，沿途被白杨树林覆盖的大提顿山山景十分震撼人心。由于大型巴士不能进入这条道路，所以这里的景色只有开车自驾的游客才可欣赏到。

游客服务中心位于湖的南岸，旁边就是游船码头，可以乘坐摆渡船到对岸去游览一番，每隔 15 分钟有一班摆渡船出发。到了对岸以后，下船很快就能看到通往隐秘瀑布 Hidden Falls 或者灵感角 Inspiration Point 的步道（→ p.361）入口。回程可以沿湖岸步行 4 英里（约 6.4 公里）返回。

海拔 3756 米的 Teewinot Mtn. 右侧靠里的山峰是大提顿山，高 4197 米

GEOLOGY

北美最年轻的山峰

在向东延伸的平原上，险峻的提顿山拔地而起。不过，西侧山坡则较为平缓。提顿山的东面有一个很大的断层，形成于 1300 万年前的造山运动。从 900 万年前开始，断层东侧的板块不断俯冲插入断层西侧的板块，地面因此抬升便形成了现在的提顿山。位于西侧板块的莫兰峰（与杰克逊湖之间的海拔高度差为 1778 米）上有砂岩，那里的砂岩跟东侧板块上杰克逊霍尔地下 7315 米处的砂岩原为同一地层，由此可见造山运动的力量是多么惊人。

隆起的山峰随后又受到冰川的刨蚀而变得更加陡峭。冰川带来的岩石（冰碛）把河流阻断，在杰克逊霍尔便出现了许多堰塞湖。就这样，提顿现在的景观得以形成。提顿山脉是北美大陆上最年轻的山峰。现在，每隔数千年都会发生大地震，伴随着地震而来的是山峰继续抬升。

在莫兰山上能看见很多岩脉 dike，这是岩浆灌入岩石裂缝后形成的

Reader's Voice 主显圣容教堂值得一看 教堂的入口处是漂亮的彩绘玻璃。左右是夏季和冬季风景，透过中间巨大的玻璃窗，大提顿山景勾画出一幅自然的画卷。

主显圣容教堂
Chapel of the Transfiguration

1925年，建于草原上的圆木造、质朴的小教堂。教堂内有树枝制成的十字架、巨大的透明玻璃窗，窗外是大提顿的如画般的风景。试着进来感受一下当时人们在这里的生活。从慕斯大门收费站沿提顿公园道路北上，看到路标后右转，马上就可以看到教堂。

白天任何人都可以进入到教堂内部

门诺渡船码头
Menor's Ferry

从教堂出来后步行5分钟，便可到达位于河边的码头。19世纪末，一位叫作比尔·门诺的男子在此居住，为了可以安全地横渡流速较快的蛇河，他开始在此经营摆渡船。码头附近有住居小屋，修建得好像《草原小屋》中的房子一般可爱，旁边还有一个杂货铺。

还原当时的摆渡船，试着坐船渡河看看吧

摆渡船的结构

门诺制造的摆渡船没有使用任何动力，是通过调节与对岸之间的绳索来使船过河的，双体船的船头将水流分开，流向斜后方，受到水压的作用自然就转化为向前推动的力量。夏季的时候会有由公园管理员带领的团体游项目，可以乘坐还原的摆渡船了解原理。

Ranger Walk into the Past

集合▶夏季 14:30

所需时间▶ 45分钟

地点▶门诺渡船码头

国家麋鹿保护区
National Elk Refuge

进入冬季（11月~次年4月）后山中没有了食物，约有1万头麋鹿会聚集于大提顿公园的南侧，为了保护它们会投放一些干草在保护区内。由于1908年曾经有大量的麋鹿被饿死，因此从1912年开始人们会给麋鹿们提供干草。杰克逊镇外的游客服务中心（→p.354），有乘坐马拉雪橇前去观看麋鹿的团体游项目——Horse-Drawn Sleigh Rides。届时不仅可以见到麋鹿，还可以观赏到丛林狼等近50种野生动物和近200种野生鸟类。运气好的话，还可以见到从黄石追逐麋鹿到此的野狼的身影。

春秋季可以见到移动的麋鹿群

Horse-Drawn Sleigh Rides

运行 12月中旬~次年4月上旬的10:00~16:00、每20~30分钟一次。所需时间1小时

休 12/25

费 $20，5~12岁是$15

麋鹿角的去向

每年春季麋鹿漂亮的鹿角就会脱落，当地的志愿者会将这些脱落的鹿角捡起，汇集到一起后进行销售处理，然后用换回来的钱给麋鹿购买草料。鹿角作为一种家具装饰特别受欢迎，但其实每年只有少量的鹿角被用作装饰物，大量都销往亚洲地区，制成了药材。

步行者较少或者淡季时通过步道，一定要随身携带防熊喷雾

徒步远足 Hiking

园内既有沿湖畔修建的短途步道，又有绕提顿山1周的长途步道。这里只针对短途步道做一些介绍。需要注意的是，园内的水看上去十分干净，却不能饮用，必须自带饮用水。

科尔特湾自然步道
Colter Bay Nature Trail

初级 Colter Bay Nature Trail
适宜季节▶ 5~10月
距离▶ 1周3公里
所需时间▶ 1周约1小时
出发地▶ 科尔特湾游客服务中心

从科尔特湾游客服务中心出发，一直可以走到半截浸在杰克逊湖中的小半岛附近。沿途杰克逊湖和提顿山脉的景色优美动人。建议可以在游客服务中心购买一本叫作 ***Colter Bay Nature Trail*** 的导游手册，里面有关于步道中出现的野生动植物的详细介绍，还有关于群山的解说等，十分容易读懂。

推荐游客较少、比较容易看到野生动物和鸟类的清晨时分游览这里

隐休观景点
Hermitage Point

中级 Hermitage Point
适宜季节▶ 5~10月
距离▶ 往返14公里
所需时间▶ 往返约4~5小时
出发地▶ 科尔特湾码头停车场

Ranger Swan Lake Hike
集合▶ 夏季13:00
所需时间▶ 3小时
地点▶ 科尔特湾游客服务中心外侧

这条步道会经过水鸟较多的苍鹭潭 Heron Pond、被森林围绕的天鹅湖 Swan Lake，最后到达杰克逊湖畔的半岛。沿途可以观赏的风景较为丰富，既有森林、湖畔，又能看到湿地等，如果时间不够可以在中途折返。遇到驼鹿或者骡鹿的概率也比较大。

位于步道入口处的地图（购买需要花费$1，如果返回时归还会返还¢50）

湖畔散步 如果你准备去灵感角，建议可以步行前往，回程乘坐游船回来。因为如果去程的时候乘船，就会有大批同乘的游客下船一起走步道。湖畔步道十分平坦，走起来很舒服。游览完毕后，回程如果游↗

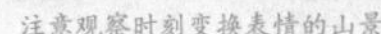

注意观察时刻变换表情的山景

去往灵感角首先要从珍妮湖的南端到游船码头

利湖步道

Leigh Lake Trail

步道位于珍妮湖道路沿线，线湖停车场是步道的起点。这条步道可以超近距离地观察提顿山脉。沿步道可以从线湖的东北岸一直走到利湖的南岸，如果还有体力可以再继续沿着利湖的步道北上，绕着熊掌湖 Bearpaw Lake 走上一圈。

灵感角

Inspiration Point

从珍妮湖乘坐渡船到湖对岸，会有一条登山道，可以一直爬到灵感角。途经隐秘瀑布 Hidden Fall 后，继续向上爬 30 分钟便可到达。脚下是山林和湖泊，视野极为开阔。瀑布附近的岩石之间，可能还会有小小的高原鼠兔在来回穿梭。回程可以沿湖岸边的步道走 4 公里返回。如果准备在夏天走这条步道，可以参加公园管理员导览项目。具体日程请参考公园内的报纸 *Teewenot*。

布雷德利塔加特环路

Bradley Taggart Loop

这是一条十分受欢迎的步道，起点位于珍妮湖与慕斯中间的停车场处。因为是环路，无论从哪个方向开始都可以。步道沿途盛开着鲜艳的野花，还会逆溪而上，会穿越发生过山林火灾的地区，到达冰川湖。当然，沿途欣赏提顿山景也是毋庸置疑的美。

相对来说徒步者较少，可以独享美景的塔加特湖步道

初级 Leigh Lake Trail
适宜季节▶ 5~10 月
距离▶往返 3.2 公里
所需时间▶往返约 1 小时
出发地▶线湖停车场
※ 如果算上熊掌湖，一周有 12 公里，大约需要 4~5 小时。

中级 Inspiration Point
适宜季节▶ 6~9 月
距离▶往返 3.5 公里
所需时间▶往返 2~3 小时
出发地▶珍妮湖对岸的游船码头
※ 如果选择不乘船，往返需要步行 9.3 公里，大约需要 4 小时。

Ranger Inspiration Point Hike
集合▶ 6 月上旬 ~9 月上旬的 8:30
所需时间▶ 2 小时 30 分钟
地点▶珍妮湖游客服务中心
※ 按照报名的先后顺序，取前 25 名。

中级 Bradley Taggart Loop
适宜季节▶ 6~9 月
距离▶ 1 周 7.5 公里
所需时间▶ 1 周约 4 小时
出发地▶塔加特湖停车场

Ranger Taggart Lake Hike
集合▶夏季 9:00
所需时间▶ 2 小时
地点▶塔加特湖停车场

↗船满座，可以等下一班，只需要等待 15 分钟。

全年都会举行各种各样的导览项目。有许多项目的集合地点位于游客服务中心以外的位置，请提前确认好。隆冬季节在慕斯举行的深雪行走项目受到小朋友和家长们的喜爱

Ranger Morning on the Back Deck
集合▶夏季 9:00
所需时间▶ 90 分钟
地点▶杰克逊湖客栈

骑马出游
费杰克逊湖客栈 1 小时 $45，2 小时 $75。科尔特湾 1 小时 $42，2 小时 $65

杰克逊湖客栈的 2 小时骑马出游项目是去往牛蹄湾方向，科尔特湾出发的团是去往天鹅湖方向的。8 岁以上方可参加。即便是盛夏季节，早晚也会比较凉，请带好防寒外套。身高、体重的换算方法请参考→ p.5

Float Trip
费 $67、6~11 岁 $45
只限夏季，每天 6 次

漂流

在园外参加漂流时，下身需要穿着泳衣，最好带上一套替换的衣服。会给每位乘客发一个救生衣。可以为顾客提供雨靴，但需要提前确认。

由公园管理员带领的项目 Ranger-led Program

大提顿公园的管理员导览项目主要以徒步远足步道为主。一边听取关于冰川以及动植物的讲解说明，一边悠闲地漫步于大自然之中（参考远足部分的介绍）。另外，清晨在杰克逊湖客栈的露台上举行的管理员导览项目也很受游客的喜爱。因为露台上设有望远镜，可以跟管理员一起寻找草原上的麋鹿与野鸟。

骑马 Horseback Riding

骑马是大提顿公园内最受欢迎的户外项目。6 月中旬 ~8 月下旬每天都有骑马出游的项目。最晚也要在出发前一天的中午以前进行预约报名。预约时会询问你关于骑马的经验、体重、身高等问题，请提前换算好重量与身高单位。当然没有骑马经验的游客也是可以参加的。工作人员会选择适合你身高和马术经验的马匹提供给你。

出发地点共有 2 处，分别在杰克逊湖客栈和特尔特湾。报名是在杰克逊湖客栈的前台和位于特尔特湾市场入口处的窗口。马厩位于从帐篷宿营地继续向深处走的位置，距离度假村有一定的距离。

漂流 Rafting

十分有人气，建议提早预约

乘坐橡皮筏顺着蛇河一路漂流，沿途可以观赏雄伟的提顿山脉。既有从公园内出发的团，也有从杰克逊镇出发的团。其中还有包含早餐或者晚餐的项目，详细资料可以在游客服务中心获取。从园内出发的团水流相对比较缓慢（Float Trip）；而从克逊镇出发的团地处下游，水流要相对湍急一些（White Water）。园内团遇见白头鹫的概率较大。可以在园内的各个客栈中申请报名。此活动只限夏季。

TriVia **洛克菲勒的捐赠** 大提顿与黄石之间的森林是作为 John D. Rockefeller. Jr. Memorial Pkwy. 由国家公园管理局管理的。这片区域的土地，是由石油大王洛克菲勒的长子、知名的自然保护运动倡导者小洛克↗

颈部纹理非常漂亮的叉角羚羊。奔跑时速可达 100 公里，瞬间就可以移动到很远的距离

观赏野生动物 Wildlife Watching

大提顿与黄石公园一样，有较高的见到野生动物的概率。既有牛蹄湾这样一年四季都可以见到野生动物的场所，又有只在特定时期、特定时间才可以观察到的特殊动物族群的地点。在游客服务中心，可以让工作人员在地图上指出哪些是适合今天观察动物的地点。

另外，还有从杰克逊镇出发的观赏野生动物的团体游项目。还有早晨或者傍晚出发的 4 小时旅游团，不过推荐参加既可以徒步远足又能观看动物的 1 日游项目。上述游览项目均为全年项目。

自行车 Biking

沿着公园内的道路，迎着风愉快地骑着山地车，想想这画面就已经觉得很幸福了。当然，也有许多游客是将自行车固定在自驾车上前来游玩的。在园内众多的道路中，珍妮湖景观大道等是最适合骑自行车的路径（路有起伏）。除了慕斯的多南客栈 Dornans（1 天 $30~65）可以租借自行车以外，还可以在杰克逊镇租借。

钓鱼 Fishing

杰克逊湖和蛇河都可以钓鳟鱼。杰克逊湖除了 10 月份以外，全年都可以钓鱼；蛇河是每年 4~10 月期间（根据湖的情况下游有可能是 8~11 月）。需要怀俄明州的钓鱼许可证。可以在信号山客栈、科尔特湾、多南客栈 Dornans 等地购买。园内还有从各个客栈出发的钓鱼团体游项目。

越野滑雪 Cross Country Ski

11 月 ~ 次年 4 月期间，提顿公园道路会为越野滑雪和深雪行走项目而开放通行。可以在科尔特湾和大角羊平地享受雪地的乐趣。另外，在慕斯的游客服务中心还有由管理员带领的雪地行走项目（12 月下旬 ~ 次年 3 月中旬的周二、周五、周六，13:30。费用 $5）。

有人发现野生动物后立即就会有大量游客会集起来

Wildlife Expeditions
☎（307）733-1313
Free 1877-404-6626
URL www.wildlifeexpeditions.org
费 4 小时 $130、6~12 岁 $99；8 小时 $210，6~12 岁 $150
※ 每个团可容纳 6~10 人，会为游客提供望远镜。

租借山地车时，可以向工作人员询问适合骑行的路径

钓鱼许可证
费 1 天 $14

钓鱼团体游
费 杰克逊湖的船上钓鱼项目 1 小时 $92（2 小时起），蛇河 $535~

冬季团体游
杰克逊镇有数家旅行公司，冬季的时候会推出越野滑雪、雪上摩托等 1 日游项目。

↗菲勒出资购买，并且捐赠给国家公园管理局的。真是美国大富豪的慈善事业，好大的手笔啊。

大提顿的主角们

上 / 在夏季快要结束时就能看到长成的鹿角
下 / 专心修建水坝和巢穴的河狸

驼鹿 Moose

在原住民的语言中，驼鹿是“食草者”的意思。这种动物独自栖息于水边，整天都在吃水草。擅长游泳，可以潜入水中吃长在水底的藻类。雄鹿那形似手掌的鹿角在每年春季开始生长，8 月份时长到最大，到了深秋季节脱落。一只角的重量就在 10 千克以上。雌鹿不长角，看上去像腿比较短的马。外表看起来似乎很温顺，但实际上性情暴躁。尤其是带着幼鹿的雌鹿以及秋季的雄鹿十分危险，游客不可靠得过近。在牛蹄湾到科尔特湾之间的道路沿线经常可以看到驼鹿的身影。

美洲羚羊 Pronghorn

警惕性很高，因此很难近距离观察。但实际上，羚羊群居于距离道路不远的地方。在视线较好的地方通过望远镜寻找的话一定能够发现。

麋鹿 Elk

麋鹿在原住民的语言中被称为 Wapiti，意为“色彩鲜艳的鹿”。与骡鹿相比，麋鹿的颜色显得更白一些，但颈部周围为黑色。9 月下旬 ~ 10 月是麋鹿交配的季节。穿过慕斯门后沿路走上坡顶，就能看到一些寻求交配的雄鹿聚集于此，如同圆号声音的独特鸣叫声回荡在山谷间。它们的活动范围很广，会在位于园内公路西端的树林道、公园东部的草原之间来回移动，因此游客驾车时要注意有麋鹿突然横穿公路。

灰狼 Gray Wolf

通过人为放养（→ p.340），灰狼重现黄石，而且在大提顿也出现了狼群。每到秋季，麋鹿都要从黄石迁徙到大提顿，据说这些狼群就是追寻麋鹿而来到大提顿的。运气好的话，也许能够看到狼群捕食麋鹿的场面。从远处看，很难看出这些狼与郊狼有什么区别，但实际上郊狼的身高只有 50 厘米左右，而灰狼的身高则接近 1 米。

黑熊 Black Bear

大提顿也有棕熊，但数量要比黄石少得多。会给游客造成困扰的主要是黑熊。

防熊专用垃圾箱。为了保护动物以及我们自己的生命安全，一定要遵守园内的规则

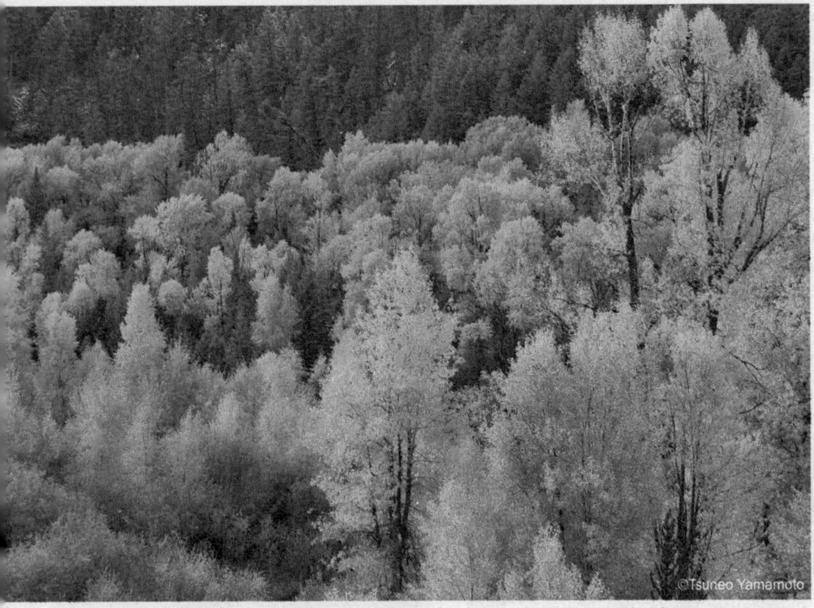

©Tsuneo Yamamoto

白杨树的根都连在一起，叶子会同时变黄

2007年，有4只黑熊因进入旅游服务区在垃圾中寻找食物而被射杀。

类似问题每年都会出现，现在人们很担心这里会变成第二个约瑟米蒂（→ p.208）。在徒步游览、野外宿营以及在观景点停车时都要十分注意，绝不能丢弃食物和垃圾。

水獭 River Otter

在牛蹄湾栖息着水獭。它们非常喜欢玩耍，伴侣总是在互相追逐嬉戏。这一点跟喜欢勤奋劳作的河狸形成鲜明对比。

鼠兔 Pika

体长15~20厘米。圆圆的耳朵是其主要特征，乍看起来有些像黄褐色的老鼠，但实际上属于兔科动物。据说，它们是冰河期幸存下来的物种，会发出“滋滋”的叫声。在隐秘瀑布周围等海拔较高的多岩石地带，可以见到它们叼着花草奔跑的身姿。

白头鹫 Bald Eagle

头部为白色，翼展可达2米。在过去的一段时期内，人类的土地开发导致其栖息地范围缩小，加上偷猎以及误食农药等原因，白头鹫的数量急剧减少。除了阿拉斯加和佛罗里达，曾一度在全美灭绝。之后，在严格的保护措施下数量开始回升，现在在全美各地都能见到。在大提顿，它们在蛇河沿岸高大的树上筑起若干个巢穴，游客在河中体验漂流时比较容易见到。

多栖息于杰克逊霍尔公路沿线的美洲羚羊

园内住宿

园内共有6间客栈。其中有4间客栈是由Grand Teton Lodge Company（GTLC）管理和运营的，剩下的2间都是独立的公司在经营。夏季入住需要提早预约。

Grand Teton Lodge Company（GTLC）
当天 ☎（307）543-2811　Free 1800-628-9988
URL www.gtlc.com　信用卡 A M V
※ 提前7天取消预订收取 $55，不足7天需要支付1天的住宿费用。

科尔特湾的小木屋十分舒适，很值得推荐

杰克逊湖客栈 Jackson Lake Lodge

设施齐全的度假酒店。大厅装饰着原住民的艺术品，二层有巨型的透明玻璃窗，可以如画一般地欣赏窗外莫兰山的景观。从Mural Room餐厅观景也是很不错的。从湖侧的客房还能望见栖息着麋鹿的沼泽地和杰克逊湖，提顿连山的景色也可以尽收眼底。客栈内只有37间客房（只能电话预约），小木屋共有348栋。可以在GTLC官网上预订。

即使是没有在这里住宿也一定要到这里的酒店大堂参观一下

营 5/18~10/4（本书调查时）
on off 酒店客房湖景房 $365
酒店客房森林景房 $269
小木屋湖景 $335~376
小木屋森林景 $269~302

科尔特湾小木屋 Colter Bay Cabins

科尔特湾有大量的小木屋可供游客住宿。小木屋的种类也有很多选择，既有不带浴室的小型木屋，又有浴室设备齐全的双人木屋等。帐篷屋的设施与宿营地类似，内设2个上下铺以及取暖炉。类似于约瑟米蒂的露营管家客栈。有投币式洗衣房。共209间客房。可以通过GTLC官网进行预订。

营 5/21~9/27、帐篷屋是 5/29~8/31（本书调查时）
on off 带浴室小木屋 $149~250
共用浴室小木屋 $80　帐篷屋 $62
※ 在帐篷屋住宿时，请确认防熊的注意事项。

带有两间客房的独立小木屋

珍妮湖客栈 Jenny Lake Lodge

珍妮湖畔超豪华的别墅客栈。屋内带暖炉、床盖是纯棉拼布制品、有山林小屋风格的木质家具，餐食也特别丰富。住宿费用包含早餐和5道菜的晚餐。共43间客房。可以通过GTLC官网进行预订。

营 6/1~10/4（本书调查时）
on off 2人间 $702~899（附带2餐）

适合蜜月旅行的夫妇！

Notes 客栈附加信息　上述3间客栈办理入住的时间都是在16:00，退房是在11:00以前。杰克逊湖客栈（小木屋地区除外）和珍妮湖客栈有免费Wi-Fi。

信号山客栈是离湖最近的住宿设施

信号山客栈 Signal Mountain Lodge

位于杰克逊湖湖畔。客栈内的餐厅是景观餐厅，可以一边就餐一边欣赏湖光山色。客栈内的礼品店也十分有情调，不妨去逛逛看。房型有树林丛中的小木屋，也有旅馆的普通客房，全部房型都带有浴室。湖景房的房型只有套间。共 79 间客房。

营 5/8~10/17（本书调查时）
☎（307）543-2831
URL www.signalmtnlodge.com
on off 小木屋 $173~234、普通客房 $210~251、套间 $316~366
信用卡 A D J M V

河源客栈 @ 弗拉格牧场 Headwaters Lodge @ Flagg Ranch

位于大提顿与黄石之间，严格来说属于公园界外。冬季的时候有从这里出发的雪地马车可以到达老忠实地区。房型有面向蛇河修建的汽车旅馆式客房，也有小木屋形式的房间。不过，小木屋都位于森林中，车辆不能靠近。共有 110 间客房。客栈内有礼品店、饰品商店、餐厅、宿营地。

营 6/1~9/30（本书调查时）
☎（307）543-2861
Free 1800-443-2311
URL www.gtlc.com
on off $195~275
信用卡 A D J M V

多南客栈 Dornans

位于公园的南端，Craig Thomas 游客服务中心前方的一间私营客栈（→ p.355 专栏）。无论从哪间小木屋都可以看见提顿山的山景。全年开放。游船出游、钓鱼团等户外项目十分丰富。房间内没有电视，但是有电话。只有淋浴。6~9 月期间房间十分抢手，建议提早预约。

营 全年营业
☎（307）733-2415 FAX（307）733-3544
URL www.dornans.com
on $185~265 off $150~180
信用卡 A M V
※ 提前 30 天取消预订收取 $50，不足 30 天收取 1 天的住宿费用。

宿营地住宿

园内共有 6 个宿营地，都只在夏季才开放。珍妮湖的宿营地最长只能停留 7 天，其他宿营地最长可停留 14 天。按照先到先得的顺序，除了 Gros Ventre 以外，其他宿营地几乎都在当天白天就已经爆满了。如果准备在宿营地住宿，建议提早到达。

另外，大提顿的宿营地内，所有食品都需要放入防熊食品箱或者汽车的后备箱内。人离开车子后不要将车窗敞开。

宿营地名称	开放时间（本书调查时）	帐篷位	满员预估时间	1晚费用	水	厕所	垃圾场	淋浴房	投币式洗衣机	商店
Colter Bay	5 月下旬 ~9 月下旬	346	中午	$23	●	●	●	●	●	●
Gros Ventre	5 月上旬 ~10 月上旬	300	傍晚	$23	●	●	●			
Jenny Lake（只限帐篷）	5 月中旬 ~10 月上旬	49	清晨	$23	●	●				
Lizard Creek（杰克逊湖北侧）	6 月中旬 ~9 月上旬	60	下午	$23	●	●				
Signal Mountain	5 月中旬 ~10 月中旬	86	上午	$23	●	●	●			
Headwaters Lodge @ Flagg Ranch	6 月上旬 ~9 月中旬	175	下午	$35~73	●	●		●	●	●

在附近城镇住宿

杰克逊镇约有 80 间住宿设施，不过整体价格偏高，暑假期间和滑雪季游客众多。如果准备在这里住宿，建议提早到达。夏季和冬季的傍晚到达，基本上就没有空房了。

另外，还可以考虑在距离杰克逊镇 15 分钟车程的提顿度假村 Teton Village 住宿。这里也是滑雪度假村。沿一条叫作 Moose Wilson Road 的非铺装道路（一般车辆可行。积雪期封路）北上，行驶 30 分钟便可到达位于慕斯的公园入口。

可以在位于镇子北侧的游客服务中心寻找杰克逊镇的旅馆

蛇河客栈 Snake River Lodge

位于提顿度假村滑雪场前方，是一间高级的度假酒店。房间内的家具摆设等都是古典风格，而且刚装修过，住起来十分舒适。所有房型都带有浴室和冰箱。推荐选择有暖炉的房间。客栈内的 SPA 也很不错。有免费 Wi-Fi。共 128 间客房。

建于提顿度假村的入口处

住 7110 Granite Loop, Teton Village, WY 83025
☎（307）732-6000 Free 1855-342-4712
URL www.snakeriverlodge.com
on $209~489 off $139~299
信用卡 ⒶⓂⓋ

杰克逊镇 Jackson, WY 83001 距离慕斯大门 13 英里（约 21 公里） 约 80 间

旅馆名称	地址 · 电话	费 用	信用卡 · 其他
Painted Buffalo Inn	住 400 W. Broadway ☎（307）733-4340 Free 1800-288-3866 URL www.paintedbuffaloinn.com	on $226~286 off $95~175	ⒶⓂⓋ 从城市广场向西行驶 3 个街区，位于 US-191 沿线，交通十分方便。附带早餐。Wi-Fi 免费。有室内温水游泳池、桑拿房。
Wort Hotel	住 50 N. Glenwood & Broadway ☎（307）733-2190 FAX（307）733-2067 Free 1800-322-2727 URL www.worthotel.com	on $380~665 off $133~323	ⒶⓂⓋ 建于城镇中心广场，是这里的地标建筑。一层的酒吧也是镇子里的著名景点。
Amangani	住 1535 N. E. Butte Rd. ☎（307）734-7333 FAX（307）734-7332 Free 1877-734-7333 URL www.amanresorts.com	on $1192~1895 off $832~1500	ⒶⓂⓋ 全美首屈一指的超高价度假酒店。位于杰克逊镇西北侧，观大提顿山景的位置极佳。有 SPA。共 29 间客房。
Rustic Inn	住 475 N. Cache St. ☎（307）733-2357 Free 1800-323-9279 URL www.rusticinnatjh.com	on $209~459 off $119~179	ⒶⒹⒿⓂⓋ 距离镇中心有 3 个街区，离旅游局比较近。机场接送免费。附带早餐。Wi-Fi 免费。
Buckrail Lodge	住 110 E. Karns Ave. ☎（307）733-2079 FAX（307）734-1663 URL www.buckeaillodge.com	on $93~162 off $70~117	ⒶⓂⓋ 5~10 月期间营业。距离镇中心 5 个街区，位于滑雪场附近。全馆禁烟。12 间客房全木质结构，十分宽敞。Wi-Fi 免费。
Motel 6	住 600 S. Hwy. 89 ☎（307）733-1620 FAX（307）734-9175 Free 1800-466-8356 URL www.motel6.com	on $155~176 off $56~65	ⒶⒹⓂⓋ 位于城镇外侧偏南的位置，US-89 沿线。有投币式洗衣房。Wi-Fi 1 天 $2.99。

提顿度假村 Teton Village, WY 83025 距离慕斯大门约 10 英里（约 16 公里） 9 间

旅馆名称	地址 · 电话	费 用	信用卡 · 其他
Inn at Jackson Hole	住 3345 W. Village Dr. ☎（307）733-2311 FAX（307）733-0844 Free 1800-842-7666 URL www.innatjh.com	on $219~279 off $149~199	ⒶⒹⓂⓋ 全馆禁烟。附带早餐。有按摩浴缸。Wi-Fi 免费。
The Hostel	住 3315 Village Dr. ☎（307）733-3415 FAX（307）462-4526 URL www.thehostel.us	on $79~119 off $45~69 大宿舍每人 $20~40	ⒶⓂⓋ 以前是一个普通的旅舍，改建后变得很漂亮。全馆禁烟。有投币式洗衣房，有游戏室。Wi-Fi 免费。

Reader's Voice 周末的城镇中心广场 周六早上 8 点，以鹿角之门而闻名的镇中心广场周围会聚集许多小商贩，有卖菜的、卖水果的、卖面包的等，十分热闹。

Side Trip

恐龙国家保护区 Dinosaur National Monument

MAP 文前图① C-3 ☎（435）781-7700
URL www.nps.gvo/dino
开 通往挖掘地的循环巴士 9:00~17:00 每隔 15 分钟发车（归程末班车 17:30 发车）。冬季 9:30、10:30、11:30、14:00、15:00、16:00 发车
休 11 月的第四个周四、12/25、1/1
费 1 辆汽车 $20、1 辆摩托车 $15

需要绕行且路途较远，但如果想参观恐龙化石的话就只有此地一处。挖掘工作正在进行中，有大量的距今 1.49 亿年的恐龙化石，数量多达 1500 具。在这里游客可以触摸化石，好奇心可以得到极大的满足。

保护区横跨犹他与科罗拉多两州，最不能错过的景点是位于犹他州一侧的卡内基挖掘地 Carnegie Quarry Exhibit Hall。巨大的建筑物里有长达 24 米的岩壁，岩壁上有很多形状清晰可见的恐龙化石。这里的地层是形成于侏罗纪后期的摩里逊岩层，调查和挖掘工作今后还将继续。

这里的化石包括有很多种恐龙，比较有名的种类有长有鱼鳍状背骨的剑龙、体长超过 20 米的迷惑龙、脖子很长的圆顶龙以及双足行走的食肉恐龙等。匹兹堡的卡内基博物馆中展出的迷惑龙骨骼标本就是在这里被发现的。

为了防止盗挖化石，游客基本上只能从游客服务中心乘坐循环巴士前往挖掘地并返回。虽然在冬季允许游客驾车通行，但是必须按照前面介绍过的时刻表并且跟随在公园管理员车辆后面行驶。

地跨犹他州与科罗拉多州

时间充裕的话，可以到保护区的科罗拉多州一侧游览。全程 35 英里（约 56 公里）的 Harpers Corner Rd. 沿线，有科罗拉多河的支流——格林河流过，河水侵蚀出的怪石和峡谷构成了极富动感的景观（冬季关闭）。在河中漂流的项目也很受欢迎，有许多相关的体验项目可供游客选择。

可以前往位于弗纳尔中心区域的犹他州自然历史博物馆参观。冬季周日闭馆

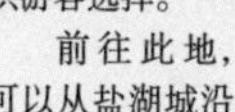

前往此地，可以从盐湖城沿 I-80 向东行驶，从 Exit 146 进入 US-40。之后一路向东。在 Jensen 小镇左转进入 UT-149 可去往化石挖掘地。用时约 4 小时。

另外一个值得推荐的线路是从拱门国家公园去盐湖城的中途绕路前往。沿 I-70 向东行驶，之后沿 CO-139 北上，用时约 4 小时。

在犹他州弗纳尔 Vernal 大约有 20 家汽车旅馆，Jensen 和 Dinosaur 也有几家。

设有可以用手触摸化石的体验场所

卡内基挖掘地对于喜爱恐龙的游客来说是一个会让人激动万分的地方。有不清楚的问题可以咨询公园管理员

冰川国家公园

Glacier National Park

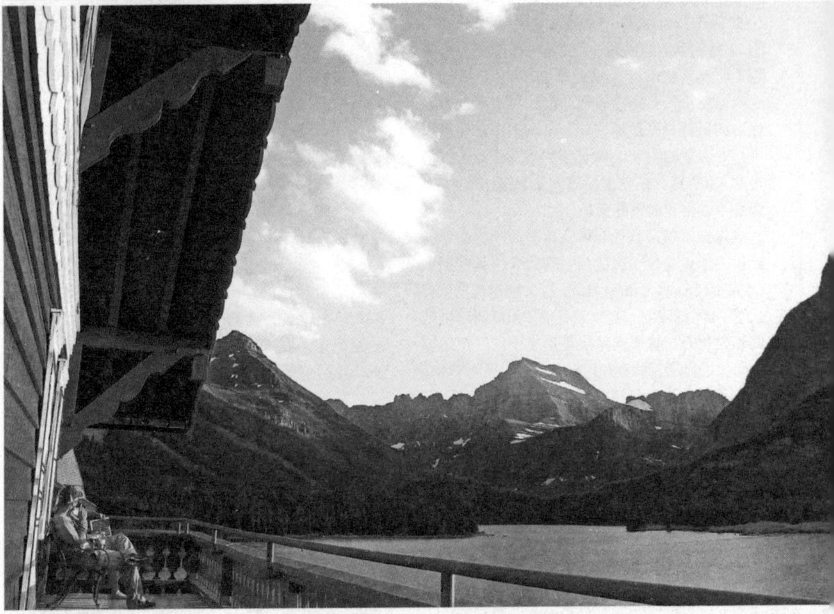

在冰川群附近的斯威夫特卡伦特湖畔有全美顶级的景观酒店

蒙大拿州 Montana
MAP 文前图① A-3

巍峨的山峰直插云霄。峡谷中成片的野花竞相开放，遍布着清澈的湖水，平静的水面上倒映着绿色的植物与蓝色的天空……冰川造就的雄伟自然，也是众多野生动物的栖息地。而人类只不过是这里的闯入者。

大陆分水岭纵贯其中，园内3000米以上的山峰连绵起伏，还有长达1200公里的步道。漫步在步道上，眺望着脚下的花草和山下的湖泊，悠然自得地度过美好的时光吧。

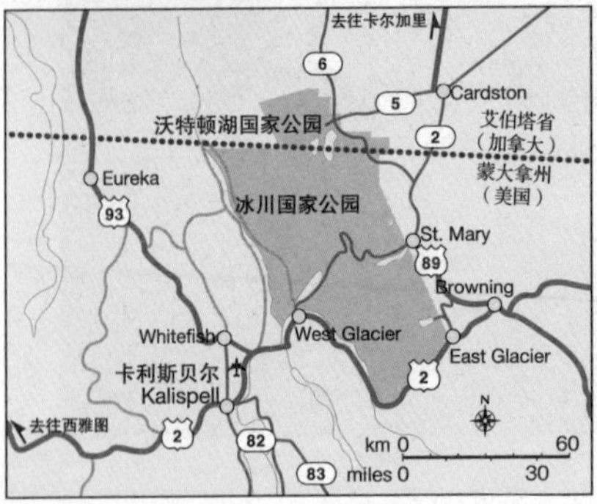

去往卡尔加里
6
5
Cardston
沃特顿湖国家公园
2
艾伯塔省
（加拿大）
蒙大拿州
（美国）
Eureka
93
冰川国家公园
St. Mary
89
Browning
Whitefish
West Glacier
East Glacier
卡利斯贝尔
Kalispell
2
去往西雅图
2
82
83
km 0 60
miles 0 30

这座公园从很久以前就以旅游设施的完备而闻名。19世纪末大北方铁路铺设，铁路公司在这里修建了豪华客栈。20世纪30年代横穿公园的山岳铁路、向阳大道（GTTS）开通。在园内经常能看见老式汽车，这里可以让美国人想起过去年代的美好岁月。

冰川国家公园与加拿大的沃特顿湖国家公园相邻，1932年成为世界上第一个国际和平公园。

交通

开车自驾比较方便一些，不过没有车也可以乘坐巴士游览这座公园。主要的线路是从公园西侧或者东侧进入园内。特别是公园以西，40 分钟车程可达的卡利斯贝尔 Kalispell 作为门户城市，到达公园十分方便。

可以乘坐火车到达，也是冰川国家公园的一大特点。对于总是乘坐飞机游览的游客，不妨偶尔也体验一下火车的乐趣。

园内的游览线路有限，而且公共交通运行的频度也比较低，冰川国家公园的观光季只有夏季短暂一段时间。所以如果准备游览这里，最好提早做好旅游计划，规划好线路，预订好酒店。

飞机 Airlines

冰川公园国际机场 Glacier Park International Airport（FCA）

机场位于公园西口大门以西约 20 英里（约 32 公里）处，卡利斯贝尔的附近。从公园大门开车到机场需要 30~40 分钟。夏季时，达美航空有从盐湖城飞来的航班，每天 3 班（所需时间 1 小时 45 分钟），从明尼阿波利斯每天也有 1 班飞机飞来（2 小时 50 分钟）；阿拉斯加航空旗下的地平线航空也有从西雅图飞来的航班，每天 3 班（1 小时 20 分钟）；美联航有从丹佛飞来的航班每天 1 班（2 小时 20 分钟）。

从机场到园内有 Flathead Glacier Transportation 等多家公司的循环出租车在运行。这些车辆都是根据航班起飞和降落的时间，在机场外等候载客的，可以说明目的地，谈好价钱再上车。

铁路 Amtrak

与其他国家公园不同，在这里可以乘坐火车进入公园。铁线路穿过公园南部，东西各有一个车站。其实冰川国家公园原本就是围绕着火车站进行开发建设的。

麦当劳湖的湖畔有 2 间客栈。特别是在 Village Inn 的客房内，躺在床上就可以欣赏到如此美丽的夕阳美景

DATA

时区▶山地标准时间 MST
Glacier National Park
☎（406）888-7800
URL www.nps.gov/glac
Waterton Lakes National Park
☎（403）859-5133
URL www.pc.gc.ca/waterton
开 10 月 ~ 次年 5 月期间除部分地区以外，全园关闭。其他时期 24 小时开放。
宜行期 7~8 月
费 每辆车 $30（11 月 ~ 次年 4 月是 $20）、摩托车 $20（$15）、其他入园方法每人 $15（$10）。沃特顿湖国家公园是每人 CA$7.80（加元）。两座公园之间没有通票。
被列为国家公园▶ 1910 年
被列为国际和平公园▶ 1932 年
被列为世界生物保护区▶ 1976 年
被列为世界遗产▶ 1995 年
面　积▶冰川国家公园 410 平方公里、沃特顿湖国家公园 526 平方公里
接待游客▶约 234 万人次
园内最高点▶ 3190 米（Mt. Cleveland）
哺乳类▶ 70 种
鸟　类▶ 277 种
两栖类▶ 6 种
鱼　类▶ 27 种
植　物▶约 1132 种

FCA ☎（406）257-5994
MAP p.372 D-1
Alamo ☎（406）257-7144
Avis ☎（406）257-2727
Budget ☎（406）755-7500
Hertz ☎（406）758-2220

Flathead Glacier Transportation
☎（406）892-3390
费 Lake McDonald 单程 $57（第二个人 $5）

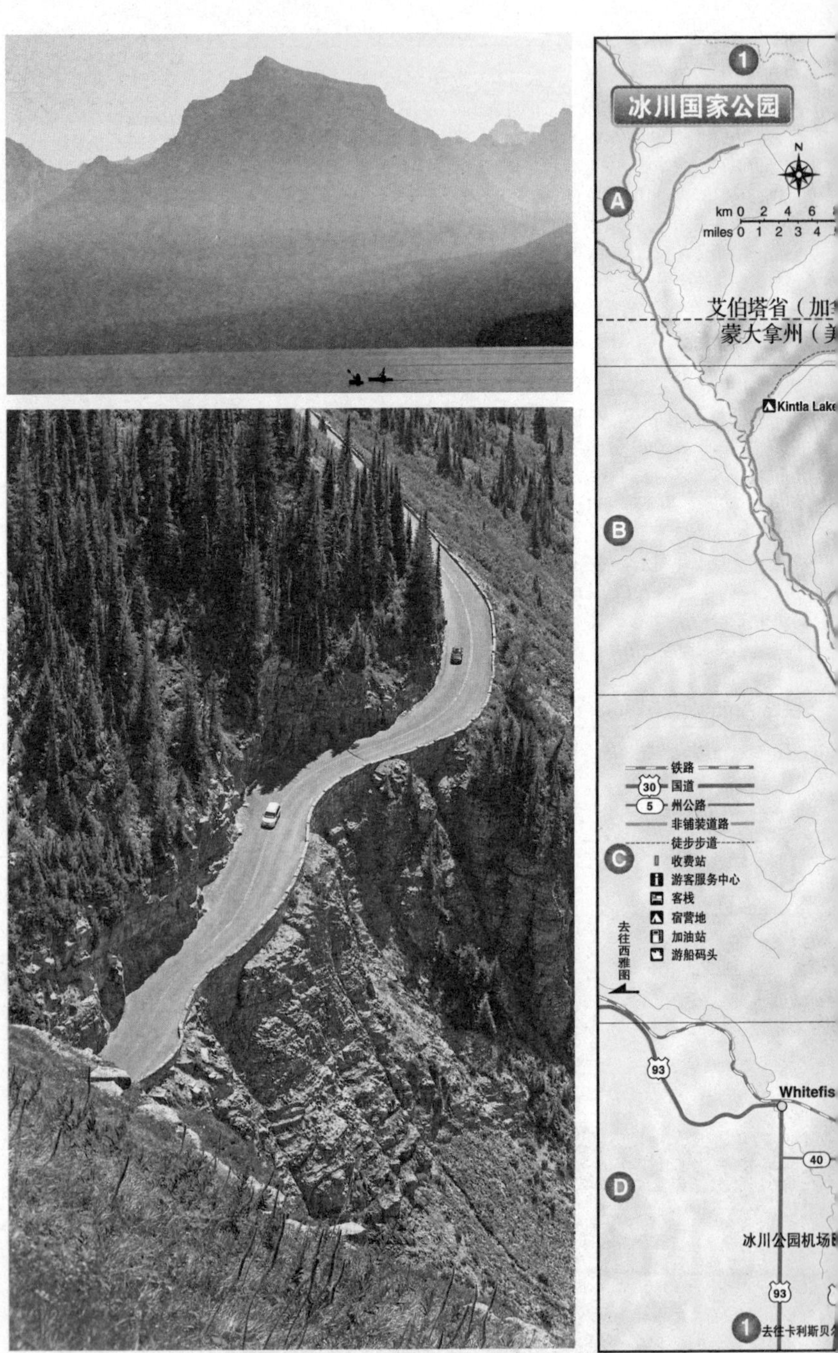

上 / 可以租借皮划艇或者木舟在平静的湖上泛舟
下 / 横贯落基山脉的向阳大道

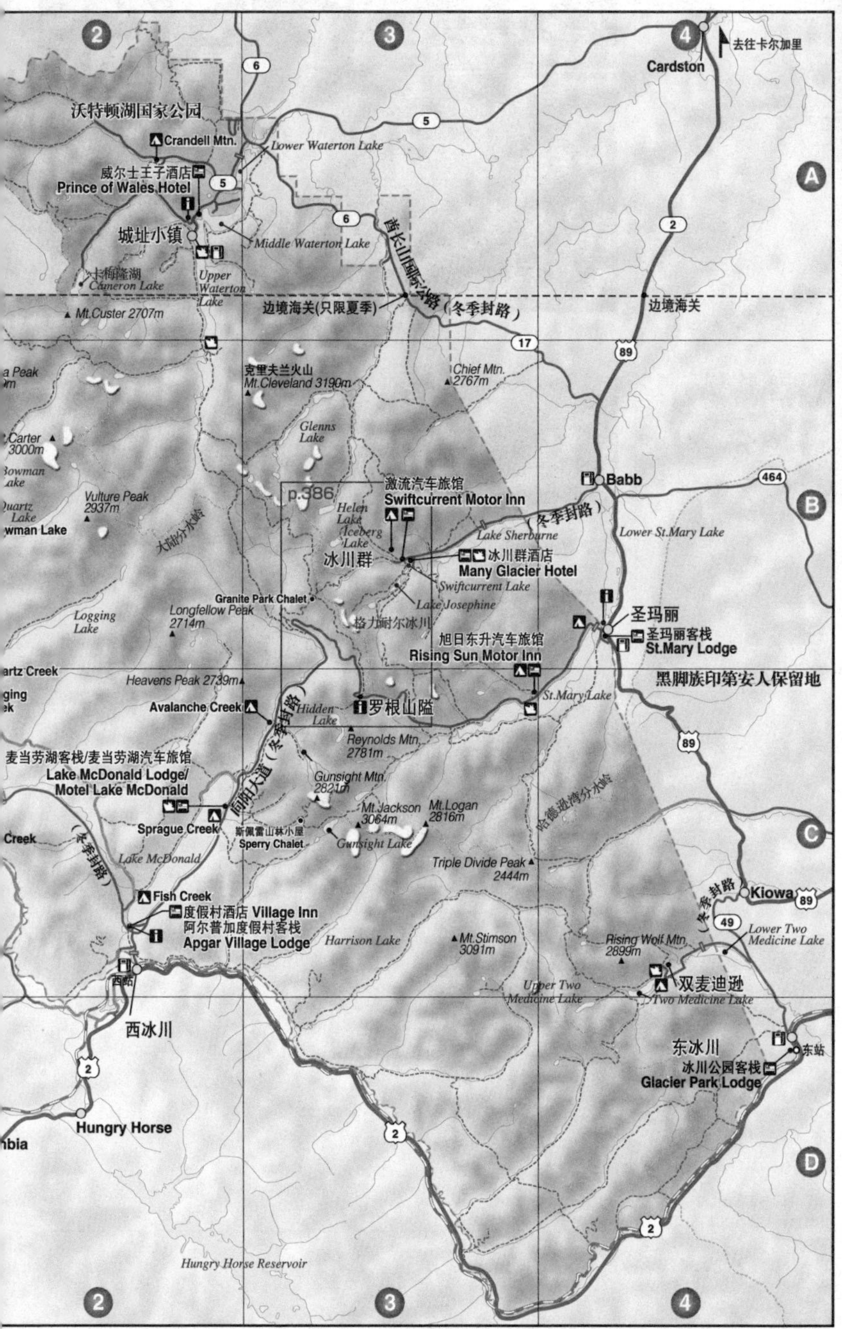
去往卡尔加里
Cardston
沃特顿湖国家公园
Crandell Mtn.
Lower Waterton Lake
威尔士王子酒店
Prince of Wales Hotel
城址小镇
Middle Waterton Lake
卡梅隆湖
Cameron Lake
Upper Waterton Lake
Mt.Custer 2707m
边境海关(只限夏季)
边境海关
(冬季封路)
克里夫兰火山
Mt.Cleveland 3190m
Chief Mtn. 2767m
Glenns Lake
Vulture Peak 2937m
p.386
激流汽车旅馆
Swiftcurrent Motor Inn
Helen Lake
Iceberg Lake
冰川群
冰川群酒店
Many Glacier Hotel
Babb
Lake Sherburne
Lower St.Mary Lake
Swiftcurrent Lake
Lake Josephine
Granite Park Chalet
Logging Lake
Longfellow Peak 2714m
格力耐尔冰川
旭日东升汽车旅馆
Rising Sun Motor Inn
圣玛丽
圣玛丽客栈
St.Mary Lodge
黑脚族印第安人保留地
Heavens Peak 2739m
Avalanche Creek
Hidden Lake
罗根山隘
St.Mary Lake
Reynolds Mtn. 2781m
麦当劳湖客栈/麦当劳湖汽车旅馆
Lake McDonald Lodge/ Motel Lake McDonald
Gunsight Mtn. 2821m
向阳大道
Mt.Jackson 3064m
Mt.Logan 2816m
Sprague Creek
斯佩雷山林小屋
Sperry Chalet
Gunsight Lake
Lake McDonald
Triple Divide Peak 2444m
Fish Creek
度假村酒店 Village Inn
阿尔普加度假村客栈
Apgar Village Lodge
Harrison Lake
Mt.Stimson 3091m
Rising Wolf Mtn. 2899m
Kiowa
Lower Two Medicine Lake
双麦迪逊
Upper Two Medicine Lake
Two Medicine Lake
西站
西冰川
东冰川
东站
冰川公园客栈
Glacier Park Lodge
Hungry Horse
Hungry Horse Reservoir

Amtrak
Free 1800-872-7245
URL www.amtrak.com
东站（只限夏季）
MAP p.373 D-4
开 5:00~7:00、19:45~22:00
西站 MAP p.373 C-2
费 西雅图出发单程 $98

东站附近的租车公司
Avis ☎（406）226-5560（东站的后面，国道沿线）
Dollar ☎（406）226-4432（Sears Motel 内）
都只在夏季营业。需要预约。可到车站接送。

在西站乘坐火车时的注意事项
西站现在是自然保护组织的办公地点，站内没有铁路工作人员。因此无法办理行李随车托运，所有行李都要靠游客自己带上车（站台旁有放置行李的地点）。这里也不出售车票，游客要事先在西雅图等地购买往返车票。
另外，西站的汽车租赁公司只有 Hertz（406-863-1210）一家。如果叫出租车的话，由于路途较远所以要等很长时间。最好是向客栈预约接送。负责接送的司机会根据火车的延误情况来调整出车时间，但如果等不来的话，可以到车站对面的加油站内给客栈打电话。

东冰川的火车站与客栈之间，每到夏季都会开满鲜花

东冰川的小镇紧邻火车站

游客可以在餐车享用美食。而且餐车提供酒类

在芝加哥和西雅图、波特兰之间开行的“帝国建设者号”列车 Empire Builder 经停公园内的东站和西站。每天往返车次各一趟。这条线路在美国国家铁路客运公司经营的线路中属于风景特别美丽的一条。列车使用名为 Superliner 的双层车厢，还挂有观景车厢以及卧铺车厢。

东站的正式名称为 East Glacier Park Station。不过，只有夏季列车才在这里停车。下车后，可以前往离车站不远（但是步行也需 10 分钟，所以列车到站时都有接送巴士在站外等候）的冰川公园客栈 Glacier Park Lodge。客栈旁有通往园内各旅游服务区的接送巴士以及团体游巴士。这里仍属于公园之外，距离双麦迪逊 13 英里（约 21 公里），距离圣玛丽 33 英里（约 53 公里）。

从西站 West Glacier Station（Belton）前往景点则比较方便，下车后从西口大门进入公园，到麦当劳湖只有 2 英里（约 3.2 公里）路程。如果在 Lake McDonald Lodge 或者 Village Inn 住宿，可以让客栈工作人员开车到车站接送。单程 $6~10 。需要预约。

“帝国建设者号”列车　　（本书调查时的时刻表）

时间	↓	站点	↑	时间
14:15	出发	Chicago	到达	15:55
22:10	出发	Minneapolis	到达	7:47 第三天
第二天 18:45	出发	East Glacier Park	到达	9:45
20:23	出发	West Glacier	到达	8:16 第二天
第三天 10:10	到达	Portland	出发	16:45
10:25	到达	Seattle	出发	16:40

长途巴士 Bus

可以乘坐连接西雅图、明尼阿波利斯、芝加哥之间的灰狗巴士，然后在米苏拉 Missoula 换乘 Rimrock Trailways 的巴士去往卡利斯贝尔。这趟长途巴士每天往返 1 趟。西雅图 23:45 发车，到达卡利斯贝尔是第二天的 14:30。回程是卡利斯贝尔 16:30 发车，第二天 7:00 到达西雅图。从卡利斯贝尔去往公园的循环出租车，人数越少价格越高。如果可以租借车辆，建议你选择租车前往。

租车自驾 Rent-A-Car

从冰川公园机场驶出后向左转，然后按标识指示沿 US-2 行驶大约 20 英里（约 32 公里）后到达西冰川。此时一定要检查剩余油量。园内的加油站已经全部关闭，横穿公园至圣玛丽途中无法加油。园内道路多起伏，所以汽油消耗较快，一定要记住将油箱加满。在旅游局所在地左转，进入西口大门后就是麦当劳湖。

从东冰川方向来时，沿 49 号州公路行驶大约 10 分钟后进入通往双麦迪逊的岔路，之后沿山路行驶，在一处丁字路口左转进入 US-89。通过黑脚族保留地后向圣玛丽方向行驶。到这里为止需要 1 个小时。加满油后左转就是 GTTS。不左转而沿 US-89 直行，30 分钟后可以到达冰川群，继续行驶 1 个小时就能跨越国境到达加拿大的沃特顿。

如果从卡尔加里租赁汽车，可以沿 2 号线南下，在 Cardston 进入 5 号线向西行驶就能去往沃特顿。沿 2 号线一路南行，跨越国境，进入 US-89，之后可以到达冰川国家公园。至沃特顿全程 159 英里（约 256 公里），用时约 2 小时 30 分钟～ 3 小时。

从西雅图出发的话，沿 I-90 一直向东行驶，从 Exit 33 出来后一路沿 MT-135、MT-200、MT-28、US-93、US-2 行驶，需要 10 个小时左右。

卡利斯贝尔的巴士站
住 Brians Inc., 1319 Hwy. 93
☎（406）752-7339
开 9:00~18:00
费 单程 $72~116

蒙大拿州的路况信息
Free 511
Free 1800-226-7623
URL www.mdt.mt.gov/travinfo

最近的 AAA 道路救援
Free 1800-222-4357
Kalispell
住 135 Hutton Ranch Rd.
☎（406）758-6980
开 周一～周五 8:30~17:30

注意距离单位
加拿大国内使用公里作为计量单位。1 英里 = 约 1.6 公里

从罗根山隘开始的高架步道，中途有部分是在 GTTS 上方穿行，十分惊险刺激

GEOLOGY

冰川的雕刻艺术馆

陡峭的群山脚下有许多湖水。冰川国家公园现在的风景形成于距今200万年至1万年前的这段时间内，是多次冰河期留下的遗产。接下来我们可以进一步了解一下现在的地貌是如何形成的。

从远古时期的大海变成山脉

大约8亿年以前，现在的美国西北部地区还是一片较浅的内海。经过数亿年，泥沙以及微生物的尸体在此沉积，形成了厚厚的泥岩和石灰岩层。不时还会有岩浆上升，从岩层的缝隙中喷出，在海底凝固成熔岩。如果未能成功喷出，则会在石灰岩层下形成水平的熔岩层。就这样，导致这里的岩层中既有沉积岩也有火成岩。

从6000万年前开始，太平洋板块与北美大陆板块碰撞产生的力使这里的岩层不断出现褶皱和断层，并且地面抬升，形成了落基山脉。冰川国家公园地貌的雏形就此诞生。

巨大的冰川

从第三纪后半期开始，发生了气候变化，全世界进入了冰河期。冰河期之前，河流侵蚀山峰形成了“V”形谷，但是冰川取代河流，致使峡谷底部变得更宽更深。从大陆分水岭向东西延伸的冰川刨蚀出圣玛丽峡谷和麦当劳湖峡谷等“U”形谷，冰川消失后便留下了圣玛丽湖和麦当劳湖。

目前认为，当时的巨大冰川，最厚时的厚度达到900~1200米。

现在的冰川地貌

首先要介绍的是horn，也就是山峰三面以上受到冰川的刨蚀而形成的地貌，形似经过打磨的金字塔。沿着从罗根山隘到隐湖Hidden Lake的步道行走，正面的克莱门茨山Clements Mtn.以及左面的雷诺兹山Reynolds Mtn.就是属于上述地貌。瑞士阿尔卑斯山的马特洪峰也是一个典型的例子。

通往隐湖的步道位于克莱门茨山脚下，这一带的岩石外形都很圆。实际上这些石头是受到冰川刨蚀后被带到这里的砾石，被称为moraine。

从罗根山隘向北延伸的垂直山脊是Garden Wall。这是因冰川刨蚀山峰两侧而形成的，这种地形被称为arête(法语中表示“鱼骨、山脊”等意思)。

冰河期之后

大约1万年前，地球气温上升导致巨大的冰川融化，冰川国家公园的景色变成了现在的样子。园内目前有25个小型冰川（1900年时有150个），形成于5000年前。最近100年以来，冰川的面积在不断缩小，如园内的最大的杰克逊冰川Jackson Glacier现在的大小只有19世纪中叶时的1/4。如此下去，据推测，2030年之前，公园内的冰川会全部消失。

进入3个海洋的分水岭

在冰川国家公园，除了大陆分水岭之外还有哈德孙湾分水岭。正好横跨两个分水岭的山峰是位于圣玛丽湖与双麦迪逊湖之间的Triple Divide Peak（海拔2254米）。以此山峰为界，山顶以北的降雨从圣玛丽经加拿大的萨斯喀彻温河注入哈德孙湾。流向东面的雨水经密西西比河注入墨西哥湾，流向西面的雨水经哥伦比亚河注入太平洋。落在山顶上的雨点，也许之间的距离只有几厘米，但最终的命运可能完全不同。

1913年拍摄的牧羊人冰川的情形

2005年，牧羊人冰川几乎已经完全消失

冰川国家公园 漫 步

冰川国家公园的主要景点比较分散，制定一条有规划的线路十分困难。应该住在哪儿？按照怎样的顺序游览？在这里停留多久，如何移动呢？这确实是一件让人头疼的事。

园内共有大大小小 762 个湖，其中最具代表性的要数东端的圣玛丽湖 St. Mary Lake 和西端的麦当劳湖 Lake McDonald。有一条横贯整个公园的道路——向阳大道 Going to the Sun Road（GTTS）连接这两座湖。

GTTS 的北侧是冰川群 Many Glacier，继续向北行驶越过国境线便是沃特顿湖国家公园 Waterton Lakes National Park 了。另外，还有一个必看的景点是，位于公园南侧的双麦迪逊 Two Medicine。

6 个度假村

共有 6 个度假村作为园内的旅游集散地。分别是位于麦当劳湖南端的阿普加 Apgar、东北岸的麦当劳湖客栈 Lake McDonald Lodge、圣玛丽湖中部的旭日东升 Rising Sun、北端的圣玛丽 St. Mary（严格来说是在园外）、东站前的冰川公园客栈 Glacier Park Lodge；还有位于冰川群 Many Glacier 的冰川群酒店 Many Glacier Hotel 和激流汽车旅馆 Swiftcurrent Motor Inn。

上述 6 个度假村与 GTTS 和各个观景台之间，有循环巴士和 1 日游巴士。

其中 Glacier Park Lodge 的循环巴士和团体游巴士种类最多，而且这里距离火车站也比较近。另外，如果想游览双麦迪逊景区一定要住在这里。

不过，其他度假村也都很不错。冰川群酒店与麦当劳湖客栈都是在美丽的湖畔，一定要体验一下。所以这里推荐 4 晚 5 天的行程，冰川公园客栈 1 晚、冰川群 2 晚、麦当劳湖 1 晚。

季节与气候　Seasons and Climate

冰川国家公园虽然全年开放，但是旅游季只在 6 月下旬 ~9 月上旬。冬季，虽然麦当劳湖畔会进行铲雪作业，但是园内的客栈和主要道路都处于封闭状态。

虽然夏季是这里的旅游旺季，不过气候最好的时期是晚春和初秋。无论任何季节到这里来，山中的天气都很易变，一天中一会儿是晴空万里，一会儿又是风雪连天，昼夜温差也比较大。即便是天气很好，但由于风很大可能导致体感温度偏低。一定要多带厚衣服，夏季也要随身携带一件冲锋衣。雨具也是必不可少的。

夏季的午后常会有阵雨（麦当劳湖）

不可思议的圣玛丽

看地图可能会觉得圣玛丽度假村是公园中交通最方便的地方，无论去到哪里都可以，而且度假村就建在湖畔。可是，由于这里位于公园界外，循环巴士是不在这里停车的，而且走到游客服务中心居然需要 10 分钟。不过，有些团体游巴士是可以在这里停车的。

园内设施

餐饮

每个度假村都设有餐厅和咖啡厅。其中冰川群的 Swiftcurrent Motor Inn 内的意大利餐厅最受游客的喜爱。GTTS 沿途可以就餐的地点只有旭日东升和麦当劳湖客栈。

杂货铺

每个度假村内都有小型的杂货铺，里面可以买到食品、纪念品等。只在夏季的 8:00~19:00 期间营业。

ATM

几乎每个客栈的大厅都有。

加油站

园内没有加油站。请在西冰川或者圣玛丽加满油。

移动电话与互联网

园内没有手机信号。园外有信号的地区分别是圣玛丽、US-89 的 Babb（MAP p.373 B-4）、沃特顿湖国家公园的城址小镇（MAP p.373 A-2）。US-2 沿线貌似没有信号。

麦当劳湖客栈 Lake McDonald Lodge 和冰川群酒店 Many Glacier Hotel 只针对住宿客人开放 Wi-Fi。

圣玛丽的游客服务中心，可以一览落基山脉的风景

St. Mary VC
MAP p.373 B-4
开 夏季 8:00~19:00
春秋季 8:00~17:00
休 10 月上旬 ~5 月下旬

Apgar VC
MAP p.373 C-2
开 夏季 8:00~18:00
春秋季 9:00~17:00
冬季是周六、周日 9:00~16:30
休 10 月 ~ 次年 4 月的周一 ~ 周五

Waterton VC
MAP p.373 A-2
开 夏季 8:00~19:00
春秋季 9:00~17:00
休 10 月中旬 ~ 次年 4 月下旬

Shuttle Bus（本书调查时夏季）
运行 7 月初 ~9 月初

东线 East Side Route
所需时间 单程约 1 小时
运行 圣玛丽 VC 发车 7:00~17:20、罗根山隘末班车 19:00。发车间隔时间 40~60 分钟

西线 West Side Route
所需时间 单程约 1 小时 30 分钟 ~ 2 小时
运行 阿普加发车 7:00~16:15、罗根山隘末班车 19:00。发车间隔时间 15~30 分钟

每天早上 7:00、7:20、7:40、7:56 有从阿普加的换乘中心开往罗根山隘的直通车（本书调查时）

获取信息 Information

St. Mary Visitor Center

圣玛丽游客服务中心位于 GTTS 的东侧，公园东大门前。夏季的时候这里会举行原住民舞蹈集会活动等项目。冬季关闭。

Apgar Visitor Center

从公园西口入园后，行驶 2 英里（约 3.2 公里）便可到达位于麦当劳湖南岸的阿普加游客服务中心。除了夏季以外，秋冬季也会陆续有游客到这里来观赏白头鹫的筑巢作业。中心还为越野滑雪和深雪行走的游客提供各种游览信息。

Waterton Visitor Center

穿过位于加拿大一侧的沃特顿湖国家公园大门后，行驶一段距离就会看到位于道路右侧的沃特顿游客服务中心了。去往城址会途经这里，中心正面就是 Prince of Wales Hotel 的入口。这里关于住宿设施、徒步步道、骑马等相关信息十分齐全。

园内的交通与团体游 Transportation

免费循环巴士 Shuttle Bus

往返于 GTTS 之上，是连接圣玛丽湖与麦当劳湖之间的循环巴士。在罗根山隘寻找停车位是一件十分困难的事情！巴士车使用的是环保燃料，为了保护公园的环境，也请你尽可能地选择乘坐巴士出游。也可以选择单程，回来的时候走步道返回。

东线 East Side Route

从圣玛丽到罗根山隘，GTTS 的东半部有大型巴士往返其间。中途可以在 Rising Sun Motor Inn、游船码头、Sunrift Gorge、St. Mary Falls Trailhead、Gunsight Pass Trailhead、Siyeh Bend（Piegan Pass Trailhead）自由上下车。

西线 West Side Route

从麦当劳湖到罗根山隘，GTTS 的西半部也有巴士往返其间。中途可以在阿普加度假村（backcountry office 的对面）、Apgar 宿营地、换乘中心（距离度假村步行 10 分钟的树林中有一片宽敞的停车场）、Sprague Creek 宿营地、Lake McDonald Lodge（商店前）、Avalanche Creek（Avalanche Lake Trailhead）、The Loop 自由上下车。

还有不是从阿普加发车而是从 Lake McDonald Lodge 始发的班次。

GTTS 的西半部道路比较狭窄，大型巴士无法行车，所以西线使用可乘 12 人的小型巴士。由于座位有限，所以经常是客满的状态，请做好心理准备。另外，徒步走高架步道（→ p.387）时，乘车比较方便的 The Loop 的车站，每天每辆

东线和西线的循环巴士可以在罗根山隘互相换乘

Notes 给从阿普加上车的游客一些建议　从阿普加度假村到雪崩小溪 Avalanche Creek 之间的道路比较宽敞，其间有大型的往返巴士运行。旺季时也有从雪崩小溪到罗根山隘的循环巴士。所以，如果准备从阿普↗

如果你是初次来冰川公园建议乘坐一次红色观光巴士

车只能上两名乘客（本书调查时的信息）。

东线循环巴士（付费）East Side Shuttle

在公园的东侧有南北向的巴士线路，这条线路的巴士可乘 8 人，从 Glacier Park Lodge 出发，途经 Many Glacier Hotel 最后到达加拿大的 Prince of Wales Hotel。每天往返 3 趟（冰川群至加拿大之间往返 1 趟）。可以在圣玛丽游客服务中心换乘前述的免费循环巴士。不能预约。

团体游巴士

园内还有带导游的 1 日游巴士，主要从园内的各个客栈出发。游客可以乘坐擦得亮闪闪的红色老式前置发动机巴士车在园内游览，这种巴士也是园内的一大看点。因为十分受游客的喜爱，所以请提请通过官网预约。

不足之处就是每个景点逗留的时间比较短，如果你想体验步道的乐趣，还是推荐选择乘坐上述的循环巴士。

长空巡游 Big Sky Circle Tour

从 Glacier Park Lodge 出发并返回。途经国道去往麦当劳湖，回程走 GTTS 穿越罗根山隘，经由圣玛丽返回。

大陆王冠之旅 Crown of the Continent Tour

横贯 GTTS 的游览线路。从麦当劳湖发车至冰川群景区，然后返回。从冰川群或者圣玛丽发车的团体游巴士，到麦当劳湖后折返。

阿尔卑之旅 Alpine Tour

在麦当劳湖与冰川群发车并返回。沿 GTTS 行驶至罗根山隘，半天往返。滞留时间较短，不能充分游览，不怎么值得推荐。

徒步者巴士（付费）

这条巴士线路连接圣玛丽游客服务中心与冰川群度假村的 2 间客栈。如果结合免费循环巴士一起使用，能更好地游览冰川群景区。对于只想单程徒步走派岗山隘的徒步者来说十分方便。需要预约。

东线循环巴士
East Side Shuttle
URL www.glacierparkinc.com/shuttle_information.php
运行 6 月上旬 ~9 月中旬
费 从 Glacier Park Lodge 出发的单程费用

St. Mary	$45
Many Glacier Hotel	$60
Prince of Wales Hotel	$75

团体游巴士
Free 1855-733-4522
URL www.glaciernationalparklodges.com
※ 公园门票单独收费。11 岁以下半价。巴士运行时间根据积雪状况会有所变化。另外，可能会由于途中道路施工等，回程时间会大幅度延长，对于当天准备乘坐火车的游客来说不是很合适。下述的运行时间是本书调查时的，仅供参考。还有其他巴士旅游团，可以到公园后咨询。

长空巡游 Big Sky Circle Tour
运行 6 月中旬 ~9 月中旬
所需时间 约 8 小时
费 $80

大陆王冠之旅 Crown of the Continent Tour
运行 6 月中旬 ~9 月中旬
所需时间 7~9 小时
费 麦当劳湖 $80、圣玛丽 $65、冰川群 $80

阿尔卑之旅 Alpine Tour
运行 6 月中旬 ~9 月下旬
所需时间 从圣玛丽出发 3 小时，从冰川群和麦当劳湖出发 4 小时
费 圣玛丽 $35、冰川群 $40、麦当劳湖 $50

徒步者巴士
运行 7 月初 ~9 月初，每天往返 3 趟
费 $10，2~11 岁半价。预约方法同上述团体游巴士

↗ 加度假村到罗根山隘，只要看到有巴士来就可以上车，如果你乘坐的是大型巴士可以在雪崩小溪换车，这种线路会比较快一些。

GTTS 路况信息

GTTS 是 1932 年修建的公路，路面比较狭窄，连续的急转弯较多。而且路的一侧不是悬崖断壁就是湖泊。每年根据积雪的状况开放道路的时间也会有所不同，大概是 6 月中旬 ~9 月中旬期间。偶尔也会由于大雨等天气因素，暂时封路。

夏季的 11:00~16:00 期间，自行车禁止驶入。早上的时候自行车比较多，开车的时候需要多加小心。

最具人气的摄影地点

距旭日东升度假村稍微向西行驶一段距离，有一个叫作"Wild Goose Island"的观景台，从这里看到的风景宛如风景海报一般美丽。

圣玛丽

设施 有 VC → p.378

环湖游

运航时间 6/20~8/31（本书调查时）

10:00、12:00、14:00、16:00、18:30

所需时间 1 小时 30 分钟

费 $24.25、4~12 岁是 $12

Ranger St. Mary Falls Hike

集合▶夏季 10:00 & 14:00

所需时间▶含乘船时间共 3 小时 30 分钟

地点▶旭日东升游船码头

MAP p.373 C-3

冰川国家公园 主要景点

向阳大道 Going to the Sun Road

GTTS 建成于 1932 年，是一条全长 52 英里（约 83.7 公里）横贯整个公园的观光游览道路。沿途各种风景会接连不断地出现在道路的左右两侧，绝对是大饱眼福、百看不腻。

从东侧驶入的话，首先映入眼帘的是野花烂漫的草原，经过圣玛丽湖之后逐渐开始往上攀行，到罗根山隘处会与大陆分水岭交会。道路虽然在熙熙攘攘的树林中穿梭，但是路周围的山上却看不见绿色，只能感受到曾经被冰川刨蚀过的痕迹。

冰川国家公园内的山海拔度不是很高，但是山脚下的原野比较宽广，所以显得整个山体高低落差格外明显。一路上 Reynolds Mtn.、Mt. Oberlin 等美丽的山峰会相继映入眼帘。

通过热闹的罗根山隘后，道路开始变为下坡路。过了道路两侧的岩壁上有渗出的水流滑落下来的 Weeping Wall 之后，会在 The Loop 向左转一个大弯，接下来会一边望着秀丽的 Heavens Peak，一边沿着 McDonald Creek 的溪流而下。

最后沿着西侧的麦当劳湖缓慢行驶 2~3 小时到达终点。整条观光道路走下来令人感觉身心愉悦、豁然开朗。

7 月时沿着 GTTS 行驶，会在道路的左右两侧看到许多瀑布

从东侧上山时会看到迎面而来宛如双生子一般的山峰，左侧的是 Reynolds Mtn.（2781 米）、右侧是 Clments Mtn.（2670 米）

圣玛丽湖 St. Mary Lake

公园内众多湖泊之中尤为美丽的一座。一个叫作 Wild Goose Island 的小岛浮于湖面的样子，跟加拿大落基山脉的玛琳湖如出一辙。湖面海拔 1366 米。GTTS 经过湖岸边，大概在中间的位置有一个叫作旭日东升的汽车旅馆 Rising Sun Motor Inn，附近有游船码头。从码头出发的游船可以游湖一周。也可以坐到对岸，下船后可以花 15 分钟时间走到 Baring Falls 游览。另外，10:00 和 14:00 出发的游船上，还配有公园管理员，他们带领游客从对岸走到圣玛丽瀑布 St. Mary Falls，徒步往返需要 2 小时。

不过，18:30 出发的赏夕阳游船是不能中途下船的。

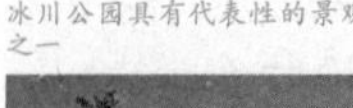

冰川公园具有代表性的景观之一

建在大陆分水岭一旁的游客服务中心

罗根山隘
Logan Pass

位于大陆分水岭上的海拔 2025 米的山口，周围可以观察到许多高山植物群。附近有游客服务中心，夏季的时候游客超级多，十分热闹。山隘背后的山峰分别是，右侧 Clements Mtn.（海拔 2670 米），左侧 Reynolds Mtn.（海拔 2781 米）。

有时间的话一定要体验一下始于游客服务中心背后的步道，可以一直上到隐湖观景台 Hidden Lake Overlook。夏季时可以惬意行走在高山植物花朵竞相开放的原野之上，翻过分水岭后，可以看见典型的由冰坑形成的冰川湖——隐湖 Hidden Lake。沿途说不定还能看见雷鸟、土拨鼠等野生动物，看到北美野山羊的概率也比较大。

麦当劳湖
Lake McDonald

雪杉林与群山包围之下的寂静湖泊。长 16 公里，宽 1.6 公里，是园内最大的湖泊。湖面海拔 961 米，深 144 米。湖的东北岸有麦当劳湖客栈 Lake McDonald Lodge，南岸有阿普加度假村客栈 Apgar。

游船从客栈出发，推荐乘坐 19:00 出发的赏夕阳游船，更能感受到此湖之魅力。

日落前，夕阳的余晖洒满整个湖面

罗根山隘大堵车！

夏季的 9:30~16:00 期间，罗根山隘经常大堵车！游客服务中心的停车场一下次就会爆满，等车位的车辆会在 GTTS 上排队。尽量避开这个时间段才是明智之举。

停车场虽然很宽敞，但瞬间就会停满车

Logan Pass Visitor Center

MAP p.373 C-3、p.386
开 夏季 9:00~19:00
春秋季 9:30~16:30
休 10 月上旬 ~ 次年 6 月中旬

初级 Hidden Lake Overlook
适宜季节▶ 7 月下旬 ~8 月下旬
距离▶往返 4.8 公里
所需时间▶往返 1.5 小时 ~2 小时
海拔差▶ 140 米
出发地▶游客服务中心
※ 从观景台到湖畔往返需要 2 小时。

麦当劳湖
设施 VC → p.381、客栈→ p.393
游览船
MAP p.373 C-2
通航时间 5/23~9/20（本书调查时）
13:30、15:00、17:30
所需时间 1 小时
费 $16.25、4~12 岁是 $8

其他地区 Others

冰川群
Many Glacier

GTTS 的北侧耸立着宛如屏风一般的群山，山后面便是冰川群景区了。陡峭的山峰间夹杂着冰川，还有一个个冰川湖相连。与 GTTS 周围的景色不同，这里的景色具有一种神秘的美感。特别是在早晨和傍晚，更能显现出梦幻世界般的氛围。可以从圣玛丽驶出公园，沿 US-89 北上。在 Babb 的十字路口左转，然后前行约 12 英里（约 19 公里）（积雪期道路封闭）。

这一带的旅游服务区是激流湖 Swiftcurrent Lake。湖的东岸有 Many Glacier Hotel，酒店西侧的森林中建有 Swiftcurrent Motor Inn。那里是多条步道的起点，可以先体验一下徒步环湖一周。有一条湖边的步道，非常平坦，徒步中还能远眺 Mt. Gould（海拔 2911 米）和格林奈尔冰川。另外，还可以参加由公园管理员带领的团体游，乘坐游览船去往位于冰川脚下的 Grinnell Lake。前往游览船码头，应该从 Many Glacier Hotel 的大厅出来，然后沿台阶下到湖岸。

如果时间充裕，还可以徒步前往格林奈尔冰川（→ p.388）游览。虽然用时较长，但那是公园内最富人气的一条徒步游览线路。

Mount Wilbur（2843 米）可以俯瞰激流湖

双麦迪逊
Two Medicine

位于公园南侧被群山包裹着的寂静湖泊。从东站驱车 30 分钟驶入山谷深处，连着有 3 个细长的湖泊，分别是 Lower Two Medicine Lake、Two Medicine Lake、Upper Two Medicine Lake。但是公路只修到第二个湖。

如果你准备乘坐火车到冰川公园，东站下车以后，可以乘坐下午的循环巴士游览这个景区。以游览两座美丽的湖泊作为本次旅行的开始还是相当不错的。湖正对面高高耸立的山峰是 Sinopah Mtn.（海拔 2521 米）。

从这里可以乘坐游船到达湖对岸，一定要到双子瀑布 Twin Falls 看一看。继续往里走还有可以到达第三个湖 Upper Two Medicine Lake 的步道，如果不乘船返回还可以沿湖畔步行 6 公里返回。

即便是盛夏季节也可以相对闲静地在这里度假

冰川群
设施 酒店 → p.392

游览船
MAP p.373 B-3
通航时间 6/13~9/28（本书调查时）9:00、11:00、14:00、16:30（7~8 还有 8:30、13:00、15:00 的班次）
所需时间 1 小时 30 分钟
费 $24.25、4~12 岁是 $12
※在对岸的 Swiftcurrent Lake 下船后，步行 300 米可以再乘小船横渡 Josephine Lake。
　早上乘船十分拥挤，需要提前 3 天通过下述渠道预约。
☎（406）257-2426
URL glacierparkboats.com

Ranger Grinnell Lake Hike
集合▶夏季 9:00、14:00
所需时间▶含乘船时间共 3 小时 30 分钟
地点▶ Many Glacier Hotel 游船码头

初级 Red Rock Falls
距离▶往返 5.8 公里
所需时间▶往返 2 小时
海拔差▶ 30 米
出发地▶ Swiftcurrent Motor Inn 正面停车场里侧

双麦迪逊
设施 公共厕所 · 饮用水

Two Medicine Shuttle
运行 Glacier Park Lodge 8:15、12:15、17:15 发车
费 单程 $15

游览船
MAP p.373 C-4
通航时间 6/6~9/7（本书调查时）10:30、13:00、15:00、17:00。7~8 月期间增加 9:00 的班次
所需时间 1 周 45 分钟
费 $12、4~12 岁是 $6

初级 Twin Falls
适宜季节▶ 7~9 月
距离▶往返 2.9 公里
所需时间▶下船后，往返 1 小时
海拔差▶ 23 米
出发地▶双麦迪逊

中级 Upper Two Medicine Lake
适宜季节▶ 7~8 月的周二、周六
距离▶往返 7 公里
所需时间▶下船后，往返 2~3 小时
海拔差▶ 107 米
出发地▶双麦迪逊

酋长山国际公路

Chief Mountain International Hwy.

正如名字中所表达的，这是一条连接美国和加拿大之间的国际公路。从 Babb 沿 US-89 北上 4 英里（约 6.4 公里）后左转，大约继续行驶 14 英里（约 22.5 公里）便可到达国境线。道路是在松林中穿行的，其间可以从林子的缝隙中隐约看到酋长山。国境线附近可以看到园内的最高峰 Mt. Cleveland（海拔 3190 米）。

酋长山矗立于国家公园与印第安保留地的境界线上

沃特顿湖国家公园

Waterton Lakes National Park

位于加拿大一侧的沃特顿湖国家公园，与冰川公园一样也是由冰河缔造的美丽公园。不过，冰川国家公园是尽可能不要人为的修饰，展现大自然真正的美丽，而沃特顿则有些我国国家公园的影子。公园的中心是沃特顿城址小镇 Waterton Townsite，城址上挂着加拿大的枫叶旗，周围有纪念品商店、餐厅、汽车旅馆等众多的旅游设施。

沃特顿最著名的要数威尔士王子酒店 Prince of Wales Hotel 了。这座小木屋风格的酒店建于城址小镇前方的山丘之上，站在这里可以俯瞰上沃特顿湖 Upper Waterton Lake。即便不在这里住宿，到酒店大堂观赏一下风景也是不错的。透过巨大的玻璃窗既可以看到险峻的连山，又可以欣赏平静的湖面。这里的英式下午茶很受游客的欢迎（→ p.394）。

在城址小镇转一圈之后，可以从码头乘船横穿湖面。中途可以在 Crypt Landing 下船，然后徒步走。另外，湖南侧的 Goat Haunt 位于美国境内，持有护照的游客，在夏季的 11:15~17:00 期间可以在这里下船。

还有一个地方不可不看，是沿位于 Prince of Wales Hotel 南侧的辅路行驶 15 分钟，道路尽头的卡梅隆湖 Cameron Lake。隐居于山峰之上的湖泊，四面都是绝壁悬崖。湖的四周有多条徒步步道，可以花上半天时间体验一下。

从熊背山（→ p.389）可以看到上沃特顿湖风景

Chief Mountain Int'l Hwy.

只在 5/15~9/30 开放。从圣玛丽到沃特顿湖国家公园的中部城址小镇 Townsite 大约需要 1 小时。

交通

在 Chief Mtn. Int'l Hwy. 行驶将会穿越国境线，中间需要下一个很长的下坡一直到 5 号线。在 5 号线上左转后就到达公园入口（门票 1 人 CA$7.80。也可用美元支付）。继续行驶约 10 分钟，可以见到道路右边的游客服务中心和道路左边的 Prince of Wales Hotel，之后不远处就是城址小镇。

边境海关

MAP p.373 A-3

开 5/15~9/30

夏季 7:00~22:00

春秋季 9:00~18:00

出关时会检查车内以及后备箱。进入美国时 I-94 需要收取 US$6。不能支付加元。从中国直接入境加拿大，如果准备进入美国境内需要美国签证。

关于货币

礼品商店内可以使用美元，不过找零是加元。还可以使用信用卡支付。

上沃特顿湖游船

Upper Waterton Lake Cruise

MAP p.373 A-2

通航时间 5 月上旬 ~10 月上旬

夏　季 10:30、13:00、16:00、19:00

春秋季 10:00、13:00

所需时间 2 小时 30 分钟

费 CA$45、13~17 岁是 $22、4~12 岁是 $14

冰川国家公园的主角们

植物

冰川国家公园的海拔高度在961~3190米。有如此大的的高度差就意味着这里的植物种类会比较多。峡谷生长着美国黑松、美国白杨、白桦。山坡上有冷杉、红枫、杜松等20多种树木。森林界线以上被称为高山苔原，生长着多种苔藓类植物。还有蒿类植物等93种灌木。

这里的气候，以大陆分水岭为界，东部跟西部有着极大的差异。东部气温低且干燥，西部多雨雪且湿度高。当然，两边生长的树木也有很大的不同。在向阳大道GTTS上行驶时可以注意观察一下。

左上／栖息于高海拔地区的雷鸟
左下／酸浆草 Lewis Monkeyflower
右／高山金莲花 Alpine Globeflower 与冰川百合

冰川国家公园中植物的另一个特点是会开花的植物种类很多。每年7月下旬，短暂的夏天来临之际，峡谷中会出现很多花海。有野玫瑰、百合、龙胆草、紫罗兰、翠菊、猫爪花、红色的火焰草、紫色的鲁冰花、粉色的柳兰等。种类在1000种以上，无法在此一一介绍。

其中最能代表冰川国家公园的花是熊草 Bear Grass。这种植物在有熊出没的地方经常能够见到，所以被命名为熊草。草的穗部长达1米，穗的前端会开出许多乳白色的小花，是一种形态比较特殊的百合科植物。熊草的叶子是北美野山羊的食物，麋鹿、大角羊则喜欢吃熊草的花。6月，麦当劳湖附近的熊草开始开花，到了8月在森林界线一带也能见到。

公园内最具代表性的野生花草——熊草

美洲越橘

越橘英文叫作 Huckleberry，著名的小说人物哈克贝利•费恩的名字就是这个词。这种植物生长在包括冰川国家公园在内的落基山脉北部，果实属于浆果类。7月下旬~8月会结出藏蓝色（看上去基本上是黑色）的果实。果实味道酸甜可口，不光是人类，棕熊等许多动物也都非常喜欢这种果实，不过从外观上很难与毒莓加以区分。

纪念品商店出售瓶装越橘酱以及越橘饼干。越橘味的蛋卷冰激凌也很值得推荐。

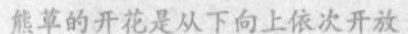

熊草的开花是从下向上依次开放

动物

冰川国家公园里的动物种类非常丰富。仅哺乳动物就有 70 种左右。在峡谷中的湖面上有河狸在搬运树枝，早晨和傍晚还能见到驼鹿的身影。山地上栖息着北美野山羊和土拨鼠，冰川周边有从冰河期延续至今的鼠兔发出尖锐的叫声。还有数量很多的黑熊和棕熊也栖息在这里（→ p.395）。

鸟类有苍鹭、反嘴鹊（鹬科）、野鸭、加拿大雁等水鸟以及白头鹫、斑鸠、蜂鸟、在高山岩峰中筑巢的雷鸟等共计 270 多种。

北美野山羊 Mountain Goat 与大角羊 Bighorn Sheep

冰川国家公园 1/3 的面积都在森林界线之上。在这种特殊的生态环境中，较高的树木无法生长，大型哺乳动物也只有两种。一种是白色的北美野山羊，身上的毛看上去像是胡须。另一种是有着卷曲犄角的大角羊。下面介绍一下这两种动物。

北美野山羊的形象曾经出现在大北方铁路的商标中，现在也是经营着红色团体游巴士的 Glacier Park Inc. 的标志。可以说北美野山羊就是冰川国家公园的象征。在园内的高海拔地区，栖息着 1400~2000 只北美野山羊。为了免受其他动物侵袭，北美野山羊一般都喜欢在坡度大于 45° 的岩壁上出没。经常能见到它们站在看上去近乎垂直的岩壁上。或许人们会对北美野山羊能屹立于峭壁之上的绝技发出感叹，不过这里面也有一些不为人知的秘密。

首先，北美野山羊的足底很粗糙，这样可以起到防滑的作用，而且足部边缘还很硬。其次，北美野山羊的腿很短，因此重心比较稳定。另外，两条前腿之间以及两条后腿之间的距离非常近，这样使得来自体重的力量比较集中。还需要指出的是，北美野山羊的肩部肌肉极为发达，所以便于向上攀登和以前肢为轴变换身体方向。据说，刚出生不到 1 个小时的幼羊就开始试着在岩壁上攀爬。

行走时也有秘诀。北美野山羊一般会用三条腿站立于岩壁上，而且移动的速度也比较缓慢。即便如此，还是会有一些北美野山羊因岩石、冰块崩塌而折断羊角或摔折腿，甚至丢掉性命。

雄性北美野山羊被称为 billy，雌性北美野山羊被称为 nanny。每个羊群大概有 2~5 只羊，雄羊单独成群，雌羊们带着幼羊一起生活。无论雌雄都长有犄角，而且终生都不会脱落。很难区分雌性，普通人只能在它们排尿时才能进行辨识。雄羊站立排尿，而雌羊则蹲下排尿。

这种羊寿命大约 10 年左右，但也有生存超过 13 年的例子。3 岁后便进入性成熟期。每年的 11~12 月上旬是发情期，雌羊怀孕 6 个月，1 次可生 1~2 只小羊。

在冰川国家公园内，各处都有北美野山羊，不过在罗根山隘和冰川群能见到的概率更大。

雄性大角羊被称为 ram，而且拥有一对卷曲的犄角，因此这种动物便被命名为大角羊。成年雄羊的体重有 120 千克，犄角的重量达 14~18 千克。犄角属于一种角质，终生不会脱落。雌羊被称为 ewe，体形略小，但也长有短一些的角。

大角羊喜欢栖息于靠近岩壁的草原，因为遇到袭击时可以迅速躲避。在冰川国家公园，大陆分水岭以东有 300~500 只大角羊。跟北美野山羊一样，大角羊也不会靠近森林。不同的是，大角羊的羊群比较大，有时羊群中的羊会超过 40 只。在羊群中，雄羊们会为了争夺地位而打斗。秋季，如果山谷中传来清脆的咔咔声，那一定是大角羊的角在激烈碰撞时发出的。

发情期在 11~12 月上旬。与北美野山羊一样，5~6 月时生产。通常 1 次只生 1 只小羊。雌羊 4 年，雄羊 6 年就可成熟。雄羊体型更大，1 岁的雄羊的大小就跟成年雌羊差不多了。寿命为 8~12 年。

上 / 可以在水边试着寻找驼鹿的踪影。雄鹿与雌鹿都有喉部垂皮 dewlap

左 / 在夏季的罗根山隘一定能够见到它的身影

小心熊！

冰川公园内熊比较多，出发前一定要认真读一下p.395。

另外，公园内有许多由管理员导览的徒步项目，如果担心熊出没，不妨积极地参加这些项目。

徒步远足 Hiking

大陆分水岭、冰川以及湖泊的周围都有许多条步道。既然来到冰川公园，就一定要体验一下这里的步道，无论是需要花上数日才能完成的高级步道还是可以当天往返的短程步道都不会让你失望。相比喧闹的GTTS沿途，在步道行走可以让你享受悠闲的漫步时光。记得要穿一双结实一点的登山鞋、带上防寒外套和雨衣，饮用水也要带足量。各步道的

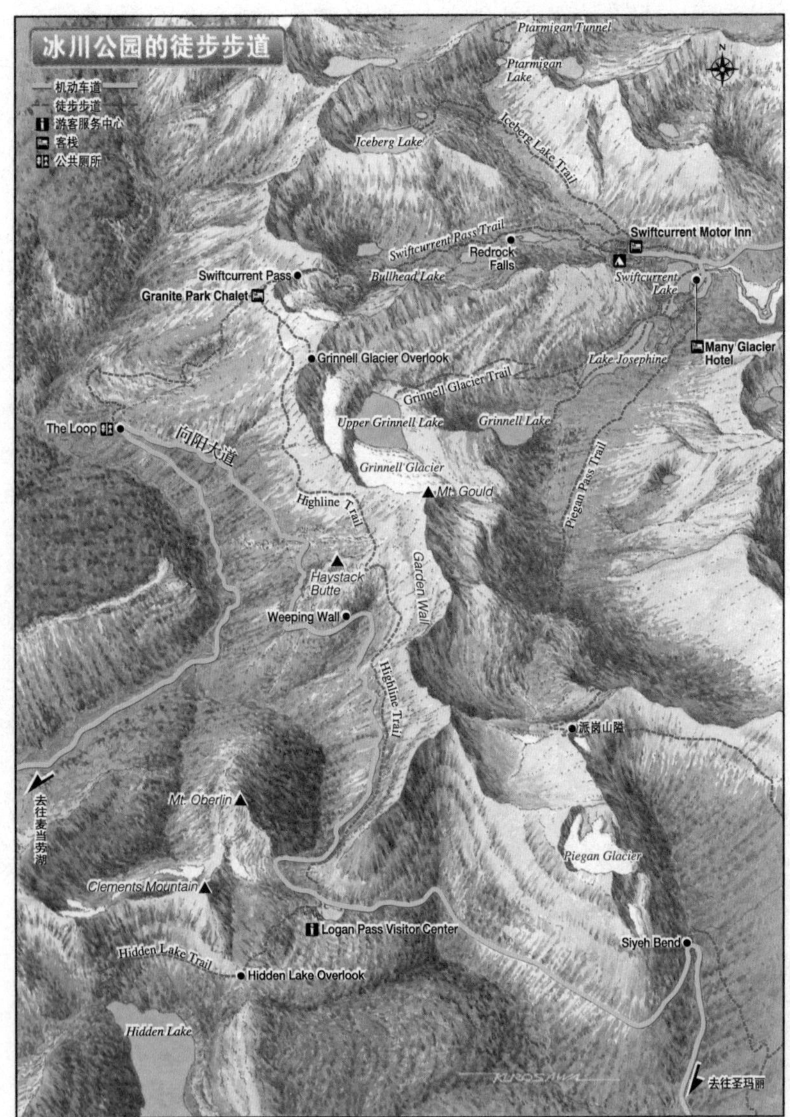

沿途标识都十分的清楚，但最好还是在游客服务中心领取一份按区域划分的徒步者专用地图。

雪崩湖
Avalanche Lake

步道的起点位于麦当劳湖以东 GTTS 沿线（循环巴士在此停车）。这条步道前半程穿梭于丛林之中，感觉特别好，中途开始逐渐走出森林，走一段下坡路以后便会到达这座钴蓝色的湖泊，湖对岸是险峻的群山。高达 600 米以上的岩壁上有多条瀑布流下，这治愈系的风景使人瞬间忘记了旅行中的疲劳。

有多条瀑布从周围的山上落下

高架步道
Highline Trail

步道的起点位于罗根山隘游客服务中心马路对面。可以一边望着宛如钢锯一般参差不齐的岩壁 Garden Wall 一边漫步在半空中。除了有部分路段比较狭窄之外，整段路程还算是比较好走，一直到 Granite Park Chalet（山林小屋）道路都很平坦，沿途高山植物也比较多。7 月份的时候还可以见到北美野山羊和大角羊的身影。如果时间不是很充裕，可以在适当的地点折返回罗根山隘。

如果时间比较充裕，可以顺道去一下位于山林小屋附件的 Grinnell Glacier Overlook（距离罗根山隘约 11 公里）。需要走一段比较险陡的上坡路，大约 1 小时以后，便可以到达 Grand Wall 的山肩位置了。站在这里可以俯瞰格林奈尔冰川，还可以饱揽冰川群峡谷的风景。这段路程虽然不长，但十分消耗体力，海拔差有 300 米左右，而且沿途风很大，请结合自身的体力情况而定。

如果提前预约的话还可以在山林小屋住宿（→ p.390）。徒步者也可以在这里购买饮用水。接下来既可以选择原路返回，也可以选择横穿 2003 年被火灾烧毁的区域沿比较急的下坡下山，在 GTTS 的 The Loop 上乘坐循环巴士（→ p.378）。注意不要错过末班车（→ p.390）。

派岗山隘
Piegan Pass

观看冰川群的最佳位置的山口。步道入口位于 GTTS 途中，圣玛丽湖与罗根山隘的中间地点（循环巴士在此停车）。这条步道的后半程有比较难走的险坡，所以只针对中级以上的徒步者。如果不按照原路返回，还可以顺着冰川群下山，适合脚力好的人尝试。

出发后不久便可以看到溪流和小小的瀑布

中级 Avalanche Lake
MAP p.373 C-3
适宜季节▶ 7~9 月
距离▶往返 6.4 公里
所需时间▶往返约 3 小时
海拔差▶ 152 米
出发地▶ Avalanche Creek 车站
设施 公共厕所 · 饮用水

中级 ~ 高级
Highline Trail
MAP p.373 BC-3、p.386
适宜季节▶ 7~8 月
距离▶至 The Loop 单程 18.6 公里
所需时间▶下行 6~8 小时
海拔差▶ 732 米
出发地▶ Logan Pass
设施 游客服务中心→ p.381
※ 从罗根山隘到山林小屋往返约 23.7 公里。从分岔点到 Grinnell Glacier Overlook 往返约 2.6 公里，往返时间 2 小时。

Granite Park Chalet
MAP p.373 B-3、p.386
开 7/1~9/11（本书调查时）
Free 1888-345-2649
URL www.graniteparkchalet.com
费 $100，第二人 $80。床单、毛巾等用品 $20。就餐需自行解决。预约后可以购买饮用水和行动餐。
※ 十分混乱，在入住前一年的秋季就会被预订满（→p.390）。

高级 Piegan Pass
MAP p.386
适宜季节▶ 7~8 月
距离▶往返 14.5 公里
所需时间▶往返 5~7 小时
海拔差▶ 535 米
出发地▶ Siyeh Bend
※ 从山口到冰川群单程 13.3 公里。

雪崩湖值得一看　因为前一天下了雨，所以看到有数不清的瀑布从岩壁之上飞流而下，真的十分壮观。沿途不仅有丛林，还有急流和瀑布，风景超赞。

中级 Grinnell Glacier

MAP p.373 B-3、p.386

适宜季节▶ 7月中旬~8月

距离▶前半程乘船，往返需要12公里

所需时间▶包含乘船的时间，往返需6~8小时

海拔差▶ 490米

出发地▶ Many Glacier Hotel

设施 酒店→ p.392

Ranger Grinnell Glacier Hike

集合▶夏季8:30

所需时间▶约8小时30分钟

地点▶ Many Glacier Hotel码头

中级 Iceberg Lake

MAP p.386

适宜季节▶ 7~9月

距离▶往返15.4公里

所需时间▶往返5~7小时

海拔差▶ 366米

出发地▶ Swiftcurrent Motor Inn里侧

设施 客栈→ p.392

Ranger Heart of Glacier

集合▶夏季8:30

所需时间▶约7小时

地点▶ Swiftcurrent Motor Inn门口

格林奈尔冰川

Grinnell Glacier

从冰川群到格林奈尔冰川的步道需要走上1天的时间。沿途的山、湖、瀑布、冰川处处都是绝景。随着不断向上攀登风景还会逐渐变化，特别适合推荐给喜爱高山植物的游客。前半段路程也可以选择坐船横穿湖面。

如果乘坐夏季8:30出发的游船，还可以跟公园管理员一起登山。虽然比较热门，但如果有幸能够买到票，一定要参加。

冰山湖

Iceberg Lake

对于喜欢格林奈尔冰川的步道，还想再走一条类似的步道的游客来说，这条步道很值得推荐。沿途也有许多高山植物，位于终点的湖泊里，虽然称不上是冰山 iceberg，但漂浮着许多大块的冰。沿途还有许多残雪，最好穿一双比较防滑的登山鞋。

如果有时间和精力，可以试着到冰山湖和雷鸟隧道看一看。雷鸟湖周边也有许多的雪溪

Trail Guide

格林奈尔冰川 Grinnell Glacier

前半段路程沿激流湖 Swiftcurrent Lake 和约瑟芬湖 Josephine Lake 行走，路面较为平坦。这段路程也可以选择乘船。

到达约瑟芬湖的码头后，右转过桥。登一段山路后就进入湖畔的步道。从这里左转向山上继续前行。起初，周围有很多树木，但一路上高大的树木逐渐减少，取而代之的是熊草、柳兰等草类植物。在步道上行走，向左望去，能够看到天蓝色的格林奈尔湖 Grinnell Lake。虽然一路上坡，但路况都还不错，因此并不难走。

继续前行就能看见格林奈尔瀑布 Grinnell Falls 以及更远处的格林奈尔冰川。这段路程，步道的左侧是岩壁。步道横穿一个小型瀑布的地方就是整个线路的中间点。夏季，勿忘草和黄色的百里香把这里的景色装点得更加美丽。

随着海拔高度的上升，成片的冰川百合和白头草便会出现在眼前。渐渐地，格林奈尔瀑布已经看不见了，此时就来到了平缓的区域。那里有用圆木做的椅子，还有简易厕所，可以

向着远处的冰川，一步一步地攀登

雷鸟隧道

Ptarmigan Tunnel

冰山湖步道的中间点处有一个叫作 Ptarmigan Fall 的瀑布，继续往前走，在岔路口向右转，大约徒步 1 小时便可以到达 Ptarmigan Lake。如果继续沿着比较陡峭的盘山道往上爬 30 分钟，穿过一个短小的隧道后可以到达一个山口，在这里可以瞭望加拿大一侧的群山。

高级 Ptarmigan Tunnel
MAP p.386
适宜季节▶ 7~9 月
距离▶往返 16.6 公里
所需时间▶往返 6~8 小时
海拔差▶ 701 米
出发地▶ Swiftcurrent Motor Inn 里侧
设施 客栈→ p.392

熊背山

Bear's Hump

下面介绍一条加拿大一侧的步道。站在这里可以俯瞰沃特顿城址，由于山肩位置酷似一只棕熊隆起的后背，因此得名熊背山。这里不是棕熊的栖息地，大可不必担心。步道入口位于 Prince of Wales Hotel 前的游客服务中心。从这里出发后，一直沿着迂回在森林中的蛇形道路向上走，虽然路程很短，但却十分艰难。沿途在 1/3 处和 2/3 处分别设有休息用的长凳。

登顶后可以一览 Upper Waterton Lake 的湖景。湖的后面便是冰川 & 沃特顿湖国家公园的最高峰 Mt. Cleveland（海拔 3190 米）。山顶上既没有扶手也没有任何保护措施，大风天气时一定要小心。

中级 Bear's Hump
适宜季节▶ 6~10 月
距离▶往返 2.4 公里
所需时间▶往返 1~2 小时
海拔差▶ 215 米
出发地▶沃特顿湖游客服务中心
设施 游客服务中心→ p.378

正下方是小镇，一定不要向下扔碎石，另外也要小心不要摔倒

停下来休息一下。再往前走，就几乎见不到什么绿色了。走完最后一段“之”字形坡路，便能见到格林奈尔冰川。

上格林奈尔湖连接着冰川，海拔 2046 米。周围都是冰碛，有许多岩石散落其间。游客可以自由走动，但是不能走上冰川。2004 年有一名男子坠入冰隙而亡。

冰川旁边的岩壁是从罗根山隘向北延伸的山体的一部分。岩壁后面有 GTTS 经过。探险家格林奈尔 1887 年造访此地时，冰川厚达 65 米，一直覆盖到山顶。

西面的远景非常壮观。向下望去是格林奈尔湖、约瑟芬湖、谢尔本湖等一个个相互连接的湖泊，周围环绕着茂密的森林。仿佛是为了守护这里的景色，两侧矗立着陡峭的山峰。可以驻足于此欣赏美景，根据游船的返航时间适时折返。

脚力好的游客快步前行，4 个小时可以往返，但如果有时间的话最好还是花上一整天的时间沿着步道悠闲地游览。

如果能赶上有空位的话，也可以选择只在归途乘坐游船

Trail Guide

高架步道 Highline Trail

最好选择天气晴朗的日子。雨天时应取消游览计划

头上是大陆分水岭的峭壁，脚下是GTTS，眼前是群山连绵的全景式画面，还有雪谷和花海，游客可以充分体验一下这条非常美丽的步道。

起点在罗根山隘。可以把车停在起点，但最好还是停在The Loop后乘接送巴士前往罗根山隘。这段路不远，即便出现途中脚部扭伤的情况，也不用担心赶不上末班巴士，靠徒步也完全能够返回停车处。

一般来说，长距离徒步游览时原则上应该在清晨就出发，但是在这里出发时间可以晚一些。因为这里的步道前半段向北延伸，东边绵延着高大的山峰，所以清晨时阳光照射不到。由于这里海拔较高，即便是8月份足部也会感到很冷，尤其是在狭窄的路段上行走会比较危险。所以应该在8:00以后，也就是阳光已经照到草原上时再出发。

从游客服务中心穿过GTTS进入步道，横穿草原后就是紧邻悬崖的狭窄路段。向步道下面望去，可以看到有汽车行驶的GTTS，会让人感到非常紧张。不过，10分钟后，这种路段就结束了。之后见到的是雄伟的群山以及几个垂落峡谷的瀑布，游客可以一边观赏步道两侧的高山植物一边体验徒步游览的快乐。

走着走着，前面就会出现平台形状的干草堆丘Haystack Butte，步道开始偏离GTTS一侧而转向山丘的右侧。这一带多雪谷，也有不少北美野山羊。在成片的熊草丛中走上山坡，有一块散落着岩石的平地，可以在这里休息片刻。从罗根山隘到这里需要2个小时左右。不少游客都在这里折返。

在平缓的坡路上前行一段后，左手方向的峡谷深处能看见麦当劳湖，继续沿蜿蜒曲折的小路前行，会看见前方山上的小屋。

前面不远处是一个岔路口。右转登上一个陡坡后就来到可向下眺望格林奈尔冰川的观景点（→p.309照片）。虽然单程只有1.3公里，但是由于途中要经过一些陡坡，所以往返需要1.5~2个小时。

从分岔点前行20～30分钟可到达一处名为Granite Park Chalet的山林小屋。小屋内有厕所，游客还可以在屋外平台上休息。从这里开始，有一段很陡的下坡路。这一带的森林已被山火烧掉，所以视野很开阔，可以眺望着美丽的天堂峰Heavens Peak一路下到The Loop。在初夏季节，能看到成片的冰川百合在风中摇摆。

途中有6片熊草丛

在Granite Park Chalet住宿

位于高架步道途中的这座山林小屋历史非常悠久，2014年迎来了落成100周年。小屋内无水无电，在落基山中过夜的经历一定会让人非常难忘。

从前一年的秋天开始通过网络受理住宿预订。原则上，吃饭需要自己动手解决，不过如果预订住宿时订购了野外宿营用冷冻干燥食品，那么当地工作人员会把这些东西提前放入小屋。身背两天的水和食物会给自己增加许多负担，所以至少应该在小屋预订第二天的饮用水。小屋内设有厨房，备有炉子、锅、水壶等炊事用具可供游客使用，但是没有餐具。12个房间内放有2~6张双层床，即使一个人到此住宿也不用跟其他陌生游客同住一室。墙壁薄，隔音很差，甚至可以听到隔壁房间游客睡觉时的呼吸声，所以旅行时一定要带上一个耳塞。当然，还不能忘记带手电。

左／很适合吃午饭及午休的平地　右／小屋外的晚霞。夜里还能见到满天的繁星

Notes **注意积雪的状态**　高架步道上的积雪情况每年都有较大差别。有时候6月中旬融化，可有时候到了7月份还有2米厚的积雪。如果积雪过多的话，高架步道会被关闭。但即使高架步道被关闭，林中小屋仍会↗

由公园管理员带领的项目 Ranger-led Program

冰川国家公园有大量的公园管理员导览项目。种类也十分丰富，既有漫步于湖畔讲解冰河时期相关知识的项目，又有去往山林火灾遗址观察生态圈的恢复情况的项目，还有讲解如何使用防熊喷雾的讲座等项目。

最受游客欢迎的项目是，配合游船出游、下船后徒步远足的项目（→参考景点介绍）。在有较多棕熊出没的公园内，和公园管理员一起徒步是最让人放心的。

另外，黄昏时分在公园的各个宿营地内举行的、使用照片等资料介绍公园历史等知识的项目也给人留下了深刻印象，有机会可以参加一下。即便不是宿营者也可以参加，不妨试着听一听。

Ranger Nature Walk
集合▶夏季 14:00
所需时间▶ 1 小时
地点▶ Swiftcurrent Motor Inn 前方

钓鱼 Fishing

园内的溪流与湖泊中有多种鳟鱼、白鲑鱼和马哈鱼等，每年 5 月下旬 ~11 月下旬解禁。麦当劳湖和圣玛丽湖全年都可以享受钓鳟鱼的乐趣。

一定要处理好用剩下的鱼钩

不需要特别的许可证，但是有写有相关规定的小册子，可以在园内的各游客服务中心领取。认真阅读后再开始钓鱼。可以在麦当劳湖的 Apgar Boat Dock 等地租借到渔具。

骑马 Horseback Riding

冰川群地区和麦当劳湖地区可以体验骑马的乐趣。每年只在 5 月下旬 ~9 月上旬期间开放，既有 1 小时体验游，又有骑马 1 日游项目。因为骑马体验十分受游客喜爱，尽量提前 1 天在各客栈的团体游办事处等地进行预约，比较稳妥。不能使用信用卡。

骑马
Free 1877-888-5557
费 1 小时 $60、1 日游 $185

骑在马背上眺望冰川群的山谷

漂流 Rafting

可以在园外体验漂流，有从西冰川至弗拉特黑德河的漂流游项目。既有半日游，也有需要 1 周时间的长距离漂流项目，既可以选择缓慢的漂流，也可以选择顺激流而下的刺激漂流。还有些公司的项目是漂流与骑马相互组合式的。因为有众多的旅行公司都有这些项目，可以在客栈内的团体游办事处等地索取相关资料，仔细研究后选择适合自己的项目。

Wild River Adventure
Free 1800-700-7056
URL www.riverwild.com
费 半日游 $52~、1 日游 $88~

越野滑雪 Cross Country Ski

11 月中旬 ~ 次年 3 月中旬期间，被白雪覆盖的麦当劳湖周边十分适合越野滑雪运动。在位于阿普加的游客服务中心可以领取滑雪线路图，按照地图的指示在莽莽雪原滑行，沿途还能看到麋鹿或者美洲狮等野生动物。另外，每个周末还有管理员导览的深雪行走项目（可租借用具）。

Ranger Snowshoe Hike
集合▶ 1 月中旬 ~3 月中旬的周六 · 周日 10:30、14:00
所需时间▶ 2 小时
地点▶阿普加游客服务中心 → p.378

↗照常营业，游客可以从 The Loop 沿陡坡行至小屋，之后再从小屋返回。另外，2015 年开通了小屋住宿游客专用的接送巴士，可在游客服务区的步道起点预订。

园内住宿

虽然有 9 间客栈，但都在夏季才开放营业，而且经常客满。这些分别由 2 家代理公司进行管理（各客栈名称后会有标注）。预订之前请认真阅读相关事项，以及取消预订的条件等，读懂后再进行预约。还有火车票套餐和园内团体游套餐等组合。客栈一律禁烟。

Xanterra Parks & Resorts, Inc.（X 公司）
Free 1855-733-4522
☎（303）265-7010
URL www.glaciernationalparklodges.com
信用卡 Ⓐ Ⓓ Ⓙ Ⓜ Ⓥ

Glacier Park Inc.（G 公司）
☎（406）892-2525
URL www.glacierparkinc.com
信用卡 Ⓐ Ⓜ Ⓥ

冰川群酒店 Many Glacier Hotel（X 公司）

建于冰川群地区 Swiftcurrent Lake 湖畔的 5 层楼结构的酒店。酒店于 1915 年建成，外观是瑞士小木屋风格，湖景一侧的房间景色绝佳！酒店的内装修也是瑞士风格，甚至还有"海蒂冰激凌小屋"。

酒店大堂位于二楼。夏季时期，一楼的展厅内还会举行各式各样的免费展览活动。不过因为这是一栋古建筑，所以没有电梯，只有新馆才能乘坐电梯。最顶层的房间虽然风景美丽，但需要爬楼梯。一层的房间虽然价格便宜，但窗外会有大量的人群通过，稍微有点吵。房间内有淋浴或者浴缸，有电话。有免费 Wi-Fi。共 214 间客房。

MAP p.373 B-3
营 6/10~9/20（本书调查时）
☎（406）732-4411
on 山景房 $165~200、湖景房 $205~375

以冰川群为中心游览，可以选择乘坐游船也可以在步道上漫步

激流汽车旅馆 Swiftcurrent Motor Inn（X 公司）

位于冰川群道路的尽头。有汽车旅馆，也有分布在树林中的小木屋。距离 Swiftcurrent Lake 有 1.5 公里，在房间内是看不到湖景的。没有电话。有餐厅、商店、投币式洗衣房。共 95 间客房。

MAP p.373 B-3
营 6/16~9/19（本书调查时）
☎（406）732-5531
on 旅馆 $145~155、小木屋 $120~140、无浴室小木屋 $89

还被指定为国家历史性建筑物

建于冰川群山谷的最内侧

Notes Xanterra Parks & Resorts, Inc. 从 13 个月前的当月 1 日开始受理预约（例：截至 2018 年 7 月 31 日的住宿，可以从 2017 年 7 月 1 日开始预订）。可以提前 3 天通过官网取消预订。之后则需要支付 1 天的住宿费用。

旭日东升汽车旅馆 Rising Sun Motor Inn（X 公司）

位于圣玛丽湖西岸，交通十分便利。在房间内看不到湖。没有电话。有饰品店。共 72 间客房。

MAP p.373 C-3
营 6/19~9/19（本书调查时）
☎（406）732-5523
on 小木屋 $135~140、旅馆栋 $135~140

麦当劳湖客栈 Lake McDonald Lodge（X 公司）

客栈距离西口大门 10 英里（约 16 公里），位于麦当劳湖的东北岸。大多数的客房内都可以欣赏到湖景。游船码头就在客栈附近。客栈的大堂有壁炉，看上去十分有历史感。内饰也包含了许多麋鹿的元素，还有用羊皮制成的装饰品。这间古老的客栈建于 1914 年，据说当年的老板是一位打猎的能手，从这些装饰品就能看出他的累累硕果了。不过话说回来，打猎似乎不符合国家公园的规定，所以这些物品也是人们曾经留下的"证据"吧。

除了主楼有的普通客房以外，湖畔还有木屋别墅，每栋里都有 4 间客房。另外，还有汽车旅馆式的客房位于另一栋建筑内。客房内有电话，有免费 Wi-Fi。共 82 间客房。

MAP p.373 C-2
营 5/22~10/3（本书调查时）
☎（406）888-5431
on 客栈 $190、旅馆 $85~178、木屋别墅 $140~195

有壁炉的大厅，特别有山岳度假村的感觉

度假村酒店 Village Inn（X 公司）

位于麦当劳湖的南侧。所有客房都面向着湖的一侧。度假村酒店内有游客服务中心、餐厅，十分方便。房间内没有电话。前台只在 8:00~20:00 提供服务。共 36 间客房。

MAP p.373 C-2
营 5/29~9/13（本书调查时）
☎（406）888-5632
on $150、带厨房的房间 $205~260

所有客房都能欣赏到湖景

阿普加度假村客栈 Apgar Village Lodge（G 公司）

位于麦当劳湖的南侧，上述 Village Inn 的隔壁。共有 48 间客房，其中有 20 间是汽车旅馆式的房间，另外 28 间是小木屋，其中有一些房间是可以看到湖景的。这间客栈是由 G 公司运营的。

MAP p.373 C-2
营 5/22~9/27（本书调查时）
on 汽车旅馆式房间 $105、小木屋 $120~299

斯佩雷山林小屋 Sperry Chalet

美国国家公园中十分罕见的山林小屋，位于麦当劳湖客栈以东徒步 5 小时左右可到达的深山中。由于这里十分受游客的喜爱，提前一年的秋季就会被预订满。运营公司与高架步道上的 Granite Park Chalet 是一家，不过这里提供 3 餐。共有 17 间客房。

MAP p.373 C-3
营 7/10~9/11（本书调查时）
Free 1888-345-2649
URL www.sperrychalet.com
费 无浴室含 3 餐 $204、第二人 $144
信用卡 Ⓐ Ⓜ Ⓥ

Notes Glacier Park Inc. 提前 16 个月开始受理预约。只能通过电话取消预订。从预订生效开始 30 日以后取消需要收取 $15 手续费，入住前 3 天取消预订需要支付 1 天的住宿费用。

麦当劳湖汽车旅馆 Motel Lake McDonald（G 公司）

建于麦当劳湖湖畔的汽车旅馆，共有 2 层。2014 年才开始营业，但是建筑物并不是新的。房间内没有电话。虽然离麦当劳湖客栈 Lake McDonald Lodge 很近，但不是同一个公司运营的，预约地点不同，请注意。从杂货铺前方的小路下一个下坡便是。

MAP p.373 C-2
营 5/29~9/27（本书调查时）
☎（406）888-5100
on $149~

餐厅和商店步行可到达

冰川公园客栈 Glacier Park Lodge（G 公司）

位于东冰川站前，也是公园的旅游集散地。但这里却位于公园境外，属于黑脚族印第安保留地境内。1913 年，大北方铁路公司从原住民手里购买了这片土地，并且建造了度假酒店。酒店是木结构的，共有 4 层。大堂内道格拉斯冷杉的巨型木柱特别提气，有机会的话一定要参观一下。酒店内有温水游泳池、高尔夫球场、礼品商店等设施。房间内有电话。共有 161 间客房。

MAP p.373 D-4
营 6/2~9/21（本书调查时）
☎（406）226-5600
on $169~256　off $159~246

酒店大堂经常举办现场音乐会和公园管理员讲解活动

威尔士王子酒店 Prince of Wales Hotel（G 公司）

加拿大沃特顿湖公园中具有代表性的酒店。地理位置相当优越，位于一个断崖之上、可以俯瞰 Upper Waterton Lake。酒店的建筑风格是优雅的英式建筑。虽然跟当地的风景格格不入，但这里建于“不要破坏自然景观”这个概念出现之前的时期。酒店建成于 1927 年。酒店的名字中使用了英国爱德华王子的名字。这里的下午茶也十分有名，从茶室可以观赏到如画一般的风景。酒店内虽然有电梯，但是个别房间需要爬 6 层楼梯才能到达。房间内有电话。共有 86 间客房。

下午茶套餐　建于湖畔高台处的酒店

MAP p.373 A-2
营 6/7~9/17（本书调查时）
☎（403）859-2231
on 山景房 $239~264
　湖景房 $264~299、套间 $799
off 山景房 $199~224
　湖景房 $224~264、套间 $599
※ 上述金额为美元
※ 下午茶时间是 13:00~17:00。进店截止时间是 16:00
费 CA$29.92、11 岁以下是 $15.95
通过电话预约 ☎（403）236-3400，含税和小费的金额是 CA$32.35、11 岁以下是 $17.23。

圣玛丽客栈 St. Mary Lodge（G 公司）

位于圣玛丽的公园大门外侧，步行可到达游客服务中心。客房内有电话。有餐厅、礼品店和 24 小时营业的加油站。

MAP p.373 B-4
营 6/4~9/20（本书调查时）
☎（406）732-4431
on $98~345

房间虽然不大，但十分干净整洁

宿营地住宿

园内共有 13 处允许车辆进入的宿营地。St. Mary 和 Fish Creek 的宿营地可以提前 6 个月开始预订。最高可以连续住宿 14 天。

由于园内熊比较多，宿营地对于食品的相关管理比较严格。到目前为止，允许将食物放入车的后备箱内，今后可能会更改此规则。

宿营地预约→ p.473
Free 1877-444-6777
URL www.recreation.gov
费 $10~23

Notes 附近的酒店　西侧的西冰川有 4 间，去往机场的一路上有 10 间汽车旅馆。东侧的 US-89 沿途还有数间旅馆。沃特顿城址小镇有 9 间。

棕　熊

棕熊曾经栖息于阿拉斯加到墨西哥的广阔区域。18世纪以后，随着开拓者们的到来，棕熊成为了狩猎的对象，同时栖息地的环境也遭到破坏，棕熊的数量开始骤减。目前，在美国境内，有棕熊出没的地区已经很少，冰川国家公园、黄石国家公园是为数不多的棕熊栖息地之一。

熊的形象经常出现在卡通片中，熊的毛绒玩具也很常见，熊给人们的印象往往是憨态可掬。不过，也不要忘记熊是有着锋利爪子、可以攻击人类的猛兽。那么，棕熊究竟是一种什么样的生物呢？接下来我们可以简单地了解一下。

棕熊的体形

在熊科动物中，棕熊是体形较大的一种，仅次于北极熊。在有些地方棕熊还被称为灰熊，但是其体色未必都是灰色。应该说接近茶色的更多一些，不过实际上棕熊的体色还是比较多样的。栖息于北美大陆的黑熊，也并非都是黑色的，可以见到茶色、灰色等许多不同颜色的个体。那么，如何区分这两种熊呢？

首先，可以从成年熊的体形大小来看。黑熊的体重大概在90千克左右，双脚直立时身高150厘米，而棕熊的体重可达150~400千克，站立后身高超过2米。棕熊要比黑熊大得多。

其次，可以看脸部。黑熊的鼻子较长，鼻头很明显，而棕熊的脸整体上比较圆。另外爪部也有很大区别。黑熊的爪比较短且弯曲较大，而棕熊的爪更长但弯曲的幅度要小一些。

最后，四足站立时，棕熊的前足上半段，也就是肩部附近会耸起。耸起的部分是肌肉，黑熊此处没有这么明显的肌肉。

棕熊的习性

每只棕熊都拥有自己的领地。开拓者到来后棕熊数量骤减的原因之一就是棕熊生存需要很大的领地。领地中既要有常绿林，还要有高山草原和低山丘陵草原，总面积非常广阔。棕熊在这样的领地中捕食并且冬眠。

棕熊对自己的领地非常熟悉。它们知道到哪里会遇到相邻领地上的同类以及哪里有人类的步道，在日常活动中会主动避开这些地方。不过，棕熊也懂得步道易于行走，所以有时会像人类一样沿步道前进。

棕熊的主要活动时间是早晨。白天及夜晚，一般都在倒下的树木旁或者树坑中休息。

这样看来，棕熊似乎是一种比较慵懒的动物，但是它们的爆发力极强，起跑后的3秒钟可以奔出50米。按这个速度计算，棕熊的奔跑时速可达60公里。另外，棕熊的嗅觉和听觉都极为出众。棕熊就是靠着这些能力来生存。接下来可以了解一下它们的食物。

棕熊的食物

棕熊属杂食性动物。也许会让人感到很意外，棕熊摄取的营养中有90%来自植物，来自动物的仅有10%而已。

©Tsuneo Yamamoto

棕熊中的一种，北美棕熊

春季，它们会把低山丘陵草地作为寻找食物的中心区域。主要吃木贼草等植物的嫩芽。冬季里死掉的鹿等动物的尸体会被埋于雪下，棕熊也会将这些尸体挖出来吃掉。对于吃剩下的肉，它们还会用树枝和树叶将其隐藏。

到了夏季，棕熊会移动到高山草原上，靠吃植物的新芽或者百合科植物的球根为生。它们还会吃蚂蚁、甲虫类，有时也捕捉松鼠。当夏季即将过去时，越橘等浆果便成熟了，那也是棕熊非常喜爱的食物。

进入秋季后，棕熊回到冬眠巢穴附近，以浆果、草根、昆虫为食，准备过冬。

关于冬眠

冬眠的主要原因是在冬季很难找到食物。冬眠的长度取决于夏秋季食物的多少，但一般来说，到了 11 月份几乎所有的熊都会进入冬眠。棕熊多数情况下会把自己的冬眠巢穴（den）挖在山坡上。它们选择土层有一定厚度的地点，在距离平地 2.5~3 米处挖洞。

熊进入巢穴后，大雪自然会将洞口封住，这样冷空气就会被挡在洞外。因此，熊在挖洞时反而会选择比较寒冷的地方，以此来保证洞口的雪不易融化。

进入冬眠状态后，熊的心跳数及体温都会下降。新陈代谢率降低使得脂肪不易流失。但是到了来年春季，熊从巢穴中出来后会迎来比较困难的时期。积雪尚在，开始发芽的植物还很少，而且熊的消化系统恢复到正常状态需要 1~2 周的时间。这期间，它们只能依靠去年冬眠前体内积蓄的脂肪度日。

小熊降生

棕熊的寿命为 25~30 年（黑熊为 20 年左右）。5~7 岁进入性成熟期，完全成年要到 8~10 岁。

发情期在初夏季节，成年公熊跟其他熊一块活动就只限于这个时期，母熊经过 7~8 个月的孕期会产下 1~4 只（通常为 2 只）小熊。分娩正值冬眠期。刚出生的小熊体重不到 500 克，不过熊乳的营养价值极高，到了春天的时候小熊就能长到 5~9 千克。

小熊被称为“cub”，出生后要跟随母熊度过两个夏天。母熊会把小熊带在身边，绝不离开，并且还会向小熊传授各种技能，诸如寻找食物的方法、挖掘冬眠巢穴的方法，等等。到了第三个春天小熊就要离开母熊了。只要分开，母子便永远不会再次共同生活。

另外，母棕熊在养育小熊期间不会再生另外的小熊。也就是说，母熊至少要隔 3 年才能生 1 只小熊。例如，据推测冰川国家公园内栖息着 200 只棕熊（黄石有 300~600 只），但每年平均只有 15 只小熊降生。棕熊数量很难增加，很大程度上是由于这个原因。

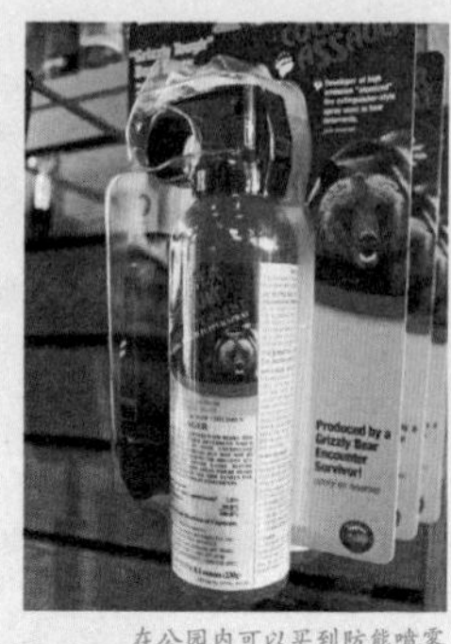

在公园内可以买到防熊喷雾

如何避免遇到棕熊

棕熊并非凶猛的动物，但是如果不期而遇，也可能给人和熊双方带来意想不到的悲剧。重要的是，人类要始终意识到自己进入了棕熊的领地。

为了不在比较偏僻的地方遇到棕熊，应该对以下事项加以注意。

徒步游览中

●发出声音。如果察觉到周围有人，基本上熊是会逃走的。熊主动接近人类的情况不大可能发生。但是，驱熊铃铛似乎不起什么作用，据说边走边说话、边唱歌倒是会有不错的效果。

●不单独行动。

●避开早晨和傍晚，尽量在白天游览。

●不使用化妆品、香水以及美发用品。

●注意棕熊留下的记号。熊走过的地方会留有粪便或者动物尸体，树干上还可能有熊磨爪子时留下的抓痕。如果看到这些记号，应该立即停止游览，迅速返回。

●不能携带味道浓烈的食物。尽量带干燥且味道较轻的食物。特别要注意不能带培根和鱼。水果要放进可以封口的食品袋中。

●不可以带狗游览。遇到熊时，狗的叫声有可能让熊变得更有攻击性。

●在植被茂盛的地方、急流附近、大风中无法听清周围动静时、来到弯路无法看到前方环境时要更加注意。

宿营时

●如果发现熊留下的记号，则应远离该区域。特别是见到动物尸体或者挖洞痕迹时，绝对不能在此地宿营。

●不把食物放入帐篷。而且不仅是已经烹制好的食物，就连旅途中携带的食材也不能放进帐篷。

要将食品放入防熊用容器（防熊箱、防熊罐）中。容器要挂在高于地面 3 米且距离树干 1.2 米以上。厨余垃圾、香皂、牙膏等有味道的物品也须按相同方法放置。但是，有一些黑熊已经熟练掌握了从树枝上偷取物品的方法。有此类情况的地区，公园方面可能会禁止游客在树枝上悬挂物品。可以到游客服务中心问询相关规定。

●穿着烹饪时沾上食物气味的衣服睡觉是很危险的。

●可以将垃圾扔进防熊专用垃圾箱或者放入自己的防熊用容器后带走。绝不可以随意丢弃，也不可以掩埋。

●不要将狗带到室外。因为狗很可能会成为熊或美洲狮的猎物。

万一遇到熊时

野生的熊，在没有感到威胁、没有受到外界刺激时，一般不会主动袭击人类。如果真的遇到熊，最重要的是不要让熊受到惊吓。

●向下风方向移动。首先，应尽量避免被熊发觉。可以远远地绕开熊所在的位置。

●不要跑。突然的动作会引起熊的注意，可能导致熊做出主动攻击的举动。据说熊能够以将近 50 公里的时速奔跑，比短跑运动员的速度还要快。

●倒着后退。如果被熊察觉，而且与熊距离很近，不要把背部朝向熊，应该缓慢地倒着后退，逐渐远离熊。

●不要爬树。熊很擅长爬树。

●可以装死。听起来似乎有些不太靠谱的感觉，但实际上效果好像还不错。不过，不能以四肢伸展的状态躺下，最好的姿势是将膝盖顶在胸前并且用手护住头部，蜷缩于地上。1998 年秋，有一名女游客尽管行走时一直在发出声音，但还是与棕熊近距离相遇并受到棕熊的攻击。她采用上述的姿势装死，最终幸运地保住了性命。可如果遇到黑熊的攻击，据说即便装死也很可能被吃掉，所以也只能以攻击熊的眼睛及鼻子的方式拼死一搏了。

进入熊的栖息地时要按照以上的注意事项行事。另外，如果发现熊留下的记号或者遇到熊时，应该到最近的管理员执勤点把时间和地点通报给管理员。

在过去的 100 年里，美国本土 48 个州因遭到野生熊的攻击而死亡的人共有 34 名（其中 9 名在冰川国家公园遇难）。反过来，死于人类之手的熊则不计其数。不久前，在双麦迪逊湖有一只熊屡屡接近游客，因此被公园方面视为可能引发危险的动物而遭到射杀。在其他地方，也发生了一对熊母子因闯入建筑中而被杀掉的情况。为了避免给人和熊任何一方造成悲剧，希望游客在游览过程中能够对相关事宜加以高度注意。

另外，最近几年，在冰川国家公园，美洲狮 Mountain Lion 的数量一直在增加。万一跟美洲狮近距离相遇，采取的对策与遇到熊时正好相反，应该通过大声呼叫并且挥舞手臂的办法把美洲狮吓跑。

要怀有敬畏之心

像很多地区的原住民一样，这里的原住民也把熊当作图腾崇拜的对象。

不仅是棕熊，所有野生动物都跟我们人类一样，是一个个鲜活的生命。希望游客们都能谨记这一点。

看见它们的身影，对游客来说是一种激动人心的体验。很可能这种感觉是因为我们跟动物们产生了某种共鸣才得以产生。动物们绝不是人类的观赏物。

最后，介绍一下西雅图酋长的名言，华盛顿州西雅图市的名字就源自这位酋长。

“如果没有了动物，人类将变成何种存在？如果所有的动物全部灭绝，那人类也会在无尽的寂寞中死去。降临在动物身上的命运，同样会降临在人类身上。万事万物皆在相互关联之中。”

左 / 通过威慑鸣枪来驱赶熊的公园管理员
右 / 有熊出没的步道被关闭

TriVia 装死　遭到棕熊攻击时，即便通过装死成功地让棕熊停止了攻击，也要等棕熊远去后才能起来。因为棕熊往往会观察并试探人是否确实已经死了。

落基山国家公园

Rocky Mountain National Park

跨越落基山脉的山地公路——山脊道路其实非常便于行驶

视野中连绵不断的山脉、冰川刨蚀出的岩壁、顽强地生长于森林界线附近的针叶树……这里有能够经受严冬考验的大自然。位于纵贯北美大陆的落基山脉中部，公园内海拔超过 3600 米的山峰有 72 座。山谷里有很多湖泊、湿地以及哺育着动物们的森林，充满了极富变化的景观。交通便利，游客可以驾车至海拔 3713 米处，在那里寻找短暂夏季里的生物。

盛夏季节也有积雪

交通

从丹佛驾车到这里只需2小时，是一个比较容易到达的国家公园。门户城市是，位于公园东侧的埃斯特斯公园小镇 Estes Park 和位于西南方的大湖城 Grand Lake。虽然埃斯特斯公园小镇是十分有人气的度假小镇，从丹佛到这里的交通也比较方便，但是从小镇到公园方向没有任何的交通设施，租车公司可以租借的车辆也为数不多。综合各种因素，游客还是以丹佛市为本次旅行的据点最合适。既可以在丹佛机场租借车辆，也可以在丹佛参加前往公园的1日游。

飞机 Airlines

丹佛国际机场 Denver International Airport（DEN）

从丹佛市区向东行驶30分钟便可到达这座全美屈指可数的大型机场。这里有从全世界各大城市直达的多个航班，机场航站楼的白色屋顶令人联想起冰雪覆盖的落基山脉。各大汽车租赁公司也都在这里设有网点，可以租借车辆的数量也十分充足。机场内还有免费 Wi-Fi。

长途巴士 Bus

市中心有大型的巴士中心，灰狗巴士等各种长途车在这里中转。从盐湖城（每天3趟，所需时间约11小时）等全美各地也都有巴士可以到达这里。

铁路 Amtrak

美铁火车站位于丹佛市中心的北侧，步行10分钟可以到达市中心。连接旧金山（圣弗朗西斯科）和芝加哥之间的“加州微风”号每天在该站停车1次。

DATA
时区▶山地标准时间 MST
☎（970）586-1206
URL www.nps.gov/romo
开 除部分地区以外365天24小时开放
旺季 6~9月
费 每辆车 $30、其他人园方法每人 $15
被列为国家公园▶1915年
被列为世界生物保护区▶1976年
面　积▶1076平方公里
接待游客▶约343万人次
园内最高点▶4346米（Longs Peak）
哺乳类▶67种
鸟　类▶约280种
两栖类▶5种
鱼　类▶11种
爬行类▶1种
植　物▶约1000种

DEN ☎（303）342-2000
URL www.flydenver.com
Alamo Free 1888-826-6893
Avis ☎（303）342-5500
Budget ☎（303）342-9001
Dollar ☎（303）317-0598
Hertz ☎（303）342-3800

Denver Bus Terminal
住 1055 19th St.
☎（303）293-6555
开 6:00~深夜 1:00

Amtrak Union Station
住 1701 Wynkoop St.
☎（303）534-2812
开 5:30~20:15

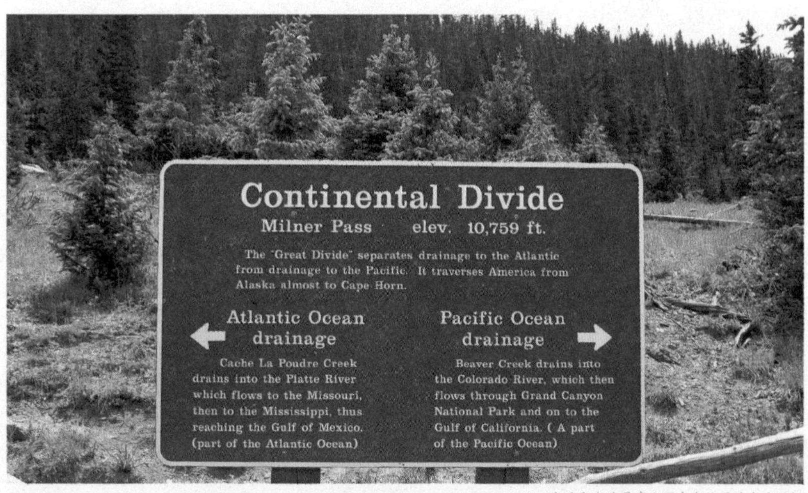

大陆分水岭贯穿公园中央位置的南北两侧

Notes 1日通票　普通的公园门票是7天内有效的，但落基山国家公园发售了一种1日有效的通票。汽车每辆 $20、其他人园方法每人 $10。

Gray Line of Denver
免费 1800-348-6877
网址 www.grayline.com
运行 5月下旬~10月中旬的周日、周二、周四、周五。8:30发车。用时约10小时。提前24小时预约。
费用 $100、2~11岁$50（含公园门票）
出发地点位于市中心的Cherry Creek Shopping Center（3000 E. First Ave.）

Sightseer
☎（303）423-8200
免费 1800-255-5105
网址 www.coloradosightseer.com
运行 5月下旬~10月中旬的8:15发车。用时约10小时
费用 $95（含盒饭、零食、饮料、公园门票）

关于收费道路

E-470与I-25的部分路段是收费道路，没有收费站。通过摄像头拍下的车牌号码，在一个叫作ExpressToll的ETC机器上精算收费。从丹佛机场租借的车辆上装有车载的transponder，过路费+手续费是$4.95（Hertz）。租车的时候一定要提前确认清楚。

如果没有车载的机器，会将收费通知邮寄到车辆持有者的家中。怕麻烦的人建议避开收费道路。

Estes Park VC
住 500 Big Thomposon Ave.
免费 1800-443-7837
网址 www.visitestespark.com
开 夏季 9:00~20:00（周日10:00~16:00）
冬季 9:00~17:00（周日10:00~16:00）
休 复活节、11月的第四个周四、12/25、1/1

徒步者循环巴士

从埃斯特斯公园小镇的游客服务中心至园内的Glacier Basin宿营地附近，有免费的循环巴士运行。可以在这里换乘去往熊湖的免费循环巴士（→p.405）。
运行 6月下旬~9月的6:30~19:30。下山末班车是20:00发车。30分钟~1小时发1趟车。

团体游 Tour

丹佛有两家公司有去往国家公园的团体游项目。

Gray Line of Denver是由西向东游览。首先从大湖城一侧进入国家公园，中途会在Winter Park参观游览。然后在大湖湖畔午餐（餐费自理），之后沿山脊道路Trail Ridge Road行驶，经过埃斯特斯公园小镇后折返。不游览熊湖，埃斯特斯公园小镇也只是经过不停车。

Sightseer是由东向西的游览顺序。首先在埃斯特斯公园小镇享受购物的乐趣，然后绕熊湖游览，之后沿山脊道路行驶从西侧驶出。如果针对游览线路做比较的话，推荐选择Sightseer。

租车自驾 Rent-A-car

如果想要在落基山玩个痛快的话，建议选择租车自驾。在丹佛机场签2天的租车契约，第一天游览熊湖和梦莲园区，可以尝试着走一下徒步步道，然后返回埃斯特斯公园小镇住宿。第二天走山脊道路横穿落基山脉，经由大湖城返回丹佛。

从丹佛到埃斯特斯公园小镇

丹佛国际机场距离公园约75英里（约120.7公里）。从机场出发沿Pena Blvd. → I-70WEST → I-270WEST的路径，从市中心迂回，然后驶入US-36大约行驶2小时便可到达埃斯特斯公园小镇。中途还可以顺路去逛一逛美丽的博尔德大学城Boulder。

另外，还可以选择从机场进入E-70（收费道路）→ I-25NORTH，然后从Exit243上到CO-66向西行驶，与US-36合流后一直行驶便可到达埃斯特斯公园小镇。这条线路单程需要花费$3.35，可以避开拥堵。所需时间90分钟。

从埃斯特斯公园小镇到园内

从埃斯特斯公园小镇进入公园有2条线路。一条是沿小镇的主路Elkhorn Ave.，也即US-34的一段，向西行驶10分钟左右便可以到达瀑布河入口Fall River Entrance，继续向西行驶可以进入老瀑布河路和山脊道路。

另一条线路是，从镇中心的交叉路口向南进入到Moraine Ave.（US-36），保持右车道行驶，直进US-36，然后向西行驶，大约10分钟左右便可以到达河狸草甸入口Beaver Meadows Entrance。从这里可以到达梦莲园区和熊湖，还能连接到山脊道路。河狸草甸入口附近有许多购物中心和汽车旅馆，十分方便。

从丹佛到大湖城

大湖城是位于落基山脉西侧的公园门户城市，城市紧邻同名的湖泊。比起埃斯特斯公园小镇规模要小一些，整个城市的气氛比较舒适闲散。如果准备从大湖城一侧进入公园的话，需要从丹佛沿I-70向西行驶，在Exit232向北驶入US-40，然后在Granby右转至US-34。所需时间2小时40分钟。

Notes 加满油　园内没有加油站。走山路油耗格外高，一定要在埃斯特斯公园小镇或者大湖城加满油再进入公园。

夏季时众多观光客造访这里，整个大湖城变得热闹起来

科罗拉多州的路况信息
☎（303）639-1111
Free 511
URL www.codot.gov

最近的 AAA
道路救援
Free 1800-222-4357
Denver
住 4100 E. Arkansas Ave.
☎（303）753-8800
开 周一～周五 8:30~17:30
周六 9:00~13:00

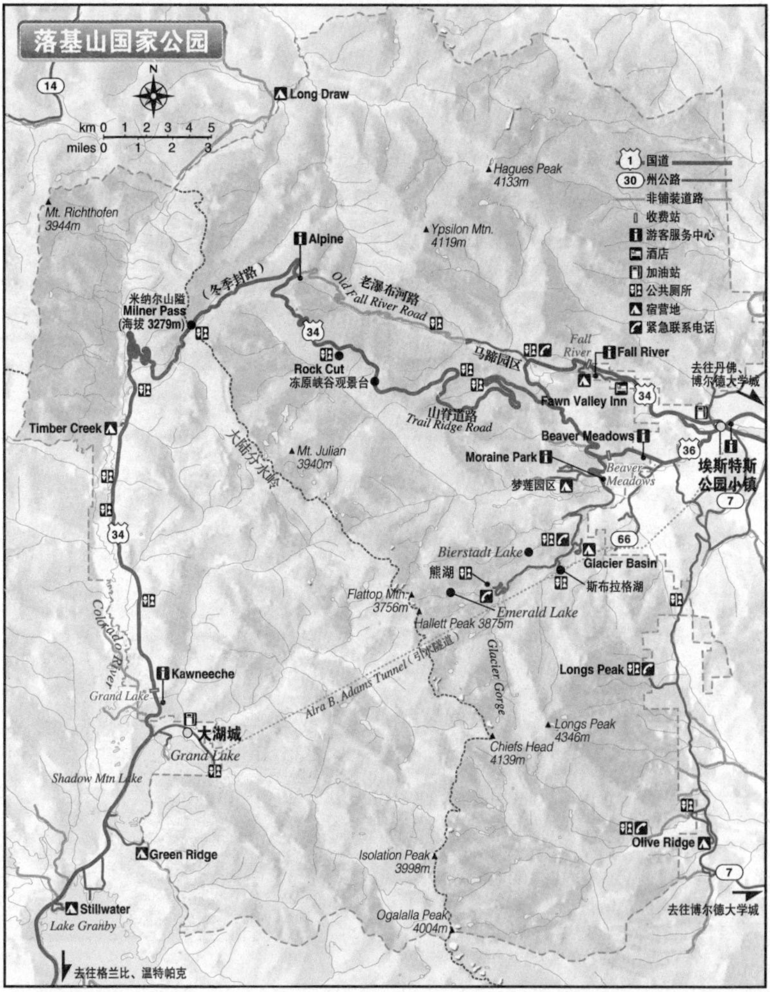

落基山国家公园

14
N
km 0 1 2 3 4 5
miles 0 1 2 3
Long Draw
1 国道
30 州公路
非铺装道路
收费站
游客服务中心
酒店
加油站
公共厕所
宿营地
紧急联系电话
Hagues Peak 4133m
Mt. Richthofen 3944m
Ypsilon Mtn. 4119m
Alpine
（冬季封路）
老瀑布河路 Old Fall River Road
米纳尔山隘 Milner Pass (海拔 3279m)
34
Rock Cut 冻原峡谷观景台
马蹄园区
Fall River
Fall River
去往丹佛、博尔德大学城
Fawn Valley Inn
山脊道路 Trail Ridge Road
Timber Creek
Beaver Meadows
Mt. Julian 3940m
大陆分水岭
Moraine Park
Beaver Meadows
梦莲园区
36
埃斯特斯公园小镇
7
66
Bierstadt Lake
Glacier Basin
熊湖
斯布拉格湖
Flattop Mtn. 3756m
Emerald Lake
Hallett Peak 3875m
Colorado River
Glacier Gorge
Kawneeche
Longs Peak
Grand Lake
Alva B. Adams Tunnel（引水隧道）
Longs Peak 4346m
大湖城
Chiefs Head 4139m
Grand Lake
Shadow Mtn Lake
Olive Ridge
Green Ridge
Isolation Peak 3998m
去往博尔德大学城
Stillwater
Lake Granby
Ogalalla Peak 4004m
去往格兰比、温特帕克

Side Trip

伊凡斯山 Mt.Evans

MAP 文前图① C-4

开 5月下旬~10月初（有可能因积雪而出现变更）

山脊道路上有全美国贯通式道路的最高点（海拔 3713 米）。全美国尽头式道路的最高点也在科罗拉多州境内，位于丹佛西南通往伊凡斯山的山地公路 CO-5。这条公路竣工于 1930 年，终点的海拔高度为 4307 米。可以在从丹佛前往大湖城的途中绕行至此游览。

线路为从丹佛沿 I-70 西行 33 英里（约 53 公里），在 Exit 240 转入 CO-103 向南行驶。走完 15 英里（约 24 公里）的上坡路，过了回声湖 Echo Lake，就来到位于 CO-5 上的入口（1 辆汽车 $10。能使用全美国家公园年票）。到山顶还有 15 英里（约 24 公里）山路。每年 9 月可以观赏黄叶。

从终点的停车场步行 400 米就能到达海拔 4348 米的山顶 。站在山顶上，可以全景式地远眺落基山脉以及丹佛市区。即便是盛夏季节，气温也只有 5 ~ 10℃，所以要记住去时应带上外套。

由于会在极短的时间内经历较大的海拔差，所以很容易引起高原反应。中途有几个湖泊，游客可以在湖边休息然后继续前行。从国外刚刚到达此地等身体状况有待恢复时，最好不要尝试这条线路。

另外，每到周末游客通常会比较多，如果不在早晨游览，很难找到停车位。

伊凡斯山环抱着的回声湖

Side Trip

乔治城环形铁路 Georgetown Loop Railroad

Free 1888-456-6777

URL www.georgetownlooprr.com

运行 5 月上旬 ~10 月中旬（圣诞节时有临时列车）。1 日 3~5 个车次 用时 往返 1 小时（傍晚时 2 小时） 费 往返 $25.95~34.95。银矿 $9

这是一条非常有趣的观光铁路，在从丹佛前往大湖城的途中可以顺便乘坐。

原为 1884 年开通的运银铁路，在银矿与丹佛间运行。1984 年重新修建了一段长 5.6 公里的观光铁路，可乘坐由蒸汽机车牵引的列车。

从东边的乔治城站 Georgetown（Devil's Gate）到西边的银羽站 Silver Plume，高度落差达 195 米。为了解决这个问题，修建铁路时采用了开放式的环形线路，中间还包括一座高 30 米的铁桥。不过，环形半径极大，在列车中无法看到整个环形铁路。运行的车次中也有内燃机车牵引的列车，如果想乘坐蒸汽机车牵引的列车，在预订车票时要先查询时刻表。还有可在中途下车并参观银矿遗址的团体游项目。

前往 Devil's Gate 站需从 I-4 的 Exit 228 出来，前往 Silver Plume 站需从 Exit 226 出来。从丹佛到这里大约需要 1 个小时。周末以及暑假期间最好提前预订车票。

开放式的车厢很适合观赏景色，因此很受欢迎

落基山国家公园 漫 步

落基山国家公园的面积是黄石公园的1/8，作为美国的国家公园来说面积不算大，但是园内以Longs Peak（4346米）为首有14座海拔4000米以上的高山，而且大陆分水岭横贯公园的中部地区。园内还有一条世界著名的高山公路——山脊道路Trail Ridge Road，这条道路翻越大陆分水岭，连接着埃斯特斯公园小镇和大湖城。

园内的主要景点分布在山脊道路沿线和公园东侧的熊湖周边，主要分为湖泊沼泽景观和高原景观。

另外，落基山地区还因栖息着大量的麋鹿和大角羊而闻名。早晚在位于瀑布河入口的里侧的马蹄园区等地，经常可以见到它们的身影。

由于这里是海拔较高的公园，所以即便是盛夏季节也可能会降雪。一定要做好御寒保暖的准备。特别是准备走徒步步道的游客，最好可以带上一件防寒且防水的两用冲锋衣和冲锋裤。至少也要带上一件防雨披风。因为这里风比较大，还有雷击的危险，所以不能使用雨伞。

获取信息 Information

Beaver Meadows Visitor Center

河狸草甸游客服务中心位于US-36沿线，还兼作公园本部。这里汇集了公园的综合信息。可以在这个游客服务中心内确认天气情况以及山脊道路的路况信息。必看的是种植着科罗拉多州州花的蓝色猫爪花等花草的大花坛。

Fall River Visitor Center

瀑布河游客服务中心位于瀑布河入口旁，US-34沿线。这里有关于野生动物的展览，还有大型的纪念品商店。

瀑布河游客服务中心

Kawuneeche Visitor Center

卡乌讷切游客服务中心距离大湖城入口5分钟车程，位于US-34沿线。从西侧进入公园游客会最先到达这里。

季节与气候 Seasons and Climate

山脊道路的通行期大约是5月下旬~10月中旬期间。气候最好、高山植物竞相开放的季节是在7~8月，不过这段时期游客也会比较多。9月中旬~10月上旬期间拜访这里的游客会逐渐减少，白杨树的树叶开始变黄，景色也十分美丽，但这一时期也会经常下雪。冬季时埃斯特斯公园小镇也十分热闹，因为有许多来这里滑雪和享受冬季运动的游客。届时会有众多的游客选择以深雪行走至熊湖游览。

盛夏季节也不要忘记带上御寒的上衣

注意龙卷风

科罗拉多州（特别是东部地区）发生龙卷风的概率比较大。虽然多发生于平原地区，但高山地带也会发生龙卷风。云层走向比较特殊或者小镇上响起了警报声时，多数时候是龙卷风警报。可以通过电视或者广播确认。（→p.418）

山脊道路上经常可以见到土拨鼠的身影

Beaver Meadows VC

开 8:00~16:30　夏季至18:00
休 11月第四个周四、12/25
※ 中心内有免费Wi-Fi

Fall River VC

开 9:00~17:00，10月下旬~12月和4月的周末以及节假日是9:00~16:00
休 1~3月
※ 中心内有免费Wi-Fi

Kawuneeche VC

开 8:00~16:30　夏季至18:00
休 11月第四个周四、12/25
※ 中心内有免费Wi-Fi

其他设施

沿山脊道路向上行驶，中途会到达一个叫作高山游客服务中心Alpine Visitor Center的地方，这个游客服务中心旁边有餐厅和纪念品商店，其他游客服务中心不能就餐。园内没有加油站和杂货商店。埃斯特斯公园小镇和大湖城设施比较齐全。

秋季以外也会有红叶?

在落基山的丛林中，经常可以看到盛夏季节却已经变成黄褐色的树叶。这是一种叫作山松甲虫Mountain Pine Beetle的蛀虫所造成的。详见→p.321

马蹄园区经常有动物横穿马路，切记不要靠近野生动物，十分危险

山脊道路
Trail Ridge Road

积雪期（历年为10月中旬~5月下旬期间）封路。沿途没有加油站，一定要在进入公园前加满油。沿途还需要下一段很长的下坡路，小心刹车片过热。

初级 Tundra Communities
适宜季节▶ 7~8月
距离▶往返800米
所需时间▶往返30分钟
海拔差▶ 79米
出发地▶ Rock Cut停车场
设施 公共厕所
※ 小心雷击

Alpine Visitor Center
开 春秋季 10:30~16:30、夏季 9:00~17:00

海拔3595米。如果是乘坐团体游巴士，一路开到这里的话，最好不要过度兴奋，防止高原反应。即便是夏季这里也比较冷，有时还会飘雪。如果忘记带外套，可能会因为太冷而导致无法下车。游客服务中心旁有餐厅，可以坐下来好好休息。

Ranger Tundra Nature Walk
集合▶ 6月中旬~8月上旬 10:00
所需时间▶约2小时
地点▶ Alpine Visitor Center前

落基山国家公园 主要景点

马蹄园区
Horseshoe Park

从瀑布河入口进入公园后不久便可看到位于左手边的 Sheep Lakes 的停车场。从这里向里走是被称为马蹄园区的延绵草原。尤其是在早晚的时候，这个区域很容易遇见麋鹿和大角羊等野生动物。

山脊道路
Trail Ridge Road

盛夏季节的白天无论哪一个观景台都十分拥挤

全长40英里（约64.4公里）的高山道路，连接埃斯特斯公园小镇和大湖城，并且横贯落基山脉，（不是尽头式道路）山脊道路是可以横穿全美最高点（海拔3713米）的铺装道路。沿途的风景不容分说，自然是美不胜收的，还被评为美国国家景观大道。在这条路上行驶仿佛腾云驾雾一般，两旁是延绵起伏的群山。这里还被称为美国的脊梁。整条线路是从高原地带到高山地带再到冻原地带逐渐爬高的，道路两旁的植物变化也非常有趣。

沿途有几处观景台，天气好的情况下推荐断石 Rock Cut 观景台。可以一边欣赏高山植物，一般攀爬步道，大约需要用时30分钟。冻原大地上还有鼠兔在活泼地奔跑。

路程的中段有一个叫作高山游客服务中心的地方，冰川把这里刨蚀成了一个半圆弧形，大陆分水岭的群山近在咫尺。

继续向西前进，就是山脊道路与大陆分水岭交会的山隘——米纳尔山隘 Milner Pass（海拔3279米）。以这里为分界点，东侧的水流汇入密西西比河后最终流入大西洋（墨西哥湾），西侧的水流经由大峡谷最终流入太平洋（加利福尼亚湾）。从这里向西下行一段距离，可以看到山腰中段的科罗拉多河源流。

Alpine Visitor Center 的里侧，被冰川刨蚀成半圆弧形的山地。这里属于野生动物较多的区域，请注意观察

老瀑布河路
Old Fall River Road

从马蹄园区出发经过 Sheep Lakes 后马上右转，就会驶到一条没有铺装的单行线上，这条土路便是老瀑布河路了。该路修建于 1920 年，在山脊道路没有开通之前园内游览一直都是以这条路为主的。沿途有瀑布、色彩斑斓的岩石以及小型的湖泊等，景色十分丰富。

虽然一般车辆也可以行驶，但沿途连续急转弯的盘山道较多，需要小心驾驶。到高山游客服务中心全长约 11 英里（约 17.7 公里），安全驾驶大约需要 1 小时的车程。

梦莲园区
Moraine Park

位于公园东侧、熊湖路沿线。由冰川带来的泥沙在这里堆积成山谷，形成辽阔的草原。这个区域野生动物和野生鸟类较多，时间充足的话可以在平坦的步道上健走。山谷的一端有一个迷你博物馆，展示着关于落基山的自然史以及不同时期盛开的野花等相关展品。

可以看到园内的最高峰 Longs Peak（左上角）

斯布拉格湖
Sprague Lake

离熊湖不远，但这里比熊湖的游客要少很多，Hallett Peak 和冰川倒映在平静的湖面上，风景美极了。特别是早上，花上 30 分钟绕湖走上一圈心情豁然开朗。

中间是 Hallett Peak(海拔 3875 米)，右侧是 Flattop Mtn.(3756 米)

熊湖
Bear Lake

位于熊湖路的终点处，夏季白天的时候游客众多。停车场正对面是巍巍耸立的 Hallett Peak，围绕环湖步道走一圈（40 分钟），可以看到园内最高峰 Longs Peak（海拔 4346 米）倒映在湖面上的美景。

熊湖还是徒步远足步道的起点，周边有许多宛如宝石般美丽的湖泊，一定要花上 1~2 小时的时间走上一走。

Old Fall River Road

积雪时封路。租赁汽车的保险在非铺装道路（土路）上不适用，驾驶时一定要格外小心。

路面十分狭窄的土路，行驶起来需要费一些时间。如果行程比较宽裕可以考虑这条线路

Moraine Park Discovery Center

开 5 月上旬~10 月上旬的 9:00~16:30

初级 Sprague Lake Loop
适宜季节▶ 6~9 月
距离▶ 1 周 800 米
所需时间▶ 约 30 分钟
海拔差▶ 无
出发地▶ 斯布拉格湖停车场
设施 公共厕所

免费循环巴士

熊湖的停车场在夏季时总是爆满，可以把车停在 Glacier Basin 宿营地旁的停车场，然后乘坐免费的循环巴士到达熊湖。途中还会在 Bierstadt Lake、Glacier Gorge 的步道起点、斯布拉格湖停车。还有从梦莲园区游客服务中心至 Fern Lake 的线路。

运行 6 月中旬~10 月上旬 7:00~19:00。10~15 分钟 1 趟

建议尽量积极地利用循环巴士

初级 Bear Lake Loop
适宜季节▶ 6~9 月
距离▶ 1 周 1.6 公里
所需时间▶ 约 40 分钟
出发地▶ 熊湖停车场
设施 公共厕所 · 紧急联系电话

初级 Alberta Falls
适宜季节▶ 5~10 月
距离▶往返 2.6 公里
所需时间▶往返约 1 小时
海拔差▶ 49 米
出发地▶ Glacier Gorge Junction

公园西侧最受欢迎的一条步道

中级 Emerald Lake
适宜季节▶ 6~9 月
距离▶往返 5.8 公里
所需时间▶往返 2~3 小时
海拔差▶ 184 米
出发地▶熊湖
设施 公共厕所 · 紧急电话

中级 Bear Lake → Moraine Park
适宜季节▶ 6~9 月
距离▶单程约 17 公里
所需时间▶下行约需 6 小时
海拔差▶ 418 米
出发地▶熊湖湖畔右转进入步道入口

夏季的午后容易降雨，尽量选择上午游览这里

初级 Bear Lake → Bierstadt Lake → Park & Ride
距离▶下行 6 公里
所需时间▶下行约 2 小时
海拔差▶ 215 米
出发地▶熊湖湖畔右转进入步道入口

高级 Flattop Mountain
适宜季节▶ 7~8 月
距离▶往返 14 公里
所需时间▶往返约 8 小时
海拔差▶ 868 米
出发地▶熊湖湖畔右转进入步道入口

户外活动

徒步远足 Hiking

亚伯达瀑布
Alberta Falls

起点位于熊湖旁的停车场，是一条非常轻松的步道。因为可以看到气势磅礴的瀑布而十分受游客的喜爱，沿途的风景也十分不错。

翡翠湖
Emerald Lake

这条步道是从熊湖出发造访宛如翡翠般清澈透明的湖泊。途经同样美丽的 Nymph Lake、Dream Lake，逐渐前行，Hallett Peak 会越来越近。由于这条步道的海拔较高，所以即便是夏季天阴的时候也会很冷。而且山里比较容易变天，一定要带上一件防寒的外套。

熊湖 → 梦莲园区
Bear Lake Moraine Park

这条线路的景色堪称最美。途经 Fern Lake、Fern Falls、Cub Lake，最后下山到梦莲园区，沿途高山植物也比较多。Little Matterhorn 倒映在 Odessa Lake 湖面上的画面如梦境一般美妙。逆向行走的话需要爬坡的地方比较多。

比斯塔特湖
Bierstadt Lake

高山湖辽阔的风景铺陈在眼前，使人心情大悦。据说 19 世纪时，德国画家亚伯特 · 比斯塔特曾经在此画风景画。循环巴士将会在这条步道的起点处停车，沿起点登山 1 小时便可到达湖畔，回程从熊湖一侧下山比较轻松。这条步道虽然前半程有一些需要攀登的情况，但是之后一直都是在丛林中走比较缓的下坡路。

平顶山
Flattop Mountain

攀登矗立于熊湖正对面 Hallett Peak 右侧山峰的登山步道。曾经作为翻越落基山最短的路径，马队经常经翻越这里。需要攀登到海拔 3756 米的地方，要准备好相应的装备。

由公园管理员带领的项目 Ranger-led Program

落基山国家公园是公园管理员导览项目比较丰富的公园。尤其是在夏季的时候，高山游客服务中心、马蹄园区等地，观察动植物和鸟类或者高山植物等的项目种类繁多。其中还有针对某种特定物种的主题，如美洲狮、河狸、昆虫、高山植物、冻原、雷、星空等主题。可以通过在公园入口处领取的园内报纸查看具体的时间。

注意确认步道的路况 2013 年 9 月受暴雨的影响出现了山体滑坡，有部分步道崩塌或者中途的桥被冲毁等灾害。在准备进入步道之前，应该认真阅读一下步道入口处的注意事项或者通知。

骑马 Horseback Riding

埃斯特斯公园小镇有很多牧场，还有许多含早餐的钓鱼野游团等针对各种兴趣爱好的团体游项目。园内的梦莲园区可以享受骑马的乐趣。其中还有马背1日游项目，可以骑马横穿落基山脉，一直走到大湖城。只在5月中旬~9月下旬出发，需要预约。

钓鱼 Fishing

园内的溪流与湖泊中栖息着 Cutthroat、Rainbow、Brook Trout 等多种鳟鱼。如果想要在这里钓鱼需要有科罗拉多州的许可证。渔具店和体育用品商店都可以都购买到许可证。园内有关于钓鱼地点、方法以及鱼的大小等细则，一定要确认清楚后再钓鱼。另外，熊湖地区是禁止钓鱼的区域。

最受钓鱼爱好者喜爱的地区是斯布拉格湖

冬季运动 Winter Sports

冬季时，园内各处都可以见到越野滑雪和深雪行走的游客。还有从埃斯特斯公园小镇或者大湖城出发的公园管理员导览项目。

骑马
Moraine Park Stables
☎（970）586-2327
🌐www.sombrero.com
费2小时 $50、4小时 $75、8小时 $150

钓鱼许可证
费1天有效 $9、5天有效 $21

Ranger Ski the Wilderness
集合▶ 12月下旬~次年1月的每周六 9:30
所需时间▶ 1小时30分钟
地点▶卡乌讷切游客服务中心
※ 儿童需要成人陪同。需要预约。
☎（970）627-3471

Ranger Snowshoe Walk
集合▶ 1月上旬~3月下旬的每周六、周日、周三 12:30
所需时间▶ 2小时
地点▶河狸草甸游客服务中心
※ 儿童需要成人陪同。需要预约。
☎（970）586-1223

GEOLOGY

洪水留下的印迹

进入 Old Fall River Road 前，可以见到右侧的水塘里堆积着断木和岩石。很容易就能判断出这是灾害留下的痕迹。1982年位于上游的劳恩湖 Lawn Lake 暴发洪水，洪水过后便留下了这些残骸。

Lawn Lake 是约13000年前的冰川刨蚀而成的天然湖泊。但是，西部得到开发之后，人们把这个湖的面积扩大，用来灌溉。1903年开始被改为水库。

1982年7月15日清晨，因蓄水量超出大坝的蓄水能力而造成大坝决口。洪水裹挟着 Roaring River 沿岸的树木以及岩石向南流去，俨然已变成了泥石流。45分钟后，泥石流到达马蹄园区。决口1个小时后，灾害带来的破坏已极为严重，被冲倒的树木重量达452吨，洪水带来的岩石和泥沙形成的冲积层厚达13米。

奔腾不息的洪水继续流向 Fall River 沿岸，决口3小时后冲毁了埃斯特斯小镇。面对如此大的灾害，当地居民没有任何办法，只能默默地看着泥石流将自己的家园毁掉。之后，当洪水遇到了其他地区的大坝才终于被截住。

这场洪水造成的经济损失高达3100万美元。国家公园里有3名施工人员在洪水中遇难。

不过，洪水带来的并非全部是负面影响。洪水过后，在公园里新发现了35种植物，鸟类的数量也有了大幅度增加。

现在，在埃斯特斯小镇的河畔上修建了步道，这也是为了铭记1982年发生的那场灾难。

洪水留下的印迹至今随处可见

TriVia **洪水再来**　2013年9月的一场暴雨导致埃斯特斯小镇遭遇洪水，甚至 Lawn Lake 下游也发生了泥石流灾害。但是，1982年决口之后，大坝一直保持着当时的状态，所以避免了决口引起的突发洪水。

落基山的主角们

见到生长于严酷环境中的高山植物，让人顿生呵护之心

植物

落基山国家公园的一大特色是可以一次体验多种不同的气候类型。来到这里旅游，相当于在很短的时间内往返于美国本土与阿拉斯加之间。

这里有松林和草原构成的山岳带 The Mountain Life Zone，也有类似于加拿大北部生态环境的亚高山带 The Subalpine Zone。过了海拔 3450 米的森林界线后，景色会出现很大的差异。那里被称为高山带 Alpine Tundra，跟北极圈内的气候类似。低矮的植物贴着地面生长，到了夏季会开出颜色各异的花朵，但花期极其短暂。

说到花，那就不能不提科罗拉多州的州花——猫爪花 Rocky Mountain Columbine。这种植物属于耧斗菜属，花朵非常美丽，宛如白色和紫色的连衣裙。7 月左右，在草原上开放。

动物

园内各气候带里分别栖息着适应相应气候的各种动物。有麋鹿、河狸、貂、大角羊等。黑熊和美洲狮则极为少见。冻原地带上有岩石散落的区域，栖息着土拨鼠和鼠兔。

从冰河期走来的鼠兔

一种体形很小的兔子，特点是耳朵比较圆。对不够洁净的空气环境以及温度的变化很难适应，常因肺部有霉菌生长而死亡。没有冬眠的习性，所以会将植物储存在巢穴里以备冬天之需。经常能够看见它们嘴里叼着草叶或者花朵跑来跑去，实际上这是它们正在储存食物。

在国家公园中被杀的麋鹿

秋季是麋鹿交配的季节。9~10 月，雄鹿为吸引雌鹿前来交配而发出的叫声回荡在山谷间。这一时期，每到傍晚，只要来到马蹄园区就一定能听到这种叫声。

倾听麋鹿的叫声虽然是公园内一个著名的观光活动，但是现在麋鹿实际上已经给公园带来了很大的困扰。狼的减少导致麋鹿数量过多，这给自然环境造成了严重的破坏。有的麋鹿患有类似疯牛病的慢性疾病（CWD），在当地这种患病的麋鹿正在增加，而且已经开始在鹿与鹿之间传染。

但是，在国家公园里扑杀麋鹿的做法也遭到了民众的强烈指责。国家公园管理局已经被自然保护团体告上法庭。自然保护团体方面提出了一个代替方案，希望通过将狼群放入公园内的办法来减少麋鹿的数量。公园方面虽然对此方案进行过认真的研究，但是鉴于可能会给周围居民带来危险以及经费问题，最终没有采纳此方案，并且在 2013 年，公园方面获得胜诉。

或许很多游客在梦莲园区见到过长长的围栏。这是为了防止麋鹿继续啃食地面上的植物，进而让当地的植被环境得到恢复。此类问题在其他国家也有发生。但是，不能忘记，这些问题的产生归根结底都是源自人类的过失。

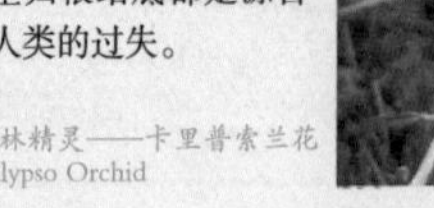

森林精灵——卡里普索兰花
Calypso Orchid

住宿设施

在附近城镇住宿

园内虽然没有住宿设施，但埃斯特斯公园小镇和大湖城有许多客栈。如果没有找到合适的房间，也可以返回丹佛住宿。只要有车不用担心住宿问题。

大湖湖畔排列着多家质朴的客栈

宿营地住宿

园内共有5个宿营地，只有1个是全年开放的。夏季时最多可以连住7天。夏季时宿营地十分抢手，早上很早就会被占满。Moraine Park、Glacier Basin、Aspenglen 这3处宿营地可以提前预约。6个月前的同一日期可以开始受理预约，请尽早电话联系。每个宿营地都带有水冲厕所，但是都没有电和淋浴。

宿营地预约 →p.474
Free 1877-444-6777
URL www.recreation.gov
费 夏季 $26、冬季 $14

埃斯特斯公园小镇

Estes Park, CO 80517 距离公园大门2英里（约3.2公里） 约80间

旅馆名称	地址·电话	费 用	信用卡·其他
Fawn Valley Inn	住 2760 Fall River Rd. ☎（970）586-2388 Free 1800-525-2961 FAX（970）586-0394 URL www.rockymtnresorts.com/locations/fawn-valley-inn	on $129~529 off $79~299	Ⓐ Ⓜ Ⓥ 距离瀑布河入口开车仅需1分钟，到镇中心不到5分钟。有厨房、DVD。可以免费租借DVD（约有1000张）。Wi-Fi免费。全馆禁烟。
Alpine Trail Ridge Inn	住 927 Moraine Ave. ☎（970）586-2743 Free 1800-233-5023 URL www.alpinetrailridgeinn.com	on $86~242	Ⓐ Ⓜ Ⓥ 只限夏季营业。位于US-36大门的前方，交通十分方便。全馆禁烟，Wi-Fi免费。
Rocky Mountain Park Inn	住 101 S. St. Vrain Ave. ☎（970）586-2332 Free 1800-803-7837 URL www.rockymountainparkinn.com	on $120~200 off $99~130	Ⓐ Ⓓ Ⓙ Ⓜ Ⓥ 位于镇子的东侧，CO-7的沿线。有餐厅、投币式洗衣房。附带早餐。Wi-Fi免费。全馆禁烟。
Deer Crest	住 1200 Fall River Rd. ☎（970）586-2324 Free 1800-331-2324 URL www.deercrestresort.com	on $134~189 off $59~139	Ⓜ Ⓥ 位于US-34大门前。不满18岁不可住宿。有冰箱、微波炉。Wi-Fi免费。
Castle Mountain Lodge	住 1520 Fall River Rd. ☎（970）586-3664 Free 1800-852-7463 FAX（970）586-6060 URL www.castlemountainlodge.com	on $125~400 off $95~305	Ⓜ Ⓥ 位于US-34大门前。小木屋房间比较多。房间内有微波炉、冰箱。有投币式洗衣房。全馆禁烟。Wi-Fi免费。

大湖城

Grand Lake, CO 80447 距离公园西口大门3英里（约4.8公里） 约15间

旅馆名称	地址·电话	费 用	信用卡·其他
Bighorn Lodge Americas Best Value Inn	住 613 Grand Ave. ☎（970）627-8101 FAX（970）627-0202 Free 1888-315-2378 URL www.bighornlodge.net	on $89~155 off $80~85	Ⓐ Ⓜ Ⓥ 位于镇子的中心部。有微波炉。夏季时附带早餐。Wi-Fi免费。
Beaver Village Condominiums	住 50 Village Drive Park. CO 80482 ☎（970）726-8813 Free 1800-545-9378 URL www.beavercondos.com	on $130~350 off $86~290	Ⓐ Ⓜ Ⓥ 在大湖城周边有80多间出租公寓。带壁炉和按摩浴缸而且景色好的高级公寓的户型比较多。所有房间禁烟。

Column

本该注入太平洋的水却流向了大西洋！？

市川守弘

建于“二战”期间的地下隧道，直径3米，长20公里以上

在落基山国家公园，有一条横穿公园的巨大引水隧道，被称为 Alva B. Adams Tunnel（参见 MAP p.401）。公园西面的大湖中充满了来自于科罗拉多河的水，湖水通过这条隧道流向公园东面的玛丽湖。之后再次进入隧道，流向位于埃斯特斯园区的埃斯特斯湖。接下来，湖水又流向南佩雷特河，最后注入密西西比河。这条隧道横穿落基山脉，将本该流向太平洋的水，通过隧道，跨越大陆分水岭，送到了大西洋。

美国的国家公园，在自然保护方面拥有世界顶级的水准，可是却在国家公园的地下铺设了如此之长的隧道，这很令人吃惊。这种做法毫无疑问会给国家公园本身以及公园周边的生态系统造成破坏。为什么这样的事情能够发生在美国呢？很多人想必都会产生疑问。

实际上，跨越大陆分水岭把本该流入太平洋的水送到大西洋的引水隧道不止这一条。在所有的隧道中，比较大的有7条，都可将水引向大西洋。

究竟为什么呢？要解开这个谜团，就要了解一下美国水资源问题的历史。

在美国的领土上，西经100°以西的中西部，相当大的区域都是气候干燥的草原和沙漠。那里的年平均降水量仅有12英寸（约300毫米。当年来到堪萨斯、内布拉斯加的欧洲移民，因为根本找不到木材而无法建造出木结构的住宅。人们在长满草根的地上切出一块块形似红砖的土块，然后用土块堆砌出“土房子”。可能很多人都记得，电影《与狼共舞》中凯文·科斯特纳被独自派往土块建起的哨所。除去太平洋沿岸的一部分地区，美国中西部到西部地区，水资源极为匮乏。

在这样的土地上，1848年淘金热开始了。淘金自然离不开水。沙金曾经与泥沙一起沉积于河流中。如果河水仍在流淌，自然不会影响淘金。可是，大多数河流的河道都发生了变化。所以淘金者不得不使用从远处引来的水来筛选沙金。这样，必然会因为争水而发生纠纷。淘金者们的规矩是“谁最先引来水，谁就有优先用水权”。第一个人用完之后，其他人便可以接着使用这些水。因为是先来先得，所以完全可以把水引到山的另一侧的蓄水区。也就是说谁能够把本无价值的流水变成有价值的东西，那么他就可以享有因此产生的利益。

这种水资源分配的原则，随后被借用到农业灌溉和城市供水中。现在，美国西部的州在制定相关法规时，基本上都依照这个原则。

落基山脉的西侧是广阔的沙漠，东侧有大草原、农田以及丹佛等大城市。这就意味着落基山脉以东地区对水资源的需求更高，因此才有了将科罗拉多河水引向大西洋一侧的巨大工程。落基山国家公园地下的隧道也是这项工程的一个组成部分。虽然工程进入到了公园境内，但毕竟是地下隧道，还算能够勉强接受。不过，公园方面始终没有同意在园内建设巨大蓄水池的计划。

那么，类似这样的大工程现在还有吗？目前，落基山脉以西的人们从自己的生活以及保护生态的角度出发，还没有开展大规模的引水工程。但是，先来先得的原则现在仍然有效，所以在发生干旱等天灾时（如2002年），用水权顺位排在第一的农民能够得到水来灌溉农田，而其他人就只能看着自家的农作物因缺水而枯死，很多牛也因为找不到草料而只能被主人处理掉。

科罗拉多河的源头。有一部分水之后将会从地下穿越落基山脉

Side Trip

褐铃山 Maroon Bells

海拔 4315 米。这个高度在科罗拉多州连前 20 名都进不了，但这座山的名气却很大，那里的自然被誉为是可以代表美国的风景。经常能在宣传画上见到这座山的身姿，在白杨树黄叶的映衬下显得十分端庄。

前往褐铃山，可以从丹佛驾车向西，用时大约 3 小时 45 分钟。从高级滑雪度假地阿斯本 Aspen 到褐铃山大约 30 分钟，即便没有汽车也很容易前往。

阿斯本的意思就是白杨树，这个地处高原的小镇，周围环绕着白杨林。从美国很多城市，如丹佛，都有飞往这里的航班。每年 6~8 月，这里会举办闻名世界的音乐节。音乐节期间，音乐家和留学生们云集于此，让这里变成音乐之城。

阿斯本正致力于减少汽车的使用并积极地打造环保度假地。区域内开行着许多公交巴士，线路纵横交错，完全可以取代私家车，无论是去机场还是去褐铃山，都有相应的车次。

开往褐铃山的巴士，去时车费 $6，归程免费。可以在 Aspen Highland 换乘。6 月中旬 ~9 月初的 9:05~16:30 开行，每隔 20~30 分钟发一班车。归程末班车在 17:00 发车。

由于当地为保护环境而规定 9:00~17:00 之间禁止汽车通行。自驾前往的游客，只能在 Aspen Highland 乘坐上面提到的巴士。早晨到达，需要缴纳 $10 的停车费。

下了巴士，眼前就是水面上倒映着褐铃山的 Maroon Lake。游客服务中心与厕所的建筑造型都能融入这里的自然景观。湖泊周边有很多步道，最有人气的是往返需 3 小时的 Crater Lake。穿过白杨林，走过有土拨鼠和花栗鼠穿梭其间的沙砾地带，最终可以到达群山环绕之中的湖畔。

另外，在褐铃山无法买到食物和饮料，所以必须事先备好。

可以围绕着 Maroon Lake 徒步游览

关于住宿

在阿斯本，环境很好的 B&B 以及木屋旅馆有 50 家左右。在滑雪季节和音乐节期间，1 晚的住宿费用需要 $200 ~ 400，不过春秋季节前往的话则价格会非常便宜。详情请到 URL www.aspenchamber.org 查询

以滑雪场而闻名的阿斯本小镇

穿过白杨林去往 Crater Lake

Side Trip

大沙丘国家公园 Great Sand Dunes National Park

MAP 文前图① C-4
☎（719）378-6399 URL www.nps.gov/grsa
费 1 辆汽车 $15，摩托车 $10，其他 $7

这里有北美大陆最高的沙丘，还能看到积雪覆盖的落基山脉。沙丘的面积有 78 平方公里，最大落差 229 米。山地中有许多瀑布和湖泊，苔原地带有可开花的高山植物。山脚下的草原上栖息着 1000 多头野牛。

普通车辆能够进入的只有游客服务中心周边的部分区域，但游客可以自由地在沙丘上行走并观赏风吹出的沙纹以及海拔 4000 米以上的群山。山丘前面有小河流过，在冰雪融化的季节，河流水位上涨，会呈现出“水上沙丘”的奇景。盛夏季节非常炎热，如果想在沙丘上漫步的话，最好选择早上。沙丘周围有白杨林，秋季会有许多游客到此观赏黄叶。这里的海拔高度有 2500 米，所以冬季前往时要做好应对雪天的准备。

登上最近的一座沙丘顶部，往返需要 2 个小时

交通

从丹佛南行 4 小时。沿 I-25 向南行驶，从 Exit 52 进入 US-160，向西行驶 60 英里（约 96.6 公里）。进入 CO-150 后向北行驶 12 英里（约 19 公里）。从阿尔伯克基前往也需 4 个小时。

园内没有住宿设施，公园大门外面有 Great Sand Dunes Lodge。

营 3 月下旬~10 月 费 $87~170
☎（719）378-2900
URL www.gsdlodge.com

Side Trip

甘尼逊黑峡谷国家公园 Black Canyon of the Gunnison National Park

MAP 文前图① C-3
☎（970）641-2337 URL www.nps.gov/blca
费 1 辆汽车 $25，摩托车 $20，利用其他方法入园 1 人 $12

在甘尼逊河侵蚀出的峡谷中，含有石榴石等矿物质的元古地层露出地表，地层深 829 米，长 77 公里。甘尼逊河流速较快而且水中岩石也较多。因为过于危险，所以这里禁止在河中漂流，攀岩的难度也非常高。

峡谷的南缘和北缘都有道路可至，相对更有人气的是设有游客服务中心的南缘。沿峡谷修建的道路全程 7 英里（约 11.3 公里），道路旁建有 10 个观景台。其中最值得推荐的是游客服务中心前面的 Gunnison Point、Chasm View、Painted Wall 以及 Sunset View。

这里海拔 2500 米左右，冬季有积雪，除 Gunnison Point 以外所有景点都会关闭。

北缘只有未铺装道路，冬季全部封闭。没有连接峡谷两侧的桥梁。

交通

从大沙丘国家公园沿 CO-17、US-50、CO-347 行驶，全程需 4 个小时。从丹佛出发的话，沿 Grand Junction、Montrose 行驶，全程需 6 个小时。从莫阿布前往，需 3 小时 30 分钟。

园内没有客栈，游客可以到距此 25 英里（约 40 公里）的 Montrose 住宿（有 20 多家汽车旅馆）。

这个峡谷的特点是两侧岩壁之间的距离很近。最窄的地方只有 335 米

其他地区

Other Area

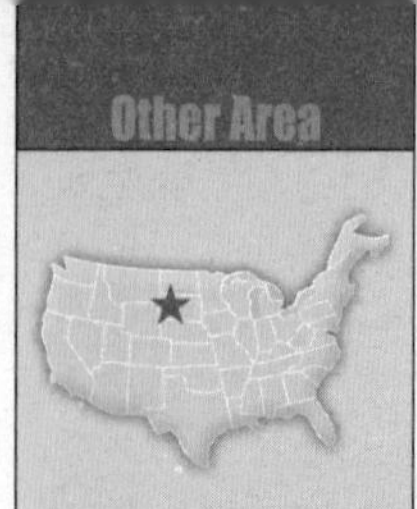

恶地国家公园

Badlands National Park

与西南大环线周边的奇石在形态上完全不同。虽然有些远，但非常值得一去

南达科他州 South Dakota
MAP 文前图① B-4

金黄色的草地一望无际的大平原上，地势突然下沉，形成悬崖，如此奇妙的地形让人感到不可思议。来到这里仿佛看到了远古时代的地球，随着太阳、浮云的运动，景色也会发生变化。人们在这里可以见到与千百年来形成的人类文明截然不同的自然之美，这种美可以唤醒深藏于我们基因之中的古老记忆。

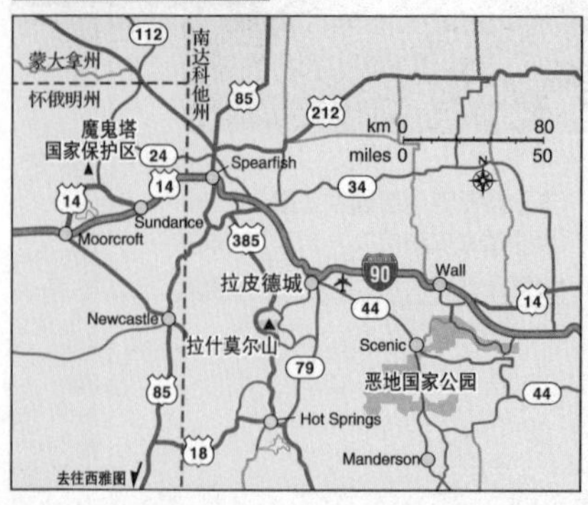

后足十分有力的叉角羚羊

交通

门户城市是位于南达科他州的拉皮德城 Rapid City。市内虽然有多条去往拉什莫尔山（→ p.422）的 1 日游旅游线路，但却没有去往恶地国家公园的旅游线路。只能选择在机场租车自驾。推荐行程是，用 3 天时间周游恶地国家公园和拉什莫尔山（→ p.424）。

拉皮德城市中心的每个十字路口都立有美国历代总统的铜像

DATA

时区▶ 山地标准时间 MST
☎（605）433-5361
URL www.nps.gov/badl
开 365 天 24 小时开放
宜行期 3~11 月
费 每辆车 $15、摩托车 $10、其他人园方法每人 $7
被列为国家保护区 ▶ 1939 年
被列为国家公园 ▶ 1978 年
面　积▶ 982 平方公里
接待游客▶约 87 万人次
园内最高点▶ 1018 米
哺乳类▶ 39 种
鸟　类▶ 206 种
两栖类▶ 6 种
爬行类▶ 9 种
植　物▶约 1000 种

飞机 Airlines

拉皮德城地区机场　Rapid City Regional Airport（RAP）

达美航空每天有从盐湖城（每天 2 班，所需时间 2 小时）和明尼阿波利斯（7 班，1 小时 4 分钟）飞来的航班，美联航有从丹佛（6~8 班，约 1 小时 15 分钟）飞来航班，美国航空有从达拉斯（4 班）飞来的定期航班（冬季减少班次）。机场内各大汽车租赁公司一应俱全，不过最好还是提前预约一下比较稳妥。驶出机场后沿 SD-44 向西行驶大约 10 分钟便可到达市区。相反地，如果向东行驶 2 小时左右，可以直接到达恶地国家公园。

RAP ☎（605）393-9924
Alamo ☎（605）393-2664
Avis ☎（605）393-0740
Budget ☎（605）393-0488
Hertz ☎（605）393-0160

长途巴士 Bus

Jefferson Lines 公司的巴士分别有从南侧的丹佛（每天 1 趟车，12 小时）和东侧明尼阿波利斯（每天 1 趟车，12 小时）出发的巴士。车站位于市中心的 Omaha St.（SD-44）与铁道之间，面向 6th St. 的位置。车站还兼作市营巴士的车站，车站内有理发馆。过了铁路后相隔一个街区便是市中心的 Main St. 了。

巴士站
Milo Barber Transportation Center
住 333 6th St.
☎（605）348-3300
URL www.juffersonlines.com
开 周一～周五 6:30~11:00
14:00~18:00
周六 · 周日 · 节假日
6:30~7:30
16:30~18:00

租车自驾 Rent-A-Car

沿拉皮德城中心以北的 I-90 向东行驶 75 英里（约 102 公里），在 Exit 131 的卡科特斯福拉特 Cactus Flat 驶出免费道路，接着驶入 SD-240 就可以看到公园的标识了。大约再继续行驶 11 英里（约 18 公里）便可到达公园的东北大门。所需时间 1 小时 30 分钟。

如果从机场直接去公园，需要沿 SD-44 向东行驶，大约 2 小时便可到达英特利尔大门 Interior Gate。

拉皮德城旅游信息中心
Black Hills Visitor Information Center
住 1851 Discovery Circle
☎（605）355-3700
开 夏季 8:00~19:00
冬季 8:00~17:00
从 I-90Exit61 向北驶出便是

园内的野牛特别多。特别是在西区的草原上行驶的时候，一定要注意减速

南达科他州的路况信息

Free 511

URL www.sddot.com

最近的 AAA 道路救援

Free 1800-222-4357

Rapid City

住 815 St. Joseph St.

☎（605）342-8482

开 周一～周五 8:15~17:00

到达拉皮德城所需时间

Denver 8~9 小时

Yellowstone Lake 9~10 小时

Native American

苏族的受难史

南达科他州的达科他，在苏族的语言中意为“朋友、同盟”。Stronghold Unit 位于印第安保留地内，是苏族人举行鬼舞仪式的圣地。第二次世界大战后的 30 年间，美军一直把这里当作空袭训练的靶场。现在，地上的弹片以及哑弹正被陆续清理中。

沿 SD-27 继续向南行驶 45 英里（约 72.4 公里）就会到达翁迪德尼 Wounded Knee。在那里，1890 年，有将近 200 名并未进行抵抗的苏族人被军队屠杀。在 Wall Drug 南面有一座有关那段历史的博物馆 Wounded Knee Museum（9:00~17:30，冬季闭馆。$6）。

恶地国家公园 漫步

公园分南北两个区域。主要景点几乎都集中在北区，SD-240 横穿整个区域，游客服务中心位于北区偏东的位置。一般来说如果准备从拉皮德城到公园 1 日游，可以从 Cactus Flat 沿 SD-240 向西行驶，可以横穿公园，然后在沃尔 Wall（下面的专栏中）从 Exit 110 回到 I-90 上返回拉皮德城。在恶地公园园区内行驶的约 31 英里（约 50 公里）的路程被称为恶地环路 Badlands Loop。也可以反向进入公园。

沿途可以一边开车兜风，一边在各个景点的停车场停车观赏风景。如果时间充裕，还可以下车走一走短途的步道。进入公园时可以在大门口领取管理员导览的时间表，可以配合时间跟随管理员一起在园内游览。恶地国家公园内的野牛和草原土拨鼠等野生动物较多，也可以挑选一条适合观察野生动物的步道。

位于沃尔的“药店”，南达科他州无人不晓，据说是全美最大的

Side Trip

大型“药店”与核导弹基地

从拉皮德城沿 I-90 向东行驶，路边会出现许多巨大的广告牌，数量超过 40 个。设计各异的广告牌一个接一个地映入眼帘，让人感到十分有趣。这些广告都是“沃尔药店”Wall Drug 的，“药店”位于 Exit 109 和 Exit 110 之间。沃尔是一个只有几间商店和汽车旅馆的小镇，但是主要街道的一侧全部被这家大型购物中心占据。里面从 T 恤衫到贵重饰品应有尽有。餐厅里最有名的是只需 5 美分的咖啡。

可以在去往恶地国家公园的途中（或者归途）到这里看一看，一定会成为一次很不错的人生体验。

URL www.walldrug.com

营 7:00~17:00，周日 ~15:30

还有一处值得前往的地方，那就是核导弹基地。I-90 Exit 131 的北侧有民兵导弹国家历史遗址 Minuteman Missile NHS。在冷战时代，那里是洲际导弹基地。据说，当时只要美国总统按下核按钮，30 分钟之内导弹就能到达苏联等打击目标。削减战略核武器条约生效后，这座基地被关闭。不过事实上，类似的基地至今仍有很多，想到这里不禁会让人感到不寒而栗。可以在公园管理员的带领下参观基地的指令中心，还可以自行参观位于 I-90 Exit 116 南面的核导弹库。

开 8:00~16:30，冬季周末闭馆。管理员带领的团体游在 9:00~15:00 期间随时开始，冬季 10:00&14:00

费 计划进行收费

可以从地面窥视隐藏于地下的发射基地

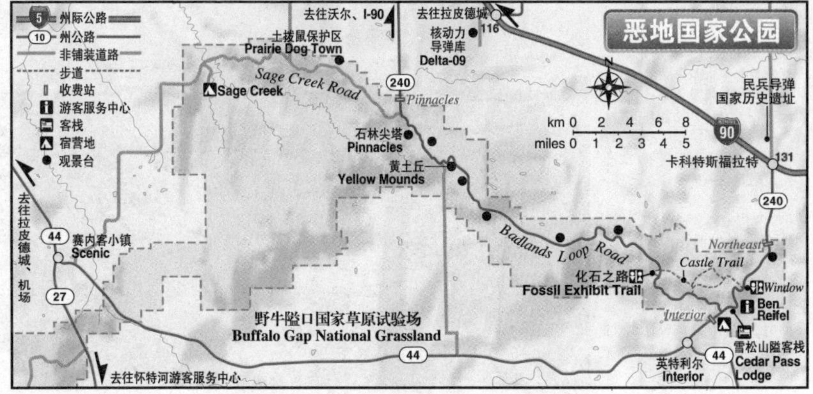

获取信息 Information

Ben Reifel Visitor Center（雪松山隘）

如果从卡科特斯福拉特 Cactus Flat 一侧进入这里的话，沿途会经过 Window 等多条步道，这座宾莱佛游客服务中心位于雪松山隘步道下山路的尽头。这里有可以触摸的野牛皮毛展示区，还有关于地质学的展示，定期还有介绍恶地的录影放映。

展示着在园内发现的化石，内容十分丰富

游客服务中心旁有餐厅、客栈、纪念品商店。

White River Visitor Center

这座怀特河游客中心位于公园南区 US-37 沿途。有厕所和饮用水，还有一些简单的展示。冬季闭馆。

季节与气候 Seasons and Climate

恶地国家公园的天气基本上是不可预测的。夏季的白天十分炎热，到了夜间气温会急剧下降。雷雨、暴风雨、大风等天气恶劣的情况时有发生，建议准备好雨具。正是因为这些恶劣的天气，才使得恶地的景观如此奇特。

春季和秋季造访这里的游客会有所减少，其实这两个季节才是最佳游览季节。冬季时虽然会出现风吹雪等狂风大作的天气，但总的来说好天气比较多。观察野生动物也是冬季最合适。不过，最高气温也只有 0℃左右，驾驶汽车也需要格外小心。恶劣天气时 SD-240 会封路。

恶地的气候数据

月	1	2	3	4	5	6	7	8	9	10	11	12
最高气温（℃）	1	4	9	17	22	28	33	33	27	20	10	4
最低气温（℃）	-12	-9	-4	2	8	13	17	16	11	4	-3	-8
降水量（mm）	7	12	23	46	70	79	49	37	31	23	10	8

Ben Reifel VC
☎（605）433-5361
开 夏季 7:00~19:00
春秋 8:00~17:00
冬季 8:00~16:00
休 11 月第四个周四、12/25、1/1

White River VC
☎（605）455-2878
开 10:00~15:00
休 9 月 ~ 次年 5 月

园内设施

雪松山隘客栈内有餐厅和纪念品商店。冬季休业。
营 夏季 7:00~20:30、春秋季 8:00~18:30
休 10 月中旬 ~ 次年 4 月上旬

小心雷击

恶地是多雷地区。当发现云层变化诡异时，应尽快到车内避难。

注意龙卷风

在美国开车自驾时，如果在路上听到有警报声，一定是龙卷风警报。美国也是世界上龙卷风发生率最高的国家，平均每年发生1300次。在国家公园之旅中南达科他州、怀俄明州、科罗拉多州遭遇龙卷风的概率是最高的。龙卷风多发生在积雨云多、气压不稳定时期。365天24小时中随时都有可能发生，多数的龙卷风都是集团性出现。如果发现低垂的云层并伴有闪电冰雹等就一定要小心了。应立刻打开收音机，确认天气。警报响起时，龙卷风已经出现在雷达上了，它会以100公里时速逼近，所以需要尽快避难。如果在室内，应询问酒店的工作人员或者周围人避难所的位置，万一没有来得及躲进避难所，浴室里是相对安全的位置。

Ranger Geology Walk
只限夏季8:30，45分钟

初级 Window Trail
适宜季节▶ 3~11月
距离▶ 1周400米
所需时间▶约20分钟
出发地▶ Window停车场
设施 公共厕所

初级 Door Trail
适宜季节▶ 3~11月
距离▶往返1.2公里
所需时间▶往返20~40分钟
出发地▶ Window停车场

中级 Notch Trail
适宜季节▶ 4~10月
距离▶往返2.4公里
所需时间▶往返约1.5~2小时
出发地▶ Window停车场

这个软梯稍微有点令人紧张

初级 Cliff Shelf Trail
适宜季节▶ 3~11月
距离▶往返800米
所需时间▶往返30分钟
出发地▶游客服务中心与Window停车场之间

Ranger Fossil Talk
只限夏季10:30、13:30，所需时间15~20分钟

初级 Fossil Exhibit Trail
适宜季节▶ 3~11月
距离▶ 1周400米
所需时间▶约30分钟
设施 公共厕所

Notch Trail十分有人气。脚下的路很容易松动，一定要多加小心

恶地国家公园 主要景点

雪松山隘
Cedar Pass

这里既有客栈又有游客服务中心，十分方便，而且站在雪松山隘还可以看到宛如屏风般巍巍矗立的岩壁。这些景色都是大自然的力量通过风和水缔造而成的。周边有多条步道，有机会一定要走走看。特别是从Window停车场出发的Door Trail最受游客的喜爱。整条步道前半程被铺装得非常好，后半程则需要在被侵蚀过的大地上寻找可以下脚的地方来走。其他步道也有许多是类似这种情况，看不到具体的线路。而且，脚下的路特别“酥软”，很容易崩塌。在走这里的步道时，一定要仔细观察按照黄色标记等一些记号前行。另外，Notch Trail有一段路需要爬软梯，不可以穿裙子或者拖鞋。

化石之路
Fossil Exhibit Trail

从雪松山隘向西行驶5分钟左右便可以到达这里。

许久以前（大概有2600万~7700万年前之久），这里曾经是浅海，或者曾经是类似于大沼泽地国家公园一样的湿地地带，有许多动物聚居在这里。现如今鳄鱼、龟类、鹦鹉螺等动物堆积成化石，等待着人们去发现它们的故事。另外，这里还曾发现了数千枚初期哺乳动物化石，目前考古人员正在进行挖掘一个类似犀牛的动物化石。这条步道1周只有400米长，不妨试着走完全程，沿途可以观看在恶地采集的化石。

轮椅可以通过化石之路的游步道

黄土丘
Yellow Mounds

比雪松山隘的海拔要低一些，但这里显露出的地层年代更加久远一些。由于受到腐蚀，土壤中溶解出的成分与空气反应后变成了黄色。在太阳光的照射下，有时还会是金色。这里有许多座观景台，可以挑选自己喜爱的登台观景。

黄土丘地表。裸露的岩层比石林尖塔等地区的岩层要久远得多

石林尖塔
Pinnacles

站在这里不免会让人联想起地球形成时期的奇巧景象，微风轻拂大地，脚下是被称为石林尖塔 Pinnacles 的奇妙岩塔林。尤其是黄昏时分，夕阳染红了岩石，落日逐渐沉入大地，这景象真是美极了。

19 世纪时，这一带曾经栖息着大量的大角羊，但矿工们把大角羊作为食物任意猎杀，导致这个地区的大角羊几乎绝种。2004 年秋天，在新墨西哥捕获了 30 头大角羊放逐到了该地区。现在游客们经常可以见到它们的身影，时而在岩石间跳跃或自由在草地上追逐。

小心坠落
沿途没有扶手的地方比较多，而且土质比较松软，容易坍塌。行走时一定小心脚下。

与狼共舞
由凯文·科斯特纳执导并主演的电影《与狼共舞》，大部分都是在南达科他州拍摄的。主人公邓巴中尉向着塞克威克哨所远去的画面，就是在石林尖塔附近拍摄的。

黄昏时分游客较少，说不定能看到大角羊的身影

Wildlife

草原动物们的受难史

表面上看，草原上的动物们似乎悠然自得地生活在那里。可实际上，其中有很多种动物随时都面临着灭绝的厄运。

20 世纪，随着人类不断在大平原地区进行开拓，草原土拨鼠因被视为一种有害的动物而遭到灭杀。加之耕地和住宅的增加，草原土拨鼠的数量逐渐减少。现在，在国家公园之外，草原土拨鼠仍是灭杀的对象。

另外，在 20 世纪，捕食草原土拨鼠的动物也急剧减少。其中，黑足雪貂 Black-footed Ferret 在 20 世纪 50 年代几乎灭绝。1981 年，在怀俄明州开始在仅存的黑足雪貂中开展人工繁殖并于 1994 年将它们放入国家公园。现在，园内栖息着 300 多只黑足雪貂。体型如猫大小的草原狐 Swift Fox 也曾在这里灭绝，2003 年从科罗拉多捕获的 114 只草原狐被放入公园，目前仍在持续观察中。

2009 年，从园内的草原土拨鼠身上查出了鼠疫病菌。这是一种啮齿目动物的传染病，曾在加拿大引起了很大的问题，而且很可能会对貂和狐狸造成影响。

食草为生的野牛因其舌头和角比较珍贵而遭到人类的滥杀，到 19 世纪后半叶几乎灭绝。1963 年，从北达科他州引进了一批野牛到恶地国家公园，现在种群数量已经达到 800 头。为了防止家畜将布氏杆菌病传染给野牛，公园跟附近的养牛牧场用围栏隔开。

叫声酷似小狗，响彻整个草原

土拨鼠保护区

Prairie Dog Town

经过石林尖塔后，从主路进入到一段叫作 Sage Creek Road 的土路上，行驶一段距离后就可以看见右侧有一个停车场。在这里可以观察生活在草原上的土拨鼠 Black Tail Prairie Dog。它们在地下修建“城堡”，通过隧道互相连接，接力族群。警惕性十分高，经常会通过奇怪的声音或者动作向同伴传达危险信号，这萌萌的姿态着实可爱。寿命虽然有3~4年，但是出生后1年内的死亡率极高。原因居然是，出生后不久经常被其他的土拨鼠吃掉。

这个区域内野牛也相对集中。运气好的话，还能见到叉角羚羊在草原上奔跑的身影。

土拨鼠们在草原的地下构建了自己的王国

Wildlife

Don't feed!

虽然土拨鼠很可爱，但人类喂食的食物可能会导致它们的死亡。而且，土拨鼠身上可能还带有鼠疫和狂犬病病毒，即便是发现死去的土拨鼠个体也不要用手触摸。

恶地国家公园 住宿设施

园内住宿

雪松山隘客栈 Cedar Pass Lodge

只在3月下旬~10月上旬期间营业。建在游客服务中心旁，岩山的景色十分出众。虽然客栈始建于20世纪30年代，但1987年时曾经做过整修。带空调的小木屋只有24间。2013年房间内带电视、冰箱、微波炉的小木屋竣工。前台大厅有免费 Wi-Fi。

住 20681 Hwy. 240, Interior, SD 57750
☎（605）433-5460 Free 1877-386-4383
URL www.cedarpasslodge.com on off $157

崭新的房间很舒适

Native American

消失在大山中的野牛
~基奥瓦族的传说~

很久以前，野牛遍布各地，与人类和平相处。人类在宰杀野牛时也总是充满了敬畏与感激之情，会把野牛的身体全部用掉。肉被当作食物，皮被做成衣服，毛被当作枕头的填充物。

白人来到这里以后，原本平静的生活被完全打破了。军队开始雇用猎人屠杀野牛。最初，野牛想为人类的生存做出必要的牺牲，可是当野牛看见地上堆满了同伴的尸骨时，它们终于醒悟了。

在一个雾气昭昭的早晨，一个基奥瓦族的小女孩来到泉水边。当她正在用水桶打水时，浓雾之中突然出现了一些动静。原来是野牛群。年老的野牛走在队伍的前面，队伍中还有与人类战斗过的年轻野牛、受伤的野牛以及未成年的野牛。它们径直朝大山走去。突然，山裂开了。山的里面是美丽的自然景观，仔细一看，那景观竟然就是白人还没有来到这里时这片大地原有的样子。

野牛群走进山中后，开裂的大山又合拢了。

就这样，野牛从此在这里消失了。

※ 也有一种观点认为，让野牛灭绝的政策是为了断绝原住民的重要食物来源进而把他们赶进保留地。

TriVia 环保客栈　Cedar Pass Lodge 是美国绿色建筑协会 LEED 认证的环保客栈。使用的木材都是受到蛀虫侵害后枯死的松木，家具也是当地的木匠亲手打制的。

宿营地住宿

公园内共有 2 处宿营地，都是不能提前预约的。虽说是全年开放，但是冬季的时候没有管理员。

一个是位于 Ben Reifel Visitor Center 西侧的 Cedar Pass Campground。营地有饮用水、厕所等设施，共有 96 个位子。

另一个宿营地——Sage Creek Campground 需要沿土路 Sage Creek Road 行驶 13 英里（约 21 公里）。这个营地没有饮用水，只有简易厕所。共有 30 个位子。

Cedar Pass Campground
on off $16~28
Sage Creek Campground
费 免费
※ 雨雪天气一般车辆很难驶入这里。

在附近城镇住宿

拉皮德城有许多住宿设施，1 日游住在这里也比较方便。I-90 的 Exit 59 出口驶出后还有好多汽车旅馆。

艾莉克丝·约翰逊 Alex Johnson

建于 1928 年的古老酒店。地理位置优越，位于拉皮德城的市中心（6 th & St. Joseph Sts.），无论早晚酒店都十分醒目。建筑物本身虽然古老，但内饰十分考究，以木质品为基调的家具和印第安苏族主题的装饰物等，让人感觉很舒服。酒店设有餐厅和 SPA。有免费 Wi-Fi。共 143 间客房。

住 523 Sixth St., Rapid City, SD 57701
☎（605）342-1210 Free 1888-729-0708
URL www.alexjohnson.com
on $209~259 off $119~179 信用卡 ⒶⒹⓂⓋ

拉皮德城 Rapid City, SD 57701 距离石林尖塔门 62 英里（约 99.8 公里） 约 70 间

旅馆名称	地址·电话	费用	信用卡·其他
Best Western Ramkota Hotel	住 2111 N. LaCrosse St. ☎（605）343-8550 FAX（605）343-9107 Free 1800-780-7234 URL www.bestwestern.com	on $179~300 off $83~122	ⒶⒹⓂⓋ 从 I-90 的 Exit 59 出来后马上便是。有室内游泳池。机场接送免费。Wi-Fi 免费。全馆禁烟。
Holiday Inn Express	住 645 E. Disk Dr. ☎（605）355-9090 FAX（605）348-8719 Free 1800-465-4329 URL www.hiexpress.com	on $168~278 off $95~143	ⒶⒹⓂⓋ 从 I-90 的 Exit 59 出来后向北行驶 1 个街区便是。附带早餐，有投币式洗衣房。Wi-Fi 免费。
Americas Best Value Inn	住 620 Howard St. ☎（605）343-5434 FAX（605）343-7085 Free 1888-315-2378 URL www.rapidcityabvi.com	on $140~160 off $50~78	ⒶⓂⓋ 位于 I-90 的 Exit 58 出口的北侧。附带早餐，有投币式洗衣房。Wi-Fi 免费。
Days Inn	住 1570 N. LaCrosse St. ☎（605）348-8410 FAX（605）348-3392 Free 1800-225-3297 URL www.daysinn.com	on $135~177 off $58~103	ⒶⒹⒿⓂⓋ 位于 I-90 的 Exit 59 出口的南侧。附带早餐，有投币式洗衣房。Wi-Fi 免费。
Big Sky Lodge	住 4080 Tower Rd. ☎（605）348-3200 FAX（605）394-0349 Free 1800-318-3208 URL www.bigskylodge.com	on $95~205 off $49~159	ⓂⓋ 沿 US-16 向拉什莫尔山方向行驶 3 英里（约 4.8 公里）便是。夏季期间附带早餐。

英特利尔 Interior, SD 57750 距离英特利尔大门 2 英里（约 3.2 公里） 2 间

旅馆名称	地址·电话	费用	信用卡·其他
Badlands Inn	住 20615 Hwy. 377 ☎（605）433-5401 Free 1877-386-4383 URL www.cedarpasslodge.com	on off $126	5~9 月期间营业。是由雪松山隘客栈经营的旅馆。附带早餐。全馆禁烟。
Badlands Budget Host Motel	住 900 Hwy. 377 ☎（605）433-5335 Free 1800-388-4643 URL www.budgethost.com	on off $72~83	ⓂⓋ 5~9 月期间营业。附带早餐。有投币式洗衣房。有宿营地。

沃尔 Wall, SD 57790 距离石林尖塔门 8 英里（约 99.8 公里） 约 13 间

旅馆名称	地址·电话	费用	信用卡·其他
Best Western Plains Motel	住 712 Glenn St. ☎（605）279-2145 FAX（605）279-2977 Free 1800-780-7234 URL www.bestwestern.com	on $121-196 off $99~110	ⒶⒹⓂⓋ 从 I-90 的 Exit 110 出来北侧便是。附带早餐。冬季休业（11 月下旬~5 月中旬）。Wi-Fi 免费。
Super 8	住 711 Glenn St. ☎（605）279-2688 FAX（605）279-2396 Free 1800-454-3213 URL www.super8.com	on $90~155 off $65~78	ⒶⒹⒿⓂⓋ 从 I-90 的 Exit 110 出来北侧便是。附带早餐。Wi-Fi 免费。冬季休业。

Side Trip

全景街道——黑丘

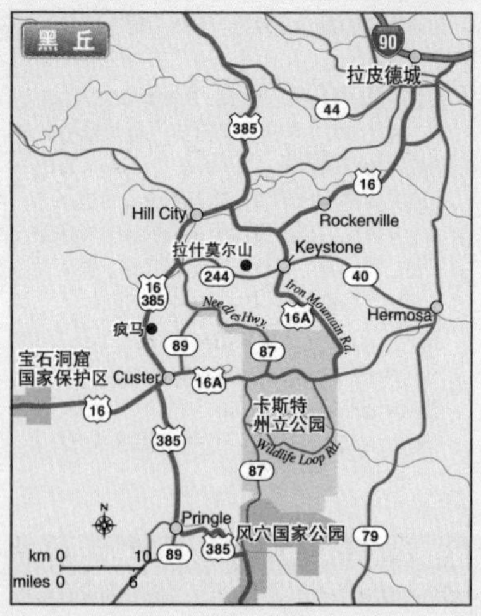

在拉皮德城南面被称为黑丘的丘陵地带，有许多观光景点。特别是被雕凿于拉什莫尔山岩壁上的 4 位总统头像是这里最有人气的景点，全年游客量达到 216 万人次。

下面介绍的景点，除了宝石洞窟，都可以从拉皮德城驾车一日往返。在拉什莫尔山脚下的 Keystone，有 22 家汽车旅馆。另外，当地还有多家旅行社都开展一日游项目。

详细情况请参阅《走遍全球美国》。

拉什莫尔山国家纪念公园 Mount Rushmore National Memorial

从拉皮德城的城区出发沿 Mt. Rushimore Rd.（US-16）向西南行驶 18 英里（约 29 公里），用时约 30 分钟。路况很好，路标完备。

MAP 文前图① B-4 ☎（605）574-2523

URL www.nps.gov/moru 开 5:00~20:00，夏季至 23:00。点灯仪式在 5 月中旬 ~8 月上旬的 21:00 以及 8 月中旬 ~9 月下旬的 20:00。逢主要节日会放烟花。冬季不举行仪式，但会开启灯光。

休 12/25

费 免费。停车费 $11，有效期至年底

从 1927 年开始，雕凿头像的工程持续了 14 年，终因资金不足而停工。因此，这组雕像是一个未完成的作品。岩壁为花岗岩，雕像头部高 18 米

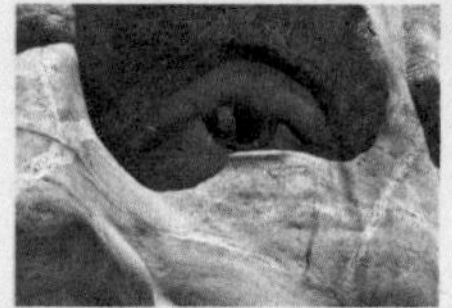

林肯像的左眼，长度为 3.4 米

疯马酋长纪念碑 Crazy Horse Memorial

从拉什莫尔山沿 SD-244 向西行驶，进入能看见华盛顿雕像侧脸的景点（左侧停车场），汇入 US-16/385 后左转。用时约 20 分钟。那里有苏族英雄疯马酋长的巨大雕像。1948 年，针对拉什莫尔山只有白人英雄雕像的现状，开始了建造疯马酋长雕像的工程。现在仍未完工。据说完工后将成为世界上最大的雕像。因为是民营设施，所以建设费用出自门票收入。

☎（605）673-4681

URL crazyhorsememorial.org

开 8:00~17:00，夏季至日落。夏季日落 1 个小时后会开启灯光

费 1 人 $11 或 1 辆汽车 $28，哪种收费方式便宜就选择哪种

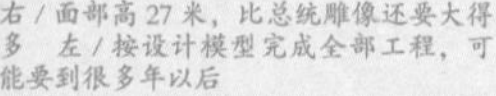

右 / 面部高 27 米，比总统雕像还要大得多　左 / 按设计模型完成全部工程，可能要到很多年以后

拉什莫尔山与疯马酋长　一些原住民认为拉什莫尔山的土地是政府违反约定强行收走的，因此不少人对这座以崇拜美国总统为目的的公园带有抵触情绪。疯马酋长雕像的建立，包含着抗议政府的意味，↗

野牛成群的草原呈现出美洲大陆的原始风貌

卡斯特州立公园 Custer SP

从疯马酋长纪念碑沿 US-16/385 原路返回，右转进入 Needles Hwy.（SD-87）行驶约 20 分钟。在这里能看到被侵蚀成尖耸形状的花岗岩群。需要在狭窄的山路上行驶 14 英里（约 22.5 公里），用时 45 分钟 ~1 小时。

进入 US-16A 后右转，然后左转进入 SD-87。中途，如果天气较好，可以前往 Mt. Coolidge。驶上一段碎石坡路，就可以远眺疯马酋长雕像到恶地国家公园的景色。受光线影响，有时用肉眼很难看清，不过只要是天气晴朗的早晨和傍晚，甚至能够清楚地看到泛着白光的拉什莫尔山。沿 SD-87 返回，通过山隘后，就是一片广袤的大草原。继续向南行驶，可以到达风穴国家公园。

路窄且多急弯，要注意安全驾驶

从风穴国家公园返回拉皮德城的途中，一定要体验一下在 Wildlife Loop Rd. 上行驶。这段路共 18 英里（约 29 公里，45 分钟），沿途可以看到庞大的野牛群。行至 Iron Mountain Rd.（US-16A）后右转进入该路继续前行。这一带也有许多野牛。驶过有连续急转弯的 17 英里山路（45~60 分钟），前方就能看见 4 位美国总统的雕像。此时，应该已到傍晚时分，可以在 Keystone 小镇吃晚饭，观赏完拉什莫尔山的点灯仪式后返回住地。

☎（605）255-4464 URL www.custerstatepark.com 费 每辆车 $15

风穴国家公园　Wind Cave NP

从卡斯特州立公园沿 SD-87 向南行驶，遇到 US-385 后左转。用时约 30 分钟。园内的溶洞长约 229 公里，在目前已被发现的溶洞中，位居世界第六。这里还拥有世界上最多的被称为 Boxwork 的蜂窝状结构方解石并以此闻名。游客在此参观需参加由导游带领的旅游团。公园内有宿营地。

Garden of Eden Cave Tour
每天 2~4 次。1 小时　费 $10　☎（605）745-4600
URL www.nps.gov/wica　休 11 月的第四个周四、12/25、1/1

风穴国家公园中最大的看点是溶洞顶部 Boxwork

宝石洞国家保护区 Jewel Cave NM

从风穴国家公园前往需 50 分钟，从疯马酋长雕像前往需 30 分钟。这个溶洞仅目前探明的长度就达 277 公里，在世界上位列第三。方解石结晶后形成透明犬牙状的 Calcite Crystal 遍布洞中，当有光照射时这些晶体会像宝石一样发出耀眼的光芒，因此这里被命名为宝石洞。

Scenic Tour　周三～周五 10:00/14:00、80 分钟　费 $12　※ 夏季每天 20~40 分钟一次　☎（605）673-8300　URL www.nps.gov/jeca
休 11 月的第四个周四、12/25、1/1

在夏季，每天到了下午团体游很可能会客满。可以提前电话预约

↗所以建设中拒绝了来自政府的援助金。不过，这座雕像本身也受到了其他原住民的抗议，被指责为“是对圣地拉皮德的亵渎”。

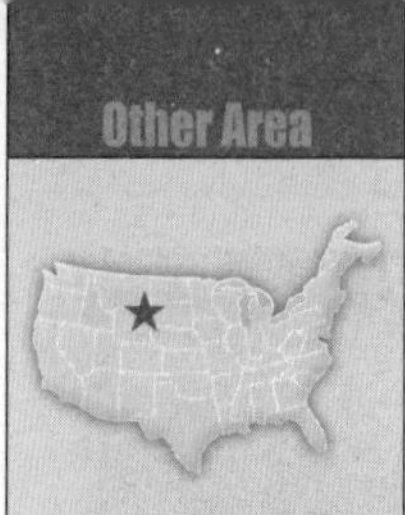

魔鬼塔国家保护区

Devils Tower National Monument

山丘的对面，天然石塔逐渐迫近，十分有趣

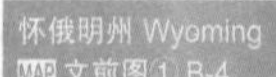
怀俄明州 Wyoming
MAP 文前图① B-4

魔鬼塔位于怀俄明州东北部靠近南达科他州的地方，1906 年，被西奥多·罗斯福指定为美国首个国家保护区 National Monument。在斯皮尔伯格导演的电影《第三类接触》的剧终镜头中，UFO 降落的地方就是这里。广阔的大平原上，拔地而起的巨塔高达 264 米，有一种拒人于千里之外的威严之感。虽然交通不便，但非常值得一去。

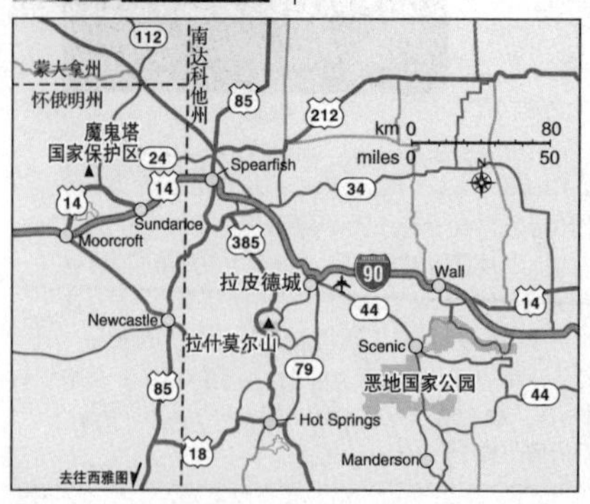

可以仰望着石塔在塔下走上一圈

交通

魔鬼塔国家保护区虽然位于怀俄明州，但一般都会选择从南达科他州的拉皮德城 Rapid City（→ p.415）当天往返。交通只能选择自驾游。拉皮德城周边可以游览的景点较多，可以一起组合游览。

租车自驾 Rent-A-Car

从拉皮德城沿 I-90 向西行驶，进入怀俄明州后从 Exit 185 出口转入 US-14。虽然沿途会有一个公园出口的指示标识，但还是选择 Exit 185 的线路最快捷。沿 US-14 行驶约 20 英里（约 32 公里）右转至 WY-24，不一会儿就可以到达魔鬼塔了。从拉皮德城到公园全程约 112 英里（约 180 公里）。所需时间 2 小时。

魔鬼塔国家保护区 漫 步

首先，沿饶塔一周的步道走一圈，这样可以熟悉一下周边的自然环境。时间允许的话，可以参加一下公园管理员导览的游览项目（→ p.426）。跟随管理员既可以听听关于原住民的故事，也能在管理员的指导下看到肉眼很难观察到的攀登用的绳梯。

公园大门附近是一片开阔的大平原，平原上星星点点会出现一些小土堆，这些土堆是土拨鼠的巢穴。天空中盘旋着土拨鼠的天敌——隼等猛禽类，运气好的话还能见到白头鹫的身影。

获取信息 Information

Visitor Center

位于进入公园大门后 3 英里（约 4.8 公里）处，道路的尽头。夏季时有从游客服务中心出发、并且可以绕塔 1 周的各种管理员导览项目。这里的停车场规模比较小，旅游旺季的时候排队停车需要花费一些时间。

进入公园大门就可以看到土拨鼠在草原上筑的巢穴

DATA

时区▶ 山地标准时间 MST
☎（307）467-5283
URL www.nps.gov/deto
开 365 天 24 小时开放
休 12/25、1/1
宜访期 全年
费 每辆车 $10，其他方法入园每人 $5
被列为国家保护区▶ 1906 年
面　积▶ 5.5 平方公里
接待游客▶约 44 万人次
园内最高点▶ 1558 米（Devils Tower）
哺乳类▶约 48 种
鸟　类▶ 166 种
两栖类▶ 4 种
爬行类▶ 18 种
鱼　类▶ 18 种
植　物▶ 423 种

路况信息 & 气象预报
怀俄明州
Free 511
URL www.wyoroad.info
南达科他州
Free 511
URL www.sddot.com

黄石湖→魔鬼塔
391 英里（约 629 公里，7~8 小时）

以下列举的步道都是可以绕塔一周的步道，出发地位于游客服务中心

初级 Tower Trail
适宜季节▶ 4~11 月
距离▶ 1 周 2 公里
所需时间▶ 1 周 45 分钟

初级 Joyner Ridge Trail
适宜季节▶ 4~11 月
距离▶ 1 周 2.4 公里
所需时间▶ 1 周 1 小时 30 分钟

中级 Red Beds Trail
适宜季节▶ 4~11 月
距离▶ 1 周 4.5 公里
所需时间▶ 1 周 2 小时

摩托拉力

每年8月份，位于拉皮德城与魔鬼塔之间的Sturgis小镇会举行全美最大规模的摩托盛会，届时会有40万辆以上的摩托车前来参加。魔鬼塔周边会大堵车，需要格外留意道路信息。

Visitor Center

开 夏季 8:00~19:00

其他 9:00~16:00

休 12/25、1/1

Ranger Tower Walk

5月下旬~10月上旬每天9:00开始。90分钟时间。

其他设施

园内没有任何设施，公园大门外有加油站、商店等设施。

冬季

冬季这里会有积雪，深雪行走爱好者会到这里游览，原住民为了举行某种祭祀也会到这里来拜祭。州公路和国道很少会因为积雪而封路。

魔鬼塔小知识

其一：怀俄明州拥有美国第一座国家公园（黄石公园）和第一个国家保护区。

其二：宣布这里为国家保护区的罗斯福总统，也因保护小熊运动而闻名。泰迪熊也是来自人们对他的爱称。当时罗斯福总统并没有来过魔鬼塔，只是看过公园的照片后便指定这里为美国首个国家保护区了。

攀岩 Rock Climbing

攀岩者首次征服魔鬼塔是在1893年7月4日。初次登顶的消息传开后，受到了人们高度关注，甚至比当时的万国博览会的受关注度还要高。1941年时，一名空降兵不小心落到塔顶上，6天后才把他营救下来。

魔鬼塔共有220条攀登路径，每年大约有4000人挑战塔顶。攀登前后都需要到游客服务中心进行登记签到。登顶用时一般为4~6小时，最短纪录是18分钟！最小的登顶者6岁，最高龄的登顶者是81岁。更让人感觉不可思议的是，攀登魔鬼塔时发生事故的概率并不高。在过去的78年里只有5位死者。请求救援的次数也并不多。

值得注意的是，魔鬼塔是原住民的圣地，政府呼吁大家不要在6月登塔。另外，这一时期，隼会在西壁筑巢，届时西壁禁止攀登。

有些路径初级攀岩者也可以攀登

GEOLOGY

魔鬼塔是岩浆凝固而成

距今大约6000万年前，地下深处的大量岩浆穿过多个地层上升至地表附近。作用于岩浆的地质活动停止后，岩浆冷却，变成了名为响岩的坚硬火成岩。之后，经过了数百万年的时间，周围较软的地层受到侵蚀，整个高原被削低，只有质地坚硬的火成岩原封不动地留在了那里。岩浆凝固后会收缩并破碎，最终变成了一根根细长的圆柱体。组成魔鬼塔的这些圆柱体，大的底部直径2.5米，顶部直径1.2米。

石塔顶上有什么？

从上空俯视的话，可以看到石塔顶部平面为水滴形，南北长122米，东西宽61米。塔顶的大部分地方长着灌木蒿（一种蒿类植物）或仙人掌。

令人惊奇的是，上面还栖息着花栗鼠、老鼠、响尾蛇等动物。这些动物应该是从地面爬上塔顶后定居在那里的。许多攀岩者都曾见到过蛇以及老鼠沿着崖壁上的裂缝向上攀爬的场面。

令人感到意外的是，过去200年来，石塔从未发生过大规模的岩体崩塌

魔鬼塔国家保护区 住宿设施

宿营地住宿

公园内的宿营地 Belle Fourche Campground 位于塔的南侧，每年 4 月下旬 ~10 月下旬对外开放。共有 40 个位子。不能预约。另外，公园大门外侧附近还有民营的宿营地。

Belle Fourche Campground

费 $12。有饮用水、水冲厕所。没有淋浴

在附近城镇住宿

公园周边没有可以住宿的地方，需要回到 I-90 沿路寻找。如果在圣丹斯 Sundance 没有找到合适的住宿地点，向东行驶大约 30 分钟左右，越过州境的旗鱼镇 Spearfish 还有大约 10 间左右，向西行驶的默克罗夫特 Moorcroft（Exit 154）还有 2 间旅馆。拉皮德城的酒店请参考→ p.421。

圣丹斯 Sundance, WY 82729 距离公园大门 30 英里（约 48 公里） 4 间

旅馆名称	地址 · 电话	费用	信用卡 · 其他
Best Western Inn at Sundance	住 2719 E. Cleveland St. ☎（307）283-2800 Free 1800-238-0965 FAX（307）283-2727 URL www.bestwestern.com	on off $85~116	ADMV 从 I-90 的 Exit189 驶出后向北行驶一个街区。有室内游泳池，附带早餐。Wi-Fi 免费。全馆禁烟。
Bear Lodge Motel	住 218 Cleveland St. ☎（307）283-1611 URL www.bearlodgemotel.com	on off $64~84	MV 位于镇中心的主干道旁。有投币式洗衣房、冰箱、微波炉。可以免费租借 DVD。Wi-Fi 免费。有客用 PC。

Native American

魔鬼塔横空出世的传说

很久很久以前，8 个姐弟在森林里玩耍时，突然弟弟长出了长毛和长指甲，变成了一只熊。姐姐们见状大惊失色，逃到了一根树桩上。熊追了过来，准备攻击姐姐。就在这时，树桩开始长高。熊试图爬上树桩，但最终还是从高高的树桩上掉下来摔死了。现在魔鬼塔上的沟壑，据说就是熊的爪子留下的痕迹。得救的 7 个女孩之后继续生活在塔顶，并且变成了昴星团（另外一种说法是变成了北斗七星的）。

※ ※ ※

以上是基奥瓦族的传说，关于魔鬼塔的传说在不同的部落里有不同的版本。有的版本把熊描写为受到人类尊崇的英雄，但大多数版本还是描写了熊如何袭击人类。不过，在现实中，被夺走家园的恰恰是熊。

魔鬼塔的名字是 19 世纪一名白人上校想出来的，但在原住民的语言里这座石塔被称为“熊的家园”。有 20 个原住民部落（包括加拿大境内的）把这里视为圣地，隆冬季节他们会在这里扎营并进行禁食修炼等仪式。经常能看到步道两边的树木上绑着一些布条，这也是一种仪式，不要误以为是垃圾而将布条去掉。

过去这里曾栖息着黑熊、棕熊，现在，在当地已经见不到它们的身影

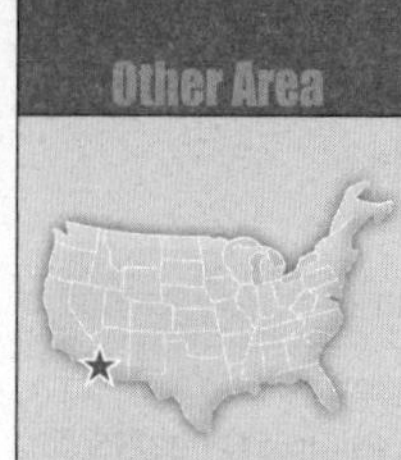

仙人掌国家公园

Saguaro National Park

从山脚下到山顶，长满了巨人柱仙人掌

亚利桑那州 Arizona
MAP 文前图① D-3

不知道有多少人见过美国最大的巨人柱仙人掌和摩天仙人掌。这些仙人掌看上去好像是站立于大地之上并且双手做出庆祝胜利动作的人类，它们是亚利桑那州的象征。但是，以大峡谷和纪念碑谷而闻名的北部亚利桑那气温很低，在那里见不到摩天仙人掌。在西部电影中常能见到的风景，其实只在亚利桑那州南部的索诺拉沙漠才有。来到仙人掌国家公园，满眼看到的都是10~15米高的巨人柱仙人掌，这种景象一直延绵到天边。仔细观察的话，会发现仙人掌丛中以及自己的脚下都有生命在活动。巨人柱仙人掌将沙漠中宝贵的水资源吸收到自己的身体里，以这样的方式养育了大量的动物。

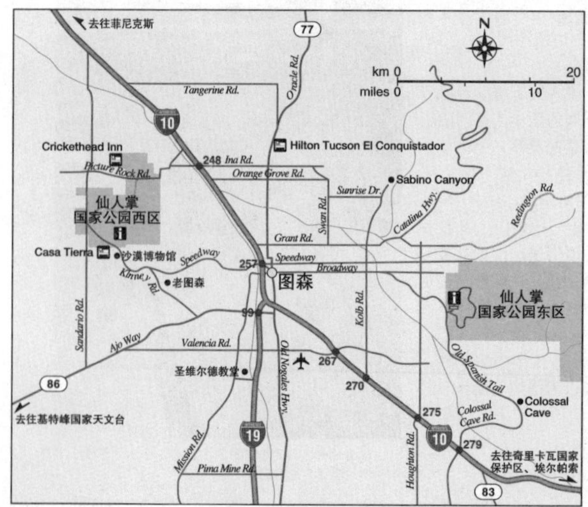

交通

门户城市是图森 Tucson。这里也是亚利桑那州的第二大城市，市区和郊外都有许多景点，住宿也不用发愁。

仙人掌国家公园分为东区和西区，图森城正好夹在公园中间。两个园区距离图森城都是大约 15 英里（约 24 公里），30 分钟车程。

目前只有菲尼克斯出发的 1 日游团体巴士。最好的游览方法是租车自驾，在仙人掌林中自由穿行。

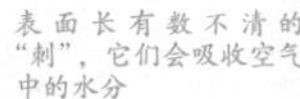
表面长有数不清的“刺”，它们会吸收空气中的水分

飞机 Airlines

图森国际机场　Tucson International Airport（TUS）

美联航每天有 4 趟航班从旧金山（圣弗朗西斯科）飞来（所需时间 2 小时），全美其他城市也都有许多航班可以到达这里。从机场到市中心的酒店之间有 Arizona Stage Coach 的循环巴士可以连接。市营巴士 #6 每 30~60 分钟发一班车（$1.50）。

长途巴士 Bus

灰狗巴士每天有 4 趟车从菲尼克斯出发到达这里（约 2 小时车程），还有从埃尔帕索出发到达这里的巴士也是每天 4 趟（7 小时车程）。车站位于市区偏西的位置。市区内有许多汽车租赁公司。

DATA

时区▶ 山地标准时间 MST（不采用夏时制）
☎（520）733-5100
URL www.nps.gov/sagu
开 日出～日落
宜行期 10 月～次年 5 月
费 每辆车 $10　其他方法入园每人 $5
被列为国家保护区▶ 1933 年
被列为国家公园▶ 1994 年
面　积▶ 370 平方公里
接待游客▶约 67 万人次
园内最高点▶ 2641 米（Miva Mtn.）
哺乳类▶ 62 种
鸟　类▶ 198 种
两栖类▶ 9 种
爬行类▶ 47 种
植　物▶ 1200 种

TUS　☎（520）573-8100
Arizona Stage Coach
☎（520）889-1000
费 到达市区 $30
Alamo　☎（520）573-4740
Avis　☎（520）294-1494
Budget　☎（520）573-8474
Dollar　☎（520）573-4736
Hertz　☎（520）573-5201
National　☎（520）573-8050

如果准备看夕阳推荐西区

图森长途巴士站
住 471 W. Congress St.
☎ (520) 792-3475
开 8:00~次日 1:00

图森火车站
住 400 N. Toole Ave.
☎ (520) 623-4442
开 周日、周一、周四 6:00~21:00
周二、周三 13:45~21:00
周五、周六 6:00~13:00

图森旅游局
住 110 S. Church Ave.
Free 1800-638-8350
URL www.visittucson.org
☎ (520) 623-4442
开 周一～周五 9:00~17:00
周六·周日 9:00~16:00
位于市区 Broadway 的一角处。

加满油
园内以及公园周边都没有加油站，请在图森加满油。

最近的 AAA 道路救援
Free 1800-222-4357
Tucson West
住 6950 N. Oracle Rd.
☎ (520) 258-0505
开 周一～周五 8:30~17:30

Tucson Tours
Free 1888-804-9485
URL www.tucsontours.org
所需时间 约 8 小时
费 $229.95

铁路 Amtrak

美铁的 Sunset Limited 号（洛杉矶～新奥尔良）每周有 3 趟车可以在图森停车。从洛杉矶出发到达这里需要 9~10 小时，从埃尔帕索出发大约需要 6 小时。火车站位于市区。

租车自驾 Rent-A-Car

租车从图森出发，用 1 天时间刚好可以游览仙人掌国家公园西区、沙漠博物馆、老图森城这 3 个地方。从图森沿 Speedway（I-10 Exit257）向西行驶，途中路的名称会变为 Gates Pass Rd.，越过山丘后仙人掌林一下子就浮现于眼前。从高处的观景台俯瞰，茂密的仙人掌林一直延伸到地平线。继续说线路，在 Kinney Rd. 遇到岔路后向右转。经过沙漠博物馆后不久就会看到游客服务中心了。从市区开车过来需要大约 30 分钟。

如果准备去东区，需要沿 Broadway 或者 Speedway 向东行驶，右转至 Freeman Rd.。然后左转至 Old Spanish Trail 行驶一段距离就会看到公园大门了。从市区开车过来需要大约 30 分钟。

团体游 Tour

团体游都是从菲尼克斯出发并返回的。不过 Tucson Tours 有专门游览沙漠博物馆的团体游项目。虽然不进入国家公园，但沿途也会经过仙人掌林，可以在这里欣赏公园的风景。

仙人掌国家公园 漫步

东区和西区都有可以横穿仙人掌林的周游道路，中途还设有停车场，可以沿停车场附近的步道走走看。

Side Trip

烛台掌国家保护区
Organ Pipe Cactus National Monument

位于美墨边境附近，从图森出发向西南方向行驶，大约需要 3 个小时。在广阔的索诺拉沙漠中有以 3~8 米高的烛台仙人掌为代表的 28 种仙人掌。保护区开放季节为 12 月～次年 3 月。盛夏，温度超过 40℃，气候极为干燥。

前往这里，可先从图森沿 AZ-86 向西行驶 120 英里（约 193 公里，途中经过基特峰天文台）。在名为 Why 的小镇左转进入 AZ-85，行驶 17 英里（约 27.4 公里）后到达游客服务中心。从这里有两条环形未铺装道路，向西一周 53 英里（约 85.3 公里），向东一周 21 英里（约 33.8 公里）。西侧道路在靠近边境区域有一段处于封锁状态，所以建议走东侧道路。园内只有宿营地（$12），不过在边境小镇 Lukeville，加油站等各类设施齐全。

MAP 文前图① D-2
☎ (520) 387-6849 URL www.nps.gov/orpi

游客服务中心 开 8:00~16:30 休 夏季的节假日、11 月的第四个周四、12/25 费 每辆车 $12

注意：由于是边境地区，所以路上的盘查非常严格。遇形迹可疑的人打招呼时，绝不能停车。另外，为了防止汽车被盗，只要下车就必须将车锁好。保护区 24 小时开放，但这一带常有武装偷渡者出没，所以应避免夜间行驶。

除了烛台仙人掌，还有摩天仙人掌等许多种类

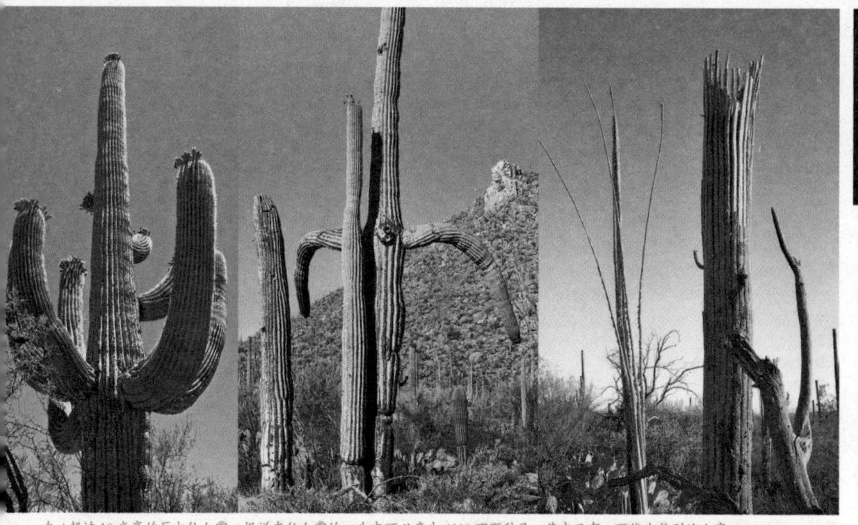

左 / 超过 10 米高的巨大仙人掌，据说在仙人掌的一生中可以产生 4000 万颗种子，其中只有一颗能生长到这么高
中 / 仙人掌遭遇霜或者雪的侵袭后"臂膀"可能会折断，但只要伤害不过于严重，很快就可以恢复
右 / 由于受到雷击、干旱、低温等灾害的侵袭而干枯的仙人掌。叶脉和一些木质被原住民用来建造房子等

索诺拉沙漠是美国最炎热、最干燥的地区之一。盛夏季节的白天气温高达 40℃，炎热天气无论对于游人还是车辆来说都有很大的负担。如果准备夏季造访这里，建议傍晚时分最为适宜。可以去仙人掌林观看落日。

获取信息 Information

Visitor Center

游客服务中心分别位于东区和西区的入口处。12 月～次年 4 月期间有管理员导览的项目。园内没有其他设施，但距离大城市图森比较近，所以也没有什么不便之处。

季节与气候 Seasons and Climate

图森的旅游旺季是这里温暖的冬季。12 月～次年 3 月期间虽然是雨季，但雨过天晴后，沙漠上会盛开各种颜色的花朵。仙人掌花是在 5 月份左右开放。7~9 月期间有时气温会超过 40℃，地面温度有时甚至超过 60℃。这一时期要小心突然袭来的雷阵雨。

仙人掌国家公园东区的气候数据 日出・日落时刻根据年份可能会有细微变化

月	1	2	3	4	5	6	7	8	9	10	11	12
最高气温（℃）	19	21	24	28	33	38	38	37	35	29	23	19
最低气温（℃）	6	7	9	12	17	22	25	24	22	16	9	6
降水量（mm）	26	24	22	8	5	7	49	57	32	31	17	26
日出（15 日）	7:24	7:06	6:33	5:55	5:26	5:16	5:27	5:47	6:06	6:26	6:51	7:16
日落（15 日）	17:40	18:08	18:31	18:52	19:13	19:31	19:31	19:08	18:31	17:52	17:23	17:19

Wildlife

世界上最大的仙人掌

世界上最大的仙人掌是生长在墨西哥的加利福尼亚半岛上的 Cardon 仙人掌。虽然外形和花蕾都酷似巨人柱仙人掌（Carnegia gigantea），但是 Cardon 仙人掌属于摩天柱属中的武伦柱（pachycereus pringlei）种。这种摩天柱的特点是从根部附近直接长出壁柱，高度可达 15~20 米，重量可达 25 吨，比巨人柱要大得多。

Visitor Center
☎（520）733-5153
开 9:00~17:00 休 12/25
※ 游客服务中心的公共厕所夜间关闭。

其他设施

没有任何其他设施。可以在沙漠博物馆就餐

桶形仙人掌 Barrel Cactus

仙人掌国家公园 主要景点

仙人掌国家公园西区

Saguaso West（Tucson Mountain District）

初级 Valley View Overlook Trail
适宜季节▶ 10 月～次年 5 月
距离▶往返 1.3 公里
所需时间▶ 30 分钟
出发地▶ Bajada Loop Dr. 途中

由于这里仙人掌密集度较高（包含小型仙人掌在内大约有 100 万棵）所以游览这个区域的游客较多。驶过游客服务中心后不久，有一条 6 英里（约 9.7 公里）长的非铺装道路（土路）——巴佳达环路 Bajada Loop Drive，沿途还设有停车场和徒步步道。

仙人掌国家公园东区

Saguaro East（Lincon Mountain District）

初级 Desert Ecology Trail
适宜季节▶ 10 月～次年 5 月
距离▶ 1 周 400 米
所需时间▶ 15 分钟
出发地▶ Cactus Forset Dr. 途中

位于海拔 2000 多米的群山脚下，山麓的原野上大约有 25 万多棵仙人掌，而山上却生长着加拿大常见的针叶植物，冬季的时候山顶上会有积雪。园内有一条长 8 英里（约 12.9 公里）的游览道路——仙人掌林道路 Cactus Forset Drive。

仙人掌国家公园 住宿设施

园内没有任何住宿设施，园外附近有几家 B&B。图森有 100 多间酒店，即便不提前预约也可以很轻松地找到酒店。旅游旺季是在冬季。I-10 的 Exit256/257/264 附近以及机场周边有许多汽车旅馆。

园内虽然没有宿营地，但西区的沙漠博物馆附近的 Tuson Mountain Park 内有 130 个帐篷位（$10~20）。

在附近城镇住宿

希尔顿酒店占地广阔，设施齐全

希尔顿图森征服者度假酒店

Hilton Tucson El Conquistador

位于城外北侧的大型度假酒店，高尔夫和网球设施比较齐全。从 I-10 的 Exit 248 进入 Ina Rd. 后向东行驶，走过一段距离后左转至 Oracle Rd.，再继续行驶一段距离便可以看到位于道路右侧的酒店了。房间内有保险柜、迷你吧。商务中心的 PC 可以 24 小时供客人使用。有投币式洗衣房。共 428 间客房。

真想在这间度假酒店里多住一些日子

住 10000 N. Oracle Rd. Tucson, AZ 85704
☎（520）544-5000 Free 1800-4445-8667
URL www.hilton.com
on $139~389 off $99~268
信用卡 ⒶⒹⒿⓂⓋ

图森 Tucson, AZ 84743 约 100 间

旅馆名称	地址·电话	费用	信用卡·其他
Casa Tierra Adobe B&B Inn	住 11155 W. Calle Pima ☎（520）578-3058 Free 1866-254-0006 URL www.casatierratucson.com	on $195~285 off $150~235	ⒶⓂⓋ 位于沙漠博物馆旁的美丽建筑。共有 4 间客房。附带美式早餐。2 晚起订。
Crikckethead Inn B&B	住 9480 Picture Rocks Rd. ☎（520）682-7126 URL www.cricketheadinn.com	on off $85	ⓂⓋ 紧邻公园的西北侧。共 3 间客房。2 晚起订。
Hyatt Place Tucson Airport	住 6885 S. Tucson Blvd. ☎（520）295-0405 Free 1800-233-1234 URL www.hyatt.com	on off $129~132	ⒶⒹⒿⓂⓋ 位于机场附近。可免费接送机。酒店的服务很受好评。含早餐。Wi-Fi 免费。有咖啡厅、客用 PC。全馆禁烟。

富有喜感的巨人

尾巴很短的山猫

摩天柱仙人掌 Saguaro（重音在 ua 上）的样子就像是怒目而立的金刚。只生长于索诺拉沙漠，高 5~15 米，重量可达 10 吨。茎上有许多褶皱状隆起部分，这些部分正是仙人掌的生存秘诀所在。下雨时，褶皱状隆起部分膨胀，内部的海绵状结构可以大量吸收水分。一次吸收的水分可达 760 升，可供一年使用。到了 5 月，顶端会开出白色花朵，果实和种子是当地动物及人类的重要食物来源。

摩天柱仙人掌生长十分缓慢。从发芽到开花需要 30 年的时间，经过 50~75 年才会长出"手臂"。寿命可达 200 年。

与摩天柱仙人掌共生的动物们

气势恢宏的摩天柱仙人掌很容易引起人们的注意，但也不要忘记观察脚下的世界。在索诺拉沙漠生长着以摩天柱仙人掌为代表的 150 多种仙人掌。

啄木鸟会在摩天柱仙人掌上啄出洞并住在里面。这种巢穴白天凉爽，夜晚温暖，阻热效果非常好。啄木鸟每年都要建造新家，红隼（一种体形较小的鹰类）、猫头鹰等鸟类会进入被啄木鸟废弃的巢穴居住。

走鹃 Greater Roadrunner 是一种比较怪异的鸟类。这种鸟不擅长飞翔，逃跑时可以在地面上以 30 公里的时速狂奔。身上有白褐相间的斑纹，头顶上的羽毛倒立着。

在沙漠里，绝大多数动物都为夜行性，白天相对容易见到的是蜥蜴。这里栖息着世界上稀有毒蜥蜴 Gila Monster（体长 30~50 厘米），在此游览时一定要注意脚下。当然，还能见到蝎子和蛇。据说还有一种能把响尾蛇吃掉的可怕的蛇。

到了夜里，狐狸、兔子、蝙蝠、乌龟等动物开始活动。捕食小动物的郊狼也会出现，还有许多形似野猪的西貒 Javelina。生长着摩天柱仙人掌的沙漠，其实是一片生机盎然的土地。

啄木鸟似乎对特定的仙人掌有偏好，有些仙人掌上住着许多啄木鸟

在生长多年以后，仙人掌上会逐渐长出"手臂"

Side Trip

图森近郊的景点

沙漠博物馆
Arizona-Sonora Desert Museum

紧邻仙人掌国家公园西区而建的博物馆，不过实际上就是动物园和植物园。这里汇集了美洲狮、山猫、姬鸮、蜂鸟等 300 多种栖息于沙漠中的动物以及 1200 多种植物。白天很难见到野生动物的踪影，需要耐心等待。

MAP p.428 ☎（520）883-2702

URL www.desertmuseum.org

开 8:30~17:00。3~9 月是 7:30~；6~8 月是周日～周五 7:30~17:00，周六至 22:00，周一休业。

费 $19.50、13~17 岁 $15.50、4~12 岁 $6

上／公园面积广大，树荫很少。夏季非常炎热，徒步游览时应带上饮用水
下／可以仔细观察颜色似宝石的蜂鸟

老图森 Old Tucson

哥伦比亚电影公司为了拍摄需要，仿照 19 世纪 60 年代的图森而建的外景基地。有 300 多部电影及电视剧曾在这里拍摄。在这里，仿佛怀特·厄普（美国西部开拓时代的治安官——译者注）会随时出现，经常有枪战场面的表演以及影评活动。在图森通往仙人掌国家公园西区的 Gates Pass Rd. 与 Kinney Rd. 交汇处左转可至。

☎（520）883-0100 URL oldtucson.com

开 冬季 10:00~18:00、春季 ~秋季只限周末营业 10:00~17:00。由于拍摄等原因可能会有不定期的休园 费 $17.95/4~11 岁是 $10.95

表演开始前可以在外景基地内随意转转

基特峰国家天文台
Kitt Peak National Observatory

从图森向西南行驶 56 英里（约 90 公里）可至。这座天文台位于海拔 2096 米的基特峰，是世界顶级规模的天文台。这里有包括一架 381 厘米口径反射望远镜在内的 22 架光学望远镜以及 2 架射电望远镜，还有世界上最大的太阳望远镜。天文台不隶属于特定的大学，半数以上的观测时间都对世界各国的研究人员开放。台内设有游客服务中心（9:00~16:00），白天虽然也可以参观，但建议参加晚上的游客星空观测活动（需要预约）。游客可以一边吃着简单的餐食一边观赏日落，之后便可以通过 51 厘米口径的望远镜观看星空。开始时间会有所变化，预约时应确认清楚。在夏至前后，待活动结束回到图森，应该已经是次日凌晨了。天气状况不佳时，活动会改为放映相关影像。没有供暖设备，着装应注意保暖。

前往这里时，从 I-9 的 Exit 99 进入 Ajo Way 后一直向西行驶。按标识指示走完 12 英里（约 19 公里）山路。从图森市内出发需 1 小时 30 分钟。不适合 8 岁以下儿童。

☎（520）318-8726

URL www.noao.edu

费 ＄49。含茶点

休 11 月的第四个周四、12/25、1/1

夜间的观测活动极有人气，需提前 1 个月预约

Notes **有关基特峰的追加信息** 这里的团体游有许多特殊规定，应仔细了解。另外，返回图森时途中有边境检查站，所以出行时不要忘记带护照以及回国的机票（电子机票）。

Side Trip

奇里卡瓦国家保护区 Chiricahua National Monument

铺装道路的终点——马塞观景点

从图森向东行驶2小时。在一望无际的沙漠地带的中心，有许多点缀着绿色的小山相连。这里被称为"沙海中的小岛"，2700万年前此地发生了一次火山大喷发，其规模是圣海伦火山喷发的1000倍。当时形成的火山岩（流纹岩 rhyolite）在风和昼夜温差的作用下受到侵蚀，变成了形状怪异的岩塔群。西南大环线上有无数的奇山怪石，但是这里的岩石仿佛是墓地上的墓碑，令人望而生畏，在其他任何公园都看不到这样特别的景观。尽管从图森这样的城市前往这里可以轻松地当日往返，但游客却非常稀少。寂静的山谷里响起阵阵风声，就像是无数的亡灵在呻吟。游客们不想来此旅游的心情很容易理解。

这里地理位置特殊，有4种生态系统交会于此，在动植物的多样性上，尤其是候鸟的数量上全美首屈一指。山的东面（从保护区入口沿未铺装道路向南行驶1小时），有以观测蜂鸟而闻名的 Portal 小镇。

前往这里时，可从图森沿 I-10 向东行驶 80 英里（约 129 公里），在 Willcox 进入 AZ-186 后前行 35 英里（约 56 公里）。保护区内，全长 8 英里（约 12.9 公里）的道路旁也有奇峰，可以驾车到终点马塞观景点 Massai Point 后原路返回，但如果有时间的话，可以下车在步道上徒步游览 30 分钟。回音谷步道 Echo Canyon Trail（1周 5.5 公里，用时 2 小时左右）很值得推荐。时间充裕的话，还可以游览一下岩石之心 Heart of Rocks（往返 12 公里，用时 4 小时左右。高度落差 186 米）。这些景点的海拔高度都在 2000 米以上，气温比图森低很多，冬季有积雪。

知名度不高，但可谓是奇峰怪石的宝库

保护区内的设施只有游客服务中心和宿营地（$12）。Willcox 有汽车旅馆（10 家），并且有加油站和餐厅。

MAP 文前图① D-3　URL www.nps.gov/chir

游客服务中心

开 8:30~16:30　休 11 月第四个周四、12/25

☎（520）824-3560　费 免费

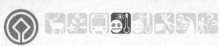

卡尔斯巴德洞窟国家公园

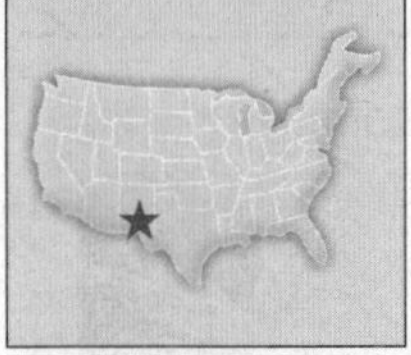

Carlsbad Caverns National Park

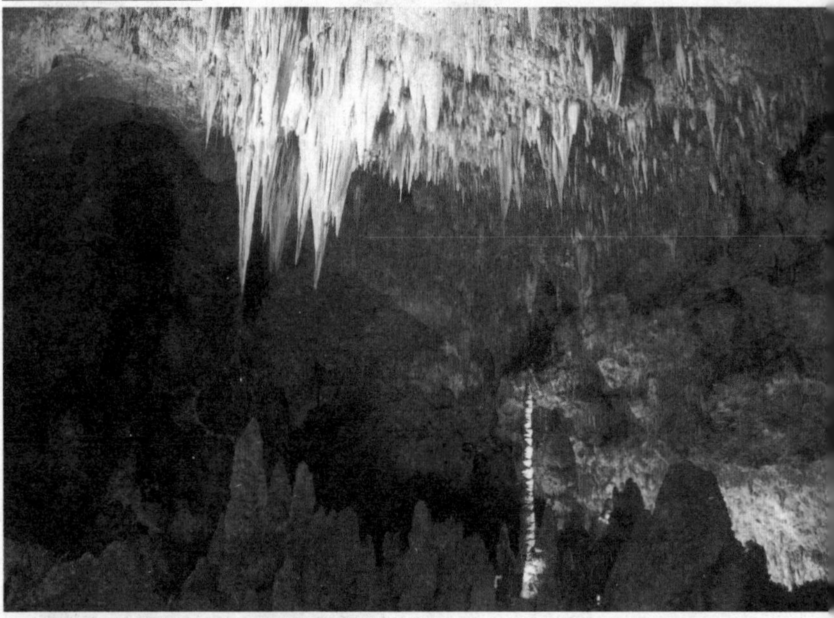

世界上的溶洞多如牛毛，但这里的钟乳石无论是造型还是气势都胜过其他地方

新墨西哥州 New Mexico
MAP 文前图① D-4

距今大约 2 亿年前，沉积于海底的珊瑚礁（石灰层）经过数百万年的时间抬升至地表，在雨水的侵蚀下形成了巨大的溶洞。在瓜达卢佩山脉东坡海拔 1343 米处的卡尔斯巴德有世界级规模的溶洞群。其中，龙舌兰洞穴 Lechuguilla Cave 深 489 米，长 223 公里，位居世界第七（在目前已探明的溶洞中），现在勘察工作仍在继续。在满是灌木丛的荒野中，类似这样的溶洞竟然超过 100 个，实在令人称奇。

但是，卡尔斯巴德的魅力不仅体现在规模上，洞中钟乳石的多彩造型更是美不胜收。面对这样的溶洞，我们无法用语言来形容它的美丽。

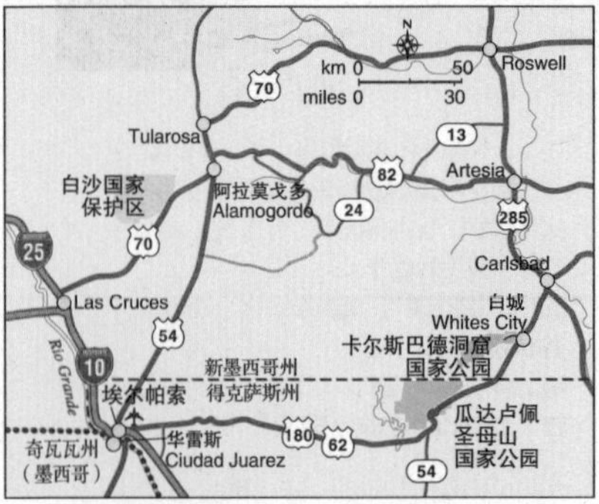

让人吃惊的还不止这些。每到傍晚时分，栖息于洞内的蝙蝠便开始飞舞着四处寻找食物，其数量达 40 万只。如此场景，不禁让人目瞪口呆。这个保护区位置比较偏僻，但绝对值得一去。

N
km 0 50
miles 0 30
Roswell
70
Tularosa
13
白沙国家保护区
阿拉莫戈多
Alamogordo
82
Artesia
24
285
25
70
Carlsbad
Las Cruces
白城
Whites City
54
Rio Grande
卡尔斯巴德洞窟国家公园
10
新墨西哥州
得克萨斯州
埃尔帕索
瓜达卢佩圣母山国家公园
华雷斯
Ciudad Juarez
奇瓦瓦州（墨西哥）
180
62
54

注意关卡　由于地处与墨西哥交界的附近，关卡较多，如果没有随身携带护照或者回程的机票（电子机票），可能会被卷入很烦琐的盘查过程之中。另外与埃尔帕索隔河（格兰德河）相望的是墨西哥的旅游城↗

交通

门户城市是得克萨斯州的埃尔帕索 El Paso。推荐从这里租车，结合白沙国家保护区一起游览。虽然从埃尔帕索出发到卡尔斯巴德洞窟国家公园可以当天往返，但行程十分紧张，不推荐这样旅行。特别是如果想要看蝙蝠飞翔的话，最好可以在公园周边住宿 1 晚。

公园大门紧邻白城小镇 Whites City，从埃尔帕索也有到这里的长途巴士，但是没有从小镇去往洞穴入口的公共交通，就连叫出租车都比较困难。

飞机 Airlines

埃尔帕索国际机场　El Paso International Airport（ELP）

每天有 100 多架航班从这座机场起降。美联航每天有 3 个航班从丹佛飞往此地（所需时间 2 小时）；美国航空有从达拉斯飞来的 7 个航班（2 小时）、从芝加哥飞来的 1 班（3 个多小时）。

机场内汇集了各大汽车租赁公司的服务网点。

长途巴士 Bus

每天有从各个方向驶来的灰狗巴士。洛杉矶每天有 5 趟车可以到达这里，所需时间 16~17 小时。图森每天有 4 趟车可以到达这里，5~6 小时。

铁路 Amtrak

横贯美国大陆的 Sunset Limited 号（洛杉矶 ~ 新奥尔良）每周有 3 趟车可以在这里停车。从洛杉矶出发到达这里需要 17 小时，从图森出发大约需要 6 小时。

租车自驾 Rent-A-Car

从埃尔帕索机场出发沿 US-62/180 向东行驶，驶过州境后不久便可以到达白城小镇。距离埃尔帕索 145 英里（232 公里），所需时间 3 小时。从白城左转马上就可以看到公园的大门了。沿着两旁长满仙人掌的山路行驶大约 7 英里（约 11 公里）便可到达游客服务中心。

值得注意的是，从卡尔斯巴德洞窟国家公园返回埃尔帕索时，沿途基本没有加油站。公园大门外侧的白城有加油站，千万不要忘记在这里把油加满再返回。如果这个加油站没有营业，只能到距离这里以东 30 分钟车程的 Carlsbad 小镇去加油了。

卡尔斯巴德洞窟国家公园 漫 步

来到这里主要是游览钟乳洞。洞内共有 2 条游览线路和 6 个由管理员导览的项目，请根据自身的实际情况，选择适合自己的线路。如果准备参加导览项目，最好提前进行预约。尤其是夏季可能早在几天前就已经预约满了。

有蝙蝠的季节是在 4~10 月份，黄昏时分蝙蝠倾巢出动的场面特别震撼。从洞口关闭到日落还有一段时间，可以回到白城吃个饭再返回来观看。

DATA

时区▶ 山地标准时间 MST（不采用夏时制）
☎（575）785-2232
URL www.nps.gov/cave
开 夜间关闭
休 11 月第四个周四、12/25、1/1
宜游期 全年
费 每辆车 $10（有效期 3 天）
被列为国家保护区▶ 1923 年
被列为国家公园▶ 1930 年
被列为世界遗产▶ 1995 年
面　积▶ 189 平方公里
接待游客▶约 40 万人次
园内最高点▶ 1987 米
园内最低点▶地表以下 489 米
哺乳类▶ 67 种
鸟　类▶ 357 种
两栖类 & 爬行类▶ 55 种
植　物▶约 900 种

ELP ☎（915）780-4749
Alamo ☎（915）778-9417
Avis ☎（915）779-2700
Budget ☎（915）779-2532
Dollar ☎（915）778-5445
Hertz ☎（915）775-6960
National ☎（915）778-9417

埃尔帕索长途巴士站
住 200 W. San Antonio St.
☎（915）532-5095
开 24 小时

埃尔帕索火车站
住 700 W. San Francisco Ave.
☎（915）545-2247
开 9:15~16:30

最近的 AAA
道路救援
Free 1800-222-4357
El Paso
住 5867 Mesa St.
☎（915）778-9521
开 周一 ~ 周五　9:00~18:00
　周六　9:00~13:00

↗市——华雷斯 Juarez。这座城市近几年来，与毒品相关的杀人事件多有发生。不要轻易越境。对于盘查工作也要尽量配合，都是些无关紧要的问题，千万不要急躁。

注意！
进洞后一定要沿着规定线路前行，不要用手触摸钟乳石。哪怕只是用手轻轻碰一下，手上的油脂或者污渍就会影响这些钟乳石的成长，可能它们几万年的艰辛成长史因为你的一摸就此结束。禁止吃口香糖。不能带婴儿车入内。禁烟。

Visitor Center
☎（505）785-2232
开 9:00~17:00。5月下旬~9月上旬至19:00
休 12/25

地下世界夏季也很冷！
洞内恒温13℃。请带一件外套进洞。参观步道虽然修整得不错，但洞内路面湿滑，千万不要穿凉拖入洞。

拍照事宜
洞内可以使用闪光灯、三脚架和摄像机。需要注意洞内光线比较暗。另外，皇宫之旅是不能携带三脚架的。因为洞内没有可以预存三脚架的地方，需要返回车内。

初级 Natural Entrance Route
适宜季节▶全年
距离▶单程2公里
海拔差▶约229米
所需时间▶到达地下的 Lunch Room 下行需要1小时

开 8:30~15:30
费 只需要支付公园门票
休 11月第四个周四、12/25、1/1

另外，淡季的时候公园关门的时间特别早，如果不早一点到达这里的话恐怕转不完所有景点。

获取信息 Information

Visitor Center

到达游客服务中心以后，先在停车场舒缓一下身体来个深呼吸。奇瓦瓦沙漠特有的植物缔造出曼妙的风景，再加上远处圆弧形的地平线，这画面简直美极了。

正午的时候这里会十分拥挤，建议尽早到达

游客服务中心内有关于钟乳洞和蝙蝠的展品，还有一个小短片是关于蝙蝠倾巢出动的介绍。可以在这里申请参加团体游，跟管理员一起探访地下的世界。

季节与气候 Seasons and Climate

尽管盛夏季节地上温度高达35℃、寒冬季节最低气温0℃，洞内却是终年恒温13℃。6~9月上旬游客众多，皇宫之旅 King Palace Tour 和屠杀峡谷之旅 Slaughter Canyon Cave Tour 很难预约。另外，公园的另一大看点——蝙蝠飞翔是在每年的4月中旬~10月中旬期间，旅游旺季是在8月，请参考以上信息制订自己的旅行计划。

卡尔斯巴德洞窟国家公园 主要景点

主廊
Main Corridor

连接地表洞穴与地底的细长钟乳洞。参观这里需要沿着一条叫作天然入口线路 Natural Entrance Route 的"之"字形步道向下走。向游客服务中心方向，从右侧的出口在地面上走300米，听完管理员讲解注意事项后，就可以自由进洞了。

眼前是一个天然的洞口，直通地下黑漆深邃的洞穴，白天蝙蝠们在蝙蝠洞 Bat Cave 内休息。接下来沿途会见到恶魔之泉 Devil's Spring、鲸鱼嘴 Whale's Mouth、女巫手指 Witch's Finger 等钟乳石，一口气便下到等同于83层楼高的地下世界。

主廊沿途的"恶魔之泉"

Notes **其他设施** 游客服务中心内有餐厅和商店。乘坐电梯下到地下230米还有食堂和厕所。除此之外，地下能饮水，不能吃东西。

回过神来才发现，原来地面上的光已经完全照不到这里，我们现在进入到了一个神秘的世界。步道的终点是位于地下 230 米的 Lunch Room。稍事休息后可以选择去 Big Room 转一圈，或者参加皇宫之旅的团体游项目。回程只需乘坐电梯，便可瞬间回到现实世界中。

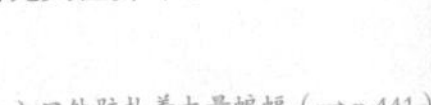
入口处驻扎着大量蝙蝠（→p.441）

TriVia 蝙蝠粪　20 世纪初期，人们对蝙蝠洞内堆积的蝙蝠粪进行了采集。这些蝙蝠粪被用来制成化妆品和有机肥料。

初级 Big Room Route
适宜季节▶全年
距离▶ 1 周 1.6 公里
海拔差▶几乎没有
所需时间▶ 1 周 1~2 小时
开 8:30~15:30
费 只需要支付公园门票
休 地下的 Lunch Room
※ 轮椅可用
设施 公共厕所

洞穴大排行（本书调查时）
世界最深……地下 2197 米
格鲁吉亚 Krubera Cave
全美最深 1102 米（熔岩洞）
夏威夷州 Kazumura Cave
全美最深钟乳洞……489 米
龙舌兰洞穴 Lechuguilla Cave
世界最长
① 652 公里 肯塔基州
Mammoth Cave
② 319 公里 墨西哥
Sistema Sac Actun（海里）
③ 277 公里 南达科他州
Jewel Cave（→ p.423）
④ 257 公里 墨西哥
Sistema Ox Bel Ha（海里）
⑤ 236 公里 乌克兰
Optymistychna
⑥ 229 公里 南达科他州
Wind Cave（→ p.423）
⑦ 223 公里 龙舌兰洞穴
中国最长 洞穴
138 公里 贵州双河溶洞

Ranger King's Palace Tour
距离▶ 1 周 1.6 公里
所需时间▶ 1 小时 30 分钟
时间 10:00。5 月下旬~8 月上旬是 9:00、10:30、12:00、15:00
费 $8、6~15 岁半价
※4 岁以上方可参加。
集合 地下的 Lunch Room
Free 1877-444-6777
网 www.recreation.gov

GEOLOGY
龙舌兰洞穴
位于公园北部的龙舌兰洞穴是全美最深和全世界第七长的洞穴，不仅如此洞内钟乳石的精美程度也很值得关注，不过该洞目前尚处于调查阶段，还没有对外开放。由于洞穴十分庞大，有部分区域是位于公园管辖范围之外的，这些区域的地面有油田或者天然气的开发计划。一旦开始挖掘可能会对洞穴造成严重的影响。最有意思的是，这些土地是属于土地管理局的管辖范围之下的，也就是说到底是保护还是开发都取决于国家政策。

大屋
Big Room

洞顶高 80 米左右，洞内空间有 6 个橄榄球场那么大，也是全美最大的独立地下空间，在世界上也是较大级别的。既可以沿着上述的主廊步道一路走下来，也可以从游客服务中心乘坐电梯一口气下到地下 230 米，单独游览大屋线路。

而且这里不仅仅是空间较大，大大小小的钟乳也都是表情各异多彩万分。太阳寺庙 Temple of the Sun、巨人的房间 Hall of Giants、千年岩石 Rock of Ages、精灵国度 Fairyland、图腾柱 Totem Pole、娃娃剧场 Doll’s Theater 等有特点的自然艺术层出不穷。还可以从无底地狱 Bottomless Pit 或者下洞观景点 Lower Cave View，探访更深一层的黑暗洞穴。

美景廊
Scenic Room

如果不参加皇宫之旅的团体游是不能参观这个景点的。这里的美艳程度也是世界知名的，在这个区域内色彩斑斓的钟乳石群相对比较集中，有机会的话一定要来看看。淡季的时候到达游客服务中心后马上就可以报名参加，旺季时则需要提前几天预约。建议提早通过电话预约，这样最为稳妥。

出发地点位于 Lunch Room，可以乘坐电梯或者选择徒步（天然入口线路）下到出发地。沿途可以看到有无数钟乳石垂下的绿湖 Green Lake Room、滴落下的钙化泉华形成了宛如婴儿床的花边一般的婴儿房 Papoose Room、有着透光窗帘状的钟乳石的便是女王寝室 Queen’s Chamber。本次旅行的最大的亮点是皇宫 King’s Palace。大自然缔造出来的别具匠心的装饰品比比皆是，真不愧为是华丽的皇宫。这个区域也是普通游客可以沿步道下到的最深处，距离地表 253 米。

值得注意的是，在众多巨大的钟乳石群中有一块貌似很容易被忽略的小石头——害羞的小象 Bashful Elephant，但却是最受游客喜爱的石头。小象腼腆地背对着大家露出可爱的小屁股，十分形象、可爱！另外，大小各异的粒状钟乳石形成的、宛如含羞草一般的“爆米花”也很值得一看。有些石笋只有半边是爆米花形状的，这是由于洞内有微弱的风穿过。根据这一迹象，可以知道洞穴内风的流向，还可以推出未知洞穴的位置。

正如其名，“皇宫”真是一座壮丽的宫殿

蝙蝠飞翔
The Bat Flight

栖息在卡尔斯巴德洞窟国家公园的蝙蝠们，每年 6 月开始在这里繁

TriVia 穴崖燕 天然入口附近未到黄昏之前会有一些鸟类在上空盘旋，不要误以为这些是蝙蝠，这是穴崖燕 Cave Swallow。大约有 1 万只左右栖息在这附近，据说是全美最大的一群。

殖，当进入开始下霜的冬季后为了躲避严寒，它们会迁往墨西哥过冬。大约 5 月下旬 ~10 月下旬期间（每年都会有所变化）蝙蝠们会继续回到公园，每天傍晚，都会“上演”相当震撼的蝙蝠倾巢出动的飞翔秀。

尤其是住在位于主廊的蝙蝠洞内的蝙蝠们，它们白天会在洞穴顶部休息，待到太阳落山时倾巢出动寻觅食物。8 月份的时候包含蝙蝠幼崽，大约有 40 万只蝙蝠倾巢而出。它们排列成螺旋形的队列，一波接一波地从洞穴中飞出，在东边的天空中画出一条黑色的丝带。这个过程大约持续 30 分钟左右。

日落 30 分钟 ~1 小时前，洞穴前的露天剧场内会有公园管理员在现场讲解，可以一边听讲解一边等待观看蝙蝠倾巢而出。它们“上班”的时间每天都会有不同的变化，不过大多数时候是在日落前 15 分钟开始出洞。请在游客服务中心提前确认好时间。观看完蝙蝠飞翔后回程的路一片漆黑，最好带上一个手电筒。

禁止拍照！

为了不给蝙蝠带来任何恶劣影响，无论是否使用闪光灯，都禁止拍照摄影。照相机、录像机、手机一律禁止使用。

蝙蝠的传染病

加拿大东部与美国中部东侧地区，现在正有大量的蝙蝠由于感染了白鼻综合征而死去。在过去 7 年内去过俄克拉荷马州以东有蝙蝠栖息的洞穴的游客，应尽量避免穿着当时进洞时所穿的衣服、鞋帽等进入卡尔斯巴德洞窟。

Wildlife

关于蝙蝠的一些认识

蝙蝠是哺乳动物中唯一能够飞行的动物（鼯鼠只能像滑翔机那样在空中滑行而不能靠自身力量飞行），这种特殊的能力加之其大耳利齿的形象会让人觉得它们非常可怕。所以，有关蝙蝠的一些错误认识也广为流传。

●蝙蝠会吃掉农作物？

虽然有吃植物果实的蝙蝠，但大多数蝙蝠主要以昆虫为食。它们可以把对人类有害的蚊子吃掉。

●蝙蝠会吸人血？

确实有吸血蝙蝠，但至少卡尔斯巴德的蝙蝠是不吸食人血的。

●蝙蝠的眼睛看不见？

人类如果长时间待在黑暗场所，突然见到光亮时，由于不适应会出现视力暂时下降的情况。蝙蝠也一样，只是对阳光不适应而已。

●蝙蝠倒立着产子？

此说法是正确的。蝙蝠确实是倒挂在黑暗的洞穴顶部产子。每年 6 月产子，1 次只生 1 只小蝙蝠。小蝙蝠出生后也马上就倒挂在洞顶，在这种状态下吃奶、睡觉，一直持续 1 个月。是的，蝙蝠属于哺乳动物，这一点毫无疑问。到了 8 月，小蝙蝠就可以跟随着成年蝙蝠捕食昆虫了。进入秋季后，蝙蝠们便飞往墨西哥准备过冬。

墨西哥无尾蝙蝠

在卡尔斯巴德栖息着 17 种蝙蝠，但绝大部分是墨西哥（或巴西）无尾蝙蝠 Mexico Free-tailed Bat。这种蝙蝠体长 4.5~12 厘米，前肢展开后有 3~6 厘米长，体重仅 7~64 克，是一种非常小的动物。

狂犬病与蝙蝠

不光是在卡尔斯巴德，在美国旅行期间，万一被飞着的蝙蝠撞到则一定要引起高度的注意。正常情况下蝙蝠会从人类身边躲开，如果主动撞向人类则很可能是狂犬病 Rabies 发作导致的。被撞后应仔细检查身上是否有蝙蝠留下的咬痕。蝙蝠的嘴很小，所以即便发现了类似蚊虫叮咬后的伤口也应立即用肥皂和水认真清洗，而且必须在当天注射狂犬病疫苗（详细内容参见→ p481）。

卡尔斯巴德的蝙蝠中有 1% 为狂犬病病毒阳性，好在即使发病蝙蝠一般也不会有攻击行为，基本上都是身体衰弱后安静地死去。看见蹲着的蝙蝠或者蝙蝠尸体时不要用手触摸，应马上告知公园管理员。千万不要觉得“这也太夸张了吧”。在美国，每年都有很多人因蝙蝠而染上狂犬病，其中大部分人会立即清洗并接受疫苗注射，从而保住性命。不要忘记，一旦发病，狂犬病感染者的死亡率为 100%。

©NPS

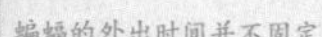
蝙蝠的外出时间并不固定

Trivia **庞大的蝙蝠群** 在卡尔斯巴德栖息着大约 40 只蝙蝠。据说在 20 世纪 30 年代多达 870 万只，后来因在越冬地墨西哥受到农药侵害，数量骤减。

探险之旅的预约方法

Free 1877-444-6777

URL www.recreation.gov

休 11 月第四个周四、12/25、1/1

※ 夏季时提前数周以前就会被预约满，请提前做好准备。儿童半价。

参加时的注意事项

除屠杀峡谷之旅以外，其他探险之旅都是从游客服务中心出发。

参加上述探险之旅时一定要穿着比较方便行走的鞋子。一定要带上足够的饮用水。公园可以租借安全帽、皮革手套、前置头灯、护膝护肘。另外参加探险之旅难免会弄脏衣服，请做好心理准备。

穿着参加其他团体游时的脏衣服，不可参加本次探险之旅。

虽然允许携带照相机，但是多数线路都不可以携带背包。所有线路都不可使用三脚架。

下洞之旅有多处需要凭借绳索向下移动

洞穴探险 Caving

这里所指的探险不是在主洞的已经铺设好的步道上游览，而是跟随管理员一起去到更加深一层的几乎没有被开发的洞穴去探险。头戴安全帽和头灯，手拿手电筒跟随管理员一起去发掘野外的秘密吧！

还有如此狭窄的地方哦，可以充分地满足你的好奇心

左手隧道
Left Hand Tunnel

凭借蜡烛灯笼的微弱灯光前行的线路。作为探险路径来说这一条相对比较轻松，适合初级探险爱好者挑战。

下洞
Lower Cave

这条路径可以看到以前的开拓探险者们留下的痕迹，沿途还有多彩的钟乳石群。需要注意的是中途有部分地区需要靠绳索向下移动。可以借给游客前置头灯，但需要自带 3 节 5 号电池（AA）。

大白洞
Hole of the White Giant

艰难而具有挑战的一条路径。需要匍匐前进、攀岩、爬过狭窄的岩石缝隙等各种高难度动作，适合追求高标准冒险刺激的游客。需要自带 3 节 5 号电池（AA）。

蜘蛛洞
Spider Cave

对于洞穴探险爱好者来说这里简直是冒险的天堂。从游客服务中心到达洞穴入口处大约有 800 米深。从入口开始进洞需要贴着洞壁匍匐前进，有时候还需要攀爬岩石壁。沿途能看到的钟乳石群多姿多彩。这条线路不仅受到专业探洞家们的好评，还是公园管理局最具代表性的探险路径。需要自带 3 节 5 号电池（AA）。

线路名称	出发日期	集合时间	所需时间	费用（儿童半价）	人数	年龄限制
Left Hand Tunnel	夏季 周一、周三、周日 冬季 周三、周日	13:30 13:30	2 小时	$7	15	6 岁 ~
Lower Cave	夏季 周日、周二、周四、周六 冬季 周二、周四、周六	08:30 10:30	3 小时	$20	12	12 岁 ~
Hall of the White Giant	夏季 周一 冬季 周一	08:30 10:30	4 小时	$20	8	12 岁 ~
Spider Cave	夏季 周三 冬季 周五	08:30 10:30	4 小时	$20	8	12 岁 ~
Slaughter Canyon Cave	夏季 周五 冬季 周六	8:30 9:00	5 小时 30 分钟	$15	25	8 岁 ~

Side Trip 核桃谷 Walnut Canyon　游客服务中心前方有一条单行道，可以欣赏地面上的自然景观，虽然是土路但是普通车辆也可以行驶。单程需要 40 分钟。

屠杀峡谷之旅
Slaughter Canyon Cave

所有探洞之旅中最惊险刺激的一条线路。这个洞穴是在20世纪30年代后半期才被发现的，看点有酷似一个巨大圣诞树Christmas Tree和万里长城China Wall的钟乳石。只有这条线路的出发地点不在游客服务中心，而是位于从白城沿US-62/180向埃尔帕索方向行驶5英里（约8公里），然后沿着Slaughter Canyon Cave的标识右转，之后沿着土路行驶11英里（约17.7公里）便可到达停车场。从停车场走到洞穴入口还需要爬30~40分钟的山路。建议提前15分钟到达集合地点。需要自带3节5号电池（AA）。

卡尔斯巴德洞窟国家公园 住宿设施

园内既没有住宿设施也没有宿营地，邻近公园大门的白城小镇有汽车旅馆和房车营地。另外，卡尔斯巴德也有许多汽车旅馆。

白城 White City, NM 88268 紧邻公园大门 约2间

旅馆名称	地址·电话	费用	信用卡·其他
Rodeway Inn	住 6 Carlsbad Caverns Hwy. ☎（575）785-2296 Free 1877-424-6423 URL www.rodewayinn.com	on off $105	ADJMV 有餐厅。Wi-Fi免费。不是全好评，建议你先进店看一下再决定是否住宿。

卡尔斯巴德 Carlsbad, NM 88220 距离公园大门25英里（约40公里） 约20间

旅馆名称	地址·电话	费用	信用卡·其他
Best Western Stevens Inn	住 1829 S. Canal St. ☎（575）887-2851 FAX（575）887-6338 Free 1800-730-2851 URL www.bestwestern.com	on off $154~172	ADMV 位于US-62/180沿途。驶过US-285的交叉路口，马上就可以看到位于道路左侧的大型汽车旅馆。有投币式洗衣房。Wi-Fi免费。
Holiday Inn Express	住 2210 W. Pierce ☎（575）234-1252 FAX（575）234-1253 Free 1800-465-4329 URL www.hiexpress.com	on off $339~379	ADMV 位于城镇北侧。US-283沿线。附带早餐。有投币式洗衣房。全馆禁烟。Wi-Fi免费。
Super 8	住 3817 National Parks Hwy. ☎（575）887-8888 FAX（575）885-0126 Free 1800-454-3213 URL www.super8.com	on off $114~135	ADJMV 位于US-62/180沿途。US-285交叉路口前方。附带早餐。Wi-Fi免费。

Side Trip

瓜达卢佩山国家公园
Guadalupe Mountains National Park

位于从埃尔帕索通往卡尔斯巴德的US-62/180途中靠近州界处。这里有露出地表的二叠纪珊瑚礁等地质学上罕见的区域并以此闻名世界。不过对于普通游客来说可能是一个并不太重要的地方。虽说如此，但其实这里也绝非不值得一去。到这里可以体验一下McKittrick Canyon Trail（往返需1小时左右。距游客服务中心7英里（约11公里），平时16:30，夏季18:00，入口会被关闭）。走上一段距离之后，眼前便会出现山清水秀的溪谷，让人不敢相信之前曾走在一片荒野之中。10月下旬枫叶变红时尤其美丽。

可以在返回埃尔帕索的途中前往

MAP 文前图① DE-4 费 1人$5

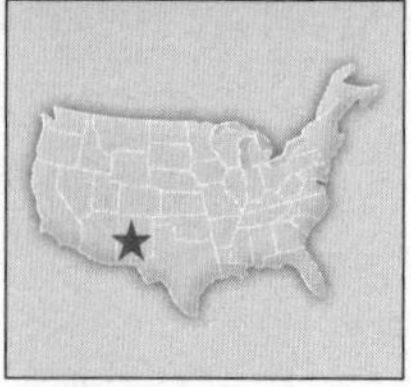

白沙国家保护区

White Sands National Monument

白沙上的沙纹随风变化。仔细观察的话，还能发现动物的足迹

新墨西哥州 New Mexico
MAP 文前图① D-3

在新墨西哥州南部的干燥地带、群山围绕的峡谷中，有一片宛如雪域的白色沙丘。沙丘面积非常大，有数百平方公里之广。沙丘上，影随云走，沙纹随风而动。这个白色的梦幻世界就是世界上最大的石膏沙丘。是的，耀眼的白沙其实就是可用于医疗的石膏粉。

美国政府正致力于在 2019 年之前让这里成为联合国教科文组织认定的世界遗产，目前已把这里列入《世界遗产暂定名录》。

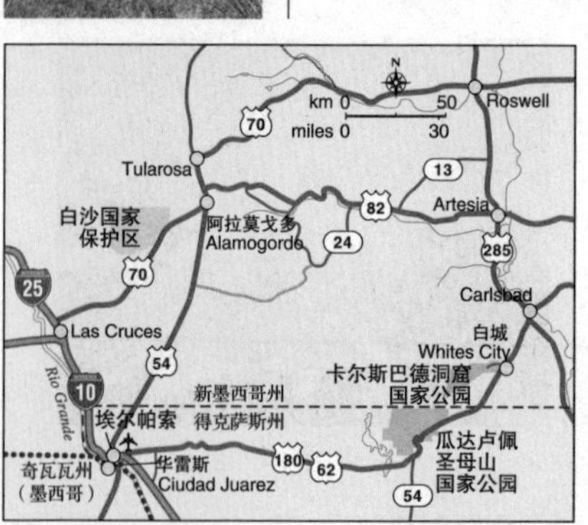

扎根于白沙之中的丝兰

交通

位于得克萨斯州西部的埃尔帕索 El Paso（→ p.437）是公园的门户城市。埃尔帕索是边境城市，紧邻墨西哥，市区内可看的景点也不少，租借车辆也比较方便。可以结合卡尔斯巴德洞窟国家公园（→ p.436）一起制订 2 天行程的自驾旅行计划。

如果准备只游览白沙一地的话，最近的城镇是位于公园大门东北方向 16 英里（约 25.6 公里）的新墨西哥州的阿拉莫戈多 Alamogordo。这座城市的核武器制造业有着悠久的历史，现在也是美军的导弹研发基地。灰狗巴士也会在这座城市停车，租借车辆也比较方便。

长途巴士 Bus

灰狗巴士有连接埃尔帕索与得克萨斯州阿马里洛 Amarillo 之间的线路，每天 1 趟车，中途会在阿拉莫戈多停车，从埃尔帕索出发需要 2 小时 15 分钟。从阿拉莫戈多到公园这段距离只能租车自驾。由于可以租借车辆数量有限，需要提前预约。

租车自驾 Rent-A-Car

从埃尔帕索沿 I-10 向西行驶 42 英里（约 67 公里），在 Las Cruces 驶入 I-25，继续行驶 7 英里（约 11 公里），下到 US-70。然后沿着 US-70，向着险峻的群山行驶，越过山口就会进入到沙漠地带，在 US-70 上大约行驶 50 英里（约 80 公里）便可到达公园。全程用时 1 小时 40 分钟。

从阿拉莫戈多出发需要沿着 US-70 向东行驶（标识上写的是 WEST）16 英里（约 25.6 公里），所需时间 20 分钟。

如果准备从卡尔斯巴德前往这里，需要从卡尔斯巴德小城沿 US-285 北上，在 Artesia 驶入 US-82 向西行驶。之后一直沿着 US-82 的指示牌行驶便可以到达公园。经过长满仙人掌的的丘陵地带、苹果林后，道路会逐渐变为山路，穿过一个滑雪场后，会进入一个隧道，驶出隧道就可以看到白沙公园了。沿着下坡路一路向下行驶便是阿拉莫戈多。全程 162 英里（约 267 公里），所需时间 3 小时 30 分钟 ~40 分钟。

使用天然晒干的瓦片建成的游客服务中心。外形是模仿新墨西哥的原住民民居而建造的

DATA

时区▶山地标准时间 MST
☎（575）679-2599
URL www.nps.gov/whsa
开 7:00~ 日落 休 12/25
宜行期 全年
费 每辆车 $20、摩托车 $15、其他入园方法每人 $10
被列为国家保护区▶ 1933 年
面　积▶ 582 平方公里
接待游客▶约 50 万人次
园内最高点▶ 1255 米
园内最低点▶ 1186 米
哺乳类▶ 44 种
鸟　类▶ 210 种
两栖类▶ 6 种
爬行类▶ 26 种
植　物▶约 250 种

阿拉莫戈多长途巴士站
住 3500 White Sands Blvd.
☎（575）437-3050
开 周一 ~ 周五　16:00~11:00
周六、周日、节假日　17:00~9:00

阿拉莫戈多的汽车租赁公司
Hertz
☎（575）443-1155
开 周一 ~ 周五　8:00~17:30
紧邻空军基地附近，位于一个小型机场内。

最近的 AAA 道路救援
Free 1800-222-4357
Las Cruces
住 3991 E Lohman Ave.
☎（575）523-5681
开 周一 ~ 周五　9:00~17:30
周六　10:00~14:00

关于盘查
得克萨斯州与新墨西哥州的盘查比较多，特别是紧邻重要军事基地的白沙附近，检查十分严格。一定要随身携带护照和回程的机票。不要有任何不恰当的言论。

美国定居者也要注意　持绿卡以外的美国定居者也需要检查驾照、护照和信用卡等。这个区域的检查是十分严格的。

注意开园和闭园的时间
沙丘道路只在 7:00~日落期间开放。闭园 30 分钟前就不可以进入了，日落后 1 小时公园大门将会关闭。另外，受到导弹发射实验的影响，每周会有 2 次 3 小时左右的封路时段。
封路信息 ☎（575）678-1178

Ranger Sunset Stroll
夏季是 19:00 前后，冬季是 16:00~17:00 左右。免费。

Visitor Center
☎（575）679-2599
开 9:00~17:00。5 月下旬~9 月上旬是 8:00~19:00

其他设施
沙丘道路的尽头有停车场和步道入口，但是饮用水只能在游客服务中心购买。游客服务中心有商店可以购买一些零食类，但是不能就餐，用餐请到阿拉莫戈多小城。

禁止携带沙砾
其他的国家公园是禁止摘花草，而这里则是禁止携带任何沙砾出园。

白沙国家保护区 漫步

园内只有一条单程 8 英里（12.8 公里）的沙丘道路 Dunes Drive。入园后首先去游客服务中心领取地图和导游手册，然后驾车驶向沙丘道路，亲身体验置身于白色沙漠世界中的美妙感觉。大约 1 小时就可以游览完整条道路，如果时间充裕不妨下车走一走纯白世界中的步道，另外白沙的夕阳也是不容错过的美景。最好可以安排半天时间游览这里。

夏季时这里有种类丰富的管理员导览项目。其中最受欢迎的是夕阳时分在白色沙丘中漫步的 Sunset Stroll，用时 1 小时。出发时间根据每天太阳落山的时间有所调整，请在游客服务中心确认具体事宜。集合地点位于从游客服务中心出发、Dunes Drive 5 英里（约 8 公里）处。另外，还有月圆之夜在沙丘漫步的项目（$8），每月还会举行一次游览卢塞罗湖 Lake Lucero 的导览项目（$8）。

在管理员的带领下漫步于白色沙丘之上

获取信息 Information

Visitor Center

沿 US-70 进入公园后右侧便是游客服务中心。这是一座圣菲格调的建筑，里面介绍和展示了白沙形成的过程以及其他一些展示品。

季节与气候 Seasons and Climate

这里属于沙漠气候，早晚温差较大。夏季的白天十分炎热，而夜间又特别凉。在穿着方面一定要十分注意。春季时大风天气较多。另外，在阳光的照射下白沙的反射比较强烈，注意预防“雪盲”，最好佩戴太阳眼镜。

白沙国家保护区的气候数据

月	1	2	3	4	5	6	7	8	9	10	11	12
最高气温（℃）	14	17	22	26	31	36	36	34	32	26	19	14
最低气温（℃）	-6	-3	0	4	10	15	18	17	13	5	2	-6
降水量（mm）	15	10	7	7	12	23	36	53	37	28	17	20

沙丘这洁白的颜色，即使是炎热的夏季，也会让人有一丝凉爽的感觉

Notes **禁止饮酒，只限春季** 每年的 2/1~5/31，白沙国家保护区内禁止饮酒。因为，每年这一时期是春游季，学校开始进入春假，会组织学生们春游、毕业旅行等，届时大量的学生涌进公园，十分热闹，随之而↗

白沙国家保护区 主要景点

来到白沙保护区主要是欣赏这里白色的世界。按照指示牌沿沙丘道路缓慢行驶便可。

首先，在沙丘生态步道 Dune Life Nature Trail 下车，体验一下在沙丘中漫步的感觉。由风堆积而成的沙丘此起彼伏，沙丘的斜面上还留有风的印记——风纹。双手捧起一杯细沙，顿时会觉得十分诧异，这白沙竟如此绵软细腻，在阳光之下还会闪闪发光。在这片白色沙漠之中除了碧蓝的天空，和高高在上的太阳，就只有我们和这一片白色了……

丝兰有如此顽强的生命力，真让人感动

对于没有时间在步道上行走的游客来说，再继续向前开一小段距离，推荐你去一处叫作沙丘大道 Interdune Boardwalk 的地方。步道两旁是巧妙地利用了这里的氧分和水分而盛开的花朵。

盛夏季节这遮阳车还真帮了大忙

沙丘道路最里侧是沙心 Heart of the Sands，摆放着一些遮阳野餐桌。停车场也是雪白一片，下车后更是白色的世界。爬上眼前的沙丘向远方望去，可以看见其实这里四周都是被群山包裹着的。不禁感叹，大自然带给我们的礼物——这白色的奇迹。

白色危机

在沙丘中的步道行走时，一定要沿着标识前行，到达一块标识后，一定要确认下一块标识的位置，如果没有发现下一块标识，千万不要继续前行了，应该立即折返。盛夏季节这里的气温大概会达到 40℃左右，注意带足补给的水分。另外，经常出现雷雨闪电，如若发现可疑的云层应立即返回车内。

初级 Dune Life Nature Trail
适宜季节▶ 9 月 ~ 次年 5 月
距离▶ 1 周 1.6 公里
所需时间▶ 45 分钟 ~1 小时

初级 Interdune Boardwalk
适宜季节▶ 全年
距离▶ 1 周 585 米
所需时间▶ 20 分钟

中级 Alkali Flat Trail
适宜季节▶ 9 月 ~ 次年 5 月
距离▶ 1 周 7.4 公里
所需时间▶ 2~4 小时
出发地▶ Heart of the Sands
※ 出发前和返回时需要在步道入口处的笔记本上写下自己的名字和进入的时间。

Column

洁白的沙丘与 20 世纪的负面遗产

沙丘的面积为 712 平方公里。石膏沙丘在世界上比较少见，但是这里的沙丘被列为国家保护区的只有南边的一部分，占沙丘总面积的 40% 左右。其余部分为全美最大的导弹靶场。每周进行两次导弹发射试验，届时战斗机会出现在沙丘上空。而且需要注意的是，沙丘道路 Dunes Drive 以及 US-70 的 Alamogordo 至 Las Cruces 段会封闭 3 小时。在保护区内，偶尔能发现落在地面的导弹碎片，不要用手触摸，应及时告知管理员。

白色的跑道

导弹靶场内建有航天飞机着陆跑道。这条白色的跑道，在太空中比较容易识别，因此继佛罗里达肯尼迪航天中心、加利福尼亚爱德华空军基地之后，成了第三个航天飞机备选着陆地点。不过只在 1982 年 3 月 30 日使用过一次。

航天飞机着陆后无法再度自行起飞，需要花费巨资把航天飞机放到大型喷气式飞机的背上，然后运回肯尼迪航天中心。

胖子

在这个导弹靶场，还有一处重要的地点。1945 年 7 月 16 日（美军向广岛投放原子弹 3 个星期前），人类在 Trinity Site 进行了首次核试验。当时使用的是与投放到长崎的原子弹同型号的“胖子”。

现在，在爆炸中心立有纪念碑，每年 4 月的第一个周六对外开放。

另外，还可以稍微提一下的是，Trinity 是那次核试验的代号，意为三位一体（基督教中圣父、圣子、圣灵三者合而为一的教义）。核武器究竟给我们这个世界带来了什么？这是一个值得思考的问题。

↗来的是噪声问题、无证驾驶、非法持有武器等大量的问题，最终导致公园颁布了禁酒令。

园内，只有在沙漠的正中心地区有野外露营区。单程需要步行 1.6 公里才可以到达营地，并且只能使用帐篷。阿拉莫戈多和 Las Cruces（65 间）有许多汽车旅馆。

Backcountry Campsite 费 $3
※ 共 10 个帐篷位。先到先得。既没有水也没有厕所，需要自备便携厕所。需要提前在游客服务中心获得许可。导弹实验期间关闭。

GEOLOGY

活着的白色沙丘

图拉罗萨盆地的形成

大约 2.5 亿年前，这里曾被海水覆盖。沉积于海底的浮游生物尸体石化并最终变成石膏。

7000 万年前，伴随着落基山造山运动，这里的地壳开始抬升，形成了大规模的石膏圆顶。就这样，随着时间的推移，到了 1000 万年前，圆顶的中央部分崩塌变成了盆地。这个盆地就是图拉罗萨盆地 Tularosa Basin，现在的白沙国家保护区就位于此盆地中。盆地周围有圣安德烈斯山脉和萨克拉门托山脉环绕。

石膏的结晶过程

白沙国家保护区的沙子为石膏（硫酸钙 $CaSO_4 \cdot 2H_2O$）。与医疗用石膏为同一种物质。具有可溶性，温泉中常含有这种物质，成为沙子的形态还比较少见。

但是，图拉罗萨盆地的环境具备了让硫酸钙变成沙子的条件。周围山上的降雨、降雪将石膏从岩石中析出并冲到盆地中。正常情况下，石膏会进入河流，最终流向大海，但这里没有流向外部的河流。

就这样，在第三纪冰河期，这里出现了被称之为奥特罗湖 Lake Otero 的大湖。在这个湖的位置上形成了现在的卢塞罗湖 Lake Lucero。

奥特罗湖水逐渐蒸发，曾溶于水中的石膏变成了一种被称为透明石膏 Selenite 的晶体。之后，在温度差和湿度差的作用下，晶体开始破碎，最终变成了沙状颗粒。白色沙丘就此诞生。

移动的沙丘

从西南方向刮来的强风把沙砾吹起。沙砾层层相叠，便形成了沙丘。随着沙丘变得越来越高，沙丘的背风面会变成陡峭的悬崖，但最终会因不堪重负而坍塌。而沙丘迎风面仍会有新的沙砾堆积。这样，沙丘就会不断向着背风方向移动。现在这种移动还未停止，每年沙丘会向东北方向整体移动 9 米左右。

4 类沙丘

白沙国家保护区的沙丘有 4 个类型。

圆顶沙丘 Dome Dunes：位于白沙产生源头的卢塞罗湖附近。形似一个低矮的大土堆。

新月形沙丘 Barchan Dunes：形成于风力较强、沙子不能大量堆积的区域，形状类似新月。位于保护区北部。

横向沙丘 Transverse Dunes：有时沙子越积越多，就会形成多个新月形沙丘相连的波状新月形沙丘链。Heart of the Sands 就属于这种类型的沙丘。

抛物线形沙丘 Parabolic Dunes：沙丘周围的植物可以起到阻止沙丘移动的作用，因此形成了抛物线形的沙丘。Big Dune Trail 就位于这片沙丘之中。

沙丘背风面的沙子会向下滑落

产生于卢塞罗湖的透明石膏 Selenite

©NPS

TriVia 巴西的白沙丘　巴西马拉尼昂州兰索伊思国家公园有石英沙构成的海岸沙丘（白沙国家保护区属于石膏构成的内陆沙丘），面积是白沙沙丘的 2.2 倍。

阿拉莫戈多	Alamogordo, NM 88310 距离公园大门 16 英里（约 26.7 公里） 13 间		
旅馆名称	地址·电话	费用	信用卡·其他
Quality Inn & Suites	住 1020 S. White Sands Blvd. ☎（575）434-4200 FAX（575）437-8872 Free 1877-424-6423 URL www.qualityinn.com	on off $64~94	ADJMV 位于 US-54/70 沿线。城镇中心南侧。步行范围内有多家餐厅。有微波炉。附带早餐。有免费高速互联网。有投币式洗衣房。
Magnuson Hotel and Suites	住 1021 S. White Sands Blvd. ☎（575）437-2110 URL www.magnusonhotels.com	on off $60~67	ADJMV 位于 US-54/70 沿线。城镇中心南侧。附带早餐。有桑拿房。Wi-Fi 免费。有投币式洗衣房。
Holiday Inn Express	住 100 Kerry Ave. ☎（575）434-9773 FAX（575）434-3279 Free 1800-465-4329 URL www.hiexpress.com	on off $95~124	ADJMV 位城镇中心外南侧。附带早餐。有冰箱、微波炉。全馆禁烟。Wi-Fi 免费。有投币式洗衣房。
Hampton Inn	住 1295 Hamilton Rd. ☎（575）439-1782 FAX（575）439-5680 Free 1800-560-7809 URL www.hilton.com	on off $119~139	ADMV 位于 US-54/70 沿线。有免费高速互联网（酒店大堂有 Wi-Fi）。附带早餐。全馆禁烟。有投币式洗衣房。
Motel 6	住 251 Panorama Blvd. ☎（575）434-5970 FAX（575）437-5491 Free 1800-466-8356 URL www.motel6alamogordo.com	on off $43	AMV 位于 US-54/70 沿线。位城镇中心外南侧。有投币式洗衣房。Wi-Fi 免费。

Wildlife

沙漠中的生命

在这片白色的沙漠中，有多达数百种动植物。常见的丝兰 Soaptree Yucca 将地下茎深深地扎于移动的沙子中。老鼠和蜥蜴的体色变成了与沙子相近的白色。这些都是严酷的自然环境孕育出的生存智慧。这里的动物大多属夜行性，因此平时很难见到，不过在大雨过后，很可能会在水坑中发现蝌蚪。

囊鼠也是夜行性动物

©NPS

白色巨塔

在多数情况下只能见到低矮植物的白沙国家保护区里，仿佛白色巨塔般挺立于沙丘中的三叶杨 Rio Grande Cottonwood 无疑是一道别样的风景。这种树看上去跟白杨很像，但其实树干是暗黑色的。因为树木里有水分，所以大量沙砾黏附于树木表面，看起来树木像被打了一层石膏封闭。在如此恶劣的生长环境中，这种树还是能够长得枝繁叶茂，说明树根扎在了沙层之下的土壤里。将来，即便整个沙丘会向着东北方向移动很远的距离，这些三叶杨还是会留在原地继续生长。

违反自然规律的恶行

在白沙国家保护区，可以见到一种看上去比较奇怪的动物，它们的脸部颜色黑白相间，头上长着标枪一般的角。这种动物就是非洲羚羊。从前，这一带没有大型动物可供人们狩猎，州政府便以此为由从非洲引进羚羊放入该地区。联邦法律明令禁止将外国野生动物放入美国的自然环境中，因此州政府就把这些羚羊放到了与国家保护区相邻的导弹靶场里，说是为了配合武器试验。在非洲，90% 以上的幼年羚羊会被狮子吃掉，可是到了这里，它们不再有天敌，所以数量飞速增加。尽管捕猎者在大量捕杀，但这根本无法追赶它们的繁殖速度，羚羊的数量从 20 世纪 70 年代的 100 只增长到现在的 3000 只。国家公园管理局为了遏制羚羊对当地自然环境造成的影响，已经在保护区周围建起围栏。

©NPS

它们的天敌只有人类

大沼泽国家公园

Everglades National Park

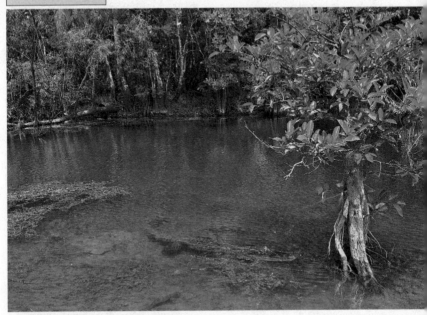

在大沼泽国家公园一定会见到的短吻鳄（密西西比鳄）

在低空移动的云层遮住了阳光。可以看见远处正下着雨。顷刻之间，黑云笼罩天空，狂风大作。湿地中的植物挺拔着被雨水敲打……

这就是位于佛罗里达半岛南端的大沼泽国家公园。公园内的湿地面积加起来跟海南岛差不多大。实际上，这里是水深仅 15 米，但宽度达 150 公里的河流。从河流的水源地到入海口，高度差只有 4 米。河流的流速极为缓慢，1 天只前进 30 米。因此孕育了大量的真菌、藻类。昆虫、鱼类、乌龟、蛇、鸟类、鳄鱼等的食物链也得以形成。河流中的淡水与墨西哥湾的海水相遇，造就出大片的红树林。

但是，这片丰富多彩的亚热带自然环境正因水源不足而面临着危机。紧邻公园的大都会——迈阿密也需要大量的水源。

造访这里有助于我们了解湿地生物的多样性，并且思考它们与人类之间的关系。

交通

大沼泽国家公园的主要看点分别位于公园主路（FL-9336）的南部，以及横穿佛罗里达半岛东侧的国道 41 号 Tamiami Trail 北部，在园内这两条线路之间没有互相连接的路径。虽说这两条线路都位于迈阿密 Miami 的周边，却没有可以到达这里的公共交通。虽然公园附近有巴士站，但是步行到公园的距离还真是有点远。建议从迈阿密租车，抽出 1~2 天时间游览大沼泽国家公园。

另外，从迈阿密出发到大沼泽的 1 日游项目有许多，但这些团大都是在公园外乘坐汽艇的项目。园外的风景、生态圈与园内虽然大致相同，但还是开车自驾进入公园内部游览，亲身体验一下园内的步道更加有纪念意义。

飞机 Airlines

迈阿密国际机场　Miami International Airport（MIA）

迈阿密国际机场是美国连接中南美洲的重要门户，也是美国航空公司的 4 大中枢之一，全美各大城市都有飞往这里航班。还有从西海岸出发的夜间航班。从洛杉矶飞来这里需要 4 小时 35 分钟，纽约飞来这里需要 3 小时 10 分钟。汽车租赁公司也有很多选择。

长途巴士 Bus

每天有从各个方向驶来的灰狗巴士。从纽约出发的直达巴士每天都有，所需时间 30 小时。从洛杉矶出发的巴士需要在中途换乘 3~4 次，所需时间 2 天 17 小时。长途巴士站位于机场的东侧。从这里有去往迈阿密市区和海滩的市营巴士，不过考虑到治安问题还是最好乘坐出租车。

租车自驾 Rent-A-Car

从迈阿密去往火烈鸟度假村方向，有两条线路，一条是走收费公路（单程 $2.50、Sun Pass$2.07 →参考下页脚注），另一条是走 US-1（普通公

DATA

时区▶东部标准时间 EST
☎（305）242-7700
URL www.nps.gov/ever
开 365 天 24 小时开放。鲨鱼谷只在 8:30~18:00 期间开放
宜行 12 月～次年 4 月
费 每辆车 $20、摩托车 $15、其他入园方法每人 $5
被列为国家公园▶ 1947 年
被列为世界生物保护区▶ 1976 年
被列为世界遗产▶ 1979 年
被纳入拉姆萨公约▶ 1987 年
被列入世界遗产濒危名单▶ 1993~2007 年、2010 年～
面　积▶ 6107 平方公里
接待游客▶约 111 万人次
园内最高点▶ 22.4 米
哺乳类▶ 41 种
鸟　类▶ 350 种
两栖类▶ 17 种
爬行类▶约 50 种
鱼　类▶约 300 种
植　物▶ 1033 种

MIA ☎（305）876-7000
Alamo ☎（305）633-6076
Avis ☎（305）341-0936
Budget ☎（305）871-2722
Dollar 免费 1866-434-2226
Hertz ☎（305）871-0300
National ☎（305）638-1026

迈阿密长途巴士站
住 4111 NW 27th St.
☎（305）871-1810
开 24 小时

Side Trip

比斯坎国家公园　Biscayne National Park

MAP 文前图① E-2
☎（305）230-7275　URL www.nps.gov/bisc

为保护大西洋沿岸宝贵的海洋生态系统而设立的海上国家公园。这里虽然紧邻大都会迈阿密，但海水却能保持着清澈，这全靠海岸线上的红树林。游客可以到海岸的浅滩、沙洲以及珊瑚礁游览。

从迈阿密前往这里时，可以在收费公路的 Exit 6 进入 Speedway Blvd. 并向南行驶 7 英里（约 11 公里）。从大沼泽的火烈鸟度假村出发的话，沿 US-1 一直向东行驶即可。入园免费。

在公园内，游客可以乘坐玻璃底游船观赏海底世界并且体验潜水。有时候游船处于停航状态。不过，在冬季的周末有皮划艇团体游项目，很值得推荐。

在游客服务中心前的码头附近，有时能见到海牛

Notes **租车中心**　机场的汽车租赁公司都聚集在机场外的租车中心 RCC 内。有免费的巴士 MIA Mover 频繁从第三航站楼往返于此。

佛罗里达州的路况信息
Free 511
URL www.fl511.com
最近的 AAA
道路救援
Free 1800-222-4357
South Miami
住 6643 S. Dixie Hwy.
☎（305）661-6131
开 周一～周五　9:00~18:00

到主要地区的所需时间
……（英里）
Florida City → Miami……36
Florida City → Flamingo……47
Florida City → Biscayne……10
Florida City → Key West……126
Shark Valley → Miami……37
Shark Valley → Florida City……40
Shark Valley → Everglades City……45
Everglades City → Naples……36

Miami Nice Tours
☎（305）949-9180
URL www.miami-nice.com
费 半日游 $59，夏季休业

路）。后者从市中心出发一条直线便可到达，但是交通比较拥挤，大约要多花 40 分钟左右。

驶入收费公路前，先从迈阿密机场沿 LeJeune Rd.（NW 42nd Ave.）向南行驶，在不远处进入 FL-836（Dolphin Expwy.）并向西行驶（从海滩驶过 MacArthur Causeway 后一直向西行驶就能进入 FL-836。西行免费，东行 $2）。见到 Turnpike 后会入该路并向南行驶，到达该路终点 Florida City 后进入 US-1，在 Palm Dr.（FL-9336）的十字路口处右转。之后按标识指示行驶 11 英里（约 17.7 公里）可到达公园入口。从迈阿密机场出发，全程用时 1 小时左右。

如果要前往鲨鱼谷的话，可以从机场沿 LeJeune Rd.（NW 42nd Ave.）向南行驶，进入 FL-836（Dolphin Expwy.）后西行，随后进入 Turnpike（75 ¢，SunPass52 ¢）向南行驶。此时应沿最右边车道行驶，在不远处转入 US-41/Tamiami Trail/SW 8th St.（有 3 个路名）。接下来一直向西行驶 30 英里（约 48.3 公里）即到。从机场出发，全程用时 45 分钟左右。

从鲨鱼谷继续西行约 1 个小时，进入 CR-29（地方道路 29 号）后向南行驶就是大沼泽地市。

团体游 Tour

从迈阿密出发的 1 日游项目除了 Miami Nice Tours 公司以外，还有许多其他旅行社。大都是可以到所住的酒店接送客人的。不过这些 1 日游项目，都不进入到公园内部，只是在公园外乘坐汽艇游览，然后去到印第安村落观看鳄鱼表演。还有搭配迈阿密市内观光的套餐项目。具体内容请参考各公司的行程简介。

大沼泽国家公园 漫 步

景点分别位于公园的南部和北部，无论游览哪一方都可以体验大沼

Side Trip

海龟国家公园　Dry Tortugas National Park

MAP 文前图① E-1　☎（305）242-7700
URL www.nps.gov/drto　费 1 人 $5

七英里大桥将墨西哥湾中的一座座小岛连接在一起。从迈阿密出发，行驶 4~5 小时，在穿过七英里大桥后，便可到达 US-1 的终点。那里就是被称为南国乐园的基韦斯特 Key West，有 90 家酒店。可以从那里乘船向西航行 68 英里（约 109.4 公里），前往海中的珊瑚礁、要塞小岛以及海龟国家公园游览。

©NPS
公园管理员会带领游客参观杰佛逊要塞

海龟国家公园正好位于候鸟的迁徙线路上，因此在这个小岛上有机会见到的鸟类多达 299 种。特别是在春季和秋季，能够同时观赏到热带鸟 Tropicbird、鲣鸟 Booby、丽色军舰鸟 Magnificent Frigatebird 等 200 多种鸟类。前往这里时，可以在基韦斯特乘坐当日往返的渡轮（单程 2 小时 30 分钟）或者快艇（单程 40 分钟）。需要预约。

渡轮 Yankee Freedom Ⅱ
☎（305）294-7009　Free 1800-634-0939
URL www.yankeefreedom.com　出发 8:00
费 $170、4~16 岁 $125（包含公园门票和午餐）
快艇　Key West Seaplane Adventures
☎（305）293-9300
URL www.keywestseaplanecharters.com
出发 每天 4 班　费 半天 $295（2~12 岁 $236）、1 天 $515（$412）

Notes 关于收费公路　迈阿密周边地区的收费公路已经不再设收费站，取而代之的是开放式公路收费系统 Open Road Tolling。只要车上安装有 Sun Pass（ETC），在公路出口处就会自动扣费。没有安装的话，↗

泽的魅力。可以沿着湿地步道漫步，或是乘坐游艇巡游周边数千座小岛。

有许多游客，乘坐在湿地暴走的汽艇后体验了速度感，就会觉得这趟旅行十分满意，其实则不然。如果没有欣赏到世界级别的红树林和碧蓝的海面上漂浮的小岛，不能算是来过大沼泽国家公园。汽艇其实只能在公园外围行驶（→ p.457 边栏）。公园内有严格的规定写道："禁止汽艇！这种东西会妨碍植物的生长，发出的噪声会吓到野生动物！"

获取信息　Information

Ernest F. Coe Visitor Center

位于通往火烈鸟度假村方向的公园主路（FL-9336）南线入园的大门口附近。忘记带防虫用品的游客，可以在这里购买。

季节与气候　Seasons and Climate

大沼泽属于亚热带地区，夏季比较闷热，雨后多蚊虫。夏季游览这里时如果不准备防虫用品，几乎无法正常游览。另外，暴风、雷雨、飓

其他设施

火烈鸟度假村有商店和加油站。

另外，公园北部的 US-41 沿线还有民营的餐厅和加油站。

Ernest F. Coe VC

☎（305）242-7700

开 9:00~17:00。冬季延长。

其他，各大景点附近也都有各自的游客服务中心，对于游客来说十分方便。

Ernest F. Coe VC

大沼泽国家公园

去往那不勒斯
大沼泽地市
Chokoloskee
Ten Thousand Islands
Turnor River Canoe Trail
大落羽杉国家自然保护区
Big Cypress National Preserve
Monroe Station
41
Tamiami Trail
Loop Rd.
997
去往迈阿密
鲨鱼谷
米科苏基印第安人村落
Miccosukee Indian Village
Krome Ave.
Lostmans Key
Key Melaughlin
Highland Beach
墨西哥湾
Rock Reef Pass
松林地
Pine Lands
Homestead
草海观景台
Pa-Hay-Okee Overlook
Florida City
1
9336
Long Pine Key Trail
Ernest F. Coe
Long Pine Key
Ponce de Leon Bay
红木高地
Mahogany Hammock
皇家棕榈
Whitewater Bay
Hells Bay Canoe Trail
Cape Sable
Coot Bay Pond
Nine Mile Pond Canoe Trail
Mud Lake Canoe Trail
西湖
West Lake
Eco Pond Loop
West Lake Canoe Trail
Lake Ingraham
Eco Pond
Mrazek Pond
火烈鸟度假村
Coastal Prairie Trail
Bay Shore Loop Trail
公园园界线
Florida Bay
大西洋
去往基韦斯特、海龟国家公园
国道
州公路
其他道路
非铺装道路
步道
收费站
游客服务中心
加油站
宿营地
km 0 5 10 15
miles 0 5 10

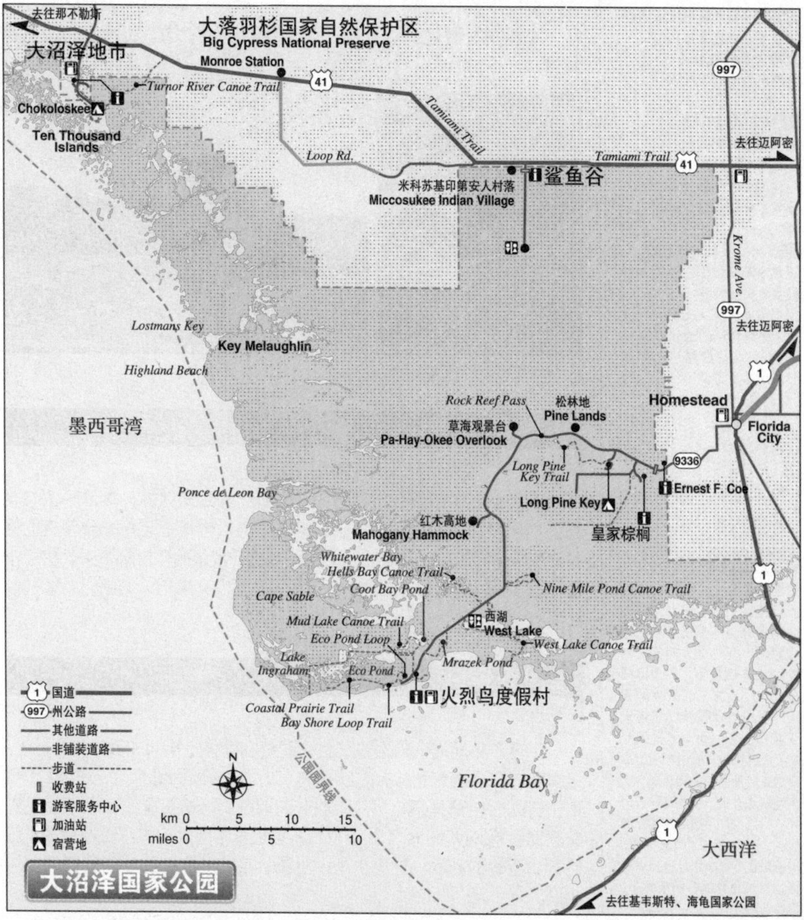

↗汽车号牌会被读取，然后向汽车所有者寄送收费单。如果是租赁汽车，虽然各租车公司具体做法可能会有所不同，但大多数租车公司都会把 Sun Pass 贴于风挡玻璃上，最后把过路费与租车费一起结算。

小心飓风

佛罗里达南部曾经遭受多次飓风的袭击，2005年8月大沼泽国家公园遭受了卡特里娜飓风的侵袭，同年10月又遭到了威尔玛飓风的袭击。6~11月期间（尤其是8~10月）造访这里时，请通过下面的方式确认天气情况。

☎（305）229-4550

www.nhc.noaa.gov

行车时准备避难请沿着这个标识行驶

Ranger Anhinga Amble Walk
集合▶冬季的每天 10:30
所需时间▶ 50分钟
地点▶ Royal Plam VC

初级 Anhinga Trail
适宜季节▶全年
距离▶ 1.2公里
所需时间▶约30分钟
出发地▶ Royal Plam VC

初级 Gumbo Limbo Trail
适宜季节▶ 12月~次年4月
距离▶ 600米
所需时间▶约30分钟
出发地▶ Royal Plam VC
※夏季时蚊虫超乎想象的多，请慎重考虑!

GEOLOGY

焦黑的湿地

公园主路沿途看到的焦黑的湿地，不都是自然火灾导致的，有些是公园管理局刻意放火烧焦的。在大沼泽公园，受到雷击后发生的火灾，承担着保持植物健康成长重要任务。而对于受到环境变化的影响，长时期没有发生火灾的地区，公园当局会人为地制造火灾。虽然这种行为被认为是人类干预自然规律的行为，并且受到了许多非议。但还是在不影响濒危物种以及周边居民正常居住的前提下，慎重地展开着。

风也经常在这一时期突袭。

冬季是佛罗里达的旅游旺季。气候相对稳定，可以在温暖的阳光下舒适地度过假期。这一时期蚊虫也相对较少一些。这里是全美屈指可数的避寒胜地，特别是在12月下旬~次年1月期间酒店的价格也会上涨。

大沼泽国家公园 漫步

公园主路（FL-9336）沿线

皇家棕榈

Royal Palm

距离公园大门4英里（约6.4公里），从公园主路左转可达。有一条沿池塘漫步的步道叫作蛇鸟步道 Anhinga Trail。有鳄鱼、乌龟等动物，早晚时还有大量水鸟聚集于此捕鱼。可以试着找找看，脖子长长的是蛇鸟 Anhinga，有一双黄色大脚的是紫水鸡 Purple Gallinule。

裂榄步道 Gumbo Limbo Trail 是一条可以观赏热带植物的林中小径。棕榈树、裂榄、咖啡树、蕨类植物形成了这里独特的热带丛林风景。

摆出最拿手的姿势晒干自己的羽毛

园内最有人气的步道是蛇鸟步道

松林地

Pinelands

沿着公园主路继续向里行驶，会看到一片松树林。看似好像与普通的松树没有什么太大的差别，但这里的松树却是一种十分珍贵的物种——South Florida Slash Pine，据说在这一地区的松树脚下生长的原生植物竟有30多种。20世纪初，在佛罗里达还没有被开发成度假胜地之前，迈阿密附近也是类似于这里的风景。

草海观景台

Pahayokee Overlook

穿过松林地后，周围的景色一下变为落羽杉 Bald Cypress 的世界。继续前行驶过园内最高点的岩石礁（大西洋与墨西哥湾的分水线！）后不一会儿右转便是通往草海观景台的近路了。站在观景台上可以望到长满锯齿草 Saw Grass（莎草科的多年生草本植物）的沼泽地，甚至还能看到流淌的河水。这里也是大沼泽最具代表性的幽静而宽广的美丽风景。

红木高地

Mahogany Hammock

在大沼泽的河流中，树木们并肩生长组成了无数的“小岛绿洲”，这里也是动物们绝好的栖身之地。红木高地便是其中的一处，由桃心红木等树木组成的丛林，树枝上还开有类似于兰花的美丽花朵。丛林中说不定有山猫和猫头鹰正悄悄地看着我们这些人类从此经过。

西湖

West Lake

这片区域是海水与淡水混合的河口湾，红树林的树根密密麻麻地相互连接，下面生息着各种小鱼、小虾和贝类。为了捕食这些猎物，水鸟和鳄鱼们也会聚集于此。可以沿着这里的步道走上一圈，体验一下红树林中漫步的感觉。红树林其实是生长在河口湾地区的植物总称，主要是由根部好像章鱼脚的美洲红树 American Mangrove、茶褐色的果实类似纽扣形状的绿钮树 Button Mangrove、叶子呈椭圆形的白红树 White Mangrove 和树枝呈黑色的黑红树 Black Mangrove 这 4 种树木构成。

红树林承担着净化海水水质的任务

火烈鸟度假村

Flamingo

火烈鸟度假村是公园主路的终点。过去这里曾经生活着大量野生的火烈鸟，而现在只有运气极好的人才可以碰到几只。

这里也是园内唯一的一个度假村，设施比较齐全。2005 年 8 月遭受了卡特里娜飓风的侵袭，同年 10 月又遭到了威尔玛飓风的袭击，出现了一定程度的损害。被损害的游客服务中心和商店、加油站已经重建完成，而全毁的客栈和宿营地等设施还没有进行重建。

如果来到火烈鸟度假村，一定要去生态池 Eco Pond 看看。围绕池塘的步道一圈大约 800 米。虽然飓风造成的损害处处可见，但水鸟们已经开始陆续回归这里了，可以亲眼见证大自然的恢复力。

另外，乘坐游艇在佛罗里达湾的小岛或者红树林中穿行的项目，也很值得推荐。运气好的话说不定还可以看见海牛。

Wildlife

小心可爱的浣熊

园内有大量的浣熊，它们大都与人亲近，但千万不要喂食浣熊！浣熊是美国狂犬病病毒感染源前三名之一，一定不要靠它们太近！

初级 West Lake Trail
适宜季节▶ 10 月 ~ 次年 5 月
距离▶往返 800 米
所需时间▶约 30 分钟
出发地▶停车场

Flamingo Visitor Center
☎（239）695-2945
开 9:00~16:30。冬季是 8:00~

Ranger Early Bird Walk
集合▶冬季的每天 8:00
所需时间▶ 2 小时 30 分钟
地点▶ Flamingo VC

火烈鸟度假村的游船
Backcountry Tour
☎（239）695-3101
网 evergladesnationalparkboattoursflamingo.com
集合▶冬季（12 月中旬 ~ 次年 4 月中旬）10:30、12:30、14:30、16:00，夏季是 11:30、13:30、15:30、17:30
所需时间▶ 1 小时 45 分钟
费 $32.25、5~12 岁 $16.13

鲨鱼谷
Shark Valley

Shark Valley Information Center
☎ (305) 221-8776
开 夏季 9:00~17:00。冬季是 8:30~

Ranger Tram Tour
12 月 ~ 次年 4 月是旅游旺季，建议提前预约
☎ (305) 221-8455
集合▶ 9:30、11:00、14:00、16:00，冬季是每天 9:00~16:00 整点发车
所需时间▶ 2 小时
费 $20、3~12 岁是 $12.75

自行车租赁
☎ (305) 221-8455
开 借出 8:00~15:00（还车截至 16:00）
费 1 小时 $9

从观景塔上可以 360 度观赏地平线和水平线，风景十分优美

深度只有 15 米的湿地一望无际。殊不知，正是人们喜爱的这条横贯佛罗里达半岛的国道，将大沼泽地分开，导致湿地面临危机。行驶在这条道路上的时候，一定要对比一下道路两旁的差别。

鲨鱼谷位于宽 150 米的河流正中间。关于这个名字的由来有许多不同说法，至少现在这里是没有鲨鱼的。取而代之的是，鳄鱼比较多。就连游客服务中心的周围也常年有几只鳄鱼栖息。

从这里向南行驶有一条长 15 英里（约 24 公里）的道路一直通往观景塔。但是普通车辆禁止入内，只能参加历时 2 小时的游园车之旅。如果是在当今社会，基本上当局是不会允许铺设如此高级的道路的，沿途还可能遇见濒危物种螺鸢 Snail Kite、林鹳 Wood Stork 等鸟类。道路的下方为了不切断湿地，修砌了许多条隧道，却成了鳄鱼们极好的住所。

这条道路很适合骑自行车环游，逆时针骑行 1 圈大约需要 2~3 小时。根据还车的时间，计划好自己的骑行速度。

米科苏基印第安人村落
Miccosukee Indian Village

Miccosukee Indian Village
网 www.miccosukee.com
☎ (305) 552-8365
开 9:00~17:00

介绍佛罗里达原住民——米科苏基族文化的一个景点。有原住民在民居内表演编织篮筐，还有擒拿鳄鱼表演（每天 5 次），主要是用胳膊按住鳄鱼，这个表演吸引了众多的游客。由于这个村落位于公园外，还可以乘坐汽艇。

大沼泽地市
Everglades City

大沼泽地市的游客服务中心
Gulf Coast VC
☎ (239) 695-3311
开 9:00~16:30、冬季是 8:00~

大沼泽地市的游船之旅
网 evergladesnationalparkboattoursgulfcoast.com
红树林游船之旅
出发▶ 冬季（12 月中旬 ~ 次年 4 月中旬）9:00、9:15、11:00、11:15、13:00、13:15、15:00、15:15。夏季是 9:00、11:00、13:00、15:00
所需时间▶ 1 小时 45 分钟
费 $42.40、5~12 岁是 $21.20
小岛群游船之旅
出发▶ 冬季 9:00~17:00 每 30 分钟一趟。夏季是 9:30~15:30 每小时一趟和 17:00 一趟
所需时间▶ 1 小时 30 分钟
费 $31.80、5~12 岁是 $15.90

穿过众多小岛后一直驶到墨西哥湾，然后折返

大沼泽地市位于公园西北侧外部，紧邻公园边界。这里有汽车旅馆、加油站和码头等设施。位于这里的游客服务中心有游船之旅。可以乘坐小船沿着海岸边的红树林漫游，或者出海去游览海中的小岛群 Ten Thousand Islands。沿途还能见到白头鹫、海豚、海牛等野生动物，用时 1 小时 30 分钟。

TriVia **园内最高点**　大沼泽国家公园的最高点虽然是海拔 2.4 米，但其实位于园内西北部的小岛上有 6 米高的东西，据说是 1 万年前曾经在这里居住的卡卢萨族遗留下来的贝冢。

大落羽杉国家自然保护区
Big Cypress National Preserve

从鲨鱼谷沿 US-41 向西行驶 20 英里（约 32.2 公里），虽然地处公园界外，但属于大沼泽湿地的一部分，而且这里有着与国家公园不同的风景。可以从迈阿密出发连同鲨鱼谷一起游览，可当天往返。

虽然这里与国家公园同样属于公园管理局的管辖范围，但是与国家公园的制度还是有一定区别的。因为这里可以允许带附加条件的打猎、石油开采、汽艇或者沼泽越野车通行。

花上 1 小时的时间走一下这里的步道，可以一边观察左右两侧湿地一边散步

推荐的景点是，US-41 南侧单程 24 英里（约 39 公里）的土路——Loop Road。道路两侧的沼泽地中栖息着大量的鳄鱼。沼泽中生长着落羽杉、树枝上生长着空气凤梨等寄生植物。仔细观察会发现，还有星星点点的兰花在此间盛开。如果在早上较早的时间造访这里，还可以享受观鸟的乐趣。

虽然这条路普通车辆也可以行驶，但是雨后道路泥泞坑洼不齐，出发前先到游客服务中心确认一下路况比较稳妥。还有，这条路上经常有鳄鱼横穿马路，所以开车的时候一定要小心。

5~10 月期间属于多雨季节，水位上涨后观察鳄鱼会比较困难，而且届时蚊虫也会比较多。

Oasis Visitor Center
URL www.nps.gov/bicy
☎（239）695-1201
开 9:00~16:30
休 12/25

位于 US-41 沿线，前方的水路两旁有大量的鳄鱼出没。看似是人工喂养的，但其实是野生动物，禁止投喂食物。

大沼泽地国家公园 户外活动

钓鱼 Fishing

这里既可以钓淡水鱼也可以钓海水鱼。佛罗里达州的钓鱼许可证（3 日有效 $17）可以在火烈鸟度假村或者在大沼泽地市购买。但是，不可以钓龙虾、大凤螺等。具体细则请到园内的游客服务中心确认。

皮划艇 / 独木舟 Canoeing

乘坐皮划艇或者独木舟巡游小岛是大沼泽国家公园最受欢迎的户外运动项目。可以在大沼泽地市或者火烈鸟度假村租借到船。不过公园有一些比较严格的规定，如不可以登陆的小岛、禁止进入的水路、海牛保护措施等。首先，应该参加管理员带领的皮划艇之旅，或者民营的独木舟之旅学习一下细则。然后再单独行动。

首先去游客服务中心领取关于独木舟之旅的细则说明

关于住宿设施

园内虽然没有客栈，但距离迈阿密和那不勒斯都不算远，应该不用担心住宿问题。距离火烈鸟度假村较近的酒店街位于收费公路的终点。另外，大沼泽地市也有多间酒店。旺季是在冬季。

园内有 2 处宿营地，不需要预约。

Ranger Canoe the Wilderness
集合▶冬季的每天 8:00
所需时间▶ 3 小时 30 分钟
地点▶火烈鸟度假村游客服务中心
可以拨打☎（239）695-2945 预约。14 岁以下不能参加。

TriVia 园内的汽艇！？ 园内禁止汽艇游览，不过公园北侧有经营汽艇之旅项目的公司。这是因为，国家公园管理局在购买私有土地时，作为特例的附加条件只允许这一处经营快艇项目。

大沼泽国家公园的主角们

水鸟的乐园

大沼泽国家公园里的水鸟无论是数量还是种类都非常多，因此非常适合观察野生鸟类。最漂亮的当数鹭科鸟类。19 世纪，流行用鹭科鸟类的羽毛来装饰女性的帽子，因此这些鸟类遭到滥捕进而濒临灭绝。现在能见到的鹭科鸟类有大白鹭 Great White Heron、长着红色羽毛和勺形鸟喙的玫瑰琵嘴鹭 Roseate Spoonbill 等。东方白鹳、朱鹮、鹤等鹭科近亲鸟类也不少。此外，还能见到鹗、白头鹫等猛禽。

拥有美丽羽毛的大白鹭

具有代表性的水鸟——蛇鸟 Anhinga

一种灰色的鹈，将细长的脖子蜷缩起来的样子看上去很像是一条蛇。可以潜入水中用尖尖的喙部像鱼叉一样捕鱼。不过更精彩的还在后面。刺中鱼后，蛇鸟会飞到附近的树枝旁，灵活地利用树枝将穿在喙上的鱼拔出并抛向空中，在鱼下落的瞬间按照先头后尾的方向把鱼整个吞下。如果正好遇到蛇鸟捕食，千万不要错过观赏这套高超的技艺。吃饱后，蛇鸟便会展开羽翼晒太阳，这样可以把浸湿的羽毛晒干，保持体温。

两种鳄鱼

来到大沼泽国家公园，很多人都很想看一看鳄鱼。沿步道游览时，很容易就能看到鳄鱼，有时鳄鱼甚至会慢悠悠地横穿道路。这些鳄鱼是短吻鳄（密西西比鳄），体长 2~6 米，栖息于清澈的水域中，以捕食鱼和鸟类为生。性情相对较温和，很少袭击人类，不过距离过近时，也可能会把人类误认为是食物。因此国家公园管理局建议游客应跟鳄鱼保持 4.5 米以上的距离。

在大沼泽国家公园还有另外一种鳄鱼，那就是窄吻鳄（美洲鳄）。这种鳄鱼体长 7 米，体色偏绿，嘴部细长，喜欢泥地而且性情凶猛。数量较少，在一些沿海地区属于受保护的动物，游客难得一见，不过在火烈鸟度假村的码头，据说偶尔能够见到。

人鱼的原型——北美海牛

海牛属于世界上的珍稀物种，北美海牛与儒艮有亲缘关系。这种动物脸部看上去十分可爱，动作迟缓，性情非常温和，所以很受人们的喜爱。不过，正因为如此，北美海牛也经常会与船相撞，而且随着环境的恶化，目前已经濒临灭绝。

现在种群数量达到 100 只的短吻鳄，在 20 世纪 60 年代曾是濒危物种

海牛体型如潜水艇，性情温和

夏季的大沼泽是蚊子的王国

夏季，这里百花盛开，时而出现的大风也会让这里变得更有魅力。但是，此时会遇到非常麻烦的“敌人”，那就是蚊子。湿地中的蚊子攻击性极强，人经常会被黑云压城般的蚊子群包围。

蚊子的幼虫是蜻蜓、青蛙以及鱼类们的重要食物来源。所以公园的宣传册上写着“你也来加入大沼泽国家公园的生态圈吧”。据说雌蚊子所吸的血中有1%来自于人类，剩下的则来自于老鼠等动物。不过，幸运的是，目前还没有发现大沼泽国家公园的蚊子会传染疾病。但即便如此，庞大的蚊子群以及被叮咬后的瘙痒感还是会令人很头疼。这里介绍一下防蚊的小知识。

●在夏季也要穿着长衣、长裤。

●尤其在早晨和傍晚，绝不能在树下或草地上行走。在阳光充足的开阔地带，蚊子会少一些。

●无论是驾车还是待在客栈里，都要关好窗户。开门要迅速。

●使用当地出售的驱虫剂。刺激性较强，所以皮肤敏感的人以及小孩可以选择戴防蚊纱帽。根据以往的经验，自己带去的驱虫剂在当地完全不起作用。

●在车内及房间内可以使用电池式电子蚊香驱蚊。但是，在室外的话，即使把电子蚊香挂在腰上也不会有什么效果。建议只在室内使用。

在蛇鹈步道经常能见到蛇鹈的身影

大沼泽国家公园的主角们面临的危机

国家公园会受到外部环境的影响。特别是大沼泽公园，水环境成了一个非常值得关注的问题。这里的水源来自佛罗里达中部地区的降水以及奥基乔比湖，有了这些来自园外的水源，公园的生态系统才得以维继。因此，人类的活动会直接对这里造成影响。

佛罗里达南部地区成为陆地的时间并不长，大概成形于冰河期。在6000~8000年的时间里，这里的生态系统一直能正常地运转。但是，进入20世纪以后，问题开始出现，湿地的面积缩小到原来的1/5。

原因之一就是农业对环境造成的影响。周围的农场大量使用化肥，导致流入公园的水里含有硝酸盐和磷酸盐，进而引发富营养化的问题。而且，农业用水的增加导致公园内水量减

少。另一方面，干旱季节放水灌溉农田又导致鳄鱼和鸟类的巢穴受到影响

另外，大城市及度假地用水量的增加也成为了一个不可忽视的问题。现在，佛罗里达州的人口数量居全美第三位，仅迈阿密周边就居住着550万人。每年来到迈阿密海滩度假的游客多达1327万人。因为这里是美国的避寒地，所以冬季游客更多。但是冬季也恰好是干旱季节，降水很少。最近开始受到瞩目的佛罗里达西海岸度假地，原本就缺少淡水资源。总之，这一地区对水的需求正快速增加。

从奥基乔比湖和湿地向大城市引水的运河长达1600公里。运河阻断了水的自然流向，导致流入大沼泽国家公园的水量出现下降。

这一系列的变化让大沼泽国家公园的水环境，无论从质还是从量上都陷入了危机状态。

为了挽救环境，1976年大沼泽国家公园成了联合国教科文组织认定的世界生物保护区（→p231），1979年进入了《世界遗产名录》，1987年又进入了《国际重要湿地名录》。1992年，飓风灾害过后，这里又被列为濒危世界遗产。

虽然大沼泽国家公园已经获得了许多头衔，但这并不意味着实际状况能立即得到改善。以目前的情况看，大沼泽国家公园的生态系统走向毁灭只是时间的问题。但是，我们似乎也没有资格让居住在佛罗里达的人搬走或者停止用水。

2000年，为了让大沼泽国家公园的湿地环境能够得以恢复，克林顿总统批准了一项高达14亿美元的拨款计划。现在，对生活废水进行过滤处理、在公路下修建水渠、将一些路段改为桥梁、拆除堤防和水闸等举措正在实施当中。不知道美国是否能成功拯救大沼泽国家公园。

佛罗里达山狮是世界上濒危程度最高的动物之一

18种濒临灭绝的生物

佛罗里达山狮 Florida Panther
北美海牛 West Indian Manatee
基拉戈棉鼠 Key Largo Cotton Mouse
Key Largo Woodrat（鼠类）
Florida Bonneted Bat（蝙蝠）
棱皮龟 Leatherback Turtle（世界上最大的海龟）
绿海龟 Green Turtle
玳瑁 Hawksbill Turtle
大西洋丽龟 Atlantic Ridley Turtle
黑头鹮鹳 Wood Stock（鹳科）
蜗鸢 Snail Kite
海滨沙鹀 Cape Sable Seaside Sparrow
红顶啄木鸟 Red-Cockaded Woodpecker
Schaus swallowtail butterfly（凤蝶科）
Bartram's scrub-hairstreak butterfly（蝶类）
Florida Leafwing（蝶类）
Garber's Spurge（大戟科）
Crenulate Lead Plant（豆科）

其中，佛罗里达山狮的生存状况尤其令人担心。目前，佛罗里达山狮的数量极少，园内只有10只，加上园外地区，总共也才30只，可以说已经无法摆脱灭绝的命运。在山狮的尸体中还曾经检测出汞，而且含量已经超出对人的致死量。

1995年，在公园中放入了8只得克萨斯黑豹，目的是让这些豹跟佛罗里达山狮繁殖后代。现在，混血山狮已经有近100只，不过濒临灭绝的状况其实并没有得到改善。

旅行的准备与技巧

Travel Tipes

收集旅行信息/旅行宜行期

由于互联网的普及，想要获取美国旅游的相关信息并不是一件难事。特别是国家公园管理局的官网上，有各种旅游资讯、活动资讯、酒店以及餐厅等信息。

在国内收集信息

可以通过美国国家公园的官网 URL www.nps.gov 获取地图、交通机构等有关信息，既可以在线预约酒店和宿营地，也可以通过电子邮件解答问题。还可以根据自己个人喜好查找相关的事宜，如钓鱼、洞穴探险等。出发前一定要确认好气象信息和道路交通信息（受到积雪或者施工等影响封路）。另外，后述的园内报纸也有 PDF 版，可以通过网站浏览。

还可以通过美国国家旅游局的官方微博进行咨询。美国国家旅游局中文官网是 www.gousa.cn，官方微信是 gousacn。

浏览互联网

由于网站管理水平不一，可能有些最新信息没有更新。所以网络上浏览的信息只能用作参考，不要过分依赖。

在当地收集信息

在当地获取信息的方法，首推各国家公园的游客服务中心。在进入国家公园时，大门口（如果没有大门，园内也有游客服务中心）会发放带有园内地图的旅游手册（园内报纸）。可以通过手册找到游客服务中心的位置，并且领取相关的旅游信息资料。另外，还可在机场、火车站、主干道沿线的旅游咨询中心获取信息。

关于服装与所带物品

夏季旅行建议穿着 T 恤和短裤，方便行走。位于内陆的公园昼夜温差较大，山岳地区的公园天气多变，建议带上一件外套。长袖和长裤可以预防紫外线，如果准备去日照强烈、蚊虫多的公园，建议携带。上衣外套最好可以准备一件防寒防雨两用的冲锋衣。海拔较高的公园即便是夏季也有可能降雪，冲锋衣既可以御寒保暖又能防雨。

鞋子建议穿着方便行走的。不建议穿凉鞋，尽量穿运动鞋和袜子。

关于行李

行李不宜过多，旅行箱移动起来不是很方便。有些园内的客栈大厅与客房之间有一定距离，从停车场到住所可能需要走沙土路。行李最好轻便一些，帽子、太阳镜、防晒霜是必备物品。

旅行宜行期

国家公园之旅，四季都有各自不同的乐趣，不过最佳的游览季节还是在夏季。大峡谷等西南大环线的公园的旅游旺季都是在夏季，但盛夏季节十分炎热，许多游客也会选择春秋季节。落基山脉、喀斯喀特山脉等地的公园，宜行期是从 5 月下旬 ~9 月上旬，冬季受到积雪的影响会有部分设施关闭。

美国的温度单位

在美国用来表示气温和体温的计量单位是华氏度（℉）。温度换算法是以摄氏 0 度 = 华氏 32 度为基准，摄氏每增减 1 度，华氏约增减 1.8 度。

华氏⇔摄氏换算

- 华氏 =（摄氏 ×9/5）+32
- 摄氏 =（华氏 -32）×5/9

旅行预算与货币

国家公园之旅所需的费用包括公园门票、餐费（与美国平均消费水平相同）、住宿费（旺季时费用较高），如需租车还要考虑租车费用和燃油费，不准备租车的话，需要考虑到达公园的交通费和园内参加团体游项目的费用等。

旅行预算

住宿费、餐费、当地团体游费用

住宿大约可以这样预估，园内住宿酒店是 \$180~500、客栈 \$100~200、宿营地 \$15~20，公园外的汽车旅馆住宿淡季大约是 \$60~100，旺季加倍。

餐费如果准备节省一点，选择快餐店或者食堂，\$5~10 就可以吃饱。如果准备稍微吃得好一点，选择在咖啡厅等地就餐，午餐大约是 \$15 左右，晚餐 \$25 上下。在高级餐厅吃晚餐的话，含酒水和小费每人大约需要花费 \$50~100。

在当地参加团体游项目的费用，因参加项目的内容不同费用也各异，如大峡谷的飞行游览项目，50 分钟 \$114~270；骑骡子游览大峡谷 3 小时需要花费 \$118。

外币兑换

美国的货币单位为 Dollar（\$），\$1.00=100¢。纸币面值共有 7 种，分别是 \$1、\$2、\$5、\$10、\$20、\$50、\$100。一般流通纸币为 \$1、\$5、\$10、\$20。硬币有 1¢（通称 Penny）、5¢（Nickel）、10¢（Dime）、25¢（Quarter）、50¢（Half Dollar）、\$1（Dollar Coin）共 6 种，较为常见的是 1¢、5¢、10¢、25¢。

随身携带的现金金额，应该包含出发当天以及回国当天的交通费、当地的交通费与餐费、小费等合计，按照旅行天数计算，其余的花销可以使用信用卡消费。

大型银行、国家机场等地都可以兑换外币。人民币兑换美金，还是国内的汇率比较合适，即便是出发前没有兑换好，也可以在机场的外币兑换窗口兑换。另外，国家公园内没有外币兑换业务。在去公园之前必须提前兑换好货币。

国际借记卡

国内现在有一些银行可以办理国际借记卡，在海外取现十分方便。汇率有时比兑换货币还要划算。详情请咨询各大银行。

信用卡

信用卡在美国社会被视为卡片持有者的经济信用证明，占有不可或缺的地位。

信用卡有许多方便之处：①无须携带大量现金。②需要现金时，只需提前办好手续便随时可取现，可以缓解燃眉之急。③在租车、酒店订房、酒店办理入住时作为个人的信用保证，经常会被要求出示信用

公园门票与公园年票
→ p.8
订购机票
→ p.466
租车自驾
→ p.470

机票
●国内往返洛杉矶的机票
※ 本书调查时
经济舱、含燃油税。根据各航空公司和季节的不同价格有所变化。以下只作为参考值。
北京↔洛杉矶 8400~20000 元

长途巴士（灰狗巴士）
●单程客票的参考价格
※ 本书调查时
洛杉矶～盐湖城 \$77~186

铁路（美铁）
●单程客票的参考价格
※ 本书调查时
洛杉矶～盐湖城 \$156~250

中国银联卡
美国八成以上商户可受理银联卡，超九成 ATM 可用银联卡取款。
URL www.unionpayintl.com/column/zh/card/america/USA/index.shtml

信用卡丢失了该怎么办!?
国际信用卡丢失后，首先应该联系当地的发卡公司防止卡片被盗刷。接下来才是报警的环节。办理挂失手续时需要提供信用卡卡号、有效期限等信息。所以不要忘记事先把上述信息和

自己的收卡地址另做记录。→p.481

ATM 取现的操作方法
根据机种略有不同

①将信用卡或可在境外取现的卡片磁条部分刷过机器，使机器能够读取信息。根据卡片的类型以及 ATM 的机型不同，插卡时会有正面朝上或者背面朝上的分别。

↓

② ENTER YOUR PIN = 输入密码，输入完成后按 ENTER 键。

↓

③选择服务种类。WITHDRAWAL 或者 GET CASH = 取现。

↓

④选择取款账号，使用信用卡时请选择 CREDIT 或者 CREDIT CARD。

↓

⑤输入取款金额，或者从画面提示的金额中选择接近自身需求的金额，选择完毕后按 ENTER 键。

↓

⑥领取现金及提款明细

※ 提款完成后请确认屏幕是否回到初始画面，提款明细暂时不要丢弃。

卡。在中国可以申请的国际信用卡包括银联卡、美国运通卡 American Express、维萨卡 Visa、万事达卡 Master Card 等，各大银行都可办理。每个卡种都有自己的特点，考虑到可能会有紧急状况发生最好持有多张信用卡。如果准备申请新的信用卡，建议最好在旅行出发前 1 个月开始办理。

信用卡的使用方法

在美国几乎所有商家都可以使用信用卡，不过部分店铺会有最低消费金额限度。刷卡结算后，商家一般都会提供带有明细的消费小票，请确认信息无误后再签字（有些刷卡机的终端需要输入密码）。为了防止其他人盗用你的信用卡，在办理结账时应避免让卡片离开你的视线。付款后请索要刷卡存根。有时在使用信用卡时可能还会被要求出示 ID（护照等身份证明）。

使用信用卡取现

当现金不足时，可以使用信用卡的取现功能。在 ATM（用法详见边栏）上随时都可以提取现金。取现时需要花费一定的手续费，汇率也会有一些损失，透支取现的话还需要支付利息。只有大型的国家公园的各度假村或者旅游集散地才设有 ATM，小型的公园没有 ATM。另外，各信用卡公司对于可取现的额度也有所限制，请事先了解。

不是所有消费都适合使用信用卡

美国作为信用卡社会，可能就连喝一杯咖啡都会使用信用卡支付。出于安全与便捷方面的考虑使用信用卡固然是很好的，不过实际上对于旅行者来说使用国际信用卡需要损失汇率差，出于这个方面的考虑，请仔细衡量利弊。

另外，有些城镇的市营巴士或者出租车只收取现金，所以还不可以说信用卡是万能的。小费等也都是需要现金支付的。

出发前需要办理的手续

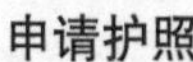

申请护照

护照是公民在国际间通行所使用的身份证和国籍证明，也是一国政府为其提供外交保护的重要依据。所以在旅行中一定要随身携带护照，务必要小心保管。

我国的因私普通护照有效期 16 岁以上为 10 年，不满 16 岁为 5 年。首次申请需要支付人民币 220 元，其中 200 元为工本费，20 元为照相费用。如果你已经持有护照，请确认自己的护照是否在有效期内。前往美国的护照有效期需要超出在美预定停留期至少 6 个月。护照末页的签名，无论是英文还是中文必须是自己亲笔写的签名。信用卡上的签名也需要与护照签名一致。在当地经常会有刷卡后要求确认 ID 签名的事情发生。

美国驻华使领馆
美国大使馆（北京）
住 北京市朝阳区安家楼路 55 号
☎ 010-83487076
010-56794700（签证咨询）
FAX 010-65323431
URL chinese.usembassy-china.org.cn/
领区：北京市、天津市、新疆自治区、青海省、甘肃省、陕西省、山西省、内蒙古自治区、宁夏自治区、河北省、河南省、山东省、湖北省、湖南省、江西省

申请护照

公民因私出国申领护照，须向本人户口所在地市、县公安局出入境管理部门提出申请，北京、上海等城市暂住的外地户籍人员可以就近申

请护照。也有一些城市可以网上预约申请。需申请人本人到出入境办证大厅提交申请，不得委托代办。提交申请资料后，需在指定期限内领取护照，或者选择速递服务。

●**申请护照所需资料**

①提交《中国公民出入境证件申请表》。

（1）申请表手工填写须使用黑色钢笔或签字笔。申请表须填写完整，不得复印。

（2）粘贴本人近6个月内正面免冠半身彩色照片（2寸光面相纸，白色或淡蓝色背景）。

②提交二代居民身份证原件：

（1）未满16周岁未成年人可以提供户口簿。

（2）姓名、身份证号码、出生日期、出生地等信息发生变更的申请人还须提交户口簿等相应证明材料的原件及复印件。

（3）在身份证申领、换领、补领期间可提交有效期内的临时身份证。

③下列人员还需提交：

（1）登记备案的国家工作人员，应当提交本人所属工作单位或者上级主管单位按照人事管理权限审批后出具的《关于同意申办出入境证件的函》（有效期3个月）。

（2）现役军人、武警、军队离退休人员（未移交地方的），按照管理权限履行报批手续后，由本人向所属部队驻地县级以上地方人民政府公安机关出入境管理机构提出。

（3）未满16周岁未成年人应当由监护人或监护人委托他人陪同申请，提供监护关系证明（如出生证、载明亲子关系的户口簿，或其他符合民法规定的能够证明监护关系的证明文件），并提交监护人居民身份证或户口簿或护照的原件和复印件，在申请表上填写监护人同意出境的意见。监护人委托他人陪同的，除上述材料外，还应提交监护人委托书，以及陪同人的身份证明原件和复印件。

（4）境外出生持旅行证入境的不满16周岁儿童还需携带旅行证原件及复印件。

注：以上内容仅供参考，以当地出入境管理处规定为准。

申请签证

美国签证是美国在本国或外国公民所持的护照或其他旅行证件上的签注、盖印，以表示允许其出入美国国境或者经过国境的手续，也可以说是颁发给他们的一项签注式的证明。签证办理步骤有：填写申请表格、缴纳签证费、准备签证材料、网上预约、按预约时间面签。

申请签证的流程：

①登录美国大使馆官网 URL www.ustraveldocs.com 填写DS-160表格。

②注册信息，获取CGI码。

③使用CGI码和护照号、身份证号去中信银行缴款，或者网上缴费，B1/B2（商务、旅游）类型的签证费用为$160。

④凭收据号预约面签时间。

⑤面签。

⑥颁发签证。

在进行签证面试预约时，必须确保已经提交了完整的DS-160申请表格。否则不仅会被禁止进入大使馆或领事馆，而且会被要求重新进行面试预约。只能在DS-160确认页及面试预约确认页上显示的地点申请签证。如果申请人提交的申请表格没有填写完整或者是预约后申请表格信

美国驻上海总领事馆

住 非移民签证服务地址：上海市南京西路1038号梅隆镇广场八楼（注：任何邮寄或投递给领事处的物品，信件都必须寄到总领事馆主楼地址：上海淮海中路1469号，邮编：200031）

☎ 021-64336880

021-51915200（签证服务）

URL shanghai-ch.usembassy-china.org.cn/

领区：上海市、浙江省、江苏省、安徽省

美国驻沈阳总领事馆

住 沈阳市和平区十四纬路52号

☎ 024-23221198

FAX 024-23222374

URL shenyang.usembassy-china.org.cn

领区：黑龙江省、吉林省、辽宁省

美国驻成都总领事馆

住 四川省成都市领事馆路4号

☎ 028-85583992

028-85589642

FAX 028-85583520

URL chengdu.usembassy-china.org.cn

领区：贵州省、四川省、云南省、西藏自治区、重庆市

美国驻广州总领事馆

住 广州市天河区珠江新城华就路43号

☎ 020-38145000

URL guangzhou.usembassy-china.org.cn

领区：福建省、广东省、海南省、广西自治区

美中签证信息服务网站
URL www.ustraveldocs.com/cn_zh/cn-main-contactus.asp

息有所变更，那么也会被要求重新进行签证面试的预约。

另外，根据美中双方签署的延长签证有效期的协议，自 2016 年 11 月起，凡持有 10 年 B1，B2 或 B1/B2 签证的中华人民共和国护照持有人需要每两年或在获取新护照时（无论哪种情况先发生），通过网站更新他们签证申请上的个人资料及其他信息。这个机制被称为 EVUS－签证更新电子系统。

购买境外旅行保险

目前国内境外旅游意外险种类主要有五种：一是旅游意外伤害险；二是旅游人身意外伤害险；三是住宿游客旅游意外险；四是旅游意外救助保险；五是旅游紧急救援保险。

主要内容包含针对海外旅行量身定制的、提供境外紧急援助和医疗服务、意外人身保障、住院医疗赔付、旅行证件遗失赔付、旅程延误赔付等多项服务。

请结合自身的实际情况选择合适的保险公司和险种。

订购机票

燃油税
订购机票时有些网站标示的价格是不含燃油税的，请一定仔细确认清楚。

电子客票
电子客票是纸质机票的电子形式（也称电子机票），是一种电子号码记录，电子机票将票面信息存储在订座系统中，可以像纸票一样执行出票、作废、退票、改转签等操作。

从中国飞往美国的航班

●需要考虑首站机场

游览国家公园时，首先要考虑公园的门户城市是否有机场，如果没有机场需要从哪一个城市去往该公园。美国的国内航线基本上都是小型飞机的短途航线，只要该航线是大型航空公司运营的基本上在中国也是可以购买到机票的。

机票的种类

●普通机票

按照定价销售的机票，使用起来没有过多的限制，但是价格很高。

●特价机票

特价机票是一些航空公司在淡季客源不足，或者为了促销而推出的，一般都会规定特定航班，并严格限定票量。但是，为了增加对旅客的吸引力，往往在广告中不标出来，所以要想买到这样的机票，需要掌握诀窍。特价机票不允许签转，有很多限制条件，有效期各异，但较便宜。不同航空公司对特价机票的定义标准有所不同，有的是四折以下算特价机票，有的是五折以下算特价机票。一般来说，越早订票越容易找到特价机票。

出入境手续

从中国出境

北京、上海、广州等主要城市有飞往美国的航班。请在登机的前一天确认航班的具体运行情况。

登机程序

①登机手续（Check-in）

最好在起飞前 3 个小时就到达机场。这样不仅可以有充裕的时间办理登机手续，而且一旦飞行计划有变也能来得及应对。

办理登机手续叫作 Check-in，在电子机票已经普及的今天，很多旅客会选择通过自助登机系统办理登机手续。持普通机票的旅客可以到所乘航班的航空公司柜台办理。只要将机票、护照以及随机托运行李交给工作人员即可。自助办理登机的旅客应在触摸屏上按引导操作，所有流程结束后，系统会自动弹出登机牌。之后，把要随机托运的行李拿到旁边的托运柜台办理手续。如果有不明白的地方，可以询问周围的工作人员，或者在柜台前排队等候。参加旅游团的旅客，应到指定地点按照领队的要求，把护照、随机托运行李统一交给领队，并由领队代为办理登机手续。

②检查随身行李（安检）

在机场安检口，要对随身行李进行 X 射线检查，旅客还需接受金属探测检查。旅客需要将笔记本电脑等体积较大的电子产品从包中取出与手机、硬币、腰带等带有金属的身上物品一并放入托盘，跟随身行李一起接受 X 射线检查。在美国，还必须把鞋脱掉放入机器进行 X 射线检查。带上飞机的液体也会受到限制（→参见边栏）。

③海关手续

携带贵重外国产品出境时，需要填写申报单。如不提交申报单，在入境时所持物品将被视为在国外购买的物品，成为缴纳关税的对象。但如果是已经长期使用的物品则无须担心。

④出境检查

接受出境检查时，需要向检查人员出示护照和登机牌。基本上不会被问任何问题，检查人员在护照上加盖出境章后，会把护照和登机牌发还给旅客。

⑤登机

前往所乘航班的登机口。大约在起飞前 30 分钟时，开始广播登机信息。登机口的工作人员可能会要求旅客出示登机牌及护照。

在美国入境

在美国，即使仍需转机前往美国国内其他地方，也要在首次着陆机场接受入境检查。例如，当旅客从中国经由洛杉矶飞往盐湖城时，需要在洛杉矶机场接受入境检查。在到达首次着陆机场前，可在机内将乘务人员发放的“海关申报单”填写好。

入境程序

①入境检查

下机后，应按照移民局 Immigration 的标识指示前往入境检查地点。入境检查口分为美国公民（U.S. Citizen）专用和外国人专用两种。当排到自己时，应走到窗口前提交护照和海关申报单。另外，根据 VISIT-USA 的相关规定，对所有入境外国人都会以电子扫描的方式进行双手指纹采集（一部分机场）并且拍摄头像照片。检查人员可能会问几个简单的问题，如旅行目的和滞留地点等，旅客的入境要求得到许可后，检查人员会将护照和加盖了印章的海关申报单发还给旅客。

北京首都国际机场
机场简称“PEK”
☎（010）96158
URL www.bcia.com.cn

上海浦东国际机场
机场简称“PVG”
☎（021）96990
URL www.shairport.com

广州白云国际机场
机场简称“CAN”
☎（022）36066999
URL www.baiyunairport.com

携带液体时的注事事项

携带化妆品、牙膏等液态或胶状物品登机时，需使用容量在 100mL 以下的容器并将容器放入可封口的 1L 以内的塑料袋中接受 X 射线检查。

随机托运行李不得落锁

现在，乘坐飞往美国的航班时，要求旅客不能给行李落锁。对此感到不放心的旅客可以给旅行箱加捆绑带或者使用带 TSA 专用锁的行李箱。

首先要主动打招呼

因为要使用英语接受入境检查，很多人都不免会紧张。来到入境检查人员面前，要主动打招呼，如可以说“Hello”“Hi”“Good morning”。检查结束后，不要忘记说一声“Thank you”。

如何回答问题

●被问及入境目的时，如果是旅游的话可以回答“Sightseeing”，如果是工作的话可以回答“Business”。
●被问及滞留时间时，5 天

的话可以回答“Five days”，1周的话可以回答“One week”。

●被问及住宿地点时，只要回答到达当天入住的酒店名即可。

●如果是前往多地旅行，可能会被问及具体的旅行目的地。此时可以出示旅行日程表，并加以说明即可。

●如果是长期旅行或前往多地旅行，可能会被问及经费。此时正面回答所带现金金额以及是否持有信用卡即可。

入境检查时用到的英语都很简单，完全不懂英语的旅客还可以要求翻译（Interpreter）帮忙。

行李久等不到时

→p.481

对携带物品的限制

对币种没有限制，但现金和旅行支票合计超过1万美元时需要申报。对酒类的规定是，年满21岁的旅客可带1L用于自己饮用。纪念品价值在$100以下的免税。香烟在200支以内（雪茄不超过50支，烟叶不超过2千克）的免税。

需再度接受安检

接受完入境检查、海关检查并在转机柜台办完行李托运，在来到转乘航班登机口之前还要接受一次安检。在中国办完出境手续后以及在飞机内购买的瓶装饮料和酒类会被没收，希望旅客注意。

从美国的小城市回国

洛杉矶等大城市的机场规模很大，办理登机手续和安检的时间也较长。但是，小城市的机场则正好相反，登机时比较节省时间。如果不想在机场等上3个小时的话，可以向酒店里的其他游客打听一下机场的拥挤程度，然后再做决定。另外需要提一下的是，美国机场的空调温度一般都比较低，应随身带上一件长袖上衣。

中国入境时的免税范围

进境居民旅客携带在境外获取的个人自用进境物品，总值在5000元人民币

②提取行李

入境检查结束后，旅客就可以前往行李提领区Baggage Claim。先在屏幕上确认所乘航班的行李在几号出口，然后前往行李转盘提取自己的行李。有的机场会核对行李牌，所以不要将行李牌弄丢。另外，如果行李久等不到，或者行李箱出现破损，要当场向航空公司提出交涉。

③海关检查

海关会检查旅客是否携带有超出规定数量的酒和香烟，超出部分会被要求缴纳关税。另外，如果携带的现金超过1万美元，虽然无须缴税，但需要申报。

海关检查结束后，前往市内或转机前往别的城市

从机场前往各个城市的城区，可以乘坐地铁、巴士、机场大巴、出租车等交通工具。

经由丹佛等机场前往目的地城市时，需要转乘美国国内航班。不要走出机场出口，海关检查结束后，应按写有“Transfer”（转机）的指示牌所指线路前往转机柜台办理相关手续。此时应确认登机牌上显示的终点是否是自己要去城市，然后办理好行李托运。在附近的航班信息屏上确认转乘航班的登机口以及起飞时间。接下来就可以移动到国内航线的航站楼。在规模较大的机场，移动时可能需要乘坐轻轨列车或地铁。

从美国出境

①前往机场

从酒店前往机场，一般都会乘坐机场大巴。这种巴士有“Door-to-Door”的服务，可以到酒店或者个人住宅接旅客。住在酒店的话，可以让前台帮忙预订，也可以自己上网预订。在有的城市，可能乘坐地铁、市营巴士等公共交通工具会更方便一些。另外，现在美国国内的机场安检极为严格，尤其是枢纽机场，登机前要花很长时间。乘坐美国国内航班最少应提前2个小时，乘坐国际航班最少应提前3个小时到达机场。

②前往所乘航班航空公司的柜台

在美国主要的国际机场，航空公司不同，登机柜台所在的航站楼也会不同。如果乘坐机场大巴，司机会问旅客要乘坐的是哪个航空公司的航班，然后让乘客在相应的航站楼下车。乘坐地铁或市营巴士的话，下车后需徒步走到登机柜台前，在有的机场可以乘坐机场内的轻轨列车或地铁。

③办理登机手续

本书调查时，从美国出境，没有由公务人员负责的出镜检查这道程序。旅客在所乘航班航空公司的柜台前出示护照并办理行李托运后就没有其他有关出境的手续了。之后，接受完安检就可以直奔登机口了。登机时，可能需要出示登机牌和护照。

在中国入境

下飞机后，要通过检疫口。从美国回到中国的旅客，基本上可直接通过，但如果健康状况有异常时，应主动向检疫人员说明情况。在入境

检查口，旅客需出示护照并接受检查。接下来，如果有从美国带回的动植物则要接受动植物检疫。在提取行李处拿回自己的行李后，便可来到海关检查口。在国外购买的物品如在免税范围内，可以走绿色通道，如果有超过免税范围的物品则应到检查台接受检查。另外，还需提交在机内填写完毕的海关申报单。

以内（含5000元）的，海关予以免税放行，单一品种限自用、合理数量，但烟草制品、酒精制品以及国家规定应当征税的20种商品等另按有关规定办理。在口岸进境免税店购物可增加3000元的免税购物额。

在当地移动

美国国内最主要的交通工具是飞机、出租车、长途巴士、火车等。根据所乘坐的交通工具的不同，所花费的费用、时间也会有一定的差异，甚至旅途的印象也会随之而变化。当然，国家公园之旅中最能发挥作用的交通工具要数租车自驾了。另外，在美国国内旅行的时候，要做好充分心理准备，无论是哪种公共交通工具都会有一定延误。所以建议你的行程不要安排得太过紧凑。

飞机 Domestic Flight

停留城市与机票的种类

制定国家公园之旅的行程时，应该首先决定需要去哪些城市，去程从哪个机场进入，回程从哪个机场返回。当然，也有使用同一个机场往返的情况。

基本上如果是同一机场往返的话，可以在中国预订去往该城市的往返机票。如果需要飞往2个以上的城市，根据旅行的线路、停留天数、航空公司的规定等因素费用也会产生一定的变化。

周游之旅，选择航空公司最重要的是核心中转机场

航空公司为了有效地输送旅客以及货物，通常会设有中转机场HUB。这样即便是没有直达的航班，也可以通过中转机场转机至你想要去的目的地。但有时转机可能会比较绕远，里程数也会增加，多多少少还是有一些弊端的，所以制定行程时应尽量选择同一家航空公司。

如果你选择的航空公司的航路实在没办法覆盖所有行程需要到达的城市时，不妨换一种交通工具去往下一个要去的城市，如火车或者长途巴士。

美国国内航线的基础知识

选择飞机作为交通工具最大的优点在于速度快、节省时间。尤其是对旅行时间较短，或者游览地区之间距离较远的人来说，飞机还是有一定的利用价值的。例如，可以乘坐飞机飞越落基山脉、飞越大峡谷等，从空中也可以观赏雄伟的景观。

但是乘坐飞机也有一些弊端，除了飞行时间以外还需要花费大量额外的时间。出发前2小时需要赶到机场，由于大多数机场都位于郊外，到达国家公园需要换乘巴士等，都需要花费大量的时间。有些地方可能每天只有1趟航班，如果没

对于行程比较紧的游客来说推荐搭乘飞机移动

国内航线流程

至少提前2小时到达机场。如果是HUB中转机场则需要更提早一些。国内航线在叫作“Domertic”的航站楼办理登机手续。办理完毕后，需要接受行李检查，才可以去往登机口。

机票的专业用语

● OPEN：在有效的期限内可变更回程线路的机票
● FIX：出发前需要确认日期、路径以及预订返程航班的机票
● OPEN JAW：前往多个城市，中途除了飞机以外还要搭乘其他交通工具（火车、巴士等）的机票
● TRANSIT：搭乘同一航班，但中途会在其他机场经停，转机时间在24小时以内
● STOPOVER：搭乘同一航班，但中途会在其他机场经停，转机时间在24小时以上

代码共享协议 CODE-SHARING

航路联运。一条定期航线有2家以上的航空公司联合使用，办理登机手续和机内服务主要由其中一家公司主导。机票上虽写有实际运航的航空公司名称，但是到了机场以后可能会出现多家航空公司的名称，针对这一问题，请提前确认好。

有赶上会给接下来的行程带来巨大的麻烦。美国的天气多变，飞机也有可能会因天气原因停航。

铁路 Amtrak

在广阔的北美大陆上疾驰的火车，为游客提供了一种便利的交通方式，而且对游客来说乘坐火车本身也是一种乐趣。现在，承担美国中长距离铁路客运服务的是美国国家铁路客运公司 Amtrak。这是一家半公半私性质的公司，不仅有本公司的线路，还有向私营铁路公司租借的线路。

Amtrak
Free 1800-872-7245
URL www.amtrak.com

美国铁路通票 USA Rail Pass

Amtrak 面向游客出售铁路通票。这种通票可在除阿西乐快线以外的 Amtrak 所有线路上使用（乘坐主要火车站的摆渡巴士 Amtrak Thruway Bus 时也会扣除通票中的使用次数），游客可以在规定期间内按通票可乘车次数多次乘车。可以在 Amtrak 的网站上购买通票。

火车可以到达的国家公园

美国的铁路网虽远不及公路，但许多国家公园也有铁路线经过。冰川国家公园的近前就有火车站。在约瑟米蒂和大峡谷，从火车站到旅游服务区开通有循环巴士及火车。在仙人掌国家公园（图森）、落基山国家公园（丹佛）、奥林匹克 & 雷尼尔山国家公园（西雅图）、白沙 & 卡尔斯巴德国家公园（埃尔帕索）等地，附近的门户城市都有火车站。

缺点是比较慢。速度比巴士还要慢一些，而且还经常会晚点，所以在美国选择乘坐火车旅行时，不能把旅行计划排得太紧凑。火车之旅更适合那些喜欢在慢节奏中悠闲自在地享受旅程的游客。

票价比巴士贵一些。根据是否在客流高峰期间乘车以及是否在中途临时下车等，票价会有细微的变化。

长途巴士 Greyhound

灰狗巴士公司是美国最大的长途巴士公司。除了夏威夷和阿拉斯加，灰狗巴士的开行区域覆盖了美国本土 48 个州。加上与其他巴士公司的合作项目，灰狗巴士的运营线路遍及美国各地，可以说没有到不了的地方。

灰狗巴士
Free 1800-231-2222
URL www.greyhound.com

巴士车站

位于大城市的灰狗巴士车站，周边环境一般都不太好，夜间乘车时应注意安全。小镇上的灰狗巴士车站，只在有巴士发车或到达时才会营业，而且很多车站周末休息。遇到这种情况时可从司机那里购票。

费用低廉是最大的优点

缺点是地方线路的车次特别少，根据季节，一些线路有时甚至会停运。尤其在国家公园较多的落基山地区，到了冬季巴士往往会停运，或者车次大幅度减少，游客应注意这一点。另外，长途巴士不能开进公园，有时从巴士车站到公园还要走上很远的路程。

综上所述，乘坐灰狗巴士巡游各国家公园是不大现实的。可以把灰狗巴士当作前往国家公园附近门户城市的交通工具。例如，游览约瑟米蒂的话，可以先乘灰狗巴士到门户城市默塞德，然后转乘 YARTS 巴士到公园。去大峡谷的话，到旗杆镇就能乘坐开往公园的接送巴士。不过中途因等车白白浪费的时间会比较多，出行前应查询巴士运行情况。如果是通常的交通工具不能到达的公园，那就只能选择参加旅行团。

通过灰狗巴士公司的网站提前订票，能享受较大的优惠。最近几年，可能是为了削减人力成本，巴士车站的工作人员已经非常少，所以在车站购票很费时间，乘车时应早一点前往车站。

租车自驾

美国的城市基本上是以使用汽车为中心而建设的，在这里如果没有车，你会真正体会到什么叫作寸步难行。交通规则与中国虽有不同，但是考虑到使用汽车移动比较方便，还是建议选择租车自驾的方式游览。

出发前须知

●准备驾照

首先，需要准备驾照、驾照的翻译公证件、国际信用卡（国内银行美元双币卡皆可）。

●驾驶的注意事项

无论去到哪里，驾驶汽车的最基本要素都是"安全第一"。保证安全的第一要素是遵守交规，而美国的交规与国内的多少有些不同，需要在出发前牢记当地的交规。

美国车的仪表盘中表示速度的单位是英里，可能在最初的驾驶过程中会有些不习惯，这时需要注意不要误以为是公里而造成超速。

另外，美国交规的核心是行人优先，无论行人是否遵守交规都要避让。其次，当信号灯为红灯时可以右转，但需要先停车观察有无行人和其他车辆，确认安全后才能转向。如果看到写有"NO TURN ON RED"的标识，需要等信号灯变为绿色才可转向。

汽车租赁公司

美国的大型汽车租赁公司有 Hertz、Alamo、Avis、Budget、Doallar 等。这些公司在各地都有设有营业网点，基本可以信赖。有些公司甚至在中国国内也有分公司。也可通过官网预约车辆（大都有中文版）。

年龄限制

大型的租车公司在租借车辆时都有一定的年龄限制，基本上以 25 岁以上居多。预约时需要提前询问清楚。

●预约时需要确认的项目

通过网络预约车辆需要输入取车和还车的日期、地点以及车辆种类。

车辆种类大多是按照车辆的大小来分类的。分类名称因公司而异，一般来说有小型车、中型车、大型车，还有四驱车（4WD）、帐篷车、面包车等。

出发前须知

●取车（Check Out）

到达当地后就可以开始租车了。取车被称为 Pick up（Check Out），还车则被称为 Return（Check In）。以下说明以从中国出发到达当地机场后，直接从机场租车柜台取车为例，进行介绍。

前往租车公司柜台或营业网点，告知店员预订车辆的信息，并出示预约确认函、信用卡，如果有优惠券也需要一同出示。即便是使用优惠价付款，也需要用信用卡作为保险以及保证金的凭证。汽车任意保险可视个人需要而购买。最后只需要在租车合同上签字便可。签字后就需要遵守合同中所规定的内容了，所以一定要确认清楚再签字。办完租车手续后，店员会将车钥匙交到你手中，并告知车牌号与停车位置。

●还车（Check In）

各汽车租赁公司的营业网点都有明显的"Car Return"的指示标牌，将车停好，然后前往柜台，或者将租车合同直接给办理还车业务的店员，接下来会按照合同内容进行计算。按照计算的付款金额支付完毕后，领取合同副本和收据，即可完成本次租车。

国家公园的游览方法
→p.9

各大汽车租赁公司的网址

赫兹 Hertz
URL www.hertz.com
阿拉莫 Alamo
URL www.alamo.com
安飞士 Avis
URL www.avis.cn
Budget
URL www.budget.com
Doallar
URL www.dollar.com

关于 AAA

AAA 是 American Automobile Association（美国汽车协会）的简称。在旅行中如果出现事故，会员本人可以拨打 AAA 的公路服务救援电话（英语），请求公路帮助。如果没有会员卡的话，该服务需要收费。另外，在国家公园等部分地区不提供服务，或是提供收费服务。

尽快适应美国的驾驶习惯

首先，遵守转弯先停车、行人优先等基本规则，不要鲁莽驾驶。

在免费道路上行驶时，需要注意限速标识。标识会随着周边的状况而改变，一定要随时确认标识。另外，不要轻易鸣喇叭、不要频繁并线，也不要催促前方车速较慢的车辆。注意保持车距，当车辆并道时一定要按照一侧一辆的顺序，遵守当地的交通法则安全驾驶。

详细内容请参考《走遍全球美国自驾游》。

国家公园周边的道路上时常会有动物蹿出，一定要注意控制速度

有从拉斯维加斯前往纪念碑谷的团体游

团体游巴士

如果不是自驾旅行的话，则首先应该考虑参加巴士团体游。这种团体游有很多可以充分接触到大自然的线路可供游客选择，而且交通和住宿都有保障。因为不需要自己驾车，所以能够大大减轻旅途中的疲劳，还不用担心交通事故的问题。不过，团体游也有一些缺点，如行程可能会被安排得过于紧张、游客的自由度会受到一定限制，等等。即便在途中遇到难得一见的野生动物，游客最多也只能在停下来的巴士上观看而已。选择旅行社及游览线路时，应该仔细阅读旅行社提供的资料并进行比较。

Trek America Tours

有着40年以上从业经验的小型团体游旅行社。出游方式为宿营旅行，每个团平均人数为13人，有国家公园游以及横穿美国游、阿拉斯加游、加拿大游、墨西哥游等项目。游客年龄原则上应在18～38岁，参加者可以与来自世界各地的同年龄层游客一同走过快乐的旅程。另外，也有不限制年龄（8岁以上儿童可在家人陪伴下参加）的团体游。

从洛杉矶出发并最终返回洛杉矶的 Westerner 3 可以遍游约瑟米蒂和大峡谷，全程用时21天，费用为 $2889 起 + 服务费。

Southern Sun，从洛杉矶或纽约出发，西南大环线、卡尔斯巴德、新奥尔良，横穿美国，全程用时21天，费用为 $2649 起 + 服务费。

Westerner 从洛杉矶出发并最终返回洛杉矶，可以遍游纪念碑谷、大峡谷、拉斯维加斯、旧金山（圣弗朗西斯科）等西部主要景点，全程用时13天，费用为 $1869 起 + 服务费。

从洛杉矶出发并最终返回洛杉矶的 Wild West 是只有10天行程的短期游览项目，可以遍游圣迭戈、索诺拉沙漠、大峡谷、拉斯维加斯、死亡谷，还会在牛仔宿营地宿营。费用为 $1409 起 + 服务费。

Victor Emanuel Nature Tours
☎（512）328-5221
Free 1800-328-8368
URL www.ventbird.com

Victor Emmanuel Nature Tours

首个推出观鸟游的旅行社。特点是旅途中有鸟类方面的专家、地质学家、摄影师等高层次专业人士全程跟随（只能用英语交流），因此深受好评。全部为限制人数的小型团。

● Spring Garden Arizona

从图森出发。在亚利桑那州奇里卡瓦国家保护区周边的山上，游客可以观察到咬鹃以及10多种蜂鸟。每年只在某一段时间举办。费用为 $2995。

● Winter Southern California

从圣迭戈出发。冬季的南加州最适合观鸟。很容易见到蚋鹩、嘲鸫、加利福尼亚地雀鹀、红翅黑鹂等鸟类。每年只在某一段时间举办。费用 $1995（本书调查时的价格）。

户外运动

徒步远足

选择轻松的线路，不要勉强自己

了解大自然最好的方法就是走到大自然中去，通过自己双脚探索大自然的奥秘。虽然会花费一些时间和精力，但大自然也会回报给我们许多珍贵的体验经历。

几乎所有的国家公园都设有徒步远足步道。通过从游客服务中心领取的地图，可以了解这些步道的详细路径、所需时间和难易程度。既有短时间的路径，也有需要花费几天时间去到偏远地区的路径。通过自己的双脚走过的道路，与坐在车内看到的风景是截然不同的，一定充满着许多感动和乐趣。徒步远足最重要的是不要勉强自己，适可而止。

出发前一定要在游客服务中心或者步道入口处的看板上确认注意事项

所需时间与徒步的方法

徒步者的平均速度为每小时 2 英里（约 3.2 公里）。如果有海拔差距或者坡度，可以按照每小时 1000 英尺（约 300 米）来计算。例如，5 英里（约 8 公里）的线路，其中有 1500 英尺（约 460 米）需要攀登的路段，那么就是 5÷2=2.5、1500÷1000=1.5，合计共需要 4 小时。体力差一些的人可能需要更长的时间。最主要是要找到适合自己的徒步节奏。对于没有经验的人来说可能会因走得过快而消耗大量体力。其实徒步远足要匀速走，并且短时间高密度地多休息，多补充水分。

出发时间应在清晨～上午

最晚也要在中午之前出发。因为，太阳出来后天气会逐渐变热，应该趁着天气比较凉爽的时候出发。徒步远足最忌讳的是，到达目的地后太阳下山了，这时可能会变得一片漆黑，甚至造成生命危险，一定要避免类似情况发生。

气候、服装与所持物品

服装基本上是外套＋内衣，最好穿一双已经穿习惯的舒服一点的鞋子。带一件外套很重要，可以御寒保暖。在海拔较高的地方清晨的天气还是有些凉的，天气如果好的话，上午基本上就开始升温了。如果不注意加减衣服可能会导致身体疲劳，甚至生病。建议选择透气性较好的内衣、毛衣以及外套。

另外，步道沿途几乎没有地方可以找到饮用水。夏季的白天，天气炎热很容易口渴，出发前一定要带上足够的饮用水。同时也可以带上一些干果类的零食，可以随时给身体补充热量（p.67）。

宿营

美国的宿营地设备十分完善，从用水、厕所、淋浴、储物柜等这些基础设施的完善程度，到各个宿营区域的宽敞舒适程度，都体现了这个

步道入口 Trailhead

在美国徒步远足步道被称为 Trail，而步道的入口则被称为 Trailhead。

与动物的相处方法

在徒步远足的过程中会遇到许多野生动物，而国家公园内是禁止喂食野生动物的。另外，最近各地的游客都反映在徒步过程中遇到了熊。请一定仔细阅读 p.208、422 的内容，这关乎着你的生命安全，不容小视。遇到美洲狮时与熊的应对方法相反，详情见 p.114。

偏远地区

是专业的徒步人士走的线路，如果准备前往一定要到游客服务中心询问详细的情况。有些公园可能需要有许可证才能入内，请事先确认清楚。

遇到马匹时

在步道上马和骡子是有优先通过权的，请给它们让路。另外，遇到这些动物时不要随便用手触摸。

背包防雨罩

出发时即便是晴天，经过长时间的行走后天气也可能会发生变化。最好随身携带雨具、防雨外套。最好给背包也准备一个防雨罩。

禁止丢垃圾

步道上是不可以丢弃垃圾的。尤其是不能乱扔烟头，可能会造成很严重的后果。

小心熊出没！

在约瑟米蒂、黄石、大提顿、冰川等熊经常出没的公园内宿营，对于食物的保存方法有着严格细致的规定。请认真阅读公园细则，严守规定。

带上塑料拖鞋和头灯会比较方便

如果带上一双塑料拖鞋或者凉拖会比较方便。在宿营地内淋浴的时候，即便地面比较脏，只要穿着拖鞋就不会有太多顾虑了。

另外，夜间的宿营地十分黑暗。这时如果戴了头灯会比较方便，就可以顺利找到入口，又能在黑暗的帐篷内写游记。因为这种灯是戴在头上的，所以可以腾出两只手来做更多的事情。

多利用超市

帐篷和宿营专用品以外的物品，可以在大型超市购买，价格会更加亲民一些。例如，灶具、冰袋、保冷箱、帐篷垫等。

预订宿营地

URL www.recreation.gov

Free 1877-444-6777

开 3~10 月 10:00~24:00、11 月~次年 2 月至 22:00（EST）

休 11 月第四个周四、12/25、1/1

信用卡 Ⓐ Ⓜ Ⓥ

除黄石以外，可以通过上述方法预订营地。虽然可以通过电话预约，但一旦名字拼错了，可能会发生不必要的麻烦。建议选择通过网络预订。网页上既可以知道预订当天的饱和程度，又可以详细地了解该宿营地有哪些设施。可以通过信用卡支付。但是受理预约的日期，因公园而异。

"宿营先锋大国"的优势。宿营地内的管理和制度也都十分健全。有条件的话不妨在大自然中体验一下宿营的乐趣！

宿营旅行

首先，是交通工具，建议使用汽车作为移动工具。国家公园内的宿营地，通常都是按照先到先得顺序来决定的。所以，如果你准备夏季住在宿营地内，最好在较早的时间到达。如果园内的宿营地满员没有位子的话，则需要到公园外去寻找宿营地。这时，如果自己有车的话就不用担心移动起来不方便了。另外，考虑到宿营需要带许多装备，如帐篷、睡袋、防潮垫、食物等，如果没有车，搬运起来十分不方便。

必备品和可在当地准备的物品

宿营所需要的装备不需要在中国国内准备好带过去。可以在美国本土购买，价格比在中国便宜得多。美国的户外用品商店里各种户外用具比较齐全，价格也实惠。

帐篷最好选择比较轻便、容易架设和收起的类型。稍微宽敞一点的帐篷住起来会比较舒适。

灶具也可以在当地购买，如果准备自炊，建议购买双炉灶的箱式煤气炉，使用起来比较方便。超市等地方都可以买得到，价格也比较便宜。

睡袋最好准备一个 3 季节通用的类型。早晚天气会比较凉，睡袋下还需要垫一个防潮垫。

气候与服装

受天气的影响，宿营的装备也会有很大的变化。如果只是比较热的话脱掉外套便好，最大的问题就是冷。尤其是夏季的寒流，野外在夏季时气温也可能在 10℃以下。建议带足御寒保暖的衣物。内衣最好准备速干且透气性好的衣服，即便是出很多汗也能迅速晾干。外套需要准备防水、保温材质类。

预订宿营地

国家公园的宿营地大都是按照先到先得的顺序来决定的。不过，也有少部分的宿营地是可以提前预订的。主要有大峡谷、约瑟米蒂、锡安、冰川、落基山等国家公园（详情请参考各公园的住宿一栏）。另外，还有些公园的宿营地可以在旅游旺季的时候提前预订。特别是夏季，如果你准备在国家公园宿营，应提早着手准备。

宿营地的样子

宿营地的帐篷位是划分成一个一个单独区域的位子。每个帐篷位都有号码，宿营地内分为支帐篷的区域、停车的区域、野餐的区域、可以用火的区域。1 个帐篷位基本上可以容纳 4 人住宿，支两个帐篷绰绰有余。而且与隔壁的位子离得比较远，有比较独立的空间。有些公园房车营地和帐篷营地是独立分开的，Tent Only 是只有帐篷的营地。

申请帐篷位的方法

首先到宿营地的入口处找到这个区域的管理员，并告诉他你想要宿营。接下来，管理员会告诉你"去 B 区，到那挑选你喜欢的位子吧"。这时，需要跟管理员领取一个申请帐篷位的信封（有时放在宿营地指示牌的下面，有时在付款台旁）。拿着信封就可以去 B 区了，找到你喜欢的位子后，需要在申请表格中填写年月日、帐篷位号码、姓名、地址等信息，然后将1天的费用装入信封内，封好口，投入付款台内。信封是分为两个部分的，有一部分需要撕下来贴在你所在的帐篷位的号码牌上。每天早上都要重新申请位子，有些宿营地可以一次性支付多天的住宿费用。

选择帐篷位的方法

帐篷位是按照先到先得的顺序决定的，所以应该尽早到达。尽量选择位置高一点的位子，而且不能离厕所太远。美国的宿营所是水冲厕所，所以味道不是很大。如果选择太靠里的位子，可能会很不方便。

宿营的设施

一般来说宿营地的厕所、水管、淋浴、投币式洗衣房、杂货铺等设施，都离营地有一段距离。大部分都是冲水厕所，厕所前有水管。厕纸、手指烘干机、电源插头等也都是常备。

宿营地没有水池。垃圾需要整齐地装入垃圾袋内，或者倒入厕所内冲掉。餐具只能擦干净或者在自带的桶内冲洗干净。

食品的管理十分严格

淋浴房和投币式洗衣房大都在同一栋建筑内。开放时间依地点的不同而异。使用起来大都比较方便。入口处可以买到肥皂、洗发水等，毛巾可以租借。

钓鱼

钓鱼需要许可证

有许多国家公园内都可以享受钓鱼的乐趣。

为了保护鱼类种群，美国采取了钓鱼许可证制度，许可证分为淡水鱼、海水鱼、对象种类等。许可证的费用各州都不一样，基本是1天\$1~15。还有1周用的许可证。可以在当地的渔具店、体育用品商店或者旅行社内购买到许可证。如果公园内有体育用品商店，也可以买得到。

首先挑选垂钓位置

如果想钓到你希望的鱼种，选取位置很重要。最好的办法是询问当地的渔具店。钓鱼杂志中一定有渔具店的广告，可以很轻松地找到当地的渔具店。如果你想更准确一些的话，请向导帮忙是最靠谱的选择。注意一定要提前在公园的官网上确

有些公园可以出租钓具

付款台 Pay Stand

位于宿营地入口处，是支付费用的地方。管理员每天都会到这里来巡视几次。届时，会查看支付状况。

投币式洗衣房

洗衣房内有洗衣机和烘干机，费用平均在\$1.5~2。每次可以投入25￠，请准备足够的硬币。

享受寂静

到国家公园来宿营的人是为了享受这里的一份宁静。不要醉酒、不要发出噪声。收音机和音响设备的音量也应尽量不要影响到他人。摩托车噪声、改装车噪声在距离50英尺（约15米）的地方，超过60分贝，可能会被处以罚金。

偏远地区宿营地

只有通过徒步才能到达的偏远地区宿营地，基本上没有任何的设施。使用方法因公园而异，详情请咨询公园管理处。

大型房车租赁公司
Cruise America

Free 1800-671-8042
URL www.cruiseamerica.com
费 标准型（2张床）、1周\$534~

规矩各异，每个公园都不同

国家公园内也有不需要本州钓鱼许可证的地方。不过针对钓鱼还有许多细则，一定要亲自到游客服务中心确认清楚，以免不必要的麻烦。

关于用具

飞钓、饵钓的漂与国内是有一些区别的。建议在当地购买。

值得推荐的公园

大峡谷、大提顿、峡谷地等。可以在客栈的团体游办事处提前预约。

认好向导信息，谨防无证向导。如果准备钓鱼，一定要在当地住宿，建议选择有钓鱼向导的客栈住宿，这样一来还可以跟同宿的钓友们互相交流经验。

漂流

这里所指的漂流，一般是乘坐橡皮艇顺激流而下的。在美国漂流这项运动十分受欢迎，4~6个人同乘一个橡皮艇（也有可乘10人的），每个人手中都握有一根船桨，大家齐心协力共同穿越激流。

除此之外，还有专门欣赏风景和动植物的漂流线路，相对来说比较平稳。这种漂流被称为Smoothwater，小孩子也可以放心地参加。

可以观赏景色的静流漂流也很不错

全身湿透很正常，请提前准备好替换的衣物

体验漂流时，由于水流不可控，无论是激流还是静流都有可能弄湿衣服。有些比较刺激的激流甚至全身湿透。

建议穿着快干、透气材质的衣服，最好还要有一定的保温性能。替换的衣物连同袜子需要一起提前准备好。鞋子也最好不要穿不容易干的皮鞋，建议穿慢跑鞋或者涉水鞋。由于水面上没有阴凉处，日照十分强烈，所以不要忘记戴上太阳眼镜。

骑马

骑在马背上慢悠悠地在森林里或者湖畔边巡游也是一种十分受游客喜爱的户外项目。即便没有经验也没关系。一般是由一名向导带领10人左右组成的马队前行。既可以欣赏风景，又可以体验大自然的乐趣。

小朋友也可以轻松挑战骑马

骑马的技巧与服装

下面介绍一些骑马的小技巧，上马后脚后跟稍稍地夹紧马的腹部，想让马儿向右走的时候用右手拉右侧的缰绳，想让马儿向左走的时候向左拉缰绳。想停下来的时候双手一起拉。如果马儿停在路边吃草，赖着不想走，用力向上拉缰绳将马的头部拉起来便可。即便是第一次骑马也不要惧怕。

服装没有特殊的要求，尽量不要穿短裤，最好穿一双结实一点的鞋子。不建议穿短袖，因为马在行走的时候经常穿越树林，容易被划伤。

英尺、英镑的换算方法

在使用米来表示的身高后乘以3.28，个位是英尺，小数点以后再乘以12就是英寸。例如，身高为170厘米，换算成英尺就是1.7×3.28=5.576、0.576×12≈7，所以是5英尺7英寸。

用千克表示的体重换算成英镑是需要乘以2.2，如60千克就是60×2.2=132，也就是132英镑。

即便是驯化得很温顺的马

马是很通灵性的动物，如果发现你上马时很害怕，它会十分调皮地跟你开玩笑。例如，突然奔跑起来，或者根本就不走。

不能穿短裤

如果穿着短裤会直接接触到马的汗液，既不卫生，而且走起来摩擦会很大，容易受伤。

冬季运动

越野滑雪

冬季最能感受大自然之美的莫过于滑雪了，踩在滑雪板上在雪中滑行的感觉真是好极了。雪地上还留有大量的野生物脚印，还有大自然用冰和雪描绘的白色艺术世界，还有冬季毛茸茸的野兔，觅食的动物们等，一切的一切都太美妙了。根据地区的不同降雪季也有所不同，大约是在 11 月 ~ 次年 4 月期间。夏季时曾经是步道的地方，降雪后变成了越野滑雪的雪道。

在眼前尽是一片白茫茫的雪地中，迷路是最可怕的事情。有时甚至一天都见不到一个过路人。所以，一定要随身携带步道地图，认真听管理员讲解注意事项。阴天时、有降雪预报时应尽量避免出行。雪上运动比较多的公园，有管理员导览的滑雪项目，对于初级滑雪爱好者来说最好不过了。

可以在客栈或者体育用品商店租借到滑雪用具。滑雪板、雪鞋、雪杖一套是 1 天 $30 左右。服装只需要穿着方便行动的、不会被雪浸透的便可。还需要准备一副滑雪手套，还有太阳镜。

深雪行走

冬季运动中还有一个很受游客喜爱的项目就是深雪行走。积雪季节也照常营业的国家公园，基本上都设有这个项目。在刚刚下过雪的雪地上跟着管理员一起到森林里漫步，是一件十分愉快的事情。可以在游客服务中心确认出发的时刻表。客栈和游客服务中心可以租借雪鞋。值得推荐的公园有雷尼尔山、火山口湖、黄石等地。

小费与礼节

美国有接受小费的习惯。餐厅、酒店、出租车等各有不同，请牢记下述规则。

关于小费

国家公园中有各种各样的管理员导览项目，虽然管理员很亲和，但一般来说没有给管理员小费的习惯。国家公园管理局的管理员工作是一份十分令人向往的神圣职业，也是小朋友们向往的职业。如果给这样的人小费不免有些失礼。不过穿着跟管理员类似工作服的志愿者、循环巴士的司机等外围人员可以收取小费，作为礼貌可以给这些工作人员小费。

另外，园内的民营巴士团体游和客栈的从业人员是需要支付小费的。

●餐厅的小费

付给餐厅服务员的小费一般是结账后，放在装明细账单的托盘内。小费约是餐饮消费总金额的 20% 左右，营业税不计入在内。如果使用信用卡结算，可以在写有“Gratuity”或者“Tip”的栏中写入想要支付小费的金额，然后一起刷卡结算。刷卡后，至少也要亲手再给 $1 以上的现金。

关于礼节

在美国打招呼是与人接触时的基本之道。美国也是多民族国家，特别重视与他人接触时的礼节。要遵守当地的礼节，才能享受一趟愉快的旅行。

●打招呼

不小心碰到了路上的行人，或者想要通过拥挤的人群时需要说

小费的标准

●酒店服务员

可以放在床头柜上。如果小费的位置摆放不对，酒店服务员有时会为了避免发生纠纷，不敢乱拿房间里的小费。

●出租车

搭乘出租车时不需要单独支付小费，而是在计价表显示的金额上自己加算小费一起支付。一般是加算 15%，如果觉得司机服务很好可以多给一些。基本上乘坐出租车是不找零的。

●客房服务

使用客房服务时，首先要看一下账单中是否包含小费，如果上面已经加算了小费金额则不需要支付。如果不包含小费，需要自己在账单上写上加上小费后的金额。或者直接给现金也可以。如果服务员只是代转信件或者包裹，只需要支付 $1~2 便可。

●团体游

大型巴士司机兼导游需要付小费 $3~5，小巴司机兼导游需要付 $10 的小费

需要注意的礼节

●排队的方法

在美国 ATM、厕所等地方排队是排成一列的，哪里有空位子后面的人补位，呈叉子形。

●带小孩的情况

在餐厅以及其他公共场所如果孩子哭闹，最好先将孩子带到外面。另外，将小孩独自置于酒店的房间内、车内，以及打孩子，可能会有美国人报警，需要特别注意。

"Excuse me"。如果撞到人或者踩到别人的脚则要说"I'm sorry"。如果什么都不说是十分失礼的事情。进到商店后，店员会对你说"Hi！"这时我们也需要回应说"Hi！"或者"Hello"。跟人交谈时一定要直视对方的眼睛。

●饮酒与吸烟

美国各州的法律有所不同，但基本上不满 21 岁是禁止饮酒的，同时在室外饮酒也是违法的。在酒类专卖店、夜店等地方购买酒精饮品时，需要出示证件。需要注意的是，公园以及公共道路上也是禁止饮酒的。

美国当地针对吸烟者也有着诸多的限制。大多数的餐厅都是禁烟的。酒店的客房内也是禁止吸烟的，而且千万不要随地乱扔烟头。

电　话

免费电话 Toll Free

Toll Free 是美国国内的免费电话，电话号码的开头为 1800、1888、1877、1866、1855，如果从中国直接拨打则需要收费，如果在美国国内使用手机拨打此号码也是需要收取通话费的。

字母电话号码

在美国的公园电话机按钮上，除了数字以外，还同时刻有英文字母，这些字母可以取代数字，便于简单记忆电话号码。

ABC → 2　DEF → 3
GHI → 4　JKL → 5
MNO → 6　PQRS → 7
TUV → 8　WXYZ → 9

美国国内公共电话的拨打方法

●市内通话（Local Call）

拨打同一区号（Area Code）的市内电话时，一般最少需要花费 50￠。拿起公用电话听筒、投币、拨打扣除区号的 7 位电话号码。当余额不足时，会听到"50 cents，Please"等语音提示，此时投入相应的金额便可。

●长途电话（Long Distance Call）

首先需要按数字键"1"，然后依次输入区号 + 电话号码共 10 位数字。这时会听到"Please deposit one dollar and 80 cents for the first one minute"等语音提示需要支付的费用，按照提示投入相应金额。不过使用公用电话拨打长途的费用较高，一般来说建议选择使用电话预付卡。

●预付卡

美国的预付卡与中国的有所不同，不是直接将电话卡插入电话机就可以使用的，需要先输入卡片的卡号才可以拨打电话。使用方法是，先拨打卡片上的卡号，之后会有相应的操作说明，拨打对方的电话号码。这种卡可以在美国的机场、药妆店、收银台等地购买。

从中国往美国打电话的方法

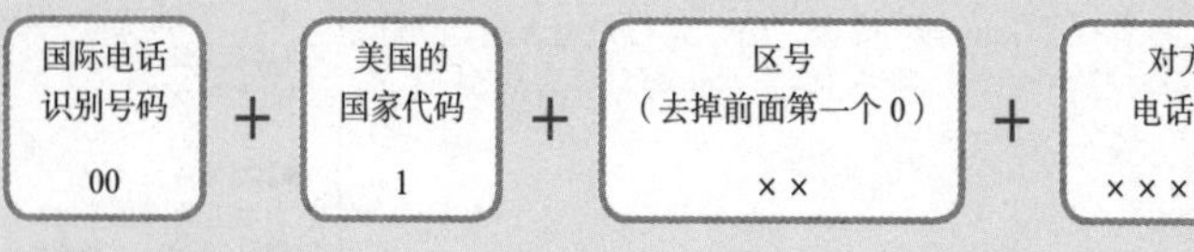

从美国往中国打电话的方法

从酒店的房间拨打电话

首先需要拨外线号码（多为8或9），然后按照一般方法拨打电话便可。值得注意的是，酒店房间拨打电话是需要收费的，即便拨打免费电话（Free）也是需要收费的。另外，拨打长途或者国际电话时，即使对方并未接通电话，如果持续一定时间以上连续拨打也是需要支付一定费用的。

从美国拨打国际长途到中国的方法

●用当地公用电话直接拨打

费用由自己承担，是最基本的方法。不通过转接，直接呼叫对方中国的电话号码。一般拨打国际电话的话都会使用预付卡。

●在美国使用中国的手机

中国移动、中国联通、中国电信的手机只要开通国际漫游业务，都可以在境外使用。

中国移动
URL www.10086.cn
中国联通
URL www.10010.com
中国电信
URL www.189.cn

邮政与互联网

邮寄明信片、较重行李时善用邮局

从美国邮寄航空邮件到中国大约需要1周时间，普通尺寸明信片或者信件基本邮资$1.15。

旅行中购买的大件物品、比较重的书籍等建议选择直接邮寄回国内比较轻松。在大型邮局都可以买到大号的防撞信封或者邮政用纸箱。

邮寄方法只有航空信件Air Mail。大约1周时间可到达。收件地址可以写中文（国名需要写CHINA），寄件人地址与姓名要用英文。寄送印刷品时需要注明Printed Matters，书籍需要标注Book（书籍中不可夹带信件）。

关于美国的互联网

对于旅行者来说上网最方便的地方是酒店。美国的酒店和汽车旅馆基本上都设有Wi-Fi，高级酒店为了防止信息泄露，会备有住宿客人专用的有线网络。一些比较高级的酒店即便是客房上网需要收费，酒店大堂和餐厅也都设有免费Wi-Fi。

只有大型的国家公园才可以使用互联网和手机。有些地区的通信设施只有设在游客服务中心外侧的公用电话（24小时可用）。

大峡谷的南缘和约瑟米蒂谷地区有手机信号，其他公园内大部分区域是没有手机信号的。

虽然园内的客栈设有Wi-Fi，但大多数网速都比较慢，基本上只有在此住宿的客人才能连接上。

购买邮票

可以在邮局的窗口或者在印有US Mail标志的自动贩卖机上购买邮票，只需要投入与邮票面值相等金额即可，不过礼品店和酒店等地的小型贩卖机上可能价格要高一些。如果实在没有找到地方购买邮票，可以向酒店询问。

邮寄回国时需要填写申报单

从美国邮寄物品回国时，需要填写《出境旅客行李物品申报单》。

管好自己的电脑

请把电脑置于室内保险柜内保管。如果没有保险柜应该放入旅行箱并锁好箱子。

在国内租借Wi-Fi

可以在国内办理可在美国使用的Wi-Fi设备，价格在1天30~50元。

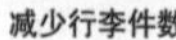

旅行中的纠纷与安全对策

减少行李件数

双手拿满物品行走时很容易分神，这样不但容易被小偷盯上，也很容易丢东西。而过大的行李可能会导致行动范围受限。

为了不成为小偷的下一个目标

遭受偷盗的遇害者，一般都是让人有机可乘的人。例如，喜欢发呆的人、不镇静的人等，很快就会被小偷盯上。另外，被认为很安全的国家公园内，在深夜时也不要一个人行走，白天的徒步远足也尽量不要单独行动。

正确的背包方法

●斜挎包

可以满足随身携带的要求。斜挎长度不宜过长，方便手可以随时放在包上。

●双肩背

不要背在后面，将包的方向转到前面来，比较安全。

●腰包

虽然包的位置位于身体前方腰部的位置，但是包的按扣部分在后腰的位置，比较危险。穿衣服时需要尽量遮盖住包的按扣部分。

●上衣内兜

可以不背包，将物品分散装在上衣的几个口袋内。

中国驻美使领馆

驻美国大使馆

☎1-202-495-2266；(202) 337-1956（签证处人工热线）

网 www.china-embassy.org

驻纽约总领事馆

☎1-212-244-9392 分机 1000（24 小时值班）

网 www.nyconsulate.prchina.org

驻洛杉矶总领事馆

☎1-213-807-8088（总机）；1-213-807-8006（证件组）；1-213-807-8005（领侨组）

网 losangeles.china-consulate.org/

驻旧金山总领事馆

☎1-415-674-2900（总机）；1-415-852-5941（签证组）；1-415-852-5924（侨务组）

网 www.chinaconsulatesf.org/

驻芝加哥总领事馆

领区范围：科罗拉多州、伊利诺斯州、印第安纳州、艾奥瓦州、堪萨斯州、密歇根州、明尼

☎1-312-803-0095；1-312-453-0210（证件组）

美国的治安

美国是枪械社会，毒品也是很严重的社会问题。不过如果一味地认为这里十分"危险"存在一定的心理阴影的话，对旅行也会有一定影响。需要注意的有下述几点，而且要时刻提醒自己"这里不是中国，自己身在异乡"，需要格外小心行事。

扒手、小偷经常出没的地方

车站、机场、酒店大堂、观光景点、商店街或者店内、快餐店等，稍不留神很容易被偷。通常都是"一不注意"或者"完全没意识到"就成了被害者。乘坐团体游巴士时也不要将贵重物品置于车内，贵重物品一定要随身携带。

如此这般偷盗

通常犯罪者不是单独行动，而是集团作案。例如，其中 1 人拜托游客帮忙拍照，与此同时另一个则趁机偷取游客的贵重物品，这种叫作钓鱼盗窃。这些犯罪者从外形上来看根本难以区分，可能有些人让人感觉很热情。虽然无故怀疑他人是很不礼貌的行为，但防人之心不可无。

●小心热情的人

如若有人突然过来搭讪，特别要小心讲中文的人，通常是在寻找机会下手偷东西。

贵重物品贴身放

护照和钱（信用卡）如果丢了，本次旅行就要结束了，所以应该随身携带，护照号码等的备忘录应该与贵重物品分开放。万一行李丢了，只要有护照和钱还是可以照常旅行的。

遇到麻烦时

以安全的旅行为目标（事后应对篇），如遭遇盗抢

应尽快报警，并填写报案证明书。如果没有遇到重大抢劫或者遭到攻击，只是遭到小偷小摸，受害金额又不是很高的话，警方并不会特别侦办。可是，如果你购买了旅行保险，就必须要报案证明，才能够申报赔付。

●护照遗失

遗失护照需要马上到大使馆申报丢失，并且办理回国用旅行证。中国驻美大使馆的联系方法详情请参考左侧边栏。

补办时需要的资料有：①2 寸证件照（4 张）。②护照遗失证明文件（当地警察局可领取）。③如实、完整填写《中华人民共和国护照 / 旅行证 / 回国证明申请表》1 份。④身份证明材料。⑤领事官员根据个案要求申请人提供的其他材料。

使领馆在收到国内回复后正常办理旅行证（4 个工作日）收费 25 美元，加急办理（2 ~ 3 个工作日）收费 45 美元，特急办理（1 个工作日）收费 55 美元。仅接受现金支票（Money Order，Cashier's Check）、公司支票、信用卡（Mastercard，Visa Card）。

●信用卡遗失

第一时间联系信用卡公司，将已丢失的卡片挂失停止使用，然后再去警察局报案。

●现金遗失

为了以防万一旅途中的现金应该分散保管。如果即使这样，现金还是全丢了，可以通过信用卡取现。如果信用卡也一起丢了，实在没有办法，可以联系驻美总领馆帮忙解决。

生病或者受伤

旅行途中可能会因水土不服，或者生活突发变化而使身体抵抗力下降，很容易出现感冒、拉肚子等病症。此外，精神紧张也是发病的原因之一。生病时最重要的就是多休息，美国除了酒店、急诊医院以外，其他医生基本上都是预约制的。购买药品时需要有医生处方，不过止痛药和感冒药没有处方也可以买得到。

在机场遗失行李

搭乘飞机时自己的行李迟迟没有在传送带上出现，可以在提取行李的地方找到航空公司的行李柜台，办理相关手续。

驾车途中的问题

旅途中可能会违反交通规则，包括违章停车以及超速等。美国针对违章停车的法规相当严格。在免费停车场比较少的城市，很容易受到违章的罚单。

超速时，会有闪烁着红色和蓝色警示灯的警车追上来，并指示向右停车。当警察下车靠近后，将双手置于方向盘上，车内人员也需要保持安静。这时手不要乱动。当警察问话时，拿出中国驾照和翻译公证件以及租车合同，并回答警察的提问便可。

如果车辆发生事故和故障，首先联系租车公司，然后报警。还车时需要提交事故报告书。

URL http://www.chinaconsulate-chicago.org

驻休斯敦总领事馆

☎ 1-713-520-1462（总机）；1-713-521-9996（值班电话）

URL houston.china-consulate.org/

不知道信用卡发行银行的联络方式！

万一不知道自己信用卡发行银行的联络方式，可以直接联系卡种的公司，如万事达卡就联系万事达公司。这些公司的联络方式在酒店、警察局、电话黄页上很容易就可查得到。建议为了应对这种突发事件的发生，最好把护照号、信用卡卡号都提前做好备份。

行李遗失时航空公司会询问的问题

- ●航班号
- ●办理行李托运的机场名称
- ●在起飞前多长时间托运的
- ●行李箱的颜色、外形
- ●行李箱内的主要物品
- ●找到后寄送的地址

车辆故障

如果可以自行开走，联系租车公司后续修理。如果不能开走打电话叫拖车。

违章罚款的支付方法

违章停车、超速的罚款，可以通过电话使用信用卡付费，现在一般采用登录官网，通过网上付费。有付款时限，请妥善处理。

另外，如果没有处理罚金，租车公司会追踪到你。收费道路的未缴费行为也一样会被追踪到。

传染病相关知识

美国有许多在中国基本很难见到的传染病。不过旅行者感染的概率极小，千万不要特别在意。只要注意以下三点，基本上不会有重大危险：①不伸手触摸野生动物。②尽量不被蚊虫叮咬。③调整好心态。不过，为了以防万一，还是学习一下传染病的基础知识，了解一下初期症状，因为关乎生命安全所以要格外小心。请务必认真阅读以下内容。

狂犬病（恐水症）Rabies

潜伏期：9天~6年（1、2个月较为多见）

初期症状：头痛、发热、被咬的位置疼痛、发痒

发病后数日以内基本上是100%死亡。美国每年都会有多人死于狂犬病。在美国狂犬病的主要感染源是蝙蝠、浣熊、臭鼬，另外松鼠、狐狸等哺乳动物也是感染源之一。亚利桑那州每年平均有30人会因被蝙蝠或者臭鼬咬伤而注射狂犬疫苗。因狂犬病而死亡的宠物每年也有数百头，其中猫的数量比犬要多一些。千万不要喂食动物，也不要随意触摸动物。

患有狂犬病且发病的动物一般都具有攻击性，即便你什么都没做也有可能突然被袭击。被蝙蝠等体积较小的动物咬伤后，可能会由于伤口较小而忽视，千万要小心。如果蝙蝠开始攻击人类，或者在人类附近，那就需要警惕可能这只蝙蝠患有狂犬病。

在美国如果被动物咬到，需要马上将伤口处理干净，尽快赶往医院（大型的国家公园内都设有诊所）注射狂犬疫苗和破伤风疫苗。被咬后的 90 天之内还要定期注射 6 次，以减少发病的概率。第二次注射可以回国以后再继续接种。

破伤风 Tetanus

潜伏期：3~21 天

初期症状：肌肉僵直、盗汗、张口困难、面部抽筋

世界上比较普遍的病症。由于伤口上沾染了土、木屑、沙砾等而导致感染。严重的会出现剧痛、抽风、呼吸困难等症状。致死率 40%。不要将伤口放任不管。

鼠疫（黑死病）Plague

潜伏期：2~7 天

初期症状：腺型是头痛、突然高热、肌肉疼痛、呕吐、淋巴肥大等。肺型是出现黑紫斑

中世纪的欧洲曾因黑死病死亡 2500 万人。现在落基山地区、新墨西哥、亚利桑那、加利福尼亚等地黑死病也时有发生。2007 年在大峡谷，有一名生物学者就因黑死病猝死。

因跳骚而诱发感染者占八成，也有被臭虫、蜱虫等寄生虫叮咬的案例。当发现受伤动物或者动物尸体时用手摸可能会成为感染的原因。

但现在的医疗水平比过去要提高许多，如果早期发现就及时治疗，基本上是可以完全康复的。如果治疗不及时，大多数人在发病后 1 周内会死亡。

莱姆病 Lyme Borreliosis

潜伏期：数日 ~ 数周

初期症状：被叮咬的位置出现红斑、发热等

莱姆病是一种全球性疾病，在美国的东北部和加拿大多发于春秋季节。多为被蜱虫叮咬后而感染的。蜱虫附着在人体上，从吸血开始 24 小时以上才会感染。如果去了野外，洗澡时一定要仔细检查全身。如果发现蜱虫，不要轻易将其取下，可能会造成危险，需要去医院寻求医生的帮助。初期时可以通过抗生素完全治愈，如果放任不管可能会诱发脑炎、关节炎、面神经麻痹、心肌炎等病症。

在海拔较高的地方也可能会受到蜱虫的侵扰，从而感染上落基山红斑热、科罗拉多蜱虫热等病症。

球孢子菌病 Coccidioidomycosis

潜伏期：1 周 ~ 数十年

初期症状：咳嗽、关节痛、胸痛、发热、头痛、小腿部发疹

美国西部沙漠地区特有的流行病。多出现于加利福尼亚州、内华达州、亚利桑那州、犹他州、新墨西哥州，每年有约 10 万人感染。也被称为溪谷热 valley fever 或沙漠热 desert fever。

球孢子菌是一种喜欢低湿环境的霉菌，其毒性与瘟疫相当。生长于土壤表面的霉菌，其芽孢会因大风或土木工程飘散到空气中，人吸入后会引发肺部感染。吸入病菌的人群中有 40% 的人会发病，症状与普通感冒大致相同，可以治愈。但是每 200 人中约有 1 人病情会出现恶化，感染部位向全身扩大。病情恶化的患者死亡率高达 50%。感染者中，有 20 年后才发病的例子。如果是因伤口而感染，会出现溃疡并变成菜花状肿瘤。下腿部发疹多见于女性患者。有色人种患病后的致死率高于白人，雌性激素会促进病菌的生长。

特别是在加利福尼亚州南部和亚利桑那州南部发病较多，而且最近几年出现了爆发式的增长，需要引起足够的注意。曾经出现过在恐龙国家保护区进行调查的古生物学家们集体感染上该病的事情。

如果出现前面描述的病状，要告知医生患者曾在美国西部沙漠地带吸入过沙尘并接受球孢子菌病的相关检查。

汉坦病毒肺综合征 Hantavirus Pulmonary Syndrome

潜伏期：1 周 ~8 周

初期症状：发热、咳嗽、肌肉痛、呼吸困难等

因吸入了从老鼠粪便中飘散出的病毒而感染。如果病情发展为肺水肿，患者会在 24 小时内死亡。死亡率在 40% 以上，其中成年男性较多。1993 年在纳瓦霍族保留地发生流行以后，2012 年在约瑟米蒂有两人死于该病，全美死亡人数超过 130 人。野外宿营时不要接触松鼠和老鼠，注意保管好食物以防止老鼠靠近。

西尼罗病毒感染 West Nile Virus

潜伏期：2~15 日

初期症状：39℃以上高热、精神状态异常、头痛、颈部及背部疼痛、发疹、出汗、眩晕、手足肌肉力量下降等

在欧洲和东南亚流行的一种传染病。1999 年在纽约市内发生流行以后，仅数年便扩大至全美。2006 年，在 43 个州共有 4269 人感染，其中 177 人死亡。人群中的传染曾一度得到控制，但 2012 年感染者数量再次增加。2014 年有 85 名患者死亡。这种病的特点是每年 9 月份患者人数都会增加。

即便感染上病毒，有 80% 的人不会出现症状，剩下 20% 的人会发热，但只要接受治疗，1 周后就能痊愈。有 1% 的患者会并发脑炎、髓膜炎、肝炎、胰腺炎、心肌病等病症而陷入病危，其中有 3%~15% 的人会死亡。50 岁以上者、儿童以及免疫力低下者病情容易加重。

预防方法是避免被蚊子叮咬。建议使用驱蚊剂并穿着白色长袖服装。

如果被蚊子叮咬，几天后出现上面所述症状，则应立即到医院就诊。如果已经回国，可以将在美国被蚊子叮咬的情况告知医生并要求做西尼罗病毒感染的相关检查。

症状相似的疾病有圣路易脑炎 St. Louis Encephalitis。

猴痘 Monkeypox

潜伏期：7~21 日

初期症状：头痛、发热、淋巴肿大、发疹

本是发源于非洲且极不常见的一种传染病，2003 年在美国出现首例患者。之后发现有 71 人（包括疑似病例）感染，其中饲养草原土拨鼠的人较多。症状与天花相似，天花疫苗对猴痘也有效。致死率在 1% 以下。

登革热 Dengue Fever

潜伏期：2~15 日

初期症状：强烈的头痛、发热、关节痛、呕吐、发疹

2010 年在加勒比海地区大规模流行，在美国的迈阿密和基韦斯特每年也都会出现感染者。大多数感染者的病情较轻，容易治愈，但如果发展成登革出血热的话则致死率很高。到登革热流行地区旅行时，要注意避免被蚊子叮咬。在登革热流行地区，易同时流行疟疾。如果出现发热等症状，应立即就诊。

紧急就医时的英语会话

● 在酒店索取药物

我身体不舒服。

I feel ill.

有止泻药吗？

Do you have a antidiarrheal medicine?

● 去医院

这附近有医院吗？

Is there a hospital near here?

有华人医生吗？

Are there any Chinese doctors?

请带我去医院。

Could you take me to the hospital?

● 医院用语

我想挂号。

I'd like to make an appointment.

格林饭店介绍我来就医的。

Green Hotel introuduced you to me.

叫到我的时候请告诉我。

Please let me know when my name is called.

● 在诊疗室

我需要住院吗？

Do I have to be admitted?

下次什么时候再来复查？

When should I come here next?

我需要定期复诊吗？

Do I have to go to hospital regularly?

我预计在这里滞留 2 周。

I'll stay here for another two weeks.

● 诊疗完毕

诊疗费需要多少钱？

How much is it for the doctor's fee?

保险适用吗？

Does my insurance cover it?

可以使用信用卡支付吗？

Can I pay it with my credit card?

请在保单上签字。

Please sign on the insurance paper.

※ 如有以下病状，可在下表中画钩出示给医生

□呕吐 nausea	□发冷　chill	□食欲不振　poor appetite
□头晕 dizziness	□心悸　palpitation	
□发热 fever	□测量腋下体温　armpit	——℃ / ℉
	□测量舌下温度　oral	——℃ / ℉
□腹泻 diarrhea	□便秘　constipation	
□拉稀 watery stool	□软便　loose stool	□ 1 天　次　times a day
□有时 sometimes	□频繁　frequently	□停不下来　continually
□感冒 common cold		
□鼻塞 stuffy nose	□鼻涕　running nose	□打喷嚏　sneeze
□咳嗽 cough	□痰　sputum	□血痰　bloody sputum
□耳鸣　tinnitus	□失聪　loss of hearing	□耳朵流脓　ear discharge
□流眼泪 eye discharge	□眼充血 eye coninjection	□视力模糊　visual disturbance

※ 必要时可以指下列单词给医生看

●吃了什么样的食物		掉下	fell	水母	jellyfish
生的	raw	烫伤	burnt	毒蛇	viper
野生的	wild	**●痛感**		松鼠	squirrel
油腻的	oily	麻	buming	（野）狗	（stray）dog
不熟的	uncooked	刺痛	sharp	**●做了什么**	
煮熟后久置食物		敏感	keenly	去了沼泽地	
a long time after it was cooked		严重	severely	went to the swamp	
●受伤		**●痛感**		潜水	went diving
被刺、被咬	bitten	蚊子	mosquito	宿营了	went camping
被切到	cut	蜜蜂	wasp	登山	
跌倒	fell down	牛虻	gadfly	went hiking（climbling）	
被打	hit	毒虫	poisonous insect	在河里游泳了	
扭到	twisted	蝎子	scorpion	went swimming in the river	

旅行黄页

紧急联系电话

● 警察、消防、救护车 ☎911
● 中国驻美大使馆 ☎（202）495-2266
纽约总领事馆 ☎（212）244-9392、（212）244-9456
● 旧金山总领事馆 ☎（415）852-5924（工作时间）、（415）216-8525（非工作时间）
● 洛杉矶总领事馆 ☎（213）807-8005、（213）807-8008
● 芝加哥总领事馆 ☎（312）805-9838、（24小时）
● 休斯敦总领事馆 ☎（713）521-9215（办公时间）、手机号：713-302-8655

航空公司

● 中国国航 Free 1800-882-8122
● 美国航空 Free 1800-237-0027
● 达美航空 Free 1800-327-2850
● 美联航 Free 1800-537-3366

机场、交通设施

● 丹佛国际机场 ☎（303）342-2000
● 洛杉矶国际机场 ☎（310）646-5252
● 旧金山国际机场 ☎（650）821-8211
● 西塔机场 ☎（206）787-3000
● 波特兰国际机场 ☎（503）460-4234
● 拉斯维加斯国际机场 ☎（702）261-5211
● 菲尼克斯天港国际机场 ☎（602）273-3300
● 美铁 Free 1800-872-7245
● 灰狗巴士（长途巴士） Free 1800-231-2222
● AAA（美国汽车协会） Free 1800-222-4357

汽车租赁公司

●赫兹 Hertz Free 1800-645-3131
●阿拉莫 Alamo Free 1800-233-8749
●安飞士 Avis Free 1800-331-1084
● Budget Free 1800-214-6094
● Dollar Free 1800-800-4000

信用卡公司

●美国运通 Free 1800-766-0106
●万事达 Free 1800-627-8372
● Visa 卡 Free 1866-670-0955

国家公园管理局

● National Park Service
URL www.nps.gov

美国国家公园的历史与运营机制

传说中的秘境

美国西部开拓的历史开始于法国人从纽芬兰跨越五大湖沿密西西比河顺流而下，于1718年在新奥尔良建设新开拓地。

当时，从河狸贸易中可以获取巨额利润。敢于冒险的法国猎人和毛皮商沿密苏里河逆流而上，进入原住民居住的地区。他们在当地见到了广阔无垠的大自然，但是却没有人相信他们的话。

刘易斯·克拉克探险队

1803年，在第三任美国总统托马斯·杰佛逊的决策下，美国用1500万美元买下了密西西比河流域的广袤土地。为了了解西部地区的真容，曾长年与原住民战斗的梅里韦瑟·刘易斯上尉与威廉·克拉克上尉组织了一支探险队。

1804年5月，探险队一行从密苏里河的一处河岸出发，前往斯内克河流域以及哥伦比亚河流域探险。次年11月抵达波特兰近郊，完成了横穿北美大陆的旅程。探险途中，他们虽然经过了黄石以北的地区，但没能发现黄石。

在返回的路上，探险队成员约翰·科尔特只身走过怀俄明。现在正式的记载中普遍承认1807年科尔特在白人中第一个发现了黄石。

海登调查队

黄石、约瑟米蒂的壮美自然景观被发现以

后，人类的开发会导致自然环境遭到破坏的观念也随之产生，但是对于普通民众来说，这些自然景观只不过是一个天方夜谭而已。

而当时的美国内务部地理调查部部长海登博士则认为只有将这些土地国有化才能有效地保护当地的原始自然景观。随后，他组织了一支调查队深入当地开展调查，目的是用调查得到的第一手资料来说服对土地国有计划持反对意见的人们。这支调查队中有两个比较特殊的人物，一个是摄影师威廉·杰克逊，另一个是著名画家托马斯·莫兰。

杰克逊与莫兰

那个时候，拍摄照片的技术刚刚出现不久，于是杰克逊便与画家莫兰进行了合作。莫兰用画笔记录下风景的色彩，杰克逊用相机把最真实的影像定格在照片中。

在制定黄石公园相关法律的听证会上，杰克逊的照片和莫兰的画深深地打动了参加听证会的每一个人。一直对设立国家公园持反对意见的议员们也改变了态度。在杰克逊和莫兰的努力下，在美国东部地区曾经只作为一个传说而被人们所知的西部秘境被证明并非是天方夜谭。

黄石国家公园的诞生

就这样，在 1872 年，世界上第一个国家公园——黄石国家公园诞生了。但是，黄石距离东部太远，这导致无法筹集到足够的运营经费维持公园，公园也根本没有得到任何实质性的管理。当时，就连保护园内景观以及动植物的法律都未制定。开始造访黄石的游客常常会对温泉中的石灰石进行破坏，甚至把石头带走。

约翰·缪尔与塞拉俱乐部

自然保护运动之父约翰·缪尔在 29 岁时，为了实现“向大自然获取知识”的理想，开始了徒步旅行的人生。1868 年，他来到了约瑟米蒂谷。缪尔被那里雄伟而神秘的景色迷倒，于是在当地建起小屋并住了下来。之后，他开始四处奔走，向全美国人介绍自己看到的美景。

19 世纪末，造访黄石的游客

1890 年，约瑟米蒂、神木、国王峡谷被指定为国家公园。之后，随着当地畜牧业的发展，这些地方开始面临开发还是保护的艰难抉择，但最终在缪尔创立的塞拉俱乐部的不懈努力下，破坏自然的行径得到遏制，美国的自然保护政策也应运而生。

罗斯福总统（左三）、约翰·缪尔（左五）在约瑟米蒂 Grizzly Giant 前合影

西奥多·罗斯福的长征

美国第 26 任总统西奥多·罗斯福热爱自然、喜欢漫步并积极地致力于自然保护运动。他曾经亲赴西部考察国家公园的情况。在游历了大峡谷、黄石等地之后，他来到了约瑟米蒂并与约翰·缪尔就自然保护的问题进行了一次长谈（→ p.200）。通过这次长谈，罗斯福深受启发，开始思考如何在保护景观的同时让更多的美国人能够欣赏到这些美景。之后，有关国家公园的诸多政策正式出台，各公园内开始修建住宿设施和公路。

国家公园管理局的成立

1915 年，被任命为下任内务部长的弗兰克·雷恩在一个湖中的小船上与美国地理学会会长吉尔伯特·格罗夫纳进行了一番交流。谈话的核心内容是如何才能让北美大陆的原生态景观不毁于推土机和电锯之下。要达到这个目的，不能只进行保护，还应该让更多的美国人去到国家公园欣赏那里的美景，从而提高大家的自然保护意识。两个人就进一步加强国家公园的设施建设达成了一致意见。得益于这次谈话，1916 年，美国国家公园管理局（NPS）正式成立。

此时，已在内务部长任上的雷恩在大量的投诉信件中发现了一封来自他大学同学史蒂芬·马瑟的来信。马瑟针对约瑟米蒂令人担忧的状况痛斥道："道路基本不通，宝贵的巨树惨遭木材商砍伐。"雷恩的回信是这样写的，"史蒂芬，有兴趣来华盛顿亲自管理一下这件事吗？"就这样，马瑟成了第一任国家公园管理局局长。他当了12年局长，在任期间公园管理员制度等许多新制度得以确立。

铁路建设与汽车的普及

随着铁路事业的发展，原本相隔很远的美国东部地区与西部的国家公园之间的距离被拉近了。铁路公司与公园方面签订了合作协议，大北方铁路修进了冰川国家公园，北太平洋铁路修进了黄石公园，圣菲铁路修进了大峡谷国家公园。入园游客数量因此出现了飞速增长。

可是，1941年日本偷袭珍珠港后，战争给美国的国家公园造成了严重的影响。在战争期间，国家公园管理局的经费被削减，工作陷入停顿。

"二战"过后，美国进入了大众消费时代。汽车性能的提高带来了旅行热潮，国家公园里的游客变得越来越多。但是，1950年朝鲜战争爆发，国家公园管理局的经费再次被削减。公园内的道路因无法得到整修而变得充满危险，各种设施也不断老化。战争结束后，旅行热潮重新在美国兴起，可是公园的状态已经恶化到无法接待游客的地步。

66计划与原生态自然保护法

为此，国家公园管理局开始制订改善公园状况的计划。预订在1966年，也就是国家公园管理局成立50周年时实现计划目标，所以该计划被命名为"66计划"。为了获得总统的批准，国家公园管理局在白宫就这项计划向总统做了汇报。汇报结束后，内务部长问艾森豪威尔总统："你还有什么问题吗？"总统回答："只有一个问题。1953年我刚刚就任总统时你们为什么没拿出这份提案呢？"就这样，在总统的全力支持下，国家公园内修建了130处游客服务中心及工作人员宿舍，还设立了公园管理员培训机构。就这样，美国成功地打造出了具有世界顶级水准的众多国家公园。

与此同时，国会就新的相关法律进行了讨论。该法律旨在设立禁止施加任何人为影响的保护区，让自然永远保持原有的状态。经过8年的讨论，1964年，原生态自然保护法Wilderness Act在国会获得通过。之后，保护区数量逐渐增加，现在已经占到美国国土面积的5%。

新时代的改革

国家公园管理局为了迎接2016年该局成立100周年，投入了24亿美元用于新项目的建设。2015年又有8个区域进入到国家公园管理局的保护范围内。国家公园管理局已经走过了100年的历史，如今全球气候变暖、页岩气开发、油田开发等涉及自然保护的问题层出不穷，面对新的问题，国家公园管理局今后将如何承担起保护大自然的重任呢？

美国国家公园的作用

美国的国家公园系统，与美国的大学体系一样，被誉为是可以在全世界引以为荣的制度体系。

美国国家公园所担负的职责主要有三个方面。第一，保护原生态自然景观及历史遗迹。第二，建设对全体公民平等开放的休闲设施并保障其正常运营。第三，帮助游客加深对自然及地域历史的了解。公园管理员作为各国家公园的骨干力量，负责公园内的事故救援、森林巡逻、消防、动植物保护、监督警戒并承担引导游客游览的工作。

国家公园管理局除了要对原生态的自然环境进行维护，还要对园内的生态系统进行观察和保护。对人为原因引起的山火，公园方面会及时组织力量扑灭，但是对自然发生的山火，在达到一定程度之前，不会主动扑救，而是将山火视为可增进环境活力的"管理性燃烧"，任其自生自灭。这是因为，近年来，公园方面已经清楚地认识到生态系统要想保持活力，山火的作用是不可或缺的。

在各州，国家公园都属于联邦政府的直辖区域，不接受州政府的管理。也就是说，各州的警察权不能介入国家公园，由公园管理员承担园内的警察职能。必要时，公园管理员可以持枪并拥有逮捕权。园内还设有关押犯罪嫌疑人的拘留所。但是，发生在园内的杀人案件则由FBI（联邦调查局）负责调查。

管理与运营

国家公园的经费非常有限，所以各公园都把园内的酒店、餐厅委托给民营公司经营。国家公园管理局会挑选出合适的公司并与之签订

公园管理员的选拔考试极为严格

协议，让这些公司自主经营园内的客栈、宿营地、餐厅和旅行巴士。签约的经营者被称为concessionaire。

国家公园管理局与签约公司密切合作以保证园内的旅游资源能够得到有效的利用。公园奉行的原则是对全体公民平等地开放，所以公园的收费标准都是面向大众的，绝不会严重偏离物价指数。

另外，园内的各种安全设施虽然极为重要，但在设置和运营时也会尽可能地让这些设施不给自然环境造成影响。无论是植物，还是动物，公园方面都没有进行特别的人为干预。公园一直在做的就是想办法保证动植物在自然法则的支配下保持数量的平衡。要让园内环境能够保持真正的原始状态，就需要在平时的管理运营中付出极大的努力。

国家公园的管理运营要在环境保护与满足游客之间找到适当的位置，因此是一项非常困难的工作。尽管如此，美国的国家公园体系，无论在规模还是在管理水平上，都在全世界处于绝对领先的位置。

希望游客们能够理解，美国的国家公园对于美国人来说是非常神圣的地方，在全体美国人的共同努力下，100多年来公园内的自然环境得到了很好的保护。这些美丽的自然环境是人类的共同财产。

国家公园的现状

美国的各国家公园都面临着游客剧增的问题并且深受困扰。在约瑟米蒂、大峡谷、黄石等公园，住宿设施已经严重不足。尽管如此，自1966年国家公园10年建设计划（“66计划”）完成以后，各公园都没有再增建过住宿设施，而且今后也没有计划增建。因为从自然保护的角度来看，国家公园已不具备增建住宿设施的条件。

功能齐全的游客服务中心

每个国家公园内都设有游客服务中心，游客能够从这里得到与公园相关的一切必要信息，如徒步游览线路的详细介绍、园内动植物介绍，等等。

有很多游客服务中心还设有空间很大的展厅和放映厅。游客可以通过参观展厅以及观看宣传影片来掌握有关公园的常识，从而增加对公园的了解。

另外，有的游客服务中心还设有纪念品商店。店内出售以公园为主题的明信片、招贴画等纪念品，很多东西都比周边小镇上出售的要好。还有关于国家公园的书籍。离开公园前，可以再去游客服务中心逛一逛，看看是否有需要购买的东西。

策　　划：高　瑞　虞丽华
统　　筹：北京走遍全球文化传播有限公司　http://www.zbqq.com
项目执行：王欣艳
责任编辑：王佳慧
责任印制：冯冬青

图书在版编目（CIP）数据
美国国家公园 / 日本大宝石出版社编著；马谦译
.-- 北京：中国旅游出版社，2017.1
（走遍全球）
ISBN 978-7-5032-5691-2

Ⅰ.①美… Ⅱ.①日… ②马… Ⅲ.①国家公园—旅游指南—美国 Ⅳ.①S759.997.12

中国版本图书馆CIP数据核字（2016）第243345号

北京市版权局著作权合同登记号　图字：01-2015-7519
审图号：GS（2016）989号　本书插图系原文原图

书　　名：美国国家公园

原　　著：大宝石出版社（日本）
译　　者：马　谦
出版发行：中国旅游出版社
（北京市建国门内大街甲 9 号　邮编：100005）
http://www.cttp.net.cn　E-mail: cttp@cnta.gov.cn
营销中心电话：010-85166503
制　　版：北京中文天地文化艺术有限公司
经　　销：全国各地新华书店
印　　刷：北京金吉士印刷有限责任公司
版　　次：2017年1月第1版　2017年1月第1次印刷
开　　本：889毫米×1194毫米　1/32
印　　张：15.875
印　　数：5000册
字　　数：657千
定　　价：145.00元
I S B N　978-7-5032-5691-2